英国の建築保存と都市再生

大橋竜太

歴史を活かしたまちづくりの歩み

鹿島出版会

ジョージ・イン（ロンドン）
ロンドンに現存する数少ない17世紀の木造建築．現在は，パブとして利用されている

The SHAD（ロンドン）
上：テムズ河から見る　下：路地

本文 284, 285 頁参照

The SHAD
工場建築から集合住宅へのコンヴァージョン　下：河岸の遊歩道と店舗

ソールテア（世界遺産）
下：工場内部　一部をコンヴァージョンし，商業施設として利用している

本文 83, 84 頁参照

ダーウェント渓谷の工場群（世界遺産）
ショッピング・センターにコンヴァージョンされた工場

ブレナヴォン産業景観（世界遺産）
整備中の炭坑跡地

オクスフォード城
17 世紀以降，監獄として利用されてきたが，監獄の閉鎖とともに，ホテルを含む複合商業施設にコンヴァージョンし，オクスフォードの新しい観光スポットとして再生を果たした　下：コンヴァージョンされたホテル内部

リーズのコーン・エクスチェンジ・ショップス
閉鎖されたトウモロコシ取引所を，若者向けのショッピング・センターにコンヴァージョンし，再生をはかっている

セント・キャサリン・ドックス（ロンドン）の再開発
閉鎖されたドックが，高級住宅地として再生された

ホクストン地区（ロンドン）のコンヴァージョンの例
ホクストン地区には，工場建築を住宅へコンヴァージョンした例が多数ある

英国の建築保存と都市再生

歴史を活かしたまちづくりの歩み

本書は、独立行政法人日本学術振興会 平成一八年度科学研究費補助金（研究成果公開促進費）の交付を受けた出版である。

目次

口絵

はじめに

第一部　建築保存と都市計画

1章　建築保存の背景

1　歴史的建造物と保存……2
2　「保存」の概念とその変化……5
3　建築史研究と建築保存……10
4　法律による建築保存……11
5　市民による建築保存……15
6　さまざまな建築保存の方法……16

2章　建築史の発展と古建築の修復

1　最初の建築保存……19
2　考古学の興隆と古典建築研究……23
3　中世建築研究……25
4　教会建築学とピュージンの建築理念……27
5　古建築の修復……29
6　ラスキンの保存理念とその影響……35
7　モリスによる古建築保護協会（ＳＰＡＢ）の創設……40
8　イングリッシュネスの探求……43

3章　英国の都市計画と行政制度

1　都市計画と法制度……45
2　英国の法体系……47
3　司法の役割……53
4　中央政府と地方自治体……55
5　地方自治制度……56
6　都市計画行政と文化財行政……60

第二部　近代社会と都市計画および建築保存のはじまり

4章　近代都市計画のはじまり

1　産業革命の弊害とその対策……64
2　労働者住宅建設と住宅地改良……68
3　郊外住宅地建設……77
4　田園都市……87
5　「アメニティ」という概念……97

5章　建築保存のはじまり

1　歴史的建造物の存続の危機……102
2　一八八二年古記念物保護法の成立……104
3　LCCの先駆的試み……113
4　保存すべき歴史遺産のリストの作成と歴史的建造物の調査……115
5　建築保存団体としての古建築保護協会(SPAB)……120
6　ナショナル・トラストの設立……124
7　ローカル・アメニティ・ソサイアティの活動……128
8　建築保存の国際化……130

第三部　近代都市計画および建築保存制度の歩み

6章　近代都市計画の経緯

1　一九〇九年住宅・都市計画諸法の成立……134
2　第一次世界大戦後の住宅・都市問題……135
3　戦後の都市計画政策への指針……139
4　労働党政権による都市計画行政改革……146
5　ニュー・タウンの建設……151
6　都市・農村計画法の整備……160
7　インナー・シティ問題と住宅政策……161

7章　建築保存制度の変遷

1　古記念物保護法による建造物の保存……166
2　古記念物保護法と住宅・都市計画諸法の連携……169
3　建造物保存命令の導入……175
4　建造物保存命令の改革とリストの作成……179
5　建築保存の国際的動向……191
6　保存地区制度の成立……194
7　登録建造物制度の成立……199
8　保存政策グループの果たした役割……202

9　教会堂の保存……………………205

8章　英国の改革と都市計画および建築保存

1　環境省の創設……………………210
2　ヨーロッパ建築遺産年……………………212
3　サッチャーによる都市改革……………………216
4　サッチャー改革の建築保存への波紋……………………223
5　一九九〇年代の改革……………………227
6　ニュー・レイバーの都市行政および文化行政……………………232
7　近代建築と産業遺産の保存……………………236
8　世界遺産と建築保存の国際協調……………………240

第四部　建築保存の実践

9章　建築保存の展開

1　保存運動と諸団体の活動……………………246
2　ナショナル・トラストの活動……………………258
3　シヴィック・トラストの活動……………………262
4　建築保存とジャーナリズム……………………266
5　ＳＡＶＥの活動……………………268

6　民家の移築と野外建築博物館……………………272
7　歴史的建造物の保存と防災……………………276

10章　建築保存と都市再生

1　歴史的建造物の活用……………………280
2　建築保存と観光……………………287
3　さまざまな法廷論争……………………292
(1)登録建造物に関わる論争
(2)保存地区に関わる論争
(3)景観保全と歴史的建造物の保存に関わる論争
4　町並みの保存……………………301
(1)マグダレン・ストリート（ノリッジ、ノーフォーク州）
(2)ワークスワーク（ダービシャー）
(3)ボーフォート・スクエア（バース、エイヴォン州）
(4)モトコウム・ストリート（ウエストミンスター、ロンドン）
5　産業遺産の保存・再生……………………312
(1)アイアンブリッジ渓谷（シュロップシャー）
(2)アルバート・ドック（リヴァプール、マージサイド州）
(3)ニュー・ラナーク（ラナークシャー、スコットランド）
(4)スウィンドン・レイルウェイ・ヴィレッジ（ウィルトシャー）

第五部　現行の法制度

11章　都市計画に関わる法制度とその展開

1　都市計画関連法の枠組みとその歩み……330
2　開発規制とディヴェロプメント・プラン……338
3　開発にともなう増価徴収と減価補償の問題……345
4　土地・建物に関わる税制……353
5　既成市街地の再開発の制度……356
6　計画許可とその手続き……358

12章　歴史的建造物の保存・再生に関わる法制度

1　歴史的建造物の保存・再生に関わる法制度の枠組み……365
2　登録建造物制度……366
3　保存地区制度……376
4　歴史的景観に関わる諸制度……380
5　イングリッシュ・ヘリテイジの役割……386
6　歴史的建造物の保存・再生に対する補助金……387

13章　都市再生に対するさまざまな取り組み

1　都市開発のターニング・ポイント……392
2　PPP方式とPFI方式……393
3　イングリッシュ・パートナーシップ……396
4　都市再生会社……397
5　タウン・センター・マネジメント……398
6　CABEとアーバン・パネル……403
7　都市再生を支える財源……404
8　都市再生の方向性……407

第六部　過去から未来へ

14章　まちづくりにとっての歴史遺産

1　伝統的手法と新たな試み……410
2　「英国病」のよいところ……412
3　スクラップ・アンド・ビルドからリジェネレイションへ……417
4　未来に向けて……420

註……422
あとがき……466
参考資料
i 英国都市計画年表……470
ii 都市計画関連法一覧……496
iii 都市計画行政担当の中央省庁……508
iv 文化財行政担当の中央省庁……509
図版出典……*67*
参考文献……*57*
索引……*1*

はじめに

二一世紀を迎え、わが国の都市計画は大きく変化しようとしている。行政サイドは、地方分権一括法（二〇〇〇年四月施行）をはじめとし、実情にあわせて、「都市計画法」「建築基準法」等の関連法をそれぞれ改正し、地方公共団体よる都市計画を促進するようになった。その一方で、政府は景観保全の問題にも真剣に取り組みはじめた。政府はこれまで、景観保全に関しては、意図的にほとんど手を付けておらず、今さらといった感もなきにしもあらずだが、大きな前進であることに間違いない。他にも、政府は内閣府の都市再生本部に「歴史的なたたずまいを継承した街並み・まちづくり協議会」を組織し、二〇〇三年一月九日に報告書を提出している。そして、二〇〇三年七月一一日に国土交通省は『美しい国づくり政策大綱』を発表し、これまでの経済優先主義の画一的な都市計画を反省し、個性的で、心の豊かさを感じる歴史に根づいたまちづくりを行なっていこうとする旨を宣言した。二〇〇四年六月一八日には、「景観法」を含む「景観緑三法」が制定され[1]、わが国でも新たなまちづくりが進められようとしている。

このような政府の改革には、各地でのこれまでのさまざまな地域活動が大きな影響を与えた。つまり、地域に根ざした都市計画の現場で、活発な議論が行なわれ、制度の改革の必要性が唱えられはじめてきたというボトム・アップのムーブメントがあった。いくつかの先駆的な地方自治体では、すでに独自の方法で、個性的な都市計画を実施している。地方自治体が独自に条例を制定してまちづくりを行なうことは、もはやあたりまえとなっている。また、地方分権一括法によって国の関与は縮減され、地方自治体の自主性が高まるなど、ますますこうした動きに拍車がかかってきた。地方のこのような現場では、「都市計画」という言葉より、むしろ「まちづくり」という言葉が用いられ、自分たちの住むまちは自分たちでつくっていこうという考えが主流となっている。NPOが主体となって、まちづくり運動を積極的に行なっているところも少なくない。このように、新しい動きは、中央政府の政策に限ったことではなく、各地で着実にはじまっている。景観を損なうとして地域住民が新築高層マンションの除去を求めて争った国立（東京都）のマンション訴訟[2]も、そのひとつの例である。この裁判では、判決そのものは敗訴したものの、市民が長い間かけて守ってきた景観利益が司法によって認められ、よりよいまちづくりを目指す人々は勇気づけられた。と同時に、景観の重要性を人々に広く問いかける結果となり、その後の法整備のきっかけとなった。また、これまで各地方自治体で独自に定められていた景観条例等も、「景観法」が制定されたことによって、法律上も裏づけられるようになるなど、個性あるまちづくりにとって、周辺環境が徐々に整いつつある。

これらの現象は、すでに画一化された都市計画が否定され、地域に根づいた個性豊かなまちづくりの必要性が、人々に認識されてきた証拠であろう。つまり、行政も住民も、現状の都市環境に問題意識を抱き、何らかの改善をしなければならないと意識しているのである。特に、住民の意識は大きく変化し、自分たちが住む町の将来に関して、行政にすべてまかせるのではなく、みずから参加し、地域の個性を見出し、独創的な町を築いていきたいと考えるようになった。そして、美しく・健全で・快適な、しかも、それが永続する都市景観を築いていくことが目標とされている。

このようにして、各地でさまざまな試みが実施されるようになってきたが、その際、キーワードとなるのが「地域資源」である。地域資源を最大限に活用したまちづくりは、最も効果的で、かつ個性豊かなものとなる。地域資源こそが町のアイデンティティであり、わが国の近代化の過程で、常にモデルとされてきた教科書通りの画一的な都市計画が、否定されたのである。

地域の個性を表現する地域資源を利用し、地域に根づいたまちづくりを行なっていくためには、いくつもの手段があるだろうが、そのひとつとして地域の歴史を理解し、「歴史的建造物」を地域資源と解釈し、それを活かしていこうという方法がある。歴史を活かしたまちづくりの推進は、『美しい国づくり政策大綱』のなかでも明確にうたわれており、これに関して政府も今後、真剣に取り組んでいくことになるであろう。また、文化審議会文化財分科会企画調査会は、二〇〇一年一一月一六日に報告書「文化財の保存・活用の新たな展開―文化遺産を未来に生かすために[3]」を提出し、歴史的建造物の保存・活用および地域計画との関係の方針を打ち出すなど、今後、こうした動きはますます進展することであろう。
　このことは行政サイドに限ったことではない。一般の人々の間でも、歴史的建造物の保存・活用に対し、関心を抱かせる事件が頻発している。滋賀県の豊郷小学校[4]や旧正田邸[5]の保存運動が、テレビのワイドショーや新聞・週刊誌等の紙面を賑わしたことは記憶に新しい。そして、司法の判断も、豊郷小学校講堂の解体工事差し止め仮処分決定（二〇〇二年一月二四日）、校舎解体工事差し止め仮処分決定（二〇〇二年一二月一九日）といったように、歴史的建造物を保存していこうとする人々を後押ししてくれており、わが国の歴史的建造物の保存にとって、追い風が吹いてきたかに思える。

　歴史的建造物を活かしたまちづくりといっても、さまざまな手法があることは言うまでもない。歴史的建造物そのものを、地域資源としてまちづくりの目玉に据える手もあるだろうし、景観要素として活かしていく方法もある。文化財等に指定されている建築等を公開し、観光のスポットとしているところも、あちらこちらで見ることができるだろう。また、地域ぐるみで歴史的建造物や景観を保存し、歴史的な雰囲気を復原しようとしているところも少なくない。

　わが国の現行の文化財保護法には、「重要伝統的建造物保存地区（伝建地区）」を選定して保存していこうとする制度がある。これは単体としての価値というよりは、地域全体に特色ある建築が群として残っている地域を評価し、保護しようとした制度で、これを利用して、十分に魅力的なまちづくりを成功させている例も多い[6]。当然、歴史的建造物は、観光資源にもなりうる。まちづくりにとって、観光は重要な要素であり、歴史的建造物は観光化できるかどうかで価値判断が行なわれる場合もあった。しかし、昨今では、観光のための利用だけではなく、歴史的建造物の利用の可能性が注目されている。
　しばしば、伝建地区に選定される地域は、多数の歴史的建造物が残っており、歴史性を強調したまちづくりができるが、それが可能なのは限られた地域だけではないかといった意見を耳にする。しかし、歴史遺産を用いたまちづくりは、特殊な地域のみに可能な手法ではなく、どのような町でも可能な手法となりうる。それは歴史的建造物に対する認識の違いだけである。まちづくりにとっての歴史的建造物と制度上の文化財としての歴史的建造物は分けて考えるべきであり、たとえ国の文化財指定の基準に満たない歴史的建造物であっても、その町にとって重要なものはあるはずであり、地域資源として歴史的建造物を保存し、活用することによって、魅力的なまちづくりが可能となるのである。

また、景観保全といった観点からも、歴史的建造物の保存は重要となる。わが国の都市計画法には、「風致地区」および「美観地区」の制度があり、これまでもさまざまな角度からこの問題に取り組んできてはいる。しかし、今後、もっと積極的に、もっと広範に行なっていく必要があると思われる。そこで、既存の制度ばかりでなく、さまざまな角度から都市計画と歴史的建造物の保存を見直す必要があるであろう。

歴史的建造物を活かしたまちづくりに関しては、わが国では歴史が浅く、実例もさほど多くない。そこで、このようなまちづくりの先輩である英国での経緯を探り、今後のわが国の歴史遺産を活かしたまちづくりの参考になればと考える。

英国では、早くから歴史的建造物の保存の必要性が認識されていた。その経緯は、その後の歴史的建造物の保存の制度の成立にも、それを活かしたまちづくりを行なっていこうとする運動にも、密接に関係していたはずである。また、英国は、歴史的建造物を活かしたまちづくりといった観点でも先進国である。英国の場合、早い段階で、歴史的建造物の保存と、都市計画が一体として扱われており、まちづくりを行なう際、歴史的建造物の保存・活用に配慮するのは、当然のこととなっている。しかし、こういった状況は何の努力もなしにできあがってきたわけではなく、制度制定の過程においては、さまざまな議論があった。その経緯を知ることは、現在においても、十分に価値があることと思われる。特に、歴史遺産を利用してまちづくりを実践しようとしている人々にとって、できあがった制度そのものを知るよりも、同じ目的をもってさまざまな試行錯誤を繰り広げた先人たちの考え方を知るほうが、ずっと有意義なことであろう。

最近、英国は長く続いた不況（レセッション）を脱し、好景気を保ち、各地でさまざまな再開発が行なわれ、そこに長年にわたり蓄積されてきたさまざまな興味深いアイディアが具現化されようとしている。特に、産業遺産を利用したまちづくりが、脚光を浴びるようになった。中世の建築が多数現存する英国にあって、産業遺産は歴史も短く、どこにでもある希少価値が薄いものであるが、それぞれの町にとっては、たいへん重要であることが認識され、それを利用したまちづくりが成功を収めている。産業遺産は、これまでは歴史的な価値がほとんど評価されず、しかも「町の醜」として邪魔者扱いさえされてきたが、それらの再利用には、多くの可能性が秘められていることが理解されてきた。このように歴史的建造物は大きな可能性を有しており、わが国においても、こういった可能性を発見するためにも、その成功事例を紹介するとともに、それに至った経緯を明らかにしていきたい。

本書は、英国における歴史的建造物の保存およびそれを利用したまちづくりの過程を、法制度等のバックグラウンドとともに概観していくものである。これら外国のまちづくりは、制度や社会背景の相違があり、直接、わが国のまちづくりに応用できるものではないだろうが、参考になることは多数あるはずである。そして、これら英国の経緯を学ぶことによって、わが国の歴史的建造物を活かしたまちづくりが、大いに前進することを期待している。

第一部　建築保存と都市計画

1章 建築保存の背景

1 歴史的建造物と保存

建築保存に携わる者の間では、「歴史的建造物」という言葉が頻繁に用いられる。一般の人々にとって、あまりなじみのない言葉かもしれないが、特に解説しなくとも理解できる用語であろう。しかし、どのようなものが歴史的建造物であるのかと厳密に定義するとなると、難しい問題になる。英語にも「ヒストリック・ビルディング（historic building）」という直訳すると「歴史建造物」となる言葉があるが、わが国で用いられている「歴史的建造物」という言葉とは同義ではない。われわれが用いる「歴史的建造物」とは、英国の専門家の間で用いられている「歴史的または建築的価値をもつ建造物（buildings of historic or architectural interest）」という言葉に近い。ちょっと長い言葉ではあるが、これは本来、法律用語からきた言葉で、英国のいわゆる「登録建造物」の正式名称である。英国の「登録建造物」は、通称「リスティド・ビルディングズ（listed buildings）」と呼ばれ、国が作成する「〝歴史的または建築的価値をもつ建造物〟のリスト」に掲載された建造物のことを指す。すなわち、英国では、「歴史的または建築的価値をもつ建造物」とは、登録建造物およびその候補となる建造物のことで、保存が前提となった建造物と考えてよい。

英国でこのような言葉が使われるようになったのは、さほど古いことではなく、二〇世紀初頭までは、保存すべきと考えられた歴史遺産はすべて「モニュメント（monument）」という言葉で表現されていた。これは英国に限ったことではなく、他のヨーロッパ諸国でも、文化財を表現する用語として、英語の「モニュメント（記念物）」にあたる言葉を用いている。「モニュメント」とは、ラテン語の「monumentum」を語源とする。この言葉は「呼び起こす」を意味する「monere」から派生してできたものであり、「モニュメント」とは、本来、「人々の（宗教的、血縁的、社会的等の）記憶を〈呼び起こす〉、また、古くからある共通認識などを現在に再生するものとして人工的につくられたもの」である。そのため、「古記念物（ancient monument）」または「歴史的記念物（historical monument）」とは、建てられた当時の記憶を呼び起こす建物であるとともに、歴史を示す人工物と解釈でき、単に物理的に古いというだけではなく、人々の感情、意識のなかに特別な意味合いをもっている。こうした経緯から、モニュメントは、純芸術作品と同様に、歴史的価値が理解され、これを保護し、後世に伝えていこうと努力されるようになった。

一方で、わが国で用いられている「歴史的建造物」も、単なる古い建造物ではなく、建設されてからある一定の期間を経たもののなかで、建築的または歴史的価値という文化的側面を有する建造物であり、「モニュメント」という言葉と同様に、保存して、後世に残すべきものというニュアンスを含んでいる。また同時に、英語の「ヘリテイジ（heritage）―遺産」という意味もある。他にも、「古建築」「歴史建造物」「建築遺産」などといった用語がしばしば用いられる。一方、英語では、「old buildings」「ancient buildings」「architectural heritage」「built heritage」といった用語が用いられるが、これらは少しずつニュアンスが異なっている。その違いは微妙であり、簡単に説明するのは困難であるが、多くの人々が用いる「歴史的建造物」または「歴史的または建築的価値をもつ建造物」とは、おおむね「〃保存〃すべき価値がある建造物」とみなしてよいだろう。

歴史的建造物の「保存」と「開発」とは、本来、同時に行なっていくべきことであるが、これまでわが国では対立概念のようにみなされてきた。明治以降の急速な近代化および戦後の戦災復興といった過程で、そこに建物が建っていようといまいと、同様の手順によって開発が進められ、開発予定地にすでに建物が建っている際、それらをすべて取り壊し、いったん更地とし、そこに新たな建築を建てるのがあたりまえであった。これは「スクラップ・アンド・ビルド」と呼ばれ、昨今、批判の対象となっている手法である。これら周辺環境や既存の環境にまったく配慮しない乱開発の横行は、自然破壊を招き、文化遺産を毀損・喪失させ、醜悪な都市景観につながっていった。これらは未曾有の経済成長を果たしたわが国の弊害であり、今後、何としても修正していかなければならない点である。

このような考えは、今にはじまったものではない。高度成長期の経済優先主義の開発時代にあっても、大気汚染、海・川の水質汚染、騒音等、目に見えるかたちで、その弊害が露呈し、一九七〇年代にはすでに、「公害」が社会問題となっていった。同時に、乱開発の影で、歴史的遺産が何の配慮もなく、失われてゆくのを目の当たりにしていた先達たちは、それらを何とか保存しなければならないと立ち上がった。これがわが国の建築および環境保存運動のはじまりである。このように、建築保存運動は乱開発をストップさせるために生じたもので、開発側にとっては、開発を妨げる行為に感じられ、長い間、「保存」と「開発」は相容れない対立する概念とみなされるようになった要因のひとつであった。

わが国の建築保存に関する議論では、長い間、その建築の実用性を優先させるのか、それともその建築の文化財的価値が勝るのかが争点となってきた。つまり、その建築の「機能性・経済性」vs「文化的価値」といった対立の図式で争われてきた。本来、建築の歴史上の重要性を認識し、人々の思い出や記憶を大切にしながら開発を進めていくのが理想のかたちであるが、実際には建物の文化的価値とは別に、その建物を取り巻く社会・経済状況が大きく影響し、結論が下される場合が多かった。開発側は新技術を採用し、より大規模で、より機能的な新しい建築物を建て、経済的アドバンテージを得ようとするばかりであり、他方、保存側は壊さないで欲しいと懇願するだけで、議論が噛み合うことはほとんどなかった。議論の過程で、建物のもつ文化財的意義そのものは両者ともに認めたとしても、経済的な理由という名目で、スクラップ・アンド・ビルド方式の開発がとられてしまうことも少なくなかった。それどころか、開発のためには、既存建築を壊すのは常識とさえなっており、それを規制する法制度はほとんど存在しなかった。そのため、高度成長期からバブル期にかけての開発では、保存運動によって建物が残されることは、ごく稀なことであった。これは英国の事情とは大きく異なった点である。英国では、原則として歴史的建造物が取り壊されることはない。もちろん、それは法律で歴史的建造物の取り壊しを防止していることも大きいが、それ以上に、このような法制度を成熟させ、使いこなしてきた一般の人々の歴史的建造物に対する思いと、その経緯とが、密接に関わりあっているものと考えられる。

わが国においても、本来、開発側は既存の建物を十分に尊重した開発計画を練る必要があり、保存側も建物を保存しても経済的損失がほとんどないような代替案を提示するなどの試みが必要であったと思われる。つまり、「開発」と「保存」とは対立する概念ではなく、同時進行が可能な関係にあり、歴史的建造物を利用した開発は、より魅力的な開発になるのだが、これまではこのような発想がまったく存在しなかった。この点は、昨今、少しずつではあるものの、確実に改善されつつある。ゼネコンが歴史的建造物の保存・活用に関心を示しはじめており、これまで皆無ともいえる状態であった既存建築を活かしていこうとする努力が払われるようになってきた。また、既存建築の構造診断技術も向上し、安全性に関しても、学術的に議論されるようになった。その過程で、構造的に問題があると診断され、歴史的建造物を壊すための論駁手段に用いられることもあったが、構造補強の方法を考案する構造技術者も登場するなど、建築保存の技術は大きく前進した。このように、建築保存の実践を通して、機能上の問題や構造上の問題など技術的な点はどうにかクリアできることが、さまざまな事例から明らかになってきた。問題は残す意思があるかどうかである。「なぜ保存しなければならないのか」といった議論も重要であるが、「保存すればこんなに魅力的なまちづくりが可能となる」といった提案のほうが、今後の建築保存にとって有効となることであろう。

他方、保存を要望する保存側も、これまでのように、ただ単に建物の価値を説明し、保存するように説得するばかりでなく、歴史的価値を損なうことなく、また、景観に配慮した代替案を提示し、保存を要望するような試みが行なわれるようになってきた[1]。こういった例は、まだ少ないものの、今後、歴史的建造物の保存にとってのひとつの手法となるかもしれない。

2　「保存」の概念とその変化

「保存」という言葉は、多くのニュアンスを含んでいる。そのため、人によって「保存」と聞いてイメージすることも大きく異なり、また、時代によっても変化してきた。わが国の場合、「保存」に対するイメージは、文化財行政の変遷と密接な関係がある。かつては、歴史的建造物の保存は行政が行なうものであり、文化財に指定されることが、保存されることと同義であると考えられていた。つまり、文化財としてお墨付きを得たものだけを保存すればよいという考え方が少なからずあった。そのため、保存すべきと考える歴史的建造物の種類も評価基準も、文化財の指定の基準とほぼ等しかった。文化財に指定された建造物はできるだけ現状を保つべきであり、増改築は行なうべきではなく、また、建設当初の姿に復原することが望ましいと考えられていた。そして、このような文化財建造物は、国や地方公共団体によって保護される代わりに、規制も厳しく受けていた。現在では、こういった規制はかなり緩和されたものの、いまだに「文化財に指定されると釘一本打つことができなくなる」と危惧する所有者がいるのは、その影響である。

　また、一昔前には、国宝・重要文化財に指定された建築は文化的価値が高いが、指定建造物以外は文化的価値が劣り、保存する必要はないと考えられていたこともあった。これは、保存の対象としてモニュメントしか扱わなかった頃の影響であろう。わが国の文化財建造物の保存は、古社寺を対象にはじまっており、[2]建設年代が古いもの、保存状態がよいもの、希少価値が高いもの、などといった基準によって、文化財建造物の価値にランク付けが行なわれていた。そして、その状態を、修理を施すことによって保ち、後世に伝えていこうとするのが、最初の建築保存の目的であった。そのため、建物を転用して用いることなど、到底、保存の範疇に入ることはなかった。

　しかし、保存すべきと考える建造物が、モニュメントばかりではなく、一般の民家や商業建築にまで及ぶようになり、状況が変化してきた。このような歴史的建造物は、単に現状を保存すればよいのではなく、再活用の必要性が求められ、それに対応するさまざまな手法が許容されるようになってきた。と同時に、保存した建築も、他の建築同様に機能的にもすぐれていなければならなくなり、その際、建築として、防火・防災等の安全面での考慮も必要となってきた。もはや、文化財としての観点のみでは、解決できない問題も多数生じてきた。歴史的建造物のどこを残し、どこを改造するかという問題は、保存・再活用の際に最も重要となる点であり、既存の建築のよさを保ちながら、現代社会にアジャストする最善の方法が望まれている。そのため、建築保存には、建築史家ばかりでなく、構造技術者、設備業者、建築家、マネジメントの専門家等、さまざまな分野の人々の力を借りる必要が生じてきた。

一方で、保存すべきと考えられる建築の種類も変化してきた。以前は、文化財の指定基準に準じ、時代を代表する建築であり、建築的にもすぐれているといった建築史上の価値が、保存すべきかどうかの基準になっていたが、それ以外にも、新たな評価基準が認められるようになってきた。たとえば、長い間人々に親しまれ、町のシンボル的存在となっている建築や、歴史的な出来事が繰り広げられた人々の記憶の場としての建築などが加わるなど、景観上の重要性、歴史上の重要性などといったそれまでにはなかった基準も含まれるようになった。このような評価基準は、まちづくりに歴史的建造物を活かそうとする際に、極めて重要となる。

また、文化財建造物の評価基準にも変化があらわれるようになり、文化財保護法においても、一九九六（平成八）年に導入された「登録文化財」制度の評価基準に、こうした項目が加えられている。これらの評価基準の登場は、さほど古いことではなく、新しい考え方であり、今後、ますます重要視されていくことが期待できる。

建築保存は、所有者や専門家ばかりの問題ではなく、社会問題となることも多い。著名な建築の取り壊しが話題にのぼると、必ずといってよいほど保存運動が沸き起こる。旧正田邸、豊郷小学校の保存問題が、マスコミで騒がれたことは、記憶に新しい。また、著者が所属している日本建築学会関東支部歴史意匠専門研究委員会でも、たびたび「保存要望書」を提出すべきかどうかが議論されている。

このように歴史的建造物の「保存」という概念は多岐にわたり、その言葉に対して思い浮かべることも、人それぞれ異なっている。そのため、「保存」という言葉を使用する際には、ますます慎重さが要求され、誤解を防ぐために、「保存」以外にも、少しずつニュアンスが異なる言葉を目的によって使い分けられるのが一般的である。必ずしも一般的とはなっていないかもしれないが、それぞれの用語を整理すると表**1－1**のようになる。このような現象は、英国でも同様で［表**1－2**］、英語でも「プリザヴェイション（preservation）」と「コンサヴェイション（conservation）」はニュアンスが異なり、どちらの言葉が適切であるかということが議論となったりする[3]。しかし、これらは明確に定義されて用いられているというよりは、むしろ慣習的に用いられてきたものや、あいまいな場合が多く[4]、かえって誤解のもととなったりすることもあり、注意を必要とするのは言うまでもない。

表1-1　歴史的建造物の保存に関わる用語（日本語）

保存	現状を保つこと．狭義では，建物の価値を損なわないように建物の現状を保つことであるが，広義では，「取り壊されない」ことといったように，「取り壊し」の反意語として用いられることも多い．
保全	人為的な行為によって保護するというニュアンスがある．自然環境や景観等を健全に保つ際に用いられることが多い．
保護	文化財保護というように，行政が資金的・技術的援助を行なって保存することを指す場合が多い．
凍結保存	歴史的建造物を絵画・彫刻等の文化財と同様に扱い，現状を損なう恐れがある行為を避け，建築を使用しないで保存すること．わが国の建築保存の初期の段階での方法を，批判を込めて，こう呼ぶことが多い．
活用	歴史的建造物を使用しながら保存すること．「凍結保存」に対して用いられるようになった．保存する歴史的建造物の建築としての機能を前面に押し出した考え方でもある．
再利用	本来の機能が失われ，一度，不要となったものに修理等を施し，再び利用すること．
再生	「再利用」と同義だが，保存に対して，より積極的なニュアンスが含まれる．
修理	壊れた部分を修繕すること．復原的な意味合いがない工事に用いられることが多い．
修復	修理を施し，原形に戻すこと．また，機能を回復すること．「修理」と同義だが，保存に対し，より積極的な意味が含まれる．
復原	学術的な調査を行ない，改修・改造の過程を明らかにし，ある一定の時代の状態を再現すること．建設当初の形（原形）に復原することが多いが，その建築の最盛期に復原することもある．わが国の文化財行政においては，現存する建物が創建以後に何らかの手を加えられた場合，それをかつての姿に復することをいう．
復元	「復原」と同義だが，わが国の文化財行政においては，「復原」が建物の一部が残っているものを過去の姿に学術的に再現するのに対し，「復元」は失われて存在しない建物のかつての姿を推測し復することをいう．考古学的遺構の上に，建築を再現する際などに用いられる．
整備	わが国の文化財行政において用いられる用語のひとつで，「復原」を行なう場合，部分的に，推測による設計を行なうことをいう．
改修	原形を改変し，修理を施すこと．
改築	「改修」と同義．
リニューアル	歴史的建造物に何らかの手を加え，改善・刷新すること．
更新	設備等，建築に付随する一部を新しくすること．
再建	再び建てること．一度，失われた建築等を建て直す際に用いられることが多い．
再開発	機能しなくなった都市機能を復活させること．既存建物の除去・建替・修理等を行なうとともに，新たな施設を建設し，計画的に都市機能の更新をはかる．区画整理をともなう大規模な都市改造から街路のリニューアル事業まで含む広範な概念．

（鈴木博之『建築の七つの力』をもとに作成）

表1-2　歴史的建造物の保存に関わる用語（英語）

conservation（コンサヴェイション） →保存	日本語の「保存」に近い，かなり広い意味をもつ概念．単に過去の状態を残すのではなく，実情に合わせて残していくというニュアンスが含まれることが多い．
preservation（プリザヴェイション） →保存，保全	conservation とほぼ同義で用いられるが，できるだけ現状を損なわずに状態を保つという意味合いが強い．日本語でいう「凍結保存」の意に近い．しばしば，自然環境や景観の保存に対して用いられる．アメリカ英語で用いられることが多い．
protection（プロテクション） →保護	日本語の「保護」とほぼ同義．英国では，建築保存の初期の段階で，この用語が用いられることが多かった．たとえば，最初の保存団体である「古建築保護協会」や最初の文化財保護法にあたる「古記念物保護法」等の名称に用いられている．
repair（リペア） →修理	日本語の「修理」と同様に，復原的な意味合いがない工事に用いられることが多い．
restoration（レストレイション） →修復，復原工事	日本語の「修復」に近い概念．日本語の「復原」を意味することもある．ただし，建築保存の初期の段階では，学術的な調査に基づかない復原を意味しており，ネガティヴな意味合いが強かった．
rehabilitation（リハビリテイション） →修復	修理等によって建築の機能を回復し，使い続けることが可能な状態にすること．医学の分野で用いられる意味に近い．
renovation（リノヴェイション） →更新	設備等が旧式になった場合など，新しい機器に入れ替えること．
reconstruction（リコンストラクション） →再建	日本語の「再建」とほぼ同義．
rebuilding（リビルディング） →再建	日本語の「再建」とほぼ同義．
renewal（リニューアル） →リニューアル	和製英語「リニューアル」とほぼ同義．
reuse（リユース） →再利用	日本語の「再利用」とほぼ同義．
recycle（リサイクル） →再利用	日本語の「再利用」とほぼ同義．
regeneration（リジェネレイション） →再生	歴史的建造物に修復等を施し，積極的に歴史的遺産を利用していこうとすること．1990年代以降，都市再開発のキーワードのように用いられている．
renaissance（ルネッサンス） →復興，再興	本来は，「復興」といった意味であるが，都市開発においては，「アーバン・ルネッサンス」といったように，過去の姿を蘇らせ，再生しようとする際に用いられる．

（鈴木博之『建築の七つの力』をもとに作成）

3 建築史研究と建築保存

建築保存の背景には、建築史研究の発展が大きく影響を及ぼしていた。すでに建っている建築は、建築を設計しようとするものにとって最高の教科書であり、過去の建築を参照することは常套手段であった。ルネッサンス建築が古典建築に規範を求めたことはよく知られているが、それ以前にも、ロマネスク建築は既存のローマ遺跡を参照して建てられるなど、建築の発展において、過去の建築の研究は欠かすことができないものであった。

現存する最古の建築書とされるウィトルウィウスの『建築書』（紀元前二〇年頃）は、ギリシア建築を中心とする既存の建築の研究から生じたものであった。また、ルネッサンス時代には、さまざまな建築書が刊行され、それをもとに古典様式が広まっていった。これら建築書の中心課題は、建物をどう建てるべきかという点にあり、手法は稚拙であったにしても、過去の建築を研究し、規範としようとする考えに基づくものであった。

やがて過去の建築の研究は、建築史という学問の誕生を呼ぶ。英国で最初に書かれた建築史は、一六七〇年代にジョン・オーブリー（一六二六－七七）による『クロノロギア・アルキテクトニカ（建築年代記）』である。これは中世を中心とした古建築を年代順に並べ、挿図とともにその特徴を示すものであった。同時代には、アンソニー・ウッド（一六三二－九五）によって『オクスフォードの古代遺物』（一六七四年）等が出版されており、古建築に対する興味と知識の蓄積が確認できる。(5)

一八世紀半ば頃からは、新古典主義建築が流行する。新古典主義建築もルネッサンス建築同様に、古典建築を規範とした建築であるが、ルネッサンス建築との大きな相違は、過去の建築をより学術的に研究し、これら考古学的成果に基づき、より正確に古典建築を再現しようとしたところにあった。これらは、近代の啓蒙主義の影響もあって、建築史学の体系化につながっていった。つまり、新古典主義の流行は考古学の成果であり、建築史研究の発展によるものであった。過去の建築を研究して建築を建てるという考え方は、新古典主義建築にとどまらず、次第に、ゴシック・リヴァイヴァルや他のさまざまなリヴァイヴァル建築に結びついていった。そして、これら建築史研究の高まりによって、建築を「様式」としてとらえるようになっていき、建築家は様式にたよって設計を行なうのが一般的となった。

　また、古建築に対する知識の増加は、古建築の修復にも大きな影響を与えた。一八世紀半ば以降、中世建築の多くが修理を必要とする状態に陥っており、ジョージ王朝期（一七一四―一八三〇）からヴィクトリア王朝期（一八三七―一九〇一）にかけて、経済状況が安定するなかで、実際に多数の修復工事が行なわれた。その際、古建築に対する研究によって、より厳密さが要求されるようになり、さまざまな議論が交わされる結果となった。ヴィクトリア朝の英国は、活発な経済活動が要因となって教会堂の修復工事がさかんに行なわれたことに加え、キリスト教を中心とした中世主義を背景とし、熱心なゴシック・リヴァイヴァルが展開していった。他方、古建築に対する興味はますます増大し、古典や中世といった区別はなく、古代遺物の収集がさかんに行なわれるようになった。そして、それが学術的に整理されていった。特に、英国では、考古学愛好者たちによって、さまざまな団体が結成され、考古学が急速に発展するとともに、これら団体によって古建築の組織的な保存運動がはじめられるようになった(6)。

　このように、建築史の発達とともに、その資料である過去の建築を貴重なものと考え、大切に扱うようになると同時に、過去の建築を正確に再現し、その状態を保っていくべきと考えるようになった。これもまた、建築保存のはじまりのひとつである。と同時に、古建築に対する対処の仕方が、議論の的となり、「保存理念」または「保存観」とでも呼ぶにふさわしい理論が誕生していった。

　古建築は、建築史研究にとっては重要な研究対象である。それを保存しようとするのは、建築史家にとっては、当然の行為であろう。しかし、古建築は建築史家だけのものではない。一般の人々にとっても、重要なものであることは言うまでもない。長い間なじみ親しんできた古建築は、景観の一部であり、さまざまな出来事の舞台であったりする。そのため、建築史家は、古建築の価値を正しく判断することが要求される。つまり、建築保存は、建築史研究と同時進行で、発展・進歩してきたのである。

4　法律による建築保存

　ほとんどの国には、現存する歴史的建造物や古記念物等を保護する法律が存在し、これによって行政が建築保存を行なってきた。それはわが国でも同様であり、現行では主に、文化財保護法によって歴史的建造物の保護がはかられている。わが国で最初に歴史的建造物が法律によって保護されるようになったのは、一八九七（明治三〇）年施行の「古社寺保存法」である。それ以前にも「古器旧物保存方」という太政官布告が一八七一（明治四）年に発布されており、寺院・神社の宝物類を国が保護する仕組みがすでにできあがっていたが、不動産である歴史的建造物が、法律によって保護されるようになったのは、古社寺保存法が最初である。古社寺保存法では、「特に歴史の証徴または美術の規範となるべきもの」を「特別保護建造物」に指定し、その修理や維持・管理に要す費用を、公的資金の「古社寺保存金」によって助成した。ただし、その対象は古社寺に限られていた。その後、一九二九（昭和四）年に、古社寺保存法が廃止されて「国宝保存法」となり、保護する建造物（「国宝」）[7]の対象が、城郭[8]や一部の個人所有の住宅[9]にまで広げられるようになった。

そして、一九五〇（昭和二五）年に「文化財保護法」が施行され、現行制度のもとができあがった。文化財保護法では、「国宝」と「重要文化財」というふたつの枠組みによって歴史的建造物が保護されるようになり、指定の対象も明治以降の洋風建築にまで広げられた[10]。一九七五（昭和五〇）年の文化財保護法一部改正により、「伝統的建造物群保存地区」制度が導入され、単体ばかりでなく、群として町並みも保存対象に加えられた。また、モダニズム建築[11]や昭和の建築[12]も、重要文化財として指定されるなど、文化財としての保護対象の範囲は、大幅に拡大された。

一九九六（平成八）年には、「登録文化財」制度[13]が導入され、現行の制度がほぼ完成した[14]。登録文化財とは、正式には「登録有形文化財（建造物）」といい、規制により保護するのではなく、台帳に掲載することによって、文化財的価値を公証し、多数の歴史的建造物を保護しようとするものである。国宝・重要文化財による歴史的建造物の保護は、強い規制のもとで重点的に保護をはかろうとするものであるため、比較的新しい歴史的建造物の保護には不適であり、また、保護する歴史的建造物の数には限界があった。そこで、英国、フランス、アメリカ、ドイツ等の制度を参照し、登録文化財制度が考案された。築後五〇年を経過していれば、建築物の他、ダムや橋梁、港湾施設などの土木建造物も対象となるなど、登録文化財制度の導入によって、それまでの文化財保護の枠組みが大きく変化した。登録文化財の数は、急速に増大しており、今後、ますます、この制度の活用が期待されている。

ここで、再び法律による建築保存のはじまりに戻りたい。一八九七（明治三〇）年に施行された、わが国で歴史的建造物を保護するための最初の法律「古社寺保存法」は、欧米諸国の制度を参照したものであったが、欧米諸国においても、文化財保護関連法には、さほど長い歴史があるわけではなかった。古記念物を法律や命令等により保護しようとする動きは、スウェーデンでは一七世紀、[15]ドイツのヘッセンでは一八一八年と早い段階ですでにあったが、[16]ほとんどの国では一九世紀末のことであった。[17]本書の対象である英国では、最初の建築保存に関連する法律の「古記念物保護法」は一八八二年の制定であり、[18]各国の制度に大きな影響を及ぼしたフランスでも一八八七年のことであった。また、アメリカでは一九〇六年に最初の文化財保護関連の法律である「古遺物法」が制定されている。その後、第一次世界大戦後に、多くの国々で建造物を保護する法律が制定されるようになる。たとえば、ギリシアでは一九三二年に古記念物を保護する法律が制定され、イタリアでも同様に一九三九年に文化財を保護する法律（一〇八九号）が制定されている。[19]

これらのなかで、フランスでの動きは注目に値する。フランスで法律によって記念物（モニュメント）を保護するようになったのは一八八七年と、英国とほぼ同時期であるが、その下準備となる重要な動きが、その半世紀前からはじまっていた。[20]それは、フランス革命によって多量に破壊された歴史遺産を、何とか守っていかなければならないという考えからであった。一八三〇年の七月革命後、内務大臣ギゾー（一七八七－一八七四）によって、それまで出版されていなかった資料をもとに、フランス史の編纂が開始された。[21]そのなかには、フランスに現存する歴史的記念物すべてに関する記録（une veritable statistique monumentale）の編纂も含まれており、「歴史的記念物総監」が任命された。初代総監にはルドヴィク・ヴィテ（一八〇二－七三）が就任し、一八三四年五月に、プロスペル・メリメ（一八〇三－七〇、総監在位一八三四－六〇）に引き継がれ、メリメのもとヴィオレ・ル・デュク（一八一四－七九）が活躍した。総監の役割は、フランス全土の記念物を叙述し、目録を作成すること、および記念物の保存状態を調査し、保存策を示唆することであった。一八三七年には、メリメによって、諮問機関の「歴史的記念物委員会」が設立され、[22]目録を作成するとともに、廃墟化する恐れのある記念物の保存が開始された。メリメの計画では、完成まで二〇〇年はかかり、その分量は九〇〇巻にも及ぶものと見積もられていたが、実際には、一八四〇年までに保護すべき五九件の記念物のリストが作成され、一〇五、〇〇〇フランの予算が用意された。これはヨーロッパで最初の建築保存のためのリストであり、最初の建築保存のための国家予算であった。また、正当な予算配分を検討する専門家、ならびに修復に関する技術的問題に対処する専門の建築家が必要となり、ヴィオレ・ル・デュクに代表されるような、公的に認められた「修復建築家」が誕生するきっかけになった。一八四一年には、法律によって記念物を強制収用することができるようになった。そして、一八八七年になって、リストに掲載された建造物の破壊が、法律によって禁止された。一九〇七年には、「修復建築家」の資格が、歴史的建造物を扱う職能を定めた「歴史的記念物主任建築家」として制度化され、一九一三年には現行の法律につながる歴史的記念物に関する法律が制定されている。

以上は、歴史的建造物を文化財とみなし、単体で保護していこうとする法律であるが、それ以外にも、歴史的街区を全体として保存していこうとする法律も、一九六〇年代頃から各国で制定されはじめた。歴史的街区の保存は、各国で自然発生的に芽生え、さかんに行なわれていたが、既往の法制度では対処しきれないことも多く、一九六〇年代以降、歴史的街区保存のための専用の法律が、各国で制定されるようになった。その最初の法律は、フランスで一九六二年に制定された通称「マルロー法」(23)で、これによって「保護地区」の制度が導入された。

歴史的街区をそっくりとそのまま残したいとする動きは世界的に起こり、一九六四年の「ヴェネツィア（ヴェニス）憲章」(24)でも明確にうたわれ、その後、各国で法制度化されていった。英国では、一九六七年に制定された「シヴィック・アメニティズ法」(25)が類似の法律であり、アメリカでも、一九六六年に類似の「国家歴史保存法」が制定されている。イタリアでは、都市再開発のなかで学術的保存修復計画が発展し、制度としても一九六七年の「橋渡し法」によって、各自治体が歴史地区の線引きを行なうことが義務づけられ、歴史地区内の開発行為はすべて詳細計画（ＰＰ）に従属することが規定された。(26)ドイツでは、文化財行政に関する法律は、連邦法ではなく州法によるため、全国一律の法律は存在しないが、一九七〇年代に各州で類似の保護制度が制定されている。前述のように、わが国でも一九七五（昭和五〇）年に文化財保護法が改正され、「伝統的建造物群保存地区」制度が導入されている。

実際に建築保存を行なっていくなかで、文化財保護関連法の枠組みだけでは、対処できない問題は少なくない。特に、歴史的建造物の保存は、都市計画と密接な関係がある。そのため、英国の場合、かなり早い段階で、都市計画関連法のなかで、歴史的建造物の保存に関して定められた。わが国でも、文化財保護法とは別に、都市計画法のなかに、「風致地区」(27)

や「美観地区」[28]という制度が定められているが、十分に機能してきたとは言い難い。「風致地区」や「美観地区」の制度は、一九一九（大正八）年に都市計画法が制定された段階ですでに設けられており、長い歴史をもっている。また、一九六六（昭和四一）年には、「古都における歴史的風土の保存に関する特別措置法」（通称「古都保存法」）が制定されるなど、都市計画関連法のなかでも、歴史的環境および歴史的建造物の保存に対し、努力を払ってきた。今後、求められるのは、文化財保護法と都市計画関連法のさらなる緊密な連携であろう。

このように、歴史的建造物の保存は都市計画と密接な関係があり、その関係を明確にすることが、本書の最大のテーマのひとつである。わが国でも、今後の文化財保護行政は省庁間の横断的対応が望まれており、都市計画関連法によって建築を保存しようとする先進国である英国の例は、参考になることであろう。

5　市民による建築保存

法律や制度による建築保存以外に重要となるのが、保存のための市民運動である。建築や都市計画の専門家ではないが、建築や景観に対して最もなじみが深く、それらを愛している人々は、建築が取り壊されないように保存運動を繰り広げる。わが国でも、著名な建築が取り壊されそうになると、保存を求める人々が集まり、組織を結成することがよくある。そして、シンポジウムや見学会を催し、賛同する人々を募り、所有者や関係部局に保存を求める。マスコミもこのような運動を取り上げ、保存問題が社会問題にまで拡大することもしばしばある。インターネット上にも、多数の保存団体がホーム・ページを開設しており、それぞれリンクをはって、情報交換を行なっている。

歴史的建造物の重要性を認識し、それを保存していこうとする市民運動は、決して新しい動きではない。英国の場合、各種の市民運動は中世にすでにあったといわれるが、一九世紀末頃から、環境保全のための市民団体が各地で設立されるようになった。それらの活動は多岐にわたっており、そのなかで建築の保存問題に関わる団体も少なくなかった。これらが後述する「ローカル・アメニティ・ソサイアティ」[29]である。また、住民参加のまちづくりは、もはや常識となっているが、その過程で、歴史的環境が重要視され、保存が求められることも少なくない。

これら市民による保存運動が起こるのは、建築は個人の所有物であったとしても、公共性を有しているためである。これは「個人の権利」と「公共の利益」に関わる重要な問題であり、どちらを優先すべきというものではない。

景観は公共のものであり、建築は個人のものである。しかし、建築は景観を形成する最大の要因であり、建築が建て替えられると周辺の景観も大きく変化する。そのため、建築を規制する際には、景観上の配慮も必要である。しかし、わが国では、建築基準法による確認申請により建築行為の規制があるものの、これらは高さや容積、安全性に関するものであり、景観保全とはまったく連携していない。また、都市計画法上も、景観統制に関しては消極的であった。これは法制度ばかりのことではない。市民も景観に関しては、無関心であったと言わざるをえない。かつては、わが国でも、無意識のうちに町並みにあった建築を建てるのが一般的であったが（地元に根づいた伝統的手法で建物が建設されたために統一された町並みができたといったほうがよいのかもしれない）、明治維新以降の近代化の過程で、このような伝統は失われてしまった。

他方、西欧社会では、市民が景観に対して高い関心を抱いている。個人主義の西欧社会では、他人がどのような建築を建ててもよいと考えるのではないかという気もするが、実際には、町並みや景観は自分の所有物のように、非常に関心をもち、大切にしている。そして、それが市民の景観保存運動や建築保存運動につながっている。このような市民の考え方は制度にも反映され、建築計画が縦覧され、公聴会が開かれるなど、市民が景観の形成・保全を見守れるシステムができあがっている。

6　さまざまな建築保存の方法

建築保存が問題となるのは、既存の建物が何らかの理由で、取り壊されそうになるか、取り壊しが検討されている場合である。このように、「保存」の反対には「取り壊し」があり、保存するためには、保存したことによって取り壊す場合以上のメリットを示す必要があるだろう。建物の取り壊しが検討されるのは、建物に何らかの不具合が生じた場合がほとんどであり、それを解決することが要求される。最も単純なのは、建物を修理することによって解決できる場合であり、これは日常のメンテナンスの延長上にあるとも考えられ、特別なことではない。建築保存が必要となるのは、もっと複雑な要因が影響している場合であり、それに対処するには、さまざまな手法が要求される。

建築保存にとって、その場でそのままの用途で使い続けながら保存することが最善の保存であるに違いない。しかし、たいていの場合、そうはいかないものであり、次善の策が余儀なくされる。建築保存の分類に関しては、さまざまな方法があるが、おおむね次のように整理できる。

保存の手法は、保存の程度により、①建物全体を残す「全体保存」、②建物の一部のみを残す「部分保存」、③建物そのものは残らないが復原が可能なように情報を残す「記録保存」の三つに分けることができる。また、保存する場所によって、(Ⅰ)「現地保存」と(Ⅱ)「移築保存」とに分けることができる。さらに、保存の状態として、(i)そのまま現状を残す「現状保存」、(ii)復原して残す「復原保存」、(iii)増築を行なうなど機能を補完して残す「改修保存」に分けることができる。当然、それぞれの分類において、数字が小さいほど、理想的な保存ということになる。すなわち、建築保存にとって、現地で、そのままの形で、全体を残す場合、つまり、上記の分類でいくと、①「全体保存」、(Ⅰ)「現地保存」、(i)「現状保存」を同時に達成するのが、理想の姿である。しかし、これが不可能なために保存のための手法が検討される。たとえば、その場での保存がどうしてもできない場合には、野外博物館等に移築して保存することがある。(30) この場合、展示資料として用いるため、復原をすれば、①「全体保存」、(Ⅱ)「移築保存」、(ii)「復原保存」の組み合わせになる。技術的な問題もあり、すべての組み合わせが可能なわけではないが、実際には、これらさまざまな組み合わせによって、建築保存が実践されている。

このように、実際に保存を行なっていくうえで、次善の策が模索されるが、どこまでが許容されるかは、しばしば議論の的となる。また、同様の問題は、歴史的建造物の復原（復元）や修理の際にも問題となる。つまり、保存するために施した行為により、当初の材料が失われたり、異なった構法が用いられたりすると、本来の建築の価値を失うのではないかという危惧である。この議論を延長していくと、レプリカは必要かどうかという命題に達する。

たとえば、ミース・ファン・デル・ローエ（一八八六－一九六九）の代表作バルセロナ・パヴィリオン（バルセロナ万博のドイツ館、一九二八－二九年、一九八六年再建）の復原を例にとってみよう。ミースの出世作でもあるバルセロナ・パヴィリオンは、バルセロナ万博のためにつくられた仮設建造物であり、万博終了後、撤去された。しかしながら、近代建築のモニュメントと称されるほど多くの建築家に影響を与えたこの建築を、復原して欲しいという声が多く、五〇年以上経った一九八六年に、図面・写真等の記録をもとにして、同じ場所に復原・再建された。この復原に対し、空間が再現されたと評価する意見も多かったが、反対意見も少なくなかった。反対意見のほとんどは、復原の正確さに関するものであった。再建にあたり、他の新築建築同様にさまざまな規制がかかり、それら諸条件のため行なわれた変更[31]は、忠実な復原を妨げた。そのため、実際に建てられた建築は、本来の姿とは異なり、異なった空間を復原とするのは、誤解のもとになるという批判もある。復原の是非に関してはさまざまな意見があり[32]、簡単には結論が出せない難しい問題を含んでいる。

建築保存の際の文化財的評価基準として、「オーセンティシティ」という概念がある。「オーセンティシティ[33]」は、翻訳するのが非常に難しく、そのままカタカナ表記されることが多いが、大雑把に要約すると、「どれだけ本来の姿を保っているか」ということであり、「歴史的建造物の純潔性」とでもいった概念である。この概念は、一九六四年のヴェネツィア憲章[34]の前文にはじまり、その後、国際的に文化財建造物の価値を論じる際の基準となってきた。建築を復原や修理する場合、当初材以外の新材を使用する必要があり、それがどの程度の割合なのかが、オーセンティシティとみなされてきた。しかし、オーセンティシティの概念も、一九九四年のユネスコ主催の奈良会議以降変化し、建築の個性に合わせた適切な修理や改築が許容されるようになってきた。

以上は、保存の手法のハード面での分類であるが、ソフト面、すなわち活用の方法も多種多様であり、単に「建築保存」といっても、さまざまな手法が存在する。特に、歴史的建造物の活用に関しては、わが国でも昨今、さまざまなアイディアが考え出され、それらが実践されている[35]。

このように、建築保存は、ハード面、ソフト面、また、さまざまな外的要因が影響し、単純な問題ではない。そのため、建築保存は厳格な枠組みをかぶせ、厳しく規制するのではなく、比較的自由度をもたせていくべきだと考える。ただし、その際、建築本来のもつ価値を見つけ、それを極力残すことを考えるべきであろう。

2章　建築史の発展と古建築の修復

1　最初の建築保存

歴史的建造物を保存しようとする動きは、いつごろから生じてきたのであろうか。これは非常に興味深いテーマであり、さまざまな研究者たちによって考察されてきた。たとえば、イタリア・ルネッサンスの建築家アルベルティ（一四〇四－七二）の進言を受け入れた一五世紀のローマ教皇庁であるとする説[1]や、一八三七年に「歴史的記念物委員会」が設立され、歴史的記念物の保護が国家政策となったフランスが最初とする説などが著名な例である。

歴史的建造物の保存の経緯に関する英国最初の著作とみなされる『古記念物の管理』[2]（一九〇五年）の筆者ジェラルド・ボールドウィン・ブラウン（一八四九－一九三二）は、ローマ教皇レオ十世（在位一五一三－二一）が、ラファエッロ（一四八三－一五二〇）にローマの古代芸術の遺跡を監理するよう命じたことを、最初の建築保存の例としてあげている[3]。これは、教皇がサン・ピエトロ大聖堂の建設のために廃墟となったローマの遺跡の大理石を利用しようとするためのものであった。実際には、教皇の目的はほとんど達成することができなかったものの、結果として古代ローマ遺跡の記録が編纂されることになった。

また、『保存』[4]（一九七二年）の著者ウェイランド・ケネット（一九二三―）は、古建築を保存しようとしたヨーロッパの最初の例は、もっとさかのぼることができ、西ローマ帝国の崩壊（四七六年）直後のローマのコロッセウムの保存であり、その際、すでに建築物としての価値が認められ、それを理由に保存すべきだとする考えがあったとしている。[5]これは、政権を奪取した征服者が、それ以前の支配者の建築を、政権や民族とは無関係に、その価値を認めて保存しようとしたという意味では、最初の例かもしれない。

しかし、古代エジプトやバビロニアでも遺構を修理していたことが明らかになっており、ギリシア人もヘレニズム時代の遺構を、その栄誉をたたえ、破壊するようなことはなかったし、アウグストゥス（在位前六三―後一四）やハドリアヌス（在位一一七―一三八）といったローマ皇帝たちもまた、ギリシアの遺構に対し、畏敬の念を抱いていたことは明らかである。[6]このように考えると、果たしてコロッセウムの保存が最初とみなしてよいのかというと疑問が残る。また、使えるものは大切に使い続けようとする発想は、原始の時代からあったと考えられ、これも保存に含めるのであれば、建築の歴史とほぼ同様に、保存の歴史も存在するということになる。

ニコラウス・ボールティングは、英国で最初の建築保存を一一七四年の大火後のカンタベリー大聖堂の再建時とし、その際、サンスのギョームとその後継者が、以前の建築にできるだけ近づけようと試みたこととしている。これは厳密な意味では保存ではないかもしれないが、復原を試みたものであり、過去の建築を尊重する精神のあらわれとして重要な例であろう。[7]また、ボールティングは、法律や制度といった意味での英国での最初の建築保存は、エリザベス一世（在位一五五八―一六〇三）が一五六〇年に発布した「教会関係の古記念物を破損することを禁止する」という勅令であったとしている。[8]これは英国の宗教革命後、かつての教会堂関係施設等がないがしろにされていることに、エリザベス一世が救いの手をさしのべたもので、建築保存や考古学的興味からというよりは、感情的な行為であった。

また、英国の歴代の国王たちは都市景観に高い関心を示しており、しばしば景観を乱す建築の改善を求めている。たとえば、エドワード一世（在位一二七二―一三〇七）はスコットランド遠征の途中の一二九八年に、ヨークからスコットランドに向かう沿道にあるあばら屋を修理するようにという命令を出しており、[9]また、幾度もの行幸を行なったエリザベス一世は、歴史的な町並み景観が損なわれている様子を見ると、しばしば改善を求めたという。エリザベス一世はまた、スプロールが進むロンドンにおいて、家屋の管理に関する勅令を幾度も発布するなど、(10)都市景観に高い興味を抱いていた。これらは、歴史的な町並みの一部の建築が手入れされることなく放置されて景観が損なわれたことに対する国王による改善要求であり、町並み保存に対する国家権力の介入のはじまりともみなすことができよう。こういった景観保全に対する規制は、やがて自治体単位でも行なわれるようになり、それが英国の伝統につながっていく。

最初の建築保存は何であったのかといった問題は、「建築保存」とは何を指すのかといった定義によって、おのずと答えが異なってくる。痛みが激しい古建築を修復し、それを使い続けることが建築保存とすれば、太古の昔にすでに建築保存が行なわれていたことになるだろうし、それとは別に、古建築の歴史的または文化的価値を認め、残すべきと主張することが建築保存だとすれば、コロッセウムが最初の例となるのかもしれない。また、古建築の歴史的価値を学術的に認識し、それを後世に残す努力をするのが最初だとすれば、過去の建築の考古学的調査が開始された段階が、建築保存のはじまりということになろう。国家が制度をつくって歴史的建造物を保護するようになったのがはじまりだとすれば、フランスの「歴史的記念物委員会」が最初ということになるだろう。また、実際に取り壊されそうになった建築に対し、保存を求めるアクションを起こし、取り壊しを中止させるのが保存だとすれば、別の事例があがってくるかもしれない。このように、明確にこれが最初の建築保存であるということは、必ずしも明らかになってはいないが、一七〜一八世紀頃にはすでに、歴史的建造物の価値を認め、それを保存しようとする現代につながる重要な動きがあったことは確かである。

建築保存の最初の例ではないにしても、歴史上の興味深い例として、ジョン・ヴァンブラ（一六六四—一七二六）が書いた保存要望書とも解釈できる手紙が残っている。(11)ヴァンブラは、イングリッシュ・バロックを代表する大建築家としてよく知られているが、彼が建築家としての名声を確固たるものとした傑作ブレナム・パレス（オクスフォードシャー、一七〇五—二四年）の設計を依頼されたときのことであった。現在、ブレナム・パレスが建っているウッドストックは、古くから王室のマナ（荘園）であり、そこには中世のマナ・ハウス［図**2—1**］が建っていた。スペイン継承戦争(12)（一七〇一—一四年）の際、一七〇四年にブレンハイムでルイ十四世（在

図2-1　ウッドストックのマナ・ハウス（オクスフォードシャー，～1723年）

位一六四三－一七一五）のフランス軍を撃破した初代モールバラ公ジョン・チャーチル（一六五〇－一七二二）は、その功績をたたえられ、モールバラ公の爵位とともにウッドストックの土地と建物をアン女王（在位一七〇二－一四）から下賜され、そこにカントリー・ハウスを建てようとヴァンブラに設計を依頼した。ちなみに、「ブレナム」は「ブレンハイム」の英語読みで、記念すべき戦地の名前をとってつけられたものである。現存する手紙は、その建設途中の一七〇九年六月一一日付のもので、施主のモールバラ公夫人に宛てたものであった。[13]手紙の中で、ヴァンブラは、すでにそこに建っていたマナ・ハウスの歴史的な価値を認め、その保存を訴えている。結局、ウッドストックのマナ・ハウスは一七二三年に取り壊されてしまうが、バロックの建築家が中世建築に対し畏敬の念を抱き、それを保存すべきだとアクションを起こした点は、非常に興味深い。ちなみにウッドストックのマナ・ハウスは、歴史上も重要な舞台であり、即位前のエリザベス一世が軟禁されていた場所でもあった。[14]

ヴァンブラの手紙は、過去の建築家も歴史的建造物の保存を真剣に考えていた証憑であることに違いないが、これは特殊なケースと考えてもよいだろう。一般に、近代社会誕生以前には、建物を建てるには膨大な費用や手間がかかるため、人々がそれを大切に用いるのは当然のことで、建てられた建築をほぼ永久的に使用していこうとする考えが、暗黙のうちにできあがっていた。そのため、建物を取り壊すということは、よほどの理由がない限り、まずはなかった。しかし、近代社会は、それまでの状況を変貌させ、新たな開発のために、それまで用いられていた建物を取り壊すことも、頻繁に起こるようになった。

2　考古学の興隆と古典建築研究

一八世紀半ばのヨーロッパ建築界では、絶対王政の衰えとともに、その象徴でもあった装飾過多の傾向が強いバロック建築を否定するようになっていった。同時に、自然や理性に権威ある原理を見出していこうとする動きが生じ、科学的合理主義が広まっていった。建築の世界も例外ではなく、綿密な実測調査に基づく考古学の成果を、建築の設計に活かそうとする動きが生じてきた。そして、考古学的関心の高まりをもたらした。

長い歴史・文化をもち、古建築が多数現存する地中海地方には、現物を見て、それらを記録にとどめようとする者たちが、各国から集まった。一七四八年には、フランスのブルボン王家がパトロンとなり、火山の爆発により埋もれていたポンペイの発掘調査が開始されている。また、ギリシア建築に対する興味も高まり、危険を冒しながらも、オスマン朝トルコの支配下にあって政情が安定しなかったギリシアに向かい、[15]古代遺跡を実測し、図面集として出版するものも生じてきた。英国では、ロバート・ウッド（一七一四－七一）によって一七五三年に『パルミラの遺跡』が、一七五七年には『バールベックの遺跡』が出版されている。また、フランスでは、ル・ロア（一七二四－一八〇三）が一七五八年に『ギリシアの美しい遺跡について』を出版し、大きな影響を与えることになった。このような動きは、ますます活発となり、英国に限っても、一七六二年にはジェイムズ・スチュワート（一七一三－八八）とニコラス・レヴェット（一七二〇－一八〇四）によって『アテネの古代遺物』（一七六二年、第二版一七八九年）が、一七六四年にはロバート・アダム（一七二八－九二）によって『スパラトのディオクレティアヌス帝の宮殿遺跡』（一七六四年）が出版されている。[16]

古典主義建築の情報が増大すると同時に、建築の原点を古代ローマ建築や古代ギリシア建築にさかのぼり、それを正確に復興しようとする「新古典主義建築」が誕生し、多くの著作によってヨーロッパ全土に広まっていった。初期の段階で最も影響力をもっていたのが、ドイツの美学者ヨーハン・ヨアヒム・ヴィンケルマン（一七一七―六八）による『ギリシア芸術模倣論』（一七五五年）であった。ヴィンケルマンは、ギリシア美術を規範とすることを勧め、ギリシア・ローマ芸術の優劣論争のきっかけをつくった。また、フランスのイエズス会士のマルク・アントワーヌ・ロージェ（一七一三―六九）は、一七五三年に『建築試論』（一七五三年、第二版一七五五年）を著し、このなかで、「建築はギリシア建築のように柱と梁、そして切妻屋根からなるべきで、壁体や意味のない装飾は排除されるべきである」とし、ルネッサンス建築のピラスター等を否定し、ギリシア建築のように独立円柱を用いるべきだと主張したことは有名であり、これはのちの構造合理主義への先駆けともみなされるようになった。また、ヴェネツィアの修道士カールロ・ロードリ（一六九〇―一七六一）は、機能主義理論を唱え、その後の建築理論に多大な影響を与えた。英国では、美的感覚を心理的に分析したエドマンド・バーク（一七二九―九七）の『崇高と美の起源』（一七五七年）の影響力が大きかった。

英国では、貴族の子弟はグランド・ツアーによって大陸文化にふれ、貴族をパトロンとした芸術家は現地で修業を積むようになるなど、ヨーロッパの歴史文化に対する関心が、ますます高まっていった。「グランド・ツアー」とは、貴族の子弟が、国際的なジェントルマンとなるために、結婚前に一年から二年、文化的な先進国であったフランスやイタリアに旅行をすることをいう。エリザベス王朝期には、有望な貴族の若者は、国費によって留学したが、国力の上昇とともに、貴族自身が自費で、子弟にグランド・ツアーを体験させるようになった。この流行は、一八世紀にピークを迎えている[17]。グランド・ツアーを経験した者たちは、それを誇りにし、経験を分かち合うために倶楽部を設立した。これが上層階級の社交の場となり、政財界に大きな影響を及ぼすことになった。一七三三年に創設された「ディレッタント協会」はそのひとつで、考古学の発展にも大きく貢献した。そして、考古学は紳士の教養として重要視されるようになった。同時に、学術的レベルも急速に向上し、一八世紀半ばからは、さまざまな考古学的学術団体が設立され、組織として活動を行なうようになっていった。その最初の団体は、一七〇七年創設（一七五一年正式結成）の「ロンドン古物研究家協会[18]」［図**2**―**2**］であった。

このような動きは、ロンドンばかりでなく、一九世紀には、ニューカースル（ニューカースル・アポン・タイン古物研究家協会、一八一三年設立）、ウォーリックシャー（ウォーリックシャー考古学・博物学協会、一八三六年設立）、オクスフォード（オクスフォード建築・歴史協会、一八三九年設立）、ウィルトシャー（ウィルトシャー考古学・博物学協会、一八五三年設立）、カンバーランドおよびウエストモーランド（カンバーランドおよびウエストモーランド古物研究家・考古学協会、一八六六年設立）、リーズ（ソレズビー協会またはリーズ・アンド・ディストリクト歴史協会、一八八九年設立）等、地域単位で活躍する考古学的諸団体が各地で結成された[19]。

また、全国組織としては、「グレイト・ブリテンおよびアイルランド考古学協会（現王立考古学協会）」（一八四四年設立）［図**2**－**3**］[20]や「英国考古学協会」（一八四三年設立）［図**2**－**4**］[21]が設立されている[22]。これら諸団体は、機関誌[23]を発行し、学術的な活動を進めるとともに、歴史的遺産の保存に対する圧力団体ともなっていった。

3　中世建築研究

考古学的学問手法によって、過去の記念物や建築に対する研究が進むにつれ、中世の建築に対する興味も高まってきた。

図**2-2**　「ロンドン古物研究家協会」のロゴ

図**2-3**　「グレイト・ブリテンおよびアイルランド考古学協会（現王立考古学協会）」のロゴ

図**2-4**　「英国考古学協会」のロゴ

そして、中世独特の城郭建築や教会堂建築のモティーフを用いて中世風の建築を建て、中世の原風景を再現しようとする動きが生じてくる。ホラス・ウォルポール（一七一七—九七）が建てたストローベリー・ヒル[24]［図2—5］は、その嚆矢となった作品であり、これら中世趣味が、のちのゴシック・リヴァイヴァルにつながるとともに、中世建築研究の体系化を呼ぶことになる。

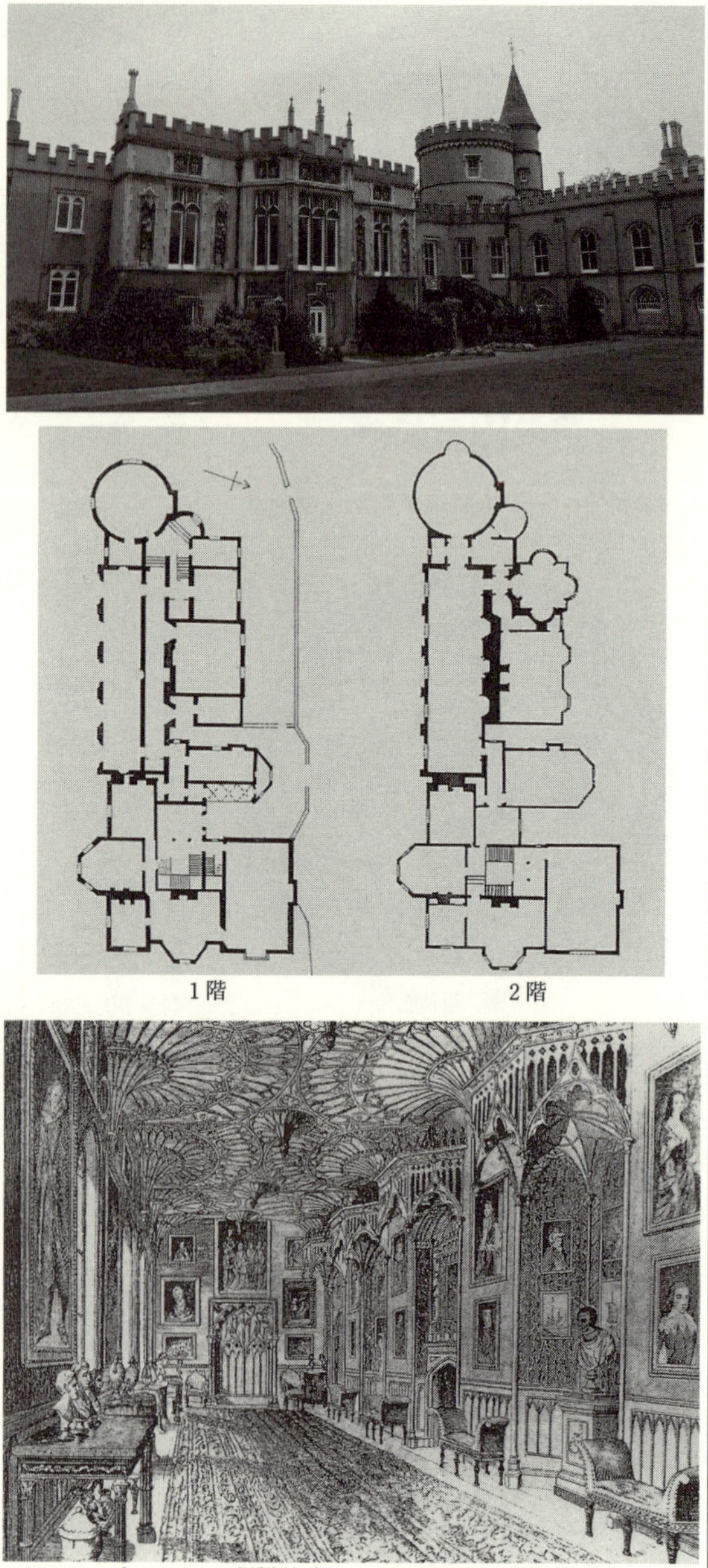

ロング・ギャラリーの銅版画（University of Toronto 所蔵）

図**2-5**　ストローベリー・ヒル（トゥイクナム，ロンドン，1748年～）

中世への興味は、建築の分野よりも、造園の分野で早く起こっていた。英国の造園界では、一八世紀半ば頃から「風景式庭園」が流行し、そのなかで「ピクチャレスク」の概念が生じてくる。ピクチャレスクとは「合理的な比例や均整とは異なった想像力を刺激する不完全さ、意外性」を好む思潮であり、造園の分野では、場所ごとに異なった景観を味わえる「シークエンス」効果が追求された。やがて、それが建築でも応用され、「不規則な形態、非対称な配置、テクスチャーの多様性」等が求められるようになった。その際、イメージされたのが、中世の村の風景であり、中世の造形の絵画的なおもしろさが興味の対象となった。中世に対する興味は、趣味の領域にとどまらず、より正確な知識が望まれ、学術的な研究がさかんに行なわれるようになった。そして、中世建築の研究も本格的に開始された。

その後、一八世紀末から一九世紀初頭にかけて、中世建築研究のさまざまな成果があらわれはじめてくる。そのひとつが、ジョン・カーター（一七四八－一八一七）による『イングランドの古建築』（一七九五－一八一四年）であった。これは中世建築を含む多数の建築図面を編纂したもので、公共建築にはギリシア様式を、教会建築にはゴシック様式を用いることを提唱するなど、建築の用途により、様式を選択するという考え方が示された。後述するが、カーターは中世建築に関する知識の不足から生ずる雑で破壊的な修復に対して極めて批判的で、『ザ・ジェントルマンズ・マガジン』誌に、ジェイムズ・ワイアットなどの修復建築家たちを攻撃する文章を匿名で投稿し続けたことが知られている。[25]

他の重要な研究として、トマス・リックマン（一七七六－一八四一）の『イングランド建築様式判別試論』（一八一七年）があげられる。[26] これはイングランド中世建築研究のルーツともいえる名著で、アングロ・サクソン建築とノルマン建築を厳格に区別し、さらに、われわれが現在でも用いているゴシック建築の分類、すなわち、「初期イギリス式」「装飾式」「垂直式」の区分を提唱した。[27]

ゴシック建築を中心とした中世研究は、愛国主義とつながり、フランス、ドイツといったヨーロッパ諸国をも巻き込んで、その起源に関する大論争が繰り広げられることになった。こうした論争のおかげで、ゴシック建築ばかりでなく、建築史一般の研究が急速に進展していく結果となった。[28] と同時に、古建築に対する畏敬の念が生じ、それを保存する動きにつながっていった。

4　教会建築学とピュージンの建築理念

中世建築研究の高まりと同時に、中世社会の思想的支柱であったキリスト教そのものにも変化があった。一九世紀初頭に起こったキリスト教復興の動きである。当時の英国国教会は、教会の権威や儀式を重んずる高教会派と、福音主義に立つ低教会派のふたつに分かれており、他にもカトリック、プロテスタント等のさまざまな教派があって、これらがそれぞれ権力争いをしている状況にあった。

キリスト教の聖職者たちのなかには、激動する社会に対して疑問を抱き、宗教的真実の再検討をする者たちが生じてきた。そのなかで最も重要な動きが「オクスフォード運動」[29]（一八三三―四五年）であり、その際、戦わされたキリスト教の教義と典礼に関する議論が、教会堂と建築様式の関係に関する議論へと展開していった。一八三九年には、「ケンブリッジ・キャムデン・ソサイアティ」[30]（一八四六年に「教会建築学協会（イクレジオロジカル・ソサイアティ）」と改称）」が創設され、英国国教会にカトリックの礼拝方法の再導入を主張するとともに、教会堂の維持・修復を行なうようになった。また、英国国教会の教会堂にふさわしい様式は「ゴシック」様式であるとの主張を繰り返し、激しい論争を展開した。彼らは、考古学でも宗教学でもなく、礼拝に関する科学として「教会建築学」を唱え、英国国教会に最もふさわしい教会建築として、ゴシック建築を選択した。オクスフォードでもまた、一八三九年に「ゴシック建築研究推進のためのオクスフォード・ソサイアティ」（のちに「オクスフォード建築・歴史協会」と改称）が設立され、同様な主張が繰り広げられた。[31]

このような思想に、多大なる影響を与えたのが、オーガスタス・ウェルビー・ノースモア・ピュージン[32]（一八一二―五二）であった。ピュージンは、英国国会議事堂（ロンドン、一八三五―五二年、チャールズ・バリーと共同設計）の設計者のひとりとして知られるように、才能ある実務建築家であったと同時に、『対比』[33]（一八三六年）、『尖頭式すなわちキリスト教建築の真の原理』（一八四一年）、『イングランドにおける教会建築の現状』（一八四三年）、『イングランドにおけるキリスト教建築リヴァイヴァルの弁明』（一八四三年）といった非常に影響力のある著作を残した思想家でもあった。ピュージンは、わずか四〇歳という若さで早逝するが、彼の思想は死後も影響力をもち続け、ジョン・ラスキン、ウィリアム・モリスなどの考え方に多大な影響を与えた。

ピュージンは、生涯一貫して熱烈な中世主義者であり、キリスト教徒であり、キリスト教の信仰に基づく中世社会を理想とする主張を繰り返した。そして、建築に関しても、「建物の美しさについての大切な基準は、その建物が意図した目的にそのデザインが適合しているか否かであり、建物の様式は、見る者がただちにその建物の建てられた目的を理解できるように、その使用目的に対応すべきである」[34]とし、建築様式は生活形態と合致するものでなければならず、中世のゴシック様式こそが真の様式であると主張した。また、当時流行していた新古典主義建築は、「異教的建築」と真っ向から否定し、著書を通じて痛烈に批判している。ピュージンはゴシック様式へ執拗なこだわりを示し、ゴシックは単に民族的であるばかりではなく、キリスト教国の建築様式であり、唯一真性なものと説き、建築は思想と切り離せないものであることを強調した。これは、望ましい建築様式を望ましい生活様式と完全に同一視する考え方であり、新しい発想であった。また、ピュージンは、実践的な建築家としての立場から、細部や材料や構造に関しても、神経質なまでにこだわり、彼が提示する原理に反するものをすべて否定した。そして、ゴシック様式に理想の生活形態と建築的形態に関する普遍性を見出した。したがって、ピュージンは、形だけのゴシック様式や、原理に従わないゴシック様式は、意味のないものと考えた。

ピュージンが最も崇高なものと考えたのが、一三世紀後半から一四世紀にかけての建築、すなわち装飾式ゴシックであった。この時代の建築は、様式的にも、最もすぐれており、英国のキリスト教精神を表現するのに最もふさわしい建築であるとした。この考えは、ピュージン個人のものにとどまらず、多大な影響力をもち、ゴシック聖堂の修復の際にも応用されることになる。

ピュージンが建築保存に関して、どう考えていたかは難しい問題であるが、少なくとも、ワイアットが行なった修復に対して、批判的見解を述べており[35]、中世空間の破壊をともなう改修を認めるようなことはなかった。とはいっても、ピュージンは礼拝儀式の方法や建築形態に関しても、中世の復興を目指しており、建築様式をも復興しようと考えていた。そのため、ピュージンは中世建築をそのまま保存しようとするよりは、むしろ復原し、最高と考える様式に改造したほうがよいと考えていた。最もすぐれた様式で、ゴシック建築を復原しようとする「修復」は、ヴィクトリア朝のごく一般的な手法であり、これはピュージンの影響とみなしてもよいだろう。こういった観点からは、ピュージンには現代的意味での「保存」という概念はなく、「修復」および「復原」こそが、彼にとっての「保存」であったと考えることができる。すなわち、ピュージンの保存観は近代的保存観とは異なり、一世代前の考え方であったと言えよう。

5　古建築の修復

中世建築に関する知識が増大したことによって、中世建築のいいかげんな修復工事が批判されるようになってきた。それと同時に、建築保存に関する本格的な議論も開始された。英国において、最初に古建築の修復が問題視されるようになったのは、中世の教会堂建築の修復においてであった。ちょっと時代をさかのぼることになるが、その経緯に関して、概観しておきたい。

著名な建築史家ニコラウス・ペヴスナー（一九〇二―八三）によると、英国において、既存の建物の特性を無視した修理は、王政復古（一六六〇年）直後にすでに問題になっていたという。たとえば、リッチフィールド大聖堂では、共和制時代（一六四九―六〇年）の内乱で破壊された内陣のクリアストーリーを、オリジナルの垂直式をまったく無視した様式で修理し、これに対して多数の批判が寄せられた。[36]しかし、この時代、古建築を新たな様式で修理するのは、さほどめずらしいことではなく、中世の大聖堂にいくつもの様式が用いられるのは一般的であった。たとえば、古典建築を英国にもたらした大建築家イニゴー・ジョーンズ（一五七三―一六五二）も、中世の建築を古典様式で改造している。[37]しかし、これに対しては批判どころか、かえって評価されることが多いのが事実で、過去の様式を尊重すべきか、または、その建物にふさわしい新しい様式を採用するのかは、非常に難しい問題と言えよう。また、町並み・周辺環境にふさわしい建築様式の選択といった観点からも、必ずしも統一した様式のみが評価されたわけでもない。中世に起源をもち、ゴシック建築がはびこるオクスフォードの町中において、クリストファー・レン（一六三二―一七二三）によるバロック様式のモニュメントのシェルドニアン・シアター（オクスフォード、一六六三年）や、ジェイムズ・ギッブズ（一六八二―一七五四）による新古典主義の大建築ラドクリフ・カメラ（オクスフォード、一七三七―四九年）が傑作と評価されるのは、その例であろう。

しかし、一八世紀になると状況は変化してきた。最初に、ゴシックの教会堂の修復によって批判の矢面に立ったのが、ジェイムズ・エセックス（一七二二―八四）とジェイムズ・ワイアット（一七四七―一八一三）であった。

ジェイムズ・エセックスは、前述した英国のゴシック・リヴァイヴァルの嚆矢となったストローベリー・ヒルの設計者のひとりでもあった。エセックスは、イーリ大聖堂（一七五七年～）やリンカン大聖堂（一七六一年～）といった大聖堂や、ケンブリッジ近郊の多数の教会堂の修復計画に携わった。エセックスは、ケンブリッジのキングズ・カレッジ・チャペルの実測図を刊行するといったゴシック研究のパイオニア的側面をみせるなど、学術的に高い素養を示した。その一方で、修復工事に際して、一三世紀から一四世紀初頭にかけての様式に統一するといった手法に固執した。この修復方法は、竣工当時から、人々には理解されず、明らかに当初とは異なる様式の建築になってしまったと批判されることが多かった。(38)

他方、ジェイムズ・ワイアットは、新古典主義の建築家として名を成した人物であったが、晩年、リッチフィールド大聖堂（一七八八年〜）、ソールズベリー大聖堂（一七八九年〜）、ハートフォード大聖堂（一七八八年〜）、ダラム大聖堂（一七九一年〜）等のゴシック聖堂の修復を手がけるようになった。新古典主義の名手としての評価とは異なり、ワイアットのこれらの修復は極めて評判が悪く、「破壊者ワイアット（Wyatt the Destroyer）」といった蔑称でさえ呼ばれることになった。それは、ワイアットは既存の建築に対し、ほとんど配慮することなく、必要がないと考えたものは大胆に破壊し、自分の思い通りにつくりかえてしまったからである。(39)

ワイアットの悪評が広まるきっかけとなったのは、彼が行なったソールズベリー大聖堂の修復に対する批判記事であった。この修復工事が『ザ・ジェントルマンズ・マガジン』誌で取り上げられ、教会堂内部の大胆な改造が、建築本来の価値を損なう行為だと各方面から批判された。こういった意見を示した人物のなかには、当時、古物研究家協会の会長であったリチャード・ガフなどが含まれていた。ソールズベリー大聖堂の修復に関する議論はますますさかんとなり、ジョン・ミルナーに至っては『ソールズベリー大聖堂を例にした歴史的カテドラル建築の現代様式への改修に関する論文』（一七九八年）を発表し、ワイアットの姿勢を強烈に批判している。

その後、この議論は、当時行なわれていたすべての中世教会堂の修理・修復・改修・改造に関する論争へと広がっていき、ワイアットのダラム大聖堂の改修にまで波及していった。その批判の先鋒に立ったのは、『イングランドの古建築』の著者ジョン・カーターであった。カーターは一七九五年一一月二六日に、古物研究家協会でワイアットのダラムの改修計画を批判する演説を行なった。しかし、一七九七年にワイアットが古物研究家協会の会員になると、協会で直接ワイアットを批判することが禁止された。そのため、カーターは、匿名でワイアットを批判せざるをえなくなった。これらワイアットに対するカーターの批判は、『ザ・ジェントルマンズ・マガジン』誌に掲載され、一七九八年から一八一七年に亡くなるまで続けられ、二一二編にも及ぶことになった。これは英国で最初の修復工事の評論としても重要な資料である。カーターの批評は、修復建築家の中世建築に対する知識の不足と、趣味による様式統一を問題としたものであった。[40]この頃は、中世建築研究が開始されたばかりであり、ある意味でしかたないことだったのかもしれない。[41]

ヴィクトリア王朝期（一八三七―一九〇一）になると、中世建築をはじめとした多数の建築が、緊急の修理を行なわなければどうしようもない状況に陥り、修復工事は不可欠となった。また、ヴィクトリア王朝期の好景気の影響もあって、多数の修復工事が実際に行なわれていた。しかし、エセックスやワイアットの時代とは、状況が異なってきた。中世建築に関する知識が増大し、もはや理屈がともなわない修復は許されなくなり、保存理念または修復理念といったものが誕生してきた。これに関してはさまざまな考え方があり、のちにラスキンやモリスおよび古建築保護協会（ＳＰＡＢ）など、厳密な保存を求める動きが生じてくるが、実際に修復工事を行なう建築家たちとの間には、考え方に大きな隔たりがあったようだ。

ここで、当時の教会堂の修復に関する議論の内容をみてみよう。そのきっかけとなったのは、一八四六年にエドワード・オーガスタス・フリーマン（一八二三―九二）が『教会堂修復の諸原理』[42]（一八四六年）を発表したことであった。この書でフリーマンは、修復には①さまざまな様式からなる現存する建物を、全面的に改修し、ひとつの統一した様式に再構成する「破壊的（destructive）」アプローチ、②いっさい形態の変更を行なわず、古くなった部材を新しい部材に置き換える「保守的（conservative）」アプローチ、③既存の建物の形態を基本としながらも、不都合な部分は創意に基づいて改造する「折衷的（eclectic）」アプローチの三種類があるとした。①「破壊的」アプローチは、建築保存の初期の段階で行なわれた手法であり、現代的意味では「増築」または「改修」を意味し、②「保守的」アプローチは、過去の建築を忠実に再現する「復原・保存」を指し、③「折衷的」アプローチは、①と②の中間的な手法であり、状況に応じて、最善策を選択すべきであるとした。これに対し、当時、キリスト教会の立場から教会建築を考究していた教会建築学協会（イクレジオロジカル・ソサイアティ）は、翌一九四七年に、機関誌『ジ・イクレジオロジスト』において、協会としての見解を表明した。教会建築学協会の主張は、まずは、主体的判断がともなわない「保守的システム」を否定し、次に、抽象的完全性を目指す「破壊的原理」を否定し、「折衷的原理」をとるべきだとするものであった。[43]

このような状況下、実際に、確固たる理念のもと多数の修復工事を行なった代表的な建築家として、ジョージ・ギルバート・スコット（一八一一－七八）の名をあげることができる。スコットは、生涯を通して、八〇〇を超える建築工事を手がけるなど、実に精力的に活躍した実務建築家であり、当然、多くの教会堂の修復工事にも携わっていた。これらスコットの行なった工事には、批判も少なくなかった。スコットの仕事を最初に批判したのは、ジョン・ルイス・ペティ（一八〇一－六八）であった。ペティは、一八四一年に『教会建築に関する所見』を発表し、歴史的教会堂に大胆な改造を加えるスコットの姿勢を、過去の建築に対する知識の不足と推測による修復であると批判した。スコットはこれに対し、歴史的な美的価値を尊重しながら、残された部分を参考にしながら修復する必要があると反論し、みずからの修復工事を正当化しようとした。スコット自身、ピュージンの著作に影響を受け、また、一八四二年には、ケンブリッジ・キャムデン・ソサイアティに入会するなど、独自の教会堂建築に対する保存・修復理論をもって活動していた。しかし、スコットの考えは、保存主義者には受け入れられにくい状況にあった。

その後、一八四〇年代半ばになると、保存・修復に関する議論がますますさかんになり、一八四七年の教会建築学協会の年次総会でも、修復に関する議論が戦わされている。ここでの結論は、ペティら修復工事を否定する意見とスコットら修復工事の必要性を唱える者たちの折衷的なものであった。これに対しスコットは、みずからの保存・修復理論を浸透させようと、講演会を催すとともに、その理論を一冊の本にまとめた。それが『わが国の古い教会の忠実な修復への要請』（一八五〇年）である[44]。これは教会堂に限ったものであったが、実務建築家による最初の保存・修復論であった。このなかでスコットは、過去の建築を尊重し、建築保存の重要性に十分な理解を示しながらも、修復の難しさを説いた。そして、いくつかの原則を提示した。

スコットの主張は、次のようにまとめられる。大規模な増築工事を必要とする場合は、無理に増築を行なうのではなく、新しい建築を建設し、古い教会堂は、手をつけずに保存すべきである。また、修復対象の建築が複数の様式で成り立っている場合には、古い部分の様式を最大限に尊重しながらも、のちの変更箇所を取り去るべきではない。修復すべき部分が失われている場合は、空想で復原すべきではなく、その建築の他の部分や近隣の例を参考にすべきである。スコットは、こういった原則を打ち出しながら、不十分な知識によるいいかげんな修復や個人の好みによって意図的に様式統一を行なう修復に関して、きびしく批判した。つまり、修復工事において、建築家は個性を示すべきではなく、好みとは別に、過去に忠実になることが理想であるとした。

このようなスコットの理念は、同時代のラスキンやモリスとはやや異なっており、理想主義ではなく、実際の修復工事を通して培われたものであった。また、スコットは、実務建築家としての修復工事に関する教訓を書物として残しており[45]、当時の原理・原則に基づいた保存理念とは異なった見解を提示している。このようにスコットの修復は、彼なりの理念に基づいたものであり、前世代の建築家のように知識不足のための悪しき修復でも、意図的に様式統一を目指したものでもなかったが、実際には多くの改変を行なうなど[46]、問題も少なくなかった。スコットにとっての修復とは、実務建築家らしく、過去のデザインを尊重するというものであり、建築自体のオーセンティシティを尊重するものではなかった。そのため、スコットの修復に関しては、批判が多かった。

スコット流の修復方法は、世間にはなかなか受け入れられず、特に晩年には、スコットに対する批判がますます高まっていった。一八七七年の古建築保護協会(SPAB)の設立は、この動きに拍車をかけるものであった。スコットが、王立英国建築家協会(RIBA)の会長の地位にあった際には、RIBAの保存に対する姿勢がラスキンとの確執を生み、創設されたばかりのSPABからも攻撃の的となった。また、弟子のひとりでもあったジョン・ジェイムズ・スティーヴンソン(一八三一—一九〇八)からも痛烈に批判されるなど[47]、スコットの主張は、ますます形勢が不利になっていった。

このような批判を受けたのは、スコットばかりではなかった。教会建築学協会のお気に入りの建築家であったアンソニー・サルヴィン(一七九九—一八八一)やジョン・ラフバラ・ピアソン(一八一七—九六)やウィリアム・バターフィールド(一八一四—一九〇〇)といった建築家の仕事も、批判の的となった[48]。

それでもスコットや教会建築学協会の建築家たちが行なった修復工事はよいほうだった。当時の修復工事の主流はといえば、依然として、過去の建築を分類し、そのなかで最も完成された様式で全体をまとめようとするものが多かった。当時、最も完成度が高い英国にふさわしい様式と考えられたのは、装飾式ゴシック、すなわち一三世紀の様式であった。この様式が英国にふさわしい様式であるかどうかという問題とは別に、多くの教会堂建築は、修復によって本来の姿を失ってしまったことは事実である。これによって、古建築の修復・保存に対し、学術的な検討の必要性が再認識され、その発展に寄与したことに違いない。

6　ラスキンの保存理念とその影響

ピュージンに続き、英国建築家の思想的リーダーとなったのが、ジョン・ラスキン[49]（一八一九－一九〇〇）であった。ピュージンより七つ年下のラスキンは、オクスフォード運動の最中にオクスフォード大学で学生生活を送り、美術批評家として、また、社会思想家として活躍した。ラスキンは、建築家ではなかったが、さまざまな建築理論を展開させ、ウィリアム・モリスをはじめとして、その後の英国建築界に大きな影響を与えた。

ラスキンの建築理論は、『建築の七燈[50]』（一八四九年）で示された。彼は、建築の原理として、「犠牲（sacrifice）」「真実（truth）」「力（power）」「美（beauty）」「生命（life）」「記憶（memory）」「服従（obedience）」の七つの美徳をあげ、それぞれ章に分けて、建築は偽りの構造や材料を用いてはならず、また、規則に縛られず自由奔放につくられなければならず、しかも神聖さや美も持ち合わせていなければならないと主張した。ラスキンは、ピュージンの中世崇拝を一歩前進させた理論を展開させた。彼の大著『ヴェネツィアの石[51]』（一八五一－五三年）は、ヴェネツィアン・ゴシックを賞賛したものであるが、これは単なる一建築様式の賞賛にとどまることなく、歴史的な都市ヴェネツィアを扱った広範な歴史書でもあった。そのなかの「ゴシックの本質について」という章で、中世の建築と装飾の美をはじめて、それをつくり出した人々の立場で解き明かし、機械文明に対する批判的態度を表明した。ここに職人の領域や仕事に取り組む態度と、その結果生じた中世の建築との理想の関係を見出しており、これがゴシック・リヴァイヴァルに影響を与えたのはもちろんのこと、その後のアーツ・アンド・クラフツ運動の源泉ともなっていった。

ラスキンは、『建築の七燈』のなかで、建築保存に関して、第六章「記憶の燈」の一章を割き、建築の原理として詳細に記述している[52]。そのなかでラスキンは、人間の忘却に耐えることができるものは、「詩」と「建築」のただふたつしかなく、人間は建築なしに過去の記憶を蘇らせることはできない、と建築の価値をとらえた。つまり、現存する建築によって、書物で示された歴史の理解が深まるものであり、われわれは現在の建築を未来に残るように努め、過去の時代の建築を、祖先から受け継いだ遺産のなかで最も貴重なものとして残さなければならないと考えた。さらには、現代の建築に関しても、時代を反映するものであり、後世に残るように扱わなければならないとした。それが「建築は歴史の伝承になるものとしてつくられなければならない。また、そのように保存しなければならないものだ」というラスキンの言葉に結びついている。(53)

ラスキンは「いわゆる修復とは破壊の最悪の方法である」とも述べ、当時行なわれていた古建築の「修復」に関して、痛烈に批判した。「かつては偉大であった建築、あるいは美しくそびえていた建築をまったく蘇らせることとは、死者を立たせるのと同様に不可能なことで、建築に兼ね備わった職人の手と目によって得られた当初の精神は、決して呼び戻すことができない。また、それぞれの精神はそれぞれの時代によってつくられるもので、新しい時代の手が加われば、新しい建築となる。たとえ、いかにうまく模写したとしても、半インチもすり減った表面を修復するにはどうするのか。もしも修復したとしても、それは推測に過ぎず、もとの形に戻したことにはならない」などと主張し、完全に修復することは不可能であり、修復は「虚」であると唱えた。そして、古いものは、それ自身、生命をもっており、それを復原するのは不可能であると説いた。(54)また、保存するかしないかという問題は、現代の人々が決める問題ではないとし、どのような行為であっても、古建築に手を加えることを否定している。ラスキンの考えでは、過去の建築はわれわれのものではなく、一部は建てた人に属し、一部はわれわれに続いて生まれてくる人類のすべての世代に属するものであって、われわれが当面の便宜のために過去の精神を損なうような修復をするのは「保存」とは呼べず、決して行なってはいけないことであった。(55)

このようにラスキンの保存観の最大の特徴は、「修復」を完全に否定した点にあった。すでに述べてきたように、当時、中世の教会堂の修復工事が多数あり、建築家たちはそれに携わる機会が多かったが、それらの工事の多くは、学術的な調査や研究とはまったく関係ないもので、建物の部材を不用意に交換し、失われてしまった部分は、建築家がそれらしく復原するというものであった。こうした状況下、中世主義者たちは異議を唱え、このような修理は歴史遺産の破壊であると非難した。なかでもラスキンの批判は強烈であった。ラスキンは、修復工事を過去の改変として全面的に否定し、手を加えぬまま朽ち果てていくさまに、理想の中世の姿を見出していた。すなわち、修復はすべて「虚」であり、建築はありのままのかたちで残すべきだと主張した。この考え方は、ウィリアム・モリスや古建築保護協会（SPAB）の思想に大きな影響を与えることになる。

しかし、このような考え方に対し、当時の建築界の趨勢は、修理を施すことによって、理想の中世を再生すべきであるというものであった。その際の手法は、建築の様式を分類し、時代による各様式の完成度に優劣をつけ、様式の知識を駆使して理想とされる様式によって建物を統一するというものであった。エセックスやワイアットの時代と比べ、ゴシック建築に対する知識は増大したものの、修理の手法には何ら変化はなかった。

こういった風潮のなか、ラスキンはさまざまなかたちで、古建築の保存を世間に訴えかけた。たとえば、一八五五年二月には、ロンドン古物研究家協会に対し、歴史的建造物の現状をレポートし、危機にある建築は買い取って保護すべきだとする手紙を出すとともに、ラスキン自身も二五ポンドを出資している。(56) こういった動きに対しても、当時の建築界は冷たかった。とはいっても、一部の建築家のなかに、意識の変化が生じてきたのも事実であった。このような動きは、英国建築家協会（ＩＢＡ、一八六六年に王立（ＲＩＢＡ）となる）の動向をみれば明らかであろう。たとえば、ヨーク・ミンスターの修復に携わった当時を代表する建築家ジョージ・エドマンド・ストリート（一八二四－八一）は、個人的にではあったが、歴史的建造物の修復の際の調査の重要性を唱えていた。ストリートは、横行する悪しき修復工事の原因は、建築家不在の工事が原因しているとみなし、フランスの職能制度（修復建築家）を高く評価し、修復にあたり、建物の管理者は専門家に相談しなければならないという制度の確立を求めた。一方で、これら歴史的建造物の保存の問題は、国家に委ねるべきだという意見もあり、政府へ働きかけようとする動きもあった。このように、英国建築家協会のなかでも、歴史的建造物の保存・修復に関する議論がさかんになってきた。そして、協会は一八六五年に『古記念物と遺跡の保存』を刊行し、「修復」に対するガイドラインを示した。しかし、これはスコットの『わが国の古い教会の忠実な修復への要請』をもとにしたもので、ラスキンが主張する「修復無用論」とでもいう強烈な主張とはほど遠く、実際に行なう修復工事のための簡単な指針を示すものにとどまっていた。(57)

ラスキンは、このような建築界の情勢を痛烈に批判した。しかし、実務建築家もラスキンの意見には耳を貸さず、従来の手法を続けていた。両者の意見の相違は縮まることなく、ラスキンは、一八七四年、当時の建築界、またそれを牛耳っていた王立英国建築家協会（ＲＩＢＡ）の修復に対する態度への批判をあらわにするための行動に出た。それは、名誉あるＲＩＢＡのゴールド・メダル授与を、辞退することであった。ラスキンの言い分は、「偽りの修復や破壊を目の当たりにし、このような状況を容認している建築の職能団体からの賞をもらうわけにはいかない」というものであった。当時のＲＩＢＡの会長であったＧ・Ｇ・スコットは必死になって説得し、奔走するが、ラスキンは意見を変えることはなく、かえってこのエピソードは広く知られるようになった。(58)

ラスキンが当時の建築界に投げかけたのは、教会建築の「オーセンティシティ」をいかに解釈すべきかという問題であり、古建築のオーセンティシティに関する最初の議論となった。ラスキンのようにオーセンティシティを神格化する意見に対し、一般の人々にとって教会堂は使用するためのものであり、適切な修理は必要という意見のほうが多かった。そして、オーセンティシティを守るという行為と建物として使用するという行為は、相反するものと考えられるようになり、その後、使われ続けている建物と使われていない建物の保存は、区別して扱われるようになっていく。(59)

ラスキンの考え方は、その後、徐々にではあったが、確実に浸透していった。一八七〇年代半ば頃になると、いわゆる「反修復運動」がにわかに起こってきた。一八七七年には、ケンブリッジ大学芸術学部のスレイド講座(60)の教授シドニー・コルヴィン（一八四五－一九二七）が『修復と反修復』を著して、ラスキンの理論を整理し、再構成して示している。コルヴィンは、建築を芸術作品ととらえながらも、彫像などの一時期に完成されたものとは異なり、時とともにさまざまな要素が加わっていくものだと主張した。すなわち、歴史的建造物は長い年月をかけて培われた特有の価値をもつものであり、その価値は尊ぶべきものであり、かつ荘厳なものであると位置づけ、歴史的に形成された建築はいかなるためであっても破壊してはならないと主張し、歴史的知識が不足した建物の価値を損なわせるような破壊をともなう修復工事を批判した。(61)

同様の主張を繰り広げたのが、Ｇ・Ｇ・スコットの弟子でスコットの保存を批判したジョン・ジェイムズ・スティーヴンソンであった。スティーヴンソンが問題視したのは、修復工事の際、建物を部分的に破壊し、つくりかえてしまうために、新しい部分も古い部分も区別できなくなってしまうことであった。こういった工事は、オーセンティシティを失わせてしまう最悪の手法であるとし、改築をともなう修復工事を強烈に攻撃した。そして、しばしば、パリのサント・シャペルをヴィオレ・ル・デュク（一八一四－七九）の案内で訪れた際の経験を例に、修復工事の不確実性を語った。サント・

シャペルでは、彩色の施されたニッチが修復されているが、ここでは古い色調を再現したつもりであったものの、その後、修復した箇所と古い箇所の色調に矛盾が見つかり、塗り直している。このように修復工事は、極めて不確実なもので、古建築のオーセンティシティを損なうような修復は決して行なうべきではないと主張した[62]。

ここで、ラスキンたちから強烈な批判を受けたG・G・スコットの修復は、それほど法外なものであったのだろうか、という疑問が生ずることであろう。スコットの手法に似た修復工事は、他国でも行なわれていた。その代表的な人物が、フランスのヴィオレ・ル・デュクであろう。デュクはラスキンより五歳年長なだけで、ふたりは同時代に英仏両国で、歴史的建造物の保存のリーダー的存在であった。しかしながら、両者の姿勢は大きく異なっていた[63]。デュクは、存続が危ぶまれる古建築をそのままの状態にしておくのではなく、人工的に手を加えることによって、後世に伝えようとした。その際、「様式」という根拠をもって古建築の修復を行なった。つまり、失われた部分は、復原が可能であれば復原し、構造的な欠陥があると判断した場合には、中世建築の論理と調和する形態で補強することも厭わなかった[64]。こういった手法は、スコットの修復と通ずるところがある。これらは、建築保存の実践を通して育まれた手法であり、修復工事のためのひとつの選択肢なのかもしれない。しかし、スティーヴンソンがデュクの修復を批判したことでもわかるように、当時、英国で主流となりつつあった保存論は、古建築に手を加えることを極端にまで否定し、フランスの修復建築家たちの仕事を認めようとはしなかった。デュクの修復方法は、世界中に強い影響を与えたが、当時の英国の保存観は、こういった流れとは一線を画するものであった。

古建築の修復は、教会堂建築に限ったことではなく、カントリー・ハウス等の世俗建築においても行なわれていた。ヴィクトリア朝期には、技術革新による新たな設備の導入、生活スタイルや流行の変化などによって、住宅建築であるカントリー・ハウスでも改築ならびに修復が必要となった。カントリー・ハウスの場合、使い勝手が優先されたため、教会堂とは異なった修復工事が行なわれていた。

そのひとつに、美的感覚に基づいた世俗建築の「様式」という概念による修復手法があった。その第一人者が、ジョージ・ディーヴィー（一八二〇–一八六六）である。ディーヴィーは、一八五〇年代頃から、ケント州のペンズハーストの諸建築に対し、一八世紀のサッシュを取り除き、中世風のデザインでつくり直し、村全体の雰囲気を正確に中世風に再現しようとした。しかし、こういった修復では、どの部分が当初の一六世紀のもので、どの部分がディーヴィーによるものか判断がつかない。そのため、こういった修理方法には反対も多かった。反対派の意見は、過去の遺産を尊重し、どの部分が当初のままで、どの部分がのちの改修かといった点を明らかにすべきとするものであった。つまり、カントリー・ハウス等の教会堂以外の建築に対しても、オーセンティシティという概念が生じ、単なる修理という行為から、歴史性を尊重した修理の必要性が求められるようになった。こうして、後世の改変の痕跡を残す修復が主流となり、現代的な「保存理念」の基礎ができあがっていった。(65)

7 モリスによる古建築保護協会(SPAB)の創設

ラスキンの主張は極端であったが、その理論をより現実的なかたちで実現しようとしたのが、ウィリアム・モリス(一八三四―一八九六)であり、モリスによって設立されたのが「古建築保護協会(SPAB)(66)」であった。(67)

モリスは、英国のアーツ・アンド・クラフツ運動の理論的リーダーとしてよく知られているが、英国の建築保存にとって重要な礎を築いた人物でもあった。アーツ・アンド・クラフツ運動にしても、古建築保護協会の活動にしても、その理想としてあったのは、「中世」という時代であった。アーツ・アンド・クラフツ運動が中世の生産システムの復興を試みるものであったのに対し、古建築保護協会の活動は、現存する中世の建築をそのままのかたちで後世に伝えようとする運動であった。当然、モリスの思想の根底には、ピュージンやラスキンといった中世主義者の影響があり、モリスもまた、建築は社会を映し出す鏡ととらえ、理想の時代であった中世の建築の保護を強く主張した。

モリスの保存に対する考え方は、基本的には、ラスキンの考えを踏襲するものであり、「古建築のもつ再生不可能な歴史性を守らなければならない」という原則にのっとったものであった。モリスは、それを実践するため、一八七七年に古建築保護協会(SPAB)を創設した。ラスキンの主張以降、中世の教会堂の修復に関する議論がさかんに行なわれており、SPABの設立は、このような議論の真只中の出来事であった。SPAB設立のきっかけとなったのは、G・G・スコットによるチュークスベリー大聖堂の復原設計案の公表であった。教会堂の特性を大きく変更するスコットの案を知ったモリスは、その工事をただちに中止させようと、一八七七年三月五日に雑誌『アシニーアム』誌に手紙を書いて、[68]スコット案に対し痛烈な抗議をするとともに、このような「修復」による古建築の破壊を阻止するために賛同者を募った。そして、当時、横行していた歴史的建造物の価値を失わせるような修復工事を「修復という名の改造（changes wrought under the name of Restoration）」または「破壊的修復（destructive restoration）」と批判し、[69]専門家の立場から、中世の教会堂の修復が健全なかたちで行なわれるようになることを求めて、同年三月二二日にSPABを設立した。

設立にあたって、モリスの趣旨に賛同した一〇名ほどの有志が集まった。成立当初のメンバーには、モリスの他に、ジョン・ラスキン、当時大きな影響力をもっていた社会評論家であり思想家であったトマス・カーライル（一七九五－一八八一）、のちに古記念物保護法を制定させるジョン・ラボック、ケンブリッジ大学のスレイド講座教授で反修復運動の推進者であったシドニー・コルヴィン、モリスの親友でともにアーツ・アンド・クラフツ運動を繰り広げた建築家のフィリップ・ウェッブ（一八三一－一九一五）、画家のエドワード・バーン＝ジョーンズ（一八三三－一九八）などがいた。そのなかで、建築家だったのはウェッブのみであり、当初は、建築保存団体というよりは、むしろ中世主義者の集まりで、思想的な団体であった。[70]

設立時には、建築のプロフェッション性が薄い団体であったSPABも、その建築保存の理念および活動が、徐々に多くの人々に理解されるようになり、一八七七年暮れまでには、ジョン・ジェイムズ・スティーヴンソン、エドワード・ロバート・ロブソン（一八三五－一九一七）といった建築家たちが賛同し、のちにアーツ・アンド・クラフツの建築家アーサー・マクマードゥ（一八六六－一九三七）なども加わり、大きな組織へと成長していった。とはいっても、SPABのメンバーの主流は建築家ではなく、文筆家や画家といった文人たちであり、中世主義者の集まりであった。

モリスの保存観は、SPAB設立時の著名な「マニフェスト（宣言文）」[71]（一八七七年）のなかで示されている。それを要約すると、以下のようになる。

一九世紀は、時代の特有の建築様式は存在しない代わりに、過去の建築様式に関する知識は増大した。これまでの歴史を通して、常に時代特有の建築様式が存在し、過去の建築は、必要に応じて、その時代特有の様式で、増改築が行なわれてきた。しかし、時代特有の様式が存在しない現在（一九世紀）において、「修復（Restoration）」という名で過去の様式を用いた奇妙な増改築が流行し、古建築の原形を損なうような行為が当然のように行なわれている。それを防ぐのがＳＰＡＢの目的であり、すべての時代のすべての様式のなかで歴史的価値が認められる古建築について、「修復」する代わりに「保護（Protection）」を行ない、日常の手入れによって、朽ち果てていくのを何とか食い止めるよう努力すべきである。

以上からも明らかなように、ＳＰＡＢの理論の展開もまた、ラスキン同様、様式を完成度によって序列をつけ、理想と考えた一三世紀末から一四世紀初頭にかけての装飾式ゴシックに建物を統一してしまうという修復の方法を否定することからはじまっている。とはいっても、学術的な調査や研究をまったく行なわず、建築家の趣味によって古建築を改造してしまうことへの批判は、モリスが最初に提唱したことではない。前述のように、すでにラスキンが、このような主旨の論述をいたるところで展開している。ＳＰＡＢの「マニフェスト」が発表される二二年前の一八五五年には、ロンドン古物研究家協会が『修復（Restoration）』と題する小論[72]を作成してメンバーに回覧しているが、ここですでに「修復という名の古記念物の特性の破壊」と当時の修復工事を非難している箇所がある。これはごく短い文章だが、ラスキンの教唆によって作成されたものであった。

ＳＰＡＢの考え方は、各時代の建物には、その時代の精神が結びついており、したがって、様式的な統一をめざした修復は承認できないというものであった。こうした考え方の根底には、建築を社会状態の対応物としてとらえ、中世の理想的な社会状態から生まれた建築を理想とみなすモリスの発想があった。そのため、ＳＰＡＢの保存理念も、基本的にはラスキンと同様に古建築に変更を加えるべきではないという考え方で、修復を否定していた。

モリスおよびＳＰＡＢの考え方の最大の特徴は、中世以降のすべての改造や後補に関しても、そのまま残すべきとした点であった。これは、時代には時代精神を象徴する建築様式があるとする考えに基づくものであるが、一般に、当時のヨーロッパの建築界では、フランスのヴィオレ・ル・デュクが提唱したように、「原則として、中世の修理は残すべきであるが、復原が可能な場合は後補部分を取り去って復原すべきである。ただし、復原の手がかりがない場合は、そのままにしておく」といった考え方が主流であり、英国ばかりでなく、他国の建築界にも大きな波紋を投げかけることになった。

このように、SPABは、当初、古建築に変更を加える修復を否定していた。しかし、建築保存の実務において、古建築に手を加えないということは、朽ち果てていく姿をだまって見ているのと同じことであり、より実践的な修復が要求されるようになった。ここで建築保存の理論と実践が、真っ向からぶつかり、SPABは、その妥協点を見つけなければならなくなった。そして同時に、組織としての存在意義も変化していかざるをえなくなった。つまりSPABは、ゴシック教会堂を中心とした中世建築の保護のための団体として誕生したが、その後、社会の変化とともにゴシック建築に限らず、広く建築保存を行なう団体へと変化していくことになる。(73)

8　イングリッシュネスの探求

英国の建築保存にとって、「中世主義」と並んで重要な概念が、「イングリッシュネス」である。「イングリッシュネス」とは、「英国（イギリス）風」、「英国（イギリス）性」または「英国（イギリス）らしさ」と訳すことができる概念である。一九世紀末から、さまざまな分野で、この概念が芽生えはじめた。その背景には、急速な工業化および技術革新による周辺環境の変化があり、失われつつある古きよき時代を再びという気持ちのあらわれであった。

建築の分野では、英国全土に大きな影響力をもったゴシック・リヴァイヴァルも、一八七〇年頃以降、「オールド・イングリッシュ様式」「クイーン・アン様式」「アーツ・アンド・クラフツ」などに取って代わられ、下火になっていった。これらはすべて、ゴシック・リヴァイヴァルとは異なり、世俗的なもので、伝統的な風景、暮らし、手仕事などに対する関心を示すものであった。このような状況下、ヴァナキュラー建築に対する興味が高まっていった。

このような風潮をリードしていったのが、建築家のレジナルド・ブロムフィールド（一八五六－一九四二）であった。彼は、愛国心に基づき、英国建築の研究を進めた。その対象は、庭園から民家、家具にまで及ぶ広範なものであり、人々の関心が、教会堂建築ばかりでなく、カントリー・ハウスや民家まで広がっていくことに先鞭をつけたかたちとなった。

カントリー・ハウスや民家への興味と、地域の歴史の研究は切り離すことができない関係にあり、郷土史研究がさかんになってくる。その動きに、特に大きな影響を与えたのが、一八九七年創刊の雑誌『カントリー・ライフ』であった。『カントリー・ライフ』誌は、カントリー・ハウスでの生活に脚光を浴びせたもので、その建築・家具・造園、また、そこでの生活に関する記事を集めたものであった。『カントリー・ライフ』誌の建築史の発展に果たした役割は甚大であり、多くの出版社もこぞってカントリー・ハウスに関する写真付きの書籍を出版するようになった。

郷土の歴史に対する興味はますます高まっていき、一八九〇年代から「イングランド諸州のヴィクトリア・ヒストリー」という全国規模の組織によって、『ヴィクトリア・カウンティ・ヒストリー』（一九〇四年に第一巻を刊行）という各州単位の郷土史の編纂が開始されている。ロンドンでも一八九六年以降、ロンドン・カウンティ・カウンシルのロンドン・サーヴェイ委員会が『サーヴェイ・オブ・ロンドン』（一九〇〇年〜）の編纂を開始している。(74) また、世俗建築への興味の高まりは、アルフレッド・ゴッチ（一八五二一一九四二）によって『イギリス住宅の発展』（一九〇九年）といった通史がまとめられるに至った。これら学術的なアプローチは、やがて郷土の歴史遺産の保存を考えるうえで重要な準備作業となっていった。(75)

これら郷土の遺産に対する興味は、建築に限ったことではなく、都市環境や自然環境にまで及び、そして、それを守っていこうとする動きが組織化されていった。各地でローカル・アメニティ・ソサイアティが設立され、また、一八九五年には全国的な活動を目指す「ナショナル・トラスト」が設立されている。

このようにして、本格的な建築保存が開始される下準備ができあがっていった。

3章 英国の都市計画と行政制度

1 都市計画と法制度

「〝都市計画〟という概念は、極めて新しく、その最先進国であった英国でさえも、わずか一〇〇年足らずの歴史しかない」と、しばしばいわれる。これはある意味で正しいが、多くの誤解を生じさせる可能性もある表現である。というのは、古代から、都市は無計画に発展してきたわけではなく、歴然とした計画にのっとって建設されてきたからである。しかし、これを都市計画とみなさないのは、これらの都市計画は、支配者階級の命を受けた建築家や土木技師たちが、機能性、美しさ等を考慮しながら都市の建設をしようとしたものであり、現在、行なわれている近代的都市計画とは、手続きの方法が異なっているからである。近代都市計画では、民主主義の手続きを経て行なわれる。すなわち、法律にしたがって都市計画が実施されている。そのため、都市計画のはじまりは、都市計画関係の法律が制定された時点と考える傾向が強いのである。

都市計画の発想は、古代からすでにあり、ギリシアの都市計画やローマの都市計画がよく知られている。(1) 特に、ローマ帝国の植民都市の計画は、英国にも多大な影響を与えた。ローマ人は、紀元前五五年より英国の侵略を開始し、四一〇年に撤退するまで、北はハドリアヌスの長城（一二二―一二六年）に至る広範な地域を占領したが、その際、英国全土に道路網を築き、その要所に都市を建設していった。これら植民都市は、幹線道路を中心に、直行する道路によって格子状の道路網を築き、中心部分にフォルムを配置し、全体を市壁で囲うという構成をとっていた。

中世には、英国各地で自然発生的にマーケット・タウンが形成された。そのなかには自治都市に成長していったものも少なくなかった。また、エドワード一世（在位一二七二―一三〇七）がウェールズ制圧の際に築いた新都市をはじめとし、一三世紀には一〇〇を超える計画都市が建設されている。これら都市では、街路の配置や敷地割が計画的に行なわれ、経験的に確立された都市計画の技法を見ることができる。[2]

一五世紀半ば以降、ヨーロッパ諸国では、ルネッサンス的またはバロック的と称される絶対的権力のもと行なわれるスケールの大きな都市建設が展開されるが、英国の場合、このような都市計画は、ほとんど行なわれなかった。それを代表するような出来事が、一六六六年のロンドン大火後の再建計画である。王政復古（一六六〇年）直後のこの時期は、フランスへの亡命経験をもつチャールズ二世（在位一六六〇―八五）の影響もあって、フランスの影響が強く、当時大陸で流行しはじめたバロック建築が、英国にももたらされていた。大火後のロンドン再建にあたっても、チャールズ二世は大陸流のバロック的都市計画を実施したかったに違いないが、そうはいかなかった。大火直後に、フランス留学から帰国したばかりの新鋭建築家クリストファー・レンは、ここぞチャンスとばかり、バロック的な都市再建案を国王チャールズ二世に提出した。この計画は非常に魅力的であったものの、放射状の道路を建設するなど、個人の財産に多大な影響を及ぼすものであり、結果として、チャールズ二世はこの案の採用に踏み切れなかった。現実には、再建委員会（レンも委員のひとりに選ばれた）が組織され、「一六六七年ロンドン建築法」（通称「ロンドン再建法」）が制定されて、再建計画が推し進められた。[3] その際、大火の反省に基づき、道路の幅員と建物の高さ、また、ファサードや屋根の仕様が定められるなど、建築的規制が実施されると同時に、換地や補償といった近代都市計画の手法も用いられた。このように、ロンドン大火後の再建では、絶対王政期にありながらも、バロックの壮大な都市計画手法ではなく、むしろ近代的手法によって都市再建がはかられた。これは、近代都市計画の芽ばえともとらえられる

出来事であった。(4)

次の重要な都市計画は、ジョージ四世（在位一八二〇―三〇）が皇太子（リージェント）時代に、ジョン・ナッシュ（一七五二―一八三五）に命じて行なったリージェント・ストリートの開発（ロンドン、一八一一―三〇年）であった。ここでは、土地買収が思うようにいかず、開発の障害となったが、ナッシュはそれを逆手に取り、ピクチャレスクの手法で解決したのは有名な話である。(5) つまり、用地売買がうまくいかない場合には、道路を故意に曲げ、そこにアイ・ストップとなる建築を建てた。そうすることによって、そこを歩く人は、見える光景が場所ごとに変わるシークエンス効果を楽しむことができるという計画である。

これら都市計画は、すべて支配者の命を受けた建築家が、未来の理想の姿をイメージしながら、時代に対応した機能的で美しい最良の新都市を計画しようとするものであった。これらは「前近代的都市計画」とでも呼ぶことができよう。

他方、近代都市計画は、近代以前とは目的が異なっていた。後述するが、近代都市計画の最大の目的は、産業革命の弊害として起こった都市問題の解決であった。しかも、近代社会においては、個人の権利を最大限に尊重する必要があり、そのためには民主主義的な手続きを経る必要があり、都市計画は、行政が法律に基づいて実施することになる。その結果、前近代的な都市計画とは異なり、近代都市計画においては、制度の確立が第一に要求された。こうして、その根拠となる法律が最も重要となり、近代都市計画の歴史は、法律や制度の歴史と同一視されるようになった。

2　英国の法体系

近代都市計画を考察する際、法制度に関する検討は不可欠なことである。本書でも、多数の法律名をあげながら言及することになるが、ここで少々、英国の法体系に関して、整理しておきたい。

英国の法令の根幹をなすのは、「法律（Acts of Parliament）」である。言うまでもなく、法律は議会（国会― Parliament）で制定される。年間約六〇～八〇件の法律が制定されているといわれている。ここまでは他の国と同様であるが、英国の場合、その法律が適応される範囲がやや複雑である。周知の通り、英国（イギリス）とは正式名称を「グレイト・ブリテンおよび北アイルランド連合王国（The United Kingdom of Great Britain and Northern Ireland）」といい、イングランド、ウェールズ、スコットランド、北アイルランドの四カ国からなる連合王国である。しかし、連邦制度は採用していないため、立法府にあたる議会は、つい最近まで、ロンドンのウエストミンスターにある国会議事堂で開かれる議会（国会）が唯一で[6]、ここで四カ国に関係する法律が制定されてきた。そのため、英国の法律には、適応の範囲が明確に示されており、四カ国に適応される法律もあれば、それぞれの国にしか適応されない法律もある。

これまでウェールズに関しては「ウェールズ省」、スコットランドに関しては「スコットランド省」、北アイルランドに関しては「北アイルランド省」という政府機関が所轄し、それぞれの歴史・文化・慣習に合わせて、法制度も調整してきた。しかし、一九九七年に政権に就いたトニー・ブレア首相は、それぞれの国に独立した議会をもつことを提案し、国民投票によって国民の同意を得、一九九八年には「ウェールズ政府法」「スコットランド法」「北アイルランド法」の三法を成立させ、一九九九年にはそれぞれの議会が機能しはじめた。これら地方議会には、農業、保険、経済発展、住宅、社会福祉といった権限が移譲されたが、国防、外交政策、課税等の国家的な重要問題に関する権限は依然として中央政府がもつという仕組みである。都市計画の分野においては、より自由度が発揮できる仕組みとする方針が掲げられ、地方議会や地方自治体に大きな裁量権が与えられた。ただし、その仕組みに関しては、流動的な部分も少なくなく、今後、新たな展開も予想される。

このように英国の法律は、他国に比べて複雑であるが、複雑だとはいっても、アメリカやドイツのように州単位で法律が異なるようなことはない。例外がないわけではないが、原則として都市計画ならびに文化財関係の法律は、イングランドとウェールズにはほぼ共通の法律が適用され、スコットランドと北アイルランドにはそれぞれ独自の法律が存在するか、イングランドの法律に準ずるかたちをとることが多い。たとえば、イングランドとウェールズに適用される都市計画の主法は「一九九〇年都市・農村計画法」であり、スコットランドに適用されるものは「一九九七年都市・農村計画（スコットランド）法」である。また、同様に歴史的建造物に関する都市計画上の法律は、イングランドとウェールズに適用されるものは「一九九〇年計画（登録建造物および保存地区）法」、スコットランドに適用されるものは「一九九七年計画（登録建造物および保存地区）（スコットランド）法」である。北アイルランドに関しては、法の整備が遅れていたが、「二〇〇一年計画（補償等）（北アイルランド）法」が制定されるなど、法制度の整備が進行しつつある。このように、これら四カ国において、すべて同じような規制がかかっているわけではないが、おおむね同様の制度があると考えても支障がない。そのため、本書では、原則として、イングランドに適用されている法律を中心に扱い、スコットランドならびに北アイルランドの法律に関しては、必要に応じて補助的に説明を加える程度にとどめることにする。

法律が作成される際、通常、それ以前に諮問のための委員会が設けられる。委員は大臣によって任命され、通例、国会議員、地方政府の議員・官僚、学識経験者、市民代表などが選出される。委員会には、所轄省庁の高級官僚が書記(secretary)として参加し、関係省庁の見解も反映できる仕組みとなっている。そのうち、特に重要な議案に関しては、王立委員会(royal commission)が設置される。委員会は、諮問事項に基づき調査を行ない、公正な立場から報告書を提出することになっている。委員会や報告書の名称には、委員長の名前が付けられることが多い。たとえば、登録建造物制度を導入するもととなった「リスト作成のための諮問委員会」は、長い間委員長を務めたウィリアム・ホルフォード(一九〇七－七五)の名前を冠して「ホルフォード委員会」と呼ばれた。また、戦後の都市計画の方針を決定づけた委員会は、委員長モンタギュー・バーロウ(一八六八－一九五一)の名前を冠して、「バーロウ委員会」と呼ばれ、その報告書は「バーロウ報告」と呼ばれている。

委員会の報告書とは別に作成される重要なものとして、「白書」がある。白書は行政府の各省庁が公刊する報告書で、表紙が白いために、こう呼ばれている。ちなみに議会や枢密院の報告書は表紙が青く、「青書」と呼ばれている。政府は、これらの報告を受けて法案を作成し、議会に諮る。そのため、法律を十分に理解するためには、成立の過程やその背景を検討する必要がある。

法律は、適宜、改正されるのが一般的である。英国の場合、法改正の手続きが比較的容易であり、わが国と比べて、頻繁に改正される。そのため、同じ法律でも、改正前後では大きく異なるため、「一九九〇年都市・農村計画法(Town and Country Planning Act 1990)」といったように、法律に年号を加えて示すのが慣例となっている。また、法律の改正にあたっては、もとの法律が部分的に修正されていくため、法律を紐解く際、もとの法律と修正した法律の両者を参照する必要がある。改正が幾度かにわたった場合、その作業は複雑となるため、しばしば「統合法」（基本法）が発効され、法律が整理される。ちなみに、都市・農村計画関連法は、一九二五年、一九三二年、一九四七年、一九六二年、一九七一年、一九九〇年に、住宅関連法は一八九〇年、一九二五年、一九三六年、一九五七年、一九八五年に、統合法が発効されている。

国会の議を経て制定される法律とは別に、関係各省の大臣が議会の承認を受けて定めた法律（委任立法）として、「法定文書」と呼ばれるものがあり、「令（Order）」と「規則（Regulation, Rule）」がそれにあたる。たとえば、歴史的建造物等の保存に関して扱う「一九九〇年計画（登録建造物および保存地区）法」には、「一九九〇年計画（登録建造物および保存地区）規則」といったように、「法（Act）」という文字を「規則（Regulation）」と置き換えただけのものがある。さらに法律、令、規則の他に、議会の承認を経ずに中央政府が発布する行政文書がある。現行の都市計画関係の行政文書には、①通達、②計画方針ガイダンス（PPG）、③地域方針ガイダンス（RPG）、④採掘方針ガイダンス（MPG）、⑤海中採掘ガイダンス（MMG）が該当する。これら行政文書は、本来、議会の承認を経ていないため、原則として法律的な拘束力はないが、実際には、法律と同程度の影響力をもっている。

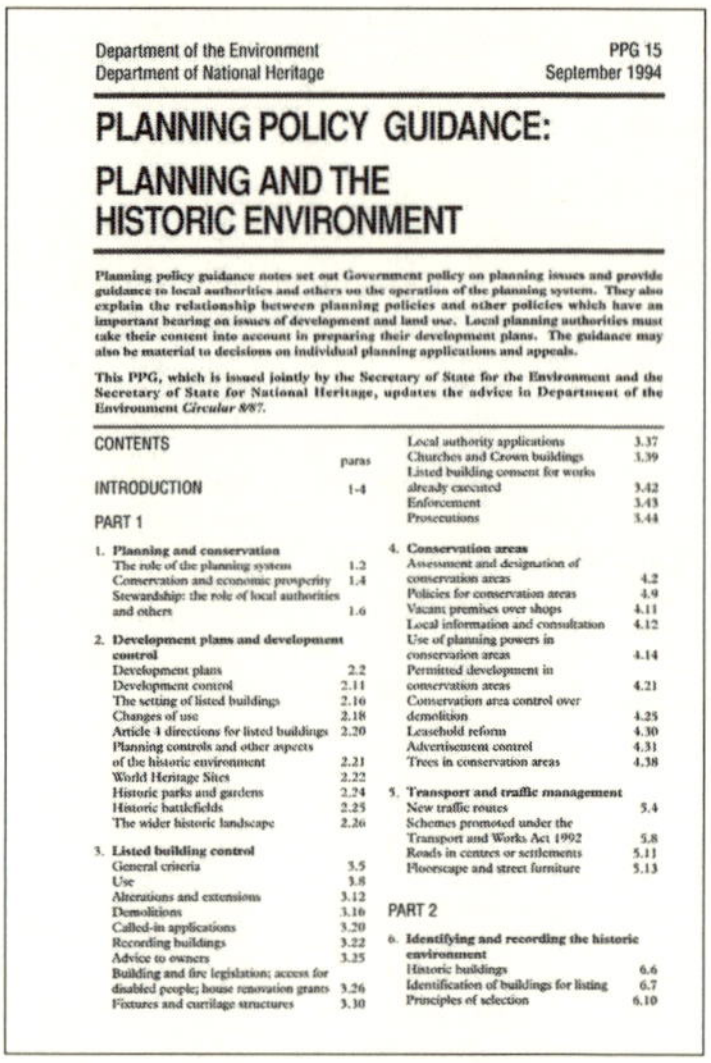

Department of the Environment
Department of National Heritage

PPG 15
September 1994

PLANNING POLICY GUIDANCE:

PLANNING AND THE HISTORIC ENVIRONMENT

Planning policy guidance notes set out Government policy on planning issues and provide guidance to local authorities and others on the operation of the planning system. They also explain the relationship between planning policies and other policies which have an important bearing on issues of development and land use. Local planning authorities must take their content into account in preparing their development plans. The guidance may also be material to decisions on individual planning applications and appeals.

This PPG, which is issued jointly by the Secretary of State for the Environment and the Secretary of State for National Heritage, updates the advice in Department of the Environment *Circular 8/87*.

CONTENTS

図**3-1** 「PPG15：都市計画と歴史的環境」（1994年9月発行）の表紙

特に、PPGには都市計画上重要な基本方針が示されており、「PPG1―政策全般と原則」をはじめとして、現在まで、二七のPPGが発行されている[7]［表**3―1**］。なお、このなかで、歴史的建造物の保存に関するものとしては、一九九四年九月に発行された「PPG15―都市計画と歴史的環境」［図**3―1**］が、特に重要である。また、RPGは各地域の開発政策を地域ごとにまとめたもので、一三のRPGが発行されている［表**3―2**］。これらRPGには、サッチャー政権によって解体された大都市圏（メトロポリタン・カウンティ）［表**3―3**］の再編成のための基本方針が示されたものも含まれ

表 **3-1**　計画方針ガイダンス（PPG：Planning Policy Guidance Notes）

			Original Release Date
PPG1	政策全般と原則	General Policy and Principles	1997/2
PPG2	グリーン・ベルト	Green Belts	1995/1
PPG3	住宅	Housing	2000/3
PPG4	工業・商業開発および小規模企業	Industrial and Commercial Development and Small Firms	1992/11
PPG5	タウン・センターと小売開発の簡易計画ゾーン	Simplified Planning Zone Town Centres and Retain Development	1992/11
PPG6	タウン・センターと小売開発	Town Centres and Retail Development	1996/6
PPG7	地方：環境特性と経済・社会開発	The Countryside : Environmental Quality and Economic and Social Development	1997/2
PPG8	テレコミュニケイション	Telecommunications	2001/8
PPG9	自然保護	Nature Conservation	1994/10
PPG10	計画および破壊	Planning and Waste Management	1997/2
PPG11	地域計画	Regional Planning	2000/10
PPG12	ディヴェロプメント・プラン	Development Plans	1999/12
PPG13	交通	Transport	1994/3
PPG14	不良地盤地の開発	Development on Unstable Land	1990/4
PPG14A	附則：地滑りと都市計画	Annex 1 : Landslides and Planning	
PPG14B	附則：地盤沈下と都市計画	Annex 2 : Subsidence and Planning	
PPG15	都市計画と歴史的環境	Planning and the Historic Environment	1994/9
PPG16	考古学と都市計画	Archaeology and Planning	1990/11
PPG17	スポーツとレクリエーション	Sport and Recreation	2002/7
PPG18	計画規制の強制	Enforcing Planning Control	1991/12
PPG19	屋外広告規制	Outdoor Advertisement Control	1992/3
PPG20	沿岸計画	Coastal Planning	1992/9
PPG21	観光	Tourism	1992/11
PPG22	再生可能エネルギー	Renewable Energy	1993/2
PPG22A	PPG22 附則	Annexes to PPG22	
PPG23	都市計画と公害規制	Planning and Pollution Control	1994/7
PPG24	都市計画と騒音	Planning and Noise	1944/9
PPG25	開発と洪水の危険性	Development and Flood Risk	2001/7

※イングランドに限る　　（副総理府の WEB SITE より）

表3-2　地域方針ガイダンス（RPG：Regional Policy Guidance Notes）

			Original Release Date
RPG1	北東部	Regional Planning Guidance for the North-East	1993/9
RPG2	ウエスト・ヨークシャー	Regional Planning Guidance for West Yorkshire	廃止
RPG3	ロンドン	Regional Planning Guidance for London Planning Authorities	廃止
RPG3A	ロンドン―戦略的眺望	Regional Planning Guidance for London on the Protection of Strategic Views	廃止
RPG3B/9B	ロンドン―テムズ	Regional Planning Guidance for the River Thames	廃止
RPG4	グレイター・マンチェスター	Regional Planning Guidance for Greater Manchester	廃止
RPG5	サウス・ヨークシャー	Regional Planning Guidance for South Yorkshire	廃止
RPG6	イースト・アングリア	Regional Planning Guidance for East Anglia to 2016	2000/11
RPG7	北部	Regional Planning Guidance for Northern	廃止
RPG8	東ミッドランズ	Regional Planning Guidance for the East Midlands	2002/1
RPG9	南東部	Regional Planning Guidance for the South East	2001/3
RPG9A	テムズ・ゲイトウェイ	Regional Planning Guidance for Thames Gateway	廃止
RPG10	南西部	Regional Planning Guidance for the South West	2001/9
RPG11	西ミッドランズ	Regional Planning Guidance for the West Midlands	1998/12
RPG12	ヨークシャー&ハンバー	Regional Planning Guidance for Yorkshire and the Humber	2001/10
RPG13	北西部	Regional Planning Guidance for the North West	1996/5

※イングランドに限る　　（副総理府の WEB SITE より）

表**3-3**　1986年に廃止されたメトロポリタン・カウンティと中心都市

メトロポリタン・カウンティ	中心都市
タイン・アンド・ウェア (Tyne and Wear)	ニューカースル (Newcastle)
マジーサイド (Merseyside)	リヴァプール (Liverpool)
グレイター・マンチェスター (Greater Manchester)	マンチェスター (Manchester)
ウエスト・ヨークシャー (West Yorkshire)	リーズ (Leeds)
サウス・ヨークシャー (South Yorkshire)	シェフィールド (Sheffield)
ウエスト・ミッドランズ (West Midlands)	バーミンガム (Birmingham)

ており、役割を終えたものも多い。これら五種類の行政文書は、地域の都市計画を策定する際の基本方針を決定づけるものとになっている。

3　司法の役割

法律に関する解釈に関わる問題は、裁判所の判断に委ねられる。英国の政治システムは、立法、司法、行政からなる三権分立をとっており、都市計画でも、議会が法律を制定し、政府ならびに地方自治体等の公共団体が都市計画を実施し、その是非を裁判所が判断するという制度ができあがっている。もともと、わが国の近代化を進める過程で、明治政府が手本としたのが英国の制度であるため、英国の政治システムはわが国のものと近似しており、われわれ日本人にとって、英国の政治システムに関して理解するのは、比較的容易なことであろう。ただし、すべてがわが国のシステムと同じわけではない。

　基本的に、都市計画は地方自治体が決定するものであるが、英国の場合、地方自治体には、「包括的機能」が与えられていない。つまり、地方自治体は、国が定めた法律に沿って、それを忠実に実施する機関に過ぎない。また、英国の法律には、条例作成に関する法律がないため、地方自治体は地方条例を作成することはできない。首長にあたる県知事や市長、町長にあたるポストさえない。唯一、ヴォランティアからなる議会（カウンシル）が存在するのみである。[8] そのため、わが国のように「都道府県知事の承認」や「市町村長に対する届出」といった決まりはなく、すべて「議会の承認」「議会に対する届出」というかたちになる。

また、地方公共団体を指す用語には、「地方自治体または地方庁（local authority）」および「地方政府（local government）」がある。これらは混同されて用いられることも少なくないが、これらはもともと異なったものであり、制度の成立の過程で生じてきた用語である。[9]「地方自治体」とは、行政上の決定権が委譲された機関で、実際にさまざまサービスを行なう組織を指す。委譲される権限は多岐にわたり、公的サービスの政策形成、意思決定に関わる権限などが含まれている。とはいっても、地方自治体は、完全に中央政府に従属するわけではない。伝統的に英国では、地方の統治は国王の家臣である貴族にまかされており、地方にも独立した裁判権（荘園裁判）等があり、小政府にあたる組織が存在していた。そのため、政府（government）は中央（国）のみに存在するのではなく、地方にも存在すると考えられてきた。英国の地方自治制度は、これら伝統的な地方共同社会の制度を基盤として形成されたため、現在でも独自性を保っており、これが「地方政府」の基本的な概念となっている。これに対し、国の行政決定権が委譲された機関が、「地方自治体」と考えてよい。[10]その際、地方自治体に委譲される権限は、極めて広範に及んでいる。ただし、地方自治体が法律で定められた範囲外のことを行なうことは、「権限外」の行為とされ、違法となる。それを判断するのが、司法、すなわち裁判所の役割となる。

実際の都市計画は、地方自治体の手によって行なわれる。都市計画に関しては、国が策定する法律で地方自治体を拘束し過ぎると、結果としてうまく機能しなかったという経験があり、現行の制度では、地方自治体に大きな裁量を与えているのが特徴となっている。そのため、その裁量の範囲を判断し、社会的通念を形成する必要があり、それを裁判所による判例の積み重ねによって形成している。

裁判所に対して、都市計画上の異議を訴えるには、主としてふたつの方法がある。第一の方法は、「法定審査」と呼ばれるものである。一九九〇年都市・農村計画法では、当該大臣が下す決定において、その決定によって損害を受ける者は、決定から六週間以内に「高等裁判所」に訴えることができることを定めている。[11]その訴えが裁判所で認められた場合、大臣の決定は取り消される。具体的には、開発申請が地方自治体に認められなかった者は、大臣に異議申立をする権利があり、その異議申立も却下された場合、裁判所にその是非の最終判断を委ねることができる。

第二の方法は、「司法審査」と呼ばれるものである。これは高等裁判所のもつ「公共団体の法律に定められた権限に基づく行為」に関する審査権を利用するもので、公共団体の決定に対する異議を、直接、裁判所に訴える方法である。公共団体の否が認められた場合、行政執行命令等の命令が裁判所から公共団体に向けて発せられる。いずれの場合も第一審は、高等裁判所の女王座部で行なわれ、判決に不服があれば「控訴院」へ控訴できる。さらに、控訴院の判断が不服な場合、最終審として貴族院（上院）へ上告することができる制度となっている。[12]

4　中央政府と地方自治体

英国の都市計画は、しばしば地方に大きな裁量権が与えられたシステムであるといわれる。英国の都市計画行政にとって、地方自治体の果たす役割は重大で、中央政府との密接な連携が要求されている。特に、ブレア内閣は、その関係性を重視し、都市計画および地方自治に関する中央官庁をともに副総理府におき、中央と地方の良好な関係による都市開発を遂行しようとしている。このように、都市計画にとって、中央政府と地方自治体の関係は非常に重要であるため、これに関しても少々ふれておく必要があろう。

議会制民主主義の発祥の地が英国であり、現在も議会（国会）が政治の中心であることは言うまでもない。議会は、貴族[13]から構成される「貴族院（または上院）」[14]と、選挙で選ばれた議員で構成される「庶民院（または下院）」からなる。そして、この議会を中心とした組織が中央政府であり、政策はすべて議会で決定される。議会は、国会議員のなかから内閣総理大臣を指名し、総理大臣を中心に国の行政の最高機関である内閣が構成される。他方、各省庁は閣議に出席する閣内大臣一名と、複数の閣外大臣、さらに事務次官によって構成される。

歴史的建造物の保存を含む都市計画に関連する業務を所轄する省庁は、長い間、環境省（一九七〇－九七）であった。[15]特に、登録建造物制度（一九六八年導入）および保存地区制度（一九六七年導入）が制定されてすぐの一九七〇年に環境省が設立されたため、歴史的建造物の保存に関しても、環境省の担ってきた役割は非常に大きかった。この環境省は、それ以前の住宅・地方政府省、公共建築事業省、運輸省等の機能を集中させた巨大省庁であり、都市計画行政上、強力な中央集権的な性格をもっていた。

その後、省庁の改編が繰り返され、二〇〇二年以降、都市計画関連については「副総理府」[16]が担当し、地方自治体との調整がはかられるようになった。また、歴史的建造物の開発に関しては、副総理府の管轄にあるとともに、「文化・情報・スポーツ省（旧国家遺産省）」の管轄にもある。英国の省庁改編は一段落ついたが、依然として流動する可能性をもっており、これらの担当部局の名称等に関しては、今後も変更される可能性がある。

5　地方自治制度

他方、地方自治制度はやや複雑である。メイジャー政権以降、地方自治制度に関して長期的な改革の過程にあり、より複雑となっている。(17) その改革とは、もともとわが国の都道府県にあたる「カウンティ」と市町村に相当する「ディストリクト」からなる二層構成であったものを、これらを統合した一層制の自治体であるユニタリー・オーソリティ（単一自治体）にしようとするもので、ブレア政権にあっても、両者が混在する状況にある。これら地方自治体制度は、都市計画制度と密接な関係があるため、地方自治制度の歴史を、簡単に概観しておきたい。

近代英国の地方自治制度は、一八三五年の都市自治体法までさかのぼることができる。それまでは伝統的に、英国国教会による「パーリッシュ（教区）」や国王の代理人シェリフが管轄する「カウンティ」、独立した行政権限が与えられていた自治都市の「コーポレイト・タウン・バラ」等があった。そのなかで、最小の単位は、パーリッシュであったが、一八世紀以降に生じた社会問題に対応する単位としては小さ過ぎるという欠点をもっていた。そして、一八三五年の都市自治体法によって、一部の都市部で、地方税であるレイト（不動産税）の全納税者によって選出された議会により構成される「コーポレイト・バラ（自治体）」が誕生し、その後、一八八二年まで八七の自治体が誕生した。しかし、地方にはこういった自治体が設立されることはなく、地方自治は都市部のみで行なわれていた。

「一八八八年地方政府法」により、広域自治体であるカウンティ・カウンシル（日本の県に相当する―五八）が創設される一方、人口五万人以上を擁していた都市部の自治体は、カウンティとは独立したカウンティ・バラ・カウンシル（特別区―八二）となり、カウンティと同等の権限を有するようになった。また、それ以外の自治体は、カウンティ・カウンシルの基礎自治体として、ノン・カウンティ・カウンシル（二七〇）となった。さらに、「一八九四年地方政府法」によって、従来の公衆衛生地区を基盤にして、「アーバン・ディストリクト・カウンシル（町―五三五）」と「ルーラル・ディストリクト・カウンシル（村―四七二）」が誕生し、ノン・カウンティ・カウンシル（二七〇）とともに、二層制の地方自治制度が成立した。同時に、有権者三〇〇人以上を有するパーリッシュでは、パーリッシュ・カウンシルが創設された。

ロンドンは特別であり、一八五五年以来、非公選議員で構成されていた首都公共事業局があったが、一八八八年に他のカウンティよりも広範な権限を有するロンドン・カウンティ・カウンシル（LCC）が設立され、一八九九年には、その下に二八のメトロポリタン・バラ・カウンシルと特別区のシティがつくられた。

この体制が一〇〇年以上にわたり長く続くが、一九六五年四月一日に、「一九六三年ロンドン政府法」に基づいて、LCCに代わって、ミドルセックス州[18]のすべてとエセックス州、サリー州、ケント州の一部を合併して、グレイター・ロンドン・カウンシル（GLC―大ロンドン政庁）が設立された。GLCの面積は約一六万ヘクタール、人口約八〇〇万人という規模となった。そして、その基礎自治体として、三二のロンドン・バラ・カウンシルが設置されるが、シティの特別な地位は存続した。

また、一九七二年地方政府法で、全地方自治体を二層制にした。すなわち、従来のノン・カウンティ・カウンシルとアーバン・ディストリクトとルーラル・ディストリクトを「ディストリクト」に一本化するとともに、カウンティ・バラ・カウンシルを廃止した。さらに、六つの「メトロポリタン・カウンティ・カウンシル」を創設し、広域行政を行なおうとした。その結果、カウンティ・カウンシルが四七、その下にディストリクト・カウンシルが三三三、メトロポリタン・カウンティ・カウンシルが六、その下にメトロポリタン・ディストリクト・カウンシルが三六となった。これにグレイター・ロンドン・カウンシル（GLC）とその下のロンドン・バラ・カウンシル三二とシティが加わり、完全な二層構成になった。

都市計画の策定も、この構成に基づいて策定されることとなり、上位機関であるカウンティが策定するのが「ストラクチャー・プラン」、ディストリクトが策定する「ローカル・プラン」と二段階で形成されることになり、両者を合わせて「ディヴェロプメント・プラン」と呼ぶようになった。[19]

しかし、サッチャー政権は一九八五年、「地方政府法」を制定し、翌一九八六年四月一日をもってイングランドに六つあったメトロポリタン・カウンティ・カウンシルとグレイター・ロンドン・カウンシルを廃止し［表**3**―**3**（前述）］[20]、その権限をメトロポリタン・ディストリクト・カウンシル（三六）、ロンドンではロンドン・バラ・カウンシル（三二）とシティに委譲し、地方自治体の行政サービスの効率化を目指した。これは「小さな政府」の地方自治体版であり、組織をスリム化し、フットワークを軽くしようとするねらいがあった。都市計画に関しても、大都市圏内のディヴェロプメント・プランは、従来のストラクチャー・プランとローカル・プランの内容を合わせもった「ユニタリー・ディヴェロプメント・プラン」に集約された。これによって、それまで状況の急速な変化でなかなか策定することが難しかったストラクチャー・プランの策定を待たず、ローカル・プランの策定が可能となり、都市計画の実践がより容易に、しかも迅速になった。

その後、メイジャー政権は、地方都市圏においても、一層制の自治体であるユニタリー・オーソリティ（単一自治体）に変更しようとした。一九九二年七月には、一九九二年地方政府法によって、「イングランド地方自治体委員会」が発足されて検討が加えられ、その結論として、段階的にユニタリー・オーソリティに変更していく手段が選択された。一九九五年にワイト島で一カウンティと二ディストリクトが統合され、初のユニタリー・オーソリティが誕生した。

<table>
<tr><td>広域自治体</td><td>カウンティ・カウンシル (34)</td><td rowspan="2">ユニタリー・オーソリティ (46)</td><td rowspan="2">メトロポリタン・ディストリクト・カウンシル (36)</td><td colspan="2">グレイター・ロンドン・オーソリティ (1)</td></tr>
<tr><td>基礎自治体</td><td>ディストリクト・カウンシル (238)</td><td>ロンドン・バラ・カウンシル (32)</td><td>ロンドン自治体 (1)</td></tr>
</table>

図3-2 英国の地方自治制度（2000年現在）（『英国の地方自治』より）

副総理府	カウンティ	ディストリクト	メトロポリタン・ディストリクト ユニタリー・オーソリティ グレイター・ロンドン・オーソリティ
法令等の作成 ・1995年都市・農村計画（一般開発手続き）令 ・1995年都市・農村計画（一般開発許可）令 ・1987年都市・農村計画（用途クラス）令 等を定める．	ストラクチャー・プランの策定 （必須） カウンティ規模の広域的な枠組み，原則として今後15年の展望等を定める．ユニタリー・オーソリティと共同作成する場合もある．	ローカル・プランの策定 （必須） ディストリクト規模で、開発規制の指針となる政策の詳細、原則として今後10年の展望、等を定める．	ユニタリー・ディヴェロプメント・プランの策定 （必須） 総合的政策の枠組み，開発規則の指針となる政策の詳細，原則として今後10年の展望等を定める．一部のユニタリー・オウソリティには，ストラクチャー・プランが残存している場合もある．
PPGの作成 都市計画の基本方針を決定する．			
PRGの作成 基本計画，20年以上の一元的開発計画，基本計画の背景等を決定する．			
採掘方針ガイダンスの策定	採掘計画の策定 （必須）		採掘計画の策定 （必須）
通達の策定	廃棄物計画の策定 （必須）		廃棄物計画の策定 （必須）
全般的協議権限		簡易計画ゾーンの設定	
	計画の策定にあたり、相互協力の必要性がある		

図**3-3**　英国の都市計画政策体系（『英国の地方自治』より）

一九九六年には三つのカウンティと二〇のディストリクトが廃止され、一三のユニタリーが、一九九七年にはカウンティは廃止されなかったが、一四のディストリクトが廃止され、一三のユニタリーが新設された。一九九八年には一つのカウンティと二二のディストリクトが廃止され、一九のユニタリーが新設されている。その結果、当初の見込みであった九三の約半数にあたる四六のユニタリー・オーソリティが新設され、カウンティは三九から三四に減少し、ディストリクトも二九六から二三八に減少した。つまり、従来の二層構成からなるところと、ユニタリー・オーソリティからなるところと、一部のディストリクトのみがユニタリーとなるが他は従前の二層制をとっているところが共存する結果となった。さらに、ブレア政権は、グレイター・ロンドン・オーソリティを二〇〇〇年七月三日に設立するに至っている［図**3**－**2**］［図**3**－**3**］。

6　都市計画行政と文化財行政

わが国における歴史的建造物の保存は、文化財保護の一部として扱われ、中央官庁は文化庁で、そのなかに文化財部建造物課という部署があり、そこが所管してきた。二〇〇五年の省庁改変によってその役割は文化財部参事官に移されたが、(21)基本的に大きな変化はない。また、それに関することを定めた法律は、文化財保護法があり、それに従がって歴史的建造物の保護行政が行なわれている。

他方、英国においては、歴史的建造物の保存等に関しては、都市計画の部局が中心となって取り扱うことになっている。のちほど詳述する登録建造物制度および保存地区制度などによって都市計画行政のなかで扱われ、地方政府レベルでは地方計画庁が、また、中央政府では副総理府が管轄している。しかしながら、登録建造物および保存地区を監理するのは、副総理府ではなく、文化・情報・スポーツ省である。つまり、保存するべき歴史的建造物を定めるのは、文化財行政担当部局で、実際に保存行政を進めるのは都市計画担当部局である。

このように、ふたつの中央省庁が、歴史的建造物の保存行政には密接に関係してくるが、それぞれの関係は、英国の都市計画史のなかで、幾度も変化している。特に、歴史的建造物の保存制度を調べていると、「担当大臣の許可が必要」といったように「大臣」という言葉がよく出てくるが、これは文化財行政担当の大臣なのか、都市計画担当の大臣なのか、理解に苦しむことがしばしばある。そのことを地方で歴史的建造物の保存に携わる人々に聞いてみても、曖昧な回答しか返ってこなかったりする。このように複雑な関係になったのは、英国の都市計画史ならびに文化財保護行政史の歩みが影響している。その詳細に関しては、のちほど取り上げるが、ここでは、英国における都市計画および文化財行政を担当してきた部局の移り変わりを整理しておきたい。

厳密な意味で、都市計画および歴史的建造物の保存がいつはじまったかということを規定することは難しいが、少なくともそれに関連する「古記念物」と「都市計画」という言葉が最初に用いられた法律ができた時点を、そのはじまりと解釈すると、文化財保護行政は一八八二年に「古記念物保護法」が制定された時点、都市計画行政は一九〇九年に「住宅・都市計画諸法」が制定された時点とみなすことができる。

一八八二年古記念物保護法が制定された際には、歴史的なものが多い王室の建造物の監理も行なっていた「公共事業庁」が所管することになり、第二次世界大戦直前まで、その体制が続いていた。一方、都市計画行政は、一九〇九年の開始時点には、公衆衛生法ならびに労働者階級の住宅関連法に関する業務を担当していた「地方政府局」が管轄することになったが、その後、業務の増大とともに、一九一九年に「厚生省」が創設されて、その業務を引き継ぐことになった。一九四〇年には、都市計画関連の一部の業務が「公共事業・建築省」に移管された。「公共事業・建築省」は「公共事業庁」の後身でもあり、古記念物保護法に関連する業務の所管省庁でもあった。法律上、すでに古記念物保護関連法と都市計画関連法との相互関係はできあがっており、ここではじめてひとつの省庁で、それらを一括して管轄することができるようになり、よりスムーズな行政処理が期待された。一九四二年には都市計画関連のすべての業務がここに移管され、名称が「公共事業・計画省」と変更され、古記念物保護関連ならびに都市計画関連業務の管轄省庁となった。しかし、その直後の一九四三年に、再び両者は袂を分かち、古記念物保護関連は「公共事業省」が、都市計画関連は「都市・農村計画省」が所管するようになる。その後、都市計画関連業務は、一九五一年に「地方政府・計画省」に移管され、そして、同年に名称が「住宅・地方政府省」と変更された。他方、古記念物保護関連業務は一九六二年に「公共事業省」から「公共建築事業省」に移されている。一九七〇年に両者は再び合併し、新設の「環境省」が古記念物保護関連ならびに都市計画関連業務を所管することになり、ここで古記念物保護関係法によるリストも都市計画法関連のリストもすべて一括して管轄するようになった。さらに、一九九二年に「国家遺産省」が創設され、文化財行政全般を所管する省庁が独立して誕生した。一九九七年の省庁改編では、「国家遺産省」は「文化・情報・スポーツ省」となり、環境省は、他省庁と合併し、「環境・交通・地域省」となった。さらに「環境・交通・地域省」は、二〇〇一年に「交通・地方政府・地域省」となり、二〇〇二年には「副総理府」に移っている【参考資料iii】【参考資料iv】。

第二部　近代社会と都市計画および建築保存のはじまり

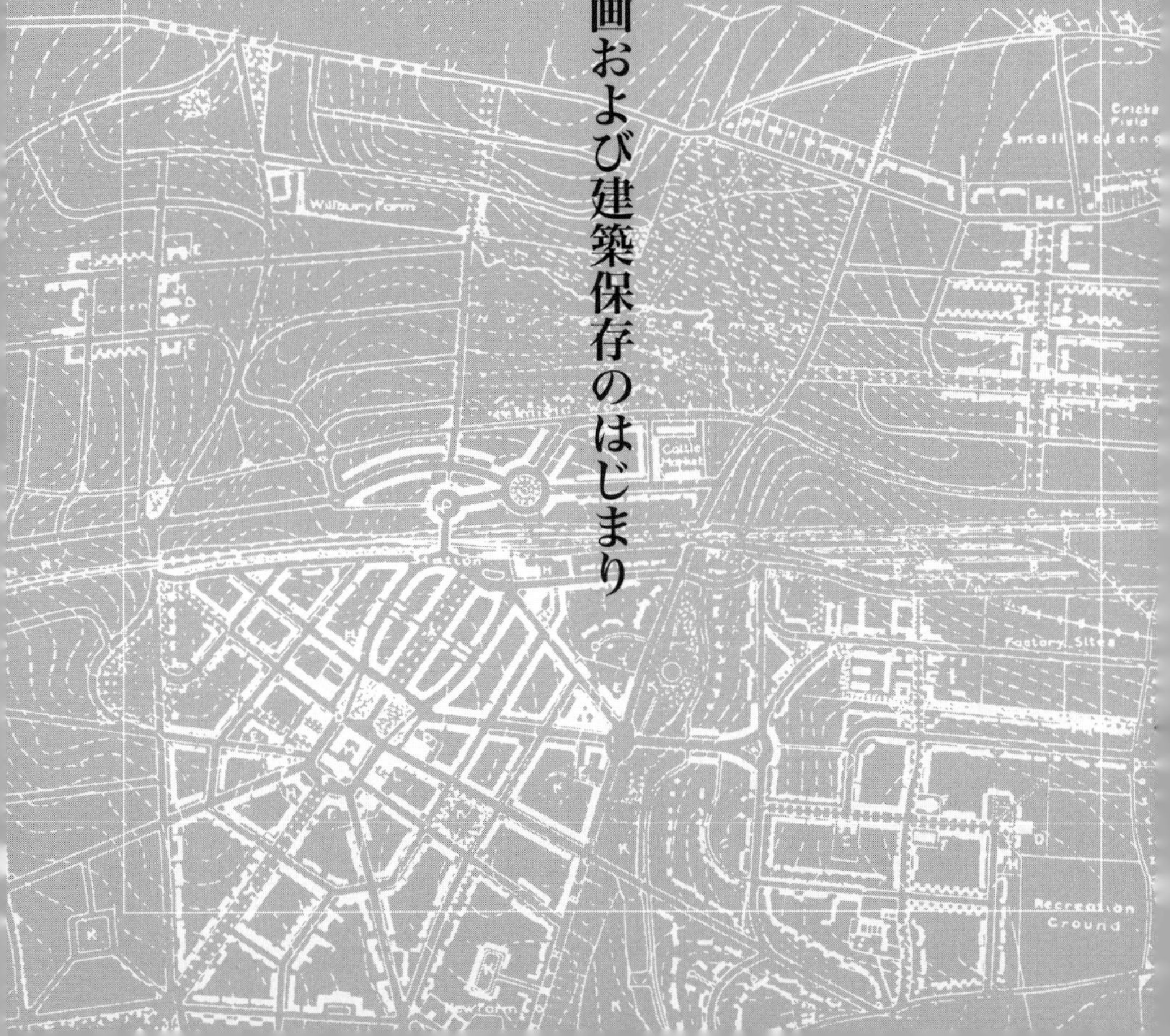

4章 近代都市計画のはじまり

1 産業革命の弊害とその対策

英国における近代的都市計画の原点は、産業革命の弊害として生じた労働者階級の住宅問題の解決にあった。一八世紀半ば以降、各地に工場が建設され、工業都市の出現とともに、都市内の居住環境が悪化していった。都市に人口が集中した結果、労働者階級の過密なスラム居住地区が発生し、劣悪な衛生状態が問題となった［図4－1］。それでも政府は、基本的に「自由放任主義（レッセ・フェール）」の方針をとっており、なかなかこの問題に取り組もうとはしなかった。しかし、スラム街の不衛生さが原因となって、あいついでコレラ等の伝染病が発生したことから、この問題は、もはや労働者階級だけの問題にとどまらず、中産階級も含めた社会全体の問題となっていった。そこで政府は、一九世紀半ばに、方針の変更を余儀なくされ、労働者階級の住宅問題に公共介入を開始した。それ以前にも、たとえば、リヴァプールで一七八六年に「リヴァプール改良法」を制定し、道路建設を計画通りに遂行しようとするなど、一部、地方自治体によって都市環境を整備しようとする試みはあったもの(1)の、英国における本格的な都市計画に関わる諸法の整備は、一九世紀半ば以降であり、都市発展にともなって起きた劣悪な都市の生活環境を改善し、衛生的な住みやすい都市をつくることを目標として開始されたと考えてよい。つまり、都市内に住まう労働者の居住環境改善のための環境整備が、都市再開発につながり、そこから英国の都市計画がはじまった。

　都市計画に関連する最初の重要な法律は、一八三四年制定の「救貧法」と翌一八三五年制定の「都市自治体法」であった。ヴィクトリア朝（一八三七－一九〇一）成立直前のウィリアム四世治世下（一八三〇－三七）、すなわち一八三〇年代に、ホイッグ政権によって近代民主主義社会を形成するための一連の重要な法令が制定されており、「救貧法」と「都市自治体法」は、その一環であった。一八三二年には「第一次選挙法改正」が行なわれ、腐敗選挙区やポケット選挙区が廃止され、[2] それまで参政権がなかった中産階級に、広く選挙権が与えられるなど、ちょうどこの頃、貴族支配の社会から、市民による民主主義国家へと変貌しようとしていた。

図4-1　ヴィクトリア朝のスラム街

　他方、多くの農民は、産業革命による産業構造の変化にともなって、本来の農地での仕事を失い、都市に流入してきた。しかし、専門の技術等を有していなかった者は、安定した職を得ることができず、生活水準は低下し、このような者たちの集まる地区の居住環境は、急速に悪化していった。これら社会問題が、産業革命をいち早く成し遂げた英国のもうひとつの側面であり、これらを解決するために、政府は法律・制度を整備し、都市の衛生問題の改善および労働者階級の劣悪な住環境の改善に、真剣に取り組むようになった。

　そのひとつの試みが、救貧法委員会（一八三二年設立）の創設であり、エドウィン・チャドウィック（一八〇〇－九〇）が中心となって、制度策定のために動きはじめた。[3] チャドウィックは、英国の政治制度や法制度を改革しようとした功利主義哲学者ジェリミー・ベンサム（一七四八－一八三二）の秘書を務め、その後、その意思を受け継ぐ社会改革者として活躍した人物である。法廷弁護士でもあった若きチャドウィックは、救貧法委員会で精力的に活動し、一八三四年の新「救貧法」(4)の制定にこぎつけた。この救貧法は、都市にあふれていた職に就くことができない貧民のために制定されたもので、貧民を「救貧院」に収容し、健全な生活を送らせて、貧民を最悪の状態から救おうとするものであった。救貧院に収容した貧民には、みずから生計を立てている労働者よりも低い水準の生活を送らせ、労働によってみずから生計を立てる重要性を知らしめ、貧民の自立を促そうとするものであった。この施策は、いわば功利主義に基づくもので、支配者階級の偏見的な理論の実践ともとらえることができる。つまり、法律によって労働者階級を管理しようとしたもので、貧困を一種の悪ととらえ、救貧院に収容するという罰を与える一方で、そこで貧民に教育を施し、更正させようとした。これにより、貧民は貧困生活から脱しようと努力し、健全な社会生活を送るようになることを期待した。しかし、結果はというと、本来、この施設に収容されてしかるべき貧民も、それを拒むようになり、ほとんど成果は上がらなかった。

他方、一八三五年には「都市自治体法」が制定され、地方自治体が都市の管理と住民の日常生活に関して、責任をもつようになった。そして、上下水道、ゴミの処理、街燈の整備等、都市のインフラが、地方自治体によって整備されるようになった。一八三六年には「生死・婚姻登録法」が制定され、人々が誕生した際、死亡した際、および婚姻した際の届出が義務づけられ、国家による戸籍の監理が実施されるようになった。また、一八四一年には「国勢調査法」にのっとって、全国的規模の国勢調査が初めて行なわれ、近代的行政サービス・システムができあがっていった。(5)

一八四〇年には「都市衛生に関する特別委員会」が、一八四四年には「大都市および過密地域の現状に関する王立委員会」が設立されるなど、政府も都市問題に関して、真剣に取り組むようになった。(6)

救貧法の成立を果たしたチャドウィックは、その後も医学・衛生学的に公衆衛生の実態調査を続け、都市環境の改善に取り組んだ。(7)そして、一八四二年には有名な『労働者階級の衛生に関する報告書』をまとめた。この報告書は、事例をまじえながら詳細に記された膨大なものであったが、その結論は「下水の汚染等、都市の衛生状態を改善しなければ、市民の健康状態の改善もスラムの廃絶もできない」というものであった。その提案をもとに、政府は「迷惑行為取締り法」

（一八四六年）、「都市改良条項法」（一八四七年）、「公衆衛生法」（一八四八年）の三つの法律を制定し、都市環境の改善をはかろうとした。ここでいう「迷惑行為（ニューサンス）」とは、環境悪化をもたらすすべての要因のことで、各住戸の排水や上下水の汚染といった問題から、個々人の生活に至る幅広い内容を含むものであった。

「公衆衛生法」によって、行政が都市内の衛生状態を監視し、公衆衛生を監理するシステムが完成した。すなわち、衛生状態の調査、監督を行なう中央機関として、三人の委員からなる「中央厚生局」を設置し、同時に、各地方には、実際に公衆衛生に関する業務を行なう「地方厚生局」を設置し、公衆衛生を監理しようとした(8)。この「公衆衛生」の概念は極めて広範な内容を指し、下水の整備、清掃、有害物の排除、屠殺場、死者の埋葬の管理から、共同宿舎、地下室居住の規制、街路の舗装・管理、また、公園や浄水の供給等、公共サービスに至るものであった。それらのなかには、建築規制も含まれており、住宅の新築・改築の際には、排水溝のないものは禁止され、共同宿舎の所有者は、その登録が義務づけられた。また、街路の新設にあたっては、あらかじめ地方厚生局に設計図を提出し、幅員やレベルに関して指示を受けなければならないことが規定されていた。ここで、制度上、のちのちまで影響を与えたのは、これらの規制・監理を行なうのは「地方厚生局」と定められたことであった。つまり、公衆衛生に関する業務は、すべて地方自治体が責任をもつことになり、公衆衛生の概念から発生した都市計画に関する規制や建築規制は、国が一括して行なうのではなく、条例によって、それぞれの地方自治体単位で行なわれるのが慣例となった。現在でも、地方自治体の行政官（検査官）である「プランナー」の権限が大きいのは、その伝統である。地方厚生局で実際に実務を行なったのは、「公衆衛生官」たちであった。やがて、彼らは組織的な活動を展開するようになり、一八五六年には「首都衛生官協会」が設立され、一八九一年には「衛生官協会」と名称を変えて全国規模の組織となり、都市改善に関するセンター的な役割を担うことになった(9)。

「公衆衛生法」による規制には、私有財産の変更をともなうものも多く、利害関係がからみ、理想通りにはいかなかった。この私的所有権の問題は、その後の都市計画上も重大な問題となり、戦後、補償制度が導入されるが、それでもなかなか解決することはできなかった。しかも、公衆衛生法の規制には、強制力がなかったため、法律としての効力もなかった。とはいっても、公衆衛生法の成立が与えた影響は大きく、その後の都市環境を整備する際の指針を与えることになった。

さらにチャドウィックらが主導する政府は、労働者階級の劣悪な住環境の改善に取り組んだ。これらの努力の結果が、一八五一年の「共同宿舎法」(五年間の時限立法)ならびに「労働者階級宿舎法」の制定につながっていった(「シャフツベリー法」)[10]。「共同宿舎法」は、共同宿舎の監督と統制に関する法律で、労働者の宿舎の質を確保することを目的としていた。また、「労働者階級宿舎法」は、地方自治体がみずから労働者のための宿舎を建設するというのちの住宅政策への道を開拓したもので、地方自治体が土地を購入し、共同宿舎を建設することを許可した[11]。ここで、労働者に対する住宅供給に関する規定がはじめて定められ、この二法が英国近代都市計画法の嚆矢となった。

2 労働者住宅建設と住宅地改良

一九世紀後半になると、都市の住宅不足は著しく、短期間に大量の住戸の建設が望まれた。建築の質は無視され、町には安建築がはびこった。「ジェリー・ビルダー」と呼ばれる安普請専門の業者が横行したのも、この頃であった。彼らにとっては、いかに多くの人々を収容できる住宅を、いかに安く建て、それをいかに売りさばくかが問題であり、住宅の質や住民の衛生問題に関しては、どうでもよいことであった。

このような状況で、労働者階級の住宅事情を改善しようとする試みは、建築家や慈善家たちによってはじめられた。その先駆けは、トマス・サウスウッド・スミス[12](一七七八―一八六一)が中心となって一八四一年に設立された「首都勤労者住宅改善協会」や、一八四四年設立のアルバート公が総裁を務めたことで知られる「労働者階級の状態改善協会」などで、のちに類似の団体が多数創設され、住宅供給をはじめとして、住環境改善のためのさまざまな活動を行なうようになった。これら団体の設立の背景には、裕福な者が、私財によって、低家賃の住宅を建設すべきであるといった慈善の精神があった。このような団体は、一般に「ハウジング・ソサイアティ」と呼ばれている[13]。

ハウジング・ソサイアティの活動のひとつとして、労働者階級のための集合住宅のモデル・プランの提案があり、部屋数や設備等を最小限に抑えたユニット・プランが考案された。「労働者階級の状態改善協会」の建築家ヘンリ・ロバーツ(一八〇三―七六)は、『労働者階級の住居』(一八五〇年)

を著し、労働者階級の住居形式として「フラット」形式の集合住宅を推奨している。フラット形式とは、縦方向に各住戸を重ねていく形式で、わが国の集合住宅では一般的な方法であるが、ジョージ王朝期以来、縦割り長屋のタウン・ハウスが主流であった英国では、新しい考え方であった。ロバーツは、比較的床面積が小さい労働者階級の住居では、伝統的縦割り長屋の形式は不向きと考え、より多くの住戸を狭い敷地に納めることができるフラット形式が、敷地不足を補う最も有効な手段と主張した。この考えは、ストレッサム・ストリートの家族向けモデル住宅〔図**4**－**2**〕や、一八五一年のロンドン万博に出展したモデル住宅〔図**4**－**3**〕で実践されている(14)。

一八六〇年代になると、個人や株式組織の活動がますますさかんになる。たとえば、一八六二年には、アメリカの銀行家ジョージ・ピーボディ（一七九五－一八六九）によって「ザ・ピーボディ・トラスト」が設立され、イズリントン地区、チェルシー地区、ブラックフライアーズ地区等に共同住宅が建設され、一八七〇年までに四〇〇世帯分の住宅が供給された。一八六三年には、印刷業者出身のシドニー・ウォーターロウ(15)（一八二二－一九〇六）が「改良工業住宅会社」を設立し、階段室タイプのフラッツの構成をとるラングボーン・ビ

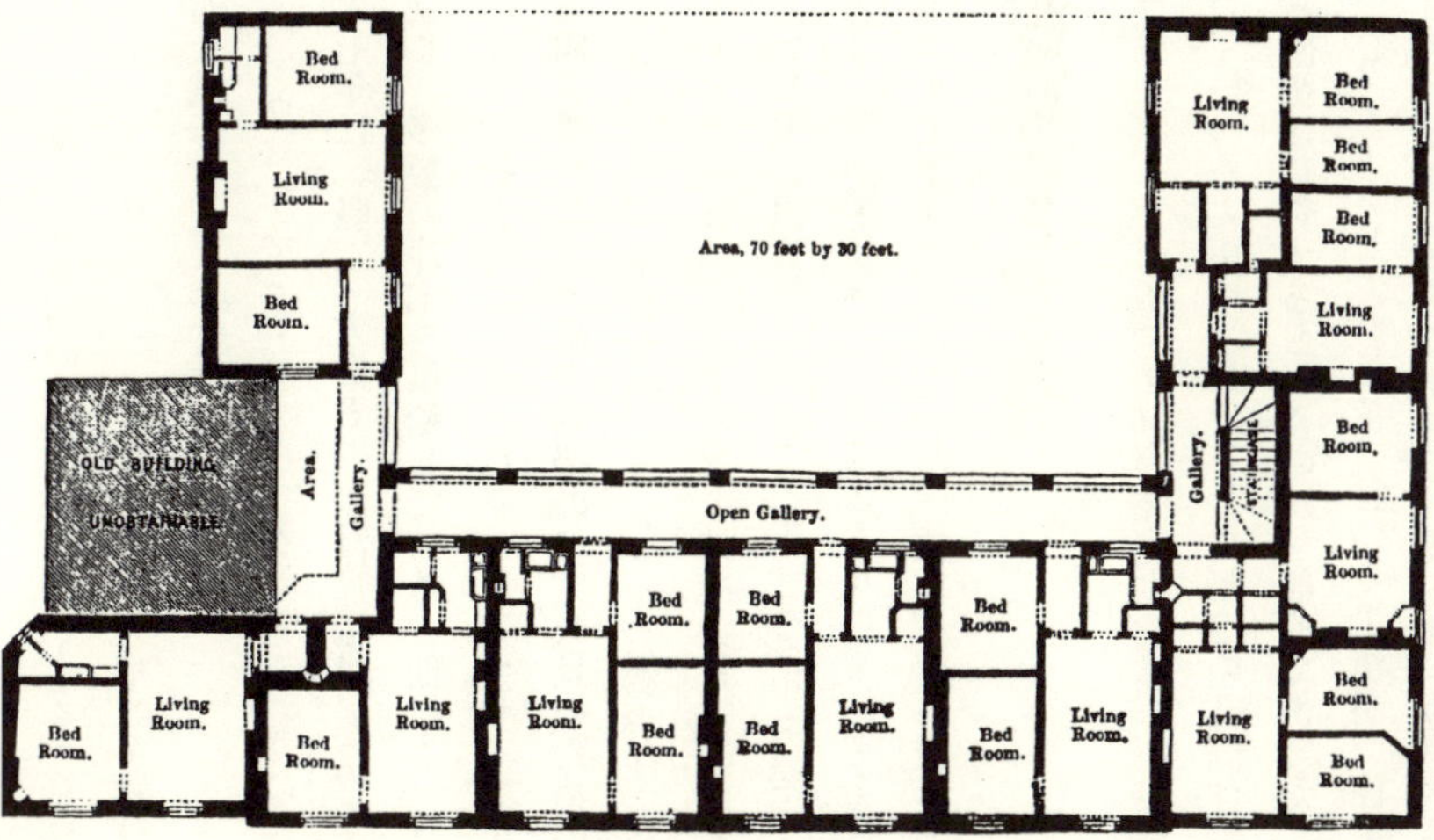

図4-2　ストレッサム・ストリートの家族向けモデル住宅
（ロンドン，1850年，ヘンリ・ロバーツ設計）

ルディング（フィンズベリー地区、ロンドン、一八六三年）等を建設した。ウォーターロウは、株主には年五パーセント以上の配当は行なわないことを条件に、公共事業融資委員会（一八六六年設立）から年四パーセントの利子で資金を借り入れ、事業を拡大していった。配当五パーセントは、すぐに達成でき、その状態が数年間続いた。ウォーターロウは、その後も熱心に労働者階級の居住改善に尽力するとともに、多数の住宅建設を行なった。ハムステッド・ガーデン・サバーブでは、独身女性専用の集合住宅ウォーターロウ・コート（ハムステッド、ロンドン、一九〇八―〇九年）を建設するなど、画期的な試みも行なっている。

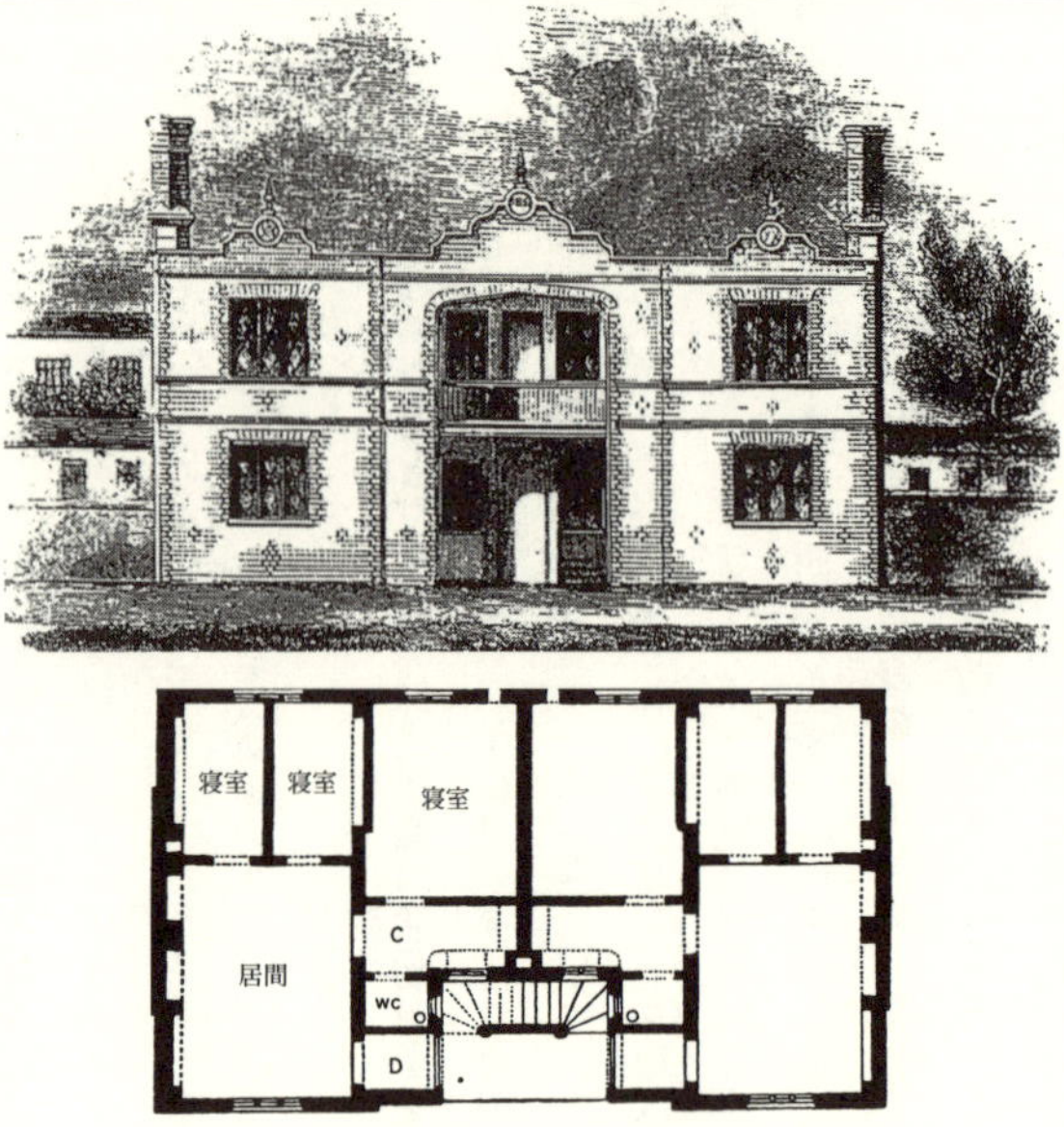

図4-3　ロンドン万博のモデル住宅（1951年）

また、ウィリアム・オースティン（一八〇四―？）は、一八六七年に「職工・労働者・一般居住者のための住宅会社」を設立し、多数の住宅を供給している。他にも、ロンドンを中心に住宅供給を行なったハウジング・ソサイアティとして、一八五四年設立の「労働者階級の住宅改良のためのマリルボン協会」、一九六一年設立の「ロンドン労働者住宅会社」、「ハイゲイト住宅会社」、「ストランド建設会社」等があげられる。また、ロンドン以外でも、「マンチェスター労働者住宅会社」、「リーズ工業住宅会社」、「ブリストル工業住宅会社」、「ニューカースル工業住宅会社」等が、採算を度外視した住宅建設を行なっている。(16)

ハウジング・ソサイアティの住宅供給は、不良住宅地を買い取り、いったん更地とし、そこに新築の共同住宅を建設し、労働者階級に賃貸するというのが一般的であった。その過程で、「スラム・クリアランス」という手法が、住宅地改良のために用いられるようになった。彼らは「博愛主義的」といわれているが、労働者のために無条件で住宅を建てて供給したわけではない。彼らが実際に行なったのは、最低限度の質を確保し、家賃をできるだけ抑えた住宅を、より多くの人々に供給しようとする試みであった。つまり、ハウジング・ソサイアティの住宅供給は、住宅地開発というある種の投機事業でもあり、慈善家以外にも、収益を求めて、住宅供給事業に乗り出す者が増えていった。

このような動きに拍車をかけたのが、一八五六年に制定された「株式会社法」であった。これを利用して、株式を発行し、それによって資金を集め、労働者階級の住宅を建設し、利益をあげようとする者が多数生じてきた。このような目的で、トラストや株式会社の形式をとる「住宅建設会社」ともいえるハウジング・ソサイアティがますます多く創設され、博愛主義でもありながら営利目的でもあるという一見相反するような試みが頻繁に行なわれた。しかし、これらは、ほとんど利益を上げることができず、また、スラムの解消も思ったほど効果がなく、労働者階級の住宅建設の担い手は、営利団体から公共団体へと移行していく結果となった。当時、ロンドンで新築された住宅は、ハウジング・ソサイアティによるものが九、七〇〇戸、LCCによるものが三、四〇〇戸、メトロポリタン・バラ・カウンシルによるものが九〇〇戸、合計一万四、〇〇〇戸であったという。[17]

他方、行政も不良住宅の改良事業が進めやすいように法の整備を行なっており、一八六六年には「労働者階級住居法」を制定し、地方自治体が土地購入のために資金を借り入れることや、労働者階級のための住宅を建設することを許可した。また、一八六八年の「職工および労働者住居法」[18]（トレンズ法）では、所有者が家屋を適切な状態に保つことを義務づけ、さらに居住に適さない家屋は住居として使用してならないことを命じ、地方自治体に対しては、公益のために不適格な個々の住宅を除去（取り壊）し、これを閉鎖する権限を付与し、これら家屋の所有者には、家屋を再建することを義務づけた。ただし、一八六八年法では、立ち退かされる居住者を再居住させる手立てに関しては、何も規定されていなかった。その後、一八七五年になってようやく、立ち退かされた居住者を再居住する条項（補償金が支払われる）が組み込まれるとともに、個々の住宅ではなく、不良住宅地区の改良を目的として、「職工および労働者住居改良法」[19]（クロス法）が成立し、地区全体の改良のために公共団体のとるべき措置が規定され、地方自治体に強制権が与えられ、強制収用して家屋を再建することなどが定められた。つまり、ここで個々の住宅ではなく、非衛生的な住宅が建つ地区そのものを除去しようとする「スラム・クリアランス」の概念が、はじめて法律に導入されたことになった[20]。

一八八四年には「貧困者住宅に関する王立委員会」が設立され、翌一九八五年にまとめられた報告書のなかで、労働者住宅の衛生状態の立ち入り検査、衛生上の欠陥の防止と除去、労働者住宅のための用地の買収、自治体の住宅建設のための政府融資などが提言された[21]。

そして、これら提言をふまえながら、住宅各法が統合されて、一八九〇年に「労働者階級住宅法」が制定された[22]。これにより、英国の住宅政策の基本的な思想が確立され、労働者階級の劣悪な都市内住環境が整備されていくことになる。また、これらに対する資金は、「公共事業融資委員会」から融資された。しかしながら、住宅維持のためのランニング・コストは、低所得の居住者の支払能力をはるかに超えており、問題は解決できなかった。

他方、都市問題に関しては、一八五五年にロンドンに「首都公共事業局」が設立され、ロンドンの都市改良を担当する部局ができた。そして、首都公共事業局は、ロンドンの下水道の整備にかかり、一八六五年には下水道幹線体系が完成した。また、首都公共事業局は、一八七五年の「職工および労働者住居改良法」で制度化されたスラム・クリアランスを、積極的に実施した[23]。

一八六八年には「王立衛生委員会」が設立され、都市の公衆衛生に関する制度等に関して調査・検討が行なわれた。王立衛生委員会は、一八七一年には報告書をまとめ、地方自治体関係の業務を国家的に統括する組織の必要性を提言した。政府はこれを受けて、ただちに「地方政府局」を設置した。翌一八七二年には公衆衛生法が改正され、全国が「都市衛生地区」と「農村衛生地区」とに分割され、全国すべての地域において、公衆衛生サービスが行なわれるようになった。一八七五年の公衆衛生法（統合法）では、すべての地方自治体に、衛生を担当する部局（地方厚生局）の設置が義務づけられた[24]。

こうした住宅地改良および都市の環境整備は、地方自治体の協力なしでは遂行することはできなかった。そのため、地方自治体のシステムそのものの改善も必要となった。そして、一八八二年には「都市自治体法」が改正され、都市が独自の政策・事業の運営をすることが容易なように、システムが変更された。また、一八八八年には「地方政府法」が制定され、広域自治体であるカウンティ・カウンシルが創設されるとともに、都市部の自治体は、カウンティとは独立した同等の権限をもつ八二のカウンティ・バラ・カウンシル（特別区）となり、地方自治体の行政制度が確立された。ロンドンに関しては特別で、他のカウンティ・カウンシルより強大な権限をもつ「ロンドン・カウンティ・カウンシル（LCC）」が創設された。[25]

これによって、ロンドンの首都公共事業局の役割は、新設されたLCCの建築部に引き継がれた。また、この建築部には「労働者階級住宅建設課」が設置され、実際に、土地を購入し、住宅を建設して、供給していった。

他方、公衆衛生法では、建築に関する規制が明確に定められるようになった。[26] 一八七五年の統合法では、すべての地方自治体に衛生を担当する部局（地方厚生局）を設置することを義務づけるとともに、地方自治体が独自の「建築条例」を制定し、保健・安全面から住宅を新築する際の街路の幅員・レベル・構造、排水、建物の通風・採光・構造・材料・設備・防火などを規制することが定められた。[27] これら制限には、中庭に屋外便所を設けることや石炭置き場を設置することなどといった詳細を定めた規定もあった。一八四八年法でも建築に関する規制はわずかにあったが、この一八七五年法でこれらがより詳細に定められ、衛生検査官によって建築の許可がなされるようになった。つまり、公衆衛生法によって地方自治体が建築規制を行なうようになった。そのため、建築規制は、全国的に画一的なものではなかったが、一般的な傾向として、まずは上下水道、便所、採光、通風等の衛生問題が検討され、次第に、道路幅員、「囲い地」[28]の規模、建物の高さに焦点が移っていった。建築に対する制限としては、不衛生の原因となっていた「バック・ツゥー・バック」形式の住宅「図4−4」[29]や狭い「囲い地」が禁止され、道路の幅員にも制限が加えられ、各室の採光面積も居室の床面積の十分の一以上の窓面積が必要といった現代的な建築制限も含まれるようになった。また、北部の地方では、「ジネル」と呼ばれる住宅の裏に裏路地の設置を義務づけたところもあった。

一八七七年には、「標準条例」[30]が作成され、一〇〇項目にもわたる詳細な規則が定められた。そのなかで、最も建築形態と深く関わるものは、道路幅員と後庭面積に関わる規制であった。道路幅員は、車が通る道路では三六フィート（一一・〇メートル）に、それ以外は二四フィート（七・三メートル）とすることが定められ、後庭面積は一三・九平方メートル以上、奥行は一〇フィート（三・三メートル）以上とすることが定められた。この標準条例は、「一九六一年公衆衛生法」で建築

条例が廃止されるまで長い間用いられ続け、その後、「建築規則」に取って代わられることになる。(31)

これら条例に基づいて、全国に約一万戸の労働者住宅が建設された。道路幅員と後庭面積に関して、厳しく規制されたため、前面には広い道路、後方に一定の面積を有する庭がつくられ、それまでの過密化した住宅地とは異なり、衛生的なものとなった。これらは、通常、二～三階建のレンガ造の連続住宅、いわゆる低層のテラス・ハウスとなった。このような住宅は、「バイロー・ハウス（条例住宅）」と呼ばれている［図**4－5**］。これらバイロー・ハウスは、部屋数や規模、衛生、構造、防火の面でも、労働者住宅として十分なものであったが、建設業者は、条例の最低条件をクリアした住宅を多数建てることばかりに気を配り、その結果、何の魅力もない住戸が連続し、単調な景観がつくられる結果となった。(32)

これら活動とは別に、慈善家たちの活動も重要であった。「産業革命」の名づけ親として知られるアーノルド・トインビー（一八五二－八三）は、産業革命の結果として民衆の生活水準の低下したことを指摘し、それを改良すべく社会運動を開始している。トインビーの考えには多くの人々が共感し、運動は次第に大きくなっていった。一八六八年には「貧困化と犯罪の防止のためのロンドン協会」（のちに「慈善組織協会」

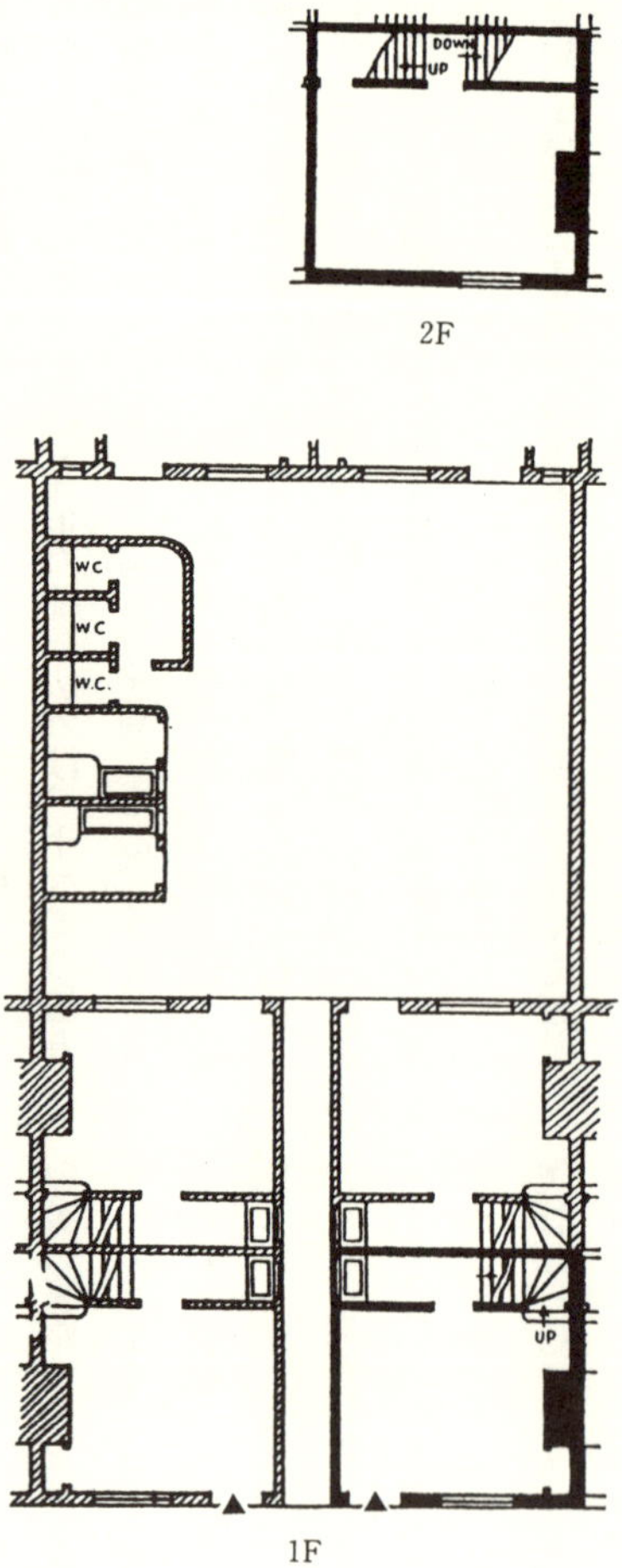

図**4-4**　バック・ツゥー・バック住宅

と改名される）が設立され、バーネット夫妻やオクタヴィア・ヒル、ジョン・ラスキンといった人物が奔走した。

一九世紀後半の貧民救済の慈善・博愛事業は、金品を供与することによって貧民の生活を改善しようとするものであった。しかし、貧民たちのなかには、これに甘え、みずから努力して生活を向上させようとはしない者も少なくなかった。このような現実を目の当たりにして、金品を供与するだけの慈善事業を否定し、貧困を除去するためには根本的な社

ホーンジーの労働者住宅・外観（R. Plumbe による）

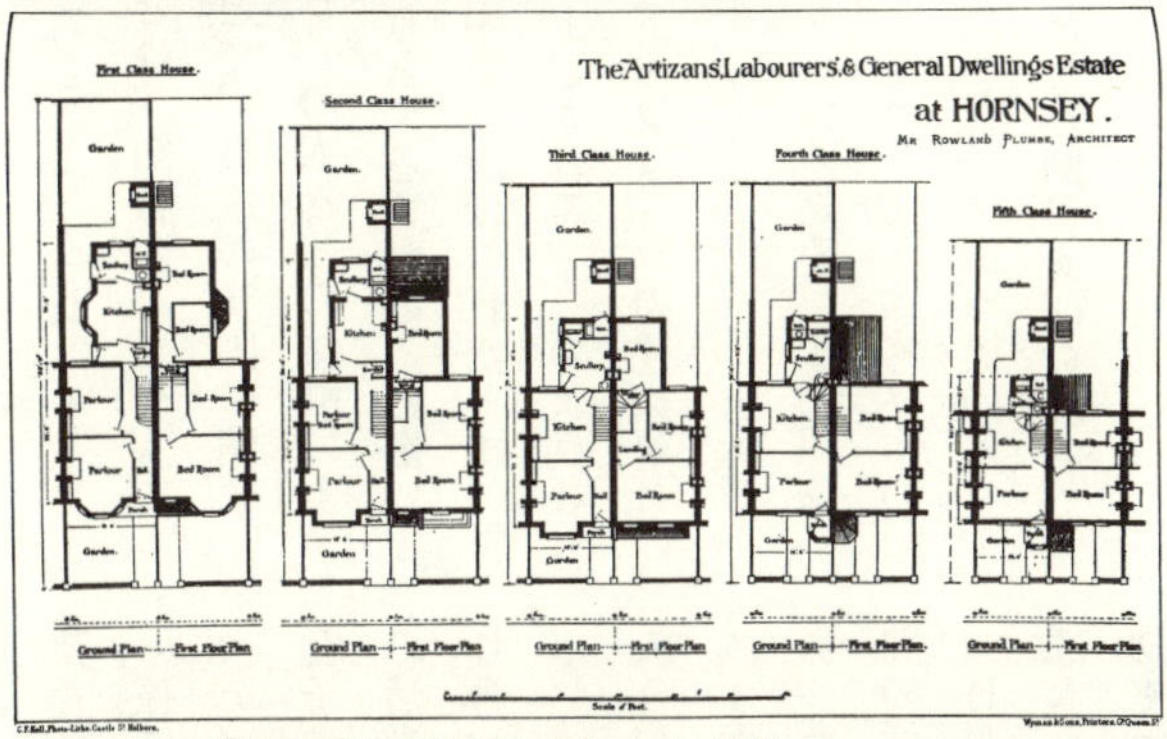

ホーンジーの労働者住宅・平面（R. Plumbe による）

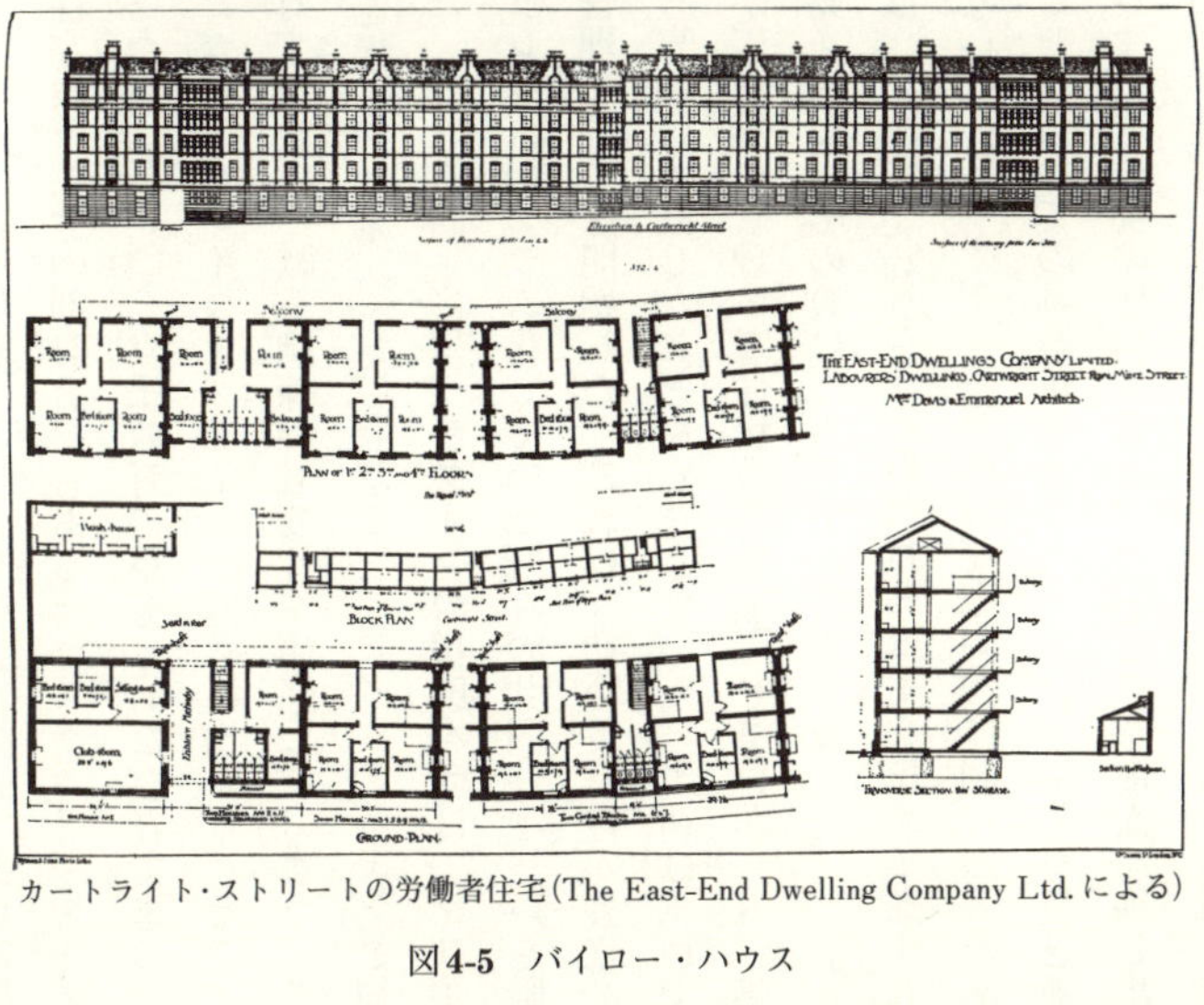

カートライト・ストリートの労働者住宅（The East-End Dwelling Company Ltd. による）

図**4-5**　バイロー・ハウス

会改良が必要であると訴えかけたのが、慈善組織協会のメンバーたちであった。その活動のひとつとして、「セツルメント」があげられる。セツルメントとは、知識人がスラムに住み込んで貧民と実際に接することで、貧民の貧困に関する認識を改めさせると同時に、スラムの人々との接触により、知的および人格的教育を試みようとする運動のことをいう。一八八四年にバーネット夫妻を中心に設けられたトインビー・ホールが、最初のセツルメントとされる。このような運動のひとつとして、アーツ・アンド・クラフツの建築家として知られるチャールズ・ロバート・アシュビー（一八六三－一九四二）が、トインビー・ホールに住み込み、工房組織兼専門学校である「ギルド・アンド・スクール・オブ・ハンディクラフト」（一八八八年設立）をつくり、スラム街の人々に、技術を体得させ、自立させようとした例があげられる。

オクタヴィア・ヒル（一八三八－一九一二）は、住宅の管理、修理、厳格な家賃の支払いと賃貸条件の遵守等の運動を繰り広げた。[33] 彼女はナショナル・トラストの設立者のひとりとしてよく知られているが、それ以外にも、労働者階級の居住環境改善のために生涯を尽くした婦人社会活動家として、また、「住居管理」の手法を確立した人物としても重要である。ヒルは、ベンサム主義を代表する社会改革者兼医師であり首都勤労者住宅改善協会の創設者でもあるサウスウッド・スミスの孫にあたり、若い頃、女子教育の草分け的な存在であるノッティンガム・プレイス・スクールの運営に携わり、そこで女子に対する教育と職業訓練の必要性を痛感した。また、その活動を通し、建築・美術評論家のジョン・ラスキンと知り合った。一八六四年には、ラスキンの援助を受け、マリルボン・プレイスのスラム化していた既存の共同住宅三戸を購入し、管理・経営を開始した。これは、初めて女性が独立し、みずから事業を実践したことを意味していた。当初は三戸であったが、次第に管理する住居数を増加させていき、五〇年間の活動を通し、その数は一万五千戸にまで及んだ。[34]

ヒルは、「人間の改善と住宅の改良とは手を携えて進まねばならない」、したがって「貧民の住宅問題は個々の人が活動することによってのみ解決されうる」という主張を貫き通した。つまり、彼女の住居管理は、住宅改善を前面に押し出したもので、清掃や修理といった単純な作業を欠かさないで実行することが最も重要なことと考えた。そして、これらあたりまえで簡単なことを確実に行なうことによって、社会全体が健全なものになると確信していた。つまり、住宅改善を社会全体の改良へつなげていこうとしたのであった。

ヒルは労働者階級の住宅問題に真剣に取り組んだ。特に、彼女は貧弱な住宅を除去しようとする政府の方針に反対し、住民の意識改革から住宅問題を解決しようと試みた。また、慈善組織協会と協力して、トレンズ法で欠如していたスラム・クリアランスで立ち退かされた人々に対する再居住に関する条項を法律に組み込もうと尽力し、一八七五年の「職工および労働者住居改良法」（クロス法）の制定にこぎつけた。さらに、一八七五年には、『ロンドンの貧困者住居』（一八七五年）を著すなど、啓蒙活動も同時に行なっていった。このようにして、ヒルは住居管理の手法を確立するとともに、住居管理人養成を実践した。その際、住居管理を女性の手に委ね、女性の職域拡大にも結びつけていった。また、彼女は「居住者および建物の改善」を原則とし、建物の物理的な改善ばかりでなく、居住者の生活の自立をも同時に求めた。そして、施しをともなわない貧困者救済の重要性を唱え、家主と借家人との健全な関係の成立を目指した。そのため、建物だけの一方的な施しになりがちであったこの問題への公的介入を否定した。しかし、彼女の行政への影響力は大きく、のちに住居管理が英国の住宅政策の伏流となっていった。彼女の主張は、都市の大胆な再開発ではなく、既存の住宅の現状改善からはじまっている。つまり、行政によるトップ・ダウンの改革ではなく、ボトム・アップの改革であった。そのため、住宅不足に対する単なる施策ではなく、貧困者の家賃負担の低減や居住者のコミュニティの重視など、現代の都市住居を考えるうえでも重要な提案が含まれていた。

3　郊外住宅地建設

都市問題を解決しようとする試みと同時に、都市の喧騒から逃れ、新たな理想都市、すなわちユートピアを追求する動きが起こってきた。都市問題が生ずるのは、都市が変化し、新しい機能が付加される際、建物等の既存のシステムが障害となるためで、これら障害がない更地に理想のコミュニティをつくろうとするのは、当然のことであった。ユートピアの発想はいつの時代にもあったが、一九世紀以降に生じてきた考え方は、社会施設をともなう住宅地の他に労働の場を備えた現実的で都市計画的な内容を含むものが多かった。このような試みは、当時、産業革命で成功を収めた企業家たちによってはじめられた。企業家たちは、工場、住宅地、コミュニティ施設をセットとしたモデル・ヴィレッジを建設し、英国の伝統ともいえる「ノーブレス・オブリッジ」を実践した。

図**4-6**　ニュー・ラナーク（ラナークシャー，スコットランド，1783年～，オーウェンによる経営は1799年から）

このような試みの最初の例が、ロバート・オーウェン（一七七一－一八五八）によるニュー・ラナーク［図**4－6**］[35]であった。オーウェンは、フランスのサン＝シモン（一七六〇－一八二五）、シャルル・フーリエ（一七七二－一八三七）と並ぶ著名なユートピア論者であり、社会改革思想家のひとりとしてよく知られている[36]。

オーウェンは、決して裕福な家の出ではなかった。オーウェンは、ウェールズの小さな町ニュートンで、ごく一般的な家庭の七人兄弟の六番目の子供として誕生した。父は、金物商を営なむかたわら郵便局長をも務めていたという。地元の学校で教育を受けると、九歳で徒弟奉公に出され、スタンフォードとロンドンの呉服商で働いた。その後、一七歳でマンチェスターに移り、呉服関係一般を取引する仕事に就いた。その頃、水力紡績機の発明で有名になるリチャード・アークライト（一七三二－一九二）の成功を知り、みずからも若手技術者アーネスト・ジョーンズと組んで、兄から一〇〇ポンドの借金をして、ミュール精紡機（自動織機）を製造する会社を立ち上げた。しかし、長続きはせず、一七九二年にジョーンズとのパートナーシップを解消する。その後、マンチェスターの実業家ピーター・ドリンクウォーターの目にとまり、彼の五〇〇人の労働者をかかえる新工場ピカデリー・ミルの支配人となった。彼の工場経営能力は、高く評価された。工場支配者としてオーウェンの社会的地位は向上し、マンチェスターの文学・哲学協会に入会するなど、新しい階級の人々と知り合う機会を得、ここで知識階級、実業界の大物に影響を受けた。その後、オーウェンはドリンクウォーターと仲違いし、新たな共同経営者を見つけ、一七九五年にチョールトン・ツイスト会社を設立する。

その頃、グラズゴーでは、実業家デイヴィッド・デイル(一七三九―一八〇五)がアークライトとともに、一七八三年にニュー・ラナークで紡績工場を建設していた。当時のニュー・ラナークは、人里離れた渓谷で、水量が豊富なきれいな川が流れる場所であった。デイルもアークライトもこの川の水にひかれ、ここに工場を建設した。オーウェンは、ニュー・ラナークの紡績工場の評判を耳にし、この地を訪れた。そこでこの地にほれ込んだと同時に、デイルの娘キャロラインと知り合い、二人はやがて恋に落ち、結婚した。そして、一七九九年、オーウェンは義父デイルからニュー・ラナークの工場を六万ポンド(実際には二〇年間で年三、〇〇〇ポンドずつ支払う)で買い取り、この地に移り住み、その経営をはじめた。[37]

ニュー・ラナークという地名に、「ニュー」という接頭語が付くのは、そばにラナークという集落がすでに存在したためである。ニュー・ラナークは、ラナークの集落から山間に入ったクライド渓谷にある。渓谷の澄んだ水、近郊に広がる高原での放牧によって得られる羊毛を利用した繊維産業にはもってこいの土地柄であった。そこに着目したのが、デイルであり、当時、水力紡績機を発明し、繊維工業に革命をもたらしたアークライトがそれに協力した。クライド川の水は澄んでいて、水量も十分であり、紡績工場にとって最高の自然環境であった。そして、一七八三年、クライド渓谷に、紡績工場と従業員のための住居の建設が開始された。しかし、すぐにアークライトとのパートナーシップは解除され、デイル個人による工場の建設となった。

第一工場は、一七八六年に生産を開始したが、二年後の一七八八年一〇月に全焼してしまう。しかし、第二工場がすぐに始動した。第一工場は、一七八九年に再建されて、現在、村で最古の遺構となっている。そして、第三、第四のふたつの工場が、一七九三年までに建てられた。第一・二・三工場は、クライド川の水利を使用することで、工場の動力を確保した。第四工場は、ワークショップ、収納庫、および宿泊設備となった。当初、工場で働く労働者は、ラナーク近隣から集められた他、グラズゴーとエディンバラから孤児を募集し、彼らを第四工場に住まわせた。さらに労働力が必要となり、イングランドのハイランド地方からも労働者がやってきた。そのため、多くの人々が、ニュー・ラナークに住まいを必要とした。そして、一七九三年、初の労働者のための住居として、ケイスネス・ロウが曲がりくねった位置に建てられた。

一七九九年に、ニュー・ラナークは、デイルからオーウェンに売却された。そして、一八〇〇年一月一日付で、オーウェンとその妻でデイルの長女キャロラインに経営が引き継がれた。オーウェンが、ニュー・ラナークに来た際の人口は、すでに二、〇〇〇人は超していた。そこでは五歳程度の子供たちが工場で働いており、その人数は全体の四分の一に達していたという。子供たちの労働条件は過酷そのもので、英国版「野麦峠」といったような状況であった。オーウェンがこの現実を目の当たりにしたことが、のちの人生に大きな影響を与えることになった。すなわち、彼の社会改革運動家としての活動の原点が、ここにある。オーウェンは、その後、工場労働者の環境改善に尽力し、それが一八一九年の「工場法」の制定につながっていった。

オーウェンがニュー・ラナークで最初に行なったことは、労働者のための住環境を整備することであった。一八〇九年には、ニュー・ビルディングズ、ヴィレッジ・ロウ、ロング・ロウ、ダブル・ロウ、ウィー・ロウなどの労働者のための居住施設を建設した。次に、オーウェンは、従業員の教育問題に関して検討をはじめた。そして、一八一六年に「人格形成学院」を創設し、その翌年には子供たちのための学校を建設し、これら施設を図書館や閲覧室として、また、社会活動の場として使用することにした。村は活気づき、一八一八年には人口約二、五〇〇人というピークに達した。

特に、「人格形成学院」は、工場労働者の子供に対し、歩けるようになったばかりの段階から一人前になるまでのシステム化した教育を行なう施設として、広く知られている。村の子供たちを、おおよそ一八カ月から一〇歳か一二歳までこの学校に通わせ、読み書きを覚えさせた。オーウェンは、一〇歳になるまで子供たちを工場で働かせることを許さなかった。人格形成学院は、世界初の幼稚園（保育園）ともみなすことができ、オーウェンはある意味で幼稚園の創始者でもあった。これは子供の教育に対してばかりでなく、女性の工場労働に対する配慮でもある。つまり、母親は、子供をここに預けることによって、工場で労働が可能となる。このように、工場で働く労働者の子供たちの世話をする施設をつくることは、労働者にとってばかりでなく、経営者にとっても一石二鳥の良策で、有能な次の世代の人材養成と、緊急の労働力の確保というふたつの目的を同時に達成できた。現代でいう幼稚園兼小学校といった福利厚生施設を、企業が率先して用意し、経営効率を上昇させたということである。

オーウェンはこれらの経験をもとに、一八一七年に『労働貧民救済協会委員会に対する報告書』を作成し、行政に対し労働者の貧困に対する方策を提案した。これは、理想のコミュニティのモデルを提案するもので、都市計画上も十分に検討が加えられていた。彼が提案した理想のコミュニティは、人口が五〇〇〜一、五〇〇人（平均一、〇〇〇人）、面積一、〇〇〇〜一、五〇〇エイカー（四〇〇〜六〇〇ヘクタール）からなる村落であった。村の中央には四辺形の広場があり、その四辺には労働者のための住棟が配されていた。中央の広場には、学校、講堂、図書館、礼拝堂等が入った建物のみがあり、それ以外の部分には芝や樹木が植えられ、スポーツやレクリエーションのための空間となる。ここには、住宅、オープン・スペース、工場、耕地というゾーニングの発想もすでに見受けられる。このモデルは、「オーウェンの平行四辺形」案として知られている。この提案は、『ロンドン・タイムズ』誌ならびに『モーニング・ポスト』誌で取り上げられ、世間に広まっていった。オーウェンは、地方自治体のラナークシャーにこの計画案の実現を迫るが、受け入れられなかった。しかし、オーウェンの工場労働者の環境改善運動は、一八一九年の「工場法」の成立で結実した。

その後、オーウェンは一八二五年にアメリカのインディアナ州に新天地を求め移り住み、新教の一派であるハーモニー主義者のためのニュー・ハーモニーの建設に着手する。しかし、経済的理由によってこの計画は挫折し、悲惨な状況のまま、オーウェンはこの世を去った。[38]

ニュー・ラナークの成功は、その後の企業家たちの博愛的まちづくりを大いに刺激した。[39] そして、その後、企業家たちは、次々と英国全土に企業都市を建設していった。繊維工場経営者エドワード・アクロイド（一八一〇－八七）は、ハリファックス近郊にコプリー（ハリファックス近郊、ウエスト・ヨークシャー、一八四七－五三年）とアクロイドン（ハリファックス近郊、ウエスト・ヨークシャー、一八五九年〜）［図**4－7**］のふたつの労働者住宅を兼ね備えた工業都市を建設した。コプリーでは、各住戸は依然としてバック・ツゥー・バック平面であったものの、外観はゴシック風にデザインされ、十分とはいえないまでもオープン・スペースや最低限の公共施設がつくられていた。[40] また、アクロイドンでは、全体計画をゴシック・リヴァイヴァルの著名な建築家ジョージ・ギルバート・スコットが担当し、実施設計をウィリアム・ヘンリ・クロスランド（一八三五―一九〇八）が行なった。ここでは、ジョージ王朝期のスクエアのように、四角い広場の四方に住棟が配置され、その中央にはモニュメントが置かれ、全体がゴシック風のデザインでまとめられている。各住戸に関しては、コプリーの欠点を改善しており、各住戸に裏庭と裏路地が設けられるなど、衛生面が考慮されていた。また、労働者のなかでも、高給取りや教養がある人々は、スクエアではなく、その南側のセミ・デタッチド・ハウスに住むように計画されていた。セミ・デタッチド・ハウスとは、わが国の二戸一住宅と類似の工夫で、伝統的な住宅のデザインをするに

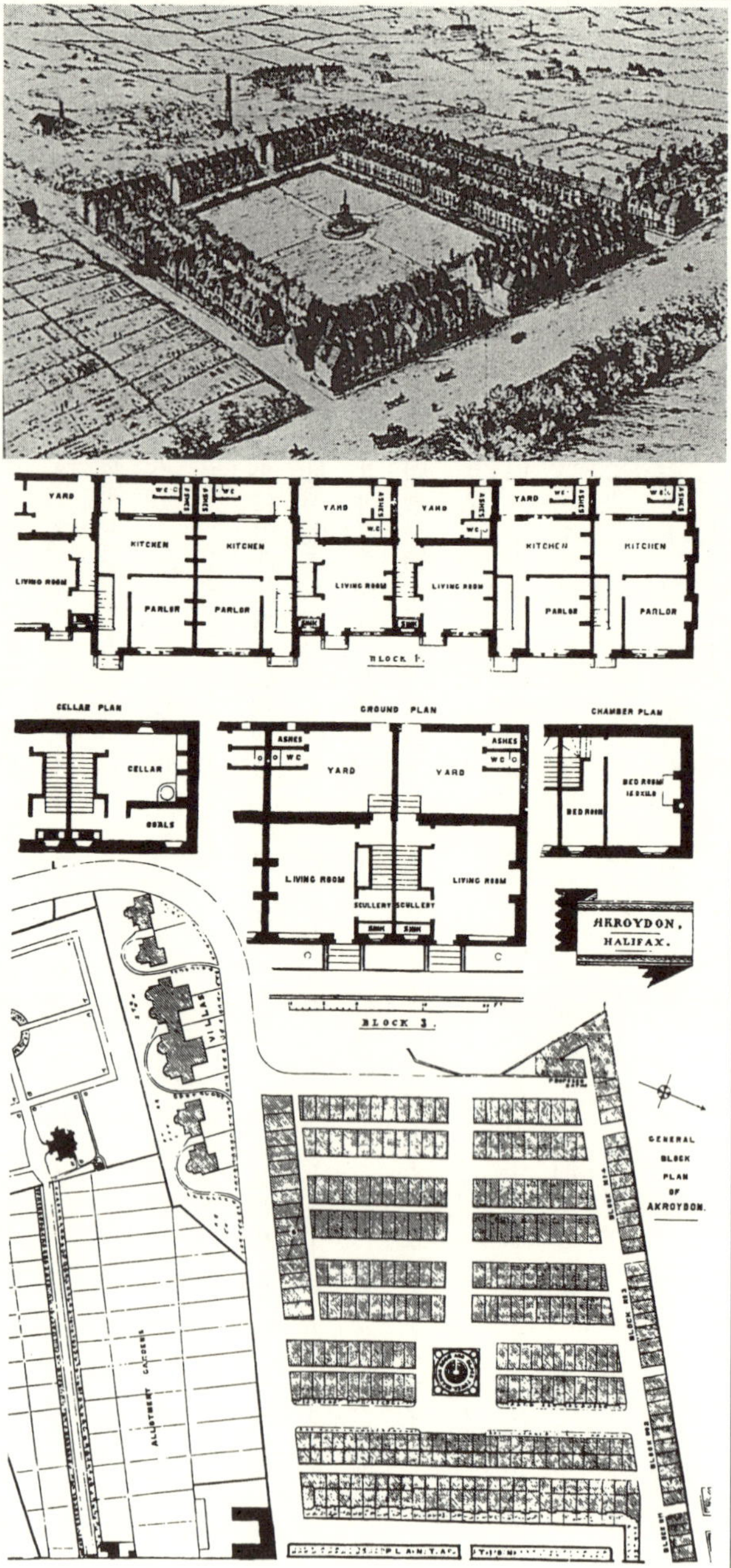

図**4-7**　アクロイドン（ウエスト・ヨークシャー，1859年〜）

は小規模過ぎる住宅を、二住戸をまとめてひとつの建物にすることによって、伝統的なデザインを可能とするために用いられたアイディアで、英国の住宅で一般的な手法である。特に、低層住宅地で多用され、テラス・ハウス（低層集合住宅）でもデタッチド・ハウス（一戸建）でもないため、その中間という意味で「セミ・デタッチド・ハウス」と名づけられた。セミ・デタッチド・ハウスを用いることで、住戸を当時理想とされていた中世的なデザインとすることが可能となり、全体を「中世の村」のイメージにすることに成功している。また、アクロイドでは、一八六〇年にアクロイドン建設協会を設立し、協会員は定期的に掛金を払い込み、最終的には住んでいる住宅の所有権を取得するシステムを構築した。このシステムは、ハワードの田園都市構想に影響を与えた(41)。

また、ブラッドフォードにいくつかの工場を所有していた毛織業者タイタス・ソールト（一八〇三—七六）は、既存の工場を建て替えて、それまで以上の規模の巨大工場とその周辺に従業員のための住宅地を建設した。これが、ブラッドフォード北郊のソールテア（ブラッドフォード近郊、ウエスト・ヨークシャー、一八五〇年～）［図**4—8**］である。建設にあたり、ソールトは、排煙で大気を汚さないことや、下水設備の不備で水を汚さないことなど、計画の細部にわたって指示をしたという。ソールトは、住宅に加え、教会堂、小学校、社交場、集会場等の公共施設も建設した。ソールトは、公衆衛生に関しても、細心の注意を払っており、公衆浴場と洗濯場を建設した他、当時はまだめずらしかった下水道を村じゅうに張り巡らし、診療所や薬局も設置している。一方で、パブの建設を禁止しているのは興味深い(42)。

チョコレート工場主ジョージ・キャドベリー（一八三九—一九二二）は、バッキンガム近郊にブーンヴィル（バッキンガムシャー、一八七九年～）を建設し、みずからの工場の労働者ばかりではなく、あらゆる階層の労働者が住むコミュニティを建設しようとした。そして、住宅地建設を事業として行なおうとした(43)。

また、石鹸工場主ウィリアム・ヘルケス・リーヴァ（一八五一—一九二五）は、リヴァプール対岸にポート・サンライト（マージサイド州、一八八八年～）を(44)、チョコレート工場主ジョーゼフ・ロウントリー（一八三六—一九二五）は、ニュー・イアーズウィック（ヨーク、一九〇一年～）を建設した(45)。これら企業都市は、その後の計画都市のモデル・ヴィレッジとしての役割を担った。また、これらでは、労働者住宅の環境改善ばかりでなく、近代都市計画のさまざまな新しい試みが実験されていた。たとえば、公共施設の整備、オープン・スペー

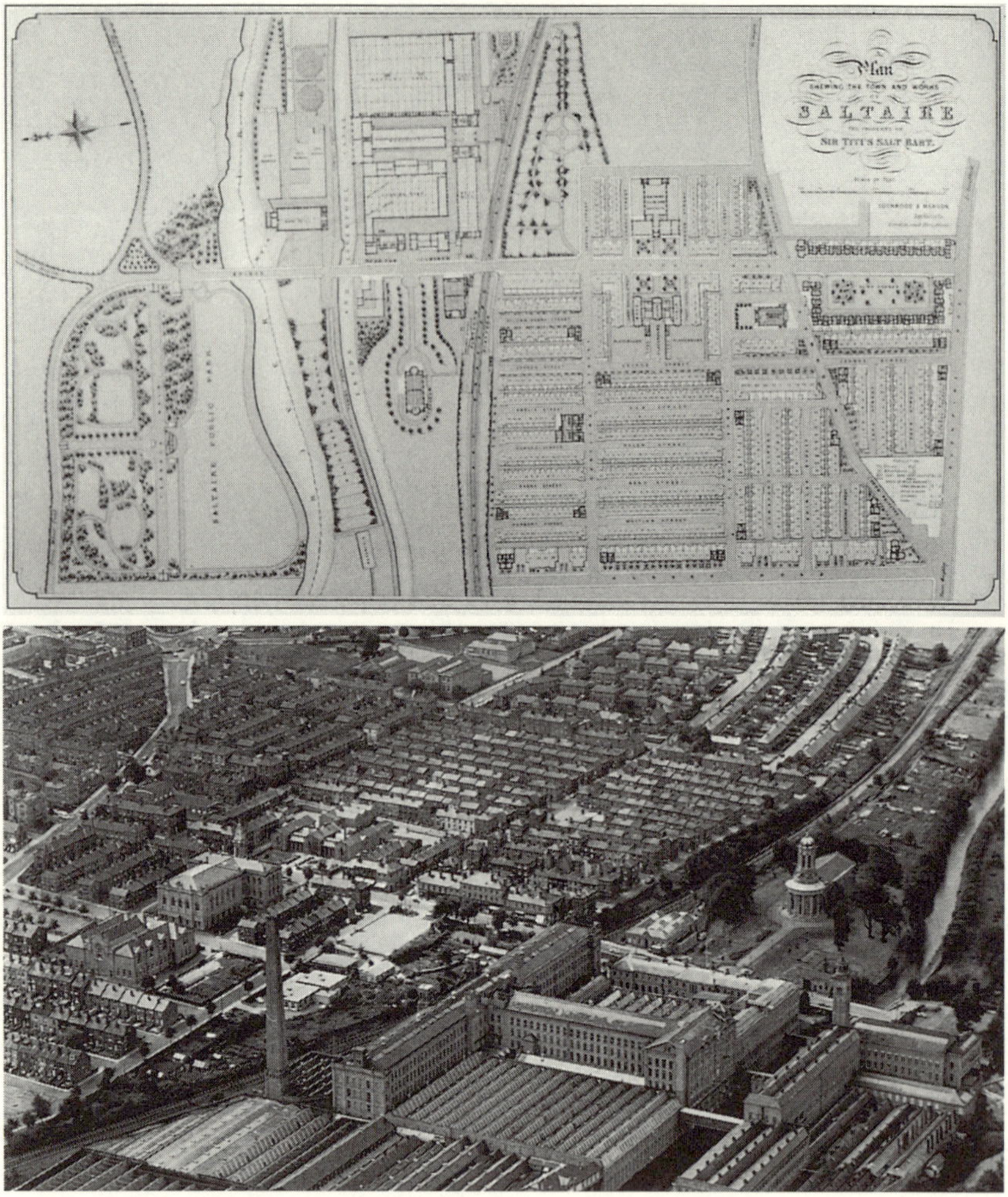

図**4-8**　ソールテア（ウエスト・ヨークシャー，1850年～）

スの導入、ゾーニング、鉄道敷設、パブの排除（禁酒）などは、その後の田園都市、ニュー・タウンの建設で大テーマとなった問題である。

都市問題に悩み、既成都市を離れようとする傾向は、中産階級の間でも生じてきた。職場は都市内に構えるのは避けられないが、せめて住まいは都市の喧騒から逃れ、ある程度、都市内部からは距離をおく必要があると考える人々が増加した。つまり、都市内部の殺伐とした環境を避け、郊外に住宅地を建設しようとする動きが出てきた。鉄道の発達は、その動きを加速する役割を果たした。政府も、一八八三年に「低廉列車法」を制定し、この動きに拍車をかけた。「低廉列車法」とは、労働者のために運賃の安い特別の通勤電車を走らせることを義務づけた法律で、通勤電車の割引料金制度である「通勤定期」の制度が導入された。これにより、中産階級や比較的賃金が高い労働者の多くは、郊外に住み、都市中心の職場へ通うというライフ・スタイルを選択するようになった。こうして、郊外住宅地建設が促進され、同時に鉄道敷設が急速に進んでいった。いわゆる郊外住宅地の開発のはじまりである。多くの問題を抱えるスラムを再開発するより、郊外に住宅地を開発するほうが、ずっと簡単で、しかも安価であった。このようにして、最初に都市内から郊外へと移り住んだのが中産階級であった。

中産階級の郊外住宅地の開発の最初の例が、ベッドフォード・パーク（ロンドン、一八七五年〜）［図**4―9**］であった。[46] ベッドフォード・パークの開発は、鉄道路線に沿って開発されたという観点からも重要な例である。一八七五年、ディヴェロッパーのジョナサン・トマス・カー（一八四五―一九一五）は、ロンドン西郊ターナム・グリーン駅の北側に、四五エイカー（一八ヘクタール）の土地を購入し、住宅地開発をはじめた。これはジョージ王朝期のスクエアの開発と同様に投機目的の事業ではあるが、ターゲットとした階級が異なり、スクエアが貴族階級のためであったのに対し、ベッドフォード・パークでは中産階級を対象としていた。当初、エドワード・ゴドウィン（一八三三―八六）に設計がまかされた。しかし、数軒完成した段階の一八七七年に、リチャード・ノーマン・ショウ（一八三一―一九一二）に設計者が変更された。ショウは、教会堂、イン、商店、クラブ・ハウス等の都市建築とともにデタッチド・ハウス（一戸建）やセミ・デタッチド・ハウスからなる低層の都市住宅を、クイーン・アン様式で設計した。当初計画では、一戸あたり間口五〇フィート（一五・二四メートル）、奥行七五フィート（二二・八六メートル）

1881年の宣伝用ポスター

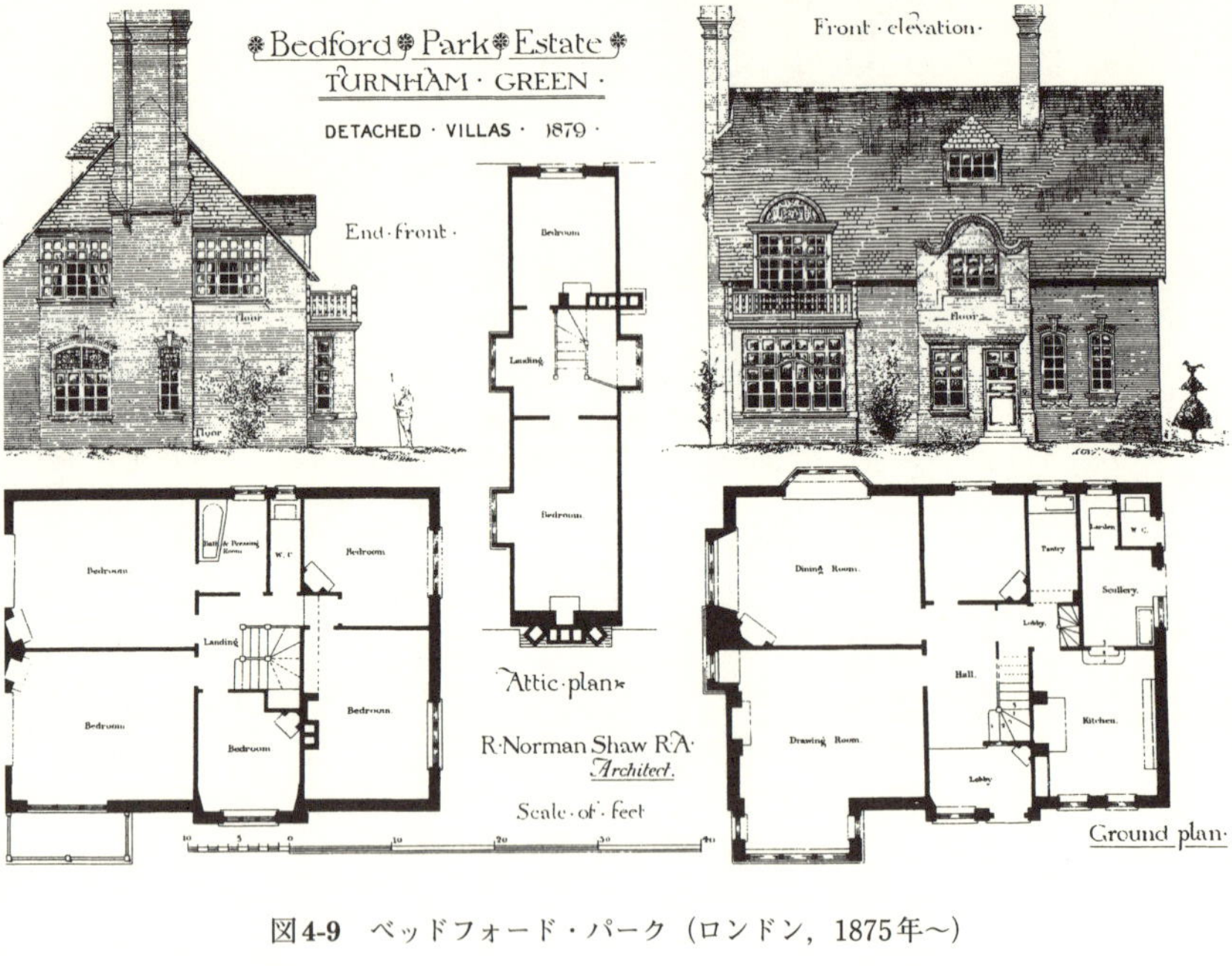

図4-9　ベッドフォード・パーク（ロンドン，1875年～）

という小さな規模が設定されていたため、平面にはさほどヴァリエーションがなく、ジョージ王朝期の小規模なタウン・ハウスを踏襲するものとなったが、立面においては、意識的にシンメトリーを崩し、変化を与えている。現在のピクチャレスクな景観は、ショウの傑作のひとつに数えられる。ここで注目すべきことは、ゴドウィンもショウも、この開発の全体計画にはほとんど関与していなかった点である。すなわち、この住宅地開発において、全体計画を行なったのは、建築家ではなく、ジョナサン・トマス・カーという不動産業者であり、当時の住宅建設は、不動産投機としての意味合いが強かったことがわかる。ちなみに、英国には「サーヴェイヤー」という不動産鑑定を専門に行なう職業が確立しており、このような職種が成長した背景には、当時の英国の住宅地建設の手法が影響していたものと思われる。

4　田園都市

やがて、前述のような背景で、「田園都市（ガーデン・シティ）」の発想が生じ、これが戦後のニュー・タウン政策につながっていくことになる。「田園都市」の概念は、一八九八年、一介の速記者エベニーザ・ハワード（一八五〇―一九二八）によって、『明日―真の改革に至る平和な道』（一八九八年）という一冊の薄い本のなかで提唱されたものである。この本は、発行数わずか三〇〇部という自費出版によるものであった。ハワードは、二年前に、同じ内容を論文として雑誌に投稿したが採用されなかった。経済的にさほど余裕があるわけでなかったハワードは、友人に五〇ポンドの借金をして、ようやく出版にたどりついたのが、この『明日―真の改革に至る平和な道』であった。この本は、出版後、たちまち評判となり、一九〇二年には『明日の田園都市』と改題され、改訂出版された[47]。知識人が読むとされる新聞『ザ・タイムズ』の書評は、ハワードの田園都市は魅力的であるが、所詮ユートピア的な夢想であり、机上の空論であるとしていたが、庶民向けの雑誌等では、かなり好意的にとらえられていた。ハワードは、勉強会等を頻繁に催し、人々に計画の実践を問い掛けた。その後、『明日の田園都市』は、各国語に翻訳され、世界中で読まれる近代都市計画の教科書となった[48]。

「田園都市」理論とは、それまでの都市論およびユートピア思想を統合したものであり、都市計画家に大きな影響を与えたとともに、その発想は一般の人々にまで広く浸透していった。「田園都市」とは、都市の計画的分散を意味し、すべての都市機能を兼ね備えた小規模な単位を実現させることによって、大都市の過剰な集中化ならびにスプロール化を抑制しようとしたものである。大都市の健全化ならびに労働者の住宅事情を改善する手段として考案された。ハワードは、「都市」「田舎」「田園都市」の三つの磁石からなるダイアグラム［図**4－10**］によって、田園都市論を説明している。その内容を要約すると、次のようになる。

　都市は活気があって活動的だが、混沌とし、不健全である。一方、田舎は自然があふれ健全で美しいが、所得は低く、人との交流の機会も少ない。そこで両者の長所を取り入れた第三の選択肢、すなわち「田園都市」が必要であり、これが人々を引きつける。

　この理念をもとに、ハワードは理想のコミュニティ空間のための、より具体的な方策を示した。それは、敷地の六分の五は農地として残しながら、中心部に都市機能を集中させるという計画で、都市部には、当時、提案されていたさまざまな新しい試みをふんだんに取り入れたものであった。中央には公園が配置され、そこから放射状にのびる道路と、その中

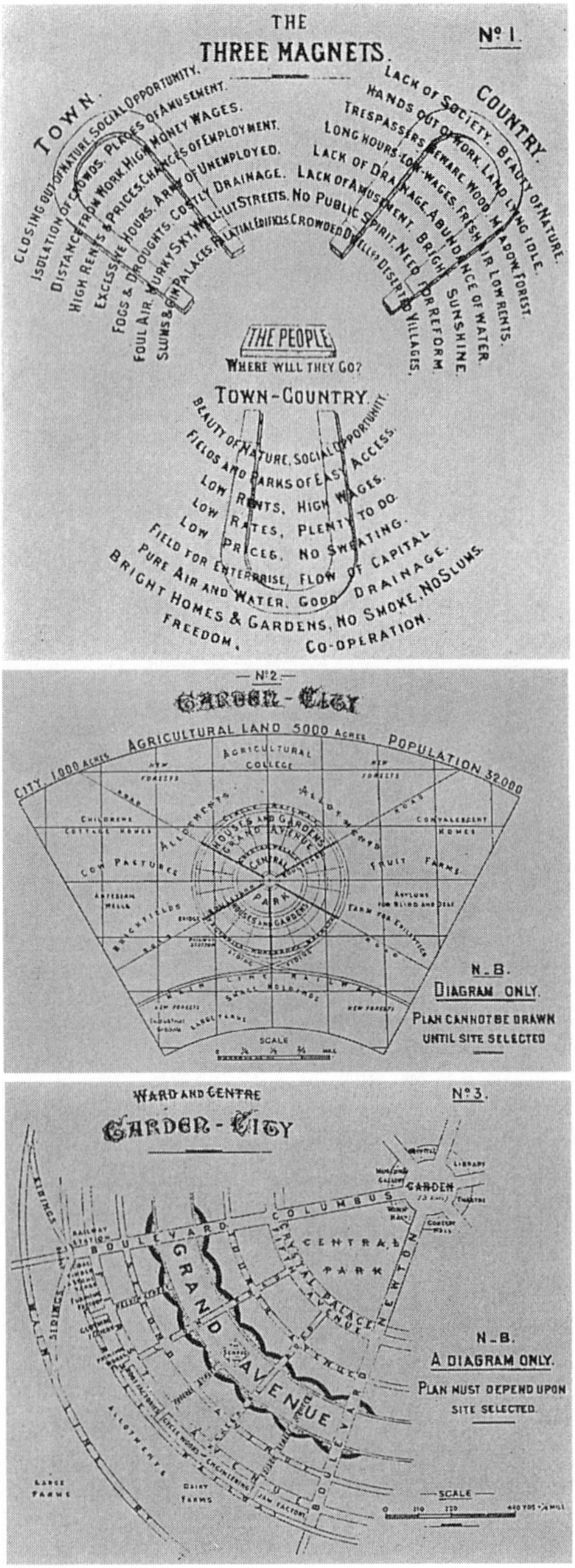

図**4-10**　ハワードによる「田園都市」のダイアグラム

間をつなぐ環状道路が設けられた。また、公園の中央部に公共施設が置かれ、公園に面する環状道路に商店街が配され、さらにその外周にパリのブールヴァールをイメージしたと思われる「グランド・アヴェニュ」をつくり、それに面して住宅地を配置している。その外側は、工場地帯のベルトを挟んで農地とする構成をとっている。そして、ハワードは、これら田園都市の規模は限界があることを明示し、田園都市としての機能を保持していくためには、都市ゾーンと田園ゾーンに境界線が必要であることを強調した。もし、都市が成長し、田園に拡散しそうになった時には、田園都市の田園ゾーンを少し越えたところに他の田園都市を建設することによって、それまでの田園都市も新たにつくられた田園都市も田園に囲まれることになる。このように、ハワードの田園都市は、都市の成長に関しても十分に考慮されていた。さらに、ハワードは、実践に即した建設、維持・管理の手順を、資金運営にいたるまで詳細に提案した。

ハワードの「田園都市」の理論が実践に移されたのが、レッチワース［図**4**−**11**］であった。[49]『明日―真の改革に至る平和な道』出版の翌年にあたる一八八九年、「田園都市協会」（一九〇九年に「田園都市および都市計画協会」と改称）が創設され、田園都市実現のための運動が開始された。その後、一九〇二年には、ジョージ・キャドベリーやウィリアム・ヘルケス・リーヴァ等の啓蒙的企業家が参加し、「田園都市開発株式会社」が設立された。翌一九〇三年に、ロンドンから三四・五マイル（五八キロメートル）離れたレッチワースに、三、八二六エイカー（一、五四八ヘクタール）の土地購入権を確保した。そして、ハワードの理論が現実になる最初の田園都市の建設が決まった。ちなみにハワードによる理想の規模は六、〇〇〇エイカー（二、四二八ヘクタール）であり、レッチワースの土地三、八二六エイカーは、その約三分の二の規模であった。次に、実際の運営にあたる新会社「第一田園都市株式会社」が設立され、最初の田園都市建設が開始される。指名競技設計の結果、ふたりの建築家、レイモンド・アンウィン（一八六三―一九四〇）とバリー・パーカー（一八六七―一九四一）が設計者として選ばれ、彼らによって都市計画図が作成された。パーカーとアンウィンは義理の兄弟の関係にあり、パーカーは『住宅建築の芸術』（一九〇一年）、アンウィンは『コテジのプランと常識』（一九〇二年）といった著書も出版するなど、労働者住宅改善に尽力した建築家であった。特に、アンウィンは炭鉱技師として就職するが、炭鉱労働者住宅等の設計をまかされるようになり、若い時期から社

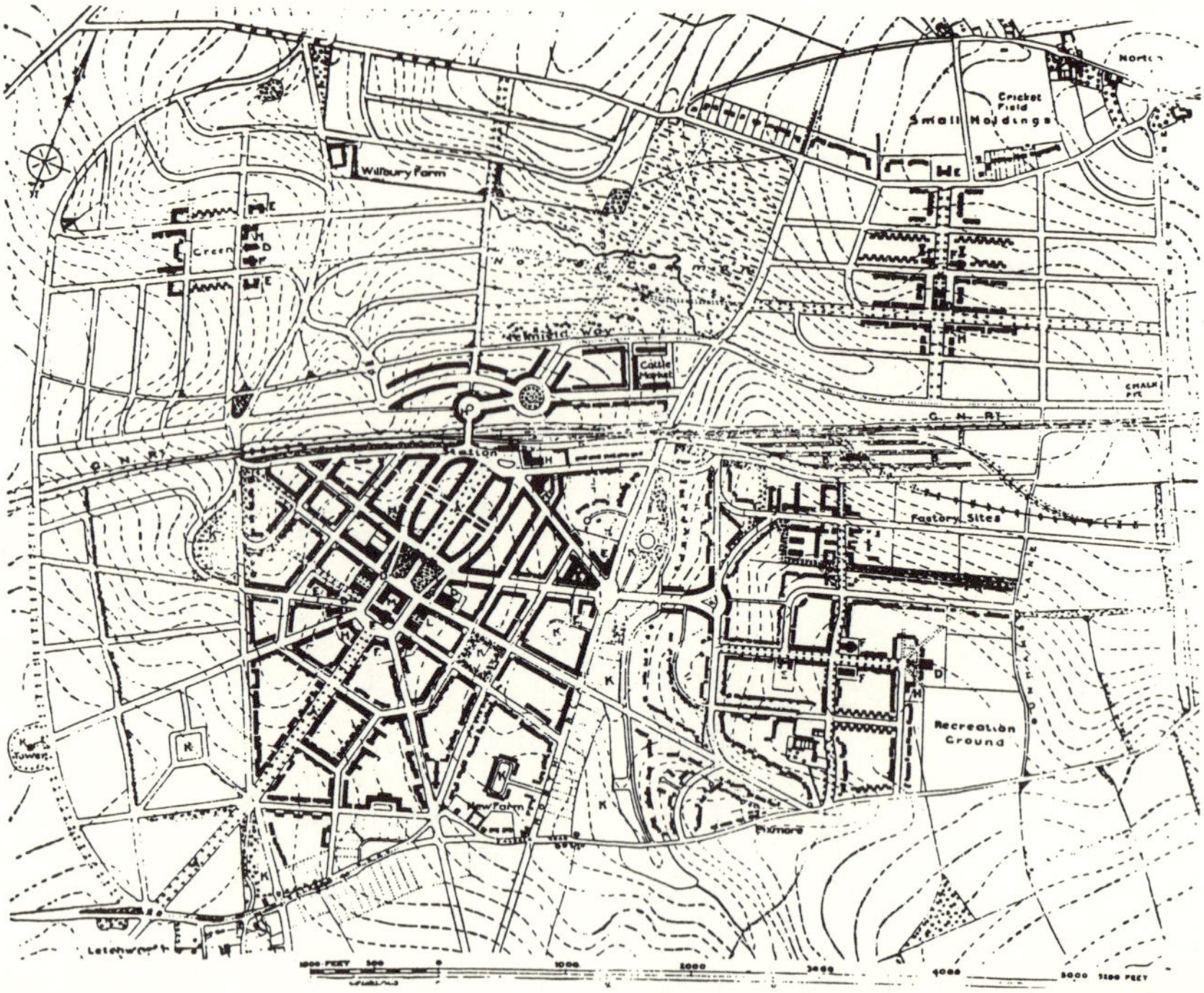

マスター・プラン

バーズ・ヒル・エステイト

図**4-11**　レッチワース（ハートフォードシャー，1903年〜）

会主義者として労働者住宅改良に熱心であり、それがふたりがパートナーシップを組んだ後の方向性を決定したものと思われる。このふたりは、レッチワースの計画以前にも、チョコレート工場主ジョセフ・ロウントリーがみずからの工場労働者のためにつくったニュー・イアーズウィックの経験があり、ここでの経験がレッチワースに活かされた。

パーカーとアンウィンによるレッチワースの計画は、自然の形態や鉄道の路線と三本の既存道路を巧みに利用したもので、ハワードのダイアグラムを、ほぼ踏襲したものとなった。ここで興味深いのは、鉄道路線と駅の扱い方である。田園都市の発想の背景には、鉄道の発達によって、郊外と都市との時間的距離が縮まったことが大きく影響していた。つまり、田園都市の発想の根幹には、鉄道の発達によって都市間の連絡が密になったため、田園にある独立した都市であっても、他の都市との関係が決して疎遠となることはないという概念が含まれていた。そのため、鉄道施設の配置は、田園都市計画の主軸とされ、駅は中心に配され、また、鉄道でアプローチする人々のために、鉄道路線をまたぐ道路も、まるで町に来る人を迎え入れる門のようにデザインされている。これは、車の往来に細心の注意を払うようになったのちの郊外住宅地の計画とは大きく異なっている。他方、住宅地では建蔽率を六分の一とすること、二〇〇ポンド以下の住宅は一エイカー（〇・四〇五ヘクタール）につき一二戸を超えないこと、二〇〇ポンドから三〇〇ポンドの住宅一エイカーにつき一〇戸を超えないこと、三〇〇ポンドから三五〇ポンドの住宅は一エイカーにつき八戸を超えないこと、といった建築規制がつくられた。このような低密度でも、スーパー・ブロック方式を採用することで採算は十分取れるというものであった。スーパー・ブロック方式とは、道路に囲まれた街区を大規模とし、それを敷地一単位として建築の規模を決定していく方法で、街区を小規模に分け、それぞれで建築の規模を定めていく場合と比べて、効率的な土地利用が可能となる。アンウィンの計画した各住戸は、ハワードの提唱した敷地面積約二〇フィート×一三〇フィート（六メートル×四〇メートル）よりかなり大きく、アンウィンが過密に対し、神経質なほどに警戒していたことがわかる。

レッチワースでは、第一田園都市株式会社が全土地を所有し、「田園都市借家人株式会社」（一九〇五年設立）が住宅の開発を担当した。つまり、土地の基盤整備は第一田園都市株式会社が行ない、田園都市借地人会社が、第一田園都市株式会社から土地を借りて、住宅を建設していった。パーカーとアンウィンは、この田園都市借家人株式会社の顧問建築家となって、個々の住宅の設計を行なっていった。

田園都市借家人会社は、「コ・パートナーシップ（共同出資型住宅建設）」方式による住宅地開発を実践した。コ・パートナーシップとは、住宅運動の推進者であり国会議員でもあったヘンリ・ヴィヴィアン[50]（一八六八―一九三〇）によって考案・実施された住宅地開発の手法で、住宅地建設のために共同出資による会社を設立し、転換社債と株式を発行し、住宅を借りたい人と投資を目的とした人がともに出資することによって、住宅地を建設しようとするものである。会社の運営資金には、公的機関からの借入金と家賃をあて、会社はこれら資金によって、用地買収、住戸建設、住宅地整備をするとともに、コミュニティ・センター等を建設し、住宅の維持・管理をしていく。毎年、社債償還、借入金の返済、株主への配当を行ない、余剰金は純利益として、借家人に株式として分配する。つまり、住み手による住宅地管理によって、住宅地を良好な状態に保ち、それにより住宅地としての資産価値を高めていこうとした。コ・パートナーシップ方式の住宅地建設は、労働者階級の住宅環境改善という目的もあった。そのため、住み手自身による住宅管理とともに、住み手である借家人と出資者が共同して居住地の計画・設計・管理を行なうことを目指した。この考えは、主として「ロウワー・ミドル・クラス」と呼ばれる事務職員、小売店主、賃金の比較的高い職人などに受け入れられた。彼らは、住宅地計画に参加し、共同利用施設としてテニス・コートや子供の遊び場の建設などを提案した。彼らはまた、「階層混住」を実施し、住宅の規模や家賃に多様性をもたせ、さまざまな社会的階層の人々が一緒に住むコミュニティの形成を目指した。この方式は、ハムステッド・ガーデン・サバーブ等の郊外住宅地の建設などで応用された。

ヴィヴィアンは、田園都市借家人会社を立ち上げると、すぐにコ・パートナーシップ方式による住宅地開発を行なっていく全国組織「コ・パートナーシップ協会」（一九〇五年設立）を創設した。コ・パートナーシップ協会は、一九〇七年に「コ・パートナーシップ・テナンツ会社」に改組され、一九〇九年住宅・都市計画諸法の制定にも尽力した。

田園都市が独立した都市の開発であるのに対し、既成の都市の郊外住宅地として計画されたのが、「ガーデン・サバーブ（田園風郊外住宅地）」である。田園都市理論が普及する以前にも、都市内の住宅地の開発はあった。その最初の例が、ロンドンのベッドフォード・パークであったことは、すでに述べた通りである。[51]

他方、ハワードの田園都市論後の先駆的な例であり、ガーデン・サバーブの最も成功した例が、ハムステッド・ガーデン・サバーブ（ロンドン、一九〇五年〜）［図**4—12**］であった。[52] この開発の発端は、ロンドン市民のレクリエーションの場として親しまれていたハムステッド・ヒースの自然が、鉄道建設（地下鉄の延長）のために破壊される可能性が出てきたため、ヘンリエッタ・バーネット（一八五一—一九三六）らによって、それを保存しようとする運動が起こったことにある。ヘンリエッタは、夫サミュエル・バーネット（一八四四—一九一三）とともに「慈善組織協会」のメンバーとして活躍していた人物で、トインビー・ホールでセツルメントを行なうとともに、慈善組織協会の仲間であるオクタヴィア・ヒルらのナショナル・トラストの活動にも強い関心を抱いていた。

バーネットは、ヒースを保存するためには、周囲の景観も重要であるとし、景観を破壊する投機的な住宅地開発を回避しなければならないと考えた。そして、ハムステッド自治体と提携し、住宅地建設を試みた。一九〇六年には「ハムステッド・ガーデン・サバーブ法」が制定され、ハムステッドがロンドンの開発規制の条例から適用除外となり、バーネットや都市計画家アンウィンが理想とする住宅地の建設が開始された。ハムステッド・ガーデン・サバーブ法では、一エイカーあたりの住戸数、道路幅員、隣棟間隔、クル・ド・サックの規制等、細部にわたり、設計上の諸条件が定められていた。実際の建設はというと、レッチワースで行なわれたと同様に、開発全体を総括する「ハムステッド・ガーデン・サバーブ・トラスト株式会社」（一九〇六年設立）が組織されて進められた。社債発行によって集められた資金によって、土地が購入された。住宅建設は、レッチワースと同様に、コ・パートナーシップ方式で行なわれた。一九〇七年から一九一三年にかけて五つのコ・パートナーシップ・テナンツ会社の指導のもと、住宅建設会社が設立され、コ・パートナーシップ・テナンツ会社による住宅の建設が開始された。コ・パートナーシップ・テナンツ会社の顧問建築家で、レッチワースでの経験を有するアンウィンが、敷地の調査、マスター・プランの作成、建築家や建設業者の図面の審査を行なった。アンウィンは、レッチワースでの経験をもとに、『都市計画の実践』（一九〇九年）で住宅地開発の理論を提唱していたが、それがこのハムステッド・ガーデン・サバーブで実践されたと言ってもよい。

理想のコミュニティ形成のために、「階層混住」が試みられ、中産階級の住戸ばかりではなく、労働者階級のための住宅地として、計画地の三分の一が割り当てられた。それ以外にも、さまざまな人々が住まうように、未亡人、独身女性、勤労婦

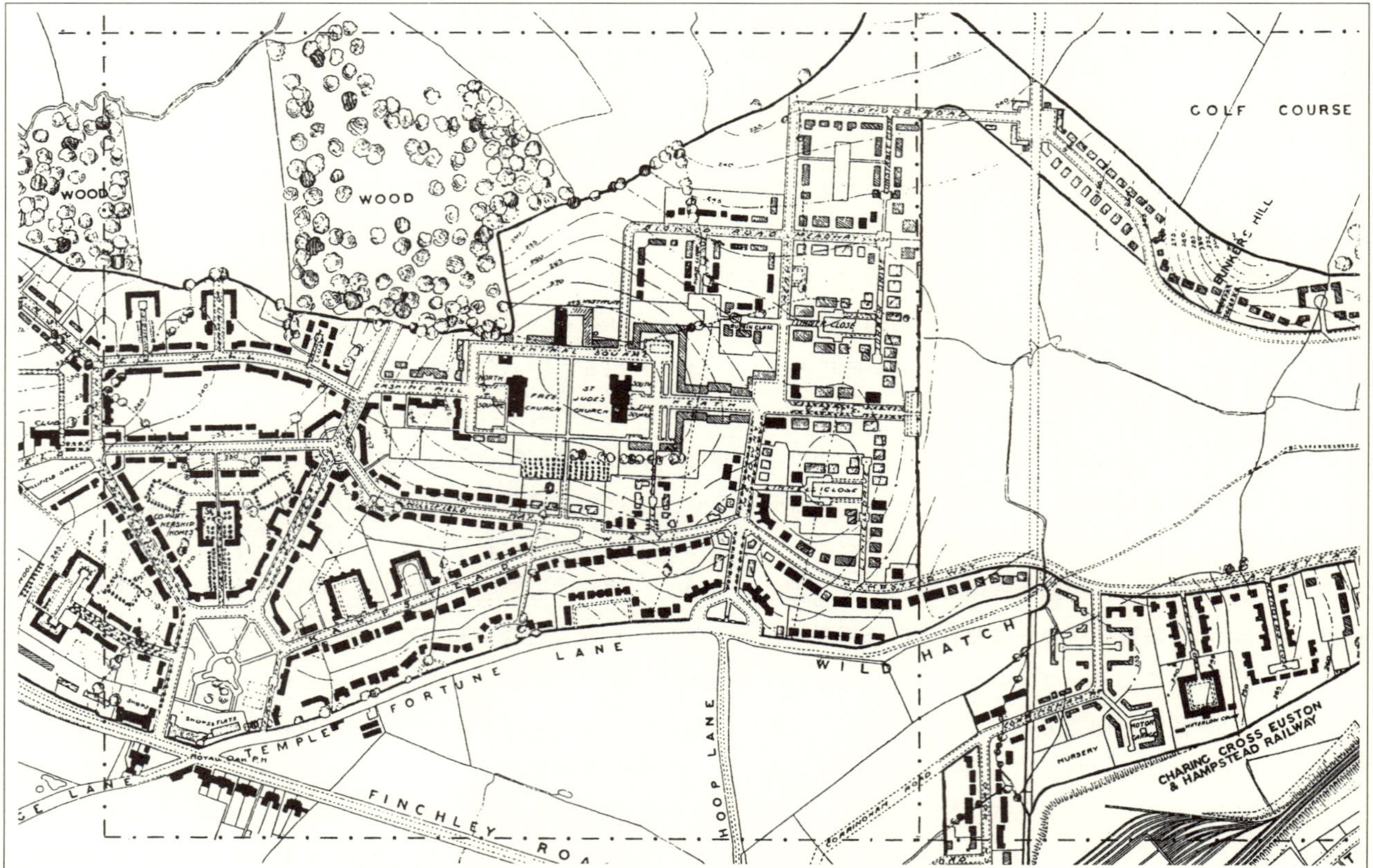

図4-12　ハムステッド・ガーデン・サバーブ（ロンドン，1905年〜）

人のための四九戸からなる専用集合住宅であるウォーターロウ・コート（ハムステッド、ロンドン、一九〇八―〇九年）を建設したり、老人のための専用住戸として五七戸からなるザ・オーチャード（ハムステッド、ロンドン、一九〇九年）を建設するなどしている。また、当時、上流階級の住宅を数多く手がけていた著名な建築家エドウィン・ラッチェンズ（一八六九―一九四四）が、中央広場とそれを囲む住棟の設計を行なうなど、最新の技術・アイディアがこの住宅地開発には導入された。

しかし、これは理想に近い稀なケースであり、実際に多数のロンドンの郊外住宅地の計画に携わったのは、主としてロンドン・カウンティ・カウンシル（ＬＣＣ）の住宅建設課であった。ＬＣＣが行なった開発は、規模が小さく、また、安価な住宅供給が最優先課題であったため、ハムステッド・ガーデン・サバーブのような快適さを求めることはできなかった。ＬＣＣの最初の試みのひとつは、ハマースミス地区のイースト・アクトンにあるオールド・オーク［図**4―13**］であった[53]。これはハムステッド・ガーデン・サバーブの建築家であったアーチボルド・スーターの指導のもと、ＬＣＣがピクチャレスクの手法でつくった住宅地であり、公的な住宅地開発の典型となった。また、同じ頃、ＬＣＣによって進められた住宅地開発として、ツーティングのトッタダウン・フィールズ、クロイドンのノーベリー、トットナムのホワイト・ハート・レイン等がある[54]。しかし、これらの計画は、第一次世界大戦の勃発とともに中止に追いやられてしまった。これはロンドンばかりの現象でなく、他の地方都市の場合もほぼ同様であった。

図**4-13**　オールド・オーク（イースト・アクトン，ロンドン，1901-11年設計，1911-14年施工）

ハワードの田園都市は、レッチワースで実現できたものの、その後に続くものはなかった。田園都市建設には、たいへんな労力を必要とし、また、多大なる資金も必要とした。そのため、レッチワースに続く田園都市は、なかなか建設されなかった。

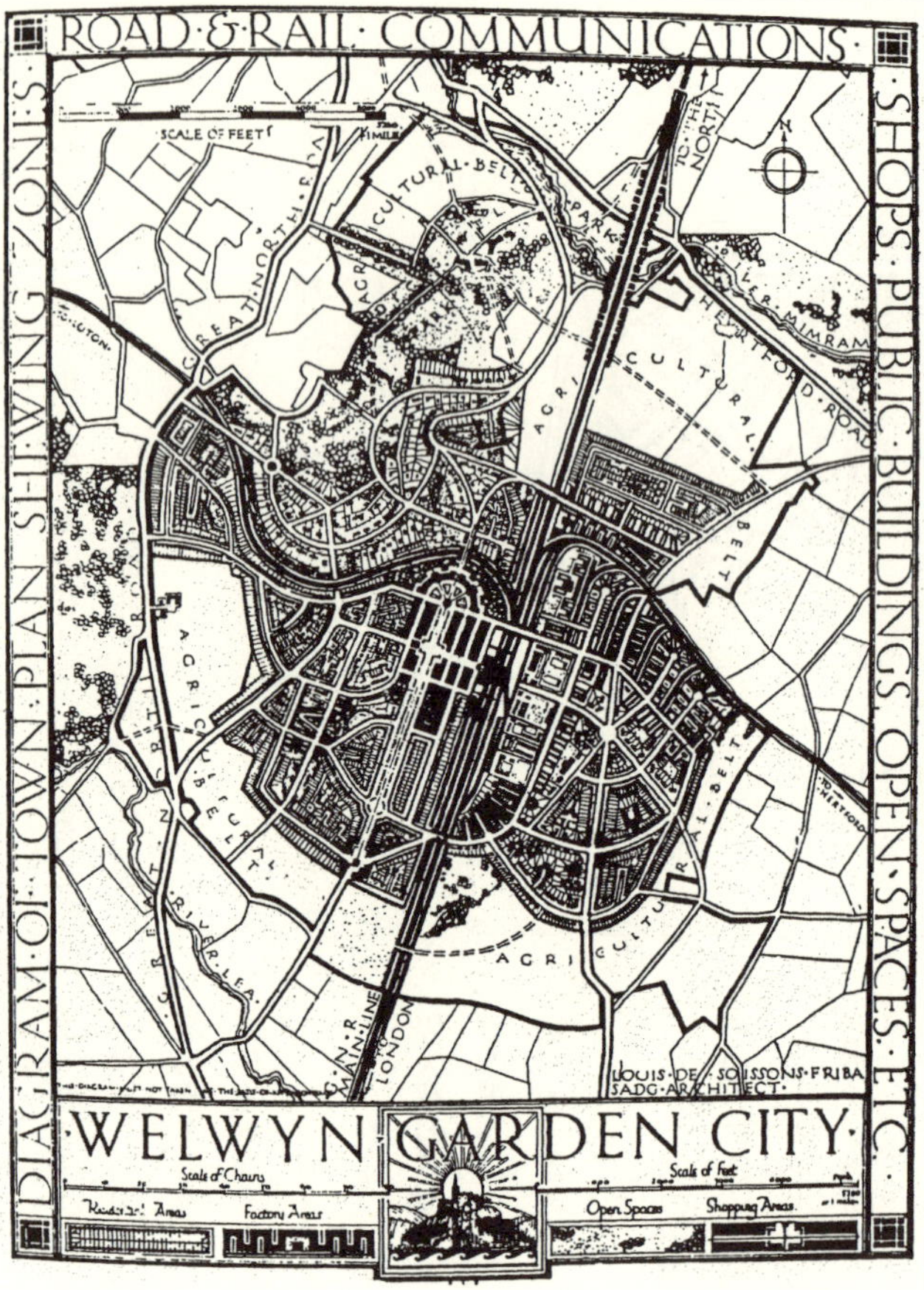

図**4-14**　ウェルウィン（ハートフォードシャー，1919-60年）

レッチワースの建設開始から一六年を経て、ようやく第二の田園都市ウェルウィン［図**4**－**14**］の建設が開始された。第一次世界大戦後のことである。ウェルウィン・ガーデン・シティ株式会社が設立され、全体計画はボザール出身のルイ・ド・ソワソン（一八九〇－一九六二）によってなされた。ルイ・ド・ソワソンはすべての建物のデザインまでも監理する権限を与えられたため、すべての建築が、ネオ・ジョージアン様式で統一された。開発途中の一九四六年、ニュー・タウン法が成立し、それにともないウェルウィン・ガーデン・シティ株式会社は解散し、資産はニュー・タウン開発公団に引き継

がれた。(55)

田園都市ではないが、ハワードの田園都市論の影響を受けた「衛星都市」も建設されるようになった。ここでいう「衛星都市」とは、居住希望者に株式を売却し、開発会社を設立して建設されたものではなく、単なる郊外に独立して建設された新たなコミュニティのことで、主に地方自治体等によって建設されたもののことである。マンチェスター近郊に建設されたワイゼンショウ（マンチェスター、一九二七年〜）がその例である。(56)これは民間資本でなく、公共出資による最初の衛星都市の建設である。ハムステッド・ガーデン・サバーブの建築家バリー・パーカーが、その開発の建築家として指名され、近隣住区、歩車分離、ラドバーン・システムといった当時新しく考案されたさまざまな手法を実践した。ワイゼンショウの建設は、その後の都市計画上の重要な施策となる公共団体による衛星都市またはニュー・タウン建設の先駆的事業である。しかし、マンチェスター市街にあまりにも近過ぎたため、農地のためのグリーン・ベルトを確保することができず、また、社会階級が混住したコミュニティの成立は困難であったため、成功したとは言い難い結果となった。

5　「アメニティ」という概念

英国の都市計画に特有な概念として、「アメニティ」の確保という考え方がある。「アメニティ」という言葉は、すでに「ローカル・アメニティ・ソサイアティ」や「シヴィック・アメニティズ法」というかたちで、すでに本書でも何度か登場してきた。この「アメニティ」という概念は、英国の都市計画行政の底流に流れる考え方といっても過言ではないほど重要なものである。

「アメニティ」という言葉を辞書で引くと、「ここちよさ」「快適さ」といった説明がなされている。語源的には、「快適さ、喜ばしさ」という意味のラテン語「アモエニタス（amoenitas）」から派生し、さらに「愛する」を意味する「アマーレ（amare）」までさかのぼることができる言葉だという。(57)都市計画の分野では、重要な決定をする際に、キー・ワードとして用いられることが多く、「ここちよさ」「快適さ」といった意味よりもっと広いニュアンスを含みながら用いられている。「アメニティ」という言葉は、産業革命の弊害として生じた都市問題に取り組んだ人道主義的な人々の間で自然発生的に使われはじめ、特に、都市計画事業を担当する行政官たちの間で、暗黙のうちに共通認識を得て、頻繁に用いられるようになった。この言葉は、法律にも登場し、都市計画関連の最初の法律である一九〇九年住宅・都市計画諸法で最初に見られ、戦後の一九四七年都市・農村計画法とその次の統合法である一九六二年都市・農村計画法で、四回ほど使用されるようになり[58]、現行の一九九〇年都市・農村計画法では、頻繁に用いられているが、どこにも定義はなされていない。このように、都市計画における「アメニティ」という概念は、非常に不思議な存在であるが、基本的概念として、その確保が都市計画の目標とされてきたことに間違いはない。

「アメニティ」の概念は、英国の都市計画上、誰もが何となく理解しているが、正確に定義・説明するのが困難な用語である。しかし、これほど頻繁に用いられる用語もなく、地方計画庁のプランナーは、「アメニティにとって有害である(injurious in the interests of amenity)」という理由で、さまざまな規制を発動してきた。

アメニティの定義に関しては、さまざまな角度から議論がなされてきた。たとえば、『イギリス田園都市の社会史』の著者ウィリアム・アシュワースは、都市計画におけるアメニティの追求のはじまりを、ウィリアム・モリス、レイモンド・アンウィン、ナショナル・トラストの活動によって説明し、それが都市計画関連法の誕生につながっていったと言及している[59]。しかし、ここでは、「アメニティ」とはどのようなものかという明確な定義は示されていない。もしも、厳格に定義をしてしまうと、それに含まれない概念が必ず生じてしまい、本来の意味ではなくなってしまう。この顕著な例が、一九二〇年に行なわれた市街地建築に関する訴訟における裁判所の判断に対する批判であろう。裁判所がアメニティとは「快適な環境、外見(figure)、状態(advantage)を意味する」と判断したことに対し、デイヴィッド・スミスをはじめとして、アメニティとはそんなに単純なものでなないという趣旨のさまざまな反論がなされている[60]。このように、「アメニティ」とは厳格に定義するのが非常に困難な用語である。しかし、これを抽象的に定義すると、誰しもが納得できる。その最も有名な言葉が、「しかるべきところに、しかるべきものがある(The right thing in the right place.)[61]」というものである。アメニティとは、単にひとつの特質のことを指すのではなく、複数の価値の総合的な評価であり、曖昧模糊としたもので、数量化はできない概念なのである。「アメニティは定義するよりも認識するほうが容易である(Amenity is easier to recognize than to define.)」という著名な都市計画家J・B・カリングワースの言葉は、「アメニティ」の意味を適確に言いあらわしているように感じられる。

とはいっても、都市計画上、極めて重要となる「アメニティ」の概念を理解するためには、ある程度の定義をしていく必要があろう。そのために、まずは、よく引用されている都市計画家ウィリアム・ホルフォードの有名なフレーズを紹介したい。

アメニティとは、単にひとつの性質をいうのではなく、複数の総合的な価値のカタログである。それは芸術家が目にし、建築家がデザインする美、歴史が生み出した快い親しみのある風景を含み、ある状況のもとでは効用、すなわち、しかるべきもの（たとえば、宿所、温度、光、きれいな空気、家の内のサービス）がしかるべきところにあること、すなわち全体として快適な環境をいう。

（ウィリアム・ホルフォード[62]）

また、行政サイドから、最初に「アメニティ」の概念に関して説明したのは、都市・農村計画省が発行した「事業報告書[63]」のなかの次の文章であると思われる。ちょっと古い文書であるが、現在でも、基本的な考え方に相違はない。

アメニティは、何らかのかたちで、ほとんどすべての計画提案に関わるものであり、アメニティの保護と高揚は、今日では計画立法の主要な目的のひとつであって・・・アメニティの関心は、近代都市計画行政の根底をなすものであり、すでに本省の計画行政の基本事項のひとつとなっている。

次に述べることは、その個々の決定相対立する利害関係の均衡状態に支配されながらも、そのなかに、アメニティへの要求がかなり明確にあらわれている例である。住宅地で、製材所や修理工場の騒音、豚小屋の悪臭・蝿、工場の粉塵と煤煙、事務所の人の出入りによる喧騒等が引き起こす問題。家屋のデザインの醜悪さだけでなく家屋の建設行為そのものが引き起こす広々した田園地帯での環境破壊の問題。そして、いかなる場所にせよ、デザインや配置の悪い建物の視覚的悪影響。特に、魅力的で多くの人々に愛されている建物の改築あるいは破壊。空間的に十分な対応能力のない場所に交通を集中させるような開発。店舗、学校、広場、遊び場のような近隣住民のためのサービス施設の欠如。樹齢からは適当と判断されても再植の備えもなく樹木を伐採すること。不適切な場所への広告物の設置。醜・汚・騒・混雑・破壊・闖入あるいは不快の性質を有するもの等は、いずれも〈アメニティの諸価値を害する〉恐れのあるものであり、今後、計画当局の関心事となるであろう。

（住宅・地方政府省、一九五一年[64]）

都市計画における「アメニティ」に関して取り扱った著書に、デイヴィッド・スミスによる『アメニティと都市計画』（一九七四年）がある。[65] スミスはそのなかで、都市のアメニティを「公衆衛生」「快適さ」「保存」の三つのアスペクト（相）をもつ概念として結論づけている。これら三つのなかで、第一の「公衆衛生」は、医学上に客観的な尺度で説明がつく概念である。第二の「快適さ」は、文字にすることが困難なデザイン等の視覚的な感覚を評価する際に用いられると、理解がしやすい。第三の「保存」に関しては、都市のもつ文化的な価値を重要視するもので、特別な基準の策定の余地がある概念であるとしている。スミスは、この第三の概念を説明するために、当時の環境省が発行した歴史的な建造物や保存地に関する「開発規制政策覚書[66]」の次の一節を引用している。

計画政策は、建築的長所・歴史的価値をもつ建築物の保存を非常に重視している。その理由は、これらの建築物がそれぞれ固有の質の高さをもつと同時に、われわれの歴史的都市や村落の個性を支えるものだからである。古い建築物が文化的にも経済的にも重要な意味をもち、現代そして未来の世代のために保全し継承していくに値する国家的財産であることにいまや反論する者はない。

（環境省、一九七二年[67]）

この考え方は、実に説得力があり、本書のテーマとまさに一致する。都市の歴史の継承を、都市計画の基本とする考え方の重要性は、どの国でも唱えられており、理解している概念であるが、重要度を示す尺度を策定するのは困難で、それが法律で規制することが多い都市計画では前面に押し出すことができず、ないがしろにされがちであるが、英国では極めて抽象的な概念である「アメニティ」という言葉を用い、この大切な概念を都市計画の制度にも反映させていると言えよう。

「アメニティ」とは、抽象的な概念で、総合的な評価尺度でもある。そのため、この概念には、統一見解はないものの、すべての人が、ある程度、共通して理解しているところも大きい。「暗黙の了解」というものが、存在するのである。アメニティには、少なくともいくつかの側面がある。そのひとつは、人間の感覚に関するものである。つまり、視覚、聴覚、臭覚等で不快と感じる場合、アメニティが損なわれたとみなされる。見苦しい外観・デザイン、騒音、臭気などはアメニティを損なう要素である。これは理解しやすいアメニティの一側面である。英国の都市計画の歴史を考えると、公衆衛生法以来の都市衛生に関わる対処を、この概念に見出すことができる。第二の側面として、日常生活の利便性の面でも、アメニティは評価される。商店・学校・公園等の近隣施設のない住宅地は、アメニティを欠くと評価されるのは、その例である。機能的なアメニティ、つまり便利さを追求する姿勢が存在するのは、わが国でも同様のことであるから、これもまた、ある程度は理解できよう。英国の都市計画史的な位置づけでいうと、都市の衛生問題に、地方自治体単位で取り組み、地方自治体の役割とみなされる概念が、ここに見受けられる。第三の側面として、歴史的・文化的側面がある。これらは、住民生活にとって根源的価値を有するもので、それを重視する点が注目に値する。デイヴィッド・スミスが「保存」と定義した内容である。アメニティには、歴史的建造物の保存も含まれているのには驚いた方も多いことだろう。つまり、歴史的・文化的遺産に対して、それを損なう行為を、アメニティを害すると考えるのである。たとえば、村のシンボルである教会堂の塔、広場の時計台、伝統的な町並みの景観、街路樹、遠くに見える緑豊かな風景、そして、海から吹いてくる風までも、アメニティとみなされる。これら歴史的・文化的遺産に対する評価は、数量化が困難で、特に、経済的観点からは判断できない。それゆえに、経済活動が活発な際には、不利になることがしばしばあるが、英国ではこの抽象的な概念のプライオリティを非常に高く評価しているところが興味深い。「保存」という概念は、アメニティを維持する行為と考えるのである。したがって、英国では、わが国でしばしば起るような経済的理由で歴史的建造物を取り壊すことは、「アメニティの確保」という原則で認められない。

このようなアメニティの追求が、都市再生の際にも、重要な概念となる。このような伝統は、産業革命以来の英国の都市計画の歴史のなかで、培われてきたものである。そのため、都市再開発の現状を検討する際に、近代の都市計画史を概観することは不可欠となるのである。

5章 建築保存のはじまり

1　歴史的建造物の存続の危機

人類史上、歴史的建造物の保存のはじまりはいつかといった問題は、すでに2章で述べた通りである。では、英国の歴史において、歴史的建造物が存続の危機に瀕し、人為的に建築を保存しなければならないと考えるようになったのは、いつ頃からであろうか。これもまた、難しい問題である。

ローマ人の撤退後（四一〇年）、ローマ時代の遺構はことごとく破壊され、ほとんどが廃墟状態となっているが、これらのなかには、市壁等のように残されて用いられているものもあり、何者かによって建築保存が行なわれた可能性もある。その後、中世においては、火災等の災害はあったにしても、ノルマン・コンクェスト（一〇六六年）、対仏百年戦争（一三三七－一四五三年）、バラ戦争（一四五五－八五年）といった戦乱期にあっても、国内の建築への損害は、さほど甚大なものではなく、建築保存といった概念は、必要とされることはなかった。ヘンリ八世（在位一五〇九－四七）が修道院の解散命令（一五三六年および一五三九年）を発令し、徹底して修道院施設を破壊したことは、ヴァンダリズムともいえる愚行であり、その際、多くの歴史的建造物が失われたが、ここでも建築保存といった概念は生まれてこなかった。一六四二年にはじまったピューリタン（清教徒）革命とその後の内乱の時期にも、多数の歴史的建造物が破壊されるが、[1]この段階ではじめて少しずつ、過去の遺構を保存しなければならないという発想が生じてきた。また、エドワード一世やエリザベス一世などの景観を乱す建築への改善命令に代表されるように、[2]景観への関心からも、徐々に歴史的建造物の保存が求められるようになってきた。しかし、もっと重大で、もっと多くの歴史的建造物が破壊されたのは、一八世紀半ば以降の英国の近代化および工業化の過程においてであった。すなわち、本格的な建築保存が必要となるのは、産業革命の急速な社会変化によってであり、長い歴史を経て育まれてきたさまざまな遺産が、「近代化」という大義名分によって、いとも簡単に取り壊されるようになってからである。

　一八世紀半ば頃から起こった産業システムの変化は、それまでの慣習や社会構造等を含んだすべてを、劇的にしかも急速に変化させた。それはポジティヴな意味でも、ネガティヴな意味でも同様であった。すなわち、産業革命によって、じっくりと考え、計画し、少しずつ、ゆっくりと行なわれていた開発も、目先の利益を求めるがゆえ、それまでとは比べものにならないほど急速に、しかも安易に行なわれるようになった。その弊害として、歴史的建造物が取り壊され、長年をかけて培われてきた都市景観が乱され、景観や美しい自然が失われるようになった。これに対して、問題意識をもったのが市民であり、歴史的遺産や自然遺産を保護しようとする運動が、自然発生的に起こった。これが英国における保存運動のはじまりのひとつの側面である。

　言うまでもなく、産業革命は人々の生活を向上させたが、犠牲も大きかった。産業構造が変化したことにより、工場経営等で成功した新興勢力が台頭してくる一方で、多くの農民は職を失って、工場労働者として都市に流入してきた。貴族等の既成の資産家が、「囲い込み」によって、みずからの土地からあがる利益を独占しようとする動きも、その傾向に拍車をかけた。その結果、人々の貧富の差は拡大し、下層階級の人々の生活は悲惨な状況に陥った。このことは、都市環境にも大きな影響を与えた。経済利潤最優先の新興の事業者によって、町には無計画な工場の建設ラッシュが続き、伝統的な都市機能は大幅に損なわれていった。機能優先の工場の建設は、長い歴史によって育まれてきた都市景観ばかりでなく、町のコミュニティ等のすべてを存続の危機に陥れてしまった。

また、多量の労働力が必要となったため、事業者たちは多数の労働者を雇い入れたが、生産量の増大を最優先するのみで、労働者の住環境整備は二の次としたため、過密化した不衛生な労働者住宅地が増加した。これら地域は、不衛生であるばかりか、犯罪率も高くなり、次第にスラム化していった。このようにして、それまで長年にわたり築かれてきた景観や町のルールといった繊細な美的感覚は、まったく無視されるようになり、都市はカオス化し、それまでの都市機能は完全に麻痺してしまった。このような背景で、労働者や下層階級の生活改善が叫ばれ、さまざまな社会改革法案が次々と国会に提出されていくことになる。

他方、都市郊外も例外ではなく、工場で使用される燃料や原材料を確保するため、森林の木々は大量に伐採され、また、石炭の採掘のため、いたるところで山に穴があけられた。産業廃棄物は、そのまま放置されるのがあたりまえのような状態で、自然環境も損なわれつつあった。

このようにして、産業革命によって、都市景観も自然景観も変化した。同時に、建築に対する人々の要求も変化し、それまでとは異なった新しいタイプの建築が建てられるようになった。ちなみに、ちょうどその頃建てられた建築が、現在ではその役割を終えて、再開発の必要がでてきた。そして、この時期の建物も、歴史遺産として認識されるようになってきた。これらの建物を「産業遺産」（わが国では「近代化遺産」と呼ぶことが多い）と呼び、これらを利用した新しいまちづくりが、各地ではじまりつつある。

このように英国では、都市計画のはじまりと建築保存のはじまりのきっかけは、ほぼ同一のものと考えられる。そして、両者は密接な関係を保ちつつ、相互に発展していくことになる。ここでは、前章で都市計画のはじまりを社会背景と関係して考察したのと同様に、建築保存のはじまりに関しても、社会背景とともに論じていきたい。

2　一八八二年古記念物保護法の成立

ヴィクトリア朝の急激な開発ラッシュの影にあって、多数の歴史遺産が失われつつある現実を前に、フランスのシステムに影響を受けて、英国でも同様の制度を策定する必要があると考える人々が生じ、それに対する動きが少しずつ起ってきた。たとえば、『英国の建築遺跡』（一八〇七－二六年）や『カテドラルの遺跡』（一八三二－六年）の著者として知られ、ロンドンの建築の目録を作成していたジョン・ブリトン（一七七一－一八五七）は、一八四一年に国会議員のジョーゼフ・ヒューム（一七七七－一八五五）に働きかけて、国会に古建築等の保存のための諮問委員会の設置を求めた。また、のちにみずからの修復工事が攻撃の的となることになるジョージ・ギルバート・スコットも、(3)同年に、各地で頻繁に行なわれている修復工事を監視するための専門家からなる機関の創設を提案している。スコットは一八四五年にも同様の提案を行なうが、それに対する世間の反応はまったくなく、この時点では何の進展もなかった。(4)

このような状況下、建築家や考古学者や学術団体等は、開発者ならびに所有者、そして、それを監督する政府に対し、懲りることなく、幾度も保存を訴えかけていた。それら動きのなかで最も重要な存在であったのが、ロンドン古物研究家協会であった。ロンドン古物研究家協会は、考古学研究の推進のために一七〇七年に最初の会合をもち、一七五一年に正式結成に至った学術団体であるが、一八六〇年頃からは、歴史的建造物等の保存に取り組むようになった。ロンドン古物研究家協会の保存運動とは、極めてオーソドックスな手法で、歴史的建造物の取り壊し計画等に抗議文を送り付け、保存を要求するというものであった。一八六〇年にはウスター大聖堂のゲステン・ホールの撤去計画を知り、首席司祭および参事会に抗議文を送り、また、一八六七年および一八七三年にはテンビーのウエスト・ゲイトウェイの取り壊し計画に対しても、保存要望書を提出している。このような方法で、一八七〇年にはエクシター大聖堂の内陣正面スクリーンの保存を、一八七一年にはウェイクフィールド大聖堂の内陣正面スクリーンの保存を勝ち取るという実績もあげている。(5)この頃、ロンドン古物研究家協会は教会堂の修復計画や、外国の建築保存運動にも取り組むなど、歴史的建造物の保存に非常に熱心であった。(6)

当然、このような働きかけは、政府にも向けられた。一八五四年二月には、当時、内務大臣であったパーマストン卿（一七八四－一八六五）に対し、鉄道建設によって失われそうになっていた教会敷地（チャーチヤード－墓地等を含む）内のモニュメント等の保存を求めた。しかし、セント・クレメンツ・デインズのチャーチヤード、スレッドニードル・ストリート・チャーチヤードなどの教会敷地内のモニュメントは、記録をとられることもなく無惨にも取り壊され、セント・パンクラス墓地では、記録はとられたとされているものの、それさえどこにあるのかわからないという状況であった。協会側のアクションに対し、三カ月後の一八五四年五月に、ようやく内務大臣パーマストン卿から返答があったが、それは政府として墓地等の問題には干渉することができないというものであった[7]。協会はすぐに反論し、大臣に記念物の記録を作成することを強く勧めるとともに、国会で承認されたウエストミンスター・アビーの王室の墓石の修理にも抗議した。しかし、今度は、政府からの返答は得られなかった。

このように、政府の動きは極めて緩慢であったが、一八六九年、政府は協会に対し、「政府の保護・監理下に置かれることが望ましいと考える王室やその他歴史的な墓および大聖堂、教会堂、他の公共の場所や建造物内にある記念物のリストを提供すること」を要求してきた[8]。こうして、政府ははじめて協会の働きかけにリアクションを起こし、歴史遺産の保護を検討する態度を示した。協会は、ただちにリストの作成にかかり、一七六〇年以前、すなわちジョージ二世（在位一七二七―六〇）時代までの全国の重要な記念物のリストの作成に取り掛かり、一八七二年二月に完成すると、すぐに政府に提出した。しかし、政府の対応は、そこまでであった。その後も、協会は再三にわたり、政府に対し働きかけ続けた。こういった動きは、すぐには成果が見られなかったものの、協会の歴史遺産の記録し、保存を要求する姿勢は、やがて王立古記念物委員会の活動に結実することになる。

このようななか、自由党の国会議員ジョン・ラボック（一八三四―一九一三）［図**5―1**］は、モニュメントの保存のための法律の制定に動き出した[9]。ラボックは、古建築保存協会（SPAB）の創設当初からのメンバーのひとりであり、また、国民の祝日を定めた「バンク・ホリデイ法[10]」を制定した人物としても知られる近代的な考えをもつ人物であった[11]。ラボックは、ロンドンの銀行家の息子として生まれ、銀行家として活躍する一方で、学者としても名を成した。ラボックの父ジョン・ウィリアム・ラボック[12]（一八〇三―六五）も、銀行を営むかたわら、学者でもあり、進化論で知られるチャールズ・ダーウィン（一八〇九―八二）と親密な交流があった。そのため、息子のジョンは、学問上、ダーウィンの強い影響を受けた。ラボックは、当時のエリートがそうしたように、一一歳でイートン校に進むが、父の病のため一八四九年にわずか一五歳で中退せざるをえなくなり、実家の銀行に入った。そのため、正規の教育は受けていなかったが、独学で人類学や考古学といった分野の学問を究め、ロンドン大学の副学長にまでのぼりつめることになる。また、各界からの信頼も厚く、若い頃から、さまざまな団体の会長等を歴任していた。その後、政治にも興味を示すようになり、政治家としても一流の業績を残した。

考古学者としてのラボックは、古記念物の保存法案を提出する前に、すでに遺構の保存活動を行なっており、一八七二年にはエイヴベリーの環状列石遺跡（ウィルトシャー）［図**5**−**2**］をみずから買い取って開発から守り、その後、シルバリー・ヒル（ウィルトシャー）［図**5**−**3**］、ウエスト・ケネット・ロング・バロー（ウィルトシャー）、ハックペン・ヒル（ウィルトシャー）等、ウィルトシャーの考古学的遺構を買い取り、保存した。

一八七〇年、ラボックはメイドストン選挙区から選出されて、自由党の国会（下院）議員となった。その翌年の一八七一年には、バンク・ホリデイ法案を国会通過させるなど、政治家としてもすぐに才能を発揮し、さらに、一八七三年に、古記念物の保護に関する法案の「国家記念物保護法案」を議員立法として国会に上程した。当初のラボックの案は、強大な権限をもった政府機関によって、国家的財産である記念物を包括的に保護・保存しようとするものであり、最終的に一八八二年に政府が採択した法律とは、大きく異なる

図**5-1**　ジョン・ラボック卿（1795-1814年）

図**5-2**　エイブリーの環状列石遺跡
（ウィルトシャー，B.C.2600-2000）

図**5-3**　シルバリー・ヒル（ウィルトシャー，B.C.2600-）

ものであった。

ラボックの最初の提案を要約すると、次のようになる。まずは、イングランド、スコットランド、ロンドンのそれぞれの考古学協会の会長、ロイヤル・アイリッシュ・アカデミーの会長、大英博物館の英国考古学館長（Keeper of British Antiquities）、記録長官などの重要な人物からなる「国家記念物委員会」を設立する。委員会は、記念物（モニュメント）、重要な土塁、古墳、墳墓等のリストを作成し、リストに掲載された記念物等に対しては、所有者に保存を通告（notice）する。それでも十分でない場合のために、委員会には開発等を「制止する権限（power of restraint）」をもたせる。もしも、所有者がリストに掲載された記念物に何らかの影響を与えようとする場合には、委員会に報告し、開発に対して同意を得るか、または、国家に購入を求めることができる。他方、委員会は、所有者の同意のもと遺構を取得する権限をもち、国家財政委員会（大蔵省）の承認によって、国庫からそのための資金を捻出することができる。取得した遺構は、考古学的な調査が実施され、その費用も修理等にかかる費用も国庫から支給される。また、個人所有のままの遺構に対しても、「静止する権限」の執行にあたり、補償も行なわれる。

このように、ラボックの当初案は、実に強大な国家権限によって、記念物を保護しようとするものであった。ただし、対象とされた記念物には、人が住んでいる住宅および実際に使用されている宗教施設は含まれていなかった。また、廃墟となった建物、城や修道院等の跡地や個人所有の庭園等に残る部分的な遺構等も除外された。つまり、この法案は、土塁（mound）、墳丘（tumulus）、墳墓（barrow）、周防（dyke）等といった考古学的遺構の保護を主目的とするものであり、事実上、その対象も考古学的遺構に限られていた[13]。

このラボックの国家記念物保護法案には、フランスの制度の影響が強く感じられる。たとえば、フランスのメリメらによって定められた古記念物の保護制度では、フランス全土の記念物のリスト（目録）を作成し、記念物の保存状態を調査し、保存策を示唆するために、「歴史的記念物総監」が任命され、その諮問機関として「歴史的記念物委員会」が創設されることになっていたが、ラボックの提案した「国家記念物委員会」は、このフランスの歴史的記念物委員会とまったく同趣旨のものである。また、ラボックの提案したリストを作成し、リストに掲載された記念物を保護していこうとする方法も、フランスの制度と一致する。他にも、フランスでは一八四〇年の段階で、保護すべき五九件の記念物のリストが作成され、一〇五、〇〇〇フランの予算が用意されているが、ラボックも政府に対して同様に国庫支出を要求しているなど、明らかにフランスの制度の影響を受けたと思われる部分が多くある。[14]一八七三年にラボックが提出した法案は、結局、成立をみなかった。とはいっても、彼が主張した手法、すなわち、リストを作成し、それによって文化財を保存していこうという仕組みは、その後の文化財行政に大きな影響を与えることになる。

一八七四年には、保守党政権の第二次ディズレイリ内閣に政権交代が行なわれるが、それでもラボックは、法案を上程し続けた。ラボックは一八七五年に再度、法案を上程し、その法案諮問委員会の委員長となり、法案の是非をめぐって検討を加えることになった。[15]そして、この年、ラボックと保守党の反対派との間で大議論が繰り広げられることになった。ラボックは、この法案は個人の居住施設を対象としているのではなく、土塁等の遺構に関するものであることを強調した。しかし、反対派からは、法案は公然の搾取行為であり、委員会による暴力的行為をオーソライズするものだと強烈に非難された。このような主張を展開したのは、みずからヨークシャーに六つの墳墓と六、五〇〇エイカー（二、六三〇ヘクタール）の土地を所有していたトーリー（保守党）のチャールズ・リガードであった。[16]彼の主張は、個々人の所有物は所有者が責任をもって管理すべきであるという大前提に立ったものであった。また、トーリーの弁護士フランシス・ハーヴィ卿の場合は、「国家的モニュメントとはいったい何なのか？〝未開な祖先のちっぽけな遺構（absurd relics of our barbarian predecessors）〟ではないか」として、考古学的遺構を所有権を侵害してまでも保存する必要はないと片づけてしまった。これとは異なった反対意見もあった。同じく弁護士のオズボーン・モーガンは、英国は歴史遺産の保護政策に関して、他国に遅れをとっており、それを推進すべきであり、この法案はかえって所有者を優遇し過ぎるもので、保護政策を前進させるものではないと反対した。このような議論に対し、蔵相（国家財政委員会委員長）のウィリアム・ヘンリ・スミス[17]は、保守党政府を代表して回答した。スミスは、この法案が制定された場合、予想もつかない財政支出があるだろうことを懸念するとともに、ラボックの提唱する国家記念物委員会は、公的資金の導入に対し、政府の反対意見をも認めないなどの強力な権限をもち過ぎていると反対した。これらに対し、ラボックは必死に説得をはかるが、受け入れられることはなかった。結局、この年もまた、法案は成立しなかった。続く一八七六年にも法案が提出されるが、それも実らなかった。

さらに一八七七年にも法案が提出された。議論は、ますます白熱してきた。と同時に、人々の古記念物に関する興味も高まっていった。あのハーヴィ卿でさえ、論調を弱めるほどであった。しかし、考古学者のなかには、古記念物の保存に関しては、すでに学術団体やヴォランティア団体が、古記念物に対する興味および崇高の念によって行なっており、国家が介入する問題ではなく、地域がそれぞれ独自に取り組むべきだとする意見もあった。[18] これに対し、古記念物に対する畏敬の念から保存を行なうのは理想であるが、一般の人々にそれを啓蒙するには時間がかかり、その間、古記念物を維持していくためには多額の費用が必要であり、そのためにも法案の成立が望まれるとの意見もあった。他方、モーガンは、賛成派に転じ、前年のスミスの指摘に対し、財政支出は装甲艦一隻のわずか十分の一であり、国庫を揺るがすものではないと反論した。政府は、法務長官のジョン・ホルカーを立てて、ラボックらの執拗な主張をねじ伏せようとした。ホルカーは、個人の権利に対し、公的な資金を導入することは、土地に関する法律の原則を崩すとの理由で反対し、土地に関する私的権利を尊重した。こうして、この年も法案は成立をみなかった。

議論の過程で、さまざまな意見があったが、この法案に反対する者たちの大筋の意見は、パーシー卿の意見に集約できる。パーシー卿の主張は、「この法案は、鉄道建設等といった本質的な公共の目的のためではなく、感傷的な目的のために私的財産権を脅かすものである」というものであった。個人の財産に対する私権侵害だとする反発は根強かった。伝統的に、個人主義を原則とする英国では、所有権等の私権に対する国家権力の介入を、神経質なまでも拒否し、なかなか国会を通過しなかった。

ラボックは、粘り強く、何度も法案を提出した。一八七八年、一八七九年と続いて、法案は却下されるが、次第に賛同者が増えていった。一八七九年には、ようやくロンドン古物研究家協会の賛同を得ることができ、同時にスコットランド古物研究家協会とロイヤル・アイリッシュ・アカデミーも味方につけることができた。

一八八〇年の総選挙で、保守党は敗れ、第二次グラッドストン自由党内閣が誕生した。ラボックにとっては追い風かと見えたが、この選挙で、ラボックは国会議員としてのポストを失ってしまう。そして、毎年、上程してきた国家記念物保護法案も、それまでとなってしまうかと思われた。しかし、この法案の特別諮問委員会は継続され、この年、はじめて法案が、貴族院（上院）で議論されることになった。しかし、貴族院の議員たちのなかには、法案により保護の対象となる物件を所有していた貴族が多く、彼らの反対を受けて、またもや法案は成立しなかった。他方、ラボックは、翌一八八一年に、ロンドン大学のポストによって再び国会に戻ることができた。その際、ラボックのとった戦略は、政権を奪取した自由党内部をまとめることであった。ラボックは、首相のグラッドストンに働きかけ、ついにはその協力を勝ち取った。

その間、世論の変化もあった。すでに述べたように、一八七七年には、古建築保護協会（ＳＰＡＢ）が設立され、中世建築の保存運動もはじまっている。ＳＰＡＢは、中世の教会堂の修復手法の改善のために創設された団体だが、国家の歴史的な遺産を保護していこうとする基本的な方針は同様であった。[19]ちなみに、ラボックはＳＰＡＢの設立時から会員であったことは、前述の通りである。[20]

こうして、グラッドストン自由党内閣の協力のもと、ようやく一八八二年に「古記念物保護法案」は庶民院（下院）を通過することができた。しかし、その内容は、妥協に妥協を重ねたもので、一八七三年にラボックが当初提唱した案とは似ても似つかない脆弱なもので、強制的な権限はすべて取り除かれていた。[21]

しかし、これで終わったわけではなかった。法案成立のためには、貴族院をも通過させなければならなかった。貴族院には古記念物の所有者が多く、これら貴族たちはラボックの法案に強く反対していた。貴族院に上程された段階では、二一件の古記念物（すべて、環状列石および土塁）を登録する予定であった。これら登録記念物に関しては、国は所有者の同意を得て、古記念物を買い取って管理するか、または、国が原則的に古記念物を維持・管理し、所有者には所有権は残るが、その遺跡を破壊したり、現状変更を行なう権利を失わせる「後見人制度」というふたつの選択肢を用意し、どちらを用いるかを所有者に選択させようとした。しかし、これに対し、強烈に反対する者もいて、リストに掲載された記念物の一部が、この段階で除外された。しかしながら、法案はかろうじて前進を続け、結局、「政府は、枢密院令によって登録する記念物を追加することができる」との条文が加えられ、一八八二年八月一八日、ついに法案が成立した。成立まで九年の歳月を要したことになる。

法案は通過したものの、国会では、依然として、ウォートンのように「この法律は、わずかの考古学者の趣味・嗜好を満たすために、公的資金を使い、個人の所有権を侵害するもの」とする考えが根強く残っていた。しかし、結局、王室からの賛同も得ることができ、ラボックはその功績をたたえられ、一九〇〇年に「エイヴベリー男爵」の称号が授けられた。

この「エイヴベリー」の称号名は、ラボックが最初に買い取って保存した環状列石の地名に由来している。ちなみに、これら遺跡は、現在、ストンヘンジとともに世界遺産に登録されている。

これら一八八二年古記念物保護法の成立過程から、当時の英国の古記念物に対する考え方ばかりでなく、社会背景までもが浮き彫りとなってくる。つまり、ラボックは、当初フランスの制度と類似の制度を英国にも導入しようとしたが、国会で多くの反対にあい、妥協案として骨抜きとされたものが、一八八二年古記念物保護法となったのであり、一八八二年法の成立過程での議論が、英国の古記念物に対する考え方そのものであったとみなすことができる。その際、英国では私的財産権は国家権力によって侵害されるべきではないとの考え方が強かったため、フランスのような国家による強権的な制度にはならなかった。また、保護の対象が考古学的遺構のみに限られたのは、住宅建築等の個人の所有物に国家が干渉することを伝統的に嫌っていたことに加え、古建築保護協会（SPAB）などによる教会堂の保存運動が別の動きとしてすでに存在していたために[22]、教会堂建築の国家による保護の必要性があまり感じられなかったことが原因していたと考えられる。考古学的遺構の保護が優先されたのは、ラボックが建築家ではなく考古学者であったことも影響していたのかもしれない。また、戦争のために軍備強化をはかろうとする国家方針により、歴史遺産の保護のために、国庫支出を認めたくないという国家事情も、少なからず関係していたと思われる。

一九〇〇年には、ラボックは古記念物保護法を改正し、一般の人々が登録記念物に入ることを認め、カウンティ・カウンシルには古記念物を監理できる権限を付与した[23]。このようにして、英国の古記念物の国家による保護が開始された。

一八八二年古記念物保護法および一九〇〇年古記念物保護法の対象となったのは、墳墓等の考古学的遺構のみであった。これらには、実際にある目的で使用を続けている建築は含まれていなかった。これは古記念物保護法の対象の問題に限ったことではなく、用いられ続けている建築の文化財的価値に関しては、さまざまな議論があった。この問題は、決して英国だけの問題ではなく、国際的なテーマでもあった。そして、この問題にその後の方向性を与えたのが、一九〇四年にマドリッドで開催された第六回国際建築家会議で採択された「古記念物の保存および修復」に関する宣言（「マドリッド宣言」）であった[24]。英国でも、その影響は大きく、SPABの保存理念もわずかながら変化していった。つまり、設立当時のSP

ABの保存理念は、建築を純芸術作品と同等とみなし、修復等により過去の建築が傷つけられることを否定していたが、次第に、使いながら建築を保存する必要性も認めるようになり、さらには理想の修復に関する方法を提案するになった[25]。

3　LCCの先駆的試み

歴史的建造物の保存のための法律が制定され、次に要求されたのが、運用上の問題の解決であった。法律や制度によって、歴史的建造物の保存をはかるためには、まずは、どこにどのような歴史的建造物が残っているのかを把握する必要があった。その最も早い例として、一八八八年に創設されたロンドン・カウンティ・カウンシル（LCC－ロンドン政庁）の試みがあげられる。

ロンドンでは、アーツ・アンド・クラフツ運動の建築家チャールズ・ロバート・アシュビー（一八六三－一九四二）によって、一八九四年に「グレイター・ロンドンにおける記念物調査のための委員会」が設立された。これは、ロンドン内外で、歴史的に重要と思われる建築が次々と破壊されていく状況のなか、それをどうにか防がなければならないという考えに基づくものであった。そして、この委員会は、グレイター・ロンドン内に現存する歴史的な遺構のリストを作成し、破壊されそうになった場合には、それを防ぎ、活用していく方向に向かわせようと動きはじめた。

ロンドンを管轄する地方自治体にあたるLCCも、その動きに対応するようにアクションを起こし、一八九六年一二月四日には、歴史上極めて重要な意味をもつことになる会議を開いた[26]。その目的は、ロンドンにおける歴史的建造物の公的なリストをいかに作成していくかを決定することにあった。会議には、世間に広く知られた建築保存に関係する諸団体の代表が召集された。その団体とは、「AA（建築団体）」「英国考古学協会」「シティ・チャーチ保存協会」「グレイター・ロンドンにおける記念物調査のための委員会」「ケント考古学協会」「カール協会」「ロンドンおよびミドルセックス考古学協会」「ロンドン地誌学協会」「ナショナル・トラスト」「王立考古学協会」「王立英国建築家協会（RIBA）」「ロンドン古物研究家協会」「芸術協会」「古建築保護協会（SPAB）」「サーヴェイヤーズ協会」の一五団体であった[27]。

会議では、グレイター・ロンドンにおける記念物調査のための委員会をはじめとし、他の諸団体からも、ロンドンにおける歴史的建造物のリストの必要性が唱えられた。LCCは、これらの意見を受け入れ、一八九七年七月二七日、「ロンドン・サーヴェイ委員会」を創設した。そして、LCCは諸団体の協力のもと調査を実施し、LCCの業務として歴史的建造物のリストを作成することにした。その結果が「サーヴェイ・オブ・ロンドン」シリーズであり[28]、全四五巻にわたり、パーリッシュ（教区）単位で詳細な調査が行なわれることになった[29]。これら歴史的建造物を記録していこうとする動きは、ロンドン以外の地域にも広がっていき、全国規模の「ヴィクトリア・カウンティ・ヒストリー」シリーズ[30]の刊行につながっていった。

図5-4　フリート・ストリート17番地（シティ，ロンドン）
LCCによる強制買収による保存の最初の例

LCCは、一八九八年に、「一般権限法」によって、歴史的建造物を買い取り、修理する公的な権限をもつようになった。その権限の最初の行使は、一九〇〇年四月に、シティのフリート・ストリート一七番地に建つ一七世紀のハーフ・ティンバーの町屋［図5－4］を購入したことであった。また、同時に、LCCは芸術協会（のちに王立芸術協会となる）から、「ブルー・プラク・スキーム」と呼ばれる歴史的な出来事や偉人と関係する建物を保存していこうとする運動を引き継い

トマス・カーライルを記念したブルー・プラク

ジョン・ドライデンを記念したブルー・プラク（ブルー・プラクの最初の例）

ウィリアム・モリスの赤い家のブルー・プラク

図5-5　ブルー・プラク

でいる。ブルー・プラク・スキームとは、歴史上重要な人物とゆかりの深い建物に、通例、青地に白文字が描かれたプラク（飾り板）を掛け、それによって人々にその建物の歴史を伝え、保存していこうとする運動である。現在でも、英国のいたるところでこのブルー・プラクを見ることができる[31]［**5－5**］。

これらは、歴史的建造物の保存が、本格的に、地方自治体の手によって行なわれはじめたことを意味していた。それ以前にも、一八八四年制定のチェスター改良法によって、市壁内の建築の現状変更に制限が加えられるという規制はあったものの、LCCでの試みは初の建築保存に関する地方自治体による規制であり、他の自治体に大きな影響を与えたことに間違いない。

4　保存すべき歴史遺産のリストの作成と歴史的建造物の調査

一九〇五年、エディンバラ大学芸術学科教授ジェラルド・ボールドウィン・ブラウン（一八四九－一九三二）は、『古記念物の管理－古記念物や自然美の対象物や風景を保護し、歴史都市の特徴を保存するためのヨーロッパの国々において導入されている法律や施策等に関する報告』[32]（一九〇五年）という一冊の本を出版した。おそらく、これは英国で歴史的建造物を含む記念物（モニュメント）の保存に関して取り扱った最初のモノグラフであろう。ブラウンは、その目的を、古記念物等を保存するための方策を示すこととし、都市内の歴史的建造物の美的水準に合ったメンテナンスの方法や田園地帯の自然環境を保存する方法を探っている。この本は、「第一部－記念物管理の原則と実践」と「第二部－ヨーロッパ諸国における記念物管理」で構成される[33]。第一部では、記念物保存の歴史および記念物の定義等を示したうえで、記念物の保存を、諸団体の活動、公的機関、国家および地方自治体の法制度に分けて整理し、発掘等の管理、記録の作成とランク付け、輸出の禁止、買取りおよび強制収用制度などの提案を行なっている。また、大半のページを割いた第二部では、ヨーロッパを中心とした各国の古記念物および歴史的建造物の保存のための法制度を紹介している[34]。これは、一八九七年にロンドン古物研究家協会による外務大臣へのアプローチによって実施された各国の英国大使館の報告をもとにしたもの[35]であった。この報告は、政府刊行物として出版されたが、ほとんど関心をもたれることはなく、ブラウンはこれに再び脚光をあてた。ブラウンは一貫して、英国は一八八二年古記念物保護法を制定したものの歴史的建造物の保存に関しては後進国であることを強調し、至急、新たな方策を講じなければならないと主張した。当時の英国では、古記念物保護法によって、当初指定の六八件中二四件とその後の一八件のわずか計四二件の古記念物しか、後見人制度による国家の保護下になく、ブラウンは他国の状況と照らし合わせながら、国家主導による歴史的遺産の保護の重要性を訴えかけた。ブラウンの主張は、かなり先見的な発想を含むものであり、建築家の古建築に対する取り組み方のあるべき姿を示すとともに、都市計画上も歴史的建造物の保存の必要性を唱えている。たとえば、一八四五年土地条項統合法を引き合いに出し、ここで定められた鉄道建設時等の用地買収に関する収用制度および強制収用制度を、歴史的建造物の保存にも応用すべきと主張するなど、時代の先を予見するものであった。また、ブラウンの著書でもう一点注目に値するのは、彼の指す古記念物がかなり広範に及んでいたことである。ブラウンは、それまでの記念物に加え、建築や他の歴史的価値のあるものまでをも、記念物として取り扱った。そして、これらを保存するためには、歴史的遺産を調査して、記録を残し、全体を把握する必要があるとした。具体的には、歴史的建造物等に関しても、すでに英国で機能していた「王立歴史的文書委員会」（一八六九年設立）に匹敵する組織の設立が必要であると主張した。[36]

ブラウンの働きかけに対し、政府は一九〇八年に、「王立古代歴史的記念物および建築物委員会（ＲＣＨＭ）」（委員長バークレア卿）の創設というかたちでこたえた。ＲＣＨＭは、イングランド、ウェールズ、スコットランドにそれぞれ設立された。[37] ＲＣＨＭに与えられた使命は、一七〇〇年までに建てられた記念物のうち保存する価値があるものを記録すること、すなわち『文化財目録』を編纂することであった。イングランドでは一九一〇年、ウェールズでは一九一一年、スコットランドでは一九〇九年に、最初の報告書を作成するとともに、『文化財目録』が公表された。目録は、平面図と細部にわたる記述からなり、その後の目録のフォーマットを定めることになった。当初、記念物を中心として作成されていたが、のちに民家まで対象を拡大し（ただし、教会堂は対象とされなかった）、図面等とともに詳細な解説が加えられている。この文化財目録は、その後も追加・修正が行なわれ、カウンティ単位で出版物として、刊行されている[38]［表**5－1**］。

他方、同時に提出された報告書では、「記録」する価値があるとみなされた記念物（建造物を含む）のリストと、「保存」

表5-1　文化財総目録

<The Royal Commission on the Historical Monuments of England>
An Inventory of the Historical Monuments in Hertfordshire (1910). An Inventory of the Historical Monuments in Buckinghamshire, 2 vols. (1912-3). 1: South; 2: North. An Inventory of the Historical Monuments in Essex, 4 vols. (1916-23). 1: North-west; 2: Central and south-west; 3: North-east; 4: South-east and county heraldry before 1550. An Inventory of the Historical Monuments in London, 5 vols (1924-30). 1: Westminster Abbey; 2: West London excluding Westminster Abbey; 3: Roman London; 4: The city; 5: East London. An Inventory of the Historical Monuments in Huntingdonshire (1926). An Inventory of the Historical Monuments in Herefordshire, 3 vols. (1931-4). 1: South-west; 2: East; 3: North-west. An Inventory of the Historical Monuments in Westmorland (1936). An Inventory of the Historical Monuments in Middlesex (1937). An Inventory of the Historical Monuments in the City of Oxford (1939). An Inventory of the Historical Monuments in Dorset, 5 vols. in 8 (1952-76). 1: West (1952); 2: pts.i-iii: South-east (1970); 3: pts. i-ii: Central Dorset (1970); 4: North Dorset (1972); 5: East Dorset (1976). An Inventory of the Historical Monuments in the City of Cambridge, 1 vol. in 2, and a case of maps (1959). An Inventory of the Historical Monuments in the City of York (1962-). 1: Eburacum: Roman York (1962); 2: The defences (1972); 3: South-west of the Ouse (1972); 4: Outside the city walls east of the Ouse (1975); 5: The central area (1981). An Inventory of the Historical Monuments in the County of Cambridge, (1968-). 1: West Cambridgeshire (1968); 2: North-east Cambridgeshire (1972). An Inventory of the Historical Monuments in the County of Northampton, (1975-). 1: Archaeological sites in north-east Northamptonshire (1975); 2: Archaeological sites in central Northamptonshire (1979); 3: Archaeological sites in north-west Northamptonshire (1981); 4: South-west (1982). An Inventory of the Historical Monuments in the County of Gloucester (1977-). 1: Iron Age and Romano-British monuments in the Gloucestershre Cotswolds (1977). An Inventory of the Historical Monuments [in] the town of Stamford (1977). Ancient and Historical Monuments in the City of Salisbury (1980-). 1: Covers the area of the former municipal borough, exclusive of the cathedral close and its walls and gates. Includes Old Sarum castle and cathedral.

<The Royal Commission on the Ancient and Historic Monuments of Wales>
An Inventory of the Ancient Monuments in Wales and Monmouthshire, 7 vols. (1911-25). 1: Montgomeryshire; 2: Flintshire; 3: Radnorshire; 4: Denbighshire; 5: Carmarthenshire; 6: Merionethshire; 7: Pembrokeshire. An Inventory of the Ancient Monuments in Anglesey (1937). An Inventory of the Ancient Monuments in Caernarvonshire, 3 vols. (1956-64). 1: East: The cantref of Arllechwedd and the commote of Creuddyn (1956); 2: Central: The cantref of Arfon and the commote of Eifionydd; 3: West: The cantref of Lleyn, together with the general survey of the county (1964).

An Inventory of the Ancient Monuments in Glamorgan (1976-). 1 (1976): Pre-Norman: pt. i: The Stone and Bronze Ages, pt. ii: The Iron Age and Roman occupation, pt. iii: The early Christian period; 3: Medieval secular monuments: pt ia: the early castles: from the Norman conquest to 1217 (1991); part ib: the later castles from 1217 to the present (2000); pt. iii: Non-defensive (1983); 4: Domestic architecture from the Reformation to the industrial revolution pt. i: The greater houses (1981); pt.ii: Farmhouses and cottages (1988).

An Inventory of the Ancient Monuments in Brecknock (Brycheiniog): the prehistoric and Roman monuments: pt.i: Later prehistoric monuments and unenclosed settlements to 1000 AD (1997); pt. ii: hill-forts and Roman remains (1986).

<The Royal Commission on the Ancient and Historic Monuments of Scotland>

First Report and Inventory of Monuments and Constructions in the County of Berwick (1909).

Second Report and Inventory of Monuments and Constructions in the County of Sutherland (1911).

Third Report and Inventory of Monuments and Constructions in the County of Caithness (1911).

Fourth Report and Inventory of Monuments and Constructions in Galloway, 1: County of Wigtown (1912).

Fifth Report and Inventory of Monuments and Constructions in Galloway, 2: County of the Stewartry of Kirkcudbright (1914).

Sixth Report and Inventory of Monuments and Constructions in the County of Berwick (revised issue, 1915).

Seventh Report and Inventory of Monuments and Constructions in the County of Dumfries (1920).

Eighth Report and Inventory of Monuments and Constructions in the County of East Lothian (1924).

Ninth Report and Inventory of Monuments and Constructions in the Outer Hebrides, Skye and the Small Isles (1928).

Tenth Report and Inventory of Monuments and Constructions in the Counties of Midlothian and West Lothian (1929).

Eleventh Report and Inventory of Monuments and Constructions in the Counties of Fife, Kinross and Clackmannan (1933).

Twelfth Report with an Inventory of the Ancient Monuments of Orkney and Shetland, 1: Report and Introduction, 2: Orkney, 3: Shetland (1946).

An Inventory of the Ancient and Historical Monuments of the City of Edinburgh (1951).

An Inventory of the Ancient and Historical Monuments of Roxburghshire, 2 vols. (1956).

An Inventory of the Ancient and Historical Monuments of Selkirkshire (1957).

Stirlingshire. An Inventory of the Ancient Monuments, 2 vols. (1963).

Peeblesshire. An Inventory of the Ancient Monuments, 2 vols. (1967).

Argyll. An Inventory of the Ancient Monuments, 1: Kintyre (1971); 2: Lorn (1975); 3: Mull, Tiree, Coll and Northern Argyll, excluding medieval and later monuments of Iona (1980); 4: Iona (1982); 5: Islay, Jura, Colonsay and Oronsay (1984); 6: Mid Argyll and Cowal Prehistoric and Early Medieval Monuments (1988); 7: Mid Argyll and Cowal Medieval and Later Monuments (1992).

Lanarkshire. An Inventory of the Prehistoric and Roman Monuments (1978).

Scottish Farm Buildings Survey. 1: East central Scotland (1998); 2: Orkney (1998); 3: Sutherland (1999).

(Researching Historic Buildings in the British Isles の WEB SITE より)

する価値があると思われる「記録」する候補となる記念物（建造物を含む）のリストの二種類を用意した。これらリストが新しく作成されたため、法定リストにあたる「登録記念物リスト」とRCHMによる記念物のリストの「文化財目録のリスト」という二種類のリストが存在することになり、混乱の原因となってしまった。後述するが、現行の法定リストには、「登録記念物リスト」と「登録建造物リスト」の二種類がある。[39]「文化財目録のリスト」は、そのどちらでもない。もちろん重複する部分は多いが、「登録記念物リスト」は古記念物関連法[40]のもとで作成されているリストで、「登録建造物リスト」は都市・農村計画法[41]のもとで作成されているリストであり、「文化財目録のリスト」はその基本データとなったもので、法定リストというよりは、学術的なリストと考えてよい。

RCHMの報告書ではまた、委員会の使命は「文化財目録」を編纂することであって、保存に介入することではないことが、明確に示された。そして、政府に対し、「諮問機関」の助言を受けて保存行政を行なう中央省庁の設立を求めた。その後、一九一〇年に「古記念物保護法」が改正され、さらに一九一三年には「古記念物統合・改正法」が制定され、保存行政に関する制度が刷新された。RCHMは、学術的に非常に高い水準を保ち、徹底的な調査を行なったが、限られた人材のため、その進行速度は極めてゆったりとしたものであった。五〇年後の一九六三年の段階で、わずか二〇パーセントしか進展してなく、また、「一七〇〇年以前のもの」という建設年の縛りも撤廃したため、RCHMの仕事は、終わりを迎えることはなく、継続していった。また、RCHMは、保存に対して、何の権限も与えられていなかったが、この基礎的研究が、都市計画関連法における建築物等の保存に対し、大きな影響力をもったことは言うまでもない。

一九二四年には、「RCHM」とは別の目的で、「王立美術委員会」が設立された。これは、芸術的価値があるものの取り扱いに対する政府の助言機関としての役割を担うものであった。建築保存に関しても強い影響力があり、しばしば個々の建築の保存に対して圧力をかけることがあったが、直接介入することは稀なことであった。

このように、中央政府、または地方自治体、そして各種学術団体によって、それぞれ歴史的遺産のリストの作成が、二〇世紀初頭に開始されている。その際の歴史的遺産の全国的な調査等によって、かなり早い段階で、英国の文化財の実態が明らかとなった。そのため、現在の約五〇万件にも及ぶ「登録建造物リスト」を、比較的容易に作成することが可能となったものと思われる。つまり、リストを作成した担当部局は異なるものの、「文化財目録」の作成のおかげで、全国の歴史的建造物の現存状況を把握することができ、それが急速な開発に対抗するための「登録建造物リスト」につながっていったとみなすことができる。

5　建築保存団体としての古建築保護協会（ＳＰＡＢ）

歴史的建造物に関する知識の拡大は、感情的に建築の保存を求めるものから、学術的な価値判断に基づき、貴重な遺産を保存しようとする動きに変化していった。このような動きをリードしていったのが、考古学関係の諸団体であり、歴史的建造物の保存に対する圧力団体ともなっていった。一九世紀末には、学術団体の活動がより具体化してくる。その代表格であり、最も積極的に歴史的建造物の保存に取り組んだのが、ウィリアム・モリスによって一八七七年に設立された「古建築保護協会（ＳＰＡＢ）」［図**5**－**6**］であったことは、すでに述べた通りである[42]。

図**5-6**　「古建築保存協会（SPAB）」のロゴ

ただし、ＳＰＡＢの保存は、非常に厳格な理想主義であり、現状に変更を加えることを強く批判しており、理論が先行し、あまり実践的ではなかった。また、ＳＰＡＢの主張とは無関係に、古建築の修復工事は連綿として行なわれており、これら修復の実務に携わる建築家たちとの間には、軋轢が生じていた。その原因は、設立当初のＳＰＡＢのメンバー構成から も推察できる。SPABの設立当初のメンバーは、中世主義的発想をもった文筆家や画家が多く、そのため、ＳＰＡＢの主張は、学術的な理想論であり、建築実務の現状とは大きくかけ離れていた。建築家と意見が合わなかったのも当然のことに思える。モリス自身も、Ｇ・Ｅ・ストリートの事務所でわずかに建築を学んだに過ぎず、建築実務に関しては、素人同然であった。それゆえ、このような強烈な主張が可能となったとも考えられるが、反対に、現実の社会に素直に受け入れられる主張でもなかった。

しかし、次第にモリスおよびＳＰＡＢは、建築保存というより実践的な行為を通して、設立当初の理念の再検討の必要に迫られるようになる。つまり、ＳＰＡＢは、当初、英国の独自性をあらわす建築と考えられた中世の教会堂建築の保護のために結成された組織であったが、協会が建築保存のための組織として世間に認識されるとともに、理想と現実の隙間を埋めていかなければならなくなった。

その苦悩の一端が、モリスがシティ・チャーチ[43]の保存のために書いた手紙に読み取ることができる[44]。国会でのロンドン司教の答弁で、数年前から取り沙汰されているシティ・チャーチを取り壊すという計画が継続中で、取り壊しは避けられない状況にあると知ったモリスは、一八七八年四月一七日、『ザ・タイムズ』誌に手紙を書いた。そこでモリスは、最近数年間で取り壊されたシティ・チャーチや、取り壊しの危機にあるシティ・チャーチに関して、実名をあげながら、その建築的価値を述べた。この手紙のなかで、モリスがとったレンのシティ・チャーチの保存のための巧みな論法は、非常に興味深い。モリスは、まずはレンの傑作セント・ポール大聖堂（ロンドン、一六七五―一七一〇年）を引き合いに出して、これを保存し、レンの功績を後世に伝える方法の是非を検討する。セント・ポール大聖堂を保存することには誰しもが同意することとしながらも、セント・ポール大聖堂は、ローマのサン・ピエトロ大聖堂の模倣であり、英国らしい作品ではなく、イタリア建築の系統に属するものだとした。他方、シティ・チャーチは、宗教上の目的で建てられた純粋な英国ルネッサンス建築に属し、その遺構は、今後の研究上も価値がある建築だとする。そして、シティ・チャーチを保存することは、セント・ポール大聖堂を保存する以上に重要なことだと結論づけた。また、シティ・チャーチは、シティのスカイラインを形成するうえで重要とし、その景観の美しさは、是非とも保存しなければならないとした。

ここでモリスは、あえてシティ・チャーチの様式評価にはふれず、また、バロック様式の代表作であるセント・ポール大聖堂の様式的な評価をも避けた。そうすることによって、それまでのモリスおよびＳＰＡＢの様式論の首尾一貫性を保つことができたが、もはや中世の建築であるから保存するといった論理は成立せず、歴史的または建築的に重要な建築は、中世様式に限らず保存しなければならないと主張する必要性を認めなければならなくなった。そして、それぞれの建築の価値を、ひとつひとつ評価しなければならなくなった。このようにして、ＳＰＡＢは、中世の建築に限らず、歴史的または建築的に重要な建築を保存していく団体へと変化していくことになる。

一八九六年にモリスは他界した。ＳＰＡＢは設立時の理論のまま、矛盾を抱えながらも活動を続けていくが、協会を取り巻く環境は、日々変わりつつあった。一九〇四年には、第六回国際建築家会議がマドリッドで開催され、古記念物の保存に関する国際的な共通認識が形成された。つまり、いわゆる「マドリッド宣言」が採択され、古記念物の保存および修復に関する原則が、国際的に認められた。詳細は後述するが、[45]ここで、「生ける記念物（当初の用途がそのまま生き続けている記念物）」の場合、用い続けられるために、修復が行なわれるべきだと宣言された。つまり、SPABが否定した「修復」が、国際的に認められるようになり、SPABも「修復」に対する考え方を、改めて考え直す必要が生じた。

そして、建築保存団体としての存在価値をより世間に示すことになったのは、再び訪れたシティ・チャーチの保存問題であった。これは、一九一九年、ロンドン司教のウィニングトン・イングラム博士が指名した委員会の報告書に端を発して起った。報告書の内容は、シティに建つ一九のシティ・チャーチは、教会堂としての役割を果たしていないとの理由で取り壊し、その不動産的価値が高い敷地を再開発しようとする提案であった。一九棟の教会堂のなかには、クリストファー・レンによる一三棟の教会堂の他、同じく英国バロックの著名な建築家ニコラス・ホークスモア（一六六一—一七三六）や新古典主義建築の立役者ダンス父子（ジョージ・ダンス（父）?—一七六八、ジョージ・ダンス（子）一七四一—一八二五）の作品も含まれていた。これに対し、SPABやナショナル・トラストの他にも、さまざまな団体、個人が保存運動を繰り広げた。七年にわたる議論の末、一九二六年七月には貴族院（上院）を七一対五四という票差で通過するが、一一月の庶民院（下院）の議決は、一二四対二七という大差で逆転し、結局、保存運動は勝利した。[46]これら保存運動を通して、SPABは古建築保存団体としての地位を明確なものとし、社会的な期待もますます大きくなっていった。

SPABは、当初、古建築に変更を加える修復を否定していたが、建築保存の実務において、古建築に手を加えないということは、朽ち果てていく姿をだまって見ているのと同じことであり、より実践的な修復の方法が要求されるようになった。このような背景で、SPAB内部にも変化があらわれはじめた。一九二四年四月には、SPABの評議会は、モリスによる「マニフェスト」をはじめて修正し、協会の保存に対する新たな立場を明確に打ち出した。[47]その内容は、「新たな工事が今日の自然な手法で行なわれ、古い部分に従うものであり、過去のいずれの様式の復興でもない場合、および、増築が永続的に要求され、未来にその建物で起こることに対し、不適当または不必要になることがない場合に限って、建物に新たな工事を行なってもかまわない」というものであった。このように、設立から半世紀近く経過し、また、モリスの死後二八年を経た段階で、協会はモリスの教義を改め、より実践的にならざるをえなくなった。

一九二九年には、SPABの事務局長を務めたA・R・ポウイス（一八八一―一九三六）によって、『古建築の修理』[48]（一九二九年）という一冊の本が出版された。ポウイスはすぐれた実務建築家でもあり、協会の教義をより実践的に再定義した。ここで、「修理（repair）」の目的は、朽ちかけた優れた古建築を維持（preserve）し、それに新しい生命を授けることであると明確に示した。そして、修復の際、ダメージを受けた部分や失われた部分を複製することを避けるべきであるとした。これはつまり、SPABはあくまでも「修復（restoration）」を第一目的とはしないが、古建築は「保護」する必要があり、そのために必要な「修理」は認めざるをえなくなったことを意味していた。ただし、建築の様式評価と保存の手法は分離して考えるべきであり、また、同時代の建築設計論とも別に考えるべきとした。その結果、考案された手法が、修復の際、後世の修理は古建築本来の姿とははっきりと区別されたかたちで行なうというものであった。その際、建物を厳密に調査し、より学術的に保存をすべきであるという大原則を打ち出した。また、ポウイスは『古建築の修復』のなかで、古建築の修復に関して、基本原則から個々の対応まで、詳細に記述している。この本は、一九八一年、一九九五年と版を重ね、現在でもSPABの基本的原則を示す一冊になっている。SPABの修理に対するこういった姿勢は、現在でも変わることなく、文化財的な価値の保存といった観点では、SPABの果たしてきた役割は非常に大きい。

現在のSPABの修復に対する基本方針は、「古い本来の部分と新築の修理を施した部分が外から見てもわかるようにする」というものであり、「推測によって様式を再現したり、ひとつの様式に統一してしまうようなやり方は適切ではない」とし、それを厳格に実践している。これは、現在、世界各国の文化財修復の際に、おおむね広く受け入れられている考え方である。現在でも、SPABの影響力は大きく、豊富な経験を通して培われた技術で、歴史的建造物の調査・研究や職人の育成等に力を入れている。また、歴史的建造物の修復の際に、専門的な助言を行なう機関として位置づけられるなど社会的に担っている役割も大きい。特に、単体の建築を、文化財的価値を損なわず、歴史的な手法で修理・修復する際には、高い信用を得ている。一方で、極端ともいえる歴史性に対する厳格な姿勢は、しばしば開発側と意見が対立する場合もあるのは、かつてからの伝統といったところであろう。

6　ナショナル・トラストの設立

「ナショナル・トラスト」[49]［図**5－7**］は、一八九五年、弁護士のロバート・ハンター（一八四四－一九一三）、婦人社会活動家のオクタヴィア・ヒル、教区牧師のキャノン・ハードウィック・ローンズリー（一八五一－一九二〇）の三人によって創設された慈善団体である。[50] 正式名称を「歴史的に重要な場所および自然美のため国民の基金（The National Trust for Places of Historic Interest or Natural Beauty)」といい、「美しい、あるいは歴史的に重要な土地や建物を国民の利益のために永久に保存する」ことを目的として設立された。ナショナル・トラストは、当時、失われつつあった歴史的な財産を、トラストが所有することによって、対象物件を保護、保存していこうとした。

図**5-7**　「ナショナル・トラスト」のロゴ

ロバート・ハンターは、「コモン保存協会」（一八六五年設立）の顧問弁護士として活躍していた人物である。[51] 当時は、コモン（共同用地）が新たな開発のために囲い込まれることがしばしばあった。コモンは住民にとって自然環境を楽しむレクリエーションのための空間であり、その権利を主張する人々が増加した。そう主張したひとつの団体がコモン保存協会であり、後述するローカル・アメニティ・ソサイアティ[52]の初期の例のひとつとして、一八六五年に設立された。ハンターは、エセックス州のエッピングの六、〇〇〇エイカー（約二、五〇〇ヘクタール）の森林を囲い込みから開放した実績をもっていた。また、ハンターは、オクタヴィア・ヒルの姉ミランダ・ヒル（一八三六－一九一〇）が主唱して一八七六年に設立された「カール協会」[53]のオープン・スペース小委員会の議長であり、法律顧問でもあった。カール協会は、労働者階級の広範な生活改善を目的として設立された非営利団体で、オクタヴィア・ヒルがその会計責任者を務め、一八八一年大都市オープン・スペース法の制定に尽力した組織である。[54]

オクタヴィア・ヒルは、すでに述べたように、フローレンス・ナイチンゲール（一八二〇－一九一〇）と並んで、女性の社会進出に関して先駆的な役割を果たした人物として知られている。[55] ナイチンゲールが病人の看護に一生を捧げたのに対し、ヒルは人々が病気にならないように、社会改良運動家として、都市衛生問題に取り組んだ。その解決策を住居改良・住居管理に見出し、住居管理の手法を確立し、女性のプロフェッションとして築き上げたパイオニア的存在であった。ヒルはまた、都市内のレクリエーションのためのオープン・スペースの必要性を情熱的に唱えており、ハンターのコモン保存運動にも協力していた[56]。

キャノン・ハードウィック・ローンズリーは、オクスフォード大学で、ジョン・ラスキンがはじめて美術講座の教授に就任した際の学生で、道路工事などのラスキンの社会改良の実践活動に積極的に加わっていた。その仲間には、オスカー・ワイルド（一八五四－一九〇〇）やアーノルド・トインビーなどがいた。大学を卒業後、ロンドンのソーホーの教区牧師の宿泊所の仕事をするようになり、オクタヴィア・ヒルと知り合い、住宅改良運動に加わった。しかし、体を壊し、イングランド北西部の湖水地方のヴィンダダミア湖畔に休養の場を求め、その後、ケズウィックという小さな町で教区牧師となった。そこで美しい自然景観で知られる湖水地方の鉄道建設の反対運動に参加し、それを機に、湖水地方の自然保護運動に長年携わることとなった[57]。

ハンターがはじめてナショナル・トラストの構想を明らかにしたのは、設立の一一年前の一八八四年のことであった。急速な開発によって、国民が誇りにしてきた美しい自然や、歴史的環境が失われていく現実を前に、これらを守るべきだとするさまざまな運動が各地で起こり、多くの人々がハンターのアイディアに賛同し、一致団結し、構想を具現化しようと動きはじめた。社会改良家で都市内のオープン・スペースの保存運動を勢力的に行なっていたヒルが、その運動を後押しし、また、自然保護運動家としてローンズリーが頻繁に行なった講演会等の活動によって世間に広めていった。このようにして、三人の協力があって、十年余りの歳月をかけて、ナショナル・トラストは果実を結ぶことができた。設立時にまとめられた定款には、ナショナル・トラストの目的は以下のように記されていた。

景勝地もしくは史跡地の土地および保有財産（建造物を含む）を、国民の利益のために永久に保全することを進めること。そして、土地に関しては（実行可能な限り）、その自然的特徴、特質、動植物の生活を保存すること。そして、この目的のために、資産の個人的な所有者から史跡地ならびに景勝地を受け入れ、土地建物および他の獲得した資産を国民の利用と享受のために委託されて、保持していくこと。[58]

ハンターが目をつけたのは、歴史的遺産の所有権であった。これは一八八二年古記念物保護法の制定の際にも大問題となった点である。ハンターは、地主であった貴族と対抗するために、趣旨に賛同する人々から資金を集め、土地所有団体をつくろうとした。つまり、信託組合であるトラストをつくり、トラストが土地を含んだ歴史的遺産を所有することによって、保護していこうとした。トラストは決してヴォランティア団体にとどまらず、確固たる基盤をもった法人組織とする必要があると考えた。そして、一八九五年一月一二日、会社法にのっとって、法人組織としてナショナル・トラストが設立され、ハンターが初代会長に就任し、ローンズリーは事務局長となった。ヒルは役職に就くことを拒否したが、幹事会には毎回出席することを約束した。

設立年の一八九五年に、ヒルの友人のファニー・タルボット夫人から、中部ウェールズのカーディガン湾に面するディーナス・オライという崖地四・五エイカー（一・八ヘクタール）が、ナショナル・トラストに寄贈された。また、一八九六年には中世のハーフ・ティンバー建築であるイースト・サセックス州のアルフリストンの牧師館［図**5**−**8**］を、一〇ポンドで購入し、管理をはじめた。そして、設立から一一年経った一九〇六年八月の段階で、計二八件の物件を取得するに至った。[59] また、翌一九〇七年の段階では、計二九件の所有物件、所有地の合計一、九五〇エイカー（七八九ヘクタール）、会員数五五〇名、一般公開している建造物三棟、専属職員二名という状況であった。

購入時

現状

図**5-8**　アルフリストンの牧師館（イースト・サセックス州，1360年頃）
ナショナル・トラストの最初のプロパティ

さらに弁護士であったハンターは、このアイディアを法的に整備することに努め、一九〇七年には、「ナショナル・トラスト法」を成立させた。そこで「美しい、あるいは歴史的に重要な土地や建物を国民の利益のために永久に保存する」ことが宣言された。また、ナショナル・トラストは保存の対象となる資産を「譲渡不能」とする権限をもち、その宣言を受けた資産は、その後、売却されず、抵当の対象ともならず、国会の特別な議決がない限り、強制収用されることもないことが保証された。ナショナル・トラストは保有財産の管理と保護のために、規則制定権と入場料の微収権が与えられ、保有資産を公開し、その入場料を運営費にあてるという教育効果も、目的に含まれていた。

その直後の一九〇九年には、蔵相デイヴィッド・ロイド＝ジョージ（一八六三－一九四五）による人民予算が成立し、これによって貴族の所得税と相続税が増大された。そのため、貴族の財政は逼迫し、貴族のなかには、カントリー・ハウスを所有・管理することを負担と感じるものも少なくなかった。他方、このような状況下、カントリー・ハウスの保存のための法制度も整備されていった。一九一〇年の財政法の改正で、ナショナル・トラストのような公益団体への資産の譲渡または移転の際の印紙税が非課税となった。貴族の困窮は深刻であったようで、これら制度を利用し、カントリー・ハウス等の所有物をトラストに寄贈する貴族が増加していった。一九一三年、ハンターは没するが、その時までに取得した資産は、土地・建物を合せて六二カ所、会員は七〇〇人という規模であった。

その後、一九三一年の財政法の改正で、ナショナル・トラストへ寄贈、遺贈された保存対象資産については、その相続税も免除されるようになった。それまでは貴族が親の財産を相続する際、相続税が高額であったため、それを納めるために土地や邸宅を売り払わなければならないことが多く、そのため資産が散財することもしばしばあったが、財産をトラストに寄付することによって、相続税を支払う必要がなくなり、(60)土地・建物はそのまま残すことができるようになった。また、寄贈者の子孫は、一部を公開することを条件として、ナショナル・トラストのテナントとして、代々、そこに住み続けることができるようになった。そのため、貴族にとっては、邸宅をトラストに寄贈したとはいっても、その後もそこに住み続けることができるため、所有権こそトラストに移管されるが、日常の生活はさほど変化がなく、ナショナル・トラストにカントリー・ハウスを寄贈することに、違和感がなくなっていった。

その後、一九三七年、ナショナル・トラスト法そのものも改正され、ナショナル・トラストの権限は拡大し、建築学的、美術的に重要とみなされる建造物やその周辺環境を保護することが、目的に加えられた。資産の公開も目的に加えられ、カントリー・ハウスをはじめとする多くの歴史的建造物が、ナショナル・トラストの管理下に入った。また、建物に付属する土地、農耕地、森林、建物内の家具や絵画、その組織までをもそのまま引き継ぐことができるようになり、維持・管理のために、資産を取得する権限までもが認められた。これにより、カントリー・ハウスに付属する庭園や農地の管理をしていた労働者も、そっくりそのままナショナル・トラストの従業員となり、カントリー・ハウスの諸々の仕事についていた人々の生活も守られた。また、この改正で、保存誓約の制度が導入され、ナショナル・トラストとの間で、保存に関する取り決めを交わすことによって、相続税の減免の特権が与えられることになった。これにより、ナショナル・トラストに寄贈した際のように公開しなくとも、そのままの状態を保つことも可能となり、保存される土地建物の規模も拡大された。それに加え、トラストの所有物件の周囲が乱開発されることを防ぐことができるようになった。

法制度も状況に合せて徐々に整備されていき、多くの歴史的建造物が、ナショナル・トラストに寄贈されていった。そして、これら歴史的遺産は、小分けにされて売買されたり、壊される恐れが減り、一般大衆に公開されるようになった。

このようにして、ナショナル・トラストは、貴族の邸宅であるカントリー・ハウス等の保存に対して、最も有効な手段となった。

7　ローカル・アメニティ・ソサイアティの活動

英国各地で、地味ながらも、地道な活動を続けてきたローカル・アメニティ・ソサイアティ等の存在も見逃すわけにはいかない。これら団体は、現在でも積極的に活動を続けているものが多く、これまでの歴史的建造物の保存において果たしてきた役割に関して、それぞれ言及していきたい。

SPABは中世の教会堂建築を中心としたモニュメントの保存のための組織、また、ナショナル・トラストは貴族の邸宅と自然環境の保存のための組織であったと言い換えることができる。それ以外に、歴史的資産を残し、それを利用したまちづくりといった観点から重要な団体が、「シヴィック・トラスト」[61]である。シヴィック・トラストもまた、産業界からの寄付金によって設立された民間の慈善団体（チャリティ団体）であるが、その設立は一九五七年と、SPABやナショナル・トラストに比べて、半世紀以上も後のことである。

しかし、シヴィック・トラストは、各地のローカル・アメニティ・ソサイアティの活動を後押しし、全国的な運動にするために設立された団体であって、その活動の原点であるひとつひとつのローカル・アメニティ・ソサイアティの諸活動は、一九世紀にすでにはじまっていた。

ローカル・アメニティ・ソサイアティとは、特定の団体を指すのではなく、各地に設立された環境保全のためのヴォランティア団体の総称で、市民運動の原動力となった組織であり、単に「アメニティ・ソサイアティ」または「アメニティ・グループ」と呼ばれることもある。英国の市民運動は、中世までさかのぼることができるというが、自然や環境の保存を目的としたローカル・アメニティ・ソサイアティは、一九世紀半ばに起こり、二〇世紀初頭から急速に数が増えていった。その背景には、当然、産業革命によって大きく変化した社会構造や、目先の利益のみに夢中になった開発ラッシュによって、それまで培ってきたものが失われる危機に直面していた事実があった。

最古のアメニティ・ソサイアティは、「シド・ヴェイル協会」(「シドマス改善委員会」から改称)といわれ、一八四六年に設立されている。シド・ヴェイル協会は、シドマスというイングランド南西部のドーセット州にある小さな町の市民団体で、自分たちの町の住宅地を改善し、「シド・ヴェイル」と呼ばれる自然豊かな丘陵地に遊歩道を整備しようという目的で設立された。設立時にはわずか二七名の構成メンバーであったが、募金を集めて木造橋を架け替えたり、丘陵地の保存運動などを続けてきた。昨今でも大型スーパー・マーケットの建設を阻止するなど、大きな実績をあげ、二〇〇五年現在、会員数が二、〇〇〇人を超す団体となっている。[62]

また、ナショナル・トラストの創始者であったロバート・ハンターが顧問弁護士を務めていたコモン保存協会も初期のアメニティ・ソサイアティのひとつであり、一八六五年の設立である。

これらアメニティ・ソサイアティの活動は、産業革命の弊害としての環境破壊に対して起こった市民運動である。自分たちの住む町のことは、自分たちで解決しようという考え方から、地域清掃や街路樹の手入れなどのごく身近なことから、自然保護まで幅広く、各地で活動を行なってきた。その活動内容も、構成メンバーの数もさまざまである。また、郷土史研究の愛好会から発展したものや、道路や工場の建設に反対した市民団体から発展したもの、ある建物の保存運動がきっかけとなってできたものなど、設立の背景もさまざまであるが、これら経緯には関係なく、地域のアメニティの保護を目的とした団体は、すべてローカル・アメニティ・ソサイアティに分類される。一九世紀末頃から、このような動きが各地で生じはじめ、二〇世紀に入ってから活発な動きとなっていった。

やがて、これらのなかには、地方ばかりの動きではなく、全国的な運動に展開するものも登場してくる。「自然保護地設置促進協会[63]（のちに「王立自然保存協会」と改名）」（一九一二年設立）は初期の例のひとつであり、第一次世界大戦後には、「古記念物協会[64]」（一九二四年設立）、「イングランド田園保護協議会[65]」（一九二六年設立）、「散策者協会[66]」（一九三五年設立）、「ジョージアン・グループ[67]」（一九三七年設立）などが設立されている。

8　建築保存の国際化

歴史的建造物の保存の必要性が、最初に国際的視野で取り上げられたのは、一九〇四年にマドリッドで開かれた第六回国際建築家会議においてである。ここで話題となったのは、建築の「保存」および「修理」に関してであり、実際にこの問題に直面していた建築家が、建築家の立場から、議論を交わした。この会議で採択された「古記念物の保存および修復に関する宣言（「マドリッド宣言」）では、記念物（モニュメント）を、過去の文化に属し、過去のものとして役立つ「死せる記念物」と、当初の用途がそのまま生き続けている「生ける記念物」に分け、「死せる記念物」は廃墟となるのを防ぐための措置、すなわち「保存」する必要があり、「生ける記念物」は建物が使用され続けることができるように「修復」されるべきであるとした。「死せる記念物」の保存は、〝凍結保存〟とか〝博物館的保存〟と呼ばれ、その後、批判を受け、このような考え方は葬り去られる。これら分類は、現在では時代遅れの発想であるが、その影響力は大きかった。

マドリッド宣言の全内容は、以下の通りである[68]。

（1）記念物は次のふたつに分類できる。

①「死せる記念物」―過去の文化に属し、過去のものとしてのみ役立つもの

②「生ける記念物」―当初の用途がそのまま生き続けている記念物

（2）死せる記念物の場合

その重要性は歴史的技法的価値にあり、その記念物が失われればその価値は消える。したがって、廃墟となるのを防ぐための手段のみが講じられるべきで

ある。

(3)生ける記念物の場合

建築的な用途がその美しさの基盤のひとつとなっており、建物が使用され続けられるように、修復されるべきである。

(4)この修復は、記念物の当初の様式の影響下に行なわれるべきである。そこでは様式的な統一が重視されるべきであり、幾何学的形態は完全に再現されるべきである。全体の様式と異なる様式でつくられた部分も、記念物の美的平衡を破らず、また内在的特質をもつものである場合は、尊重されるべきである。

(5)こうした保存・修復は、監督官庁から許可を得た建築家、すなわち資格をもった者によって扱われるべきである。

(6)歴史的・芸術的記念物の保存団体が、各国につくられるべきであり、それらは国や地方の文化財の一般的調査の蓄積を行なうべきである。

次の国際的会議は、国際博物館事務局[69]の提唱によって一九三一年にアテネで開催された[70]。この会議の主要テーマは、ギリシア・ローマの遺跡をどのように保護していくかということで、エーゲ海をクルージングしながら会議が進められたことは有名な話である。この会議において、「アテネ憲章[71]」が採択された。アテネ憲章は、歴史的記念物の修復に関する七つの議決と一般的な合意事項からなっていた[72]。

(1)実施および諮問段階での国際的修復機関を創設すべきである。

(2)提案された修復計画には、建造物の性格や歴史的価値を損なう原因となるような誤りを防ぐため、知性ある批判を必要とする。

(3)史跡地保存の問題点は、各国とも国内的で、法規によって解決すべきである。

(4)当面の修復を必要としない発掘地は、保護のために埋め戻さなければならない。

(5)近代的な技術や材料を、修復作業に使用してもよい。

(6)歴史的な土地には、厳格な管理による保護を行なうべきである。

(7)史跡地周辺地域の保護にも配慮しなければならない。

また、決議には加えられなかったが、一般的な合意事項としては、記念物をそのままの状態で恒久的に維持していくことが大原則であり、全面的修理はできるだけ避けるべきであり、修復する際は、過去のどの時代の様式も除外するべきでないとしたことと、建物の歴史的・芸術的性格を尊重し、修理し、使用すべきであるとしたことがあげられる。これはその後、長く続く、ヨーロッパにおける歴史的建造物の保存の原則となった。また、それ以外に、各国の法規的な方策に関しても、さまざまな意見が示された。そのなかで注目に値するのは、その後、英国でも問題になった「私的所有権に対する地域社会のある程度の権利を承認する」という一般原則を、満場一致で是認している点である。歴史的建造物を法律によって保存するにあたり、個人の権利との調整の難しさが、各国で問題となっていたことがわかる。しかし、世論は、歴史的または文化的価値を優先させるべきという方向に、わずかながらシフトしていったのも明らかである。(73)

第三部　近代都市計画および建築保存制度の歩み

6章 近代都市計画の経緯

1 一九〇九年住宅・都市計画諸法の成立

住宅関連法が整備され、さまざまな施策が実施されたにもかかわらず、都市内の労働者階級の居住環境は、一向に改善されなかった。スラム・クリアランスという大改良事業が行なわれ、不良住宅の発生を防ぐために個々の規制が制定されたが、それらには限界があった。次第に、都市を健全に保つためにはこれだけでは足りず、都市構造および住宅地そのものを改善しなければならないという考え方が生じ、都市内の住環境を集団的に整備しはじめた。そして、土地利用、建築物の規制など、都市計画的な面が強調されるようになった。

一九〇九年には、一八九〇年の労働者階級住宅法を改正して、「一九〇九年住宅・都市計画諸法」が制定された。[1] ここではじめて、「都市計画（Town Planning）」という言葉が法律に組み込まれた。この法律によって、土地の利用開発を計画的に推し進めるために「都市計画スキーム」[2]の作成が開始され、民間開発を規制する制度が導入された。これは主として、中産階級による郊外の開発に関する規制で、「適切な衛生状態」「アメニティ」「利便性」を確保することが目標とされた。

つまり、既成市街地の問題は、公衆衛生法ならびに住宅法で取り締まり、都市計画法では徐々に出現しつつあった新興郊外住宅地の計画を規制しようというねらいがあった。また、ここで導入されたアメニティの概念は、衛生、保健、安全といった生命・財産に直接影響を与えるものばかりでなく、質の問題も含んでおり、視覚的に有害なものや、その土地に相応しくない用途の建築も規制の対象となった。これは、法律の目的が、それまでの環境改善のための「最低限」の確保という目標から、よりよい生活を目指すものに変化したととらえることができる。

同時に、この頃、都市計画に関するさまざまな新しい動きが起こった。一九〇九年にはリヴァプール大学に都市設計学科が設立され、一九一三年には「都市計画協会[3]」が創設されている。都市計画協会の設立には、王立英国建築家協会（RIBA）が密接に関与していた。一九一〇年にRIBAが都市計画会議の開催を提唱したのをきっかけとして、その後、独立した委員会（都市計画委員会）が設立され、さらに独立した組織に成長していった。RIBAの都市計画委員会が最も熱心に取り組んだのは、交通網の整備であったが、土地利用に関しても、当時はまだ新しい発想であったゾーニングを行なうことを推奨している。具体的には、鉄道、水路、埠頭に近接する場所は工業用地にあて、高台や南斜面といった衛生上すぐれた場所は住宅地にすべしという大原則を打ち出し、この発想はその後の都市計画の基本方針を定めるものとなった。

2　第一次世界大戦後の住宅・都市問題

第一次世界大戦後は、国内産業が復興・拡大し、都市人口がますます増大した。住宅不足が深刻となったと同時に、生活水準向上の欲求も高まっていった。その結果、借家の家賃は高騰し、家賃ストライキが頻繁に発生した[4]。政府は社会政策として、一九一五年に家賃を制限する法律「家賃および住宅金利増加（闘争制限）法」（しばしば「家賃制限法」と訳される）を制定し、労働者向け住宅の家賃を抑えようとした[5]。しかし、第一次世界大戦が原因して建設コストが上昇したことによって、民間借家の収益性は著しく脅かされ、新たな住宅供給に障害を引き起こす結果となった。同時に、海外投資、株式投資の普及により、民間借家は投資先として、魅力がないものになっていった。その結果、民間借家は急速に減少し、ますます住宅が不足する結果となった。そして、公共団体による住宅供給が必要となった。このようにして、労働者のための住宅供給は行政の役割となり、住宅問題は政治と密接な関係をもつようになった。そのため、この一九一五年制定のいわゆる家賃制限法が、その後の英国の住宅政策を大きく変貌させる転換点となったとみなすことができる。

当時の自由党と保守党の二大政党間の争点は、住宅市場への国家介入というよりはむしろ土地問題にあった。自由党は、民間住宅の低コスト化のため地価の引き下げを、保守党は民間住宅市場を活性化するために不動産税の軽減を主張していた。しかし、家賃制限法のため民間借家市場が崩壊し、ただでさえ住宅が不足していたことに加え、戦地からの復員兵士が都市内に住まいを求めたため、住宅不足はより深刻となり、政府はそれを一時的に乗り切ることが、緊急の課題となった。

一九一九年、ロイド＝ジョージ連立内閣[6]は、住宅・都市計画諸法を改正し、「一九一九年住宅・都市計画諸法」（アディソン法）[7]を制定した[8]。ここで、住宅補助制度がはじめて導入され、国家による住宅建設補助が、本格的に開始された。つまり、それまでは地方自治体がみずから費用を負担し、労働者住宅を建設していたが、一九一九年住宅・都市計画諸法の導入によって、労働者住宅の建設に国庫補助金が支給されるようになった。その際、地方自治体には、住宅需要を調査することと、労働者階級への住宅供給計画の策定が義務づけられた。政府は、「英雄たちに住む家を」をスローガンに、公共住宅の大量建設の方針を打ち出した。そして、五年間で五〇万戸の公営住宅建設を目標とした。これは公共セクターを中軸としたものであり、民間セクターは補助的な立場に置かれることとなった。このようにして、中央政府による住宅市場への大規模な介入が開始された。

一方で、人口二万人以上の自治体には「都市計画スキーム」の作成が義務づけられる（一九三二年法で解除）など[9]、なお一層の土地利用計画規制が要求された。また、中央政府の「命令（order）」の制定権と、それに基づく「許可（permission）」の概念が、はじめて登場したことも注目に値する。

一九一九年住宅・都市計画諸法による手厚い国庫補助は、政府の巨大な財政支出につながり、一九二〇年頃からの不況も影響し、この施策に対する風当たりが強まっていった。一九二二年に政権を奪回した保守党政権は、一九二三年に住宅法（「一九二三年住宅諸法（チェンバレン法）」[10]）を改正し、補助金を大幅に引き下げ、民間建築業者への補助金を中心にしたものへと変更した[11]。しかし、翌一九二四年に労働党が政権をとると、再び住宅法改正（「一九二四年住宅（財政補助）法（ホイットリー法）」[12]）を実施し、公営住宅供給を強化した。このように、数年間のうちに住宅政策がめまぐるしく変化することになった。一九二四年内に政権は再び保守党に移るが、その後は、住宅政策には大きな変更はなく、公営住宅の建設が推進されることになる[13]。

一九二五年には住宅・都市計画諸法が、住宅法と都市計画法とに分離し、それぞれ統合法の「住宅法」と「都市計画法」が制定された。その後も、住宅法は改正を繰り返し、地方庁の小住宅建設を義務づけ、住宅や土地を強制買収する権限や保障に関する規定などを強化していった。そのなかで特筆すべきものは、一九三〇年住宅法（グリーンウッド法）[14]である。一九二九年に労働党が政権に返り咲いており、これもまた、労働党政権の政策の一部であった。一九三〇年法で、「改良地域」を指定するとともに、五年間の「スラム・クリアランス・プログラム」を導入し、地方自治体にスラム・クリアランスと再居住の方策を義務づけた。しかし、一九三一年に保守党が政権に就いたことで、一九三三年に同法は廃止され、新たに一九三五年住宅法を制定して、「再開発地域」の新制度を導入した。同時に、公営住宅の建設は、郊外の住宅地開発から、都市中心部の再開発へと切り替えられた。その背景には、民間企業による郊外の住宅地開発がさかんになるという、いわゆる「持ち家ブーム」があった。

一九三〇年代には、住宅建設がさかんになり、中産階級ばかりでなく、労働者階級のなかにも、みずからの住宅を購入しようとする持ち家志向が高まっていった。これを「持ち家ブーム」と呼んでいる。このブームを支えたのは、民間のディヴェロッパーの存在であった。当時、郊外の土地価格は、ほとんどないに等しく、総建設費の一〇パーセント未満、ほとんどの場合は五パーセント程度であった。これに目をつけたのが野心的なディヴェロッパーであり、安価な郊外の土地を大量に買い取り、大量の住宅を供給した。ロンドン近郊で大規模な住宅地開発を展開したニュー・アイディアル・ホームステッド社は、週当たり一〇〇戸のペースで住宅を供給していたという。同社は、一九三二年から翌一九三三年にかけて、ロンドン南東部のベクスリー地区を中心に住宅地開発を続け、ハースト・ロード分譲住宅地（一九三二―三三年）とアルバニー・パーク分譲住宅地（一九三二―三三年）に一、二〇〇戸、ファルコンウッド分譲住宅地（一九三二―三三年）に二、三〇〇戸の住戸を建設し、鉄道路線をも誘致している[15]。こうして低コストの小規模な住宅が多数建設され、より多くの人々が住宅を所有するようになった。

これら小規模な住宅の構成はというと、ほとんどがセミ・デタッチド・ハウス[16]で、床面積が最小でも七五平方メートル程度、平均は九〇〜一一〇平方メートル程度であった。これでも、わが国の平均的なマンションよりも二〜三割広い計算となる。正面玄関を入ると、階段と廊下があり、廊下の先がリヴィング、ダイニング、キッチン、浴室といったパブリックな空間、二階には二つないし三つの寝室があるのが一般的であった。建物は道路から引き込んで建てられ、その前には小さな庭が、また、敷地の横に余裕がない場合は駐車スペースがここに設けられることが多い。この庭は、道路と室内との緩衝体の役割を果たしている。

持ち家ブームによって、大都市は、外へ外へと拡大していった。また、大量の住宅を短期間で、しかも安価で供給するために、建築の規格化が進み、一様なデザインの住宅が増加した。また、安価な輸入資材も積極的に使用したため、それまでの英国にはなかったようなタイプの住宅も出現するなど、住宅の質も大きく変化していった。このようにして、第一次世界大戦と第二次世界大戦というふたつの戦争の間に、ロンドンを中心とした大都市に、多数の住宅が建設されていった。ちなみに、現在、ロンドンに建っている住宅の七割は、第二次世界大戦以前に建設されたものである。[17]

他方、都市計画に関しては、一九二九年の「地方政府法」によって、バラやディストリクト（わが国の市町村に相当する）に代わって、カウンティ・カウンシル（わが国の県に相当する）が都市計画業務を担当するようになり[18]、広域の都市計画が実施されるようになった。[19] 一九三二年には、「都市計画法」が「都市・農村計画法」と名称を変更して、制定された。[20] これは田園地帯の乱開発が問題となったための法改正であり、それを解決するために、それまで既成市街地に限られていた計画対象地域が、自治体内のすべての地域に拡大された。[21] ただし、一九三二年都市・農村計画法によって実施される都市計画事業は、その準備から決定まで、最短でも約三年は要するという複雑な手続きを踏まなければならなかった。また、最終的な許可は国会を通過しなければ下りず、これは計画を変更する場合も、部分的に修正する場合も同様であった。そのため、都市計画には時間がかかり過ぎるという問題が起こった。そこで、一九三三年都市・農村計画（一般暫定開発）令により、都市計画の決議から実際に国会で承認されるまでの間に適用される「暫定開発規制」の制度が導入された。これにより、強制ではなかったが、開発者に「計画許可」を受けさせることが慣例となった。つまり、暫定開発規制とは、もし開発者が計画許可を受けずに開発を行なった場合や、その開発がその後施行された都市計画と適合しなかった場合には、計画庁は所有者に対し、補償することなく、その開発を除去または変更することを要求できるという制度であった。しかし、実際には、開発側は建ててしまった建物を地方自治体が強引に取り壊すことはないだろうと高を括り、地方計画庁が干渉する前に、環境の破壊を行なってしまうことも少なくなかった。(22)

これら一九三二年都市・農村計画法の規制は、基本的にゾーニングによる規制であった。土地は、住居地域、工業地域等に区分され、建物の数や建物の周囲に空地を設けることなどの制限が加えられた。しかし、このゾーニングは、極めて大雑把で、計画的な土地利用を促進するというよりはむしろ、特定地域での規制程度の効果しかなかった。

その後、田園地域の保存のため、工場の立地の規制と田園都市の建設の必要性が唱えられた。また、幹線道路沿いの無秩序な開発を規制する「沿道開発規制法」(23)（一九三五年）が制定され、道路の機能確保といった交通問題も都市計画の一部として扱われるようになった。さらに、グリーン・ベルト（環状緑地帯）の概念をはじめて法制化した「グリーン・ベルト（ロンドンおよびホーム・カウンティ）法」（一九三八年）も制定されている。また、一九三六年には、「公衆衛生法」が改正され、市民の健康を害する公害に関する規制が組み込まれたことも特筆に値する。(24)

3　戦後の都市計画政策への指針

一九三〇年代になっても、ロンドンへの人口集中の傾向はやまず、ロンドンはますます拡大していった。そして、その対応策を検討するために、一九三七年、当時、保守党内閣の首相であったネヴィル・チェンバレン（一八六九―一九四〇）は、「人口の再配置に関する王立委員会」を設置した。この委員会は「バーロウ委員会」(25)としてよく知られている。バーロウ委員会への諮問事項は、「英国の産業および人口の最近の地理的な分散に影響を与えている原因ならびに将来の産業分散に起こり得るべき変化の方向を調査すること。大都市または国土の一定の地域に産業または人口が集中することにより、いかなる社会的、経済的または軍事的不利益が生ずるかを考察すること。および、もし国の利益のために何らかの手段が講ぜられる必要があるならば、いかなる政策がとられるべきかを報告すること」(26)というものであった。バーロウ委員会は、早速、調査を開始した。しかし、国内状況は大きく変化しつつあり、第二次世界大戦に突入していった。そのため、軍事産業促進が優先され、雇用も増加するなど、状況が目覚しく変化し、バーロウ委員会は、報告書の刊行を予定より遅らせることになった。

英国にとっての第二次世界大戦は、一九三九年九月、ドイツ軍のポーランド侵入を機に、ドイツに宣戦布告をしたことではじまった。しばらくの間は、具体的な行動には出ではいなかったが、翌一九四〇年四月一〇日に、ノルウェイの鉄鉱石のドイツへの海上輸送を妨げようとして、兵を挙げた。しかし、ドイツ軍の優位で撤退する。ドイツ軍がオランダ、ベルギー、フランスへ侵略をはじめた際も、遠征軍を送るが、戦況は思わしくなく、またもや撤退するといった具合だった。政府は軍事増強の必要性を痛感するようになり、国内の諸問題への対応は、後回しにされるようになった。こうしているうちに、六月一〇日にはイタリアがドイツを支援して参戦した。六月二一日にフランスが降伏し、英国は孤立したが、アメリカなど各国から軍隊が結集し、戦争は世界的規模に広がり、ますます本格的になっていった。

戦時下にありながらも、バーロウ委員会は、一九四〇年に「バーロウ報告」と呼ばれる報告書『人口の再配置に関する王立委員会報告』をまとめ、都市計画上の変革の必要性をうたった。バーロウ報告は全二六巻からなる膨大なもので、ロンドンをはじめとする大都市の過密と地方の工業地帯の衰退の原因を探り、その改善策を提案しようとするものであった。報告書では、その原因を、大都市への人口流入と、衰退したかつての工業地帯（「衰退地域」と呼ぶ）からの人口流失とのふたつにあると分析したうえで、両者を同時に解決する必要があるとした。そして、それを解決するためには、地域単位で施策を講じるのでは埒が明かず、既存の機関とは別の大きな権限をもった新しい中央機関を設置する必要があり、国の介入によって、過密市街地の再開発を行ない、全国規模で産業と人口の分散もしくは移転を促し、全国各地域に産業をバランスよく配置する必要があるとした。また、都市を適切な計画に基づいて、積極的に拡大開発すべきであるともした。その際、グリーン・ベルトを指定し、スプロールを食い止め、また、周辺の田園地帯を保護するために国立公園を設置すべきであるとの提案を行なっている[27]。そして、田園都市、衛星都市、工業団地の開発が、問題解決のために有効な手段であると結論づけた。

この報告書に盛り込まれた主要な政策上の提案のうち、いくつかの提案が、実際に戦後の政府によって採用されるなど、バーロウ報告は戦後の英国の都市計画政策を決定するうえで、重要な役割を演じることになった。特に、都市計画とは土地をさまざまな用途に配分する行為ととらえた点と、それを実行する際、土地を取得し、土地利用に対する補償の費用に関して考慮していた点は、都市計画行政上の大きな進歩であった。

しかし、この報告書は、委員すべての意見の一致をみた結果ではなかった。新しく設置する中央機関に関しては、意見が分かれ、結局、報告書には、保留意見をつけたまま多数意見が掲載された。それまで、都市計画の権限は、「一九一九年住宅・都市計画諸法」を受けて設置された厚生省[28]以外に、労働省、運輸省、特定地域委員会[29]等にも分散してあり、これらを統括する必要性には全委員とも同意したものの、新しい組織と既存の組織との関係、ならびに新しい組織にどの程度の権限を与えるべきかについては、意見が分かれた。多数意見は、厚生大臣、労働大臣、運輸大臣およびスコットランド担当大臣と協議の後、通産大臣によって任命される一名の議長と三名の委員から構成される「国家産業庁」を設立するというものであった。国家産業庁は、調査、勧告、宣伝活動を行なう他、ロンドン近郊では、ただちに対策を講ずる必要があるため、新・増築工事等の開発行為を規制する権限をもつとされ、この権限は、必要に応じて他の地域にも、適用の範囲が拡大できるとしていた。

これに対し、ロンドンおよびその周辺の問題を解決するためには、ロンドン以外の地域に、生活と労働のためのよりよい環境をつくり出し、ロンドンの集中性を弱める必要があるとする反対意見もあった。そのため、国家産業庁の権限はロンドン近郊ばかりでなく、国家全体に及ぶようにしなければならないという考え方であった。これは、地方に設けられた特定地域委員会の権限を国家産業庁に移すという案であり、国家産業庁は、国内産業の多様化をもたらす政策を実施するため、各種の助成措置を講ずることができるより強大な権力をもつ中央機関となり、その下に、実際の実務を行なう地方支部局を設けるべきだとしていた。この意見は、結局、保留意見とされた。

他にも、少数意見があった。パトリック・アバークロンビー（一八七九－一九五七）らは、戦争突入による軍備強化のために、予期せぬ工場建設ラッシュが起こるなど、事態は急を要しており、他省庁に干渉を受けず、実行的権限を有した新たな省を設置する必要があるとした。この意見には、さらに過激な内容が含まれており、新たな中央機関は、厚生省からは都市計画の権限と住宅行政の一部の権限を引き継ぐとともに、運輸省、労働省からも計画に関する権限を移管し、さらに特定地域委員会長官が有していた権限もすべて引き継ぐべきであるというものであった。このような意見を主張した者たちは、結局、報告書に署名さえしなかった。(30)

バーロウ報告を受けて、中央政府の都市計画を担当する部局の改組が実施された。これは、都市・農村計画の概念が拡大されていく状況では、必然的なことであった。それまで官庁建築の新・増築を行なっていた「公共事業庁」は、一九四〇年九月に名称を「公共事業・建築省」と改めるとともに、「建築工事の適切な調整、政府建築物に関する計画の実施、建築材料の規制、建築物の調査および材料の保存」を所轄業務とした。また、一九四二年には「公共事業・建築省」は「公共事業・計画省」と改名し、都市計画関連の業務がすべて、厚生省から移管された。さらに、翌一九四三年には、「公共事業省」と「都市・農村計画省」とに分離され、都市計画関係の業務は後者が担当することになった。(31) しかし、都市・農村計画省が絶対的な権力をもって都市計画行政を行なうのではなく、随時、各省庁が協力し、調整を行ないながら、業務を進めることになった。(32)

バーロウ報告が提出された直後、その後の都市計画にとって重要な提案が続いて発表されている。(33) その際、大きな役割を果たしたのが、戦時中のチャーチル内閣で公共事業・建築大臣を努めたジョン・リース(34)(一八八九—一九七一)であった。リースは、バーロウ報告に強い影響を受けており、強大な権限をもつ中央組織によって、全国的な都市計画を行なっていこうとする運動を繰り広げた。リースは、一九四一年に公共事業・建築大臣に就任すると、その翌年の一九四二年に、「補償および開発利益に関する専門委員会」(「アスワット委員会」(35))として知られる)と「田園地域の土地利用に関する委員会」(「スコット委員会」(36)」として知られる)というふたつの重要な委員会を召集した。

「アスワット委員会」は、報告書『補償および開発利益に関する専門委員会・最終報告』(「アスワット報告」として知られる)をまとめ、開発によって価値が損失した土地に対する「補償(compensation)」と、開発によって利益を得たものから徴収する「開発利益(betterment)」に関する提言を行なった。その内容は、開発にともなう土地の価値の変化を算定するのは、技術的にほとんど不可能であり、開発での利益と損失という利害対立が存在する土地所有制度自体を是正する必要があり、単一の所有者のなかで、土地に関する浮動価値が動くことが必要だというものであった。これは理論的に、土地国有化につながるが、アスワット委員会は、莫大な財政支出となく、国の管理機構の必要性から反対し、土地自体の国有化ではなく、土地におけるすべての開発権を国有化すべきであると主張した。つまり、国が未開発地の開発権を購入し、開発を一時的に凍結し、新たに開発をしようとする者には、有償で開発権を賃貸しようとするものであった。また、既に開発が行なわれている土地では、自然な状態において土地に生ずる価値の年間増加分を定期的な課税によって吸い上げ、既成市街地の改善にともなう財政負担を軽減するという案を打ち出した。

この提言は、労働党政権下でより実践的に修正されて、「一九四七年都市・農村計画法」で実施された。これにより、いかなる開発も地方計画庁の許可がなければできないことになり、許可が拒否された場合でも、いっさい補償は行なわれないことになった。その代償として、この法案が施行される段階で、総額三億ポンドの基金が用意され、自分の土地が開発価値を有していると主張し、認められたものに対して、支払われることになった。

他方、計画が許可され、それに基づき地価が上昇した際には、その上昇分は「開発負担金（development charge）」として徴収されることになった。しかし、一九五一年に保守党に政権が移ると、一九五三年に、この制度は撤廃されている。つまり、戦後の土地行政は、二大政党の政治的な駆引きの色合いが濃いものとなっていた。(37)

また、アスワット報告と同年の一九四二年に、田園地域の保存に関する委員会である「スコット委員会」も、報告書『田園地域の土地利用に関する委員会報告』（「スコット報告」として知られる）を作成し、地方における都市計画の方策を提言している。ここでは、農業の衰退に関して分析し、その原因を、農業人口の減退、農業効率の低下による生産量の伸び悩み、無計画に立地する工場の悪影響、自動車の発達による郊外地域への人口の流出などとみなし、農村のアメニティを確保するためには、農業の繁栄を取り戻すことこそが最良の解決策という結論を下している。そして、農業を近代化し、耕作面積を増大させることによって農村を活性化し、同時に、都市への人口集中を抑制しようと考えた。そのために、田園地帯の土地利用を、法律によって規制すべきであり、中央機関は、地方自治体に対し、土地利用のガイドとなるべく方針を立てる必要があるとした。そして、地方自治体は、天候、土壌、農業従事者の確保等を考慮に入れ、田園地帯の土地の利用をも定めた都市計画を決定する必要があり、その際、周辺の関係機関と十分に協力する必要があることを強調した。

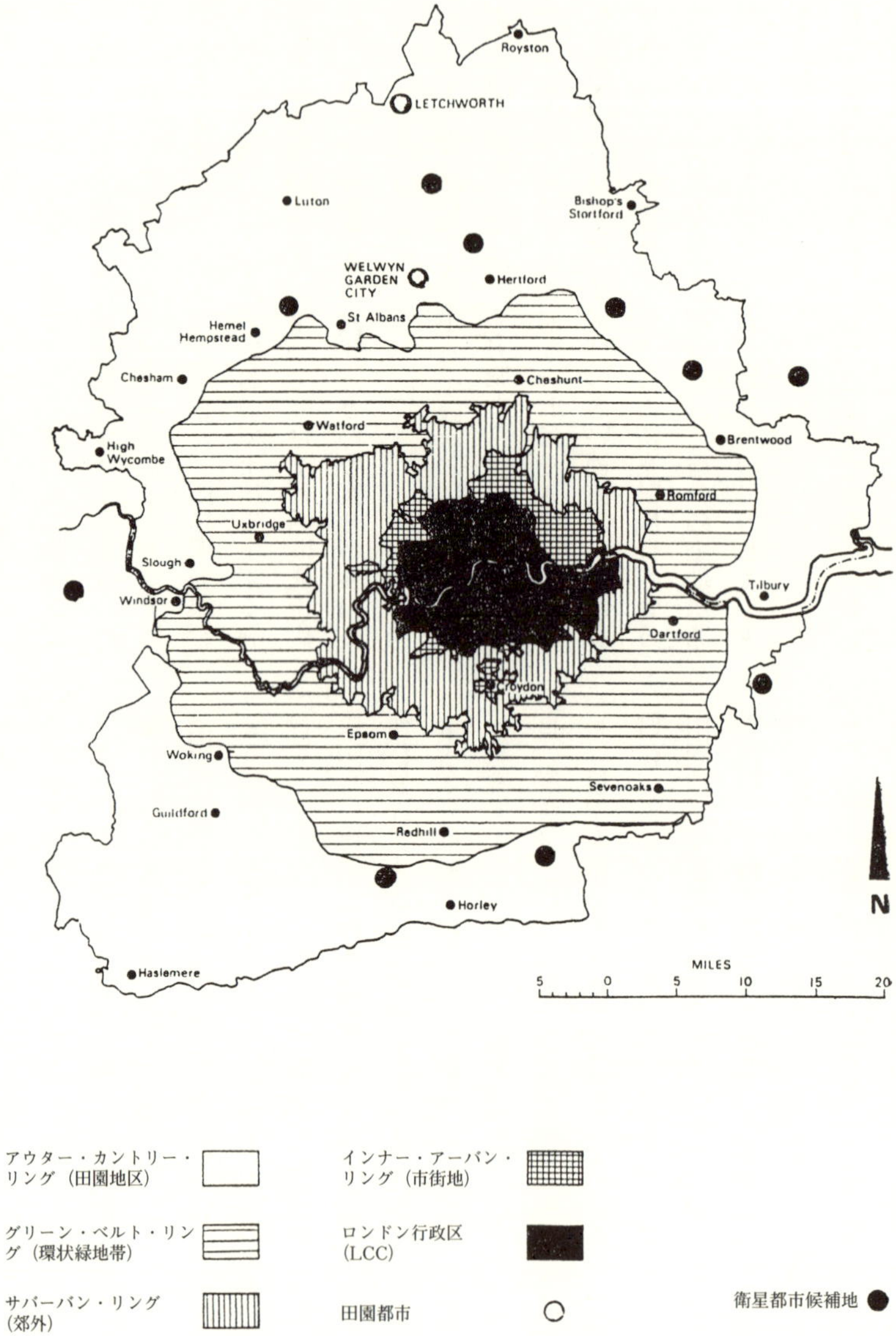
Royston
LETCHWORTH
Luton
Bishop's Stortford
WELWYN GARDEN CITY
Hertford
Hemel Hempstead
St Albans
Chesham
Cheshunt
Watford
Brentwood
High Wycombe
Romford
Uxbridge
Slough
Tilbury
Windsor
Dartford
Croydon
Epsom
Woking
Sevenoaks
Guildford
Redhill
Horley
Haslemere
N
MILES
5 0 5 10 15 20
アウター・カントリー・リング（田園地区）
インナー・アーバン・リング（市街地）
グリーン・ベルト・リング（環状緑地帯）
ロンドン行政区(LCC)
サバーバン・リング(郊外)
田園都市
衛星都市候補地

図**6-1**　「グレイター・ロンドン計画1944」

また、このような計画を実現するためには、都市計画を作成する権限を強化する必要があると結論づけた。

これらバーロウ報告、アスワット報告、スコット報告の三つのレポートは、戦後の英国の都市計画の方針を定めるうえで、大きな役割を果たした。これらの報告で、共通して見られる傾向は、都市計画は社会政策の一部として、広い視野で行なわれるべきで、部分的な小さな問題を解決すればよいものではないという考え方であり、戦後の労働党政権が目指す社会主義政策に合致したものであった。このような法制度の検討・改革・整備の努力にもかかわらず、これらはなかなか有効に機能せず、慢性化した住宅不足、住環境の悪化、都市周辺部への拡大などの問題を残していた。しかも、これら報告が発表された時期は、国外情勢が緊迫し、戦争が烈しくなった時期と重なり、国内における都市問題の改善は、後回しとされてしまった。

一九四二年、リースは「アスワット委員会」と「スコット委員会」を召集するとともに、ロンドン地区の都市計画に関する委員会も召集していた。委員長には、バーロウ報告で少数意見派であったパトリック・アバークロンビーが指名された。アバークロンビーは、それを受けて、「ロンドン・カウンティ計画」[38]（J・H・フォーショーと共同、一九四三年）と「グレイター・ロンドン計画一九四四」[39]（一九四四年）［図**6**－**1**］を発表した。[40]これらはロンドンの過密化を防ぎ、行政管区や近隣住区などの小単位によって、スプロールを防止しようとする計画であった。「ロンドン・カウンティ計画」では、交通渋滞、老朽家屋、オープン・スペースの不足と偏在、産業と住居の混在などの問題を解決するために、都市計画家（プランナー）は「コミュニティ」の再建を第一とすることが唱えられた。また、建築物の保存、建築的統一の必要性が述べられ、ストリート・ファニチャー、広告、街路樹等に関しても詳細に言及されていた。他方、「グレイター・ロンドン計画一九四四」は、より具体的で、スプロールを防ぐためにロンドンを「インナー・アーバン・リング（市街地）」「サバーバン・リング（郊外）」「グリーン・ベルト・リング（環状緑地帯）」「アウター・カントリー・リング（田園地区）」の四つのリング（地域）に区分し、グリーン・ベルトを緩衝帯として、その外側に衛星都市を配置しようとした。衛星都市の概念は、ハワードの「田園都市論」をもとにしたものである。また、グリーン・ベルトの概念も、すでに英国では実績があり、アバークロンビーの計画案は、これらを応用したものであった。

4 労働党政権による都市計画行政改革

一九四五年五月七日にドイツ軍が降伏し、ヨーロッパでの対独戦争は終結した。アジアでの対日戦争は、まだ一年以上は続くものと予想されていたが、この時点で英国にとっての第二次世界大戦が終結し、戦後復興に着手することができた。英国では、一九四〇年に戦争が本格的になってから、ほぼ五年間、戦乱の日々が続いていたことになる。

第二次世界大戦を指揮したのは、保守党の首相ウィンストン・チャーチルであり、参戦直後の一九四〇年五月、連立内閣を組織し、挙国一致体制のもと、この戦争に挑んでいた。しかし、戦争が終結すると、連立内閣の必要性はもはやなくなった。このような背景で迎えた一九四五年七月の総選挙では、戦争を勝利に導いたチャーチル率いる保守党が有利という下馬評ながら、結果は、産業の国有化、全国民加入制の社会保障と無料医療を掲げて総選挙に挑んだクレメント・アトリー（一八八三―一九六七）率いる労働党が大勝した。これは、英国国民が大国としての英国の地位より、平和と生活の安定、すなわち、社会福祉を望んだという証左であった。

第二次世界大戦中、英国の諸都市は、たびかさなる空襲を受け、壊滅状態にあった。二二万八、〇〇〇戸もの住宅が破壊され、二五万戸は管理が行き届かない状態にあったという(41)。戦争による損害は大小さまざまであったが、いずれの都市も、大規模な市街地の再開発を必要とする状態にあった。言い換えれば、これまで諸問題を抱え、不衛生な状況にあった都市を、再開発する絶好のチャンスでもあった。労働党政府は、これまでの都市問題の諸要因を、過去の政権がとってきた「自由放任主義」の結果とみなし、その過ちを繰り返さないようにと、戦後復興にともなう都市再建を、国家介入のもとに遂行することを決定し、都市計画に関する法整備を行ない、積極的な政策を実施していった。

その際、既存の都市の郊外に新たな開発地を計画する手法が展開されるようになった。ロンドンをはじめとする大都市は、さまざまな都市問題を抱えており、そのなかでも、人口過密によるスプロールの恐れが最も大きかった。それを解決するため、郊外に計画的に住宅地を建設し、ゆとりのある生活が可能な新天地をつくろうとした。これは住宅の郊外移転ということばかりでなく、産業も同時に郊外へ移すというものであった。ただし、これらは、それぞれ分離してである。英国における郊外移転の発想は、産業革命時にすでにあり、ロバート・オーウェンによるニュー・ラナークの建設が最初の試みであり、その後、エベニーザ・ハワードの「田園都市論」に発展していった。[42] 郊外移転は、いわば英国の伝統的手法であった。

戦後、アトリー労働党内閣は、バーロウ報告ならびにその方針を組み入れたアバークロンビーの計画案をもとに、最も戦災が著しかったロンドンの復興に着手した。[43] 同時に、都市計画関連の法整備を行なっていった。まずは、一九四五年に工場立地に関する規制を定めた「工業配置法」を制定し、工業の計画的な地方分散を積極的に進めた。[44] これは郊外の環境が、無計画な工場建設のために破壊されるのを防ぐ目的で定められたものであった。戦争中に武器製造のために多数の工場が各地で無計画に建てられ、郊外の環境が大きく損なわれたことを教訓とし、戦後の復興にあたっては、二度と同じ過ちを繰り返さないようしなければならないと、前もって策を講じたかたちとなった。

このことは、バーロウ報告やアスコット報告ですでに指摘されていたことでもあった。これによって、工業立地に関しては、すべて中央政府の責任となり、それを担当する部局は「通産省」と定められた。工場経営者は、施設を新設もしくは拡張する場合、届出の義務が生じ、さらに、一九四七年都市・農村計画法で、事前に「工業開発許可証」を得なければ、工場等の施設のいかなる建設もできなくなった。また、一九四五年工業配置法では、工業地帯を計画的に配置するために、工業用地として開発を促進する「開発地域」の制度が導入されている。[45]

翌一九四六年には、「ニュー・タウン法」が制定された。[46] ニュー・タウンの概念は、ハワードの「田園都市論」をもとにしたものであるが、それを民間投資によって建設するのではなく、公的補助のもとに行なおうとしたのが、「ニュー・タウン」政策であった。ニュー・タウン政策に、最も熱心だったのが「アスワット委員会」と「スコット委員会」を召集したチャーチル連立内閣の公共事業・建築大臣ジョン・リースであった。一九四五年七月にアトリー労働党内閣が成立すると、都市・農村計画大臣にはルイス・シルキン（一八八九—一九七二）が就任するが、シルキンは就任直後の一〇月に「ニュー・タウン委員会（一九四五年一〇月設立）」（「リース委員会」と呼ばれる）を任命し、野党のリースを委員長に指名し、ニュー・タウン政策の骨子をつくるよう指示した。このニュー・タウン委員会には、ハワードとともにレッチワースの建設に貢献したフレデリック・オズボーン（一八八五—

一九七八）や、企業都市ブーンヴィルの経営に携わっていたロレンス・キャドベリー[47]（一八八九—一九八二）等が含まれていた。彼らの経験に基づいた助言によって、リースはハワードの田園都市論をより現実的なものとした「ニュー・タウン法」を練り上げた。

ニュー・タウン法によるニュー・タウンの建設は、民間ではなく、地方自治体でもなく、政府が指名した独立した組織である「ニュー・タウン開発公社」の手によって行なわれることになった。それには、都市計画行政の管轄省庁の問題も一気に解決しようとする意図があった。すなわち、ニュー・タウン政策の背景には、新規産業の配置と人口の分散は互いに密接に関係しているにもかかわらず、前者は「通産省」が管轄し、後者は「都市・農村計画省」の管轄にあり、さまざまな矛盾があったが、新たな組織の「ニュー・タウン開発公社」を設けることで、その縦割行政の欠点を補おうとするねらいがあった。そして、ニュー・タウン開発公社には、国の承認の不必要な開発計画の策定権や土地の強制収用権などの広範な権限をもたせた。本来、英国の地区開発は、地方自治体が中心となって行なうものであるが、ニュー・タウン政策は、これら既成の手法では解決できない問題に、中央官庁が直接介入して、実施しようとするものであった。そのため、法律としても、ニュー・タウン法は都市・農村計画法の一部ではなく、独立したものとして制定された。ニュー・タウン政策は、労働党政権の国家政策の一部となり、その後の英国の住宅地開発に大きな影響を及ぼすことになった。

一九四七年には、「都市・農村計画法」が改正された[48]。そして、「工業配置法」と「ニュー・タウン法」とともに、これら三法がセットとなって、戦後の都市問題に取り組むようになった。一九四七年都市農村計画法は、都市計画のシステムを急進的に形成しようとしたものといわれるほど過激な内容を含むものであった[49]。第一に、都市計画を全国のカウンティ、カウンティ・バラ・カウンシルの業務として位置づけ（カウンティ・カウンシルが地方計画庁となった）[50]、「都市計画スキーム」に代わって、開発の方針を示す「ディヴェロプメント・プラン」[51]の策定を義務づけた。そして、それに基づき開発を規制するために許可制をとるという新制度を導入した。また、アスワット報告の提言を取り入れ、開発利益の公共還元のために土地の開発価値の国有化をはかり、自治体がみずから開発事業を執行できるようにし、その適用は「中央土地局」に委ねられ、土地の開発権はすべて国に移譲された。また、地方計画庁は強制収用を含む土地の収用が可能となり、同時に、開発による損失の補償、開発負担金等に関して規定が定められた。

このようにして、地方計画庁が中心となり、総合的に都市の発展を計画していく制度ができあがった。

また、荒廃地の再開発に関する規定が加わったことも特徴的である。地方計画庁は、戦災地や荒廃地などで再開発すべき地域を「総合開発地域」に定め、その地域内で、住宅、道路、学校等の施設を重点的に計画することができるようになった。その際、必要とあらば、土地の強制収用権も与えられ、事業実施のために国庫補助金が受けられるようになった。それ以外にも、地方自治体に、道路に沿っての開発規制権限や、計画的観点から取り壊しが必要とされる建物を取り壊さずに「再生（修復）」させる権限や、屋外広告を規制する権限等が、付加された。また、森林地の保全、歴史的または建築的価値をもつ建造物の保存（建物の強制収用を含む）に関する規制も加えられた。このように、一九四七年都市・農村計画法は、それまでの都市計画関連の制度を大きく改革するものであった。その規制は非常に厳しく、土地所有者から現在の目的（for its existing purpose）で土地を利用し続ける以外の自由をすべて奪ってしまったといわれるほどであった[52]。つまり、個人の権利よりも、公共の利益が優先された制度が導入されたとみなすことができる[53]。

労働党政権は、住宅政策に関しても、手厚い保護を開始した[54]。戦後の住宅事情は、極めて深刻な住宅難に陥っており、二〇〇万戸ともいわれるほど多くの住宅が不足していた。また、実際に建っていた住宅も老朽化が著しく、衛生設備を欠くなど、アメニティに乏しいものばかりであった。政府は、荒廃した市街地の復興をはじめるとともに、戦後すぐに公共住宅の供給を開始しなければならず、それを最優先課題として取り組んだ。その結果、一九五一年までに一〇〇万戸の住戸が、一九五五年までには二五〇万戸の住宅が建設された。その際、戸建住宅でも英国の伝統的集合住宅形式であったテラス・ハウスでもなく、「フラット形式[55]」の集合住宅（フラッツ）をさかんに建設した[56]。一九五六年住宅補助金法で高層住宅のための補助金を導入するなど、保守党政権の政策は、公営住宅の高層化を促進した。また、一九五七年住宅法では、地方自治体に対し、公営住宅の現状を点検し、さらなる公営住宅の建設を義務づけた。一方で、クリアランス地区を指定し、土地を購入して住宅を建設する権利、既存住宅を購入する権利、および購入した住宅を改造・改良して公営住宅を供給する権利を与えるなど、地方自治体の住宅政策に関わる権限を強化した。当初は政府主導の住宅建設であったが、次第に民間による住宅供給量が増加し、一九六〇年頃になると、その

割合は逆転している。(57)

　スラム問題の解決もまた、大きな課題であった。スラム対策に関しては後述するが、スラムの劣悪な環境の原因となっていたのは、高い人口密度であったことに違いはない。しかし、これらを簡単に解決することは困難であり、そこで従来の人口をその場で収容する唯一の手段として、高層の公営住宅の建設を開始した。高層建築の必要性は、一九〇〇年頃からすでに一部の建築家の間で唱えられていたが、建築条例では建設が認められず、一九三〇年代後半になって、ようやく五階建程度の階段室型の鉄筋コンクリート造のフラッツが公営住宅として建てられるようになったという状況であった。

　しかし、一九六〇年代になると、モダニズム建築の象徴でも

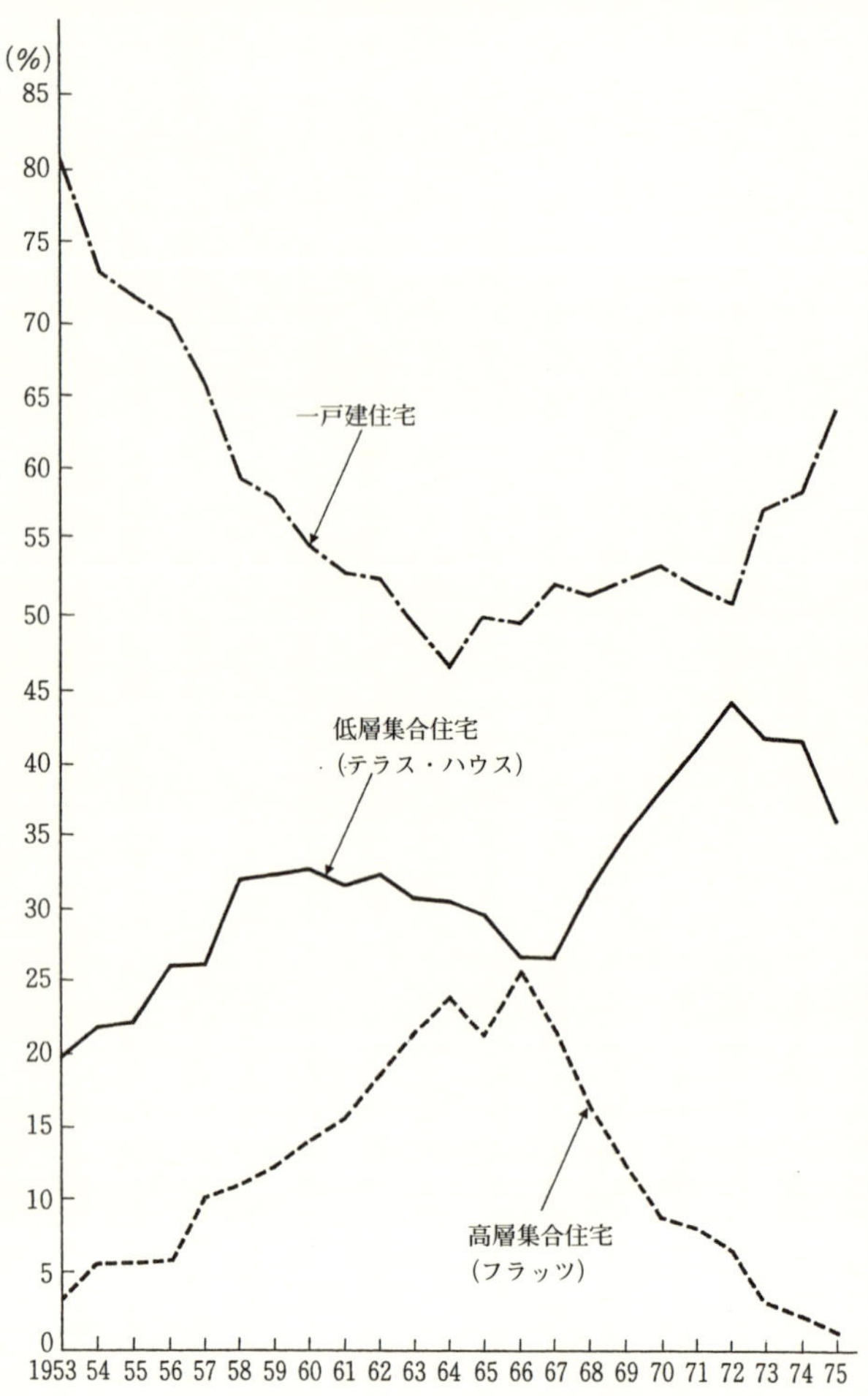

Patrick Dunleavyによる

図**6-2**　住宅タイプの変遷（公営住宅に限る）

あるエレベーターを必要とする高さの高層フラッツが、英国でも急速に建てられるようになり、その建設戸数が中層フラッツとほぼ同数にまで上昇し、全体の二五パーセント程度となり、両者を合わせると全体の半数近くになっていった［図**6－2**］。高層の公営住宅を建設するためには、個人所有の住宅を強制的に買い取る「強制収用命令」が行使され、行政主導で大規模な再開発が行なわれていった。

鉄筋コンクリート造の集合住宅は、近代建築家が考えた理想の姿であり、それにより住宅不足の問題も都市の不衛生の問題も解決するはずであった。しかし、現実は異なっていた。それまで住宅供給の専門家としてさまざまな決定を下してきた行政サイドの役人および近代建築家が考えたほど、現実は単純ではなかった。新しいフラッツが建設された当時は、物めずらしさもあって不満は少なかったが、それまで住み慣れた土地を離れたため、友人との交流が途絶え、次第に不安がつのり、周辺環境は整備されていなかったため、日常生活は不便で、しかも、機械的につくられた団地では新しいコミュニティはなかなか生まれず、住民の不満は高まっていった。これら住民のなかには、ヴァンダリズム（破壊行為）に走る乱暴なものも少なくなかった。そのなかのサッカーの応援にかこつけて、破壊的行為にでたものが、「フーリガン」と呼ばれる暴徒である。このような行政サイドの、一方的な施しは、反発さえ呼んだ。そして、一九六八年、ロンドン東部のローナン・ポイントの二三階建の高層集合住宅でガス爆発が発生し、建物の側面が剥ぎ取られ、五名の死者を出した事故をきっかけとして、高層住宅建設ブームは下火になった[58]。

5　ニュー・タウンの建設

すでに述べてきたように、戦後、ロンドンをはじめとする大都市は、戦争による空襲等の被害と、戦中・戦後の混沌とした社会情勢によって、最悪の状態に陥っていた。朽ち果てたような住宅でも、住めればまだましな方で、住宅の絶対数は不足し、市民の住宅事情は、劣悪であった。政府は、荒廃した市街地の復興をはじめるとともに、公共住宅の供給を緊急に進めた。他方、やや生活に余裕があったロウワー・ミドル・クラスを中心とした中産階級は、多くの問題を抱える既存の都市を離れ、郊外の新たな住宅地に住まいを求めた。政府もこの動きを後押しし、その結果が、一九四六年のニュー・タウン法の制定となった。

郊外の新開発に関しては、まずは、アバークロンビーのグ

航空写真

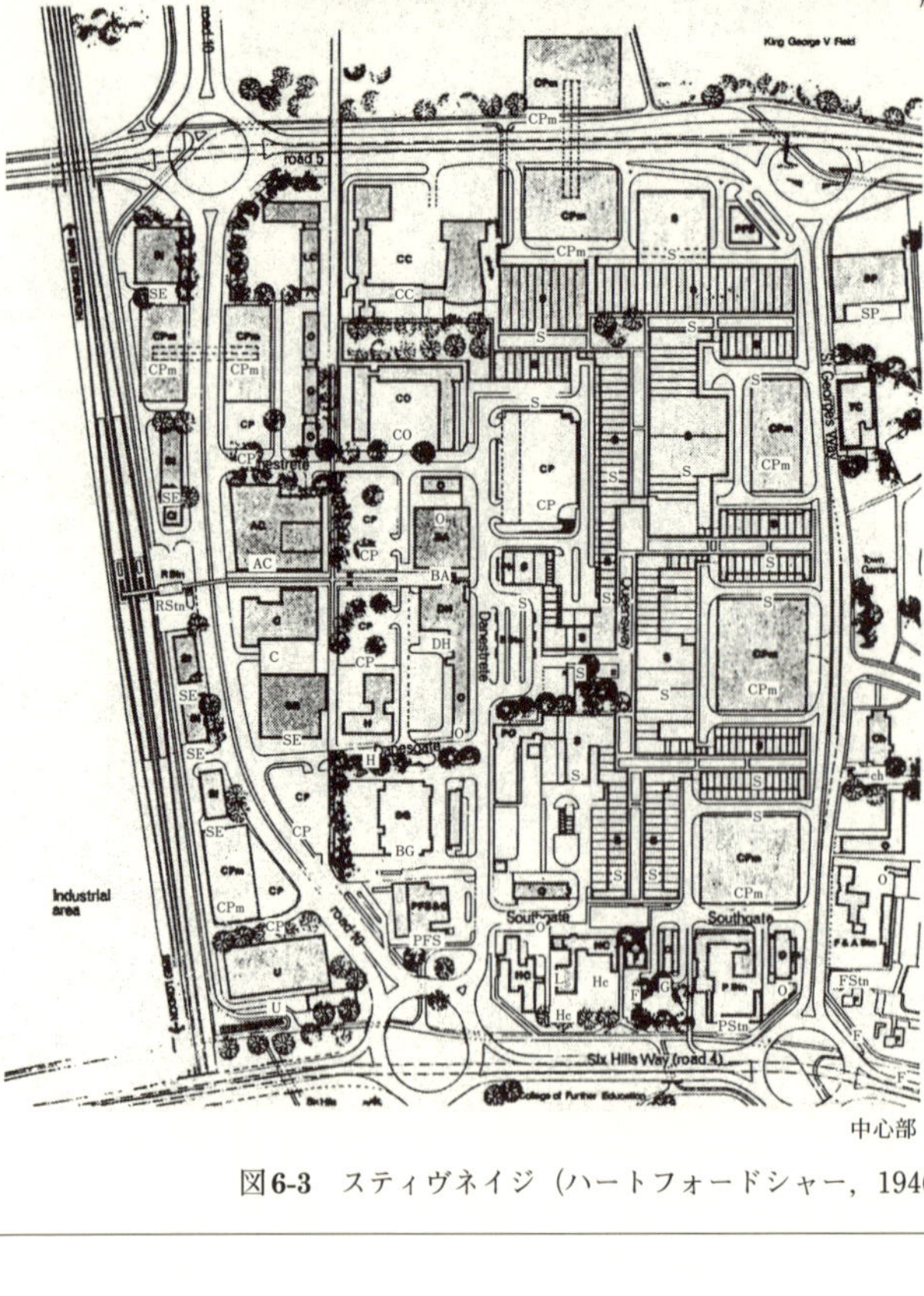

S	店舗
SP	水泳用プール
SE	サービス
CC	シヴィック・センター
CO	役所
CP	駐車場（平置）
CPm	駐車場（立体）
Ch	教会
C	映画館
L	図書館
LC	裁判所
O	事務所
PFS	ガソリンスタンド
G	ガレージ
BStn	バス停
BG	バス置場
BA	ボーリング場
FStn	消防署
PStn	警察署
F	フラッツ
DH	ダンス・ホール
HC	健康センター
AC	アート・センター
RStn	鉄道駅
Cl	クラブ
H	ホテル
SR	スケート場
YC	ユース・センター
PO	郵便局
U	未定
●	樹木
✤	植林予定

中心部

図6-3 スティヴネイジ（ハートフォードシャー，1946年〜）

レイター・ロンドン計画をほぼ踏襲し、ロンドンの周辺にニュー・タウンが計画され、実現化されていった。[59]これらニュー・タウンは、一九四六年に制定されたニュー・タウン法にのっとって、それぞれニュー・タウン開発公社が設立されて、建設が開始された。そして、スティヴネイジ（ハーフォードシャー、一九四六年～）、クロウリー（ウエスト・サセックス州、一九四七年～）、ヘメル・ヘムステッド（ハーフォードシャー、一九四七年～）、ハーロウ（エセックス州、一九四七年～）、ハットフィールド（ハーフォードシャー、一九四八年～）、ウェルウィン・ガーデン・シティ（ハーフォードシャー、一九四八年～）、バジルドン（エセックス州、一九四九年～）、ブラックネル（バークシャー、一九四九年～）の八つのニュー・タウンが建設された。ロンドン近郊以外にも、アイクリフ（ダラム州、一九四七年～）、ピーターリー（ダラム州、一九四八年～）、コービー（ノーサンプトンシャー、一九五〇年～）が建設され、一九五一年に保守党に政権が奪われるまで、労働党政権は、計一一のニュー・タウンを建設した。しかし、その後の保守党政権時には、ニュー・タウンの指定はほとんど行なわれなくなる。

これらニュー・タウンは、どのようなものであったのだろうか。最初に指定を受けて建設が開始されたスティヴネイジ・ニュー・タウン［図**6－3**］を見てみよう。スティヴネイジ・ニュー・タウンは、ロンドン北方三四マイル（五五キロメートル）の場所にあり、面積六、〇〇〇エイカー（二、四四〇ヘクタール）という規模である。鉄道の線路を境界とし、工場地域と住宅地とに分割され、鉄道駅のすぐそばにタウン・センターが設けられている。住宅地は、近隣住区の概念に基づき、扇状に配置された六つの団地からなり、それぞれの団地にはサブ・センターが計画されている。ただし、この計画では、人口密度が八五人／ヘクタールとあまりにも低く設定されたため、中心から町の端まで二マイル（三・二キロメートル）もあり、徒歩での行き来ができないという欠点が、建設後に露呈してしまう。また、当初の計画人口は、六万人であったが、一九六六年に一〇万五、〇〇〇人に引き上げられたため、道路システム等の大幅な変更が必要となり、当初計画されていた姿とは大きく異なったものになってしまった。[60]

他方、ハーロウ・ニュー・タウン［図**6－4**］は、フレデリック・ギバード（一九〇八－八四）によって、一九四七年から計画が開始されたニュー・タウンである。ロンドンから電車で三〇分程度の距離にあり、グレイター・ロンドン計画のグリーン・ベルトのわずか外側に位置している。二、五〇〇ヘクタールという広大な敷地は、近隣住区の概念に基づき、

図**6-4**　ハーロウ（エセックス州，1947年～）

緑地によって四地区に分割され、それぞれ人口五、〇〇〇～六、〇〇〇人からなる三～四の団地で構成される。住戸全体に占めるフラット形式の高層住宅棟の割合が約二〇パーセントと、スティヴネイジの一〇パーセント足らずと比べて、二倍以上になっている。また、いたるところに広場が設けられ、さまざまなスポーツ施設がつくられた。タウン・センターには、劇場、ボーリング場などの文化・娯楽施設が設置され、それ以外にも小規模な商業施設が数多く設けられた。ここでも、当初は人口六万人の計画であったが、一九七三年には約二倍の一二万三、〇〇〇人に引き上げられている(61)。

これらニュー・タウンは、人口密度を低く抑えたにもかかわらず緑地も多く設けたため、インフラのコストが高くつき、しかも視覚的変化に乏しい、活気のない都市になってしまった。また、比較的貧しい人々にも、こぎれいで秩序だった環境を与えようとするものであったため、建設費が抑えられ、結果的に陳腐で、美的感覚にも劣る居住地となってしまった。さらに当初の計画人口六万人では、文化娯楽施設を設けるには少な過ぎることが明らかになった。これに対しては、計画人口をのちに変更することで、どうにか対処したが、そのことによって都市構成の大幅な変更を余儀なくされ、当初の目的を十分に満足させるものにはならなかった。同時に、自家用車の増加により、道路計画、駐車スペースの問題も生じてきた。これら、初期のニュー・タウン構想には、批判も多かったが、その反省が、その後の英国の都市計画に活かされることになる。

ニュー・タウンと類似の発想として、「エキスパンディング・タウン」がある。これは一九五二年の「都市開発法」によって制度化されたもので、ニュー・タウンが中央政府の開発公社によるものであるのに対し、エキスパンディング・タウンは地方自治体が事業管理主体となる点以外は、ニュー・タウンとまったく同様の制度である。ちなみに、エキスパンディング・タウンの制度が導入されたのは、保守党が政権を奪回した翌年で、労働党政府の偉業であるニュー・タウンに対抗する保守党の戦略でもあった。しかし、保守党の思惑通りにはいかなかったようだ。

一九五九年のニュー・タウン法の改正によって、完成したニュー・タウンにおいては、開発公社を解散し、政府が任命するニュー・タウン委員会を設け、資産と管理が受け渡されることが規定され、完成後のニュー・タウンの運用に関しての制度が定められた。

一九六四年、労働党が政権を回復すると、一時中断していたニュー・タウンの建設が、再開された。しかし、戦後すぐとは状況が大きく変化していた。新たに建設されるニュー・タウンは、一九四〇年代後半に開発が開始されたニュー・タウンのように小規模で独立したものではなく、既存の都市や地域を包含しながら、大規模な産業を中核としたダイナミックな発展を遂げることを期待され、計画人口は一〇万人以上の巨大なものであった。また、スティヴネイジやハーロウで見たように、既存のニュー・タウンでも計画人口が頻繁に変更された。

このような変化を余儀なくされたのは、ロンドンをはじめとする大都市での人口の自然増加が予想以上に著しく、また、ホワイトカラーの割合も増えたため、それまでの施策では都市の過密問題を解決することが不可能なことが明らかになったためであった。本来、ニュー・タウンの建設は、当時、問題になっていたロンドンのあふれ人口を、ニュー・タウンで処理しようとする考えに基づくものであったが、その際、あふれ人口の数は、戦前のデータによって予測されたものであり、実際には大きく異なっていた。アバークロンビーは、グレイター・ロンドン計画のなかで、「国全体の傾向と同じように、グレイター・ロンドンの人口も、増加することなく、

図6-5　ミルトン・キーンズ（バッキンガムシャー，1964年～）

むしろ若干減少するであろう」と予想していた。このようにアバークロンビーはロンドンの人口をスタティックなものと仮定していたため、ロンドンの人口を一時的に衛星都市に分散させれば、ロンドンは健全な状態を保てると考えたが、現実は彼の予想通りにはいかなかった。つまり、戦後すぐにアバークロンビーの計画に基づいて行なわれたニュー・タウン建設によるロンドンの人口の分散計画は、基礎データの読み違いによって、方針を転換せざるを得ない状況に陥ってしまったということである。(62) そのため、一九六〇年代のニュー・タウンは、当初のニュー・タウンとは大きく異なるものとなった。これら一九六〇年代のニュー・タウンは、一九四〇年代後半のニュー・タウンと区別され、しばしば「ニュー・シティ」と呼ばれた。

一九六〇年代に計画されたニュー・タウンの典型例として、ミルトン・キーンズ（バッキンガムシャー、一九六四年〜）［図**6-5**］があげられる。(63) ミルトン・キーンズは、計画収容人口二五万人と、それまでのニュー・タウンに比べ、はるかに大きい。また、自動車交通の発達が考慮され、一辺約一キロメートルの正方形格子状の主道路網を全地域に巡らせ、特定地域への交通の集中を回避し、歩行者のためには、主道路の下に地下歩道を設けて各ブロックをつなぐなど、歩車分離が行なわれるなどの工夫が見られる。

ミルトン・キーンズは、ロンドンのあふれ人口の受け皿となった衛星都市であるが、ロンドン以外の大都市でも同様に、衛星都市としてニュー・タウンが建設された。たとえば、ランコーン（チェシャー、一九六四年〜）とスケルマズデイル（ランカシャー、一九六一年〜）はリヴァプール、ウォーリントン（チェシャー、一九六八年〜）はマンチェスター、レディッチ（ヘレフォード&ウスタシャー、一九六四年〜）とテルフォード（シュロップシャー、一九六八年〜）は、バーミンガムの衛星都市として建設された。

ニュー・タウンの建設は、国家の緊急事業として進められた。このように、暫定的に別組織をつくり、そこに強大な権限を与え、都市開発を行なおうとする手法は、その後の英国の都市計画のひとつの特徴となるなど、ニュー・タウン事業は、戦後の都市計画の発展に強い影響を与えた。また、ニュー・タウンの発想は、各国の都市計画にも強い影響を与えた。わが国でも、戦後、日本住宅公団、宅地開発公団、地域振興整備公団（ともに現UR都市機構）といったニュー・タウン開発公社と類似の機関を組織し、公的宅地開発を行なってきたが、最大の相違は、日本では公団はあくまでも事業主体であり、都市計画の具体的な権限は、地方自治体が保持したままという点にある。

英国の場合、「ニュー・タウン開発公社」は、国の承認が不必要な開発計画の策定権と、土地の強制収用権など、強大な権限をもった。一九七〇年まで、合計三二のニュー・タウン開発公社がつくられ、ニュー・タウン建設が実施された［表**6－1**］。しかし、現実には一九四五年から一九六九年にかけて、ニュー・タウン等の郊外に計画的に建設された住宅地に建てられた住宅数は、全体のわずか三・七パーセントに過ぎず、大部分の住宅は、グリーン・ベルトの内側の既存都市内、または、グリーン・ベルトをもたない中・小都市に建てられており、[64]その成果に関しては疑問の声もある。

すべてのニュー・タウン建設はすでに終了し、ニュー・タウン開発公社もすべて解散し、ニュー・タウン委員会に経営が引き継がれた。しかし、建設から一定の時間が過ぎたニュー・タウンは、建設当初の最大の魅力のひとつであった清潔さが失われ、反対に単調さが退屈さにつながり、多くの人々が去っていった。それに加え、長引く不況の影響もあって、新時代の理想の住宅地としての夢は終わってしまった。そして、スラムとはいわないまでも、それに近い状態にまで落ち込んでしまったニュー・タウンすら存在する。こういった状況に対し、ニュー・タウン委員会も組織替えを実施し、イングリッシュ・パートナーシップという新体制[65]で、一九九九年以降、ニュー・タウンの再開発が開始されつつある。その動向を、今後、注目していきたい。

このようにして、第一次世界大戦後の英国では、公共主導で、既成市街地には多数の公営住宅を、郊外にはニュー・タウン建設を行なっていった。国の総建設工事の四五パーセント近くが、これら地方自治体等の公共によるものであった。当然、これら公共部門に属していた建築家の割合も多く、一九三八年には三一パーセント（建築家の総数一〇、〇〇〇人弱）、一九五五年には最高の四五パーセント（建築家の総数約一七、五〇〇人）、一九六四年には三九パーセント（建築家の総数約二〇、〇〇〇人）であったというデータもある。[66]これら公共による建設工事の建築界への影響は多大であり、公営住宅やニュー・タウンの建設以外にも、学校建築、大規模な住宅地建設、中心市街地の再開発等が、公共に属する建築家によって行なわれていた。彼らは、さほど奇抜な設計をするわけではなく、比較的おとなしい、否定的に表現すれば退屈なデザインの建築が増える結果となった。

表6-1　ニュー・タウン一覧

	名　称		指定年	面積 (ha)	計画人口 (人)
England	スティヴネイジ	Stevenage	1946	2,532	80,000
	アイクリフ	Aycliffe	1947	1,254	45,000
	クロウリー	Crawley	1947	2,396	85,000
	ハーロウ	Harlow	1947	2,588	80,000
	ヘメル・ヘムステッド	Hemel Hempstead	1947	2,391	85,000
	ハットフィールド	Hatfield	1948	947	29,000
	ピーターリー	Peterlee	1948	1,205	30,000
	ウェルウィン・ガーデン・シティ	Welwyn Garden City	1948	1,747	50,000
	バジルドン	Basildon	1949	3,165	130,000
	ブラックネル	Bracknell	1949	1,337	55,000
	コービー	Corby	1950	1,791	70,000
	スケルマズデイル	Skelmersdale	1961	1,670	60,500
	レディッチ	Redditch	1964	2,906	84,000
	ランコーン	Runcorn	1964	2,930	90,000
	ワシントン	Washington	1964	2,270	80,000
	ミルトン・キーンズ	Milton Keynes	1967	8,900	200,000
	ピータバラ	Peterborough	1967	6,451	160,000
	ノーサンプトン	Northampton	1968	8,080	180,000
	テルフォード	Telford	1968	7,790	150,000
	ウォーリントン	Warrington	1968	7,535	170,000
	セントラル・ランカシャー	Central Lancashire	1970	14,267	285,000
Wales	クムブラーン	Cwmbran	1949	1,420	55,000
	ニュータウン	Newtown	1967	606	13,000
Scotland	イースト・キルブリッジ	East Kilbride	1947	4,150	90,000
	グレンローゼス	Glenrothes	1948	2,333	70,000
	カンバーノールド	Cumbernauld	1955	3,152	70,000
	リヴィングストン	Livingstone	1962	2,708	100,000
	アーヴィン	Irvine	1966	5,022	120,000
Northern Ireland	アントリム	Antrim	1966	56,254	30,000
	バリミーナ	Ballymena	1967	63,661	70,000
	クレイガヴォン	Craigavon	1969	26,880	180,000
	ロンドンデリー	Londonderry	1969	34,610	110,000

（日笠端『先進諸国における都市計画手法の考察』および近藤茂夫『イギリスのニュータウン開発』より）

6 都市・農村計画法の整備

一九五〇年代末から六〇年代にかけては、都市のアメニティが叫ばれ、都市計画の制度も方針も大きく変化した時期でもあった。そのひとつに、交通問題があった。自動車の保有台数が急激に増加し、その対応策を求めて、政府はコリン・ブキャナン（一九〇七―二〇〇一）に、都市内の道路と交通の都市環境への影響と長期的開発に関する研究を依頼した。その結果、提出されたのが「ブキャナン報告」として知られる『都市の自動車交通』(67)（一九六三年）であった。ここでは、道路交通が都市にとっていかに有害であるかが唱えられており、その後の都市計画にとって、交通計画は最大の関心事となった。

一九六八年には、都市・農村計画法が大幅に改定され、現行制度につながる都市計画制度に大きく変化することになる。一九六八年法改正の際の中心課題は、ディヴェロプメント・プラン制度の大改革であった。なかなかうまく機能しないディヴェロプメント・プラン制度を有効に機能させ、しかも迅速な作成が可能なように制度が改正された。ここでは、ディヴェロプメント・プランを「ストラクチャー・プラン」と「ディストリクト・プラン」に分割する二段階の制度を導入することによって解決をはかろうとした。「ストラクチャー・プラン」は、開発計画の上位計画と位置づけ、すべての地域での策定を義務づけ、大臣の許可を得るものとした。他方、「ディストリクト・プラン」は、計画のより詳細な技術的内容を包含する実践的なものと位置づけ、その策定に関しては自治体の裁量にまかせるというかたちをとり、実質的に策定を義務づけなかった。一方で、一九六八年法は、歴史的建造物の保存制度に関しても、重大な変化を与えた。前年の一九六七年にシヴィック・アメニティズ法が制定され、保存地区制度が導入されるなど、当時は歴史的建造物の保存の制度が大きく変化しつつある時期であり、一九六八年法によって、すべての登録建造物の現状変更は許可制となった。詳細は後述するが、(68)これが、現在、われわれが英国の「登録建造物制度」として認識している制度の導入であった。

ローカル・アメニティ・ソサイアティの活動の活性化とともに、市民運動が活発となり、都市計画への住民参加が唱えられはじめたのもこの頃であった。一九六九年には、アーサー・スケフィントン（一九〇九―七一）が委員長を務める「都市計画における市民参加に関する委員会」(「スケフィントン委員会」)が、報告書『人々と都市計画』(「スケフィントン報告」と呼ばれる)[69]を作成し、都市計画への市民参加のシステムが整備されるきっかけとなった。[70]報告書では、都市計画案は、それまでのように専門家の手によって机上で作成されるべきではなく、計画案の公表や縦覧、公聴会の開催などによって住民に開かれたものであるべきことが唱えられた。その後、住民参加の都市計画は、多くの自治体で広く実施されるようになっていった。

一九七一年には、再び都市・農村計画法が改正された。この一九七一年法は、一九六二年法、一九六八年法、一九六三年ロンドン政府法、一九六五年事務所規制および工業開発法、一九六六年工業開発法、一九六七年シヴィック・アメニティズ法等を統合したものであった。ここで、スケフィントン報告を受けて、都市計画に住民参加の制度が導入され、ローカル・プラン案は公開され、利害関係者には陳述や異議申立の機会が与えられ、それらを経たうえでローカル・プランが決定されるようになった。その際、大臣の承認も不要となり、手続きも簡略化された。また、ディヴェロプメント・プランに関しては、「ストラクチャー・プラン」と「ローカル・プラン」の二段階の計画の策定を地方自治体に義務づけ、計画当局として、「地方計画庁 (local planning authority)」と「地方庁 (local authority)」を区別して定めた。他にも、さまざまな都市計画上の概念が統合されており、樹木、広告、不良空地、工業の立地、事務所の開発等に関しても、都市・農村計画法のなかで規制が定められるようになった。その後、一九七二年都市・農村計画(修正)法が制定されて、規則の相互関係が調整され、一九七二年地方政府法によって、ディヴェロプメント・プランの策定母体に変更が加えられ、さらに一九七三年土地補償法によって、土地の開発利益に関する制度にも修正が加えられた。

7　インナー・シティ問題と住宅政策

戦後の郊外開発の結果、大都市内から郊外に、人口と産業が移っていった。これら第二次世界大戦後の都市計画行政の中心は、労働党政権によるものであった。労働党政権は、都市内では地方自治体が一元的に管理する、ある程度水準が高い公共賃貸住宅施策を施し、郊外ではニュー・タウン等の郊外住宅地開発を促進した。これら労働党政権による土地政策は、強制収用権の行使の結果、行政がかなりの割合の土地を直接所有することになった。このような公共の土地所有に支配された都市では、規則に従った受動的な土地管理がなされ、非効率的な土地利用が横行していた。

一方で、企業は新しい生産設備を導入するための新工場が必要となり、高速道路の整備とともに企業の郊外移転の動きが加熱していった。その後、景気が芳しくない期間が長くなるにつれ、郊外に移ることが可能な人間は、殺伐とした都市を離れ郊外に移っていくが、郊外に移ることができない弱者、つまり貧しい人々のみが都市内に残ることになった。その結果、都市内には、目的を失い空になった工場等の建物と遊休地のみが残り、しかもそれらが無秩序に放置されていた。都市内は空洞化し、環境は悪化した。これがいわゆる「インナー・シティ問題」である。

これに対し、行政サイドは、荒廃した建物を取り壊して新しく建物を建て直したり、目障りな工場を除去したり、交通の集中を避けるためにバイパスを設けるなど、さまざまな試みを行なっていたが、何の進展もなく、もはや小規模なクリアランスや部分的な再開発では、都市問題解決には、まったく効果がないことが明らかになっていた。そして、再開発は「総合的」に計画を立て、改良し、保存していくという一連の作業の必要性が唱えられるようになった。すなわち、「総合的再開発」の導入である。このようなアプローチを、アメリカの都市再開発で用いられていた「都市更新 (urban renewal)」という言葉で呼ぶようになった。都市更新は、単に「再開発」だけでなく、「修復 (rehabilitation)」や「保存 (conservation)」、また、「交通問題」なども含まれた広い概念である。このように都市再開発に新たな手法を導入するなど、政府も真剣にこういった問題に取り組み、次々と都市計画の制度を改正していった(71)。

インナー・シティ問題の大部分を占めたのが、不良住宅の問題であった。戦後の郊外の住宅建設ラッシュは続くものの、住宅不足はまったく解決しなかった。都市中心部では、むしろスラム化が進み、改善が必要な地域が増加した。戦後すぐに導入された住宅取得時の免税の施策は、住宅購入を促進し、持ち家率を高めたが、それは郊外住宅に関してであり、その一方で、賃貸住宅の家賃抑制政策が、民間の地主の住宅経営を阻み、低所得者のための賃貸住宅の建設および管理は、地方自治体の手に委ねられる結果となった。

不良住宅地改善のためには、戦前から続いていたスラム・クリアランスの手法が依然として中心であった。しかし、新しい住宅の建設が十分に行なわれなかったため、すべての不良住宅を一気にクリアランスすることはできず、即効的な効き目はなかなかあらわれなかった。一九五四年には、不良住宅の「除去延期手続き」の制度を導入し、多額の資金を要するスラム・クリアランス事業を延期し、簡単な修理を施し、何とか現状を改善していく方策が考案された。この制度により、地方自治体は、国庫補助のもと、「修理すれば、当分の間は適切な水準に維持できるような」家屋を取得することができるようになり、また、修繕、維持・管理にも国庫補助が認められたため、地方自治体は、当面の住宅問題解決策として、除去延期手続きの制度を利用した。この手法は、「つぎはぎとつっかい」または「底とかかとの修理」などと皮肉交じりに呼ばれている。

一九六〇年代には、個々の住宅の改良ではなく、地域全体を改良しなければならないと考えるようになった。政府は一九六二年の通達で、地方自治体に対して、街区と地区の改善に努めるよう求め、労働党が政権に返り咲いた後、一九六四年住宅法によって、地方自治体が土地所有者に対し一定の強制を加えることのできる「改良地域」を指定できるようにした。一九六八年末までの間に、四二一の改良地域が指定され、四、〇〇〇戸について事業が完了した。(72) 一九六九年住宅法では、補助金が最大一、〇〇〇ポンドまで増額された「総合改良地域」制度が導入され、補助戸数が六年間で三倍程度に増大した。しかし、一九七〇年、保守党が政権に就くと、公営住宅政策に変更を加え、一九七二年住宅財政法で、公営住宅の家賃を民間賃貸住宅レベルにまで引き上げるとともに（「公正家賃」制の導入）(73)、ヴォランティア的な存在であった「ハウジング・アソシエイション（住宅組合）」に、公営住宅建設の役割を担わせようとした。

一九七四年住宅法では、改良すべき地域を「総合改良地域」からより劣悪な地域に対応する「ハウジング・アクション・エリア（住宅改善地域）」に変更し、地方自治体は当該地域の土地取得と住宅改良に関する権限を付与されたハウジング・アソシエイションとの連携により事業を行なうことになり、全国で二七二地域のハウジング・アクション・エリアが指定された。(74)

また、一九七四年住宅法で、「住宅供給公社」（一九六四年設立）に登録したハウジング・アソシエイションは、政府資金を活用することができるようになった。同時に、ハウジング・アソシエイションの中央組織「全国住宅連合」（前身は一九三五年に設立された「全国住宅協会連合」）が整備されている。ハウジング・アソシエイションには、さまざまな団体があり、賃貸住宅、慈善施設、コーポラティヴ、共同所有・自力建設、住宅の売却を目的とするものなどがあった。一九七五年住宅家賃・補助金法で、公営住宅の公正家賃の適用は廃止され、再び家賃は地方自治体の裁量に委ねられることになった。

地方自治体は、スラム・クリアランスを実行する一方で、不足した住宅を補うために、多数の高層集合形式の公営住宅を建てたが、このような輸入された住宅形式が英国には根づかなかったことは、すでに述べた通りである。そして、このような施策を行なった行政サイドと、理想の住形式を追及する市民の間の溝は埋まらなかった。これに対し、行政とは独立して、人々が協力してみずから住宅地を建設していこうという考え方があらわれはじめた。そのような活動の中心となったのが、「ハウジング・アソシエイション」であり、「ハウジング・コーポラティヴ」であった。ハウジング・コーポラティヴとは、人々が協同（コーポラティヴ）して事業計画を決定し、住宅を建設し、みずから管理・運営する団体を指す。法律上、ハウジング・コーポラティヴはハウジング・アソシエイションの一部とみなされており、前述した一九七四年住宅法によって導入された「住宅供給公社」に登録したハウジング・アソシエイションに対して資金援助を行なう制度を利用することができた。これは結果として、市民による住宅建設を、政府が補完するかたちとなった。一九七七年には、リヴァプールでウェラー・ストリーツ・ハウジング・コーポラティヴが設立され、初のハウジング・コーポラティヴによる住宅建設が開始された。このような動きに刺激されて、コーポラティヴによる住宅建設が各地に広まっていく。これによって、理想に近い住宅の建設が可能となるが、住民の団結および行政サイドの協力が不可欠で、必ずしもすべての住宅地の開発に応用できないのが難点であった。そして、この種の住宅建設には、依然として賛否両論あることも事実である。(75)

一方、地方自治体も、それまでの失敗を是正しようとし、ル・コルビュジェ（一八八七―一九六六）によってフランスのマルセイユに建てられたユニテ・ダビタシオン（一九四七―五二年）（「マルセイユのアパート」として知られる）の考え方を取り入れて、機能を複合した住宅地の再開発、すなわちミクスト・ディヴェロプメント（機能複合的再開発）を行なうようになった。しかし、行政サイドの考え方と、実際に住む住民の考え方のギャップは、縮まることはなかった。

他方、インナー・シティ問題への政府の対応策として、一九六八年都市・農村計画法によって設定された「アクション・エリア」がある。アクション・エリアとは、深刻な社会問題に迅速に対応し、荒廃した土地の再生・再利用を促進するために、必ずしもディヴェロプメント・プランを前提とせずに設定できるという特徴をもっていた。また、一九六九年地方政府補助金（社会需要）法では、「アーバン・プログラム」が設定され、中央政府（環境庁）から地方自治体に補助金が交付され、「コミュニティ開発プログラム」が創設された。そして、その後は産業誘致や雇用創出のための民間企業の支援を行なうようになった。さらに、一九七八年には「インナー・アーバン・エリアズ法」が制定されるに至った。これによって、地方自治体が補助金や融資などの財政的支援を行なう権限を強化・拡大し、アーバン・プログラムによる補助金も重点配分されるようになった[76]。

このように、政府はさまざまな策を講じたものの、これらはほとんど功を奏すことはなかった。ますます都市内の遊閑地の割合が増加し、インナー・シティ問題を解決するためには、行政そのものが変化しなければならないことが一目瞭然であった。このような背景で、改革が求められ、そこに鉄の女サッチャーの容赦ない大手術が開始されることになるのであった。

7章　建築保存制度の変遷

1　古記念物保護法による建造物の保存

すでに述べてきたように、英国の文化財保護関連の法律は、一八八二年の「古記念物保護法」に端を発する。[1] 都市計画法関連の「公衆衛生法」（一八四八年）や「シャフツベリー法」（一八五一年）といった都市の衛生状態の改善や住宅問題に対する法律よりは、やや遅れての登場であったが、最初の都市計画関連法とされる「一九〇九年住宅・都市計画諸法」よりは、先んじていた。その目的は、公衆衛生法や住宅関連法と同様に、産業革命にともなう急速な開発により、歴史的建造物や考古学的遺構が破壊される状況に直面し、これら行為から歴史的に重要な文化的遺構を保護しようとするものであった。

一八八二年古記念物保護法の制定によって、ストンヘンジをはじめとする六八件のモニュメントが、「登録記念物（スケジュールド・モニュメント）」としてリスト（「古記念物リスト」）に登録（scheduled）された。[2] その内訳は、イングランド二六件、ウェールズ三件、スコットランドが二一件、アイルランドが一八件で、実際に用いられている建造物は含まれず、それどころか、建造物はいっさい対象外とされた。前述したように、(3)古記念物保護法の制定に尽力したジョン・ラボックは、当初、もっと包括的で強権を有する法律を制定しようと考えていたが、制定までの長い年月と妥協の連続のため、結果として、建造物は対象から除外され、一部の考古学的遺跡のみが対象とされただけで、強制力も乏しい法律となってしまった。とはいっても、国家が歴史遺産を保護していこうという姿勢を示した点で、大きな前進であった。

一八八二年古記念物保護法の制定とともに、それを所管する政府機関として、王室の建築を管轄していた「公共事業庁」が指名された。しかし、この公共事業庁には強制権はなく、反発する所有者に対しては、何ら対処することができなかった。一八八二年法のもとでは、公共事業庁は所有者から古記念物を受贈し、維持・管理することができること（四条）と、所有者の合意を得て、国家財政委員会の承認を受けて古記念物を買い取り、維持・管理すること（三条）と、所有者と証書を交わしたうえで公共事業庁の保護下におき、所有者に所有権を残したまま、維持・管理ができること（二条）だけが定められていた。最後の条項は、「後見人制度」と呼ばれる制度である。これら制度は、法定リスト（「古記念物リスト」）に掲載された古記念物のみに適用された。また、古記念物リストに新たに古記念物を加えるためには、「枢密院令」を必要とするなど、面倒な手続きを経なければならなかった。他方、ラボックの主張が通った点としては、公共事業庁に登録記念物の調査を行なう検査官の任命権を与えたこと（五条）、登録記念物に何らかのダメージを与えた場合には、罰金五ポンドまたは禁固一月未満の実刑となると定められた（六条）ことなどがあげられる。

初代検査官として、古記念物が多く存在するソールズベリー平野に広大な領地をもつピット・リヴァー（一八二七－一九〇〇）が指名され、国家による古記念物の保護行政が開始された。ちなみに、リヴァーはラボックの義父にあたる人物であった。リヴァーは精力的に古記念物保存に尽力し、後見人制度を用いて四三の遺跡を保護することに成功した。しかし、思ったように事は運ばず、一八八二年法のもとでは、強制力がないために、古記念物の破壊を食い止めることが困難であることを実感するようになる。リヴァーは活動を通して、もうひとつの問題点に直面した。それは、一八八二年法では対象とされていなかった比較的新しいが重要な中世の記念物（モニュメント）の保存の問題であった。(4)こうして、一八八二年法のもつふたつの問題点が指摘されるようになった。(5)

一八八二年法の成立から一八年ほど経過して、ラボックは再び行動を開始した。そして、一九〇〇年に、古記念物保護法が改正された。これによって、登録記念物に一般の人々が入ることが許され（五条）、カウンティ・カウンシル（地方自治体）による保護も可能となった（二条）。すなわち、「後見人制度」が拡大され、所有者が維持・管理ができない場合、国（公共事業庁）ばかりでなく地方自治体も、所有者に代わって、古記念物を管理することができるようになった。

また、この法改正によって、保護される対象はわずかに拡大され、「記念物（monument）」とは、「歴史的または建築的価値を有する構造体（structure）、構築物（erection）、モニュメント（monument）」と定義された。これによって、一部の建造物が法による保護下におかれたものの、依然として人が住んでいる建造物には適用されなかった(6)。このことは、のちのちまで大きな影響を及ぼすことになった。これは、個人の私的権利に関しては干渉しないという、英国の貴族社会の根本的なルールに基づくもので、個人の生活にいっさい介入せず、人が住む建造物に対して規制を加えない代わりに、補助もしないというものであった。この考え方は、基本的に、今でも変わることがない。

現在、英国では、政府主導によって、さまざまな建造物が保護されており、人が住んでいる建造物も国家による保護の対象となっているが、それはこれら古記念物保護法の系統ではなく、公衆衛生法および住宅関連法から発展していった都市計画関連の法律によるものか、まったく別の法律として制定されたナショナル・トラスト法によるものである。

このように、英国の古記念物保護法は、同時期にヨーロッパ諸国で制定された文化財保護関連法と比較して、やや異なった性格のものとなり、ある一定の考古学上重要なものは保護されるようになったが、その範囲は限られるという結果となった。この考古学的遺構と歴史的建造物の区別があったために、英国における歴史的建造物の保存行政は遅れをとり、多くの歴史的建造物が失われたと憂う声もある(7)。

また、古記念物保護法による保護は、国が保存すべき古記念物を指定し、存続の危機にあると判断した場合には、通告を行なうというものであり、基本的に民間の所有者の善意にたよらなければならなかった。このように、これら古記念物保護法には、保護の対象に偏りがあること、保護に対する権限がほとんどないなどの欠点があったが、一九世紀末の段階で、古代記念物の保存を国家的利益と認識した意味で、古記念物保護法の制定は大きな意味があった。

古記念物保護法によって保護される記念物は、フランスなどの文化財保護先進国に比べて少なかった。これに対処するために、政府は一九〇八年に「王立古代歴史的記念物および建築物委員会（ＲＣＨＭ）」を設立し、『文化財目録』の作成に取り掛かった。[8] その結果、古記念物に関係する政府機関は、「公共事業庁」と「ＲＣＨＭ」とのふたつとなったが、後者の使命は「文化財目録」を編纂することであって、保存に介入することではないことが、明確に示された。そのため、ＲＣＨＭは、保存のための政府の諮問機関ではなく、単に、文化財目録を作成する政府管轄の専門家集団に過ぎなく、「保存のための諮問機関」となるべき、ある一定の権限をもった保存行政のための政府機関を、早急に設立することが求められた。[9]

2　古記念物保護法と住宅・都市計画諸法の連携

第一次世界大戦前の十年間は、文化財保存制度に関しても、また、都市計画制度に関しても、大きな変革があった時期であった。一九〇九年には「住宅・都市計画諸法」が制定され、土地の利用開発を計画的に推し進めるために「都市計画スキーム」が導入されたことは、前章で述べた通りである。[10] ここで特筆すべき点は、都市計画スキームを策定するにあたり、「歴史的価値または自然美をもつものの保存（The preservation of objects of historical interest or natural beauty）」を考慮すべきという条項が、附則として加えられていたことである。この条項は、最初に提出された法案にはなかった。これが加えられたのは、委員会での最終段階であり、十分な議論がなされて追加されたというよりは、むしろ秘密裡に、混乱に乗じて加えられたようなものであった。これを提案したのは、自由党のフィリップ・エドワード・マレル（一八七〇―一九四三）であった。彼は、エドワード朝を代表する文芸愛好家オタリン・マレル（一八七三―一九三八）の夫で、芸術的感覚に長けており、また、先進的な考えをもつ人物でもあった。マレルのとった態度は、都市計画に歴史的建造物に対する配慮を組み込んだものと評価することができる一方で、この点に関して、公の場で十分な議論がなされていれば、都市計画における歴史的建造物の保存がもっと重要視されていたであろうという見方もある。[11]

一九〇九年住宅・都市計画諸法の制定を受けて、「地方政府局」は即座に、通達[12]と覚書[13]を作成し、都市計画上の手続きを定めて、周知徹底させた。これら通達・覚書は相当な分量となっていた。しかし、歴史的価値がある建造物の取り扱いに関しては、「十分に考慮するように」と指示されていたにもかかわらず、具体的なことはいっさい決められないままであった。一九〇九年法では、地方自治体は「特別な性格をもつ地域」を定める権限を与えられたが、これについても詳細に関しては定められることがなく、結局、地方自治体の解釈にまかされた。都市計画スキームは、制度上、さまざまな問題点があり、なかなか作成されなかった。一九一三年になってようやくバーミンガムで全国初の都市計画スキームが、翌一九一四年にライスリップ・ノースウッドで第二の都市計画スキームが策定された。これらふたつの都市計画スキームには、歴史的建造物の保存に関する提案は見られなかった。それどころか、歴史的価値に関しても、いっさいふれられていなかった。(14)

他方、古記念物保護法においても、大きな改革が行なわれようとしていた。経済的急成長を遂げたアメリカの資本家は、たびたび英国の古記念物を購入し、英国から持ち出そうとしていた。登録記念物になっていたストンヘンジでさえ、国が買い取って保護しなければ、アメリカの資本家に売りに出されるところであった。(15)一九一一年には、リンカンシャーに建つ中世のレンガ造の塔状建築のタターシャル・カースル［図7-1］が解体され、暖炉等がアメリカに輸送されそうになった。この事実を知ったカーゾン卿(16)（一八五九―一九二五）が、この建築を買い取り、どうにか保存することができたが、この事件を通して、こういった新しい動きからも、歴史的建造物を保存するために、法律の整備が望まれるようになった。(17)

図7-1　タターシャル・カースル（リンカンシャー）

このような状況下、一九一二年、初代公共事業庁長官を務めたビーチャム卿によって、古記念物統合法案が国会に提出された。一八八二年古建築保護法が成立してから三〇年が経ち、歴史的建造物の保存を取り巻く状況が大きく変化し、古記念物等の海外流失を防ぐという目的の他にも、他国での文化財保護に対する姿勢を参照し、改定が必要と考えるようになった。そして、古記念物の保護は国家的問題と考えられるようになって、貴族院・庶民院（上院・下院）にまたがる特別委員会が設置された。特別委員会では、古記念物局の検査官であり、古物研究家協会の事務局長でもあったチャールズ・リード・ピアズや、ウェールズのＲＣＨＭの事務局長エドワード・オーウェンなどの現場で実務に携わっていた人物の意見が尊重された[18]。

こうして翌一九一三年に「古記念物統合・改正法」が制定された。一九一三年古記念物統合・改正法は、古記念物の保存制度に大きな改革をもたらした。ちょうどこの年、最初の古記念物保護法の制定に尽力したジョン・ラボックが没しており、英国における法律による古記念物の保存が、第二フェーズに達したとみなすことができる出来事であった。

一九一三年古記念物統合・改正法は、法律の目的は基本的に変わってはいないものの、保護の対象として、建造物も含まれるようになり、これら建造物の保存に対しても、この法律が適用しやすいように、変更が加えられていった。その大きな変更点は、事務手続きが迅速になったことである。それまでの考古学の分野のペースに合わせた、ゆったりとしたものであったが、建造物等の保存となると、そうはいかなかった。

また、公共事業庁の下に「古記念物局」を創設し、ＲＣＨＭが放棄した保存に対する諮問機関としての役割を担わせるとともに、新たに重要な権限である「強制力」をもたせた。すなわち、公共事業庁長官は、諮問機関等の助言のもと「保存命令」を作成することができる制度が、新しく導入された（六条一項）[19]。ただし、これら命令を発令するためには、国会の承認が必要で、通例、議員立法として上程しなければならなかった。また、公共事業庁長官には、所有者が古記念物を売却しようとした際、それを優先的に購入する権利（先買権）が与えられた。その背景には、文化財のアメリカ輸出が頻発していたことに対する危惧があった。そして、もしも長官の命令を無視した場合や個人的に売却を行なった場合には五ポンドの罰金が、保存命令が国会で承認される前に売却を行なった場合には罰金の額が一〇〇ポンドとされることが定められた[20]。これによって、公共事業庁長官には、あらゆる記念物の損傷と崩壊を強制的に防ぐ権限が与えられた。これは英国政府が、はじめて「保存」に対する強制権をもったことを意味していた。また、「記念物」ならびに「古記念物」の概念も再定義された（二二条）。法律上、「記念物（monument）」とは「宗教目的で用いられている宗教建築を除くすべての構造体（structure）、構築物（erection）」とされ、「古記念物（ancient monument）」とは「一八八二年法で登録された記念物、ならびに歴史的、建築的、伝統的、美的、考古学的価値があるため、その保存が公共の価値となると公共事業庁がみなしたすべての記念物、および現存する記念物の一部、それらに付随する考古学的価値のあるもの、そのような記念物がある土地、モニュメントを保存する目的の柵や覆いのために必要な隣接する土地、またはそこへのアクセスの手段」とされた。これにより、法律による保護の対象が広がった。

古記念物局は、歴史および建築に関する知識が豊富な者のなかから独自の検査官を指名し、古記念物リストの作成を進めた。これら検査官たちは、非常に優秀な者ばかりで、リスト作成のスタートは、他国に遅れをとったものの、あっという間に追い付き、追い越す結果となった。その進行具合は、RCHMの文化財目録の作成に比べて、かなり迅速であり、一九三一年の段階で約三、〇〇〇件に達したという。

保存の技術的な側面に関しては、他省との連携によって達成された。古記念物局は、保存に関する講習会を頻繁に催すとともに、科学および工業研究省の建築研究局および森林生産物研究所は、建築材料のさまざまな用い方や維持・管理の方法、その腐敗に対する対処の方法や修理方法等に関する報告書を刊行している。これら刊行物は、各自治体により安価で提供され、そのなかで専門家が推奨する具体的な手法がいくつも示されたため、建築保存現場での技術的広がりにつながっていくことになった。[21]

古記念物局による古記念物リストの作成において、有史以前の遺跡やローマ時代または中世の城壁やゴシックの修道院跡等を含むようになるなど、非常に幅広いものが対象となったが、それまでの伝統も守られ、一七世紀以降のものや、実際に使用されている教会堂や、カントリー・ハウス等の住宅は、対象から除外されていた。住宅建築を含めるかどうかに関しては、一九一三年法制定の際に、議論となっていた。北サマセット州選出の国会議員キングは、住宅建築を保護の対象に含めることを国会で求めた。[22] また、インド総督在任中に、インドで古記念物を保護する法律を導入し、タターシャル・カースルを買い取って保存し、みずからも三つの歴史的住宅建築を所有するカーゾン卿に代表される推進派は、邸宅建築やマナ・ハウス、さらに小規模な建築でも、過去を表現しているものは、法律による保護の対象とすべきであると主張した。この意見は、前述した古記念物局の検査官であり、特別委員会委員でもあったチャールズ・リード・ピアズらによって支持された。しかし、すでに述べたように、一九〇七年にはナショナル・トラスト法が制定されており、カントリー・ハウス等の住宅建築は、ナショナル・トラストが中心となって保存を行なえばよいと考える傾向が強く[23]、結局、一九一三年法では住宅建築を対象とすることはなかった。

他方、教会堂等、キリスト教関係の建造物が古記念物保護法の対象から除外されたのは、デイヴィッドソン大司教（一八四三―一九三〇、カンタベリー大司教在位一九〇三―一八）の反対のためであった。一八五〇年代以降、二二の歴史的価値のある貴重なシティ・チャーチを取り壊さざるをえなかったという経緯があったにもかかわらず[24]、一九一二年の議論の席上、デイヴィッドソン大司教は、英国国教会は、教会堂を保護するための独自の法制度を有していると主張し、教会施設が国による記念物保護の対象となることをかたくなに拒否した[25]。そのため、一九六九年まで、どのような歴史的な価値を有する教会堂も、歴史的建造物諮問委員会の勧告を受けて補助金が与えられることはなかった[26]。

一九一三年古記念物統合・改正法を受けて、都市計画に関しても、一九一四年に住宅・都市計画諸法の規則が改正され、緒手続きに関して修正が加えられ、地方自治体は都市計画スキーム作成の際に、対象地域において、一九一三年古記念物統合・改正法によって登録された記念物に関する情報を加えることが義務づけられた[27]。これにより、古記念物統合・改正法と住宅・都市計画法が相互関係をもつようになった。これは英国の法制度において、はじめて文化財関連法と都市計画関連法が接点をもったことを意味していた。同時に、ごく限られた特別な歴史的建造物ばかりでなく、どこにでもあるような歴史的建造物が法律による保護の対象となった。また、歴史的建造物の保存が、行政上、都市計画の一部として扱われるようになり、その後の一貫した歴史的建造物の保存制度につながっていくことになる。

歴史的建造物を都市計画の一部として取り扱っていこうとする試みは、都市計画関係法が誕生する以前にすでにあり、市壁内の建築規制を定めた一八八四年制定のチェスター改良法や、広告規制を行なった一八九九年制定のエディンバラ・コーポレイション法などがよく知られており、いわば伝統的な手法であった。これらは歴史的都市の成長過程で、独自に形成されてきたものであった。この考え方は、一九〇九年住宅・都市計画諸法で導入された「都市計画スキーム」を作成する際にも取り入れられ、地域に密着した、建築的・歴史的・芸術的価値を考慮した都市計画スキームを作成することが定められていた。(28)

また、歴史的な都市では、独自に条例を定め、歴史的景観を保存していこうとするのが一般的となった。(29)そのなかで最も有名なものが、バースで一九三七年に制定された「バース・コーポレイション法」である。バースは周知の通り、ローマ時代に起源をもつ歴史都市で、一八世紀には保養地として急成長した。これらの歴史的景観を守るために、バース・コーポレイション法では、一八二〇年以前に建てられた市内の一、二五一棟の建築に対し、建築的、歴史的または美的な価値の観点から、建築の正面や一部の側面のデザイン、材料等を規制した。(30)

住宅・都市計画諸法は、一九一九年のロイド＝ジョージ連立内閣時に改正された。しかし、歴史的建造物の保存といった観点からは、ほとんど進展はなかった。第一次世界大戦後の帰還兵士たちが増加したこともあって、この法律をきっかけに、「英雄たちに住む家を」をスローガンに、公共住宅の大量建設を行なうようになった。これら国庫補助には、巨大な財政支出がともない、その後、政府の関心は、住宅供給問題にシフトしていった。次の都市計画の改正も、一九二三年住宅諸法のなかで実施されるほどであった。つまり、当時、都市計画法は、住宅法に関連する「諸法（Etc. Act）」として改正されたに過ぎなかった。一九二三年住宅諸法での都市計画関連制度の変更に関しては、あまり取り上げられていなかったが、ジョン・デラフォンズは、歴史的建造物に対する理念に大きな変化があったとしている。デラフォンズは、都市計画スキーム作成に際する特記事項の二三条を引用し、(31)①ここではじめて「建築的」価値が「歴史的」または「芸術的」価値と同等に扱われ、②地方性または地域性が重要視され、③地域の特性を保つために景観規制の概念が導入されるようになった、という三点を指摘している。(32)これらはまさに「保存地区」の考え方であり、時代を先見したものとみなすことができる。しかし、この条項が、どのような事情で加えられたかに関しては、明らかにはなっていない。

一九二三年法が制定され、都市計画を管轄する厚生省は、都市計画スキーム作成のためのガイドを刊行するが、(33)これには建築的、歴史的、芸術的価値のあるものに関しては、何も新しいことは書かれてなく、一九〇九年法の但し書きを繰り返すだけであった。このことから、当時の厚生省は、歴史的建造物に関しては無関心であり、特記事項に関するその後の進展もないことから、一九二三年の条項もまた、一九〇九年法のマレルのような人物によって、秘密裡に加えられ、ほとんど無視されるものであった可能性が高い。

古記念物保護法等の適用範囲は、イングランド、ウェールズ、スコットランドであったが、当時、英国と議会を統合していたアイルランドに関しては、[34]一八九二年に類似の法律である「古記念物保護（アイルランド）法」が制定されており、その後、一九三〇年に「国家記念物法」に取って代わられた。ここで、「国家記念物」とは、「記念物（モニュメント）またはは記念物の遺構の保存が、歴史的、建築的、伝統的、美的、考古学的観点において、国家的に重要な問題であるもの」と定義され、[35]これらの発掘・輸出・保護等は、原則として、すべて許可制となり、国家が監理するようになった。

他方、イングランドにおいても一九三一年に法改正が行なわれ、「古記念物法」が制定された。「古記念物法」では、所有者の異議がない場合、国会の承認なしでそれぞれの「保存命令」を発令することができるようになった。これにより議員立法か類似の手続きを必要とした保存命令が、公共事業庁長官の権限のみで発令できるようになり、手続きが大幅に簡略化された。

一九三三年地方政府法で、再び手続きが変更となり、異議申立の先が、国会の特命委員会に代わり、公共の公聴会になった。また、保存命令で不利益が生じた場合、所有者に対し、補償が行なわれることが定められた。これは地方行政庁がこの権限を行使することを促進しようとしたものであったが、結果的には、保存命令を発令するためには、事前に補償のための資金を捻出しなければならないという事態を招き、反対に地方行政庁が保存命令を出すことを抑制するかたちとなった。この一九三三年地方政府法によって、一連の古記念物保護制度が完成した。そして、一九七九年に「古記念物および考古学地区法」が制定されるまで、この制度が続くことになる。

3　建造物保存命令の導入

一九三二年、厚生大臣ヒルトン・ヤング（一八七九–一九六〇、のちに初代ケネット男爵となる）によって「都市・農村計画法」が制定された。前章で述べたように、この法律は戦前の都市計画に関するアイディアの集大成のようなものであった。その最大の改革は「暫定開発規制」を導入し、乱開発を規制するようになったことであろうが、歴史的建造物に関しても、大幅な進展が見られた。都市計画スキームの作成にあたっては、「衛生状態」「アメニティ」「利便性」「自然または美的価値（place of natural interest or beauty）」を確保することと、「すでに存在するアメニティを保持すること（protecting existing amenities）」が明確に規定された。ここには歴史的または建造物といった言葉は見られないが、これらには明確に歴史的建造物を保存すべしとする意味が含まれていた。その解釈として、デイヴィッド・スミスは、アメニティという概念に「歴史的建造物の保存」の概念が含まれると説明しており[36]、ジョン・デラフォンズは、行間に歴史的建造物の保存に関しても含まれているとしている[37]。いずれにせよ、この段階で、かなり明確に、都市計画において歴史的建造物の保存を考慮すべきことが、暗黙のルールとなっていたと考えられる。

さらに、一九三二年都市・農村計画法では、歴史的建造物が取り壊しの危機にある際に、それを取り壊さず、保存することを義務づける「建造物保存命令」に関する規定が盛り込まれた。しかし、この制度は、簡単に導入が決定されたわけではなく、法案の諮問委員会の段階から、さまざまな議論があった。法案を提出したのは、マクドナルド連立内閣政府であった。一九三一年、労働党政権の際に、一度、同様の法案が国会に上程されていたが、成立はしなかった。連立内閣成立後、両党の支持のもと、法案は再度提出された。これは「官僚主義」的法案との批判があるほど、現場主導の案であった。

建造物保存命令に関しては、法案作成の段階で、クランボーン子爵やハーティントン侯爵といった貴族たちから、地方自治体にはこれら歴史的建造物の価値判断ができるほどの能力をもった者はいないので、地方自治体にこのような権限を与えるのは問題があり、みずからが指名するメンバーからなる助言機関の助けを借りて、中央機関がその決定権をもつべきだという意見があった。しかし、こういった反対を何とかねじ伏せ、ようやく法案は国会に上程された。庶民院（下院）では、エイルズバリー選出の国会議員ボーマントによって、英国には城郭建築等のすぐれた住宅建築を残すなど、伝統的に歴史的価値のあるものを守るという精神があり、このような条項は無意味であり、地方自治体の遊び場のようなもので必要がないと強烈に批判されたものの、それでも何とか通過することができた。貴族院（上院）でも、タファムのバンバリー卿から、建造物保存命令の条項を削除するように求められるなど、強い反対を受けた。その際は、クランワース卿から、「取り壊し（demolition）」をすることは防止するが「改修（alternation）」に関しては自由とするという妥協案が提出され、それがそのまま法案となり、再び庶民院に送られ、そのかたちで成立した。ただし、「取り壊し」と「改修」の区別はあいまいであり、一九四七年に改正されるまで、この状態は続いた。[38]このように、一九三二年においても、五〇年前の一八八二年古記念物保護法の制定時と似たような議論が行なわれており、この段階ではまだ古記念物や歴史的建造物の保存に関しては、人々にさほど理解されていなかったようだ。

「建造物保存命令」は、一九一三年古記念物統合・改正法で導入された古記念物に対する「保存命令」と同様の趣旨のものであるが、管轄官庁は「公共事業庁」ではなく、都市計画を管轄する「厚生省」であり、厚生大臣が作成するもので、古記念物に適用される公共事業庁長官が作成する「保存命令」とは異なったものである。また、法律によって保存する対象範囲が拡大され、人が住んでいる建造物にまで強制的な保存を要求することができるようになったことは最大の進歩であり、これによってそれまでの念願であったすべての建造物を対象とした保存制度が確立されたことになる。実務レベルでは、地方計画庁は特定の歴史的建造物または歴史的な価値（interest）がある建造物を保存するために、その取り壊しや変更または拡張を制限することができるようになった。これは、破壊の危機にある歴史的建造物を、法律によって保護することができるようになったことを意味していた。しかし、実際には、命令によって被る不利益は、公共の福祉のためではあっても、補償しなければならず、地方計画庁は、なかなか保存命令を発令することができなかった。つまり、古記念物保護法設立の際に議論となった問題が、この段階ではまだ解決されてはいなかった。「建造物保存命令」に関しては、草案は作成されるものの、なかなか承認されるまでは至らなかった。それでも、同法の規定に基づいて、一九四七年に法改正がなされるまで三五件の命令が作成された。[39]ただし、単独でというよりは、ＬＣＣ（ロンドン政庁）の場合のように、他の権限とともに行使される場合がほとんどであった。

一九三二年法によって、建築的または歴史的価値をもつ建造物を「建造物保存命令」によって保護する制度が確立したが、保護すべき建造物に関する規定は、明確ではなかった。そのため、地方自治体は建造物保存命令を発令するのに悩み、また、発令するまで長い時間を要する場合も少なくなかった。手続きに手間取っている間に、重要な建造物が壊されてしまう場合もあり、この点に関しては、至急、改善の必要があった。そこで、前もって重要な建造物のリストを作成しておき、リストに掲載された建造物が取り壊しの危機に瀕したら、建造物保存命令を発令すればよいという考え方が生じてきた。同時に、前述した通り、RCHMは文化財目録を作成しており、LCCも『サーヴェイ・オブ・ロンドン』の編纂を行なうなど、地方自治体単位でも歴史的建造物のリストを作成しようとする動きが起こってきた。これが一九四四年都市・農村計画法で定められる「地方自治体による保存すべき歴史的建造物のリスト」(のちの「登録建造物リスト」)の作成につながっていくことになる。

一九三二年法は、多くの問題を抱えていたものの、法律によって歴史的建造物を保存していく基礎が確立されたことに間違いはない。実際に建造物保存命令が発布されたかどうかは別として、都市計画制度そのものに保存制度が導入されたことは、歴史的建造物に対する無言の圧力となったことであろう。また、厚生省は都市計画スキームを承認する前に、歴史的建造物の取り扱いに関して公共事業庁長官に意見を聞かなければならないという制度ができたことも、歴史的建造物の保存に関しては大きな成果であったと思われる。もし、公共事業庁が古記念物保護関連法のみで歴史的建造物の保存をしようとしたのであれば、これほど多くの建造物が開発による破壊から免れることはできなかったであろう。

このように、これら戦前の歴史的建造物の保存に関しては、古記念物保護関連法と都市計画関連法の両者に基づき、国家によって実施されるようになった。そのため、所管の中央政府機関もふたつとなった。古記念物保護関連法に関しては、一八八二年法が制定された際に、王室の歴史的建造物の監理も行なっていた「公共事業庁」が指名されて、それ以来、公共事業庁が管轄してきた。一方、都市計画関連法に関しては、一九〇九年住宅・都市計画諸法が制定された際は、地方政府局が管轄し、一九一九年には厚生省が創設されて、その業務を引き継いでいる。一九四〇年からは一部業務が新設の「公共事業・建築省」に移管されるとともに、「公共事業・建築省」は古記念物保護法関連の所管省庁ともなり、一九四二年には古記念物関連ならびに都市計画関連ともに「公共事業計画省」の所轄となった。しかし、その直後の一九四三年に、古記念物保護法関連は「公共事業省」が、都市計画関係法は「都市・農村計画省」と分割して所管することになった【参考資料iii】【参考資料iv】。

ここで再び、古記念物保護法によって、保護されるようになった対象物に話を戻したい。この法律によって保護の対象となったのは、国家的に重要とみなされたごく一部の歴史的遺産であり、適用の範囲は限られており、開発ラッシュの真只中にあって、その波に対抗することはできなかった。実質的には、慈善団体の活動や、「ナショナル・トラスト法」(一九〇七年)に基づくナショナル・トラストの活動等が有効に機能していた。しかし、ナショナル・トラストがターゲットとしたのは、すでに述べたように、貴族のカントリー・ハウスに限られていた[40]。つまり、これら戦前の文化財保護行政は、限られた一部のモニュメント等を保存するものに過ぎなかった。

これらの法律の整備と同時に、歴史的建造物および歴史的環境を何とか保存しようとする市民の運動が起こり、各種の専門の団体が設立されていった。すでに紹介した諸団体以外にも、特定の建造物を保存していこうとする学術団体が多数設立されていくことになる[41]。

4　建造物保存命令の改革とリストの作成

戦後の都市計画および文化財保護行政の基本方針は、戦中にすでに作成されていた。一九四三年には、暫定開発地域が全国土に拡張され、スキームの作成に着手していない地域においても、暫定開発規制によって、開発を規制するようになり、実質的に、全国土で都市計画が行なわれるようになった[42]。

一九四四年には、都市・農村計画法そのものが改正された。これは、戦後復興のために、地方自治体に対して土地収用の権限が与えられるなど、戦後の都市計画にとって重要な意味をもった改正であった。この法律では、歴史的建造物の保存といった観点からも、重要な制度が導入されている。すなわち、一九四四年法第四二条で、各自治体が保存すべき歴史的建造物のリストを作成することが定められた(ただし、この段階では、その作成は義務ではなかった)。これにより、歴史的建造物の保存に関しては、古記念物保護関連法での古記念物の保護のように中央政府がリストの作成の責を負うのではなく、リスト(「登録建造物リスト」)の作成は地方自治体の業務として、各地方自治体に委ねられることになった。

この法案が可決される際に、重要な議論があった。一九四四年三月九日、国会でのウィリアム・コールゲイト(一八八三―一九五六)による「国家的に重要な建築物を保存するために、大臣にはどのような権限が必要なのか」という質問に対し、当時の都市・農村計画大臣ウィリアム・シェパード・モリスン(一八九三―一九六一)は、「都市・農村計画大臣には、一九三二年都市・農村計画法一七条に定められた地方自治体により発布される建造物保存命令を承認する以外には、何の権限もない。現在、今後の制度とともに、新たなる権限について考慮中である」と回答した。そして、その二カ月後、モリスンは、都市・農村計画法案を国家に提出した。しかし、これはすんなりとはいかなかった。これは戦後の戦災復興を十分に意識した法案であったが、ヘイデン・ゲストなど真っ向から反対をする者もいた。また、三月九日の答弁にもかかわらず、歴史的建造物の保存に関する、何の新しいアイディアも含まれていなかった。

これに対し、トゥイクナム選出の保守党の国会議員エドワード・キーリングは、「戦災復興の際、歴史的建造物を破壊するような行為を防がなければならない」という内容の強烈な意見陳述を行なった。彼は、地方自治体に対し、歴史的建造物に対する配慮を訴えかけ、各地方自治体は歴史的建造物のリストを用意し、都市・農村計画省には、新たに建造物をリストに加える権限をもたせるべきであるとした。キーリングは、特に、ジョージアン建築を擁護し、一八五〇年以前の建築すべてをリストに掲載すべきであるとした。その際、すでにリストが完成しているみずからの選挙区トゥイクナムや、ダゲナム、イルフォード、レイトンストン、ブライトン、チチェスター、チェルトナムといった自治体の名前をあげ、全国の自治体に対し、保存すべき歴史的建造物のリストを作成し、リストに掲載された建造物の取り壊しをさせないよう注意をうながすことを求めた。キーリングの提案に対して、諮問委員会が組織され、さらなる議論が行なわれることになった。キーリングは、政府の直接の介入に関する条文を除くなど、いくつかの修正を加えた案を委員会に提出した。委員会では、「リストに掲載する前に所有者に対し、リストの目的を伝えるべきである」「リストの範囲は近隣にまで及ぶものとすべきである」「リストの完成後は出版されるべきである」「中央省庁は権限をもつのではなく義務としてリストを作成すべきである」といった議論が交わされた。

政府は、リストに掲載された建物の所有者に対し、何らかの改修または取り壊しの際に、地方自治体への届出を義務づけようとする修正案を提出したが、これも法務次官の強烈な反対で取り下げられた。最終的に、妥協の末、骨抜きとなってしまったものが、法案として国会に提出された。

国会でも、委員会で話題になった問題が再び取り上げられた。特に、所有者に対してリストに掲載されることを前もって知らせるかどうかが議論された。激しい議論の末、一九四四年一一月一七日に、都市・農村計画法案は、やっとのことで国会を通過した。結局、歴史的建造物のリストを作成することは承認された。しかし、中央省庁も地方自治体も、リストの作成を義務づけられることはなかった。また、リストに掲載された建造物を「取り壊そうとする場合と建造物の性格に重大な影響を与えると思われる改修等を行なおうとする場合」には、地方自治体に届出をしなければならなかったが、許可を得る必要はなかった。しかし、その際のわずかながらの前進として、一九三二年法下の建造物保存命令では「取り壊し（demolition）」が制限されていただけで、「改修（alternation）」に関しては除外されていたが、それが改められ、「改修」の際も取り壊しと同様の扱いを受けるようになった。これら建造物保存命令は、地方自治体が発令する点は変わらず、中央省庁の都市・農村計画省には、個々の歴史的建造物の保存に関する何ら権限も与えられることはなかった。[43]

このように、一九四四年法は、法案審議の段階では、歴史的建造物の保存制度に関する前衛的なアイディアが多数含まれていたにもかかわらず、結果的には、あまり進歩があったとはいえない状態になってしまった。しかし、これらの議論の内容が、その後、一九四七年都市・農村計画法ならびに一九六八年都市・農村計画法で、花開くことになる。

一九四六年には、大蔵大臣のヒュー・ドートンによって、余剰軍事品を売却したことで得られた五〇万ポンドをもとに、国家土地基金が創設された。その目的は、歴史的建造物の保存と自然環境の保全であった。しかしながら、戦後の混沌とした状況にあり、この基金は有効には機能せず、一九五七年からは一〇万ポンドに減額されてしまった。[44]

労働党政権によって戦後すぐに定められた一九四七年制定の「都市・農村計画法」は、これまでのさまざまな試みや提案を、システムとして統合したものであった。また、それを現実的にするために、かなり大胆な改革がなされ、根本原理にも変更が加えられた。一九四七年法それ自身は、労働党政府によるものであるが、それまでの連立内閣でも、都市計画制度の改革の必要性が認識されており、「補償と開発利益」の問題以外は、大筋で野党の保守党も同意するものであった。この問題に関しては後述するが、[45]基本的に、一九四七年法では、「開発利益の公共還元」が原則となっており、補償は行なわれないことになった。

歴史的建造物に関する規制に関しては、「建造物保存命令」の制度が一新された。ここで、長い間問題となっていた建造物の所有者の私的所有権に関しても、公共の利益という原則にのっとって、都市計画上の必要性が優先されることが明確に定められた。これによって、所有者の同意なしに、補償をせずに、歴史的または建築的に価値の高い建造物の保護を要求することが可能となった。これら都市計画における補償の問題は、その後、政権交代によって何度も大幅に変更されることになるが、歴史的建造物の保存と補償の問題は、変更が加えられることはなかった。

また、中央省庁の権限が拡大され、地方自治体のみではなく、中央省庁も直接、建造物保存命令が作成できるようになり、同時に、手続きが簡略化され、即座に発令でき、その有効期間は二カ月と定められた。

他にも、一九四四年法では「取り壊そう（demolition）とする場合」と「建造物の性格に重大な影響を与えると思われる改修（alteration）を行なおうとする場合」とに限定されていた規制の対象が、すべての「現状変更（any alteration）」にまで拡大された。これは歴史的建造物の保存制度にとって大きな前進であった。それに加え、ディヴェロプメント・プランの導入により、個別の開発規制が可能となり、これによっても歴史的建造物が取り壊されるのを防ぐことができるようになった。また、開発規制により損失をともなうことが明らかな場合、所有者は地方自治体に対し「買取請求」を行なうことができ、歴史的建造物を地方自治体が買い取って（収用して）保存できるようになった。

これらは歴史的建造物の保存制度にとって、非常に大きな変革であったものの、一九四七年都市・農村計画法があまりにも画期的な新制度を導入しようとしていたため、歴史的建造物の保存制度の改革に関して、法案の段階では、さほど議論が行なわれなかった。いわば、戦後の混乱にまぎれて、これまで問題となっていた多くの点が、一気に解決されてしまったと言ってもよいだろう。

とはいっても、法案の段階で、歴史的建造部の保存制度に関して、まったく議論されていなかったわけではなかった。一九四六年一二月二〇日に、都市・農村計画大臣ルイス・シルキンによって公表された都市・農村計画法案において、歴史的建造物の保存に関する改正は、「建造物保存命令」制度に関するものと、「歴史的または建築的価値をもつ建造物のリスト」の作成に関わるもののふたつであった。「建造物保存命令」に関しては、法案が問題なく通過したが、「歴史的または建築的価値をもつ建造物のリスト」の作成に関しては、一九四四年法の法案審議での議論が蒸し返された。すなわち、リストに掲載する際に、所有者に通知するのかしないのかということが再び問題となった。

その際、通知すべきという主張の先鋒に立ったのがヒルトン卿であった。ヒルトン卿は、所有者には個人的に通知し、リスト全体は新聞等に公表すべきであるとした。そして、所有者はリストに掲載するかそれともしないかを自由に判断できるようにすべきであるとした。しかし、これに対して、当時の大法官ウィリアム・ジョウィット（一八八五―一九五七）は、すでに都市・農村計画省では、リストに掲載される建造物は一〇～二〇万件になると予測していることをあげて、それでは時間がかかり過ぎるという理由で反対し、ラドナー伯（一八九五―一九六八）の支持もあって、ヒルトン卿の意見は通らなかった。

結局、法案にあった大臣がリストを作成することが「できる（may）」という表現が、「すべし（shall）」と変更になっただけであった。[46]これらの議論や変更は、すべて一九四四年法制定の際に議論となっていたことであり、一九四七年法は、アイディアとしては何も新しいことはないが、それまでのアイディアを法制度として実現させた点で、大きな進展であった。

一九四七年法の成立によって、「歴史的または建築的価値をもつ建造物のリスト」の作成は、国家レベルでの決定となり、地方自治体にはその作成業務が義務づけられた。他方、「建造物保存命令」の作成の手続きは、「一九四八年都市・農村計画（建造物保存命令）規則」[47]で規定された。ここで保存の対象となったものは、建造物以外にも、歴史的価値を有する構築物も含まれていた。ただし、礼拝の目的で用いられている教会堂、一九三一年古記念物法のもと計画または命令の対象となっている建造物、同法に基づき公共事業大臣によって作成されたリスト（「古記念物リスト」）に掲載されている建造物は除外され、建造物保存命令を作成することはできなかった。また、命令の作成には、都市計画を所轄する省庁（一九五一年までは「都市・農村計画省」、一九五一年に「地方政府・計画省」、同年に「住宅・地方政府省」）の大臣の承認を必要とした。実際の命令の作成は、地方自治体にまかされたが、命令とそれにともなう計画を決定する際には、大臣に対し、陳述書を提出しなければならなかった。また、命令を発令する際は、その命令の内容を、地方で配布される新聞等に掲載し、住民に告知しなければならないことが定められた。この段階で、住民の意思を尊重する住民参加型の都市計画が芽生えつつあったことが確認できる。

他方、当該建造物の所有者および占有者は、命令に不服がある場合、大臣に対し異議申立ができることが定められた。大臣は、異議申立および地方の公開審問について査問官の報告等を考慮したうえで、最終判断を下すという手続きをとるようになった。また、命令が発令されたにもかかわらず、命令に違反して工事が行なわれた場合には、地方計画庁は当事者に対して、以前の状態に戻させることを要求することができるようになった。(48)

一九四七年法によって制度が改革されたことで「建造物保存命令」の発令数は年々増加していった。一九三二年法下では、一五年間でわずか三五件しか作成されなかったが、新法によっては一九五〇年までの四年足らずで一七件が作成された。その数は着実に増加し、一九五九年には二三件、一九六四年には三九件の建造物保存命令が作成されている。そして、一九六四年までに、三四四件の建造物保存命令が作成され、一、二三三棟の建造物が保存された。一九五九年には「樹木保存命令」制度も創設され、地方自治体は、命令によって環境を保存・保全するようになった。また、「建造物保存命令」の作成に関する議論のなかで、建造物の「群としての価値（グループ・ヴァリュ）」が認識されていったことも重要なことであろう。これが、のちの「保存地区」の考え方につながっていくことは言うまでもない。

他方、一九四四年都市・農村計画法によって、「特別な建築的または歴史的価値を有する建造物の法定リスト（登録建造物リスト）」が、都市・農村計画大臣により作成されることが決定した。それまでに作成されていたリスト（「古記念物リスト」）は、古記念物法関係法に基づくものであり、文化財を管轄する省庁が作成していたが、ここではじめて都市計画部局が、歴史的建造物のリストを作成することになった。このリストが、現行の「登録建造物制度」のはじまりと考えてもよい。ちなみに、一九四四年都市・農村計画法では、歴史的建造物のリストの作成に関しては義務づけられていなかったが、一九四七年都市・農村計画法で、リストの作成が義務化されたことは、すでに述べた通りである。

戦災復興を念頭に置きながら、一九四三年に新設された「都市・農村計画省」は、新たな都市計画システムの構築で多忙であるばかりか、一九四七年法が定められると、そのマニュアルの策定、具体的な計画案の策定と、その業務は膨大となり、「ホワイトホール・イレギュラーズ」（「ホワイトホール」は、政府の通称、日本の「永田町」にあたる呼び方）と呼ばれる非常勤の職員の活躍が不可欠な状況であった。アンソニー・ワグナー(49)は、歴史的建造物の保存に尽力したこうしたホワイトホール・イレギュラーズのひとりで、他にもフィリップ・マグナス(50)、リッチモンド・ヘラルド(51)といった人物が、リストの作成に大きな役割を果たした[52]。

リストの作成にあたり、一九四五年、ヴィクトリア&アルバート美術館の館長を務めたエリック・マックレイガン（一八七九－一九五一）を委員長として、「リスト作成のための諮問委員会」が設立され、政府（都市・農村計画省）に対して、専門的な助言を行なうことになった。この委員会は、当初、委員会はマックレイガンを委員長としたため、「マックレイガン委員会」と呼ばれたが、その後、委員長がウィリアム・ホルフォードに引き継がれ、「ホルフォード委員会」と呼ばれるようになった[53]。一九四六年一〇月二八日のアンソニー・ワグナーによる議事録には、アルフレッド・クラパム卿、ホルフォード教授（当時はまだ都市・農村計画省のチーフ・プランナーであった）、チェトル氏といった三名の専門職員に加え、ナショナル・ビルディングズ・レコード[54]のウォルター・ゴッドフリーやジョン・サマーソンといった名前もあった。それ以外にも、アルバート・リチャードソン教授[55]などの諮問委員会が指名した委員がいた[56]。ちなみに、委員は無給で、「公共の利益のため（pro bono publico）」の活動として期待されていた。マックレイガン委員会の最も大きな功績は、後述する「登録の基準」を作成したことである[57]。

一九四六年には、一四名の臨時審査官が採用された。その長を務めたのが、主任審査官W・J・ガートンであった。臨時審査官は、すぐに「調査官」と名称を改められ、ガートンの指揮下、政府代表のワグナーと協力して、リストの作成を進めていった。ワグナーとガートンは、『調査官への指示[58]』（一九四六年三月作成）という文章を作成し、調査官に配布した。ただし、この文書に関しては、極秘扱いとされ、長い間、調査官以外の者が目にすることはできなかった。

一九五〇年の段階で、一、四七〇自治体のうち約七〇〇自治体しか調査を終えていなかった。この調子では、あと五年以上はかかると予想されていた。主任調査官のガートンは、調査を通して、「取り壊される危機に瀕しているのは有名建築ではなく、あまり知られていない建築である」ことを強く認識し、そのためにも至急のリスト作成の必要性を訴え、全国の自治体の「暫定リスト」の作成を要求した。その際、リスト作成の時間短縮を優先し、すでに刊行された出版物等から情報を集めながら、リストを作成するように指示を与え、みずからもその作業に従事した。これには反対意見がないわけではなかったが、作業はガードンの指示通り進められた。その結果、一九五一年には八二八地方自治体（三四八は法定リストを作成、二七七はリスト案を公表、二〇三はリスト案を作成したが未公開）が調査を終え、残るは六四九自治体となった。

一方で、暫定リストの作成のため、法定リストの作成は手間取った。しかし、八年後の一九五九年の段階では、九三一の自治体で法定リストができ、二七五の自治体では網羅はしていないものの部分的なリストが完成し、計七三、三一〇棟の建造物が法定リストに載せられた。そして、リストが完全に完成したのは、一九六六年のことであった[59]。

ここで、リストに掲載する基準に関して、その経緯をみてみよう。一九四四年都市・農村計画法で、歴史的建造物のリストの策定が決定すると、翌一九四五年には、「リスト作成のための諮問委員会」（「マックレイガン委員会」）が設立され、これら建築物の登録ならびに保護に関する審議にあたった。その際の基準には、古さ、貴重さ、建築的価値、構法、集合的価値等に加え、偉人や重要な事件を連想させるもの、芸術的にすぐれているわけではないが建築史上重要なもの、慣習上重要なもの、現存しない産業を代表する遺構、特定の材料を用いているもの、地方の特色をもつもの、平面がすぐれているもの、庭、中庭、敷地等の配置がすぐれているものなどがあった[60]。

この基準にのっとって、次のような三階級に分類された「旧基準」[61]。

グレイドⅠ－著しく価値があり、いかなる場合にも、取り壊しを許すべきでない重要な建造物

グレイドⅡ－保存が国家的に重要で、特別な理由がない限り、取り壊しまたは現状変更をすべきでない建造物

グレイドⅢ－法定リストに特別に掲載するほどではないが、建築的または歴史的価値をもち、都市計画の実施にあたり、重要であると判断されるか、計画庁が計画を練る際、保存する必要があるとした建造物

（現在は廃止されて存在しない。しかし、現在も地方自治体で独自に定めている場合もある）

これらのうち、グレイドⅠとグレイドⅡは「法定リスト」と「補助リスト」に掲載され、破壊・改造の際には、事前に自治体に申告する義務を課した。また、グレイドⅢにあたる建造物は、「補助リスト」に載せられるが、所有者には何の義務もなかった。「法定リスト」に載せられ、建造物名称、住所が掲載されるだけであったが、「補助リスト」には建造物の特徴が詳細に書かれていた（これが現在の「グリーンバックス」[62]のもとになっている）。

これらの基準が、ワグナーとガートンによって作成され

た『調査官への指示』で示され、調査官のなかで徹底された。また、この基準は、都市・農村計画省発行の『一九四三―五一年次報告書』[63]に掲載され、一般にも公表された。ただし、その段階で、わずかな修正がなされていた[64]。ここで興味深いのは、『調査官への指示』のなかで、幻のグレイドである「グレイドⅣ」が存在したことである。グレイドⅣとは、調査官はグレイドⅢに値しないと判断した場合でも、他の調査官がグレイドⅢに相当すると考えるかもしれないと思われる建築につけるグレイドであった。しかし、実際には、これが用いられることはなかった。

　また、現行制度では、グレイドⅠとグレイドⅡの中間にグレイドⅡ*（ツゥー・スター）というものが存在するが、これは当初のグレイドにはなかった。これは、調査官が実際のリスト作成の際、便宜上用いられていたものであるが、それがのちになって、法的にも認められるようになった。グレイドⅡ*が最初に用いられたのは、いつかは明らかではないが、一九五九年に住宅・地方政府省が刊行した年次報告書のなかで、すでに用いられていた[65]。

　これらリストに掲載された歴史的建造物とその保存の手続き等に関しては、「一九四八年都市・農村計画（建造物保存命令）規則」によって定められた。一九四八年には、もうひとつの重要な出来事があった。それはその年の一二月に国家財政委員長（蔵相）によって、歴史的建造物のリスト作成に関する特別委員会「著しい歴史的または建築的価値がある住宅委員会」が設置されたことである。この委員会は、「ガウアーズ委員会」と呼ばれ、主に国家的遺産の財政的問題に関することを検討するのが主要テーマであった。委員には、それまでこの問題に関わってこなかった七名が選ばれた。そのなかには、著名な美術史家でコートールド美術研究所の教授アンソニー・ブラント（一九〇七―八三、王室の絵画の管理者の地位にあった。のちにスパイ行為で逮捕されるが、この時点ではそれは明るみにでていなかった）も含まれていた。議論を進めていくなか、委員会が問題としたのは、この問題の責任官庁が公共事業省と都市・農村計画省のふたつにまたがり、しかも両者とも一部重複する保存のための法定リストを利用していることであった。

　委員会は、このような事態を容認せず、両省庁から独立した新たな機関の設立の必要性を訴えた。そして、その委員は、第三者である国家財政委員長が任命し、中央政府、地方計画庁、歴史的建造物の所有者等の助言機関となるべきとした。また、委員会は、二種類のリストの調整をはかるとともに、一九四七年法で決定された「特別な建築的または歴史的価値を有する建造物の法定リスト」を策定する機関としての役割も担うべきであるとした。そして、その結果として、「一九五三年歴史的建造物および古記念物法」によって、イングランド、ウェールズ、スコットランドにそれぞれ「歴史的建造物諮問委員会」[66]が設置された。しかしながら、一九四三年に公共事業・計画省が、文化財関係省庁と都市計画関係省庁とに分割して以来のふたつの省庁間の問題は解決されぬままであり、一九七〇年に環境省が創設されるまで、この問題は残ってしまった。

歴史的建造物諮問委員会は、錚々たるメンバーで構成されていた[67]。そして、政府の助言機関となり、それまでの公共事業省の役割と都市・農村計画省[68]の役割を引き継いだ住宅・地方政府省の役割の一部を担うはずであった。しかし、実際には、住宅・地方政府省のリスト作成のための機関に過ぎなかった。事実、ウィリアム・ホルフォード、ジョン・サマーソンといった人物は、この「歴史的建造物諮問委員会」の委員であるとともに、「リスト作成のための諮問委員会」の委員でもあった。このように、ふたつの省庁にまたがる行政手続き等の問題を解決しようとして設立された歴史的建造物諮問委員会であったが、結果として、この問題に対しては何の解決ももたらさず、ますます複雑な状況に陥ってしまった。

「一九五三年歴史的建造物および古記念物法」では、リスト・アップされた重要な建造物の破壊を防止するばかりでなく、その維持に関しても国家が関与するようになった。つまり、歴史的建造物の維持・管理に対し、補助金を交付するようになった。これは国庫（公金）によって、個人所有の歴史的建造物を保存しようとする最初の法律の誕生を意味していた。当時、歴史的建造物の所有者にとって、その維持・管理はたやすいことではなく、建造物保存命令が下されることを負担と考える者も少なくなかった。また、歴史的建造物の所有者のなかには建造物保存命令を発令されないように、建物を放置し、建物の価値を損なわせようとするものもあった。補助金制度の導入には、所有者が故意に歴史的建造物を放置することを防止するねらいも含まれていた。それと同時に、所有者が維持・管理を怠った場合、歴史的建造物を低廉な価格（「最低限の補償」と呼ばれる）で強制収用できる制度を導入している。

他方、都市計画行政にとっては、リストの作成に際して、歴史的建造物諮問委員会等の専門の知識をもっている者と協議しなければならないが、建造物の所有者または占有者の意見を聞く義務がないのが大きな特徴である。これはリストの作成が、個人の利益や権利等とは関係なく、歴史的または建築的価値があるものを保存するためのものであるということが最大の理由であった。また、この段階では、リストに掲載されたからといって、保存しなければならないという義務が生じたわけではなかった。

建造物は、リストに掲載されたのちに、関係自治体ならびに所有者または占有者には通知される。リストに掲載された建造物は、取り壊し、またはその性格に大きな影響を与える変更もしくは拡張（修理・改築・取り壊し・その他これに影響を与える行為）を行なおうとする際には、工事が実施される少なくとも二カ月前に、文書により地方計画庁に通知しなければならなくなった。この規定に違反した場合、罰金が科せられる。また、この規定に違反し、リストに掲載された建造物に変更等を加えた場合、地方計画庁は以前の状態に復旧することを要求できた[69]。

遺跡や記念物の保存に関しても、「一九五三年歴史的建造物および古記念物法」で、大幅に制度が改正された。まずは、それまで対象にならなかった人が住んでいる、または住むことができる建造物にまで、保存の対象が拡大された。また、住宅・地方政府省による建造物のリスト作成と同様に、公共事業省が作成したリストに掲載された記念物に関しては、所有者または占有者が、修理・改築・取り壊し・その他これに影響を与える行為を行なおうとする場合、三カ月前までに公共事業省に通知する義務を課した。破壊または損傷の危機にある場合は、地方自治体は、「暫定保存通告（最大限二一ヵ月継続する）」、または、永続的な「保存命令」（「建造物保存命令」とは異なる）を発令して、公共事業省大臣の許可なしに、いかなる工事をも中止することができた。一九六〇年代末の段階で、一二、〇〇〇以上の遺構が保護対象にあった。公共事業省は、遺跡の保存・維持・管理に関して、永久に責任をもつものとされ、また、遺跡を取得することもでき、約七〇〇の遺跡が公共事業省の監理下にあった[70]。

一九五三年歴史的建造物および古記念物法によって、歴史的建造物の保存に対して、国庫から補助金が交付されるようになった。一九五四年には、歴史的建造物諮問委員会に対して、三四二件の申請があり、そのうち八二件、総額二六八、〇〇〇ポンドが交付された。補助金の額は、年々増大し、一九五九年には、三四六件の申請に対し九〇件、総額一、七三九、〇〇〇ポンドが交付されている。歴史的建造物諮問委員会が創設されて以来、一〇年間での補助金の総額は、

三、八二六、八〇〇ポンドに及んだ。[71] とはいっても、その対象はカントリー・ハウス等の特別な価値をもつ建造物に限られており、一般の民家等は対象外であった。カントリー・ハウス等の保存に関しては、ナショナル・トラスト等でも真剣に取り組んでおり、[72] 問題となったのは、さほど大規模ではない、どこにでもあるが貴重な存在である建造物の保存に関してであった。こうしているうちに、これら一般の歴史的建造物に対する市民の関心は、徐々に高まっていき、地方自治体にも、これを保存し、まちづくりに活かしていこうとする考え方が芽生えてきた。

歴史的建造物諮問委員会は、一九五六年に、「タウン・グランツ」の制度を導入し、これに対応した。タウン・グランツとは、歴史的建造物等の環境保全のために地方自治体に対して交付される補助金であり、バース、ブライトン、ホーヴ、キングズ・リンといった都市が交付を受けている。しかし、歴史的建造物諮問委員会の予算だけでは、十分ではなかった。歴史的建造物を修理して、保存・活用していこうとする動きが活発となり、補助金の申請数はうなぎのぼりとなった。そのなかには、ナショナル・トラストの所有する建造物も含まれていた。また、補助する対象を拡大しようとする動きもでてきて、予算は当然切迫していた。これに加え、物価も急激に上昇し、もはや、それまでの体制では太刀打ちできなくなった。政府は、このような状況で、制度の改革を行なった。政府の考えた手法は、歴史的建造物諮問委員会の予算を増大させるのではなく、地方自治体に補助金制度を創設する権限を与えるというものであった。一九六二年には、「地方庁（歴史的建造物）法」を制定し、すでに補助金制度の制定が許されていた大規模自治体ばかりでなく、小規模な自治体にまで、歴史的建造物の保存に関する補助金制度を創設する権限を付与した。

この段階での政府の対応は、ここまでであった。しかし、この他に注目に値する試みとして、一九六一年に「都市計画連合グループ」を結成したことがあげられる。これは、「住宅・地方政府省」と「運輸省」の両省から職員が選出され（一九七〇年には、両者は統合されて、「環境省」となる）、両省合同で都市計画の問題を検討していこうとするものであった。一九六二年から六七年にかけて、計八冊の「プランニング・ブルティン」が、都市計画連合グループの手によって刊行された。そのなかで歴史的建造物の保存と関係が深いのは、『中心市街地―リニューアルへのアプローチ』[73] と『中心市街地―最新の実務』[74] である。ここで、中心市街地の活性化および保存の問題が検討され、その際の歴史的建造物の重要性等が示された。また、「官民のパートナーシップ」も、そのなかでうたわれていた。これらは、現在ではごくあたりまえのことであるが、当時としては新しい概念であった。言い換えれば、ここで生じた概念が、現在の都市計画の原点にあるということであろう。

一九六六年、「一九五三年歴史的建造物および古記念物法」による「公共建築事業省」の業務は、「地方政府・計画省」に移されるとともに、歴史的建造物諮問委員会もそれとともに移管され、「リスト作成のための諮問委員会」は「歴史的建造物諮問委員会」の下のひとつの小委員会となった。しかし、「歴史的建造物諮問委員会」は、補助金という手段をもちながらも、さほど影響力がある機関とはみなされてはいなかった。代々委員長を務めた人物のほとんどが貴族階級であり、[75]取り扱った建造物もある程度の格を有するものばかりであり、一般の建造物にまで保存の手がのばされるには、もう少し時間を要した。

5　建築保存の国際的動向

一九四五年に、「世界の遺産である図書、芸術作品ならびに歴史および科学の記念物の保存および保護を確保し、かつ、関係諸国民に対して必要な国際条約を勧告する」ために、ユネスコ（UNESCO－国際連合教育科学文化機関）が創設された。[76]ユネスコ憲章には、「戦争は人の心の中で生まれるものであるから、人の心の中に平和の砦を築かなければならない」とあり、この目的を達成するために、文化遺産保護事業、文化遺産保護のための国際規範の作成・履行、および文化政策に力を入れ、条約や勧告を採択してきた。[77]

創設当時、文化遺産の保護事業に関しては、「文化財(cultural property)」または「文化遺産(cultural heritage)」といった用語は用いられず、「戦争により破損した作品の修復および持ち去られた作品の原所有者への返還という戦後処理と遺跡へのアクセス（遺跡博物館の開設）」というふたつの事業が博物館の項目に入っているだけであり、博物館の所蔵品の保護をはかろうとしたものであった。[78]しかし、戦後、戦時中の文化財の大量破壊を目の当たりにして、それを防ぐためには、平和時から対策を講じておく必要性があると判断され、国際ルールの策定が求められるようになった。

一九五四年には、ハーグにおいて、文化財の保存に関する国際会議が開かれた。これは、実質上、ユネスコが開催した文化財保存に関する最初の国際会議となった。ここで、「武力紛争の際の文化財の保護のための条約」（一九五四年ハーグ条約[79]）が締結された。[80]これにより、平和時の対策と、戦争時の文化財保護の原則が打ち出された。また、ここではじめてユネスコによって「文化財」という用語が国際文書で用いられ、保護する文化財が明確に定義されたことも注目に値する。これによると、文化財は、①宗教に関わるか、世俗的なものなのかを問わず、建築・芸術・歴史に関するモニュメントなどの国民が受け継ぐべき文化的資産にとって多大な重要性を有する動産または不動産、②それら動産文化財の補完施設および武力紛争時にそれらを防護するための避難施設、③これらが集中する文化財集中地区、の三段階で規定されていた。これらの対象となる物件に関しては、所有者が国または地方公共団体か、または私人かといった点は問題にされず、単に文化財的価値のみが基準となった。[81]ただし、この段階では景勝地は含まれていなかった。

一九五六年には、第九回ユネスコ総会において、文化財の保存および修復のための国際研究機関を設立することが決まった。そして、一九五八年、ローマに「イクロム（ＩＣＣＲＯＭ－文化財保存修復研究国際センター）」（通称「ローマ・センター」）が創設された。イクロムは、全世界のすべての種類の文化財の保存・修復のために情報収集を行ない、研究を進め、人材教育等を行なう機関となった。[82]

また、第二次世界大戦後のヨーロッパにとって、一九四九年に設立された政府間機関の「欧州会議（Council of Europe）」（本部ストラスブール）の役割も重要であった。欧州会議の設立の目的のひとつは、「ヨーロッパ人の文化的アイデンティティの形成高揚」であり、ヨーロッパの国々において、国際間で文化協力を推し進める動きが活発になってきた。[83]欧州会議は、欧州共同体（ＥＣ）の加盟（一九七三年）が遅かった英国にとって、国際交流の重要な糸口のひとつであった。欧州会議では、ヨーロッパの文化的アイデンティティは異なる文化の複合であり、各国の文化を尊重しつつ、多様な次元および側面で行なわれなければならないと明確にうたっており、独自に建築遺産の保護事業を進めるとともに、[84]一九七五年のヨーロッパ建築遺産年（ＥＡＨＹ）以降は、しばしば他組織との連携をはかるようになった。

一九六四年には、ユネスコの呼びかけにより、二度目の歴史的建造物の保存に関する国際会議にあたる「第二回歴史記念物関係建築家および技術者の国際会議」が開かれた。その際に採択されたのが「歴史記念物および遺跡の保存と修復のための国際条約」であり、「ヴェネツィア（ヴェニス）憲章」として知られている。その目的は、古建築の保存と修復の指導原理を、国際的な基盤に基づいて一致させるためのもので、それを文書で規定したものであった。これは三三年前の一九三一年にアテネで採択された「アテネ憲章」(85)とまったく同じ目的であり、前文にも示されているように、ヴェネツィア憲章はアテネ憲章を時代に合わせて再検討したものであった。すなわち、ヴェネツィア憲章はアテネ憲章を踏襲したものであるが、より現実的に改良されたものであった。

その最も大きな変更点は、対象とする歴史的建造物の範囲が拡大された点にあった。これによって、芸術的な作品でなくとも、地味な過去の建造物のなかでも、時の経過とともに文化的に重要になった遺構も含まれるようになった。

また、修復に関しても、基本原則が明記された。それを要約すると以下のようになる。修復は、高度に専門的な作業であり、専門的知識を有した者の手によって行なわれるべきである。修復の目的は、記念物の美的価値と歴史的価値を保存し、明示することであり、オリジナルな材料と確実な資料を尊重することに基づいて行なわれなければならず、原則として推測による修復はすべきではない。しかし、どうしても必要な付加工事等において推測による工事を行なった場合は、その部分を、区別することができるようにし、後補であることがわかるようにしておかなければならない。これらを綿密に実施するために、修復には考古学的・歴史学的考察が不可欠である。一方で、ゴシック・リヴァイヴァルの修復論争の際から問題になっていた様式統一の問題に関しては、古建築に寄与したすべての時代の正当な貢献を尊重すべきとし、様式の統一を否定した。また、異なった時代の工事が重複している場合には、隠されている部分を露出することも、原則として認められなかった。ただし、近代的な手法を用い、古建築を補強することは認められた。それに加え、修復にあたり、必ず記録をとり、公刊されることが望ましいとされた(86)。これら原則は、すなわち「オーセンティシティ」を尊重するというものであり、その後の建築保存における国際的な原則となった。

一九六四年の国際会議では、「ヴェネツィア憲章」が採択されたとともに、「イコモス（ICOMOS—国際記念物遺跡会議）」（一九六五年設立）の創設が決議された。前述のイクロムが、地域の文化財に関する専門のアドバイスを行なったり、修復技術の養成等を担う国際中央機関であるのに対し、イコモスは各国で国内委員会を組織し、大学、研究所、行政機関などの専門家のネットワークを通じて、各地で文化財の技術的評価や保存状態の調査を行なう組織としての役割を担うことになった。

その後、一九八七年のイコモスの総会で、「歴史都市および市街地の保存のための憲章」（通称「ワシントン憲章」）が採択され、町並み保存といった観点から、ヴェネツィア憲章を補完する国際的原則が築かれた(87)。

6 保存地区制度の成立

戦後の開発ラッシュにおいて、個々のケースごとに歴史的建造物を保護していくには限界があった。また、単体として歴史的建造物を保護するのではなく、歴史的な都市の景観を保存しようとする動きもあらわれてきた。一九五七年に設立されたシヴィック・トラストの動きや、英国考古学評議会（CBA）の活動等が、代表的な現象であった。シヴィック・トラストは、ノリッジのマグダレン・ストリートの街路改善(88)をはじめとして、ストーク・オン・トレントのバーズレム、ウィンザー等、約四〇〇の都市で、同様の美化運動を実施するとともに(89)、歴史的都市の中心部等は、「特別規制地域」として保護していく必要があると主張した。また、英国考古学評議会は、一九六四年に歴史的都市と交通に関する覚書を発表し、翌一九六五年には、考古学的・歴史的価値から生ずる特性をもち、保存する価値がある都市三二四のリストを作成し、一九六六年の覚書では歴史的地区に関する政策策定方法を検討している。

こうした動きにもかかわらず、歴史的建造物は急速に失われ、一九六六年には年間で約四〇〇棟のリストに掲載された歴史的建造物が取り壊されている。このような背景から、真剣に、歴史的街区を集合体として保存していこうとする動きが生じてきた(90)。

一九六九年には、「スケフィントン報告」が刊行され(91)、住民参加の都市計画のシステムが整備されはじめた。そして、計画案の公表や縦覧、公聴会の開催などを通して、住民の意見が反映された都市計画へと変化していった。住民参加の都市計画の必要性は、広く世間で求められ、ローカル・アメニティ・ソサイアティの活動も活発化していった。

このように、一九六〇年代は、都市計画および歴史的建造物の保存に関する法制度、また、人々の意識が大きく変化した時期でもあった。特に、歴史的建造物の保存を単体で考えるのではなく、都市や農村にわたる都市計画の一部として、歴史的建造物を保存し、まちづくりを行なっていこうとするようになっていった。

このような動きは、英国に限ったことではなかった。フランスでは、一九五九年に文化省が設立され、アンドレ・マルロー[92]（一九〇一－七六）が初代文化大臣に就任し、文化財保護に関する法制度の整備に取り掛かり、文化財保護体制が大きく前進した。マルローは、一九六一年四月に法改正を行ない、考古学的な価値以外にも、歴史的または芸術的価値があるものをすべて記念物とみなし、保護の対象とし、一九六三年には、各時代を代表する建築家の作品、革新的技術を用いたものといった判断基準を加え、歴史的建造物の新たなリストを作成した[93]。また、一九六二年に通称「マルロー法[94]」と呼ばれている古都保存法「フランスの歴史的、美的資産保護に関する立法を補完し、かつ、不動産修復を助成することを目的とした法律」を制定し、地区単位で歴史的建造物を保護・修復しようとする制度が確立された[95]。

これらフランスでの動向に刺激されて、英国でもシヴィック・トラストの会長であったダンカン・サンズ（一九〇八－八七）の尽力によって、一九六七年、「シヴィック・アメニティズ法」が成立した。ここで「保存地区」の指定制度が導入され、点のみではなく面としての建造物の保存制度が完成した。

ここで、シヴィック・アメニティズ法の成立に関して、少々言及しておこう。この法律は、ダンカン・サンズの議員立法で成立した。サンズは、シヴィック・トラストの創設者であり、かつ優秀な国会議員でもあった。サンズは、保守党の国会議員の息子として生まれ、イートン校で教育を受け、外交官としてのキャリアを積んだ後、一九三五年の選挙で保守党から立候補し、初当選を果たした。ウィンストン・チャーチルの娘と結婚し、若い頃から政治家として将来を期待されており、戦時中のチャーチル連立内閣において、三〇代という若さで初入閣を果たしている。そして、一九五四年から五七年までは、第二次チャーチル内閣およびイーデン内閣の住宅・地方政府大臣を務めた。住宅・地方政府大臣在任中に、スラム・クリアランス問題に真剣に取り組み、家賃法の改革（一九五四年住宅修理および家賃法の制定）、大気汚染防止法（一九五六年）の導入等を実現するなどの業績を残した。首相アンソニー・

イーデン（一八九七－一九七七）が、スエズ事件により引責辞任すると、続くマクミラン内閣では国防大臣に任命され、スエズ派兵の撤退後の国防方針の策定に活躍の場を移し、核武装問題に取り組んだ。

サンズは、国会議員としての業務の他に、歴史的建造物や景観の保存に対して非常に強い興味をもっており、住宅・地方政府大臣在任中に、大臣という要職にありながらも、職務と密接な関係がある民間組織のシヴィック・トラスト[96]を設立している。都市計画を管轄する大臣が、それと深い関係をもつ外郭団体を設立することには、事務サイドからは強い反発を受けたが、ダンカンは意思を貫いた。サンズは、歴史的建造物の保存等に関して強い興味を示していたものの、在任中には制度の改革等に直接着手したわけでなく、サンズの議員立法によるシヴィック・アメニティズ法の制定は、住宅・地方政府省を離れてからのことであった。

一九六四年に労働党のウィルソン内閣が成立すると、リチャード・クロスマン[97]（一九〇七－七四）が住宅・地方政府大臣の座についた。クロスマンはサンズとは異なり、就任当初、都市計画や歴史的建造物の保存に関しては、何の知識ももっていなかったが、就任するやいなや、歴史的建造物の保存や景観保存に関して、強い関心を示し、制度の改革を実施しようとした。クロスマンは国会議員になって以来、詳細な日記をつけており[98]、クロスマンのもとで住宅・地方政府省の事務官を務めたこともあるジョン・デラフォンズは、日記を整理し、クロスマンが保存に対して興味を抱きはじめた経緯を次のように分析している。

クロスマンは、大臣就任後約半年の一九六五年三月三日に、グリニッジで海軍史のブロック教授に会い、ブラックヒースの建築群をリストによる単体の保存ではなく、群として保存すべきだという話を聞いた。クロスマンはこの話にいたく感銘を受け[99]、これを実践するために、新しい制度を創設しようと思い立った。クロスマンは、一九五三年の創設以来、「リスト作成のための諮問委員会」の委員長を務めてきたウィリアム・ホルフォードに話をもちかけ、協力を求めた。そして、一九六六年に、「一九五三年歴史的建造物および古記念物法」による「公共建築事業省」の職務を「地方政府・計画省」に移し、それとともに「歴史的建造物諮問委員会」も住宅・地方政府省のもとにおき、「リスト作成のための諮問委員会」を「歴史的建造物諮問委員会」の下部組織に位置づけるという大改革を実施した。その際、クロスマンは、古記念物に関する職務も含めて、すべての権限を住宅・地方政府省に移管しようとしたが、公共建築事業省の反発が強く、それが解決するのは、一九七〇年に環境省が新設されるまで待たなければならなかった。

また、一九六六年一月八日、九日の週末には、その後の展開に大きな影響をもつ出来事があった。クロスマンは、ケンブリッジのチャーチル・カレッジで会合を催した。そこには、ジョン・ベトジャマン、トム・ドリバーグなどといった歴史的建造物に造詣が深い著名人や政治家、また、ジミー・ジェイムズ、J・D・ジョーンズといった都市計画家が参加していた。この非公式な会合で、今後の歴史的な都市の保存問題に関する研究を開始することになり、その結果がのちの「保存政策グループ」の活動につながっていくことになった。「保存政策グループ」の活動に関しては後述するが、その議長を務めるケネット卿ウェイランド・ヒルトン・ヤング（一九二三―）が、その後の歴史的建造物の保存制度の大改革に、大きく貢献することになる。ケネット卿は、一九三二年都市・農村計画法を導入した厚生大臣ヒルトン・ヤングこと初代ケネット卿の息子で、親子二代にわたり、英国の都市計画および建築保存に関して活躍することになった。

第二代ケネット卿は、ストウおよびケンブリッジのトリニティー・カレッジで教育を受け、一九四二年から四五年まで海軍に従事し、一九四六年に外務省に入省し、その後、一九六六年三月の総選挙後に行なわれたウィルソンによる内閣改造によって、クロスマンが国務大臣を務める住宅・地方政府省の閣外大臣となり[100]、一九七〇年までその地位にあった人物である[101]。ケネットは、住宅・地方政府省において、「保存地区」「登録建造物制度」といった諸制度を創設する際、重要な役割を果たすことになった。ケネットは「建築保存」に極めて熱心で、『保存』[102]（一九七二年）という著書も残している。

ケネットは、住宅・地方政府省の閣外大臣の地位に就くと、まずは、フランス、イタリア等の海外の保存行政に関して調査をはじめた。ケネットは、一定の区域において、そのなかに含まれる歴史的価値の高い建築遺産を、建築群（ensemble）や歴史的街区といった「都市遺産」の観点から保存していこうとするフランスの「保護地区」制度、すなわち、登録建造物と特定地点（site classé）の半径五〇〇メートル圏の建築行為を制限する「マルロー法」（一九六二年）を知った[103]。しかし、フランスの登録建造物は約二九、〇〇〇件であったのに対し、英国のリストに掲載された建造物は一一九、〇〇〇件と大きな差があり、フランスの制度を直接英国に応用することは難しいと考えた。また、フランスの「保護地区」制度下での再生は、非常に厳格で、住民を追い出すことがあったり、恐ろしく経費がかさむものも含まれており、英国で同様のことをするのはほとんど不可能に近いと判断した。しかし、中央政府による規制によって、地方自治体が資金の責任をもつという制度には、強く魅力を感じた。ケネットは、また、イタリアにも類似の制度があることを知った。そして、それらの分析を通し、フランスやイタリアにおいては、中心市街地が最も恐れているのは歴史的建造物の「崩壊」であるのに対し、英国では「開発」であるという結論に達した。また、歴史的建造物諮問委員会の年間予算は、わずか四五万ポンドであり、国防費の七分の一に過ぎないということを、国防大臣の経験もあったダンカン・サンズから知らされたことも、彼の意思を堅固なものにした。

一九六六年五月一七日、クロスマンはダンカン・サンズと面会した。ちなみに、クロスマンは現役の労働党政府の住宅・地方政府大臣、サンズはかつての保守党政権下の住宅・地方政府大臣であった。サンズは議員立法の優先順位をもっており、クロスマンに対し、保存地区制度導入の立法を打診してきた。クロスマンはサンズに同調し、すぐにこの件をケネットに伝え、新法の立案のために活動を開始した。一九六六年七月八日、サンズの議員立法は、第二読会（法案の審議の過程で、趣旨説明を行ない、要綱の賛否を採決する段階）まで達した。その際、サンズは演説でこう説明した。

この法案には、三つの目的がある。それは、美を守り、美をつくり、醜を取り除くことである。つまり、この法案は、個々の価値ある建築を保存するばかりでなく、地区全体を保存しようとするものである。

この段階でサンズは、地区を近隣全体、または町全体に広げるつもりはなく、価値ある建築の周囲を保存しようと考えていただけであった。しかし、近隣のアメニティの保護という目的は、徐々にその領域を拡大していった。法案成立の過程で、ニコラス・リドリー（のちに、環境大臣となる）は、サンズを後押しし、歴史的建造物のリストの策定を歴史的地区に拡大することは、非常にすばらしいことと絶賛した。そして、さらに地方自治体に対して建造物の強制収用権を与えることを提案した。

このように下準備が整いつつあったにもかかわらず、ウィルソン首相が内閣改造を実施したために、状況が大きく変化してしまった。クロスマンは枢密院議長および庶民院議長という大役を担うことになり、志半ばで住宅・地方政府省を去った。そして、次の大臣に、アンソニー・グリーンウッド

（一九一一－八二）が就任した。グリーンウッドは、一九三〇年住宅法を成立させた厚生大臣アーサー・グリーンウッドの息子で、その能力を期待されたが、彼は名だけであって、その器ではなかった。しかし、閣外大臣には、ケネットが残ることができ、ケネットが中心となって、その後の改革を推進していくことができた。

一九六七年八月二七日、サンズの法案は「一九六七年シヴィック・アメニティズ法」となって成立した。シヴィック・アメニティズ法は、全四章からなっていた[104]。第一章は「建築ないし歴史的に重要な地区および建築物の保存」に関して定め、これによって「保存地区」制度が導入された。第二章は「樹木の保存と植栽」で、森林の樹木を伐採した後の植樹等に関する規定が盛り込まれた。第三章は「放棄車輌およびその他廃棄物の処理」で、廃棄物による環境破壊に関して規定し、第四章は「総則」で、運用の方法に関して定めた。これらのなかで、歴史的建造物の保存・再生といった観点からは、「保存地区」の概念が導入されたことが大きい。

シヴィック・アメニティズ法では、「保存地区」を設定し、その区域では、他の地域とは異なる規制をかけた。保存地区は、「建築的または歴史的にすぐれていて、それを保護し、その特性を高めていこうとする地区」に設定される。地方自治体がみずから保存地区を定め、その地区の保存方針を定め、地方自治体が責任をもって、その地区のアメニティを保存しながら、まちづくりを進めることになる。これは歴史的建造物の「保護（protection）」行政ではなく、使いながら残していくという意味を含んだ「保存（conservation）」行政に変化していったことを意味していた。このことは、当時の事務次官ジェイムズ・マッコールの次の言葉に象徴されている。

我々は、すべてにおいて保存主義者になってはならず、古建築を近代的に機能させるよう試みなければならない。これが群として保存する際、重要になる点である[105]。

7　登録建造物制度の成立

シヴィック・アメニティズ法の成立と前後して、全国の法定リストの作成が、一応の完成をみた。各地での町並み保存運動が盛り上がりをみせ、歴史的建造物の保存の制度も次の段階へのステップ・アップが期待された。

シヴィック・アメニティズ法の成立直後、住宅・地方政府省は『歴史都市―保存と変化[106]』（一九六七年）を刊行し、都市計画における歴史的建造物の保存・活用の重要性をアピールした。豊富な写真からなるこの本は、英国の都市の魅力を引き出し、今後の都市開発の指針を示すものであった。これを作成した中心人物は、住宅・地方政府省の建築家兼都市計画家ロイ・ワースケットであった。ワースケットはのちにバース市の建築家および都市計画家となり、一九六九年には『都市の特性―保存へのアプローチ』(107)を著し、さらに詳細に歴史的建造物を活かした都市計画の理論を展開している。

このように、建築史家や考古学者ばかりでなく、都市計画家の多くが、歴史的建造物の保存に真剣に取り組むようになってきた。しかし、歴史的建造物の保存・活用を、都市計画の枠組みに組み込むのは容易なことではなく、困難も多かった。だが、英国では、その動きがストップすることはなく、かえってその解決のためのアイディアが英国の独自性となり、着実に歴史的建造物の保存は進歩していった。

一九六八年には、都市・農村計画法が改正された。法改正の主目的は、「都市計画諮問委員会」による報告書『ディヴェロプメント・プランの未来』(108)(一九六五年)を受けて、ディヴェロプメント・プラン制度を大改革しようとするものであった(109)。しかし、一九六八年法は、歴史的建造物の保存制度に関しても、重要な制度改定が盛り込まれていた。それは一九六八年法の第五部で定められた。

ここで新しく導入されたのは、現状変更の際の「登録建造物に対する同意」の取得の義務化であった。それまでは、リストに掲載された建造物の取り壊しや現状変更等の際には、地方自治体へ報告するだけでよかった。もしも、その建造物が保存されるべきと判断された場合には、地方自治体は「建造物保存命令」を発令し、保存を勧告するというシステムであったが、「登録建造物に対する同意」の制度が導入されたことによって、リストに掲載された建造物の改修・修復・取り壊し等は、すべてにおいて事前に地方計画庁の許可、すなわち「登録建造物に対する同意」が必要となった。また、一九六八年法によって、はじめて王室所有の建造物がリストに加わった。ただし、王室所有の建造物に関しては教会堂同様に、都市計画上の手続きからは除外された。つまり、王室所有の建造物もリストには掲載されるが、実際には、たとえ現状変更を行なおうとしても、「登録建造物に対する同意」は必要とはしない(110)。

一九六八年法で改正された諸手続きは、同年一二月発行の住宅・地方政府省の通達(111)によって示された。これが現行の制度で、「登録建造物制度」と呼ばれているものである(一九六八年法以前のリストに掲載された建造物に関しては、現行の制度との混乱を避けるため、本書では、あえて「登録建造物」という言葉を用いてこなかった）。また、登録建造物でなくとも、保存地区内の建築物の現状変更等の際には、「登録建造物に対する同意」と類似の「保存地区内の同意」が必要となった。

これにより、歴史的建造物等が取り壊されたり、改造される場合には、事前の許可が必要となり、地方自治体は、歴史的建造物を保存しやすくなったとともに、実質上、その権限が増大した。これは画期的なことであり、その後二〇年間は、さほど問題もなく、この制度が有効に機能し、多くの歴史的建造物を取り壊しの危機から救ってきた。わが国でも、一九九六（平成八）年の文化財保護法の一部改正によって、登録文化財制度が導入されているが、その際、参考にしたのが、この英国の登録建造物制度である。ただし、後述するが、一九八八年頃になると次々と訴訟が起こり[112]、これら制度は次の段階の対応を余儀なくされることになる。

このようにして、「登録建造物制度」で個々の歴史的建造物を保存し、「保存地区制度」で歴史的街区を保存するシステムが完成した。これらの英国の歴史的建造物に対する規制の特徴として、所有者の意図とはまったく関係なく、国家遺産としての重要性のみが強調されている点があげられる。そのため、建造物を登録する際、所有者の同意は必要としない。これがわが国の制度との最大の相違である。これは民主主義的な制度とはいえないかもしれないが、この考え方は、英国人のなかに根づいており、さほど反対意見があるわけではない。これを戦後の労働党政権の社会主義政策の弊害だとする意見もないわけではないが、これら制度がトップ・ダウン的手順で強制的に形成されたというよりは、むしろボトム・アップの手順で形成されてきたため、さほど反対意見もなく、機能しているものと思われる。

ただし、登録建造物に指定されたことによって被った不利益に関しては、まったく対処してこなかったわけではない。一九三二年に導入された「建造物保存命令」では、所有者が不利益を被った際、それを補償しなければならないことが明確に法文に記されていた。しかし、その補償の費用のために制度が機能せず、その反省から、一九四七年都市・農村計画法で、所有者の意思とは無関係に、補償をすることなく、建造物保存命令によって所有者に建造物の保存を義務づけることができるように改定することになった。ただし、その際、所有者には、「収用通告」によって地方自治体に対し、買取請求を行なえる権利が与えられた。また、登録建造物制度が導入された後も、「登録建造物に対する同意」が得られなかった際には補償がなされることが定められていた。しかし、「計画許可」が下されなかった場合には補償は行なわれず、その矛盾を解決するため、この制度は一九九一年に廃止された[113]。

これら以外にも、政府はさまざまなかたちで、リストに掲載された建造物の所有者に対するフォローを行なっている。たとえば、法定リストに掲載されたため、買い手を見つけるのが困難になった歴史的建造物の所有者のために、それを買いたいと考える買い手を世話することを業務とした小機関「歴史的建造物局[114]」を創設するなどしている。

8 保存政策グループの果たした役割

歴史都市の保存と再開発の制度成立の際に、大きな役割を果たした研究機関として、「保存政策グループ」の名前をあげることができる。「保存政策グループ」は、歴史的建造物の保存・活用のための政府の諮問機関であり、その研究成果が、現行の制度の基礎を築いたといっても過言ではない。

当時、登録建造物のリストはすでに作成されていたが、政府や地方自治体には何の権限もなく、リストに掲載されている建築物の急速な取り壊しがなされる現状を目の当たりにし、住宅・地方政府省大臣のリチャード・クロスマンは、何とかそれを阻止しなければならないと考えた。そのために、一九六六年一月に、ケンブリッジで非公式な会合をもったことは、先ほど述べた通りである[115]。

このクロスマンが召集した一九六六年一月の週末会議で、今後の歴史都市の保存問題に関する研究を組織的に行なっていこうということが決まり、実際にいくつかの都市を選択して、保存・再生に関する具体的な調査・研究を開始することになった。ここでケース・スタディの対象として選ばれたのは、バース、チェスター、チチェスター、ヨーク、キングズ・リンの五都市であった。そして、これら調査・研究は、中央省庁の住宅・地方政府省と地方自治体の双方からの共同委託というかたちで進められた。調査・研究には、実際の都市を対象として現状調査を行ない、行財政政策等を含めた具体的な提言をすることが求められた。これが保存政策グループのはじまりである。

「保存政策グループ」は、一九六六年六月に、のちに住宅・地方政府省の政務次官となるケネット卿が議長となって、正式に発足した。都市史、建築史の専門家など一二人のメンバーが参加し、そのなかには著名な建築史家ニコラウス・ペヴスナー（一九〇二―八三）、建築家兼デザイナーのセオ・クロスビー（一九二三―九四）、経済学者アラン・デイ教授の他、地方庁の専門担当官等が含まれていた。保存政策グループは、歴史都市の特別な研究と結果の検討に協力するとともに、都市計画や開発の側面をも含む建築保存のために、法律、税制、行政制度について、どのような改革が必要かを判断し、これを勧告することを目的とした。

保存政策グループが委任されたのは、次の四つであった。

①大臣から告知された五つの都市の歴史地区に関する特別研究を総合調整し、かつ、その結果を検討すること。

②他の歴史都市で、その特性の保存を目的として行なわれた活動の経験を見直すこと。

③歴史的な都市と村落の特性を保存するために、諸外国で用いられている方法とその効果を検討すること。

④こうした考察に基づいて、計画や開発的局面まで含めた意味での保存のために、現行の法制、財政、行政の仕組みに望まれる改革は、いかなるものであるのかを検討し、勧告を行なうこと。

ケンブリッジでの週末会議を機にはじめられた各歴史都市のケース・スタディは、進行過程でキングズ・リンが脱落したものの、一九六八年に、バース、チェスター、チチェスター、ヨークという四つの歴史都市に関する報告書『保存に関する研究』[116]が刊行されるに至った[117]。これは、一九六七年の『歴史都市―保存と変化』を補完するものとなった。

報告書の執筆を担当したのは、バースは同市の交通計画を手がけていたコリン・ブキャナン、チェスターはドナルド・インソール、ヨークはイーシャー卿、チチェスターはウエスト・サセックス州の計画担当官G・S・バロウズであった[118]。

これら報告書は、「現状の分析・報告」（交通網、人口動向、地域産業の分布、観光等）、「保存計画・将来計画の提示」、「提案の検討」という構成でまとめられ、経済的・社会的分析、都市内の建造物の建築史的手法による調査、都市景観の調査、生活の調査に基づいた具体的な提案を含む、たいへんすぐれたものであった。その四つの調査・研究に共通した結論は、以下のようなものであった[119]。

①周辺に自動車道路と駐車場を整備し、保存地区内には車を入れない。

②地域保存のためには、人が住み着くことが絶対に必要である。

③環境を損なわない限り、個々の建造物は新しい機能への積極的な適応をはかるべきである。

④重要なのは環境であり景観であるから、建物のファサードの保存を徹底すれば、建物の内側や背後は必要に応じて改造してもかまわない。

⑤半官半民の性格をもった組織を設け、保存修景の企画と実務を担当させ、管理を集中していくことが望ましい。

これらは基本的に、中心市街地では商業活動を続けながら快適な居住環境をつくることを目的とし、これに合致しないものは市壁外に移し、市の歴史的性格を保存し、市壁内の新建設は中止しようとするものであった。また、歴史的建造物の保存に関しては、もはやこれまでのように、リストを策定し、建造物保存命令を発令して保存していこうとする旧来の手法では、歴史的建築または歴史的環境を保存することは不可能な状態であり、各地で進められる都市計画に合致した歴史的建造物の保存の新しい制度の必要性がうたわれていた。これらは、一九六八年都市・農村計画法の諸提案を策定するのに大きな役割を果たした。

他方、保存政策グループには、歴史的な都市の特別な研究と結果の検討に協力するとともに、計画や開発の側面をも含む保存のために、法律、税制、行政制度について、どのような改革が必要かを判断し、これらを勧告することが求められた。新制度導入直後の一九七〇年に、保存政策グループは報告書[120]をまとめた。これは新たな提言というよりは、むしろ当時の情勢をまとめたものとなった。つまり、報告書では、四都市の調査研究ならびに当時の歴史的建造物を取り巻く情勢、ヨーロッパ諸国の動向等を整理し、そのなかで、当時、英国では歴史的建造物の保存に関する国民の意識が大きく変化しつつあったことを強調していた。制度改革に関しては、ほとんどふれられていなかったが、新制度を導入するのではなく、新設された制度を有効に機能させるため、権限の拡大と資金の必要性がうたわれた。そのいくつかをあげてみると、地方庁が緊急の修理を所有者に代わって行なうことができるようにすること、地方庁が保存のための強制買収をする際の建物の精算価格に対する補償をなくすこと[121]、新たな補助金の創設などが提言されている。

この保存政策グループの提言を受けて、政府は、歴史的建造物諮問委員会の補助金額を、年間七五、〇〇〇ポンドから七〇〇、〇〇〇ポンドまで増大させた。また、新たな政府の補助金も創設し、既存の歴史的建造物諮問委員会の補助金と合わせて、一九七三―七四年度には、年間一、五〇〇、〇〇〇ポンドまで予算が拡大された。

9　教会堂の保存

英国の文化財行政においても、都市計画行政における歴史的建造物の保存においても、全国に約一六、七〇〇棟はあるとされるキリスト教会堂[122]は対象外とされている[123]。つまり、古記念物保護制度も、登録建造物制度および保存地区制度も、世俗建築に限った保存制度であり、各地に多数存在する教会堂建築に関しては、「教会の例外」という言葉によって除外されている。一方で、教会堂には、世俗建築とは別の制度があり、これによって保護されている。そのため、歴史的建造物の保存制度は複雑となっているが、逆の見方をすると、このように宗教建築を別の手法で保存してきたため、歴史的建造物の保存を都市計画上の制度で規制しても、ほとんど問題が生じなかったのかもしれない。

歴史的建造物の保存制度から教会堂が除外されているのは、歴史的経緯によるためである。一八八二年古記念物保護法が制定され、英国における法律による記念物の保存が開始された当初は、対象は限られた考古学的遺構のみであったため、この問題は生じなかったが、一九一三年古記念物統合・改正法によって、その対象の範囲が大幅に拡大された際、最初の論争が繰り広げられた。当然、教会堂建築は記念物に該当すると思われたが、実際には、使用されている多くの教会堂建築は対象からは除外された[124]。これは政府が除外したのではなく、英国国教会のデイヴィッドソン大司教が拒否したからであった[125]。

そもそも、教会堂の保存と古記念物保護法による記念物の保存は、それぞれ別の流れであった。ラボックの法律制定とは別に、それ以前から教会堂を保存しなければならないという動きはあった。教会堂の保存運動のはじまりは、中世の教会堂の修復の問題に起源をもっており、そのおおもとにはキリスト教復興の運動があった[126]。英国国教会は、歴史的に重要な教会堂建築が取り壊しの危機にあるなか、なんとか保護しようと、独自に努力していた。その際、根拠としたのは伝統的な教会の管轄の制度であり、はるか昔の一二三七年に定められた教会の「教会会議裁判所」が、管轄する教会堂の新築・増築・改修・修理・取り壊し等の決定を下すというシステムであった。しかし、これで十分な保存ができていたとは、到底考えられない。それを証明するかのような出来事として、一八五〇年代に、二二の歴史的価値のある貴重なシティ・チャーチを取り壊さざるを得なかった事実があげられる[127]。このような現実と、一部の建築家による歴史性を無視した教会堂の修復工事が横行するなかで、ラスキンやモリスなどの中世主義者が活動を開始し、一八七七年には古建築保護協会(SPAB)が創設されている。[128]これに対し、教会堂のオーナーである英国国教会は、その保存に関して、ほとんど影響力を示すことができない状態であった。デイヴィッドソン大司教が、一九一三年法の制定の際、教会堂を対象に加えることに反対したのは、教会会議裁判所の権限を守るためであった。そして、教会堂は英国国教会がみずから保護していくことを再宣言するかたちとなった。この議論をきっかけとして、国教会内部でも、現行の制度では歴史的教会堂を十分に保護することができないということが認識され、一九一四年には、教会会議裁判所に専門家の立場から助言するために、各管区に「教区諮問委員会」を設立し、教会堂の修理・改修等の際に助言を行なっていくことになった。一九一八年には、その問題を調査・研究する中央機関として、「教会堂管理審議会」が設立された。

また、一九三二年都市・農村計画法で、はじめて「建造物保存命令」の制度が導入され、歴史的建造物が都市計画上規制されるようになった際も、教会堂建築は対象から除外されていた。しかし、一九四四年および一九四七年法によって作成されるようになった登録建造物のリストには、教会堂も含まれていた。つまり、保存すべき指標とされるリストには教会堂も含まれていたが、建造物保存命令を作成することができない状況であった。一九六八年に登録建造物の現状変更がすべて許可制になった際、用いられている教会堂は再び例外とされ、教会堂の用途を変更する場合と外観に影響があるような大幅な改造を行なう場合には「計画許可」を得なければならないが、基本的に、「登録建造物に対する同意」は必要としないことになった。そのため、制度上は、教会堂は、登録建造物であろうとなかろうと、保存地区内にない限り、都市計画上の許可なしに取り壊すことができる。

このように、キリスト教会堂は、他の世俗建築とは異なった制度で保護されることになるが、英国国教会内部でも、さまざまな試行錯誤があった。その最初は、第二次世界大戦直後であった。戦後の騒然とした状態で、資金不足のための不用意な修復・改修工事が横行しはじめた。英国国教会は、それを危惧し、一九四八年に委員会を設立し、教会堂の実態調査を行なった。その結果、教会堂がかかえるふたつの問題が明らかになった。そのひとつは教会堂の維持および修理にかかる経費の問題であり、もうひとつは礼拝堂として使用されなくなった「不要教会堂」の問題であった。報告書によると、全国には、ほとんど使用されていない教会堂が約四〇〇棟あり、そのうち三〇〇棟が建築的または歴史的価値をもつものであった。報告書では、これら建築的または歴史的価値のある教会堂は、一九三一年古記念物法のもと公共事業省の管理下に委ねるべきであるという結論を下し、一一一棟の候補まであげたが、そのときは何の改善もされなかった。

その後、一九四八年から五八年の一〇年間に、二三〇棟もの教会堂が取り壊された。事態は深刻となり、一九五八年、カンタベリー大司教とヨーク大司教は、新たに委員会を設立し、この問題を検討することにした。この委員会は、もとの大蔵省の事務次官ブリッジズ卿を委員長とし、委員には住宅・地方自治省および公共事業省の事務次官の他、モーティマー・ウィーラーといった考古学者などが名を連ね、グリムズビー司教以外は、教会関係者は含まれてなく、中立的な立場の委員会であった。二年後の一九六〇年、委員会は報告書を発表し、現在、三七〇棟の教会堂が用いられていなく、今後二〇年でさらに四一〇棟が用いられなくなるだろうとの予想を示した。住宅・地方政府省の作成していた登録建造物リストによると、これら七八〇棟の教会堂のうち、四四〇棟は特別な建築的または歴史的価値を有し（グレイドⅠまたはグレイドⅡ）、さらに八六棟は何らかの価値をもつもの（グレイドⅢ）と判断されていた。また、人口が点在する地方より、環境が悪化した都市内のほうが、使用されていない不要教会堂が多くあった。

委員会報告では、これに対処するために、教会堂が修理を申請してから実際に修理が施されるまでの手続きの簡略化と、専門の助言機関の必要性と、資金を確保する必要性を掲げた。これを受けて、英国国教会は、一九六八年に「不要教会堂基金」を創設し、それぞれの教会堂の修理・修復に資金援助をすることにした。また、一九六九年には、「不要教会堂およびその他宗教建築法」が制定され、礼拝堂として使用されていない教会施設に対して、国庫から不要教会堂基金を通して、補助金が交付されることになるとともに、手続きの改革を行ない、教会堂の取り壊しを建築的価値から判断する専門の助言機関である「不要教会堂のための中央諮問局」が設立された。これにより、不要教会堂基金には、国庫から六〇パーセント、英国国教会の教会コミッショナーズから四〇パーセントの割合で、資金補助がなされることになった。これら制度の確立によって、使用されなくなった教会堂の問題は解決された。しかし、実際に使用されている教会堂の問題は、解決されないまま残された(129)。

図7-2　カフェに改造された不要教会堂
（オクスフォード）

使用されている教会堂の修理の問題は、一筋縄ではいかなかった。それは英国国教会のもつ独自の教会法と、一般の都市計画関連の法律には齟齬があることが大きく影響していた。英国国教会は、教会堂の管理を都市計画関連法に委ねることを拒否したが、独自に類似の方法で、対策を講じてきた。そのひとつが、歴史的教会堂のリストの作成である。都市・農村計画法による登録建造物のリストと同様に、英国国教会でもリストを作成していた。一般の建造物は、グレイドⅠ・Ⅱ・Ⅲと分類されていたのに対し、教会堂建築は、グレイドA・B・Cと分類されていた（一九七七年に両者は合体された）。

政府、英国国教会ともに、その齟齬を調整するために、幾度となく交渉を行なうが、なかなかうまくいかない。一九八〇年には「管轄特権委員会」が設立され、英国国教会の教会法と一般の都市計画制度との調整が検討された。一九八四年には、二三〇もの提言を含んだ報告書が作成された。報告書では、使用されている教会堂は、原則として都市計画上の規制から除外し、不要教会堂の特別な扱いを廃止し、他の世俗建築同様の扱いをすべきとした。しかし、一九八六年の庶民院（下院）の環境委員会において、それまでの「牧会法令」の実績から、制度の変更は行なわれなかった。

英国国教会としては、教会堂は特別扱いのままにしておきたかったが、修理のための資金援助も必要であり、矛盾だらけのなかで、制度の改革が求められている。

現行の制度では、使用されている教会堂に関しては、国会で承認された教会法令監査機関と、教区諮問委員会の助言のもとチャンセラー[130]と大執事[131]によって行使される「管轄特権」によって管理されている。また、その過程は、教会堂管理審議会によって監督されている。

カテドラル（大聖堂）に関しては、別の制度が設けられた。「一九九〇年カテドラル管理令」および「一九九〇年カテドラル管理法令」および「一九九四年カテドラル管理（補足条項）法令」によって、各カテドラルは「カテドラル建築委員会」とともに、イングリッシュ・ヘリテイジの諮問のもと、「カテドラル修理グラント・スキーム」という補助金を得て、建物の修復が行なえるようになった。

一九九三年から、政府は都市計画法上の教会堂の例外に関し、再検討を開始した。そして、「一九九四年教会除外令」によって、独自の保存システムをもたない宗派の建築は、例外からはずされた。また、教会敷地内の他の建築も例外からはずされた。一九九九年には、英国国教会は「礼拝堂管理法令」を導入し、教会の保護下におく礼拝堂以外の目的（学校や大学のチャペル等）に使用されている建物のリストを作成する権限を、教会堂管理審議会に与えるという改革を実施した。

他方、不要教会堂は、「一九八三年牧会法令」によって保護されている。その手順はというと、まずはその教会堂が礼拝のために必要とされているかどうかを判断し、もし必要でないとされた場合には、将来の建物の用い方を検討する［図**7-2**］。建築的または歴史的に重要な教会堂は、「教会堂保存トラスト」（もと「不要教会堂基金[132]」）による資金管理のもとで、修復が行なわれる。その際、七〇パーセントは政府（文化・情報・スポーツ省）から、残りの三〇パーセントは教会コミッショナーズから提供される。この制度で、二〇〇五年まで、約三三〇棟を超す教会堂が修復されてきた[133]。

教会堂の保存の問題に関しては、ブレア政権の諸改革にあっても解決されてなく、今後の課題のひとつである。

8章 英国の改革と都市計画および建築保存

1 環境省の創設

一九七〇年六月の総選挙で、エドワード・ヒース(一九一六―)率いる保守党が勝利した。この政権交代によって、一九六七年シヴィック・アメニティズ法および一九六八年都市・農村計画法の「第五部登録建造物制度」が成立する際の立役者であったケネット卿は、住宅・地方政府省を去った。それまで労働党政権のもと、建築保存制度は大きく前進した。新たな保守党政権下で、その政策に変更が加えられるのではと懸念されたものの、この政権交代は、幸運にも向かい風にはなることはなかった。

ヒース新内閣は、発足するとすぐに政府白書『中央政府の再編成』(1)(一九七〇年)を発表した。それを受けて、一九七〇年一〇月に省庁改変が行なわれ、住宅・地方政府省は、運輸省、公共建築事業省と合併して、「環境省」となった。新環境省の大臣には、ピーター・ウォーカーが任命された。ウォーカーは、閣議に参加する国務大臣(「環境大臣」)であり、環境省は、その他に三名の閣外大臣(2)、職員約五二、五〇〇名を有する巨大な省となった。そのうち、旧住宅・地方政府省の職員はわずか四、八〇〇名であり、住宅・地方政府省は巨大な組織に組み入れられたようなものであった。ただし、これにより、公共建築事業省が管轄していた古記念物および王宮等の王室関係の建造物と、住宅・地方政府省が管轄していた登録建造物および保存地区の監理が一本化された。これまでも、公共事業建築省と公共事業計画省の時代に、両者は同一の省庁に置かれることはあったが、その際、両者はそれぞれ独立して取り扱われており、環境省の創設によって、はじめて古記念物と登録建造物および保存地区の監理がひとつになった。

新設された環境省は、一九六〇年代の諸制度の改革を、統合法「一九七一年都市農村計画法」に整理した。また、一九七二年に都市・農村計画（修正）法を制定し、関係法との問題等の解決をはかった。ここで、歴史的建造物に関しては、保存地区内の非登録建造物の取り壊しを制限する制度を導入した。一九七二年法では、保存地区内のすべての建築の取り壊しを制限したわけではなかったが、保存すべき対象を拡大している。また、一九七二年法では、特別に重要な(outstanding) 保存地区に対する補助金制度を導入し、およそ四、〇〇〇件あった保存地区のうち、三四七件に対し補助金を交付している。

政府は、新ディヴェロプメント・プラン制度の導入にあたって、さまざまな文書を作成し、新制度を周知させようとした。その際、建築保存に対して、かなり積極的になった。一九七三年に発行された通達『コンサヴェイションとプリザヴェイション』[3]（一九七三年）はその一例であり、ここで「新築の建造物を計画する際、法律で定められた保存地区における場合と同様に保存に関して留意するべき」ということが明確に示された。

一九七四年二月の総選挙で保守党が敗れ、労働党が辛勝した。再びハロルド・ウィルソンによる労働党内閣が成立したが、野党との議席数差がほとんどない政府は、法案の否決が連続するなど、波瀾づくめであり、一〇月に再び総選挙を実施した。これにもかろうじて勝利した労働党は、一九七九年まで政権を担当することになった。

このように政権は安定しない状況であったが、歴史的建造物の保存に関する法制度の整備は順調に進み、一九七四年には「都市・農村アメニティズ法」が成立し、保存地区内の登録建造物以外の建造物の取り壊しに関しても規制できるようになるなど、地方計画庁の権限が拡大された。と同時に、環境省は新たな通達『歴史的建造物と保存』[4]（一九七四年）を発行した。ここでは、あいつぐ歴史的建造物の取り壊しを目の当たりにし、地方自治体に対し、登録建造物以外の歴史的建造物も積極的に保存するように努めるよう指示し、場合によっては「建造物保存命令」を作成することを奨励している。登録建造物のリストに関しては、一九五〇年代に作成されたままで、改定されていないものがほとんどであり、見直しの必要性が大きな問題となってきた。そして、一九七〇年に廃止されたグレイドⅢ（非法定リスト―各地方自治体が監理）にあげられていた建物にまで、登録建造物の範囲が拡大された。また、一九一四〜一九年の間の建築までもが登録の対象となり、急激にその数が増大した。このようにして、登録の基準も大きく改められることになった。登録の基準に関しては、それまで公表されていなく、調査官のみが知るものであったが、『歴史的建造物と保存』によって、はじめて登録の基準が一般に公開されることになった。(5)

同時に、この段階ではじめて、登録建造物と登録記念物のふたつのリストが存在することが問題となった。それぞれの省庁で、それぞれ独自に取り扱われていた際には、さほど問題とされることはなかったが、同じ省庁でそれらを担当するようになってからは、それぞれをどのように位置づけるかが大きな問題となった。その結論として、登録記念物には一九七一年都市・農村計画法の条項は適用されず、また、「スケジューリング（登録〈記念物〉）」とは、国（環境省）が登録することであり、「リスティング（登録〈建造物〉）」は、都市計画の延長線上に位置し、それを行なうのは、地方自治体であることが確認された。そして、それらが「一九七九年古記念物および考古学地区法」によって整理された。(6)「登録記念物」は範囲が拡大され、近代の産業遺産にまで適用されるようになった。

さらにこの年、もうひとつの通達(7)が発行され、都市・農村アメニティズ法によって拡大された保存地区内の登録建造物以外の建造物に対する取り壊しの規制や、保存地区の指定に関するアドバイスが盛り込まれた。このなかで、保存のポリシーを考慮するなどによって登録までの時間をかけることを避け、まずは登録すべきであるという、登録作業の迅速化が最優先課題として徹底された。

2　ヨーロッパ建築遺産年

一九七五年には、「ヨーロッパ建築遺産年（ＥＡＨＹ）」が開催された。(8)このＥＡＨＹの実施に最も熱心だったのが、シヴィック・トラストの会長であったダンカン・サンズであり、一九六九年頃から、この企画を実施するために各方面に働きかけていた。一九六四年には、ユネスコがイコモスを発足させて以来、(9)建築保存に関する国際機関が次々と組織されており、サンズはそれらのさまざまな国際的会合の席で、EAHYの企画を遊説して回った。一九七二年、欧州共同体の理事会で、サンズの提案が承認され、その結果、「欧州会議(10)」、「欧州共同体（EC）」、「ユネスコ」、「イコモス」、「欧州旅行委員会」、「ヨーロッパ・ノストラ(11)」の共催というかたちで実現が決まった。(12)その目的は、①どこにでもあるような一般の建築遺産への人々の興味を呼び覚ますこと、②建築的または歴史的価値がある建築および地区を保護し、整備すること、③古い町または村の個性を保存すること、④現代社会で古建築の存在意義を確かなものとすること、であった。このようにして、ヨーロッパ二四カ国で、歴史的建造物の保存・再生のためのプロジェクトや催しが、同時並行的に行なわれることになった。

サンズは、EAHY全体の実行委員長となり、各国との調整をはかった。英国では、一九七二年八月一日、エディンバラ公を委員長として、英国EAHY組織委員会が設立され、環境大臣、スコットランド担当大臣、ウェールズ担当大臣らが副委員長に任命され、英国国内のEAHYを開始している。ダートマス伯爵婦人が国内実行委員会の委員長となり、シヴィック・トラストが事務局となった。政府も協力的で、環境省は一九七二年に通達を発布して、(13)地方自治体にその協力をうながした。

EAHYでは、すぐれた事業に「ヨーロッパ建築遺産年賞（EAHY賞）」を与えることになった。この賞は、都市景観整備、保存研究、建築的に問題となる地区での交通量や駐車台数を減らす努力、歩行者専用空間の創造、ストリート・ファニチャーの選定、道路舗装等といった幅広い内容を対象とすることにした。もちろん、歴史的建造物の保存事業や広告物の排除等も、国家的建築遺産を高揚させる意味で、十分に評価された。これはシヴィック・トラスト発足時の考え方と、まったく同じであった。EAHY賞は、まずは国内選考が行なわれ、優秀な事業を国際賞に推薦するという方式がとられた。英国全土で一、二七七件の応募があり、二八五件がシヴィック・トラストの建築遺産年賞を受賞し、そのうち一六件が優秀賞として選ばれ、そのなかから一三件が国際賞に推挙され、一一件が国際賞を受賞した。(14)また、その一一件のうち四件には、モデル事業として助成金が交付された。その四件とは、保存研究から続いて保存事業を進めてきたチェスター、長期の保存計画にのっとり保存事業を進めてきたプール（ドーセット州)、エディンバラのニュー・タウン、[15]労働者や漁民や小規模経営の商人の住居の保存「小住宅スキーム」に取り組んでいたスコットランド・ナショナル・トラスト[16]であった。[17]

このようにして、ヨーロッパ二四カ国で、歴史的建造物の保存・再生のためのプロジェクトや催しが、同時並行的に実施された。その総括として、一九七五年一〇月に、アムステルダムで国際会議が催され、「アムステルダム憲章」[18]が採択された。この国際会議を主催したのは、欧州会議であった。国際的視野で歴史的建造物の保存に関して考えていこうとする動きは、すでに述べたように、一九〇四年の「マドリッド宣言」、一九三一年の「アテネ憲章」、一九六四年の「ヴェネツィア(ヴェニス)憲章」が採択されており、「アムステルダム憲章」は、それに続くものとなった。[19]「アムステルダム憲章」では、建築遺産は単体のモニュメントとしてばかりでなく、歴史都市を性格づける最も重要な要素であり、人々の精神的、文化的、社会的、経済的価値を有するものであると位置づけられ、保護していかなければならないことが明確にうたわれ、今後の都市計画の中心課題が、歴史的環境の保全であることが確認された。[20]

EAHYのもうひとつの重要な目的として、歴史的建造物の保存およびその環境の保全に対し、資金的なバックアップを行なうということがあった。EAHYのために、当初、政府が用意した予算は五〇、〇〇〇ポンド、それがシヴィック・トラストのキャンペーン等で一七七、七五〇ポンドまで上昇した。政府はさらに一九七二年法の一〇条で定められた特別に重要な保存地区に対する補助金を、「ヘリテイジ・イヤー・グランツ」としてEAHYの運営資金にまわすことにしたため、一五〇、〇〇〇ポンドが加わった。これら資金は、各地での事業に分配したが、その金額は最低一〇〇ポンドから最高一〇、〇〇〇ポンドまでさまざまであった。

EAHYの終了後も、このような活動への資金援助が可能なように、一九七六年には「アーキテクチュラル・ヘリテイジ基金(建築遺産基金)」が設立され、英国各地に一八〇団体ほどある「建造物保存トラスト」に対し、低金利で歴史的建造物の修復等に融資し、また、調査・研究に対しても助成金を交付するようになった。そのきっかけとなったのは、スコットランド・ナショナル・トラストの「小住宅スキーム」であった。これは、朽ちかけた建物を安価で購入し、修理し、新しい用途を見つけて、売却するというものであり、この方法にヒントを得て、地方の保存団体等に対して、このような事業が行ないやすいよう、補助金制度を創設することにした。「アーキテクチュラル・ヘリテイジ基金」は、非常に有効な手段とみなされるようになり、当初四八万ポンドであった予算も、すぐに一〇〇万ポンドまで引き上げられている。

英国でのＥＡＨＹを総括するかたちで、環境省は『われわれの遺産とは？』[21]（一九七六年）という冊子をまとめた。ここでは、本来の目的を失った古い建築を新たな用途に再生するという「コンヴァージョン」に焦点をあてている。これは、英国で、この頃から用途変更を行なって建物を保存することが、人々にも、また、行政にとっても新しい手法として認識されるようになったことを意味していた。

結果として、ＥＡＨＹの果たした役割は、それを推進したダンカン・サンズのねらい通り、歴史的建造物を単体ではなく、群として保存し、それをまちづくりに活かしていこうとする動きを、市民の啓蒙、資金援助という両輪で、後押しすることとなった。

ＥＡＨＹとは直接の関係はないが、一九七五年には「ＳＡＶＥ（英国の建築遺産を救え）」が設立されている。[22] ＳＡＶＥは、政府や大きな団体とは関係なく、建築関係の著者や保存活動家たちによって設立された団体である。『カントリー・ライフ』誌の著者マーカス・ビニーが会長を務め、設立以来、行政の保護からもれた建築を保存しようとする草の根運動を続けてきた。これら保存運動は、必ずしも成功ばかりではないが、保存の大切さを人々に知らしめる啓蒙活動といった観点で、大きな功績をあげてきたことは間違いない。

このようにして、歴史的建造物の保存・再生が人々に認識され、法制度も整備された。しかし、これに対して反対がなかったわけではない。一般に、保存運動を推進する側は、巨大な権力に立ち向かう英雄的な存在に映り、それを真っ向から否定するのは、相当勇気を必要とすることであろう。そのため、保存運動に対して反対意見を述べた人物に関しては、あまり取り上げられることはないが、反保存主義者として、デイヴィッド・エヴァズリーの名前をあげる必要があろう。エヴァズリーは、都市計画の専門家で、のちにＧＬＣ（グレイター・ロンドン・カウンシル）の都市計画課長を務めた人物である。彼は、一九七三年に『社会のなかの都市計画家―専門性の果たす役割の変化』[23]（一九七三年）を出版して、保存活動を行なう人々を痛烈に批判した。彼の論理は、以下のようにまとめることができる。

都市計画家は、過去の遺物を失わせた張本人と非難されるのはどうしても避けられないことである。しかし、それは単に破壊をしているのではなく、保存のための費用や破壊による利益等、総合的な判断によって都市計画を実施しているのであり、正当な理由があることである。それにもかかわらず、保存論者は学問的体系で建造物を分類しているだけであり、みずからの価値観を他人に強要しているに過ぎない。都市計画家の役割は、都市改良が第一目標であり、保存ではない。

（D・エヴァズリー、『社会のなかの都市計画家』[24]より）

3　サッチャーによる都市改革

一九七九年の総選挙で、マーガレット・サッチャー（一九二五―）率いる保守党が労働党を破り、政権を握った。そして、「鉄の女」と呼ばれるサッチャーは、英国の長引く不況を打破するために、既成の制度等に大鉈をふるった。サッチャー政権の「行政改革」における「規制緩和」は、「民間活力の導入」をねらったものであった。それまでの「ゆりかごから墓場まで」と称された手厚い福祉国家政策をやめ、「小さな政府」を合言葉に、徹底した緊縮政策をとり、諸外国との間の経済競争に勝つことができる国家を築き上げようとした。また、可能な限り、政府機関は民営化しようとした。サッチャー政権の路線は、続くジョン・メイジャー政権にも引き継がれ、ここで長年の念願であった国鉄の民営化等が実現された。一九九七年に保守党から労働党に政権が移るが、労働党のトニー・ブレア政権でも、都市計画行政に関しては、基本的にはサッチャーの路線を続けていると言ってもよい。したがって、サッチャーが就任した一九七九年から二〇年以上、英国はその路線を続けていることになる。

サッチャーが政権を握った頃の英国が置かれていた立場は深刻で、それまでの地方都市を支えてきた経済基盤であった基幹産業は、郊外どころか国外へと移り、それまでの施策ではもはや太刀打ちできず、大胆な改革が必要とされていた。サッチャー政権がとった手法は、行政の簡素化によって公共セクターの財源を削減する一方で、民間セクターに対しては、規制緩和を実施するとともに、インセンティヴの付与（削減した財源による民間への助成）を行なうというものであった。これらの考え方は、一九八〇年の「地方政府・計画・土地法」の制定によって、推進された。その目玉の施策が「都市開発公社」であり、「エンタープライズ・ゾーン」の導入であった。[25]都市開発公社とエンタープライズ・ゾーンは、それぞれ別個の制度であるが、同時に指定することも可能であり、ロンドンのドックランズをはじめ、いくつかの地域では両者が重複して採用されている。

この施策を簡単にいうと、政府から地方自治体に補助金を与え、それにより再開発をしようとするそれまでの方法から、その権限を中央政府がもち、直接、政府資金を民間に与え、民間企業の投資を促進しようとしたものとまとめられる。そして、その受け皿となったのが都市開発公社であり、それを実施するために特別に設けられた地域がエンタープライズ・ゾーンであった。前者は政府機関の民営化、後者は近年わが国でも導入された「行政特区」制度と類似のものと考えてよい。サッチャー政権は、さまざまなかたちで都市再開発を促進した。アーバン・プログラムを継続し[26]、一九八二年からは、そのうち約一割に「都市開発グラント」を交付した。一九八七年には、それまで補助金が受けにくかった大規模民間プロジェクトに対し、新たな補助金の「都市再開発グラント」を創設している。また、一九八二年に「荒廃地法」を制定し、「荒廃地グラント」を導入した。そして、都市開発グラント、都市再開発グラント、荒廃地グラントの一部が一九八八年に統合されて、「シティ・グラント」となった。

都市開発公社とエンタープライズ・ゾーンに関しては、すでにさまざまなかたちで紹介されてきたので、ここでも簡単にふれておきたい。ご存知の方も多いことだろうが、ここでも簡単にふれておきたい。都市開発公社［表**8－1**］とは、一九八〇年地方政府・計画・土地法によって導入された制度で、「都市開発地域」という特定の地域を定め、開発計画を策定し、計画許可を行ない、実際に都市基盤整備等の開発事業を進めていく組織である。言い換えれば、地方自治体のもつ権限を有し、中央政府の資金で実際に事業を行なっていく独立組織である。意思決定機関である理事会は、政府によって任命される[27]。このような中央政府の地方への参入は、英国の都市計画ではすでに「ニュー・タウン開発公社」で行なわれており、その応用であるともとらえることができる。都市開発地域に定められた地域は、主に荒廃地やインターシティ問題を抱えていた地域であり、イングランドおよびウェールズのどの地域でもよく、また、複数の地域にまたがってもよく、その指定は環境大臣によってなされた[28]。

都市再開発公社は、土地を取得し、都市基盤整備を行なったうえで、民間の開発事業者に売却した。その際、開発公社自身、住宅の建設、環境整備、産業開発、地域のマーケティングに加え、産業への援助、建築規制、消防、公衆衛生等さまざまな権限を有した。これは、いわばサッチャー政権が

表 8-1　都市開発公社

都市開発公社名		設立年	地区面積 (ha)	人口 (人)	備考
ロンドン・ドックランズ	London Docklands	1981年	2,150	40,400	
マージサイド	Merseyside	1981年	350	450	1988年に拡張
ブラック・カントリー	Black Country	1987年	2,598	34,405	1988年に拡張
カーディフ・ベイ	Cardiff Bay	1987年	1,093	500	
ティーズサイド	Teesside	1987年	4,858	400	
トラフォード・パーク	Trafford Park	1987年	1,267	40	
タイン・アンド・ウェア	Tyne and Ware	1987年	2,375	45,000	
セントラル・マンチェスター	Central Manchester	1988年	187	500	
リーズ	Leeds	1988年	540	800	
シェフィールド	Sheffield	1988年	900	300	
ブリストル	Bristol	1989年	420	1,000	
バーミンガム・ハートランズ	Birmingham Heartlands	1992年	1,000	12,500	
プリマス	Plymouth	1992年	?	?	

（『検証イギリスの都市再生戦略』より）

目指した「小さな政府」の実現であり、その資金援助は政府から直接、しかも重点的に投入された。また、資金の利用方法も、都市開発公社が独自に判断できた。それら以外にも、都市再開発公社には、特別な権限も与えられていた。たとえば、地域内の自治体等の公共団体が所有する土地は、必要に応じて都市開発公社に帰属させることができ、一九六一年土地補償法に基づいて、地主との合意のうえ、または強制的に土地を収用することができた。また、都市開発公社が所有する土地は、環境大臣の指示によって第三者に売却することもできた。ただし、土地の売却にあたっては、地域の建築的または歴史的特徴を維持することが求められ、登録建造物ならびに保存地区の場合、特に注意が必要で、その監督は環境大臣が責任を負うことが定められていた。

都市開発公社は、地区内の独自のディヴェロプメント・プランを策定し、それに従って計画許可を与える。このディヴェロプメント・プラン案は、通常の地方自治体が策定するものとは別のもので、環境大臣に提出され、大臣は関係自治体等との協議のうえ、許可が与えられることになっていた。その後、一九九〇年都市・農村計画法で、ディヴェロプメント・プランに合致した開発申請に対しては、自動的に計画許可を出す「特別開発命令」が導入され、手続きの簡素化による計画実行のスピード・アップがはかられた。その際、ディヴェロプメント・プランの作成にあたって、歴史的建造物等の保存に対して、特別に配慮するよう求められていたところは、注目に値する。

運営資金に関しては、政府からの補助金と「ナショナル・ローンズ・ファンド」からの借り入れが中心であったが、後者の割合は少なく、政府は資金援助をする代わりに、運営を監督するというのが一般的なやり方になっていた。都市開発公団は、存続期間（ほとんどの場合一〇年程度）が設定される。そのため、すでにすべての都市開発公社は解散している。都市開発公社は、限定された時期、限定された地域に、資本の投資を集中させ、これにより景気の起爆剤となることを目論んだものであった。また、公社のスタッフは、設立時に広く公募し、このような事業を展開することによって、雇用の創出も同時にはかろうとした。

都市開発公社による開発地域内の歴史遺産に関しては、条文に「建築的・歴史的に重要な建造物に関しては、保存に対して十分な配慮をするように[29]」とある。これは土地のもつ伝統を無視してはいけないという、それまでの慣例を条文にしたものと思われるが、逆に考えると、開発によって、英国の伝統的な手法が無視されることを危惧していた結果かもしれない。

他方、エンタープライズ・ゾーン［表**8**－**2**］とは、都市計画に関する規制緩和が中心となり、迅速な都市計画が可能なように設定された地域のことで、「一九八〇年地方政府・計画・土地法」と「一九八〇年財政法」で規定された制度であった。基本的に、エンタープライズ・ゾーンとは、「計画許可」と土地税のひとつである「レイト[30]」の権限が及ばない地区を設定し、地区内での企業活動の活性化を目指したもので、都市計画上の手続きの簡素化によるスピード・アップをはかり、同時に免税という特権を与えることによって、事業の活性化をねらったものであった。

エンタープライズ・ゾーンに指定されるには、まずは環境大臣によって、候補地に選定されなければならなかった。候補地の選定は、中央政府の戦略としての場合と、地方自治体や都市開発公社等からの要請による場合があった。候補地に選定されると、地方自治体や都市開発公社等は、公告・縦覧等の一定の手続きを経て地区計画の基本方針を示した「エンタープライズ・ゾーン・スキーム」を策定する。その後、開始時期、有効期限、指定区域、管轄主体等を定めた環境大臣の命令によって、エンタープライズ・ゾーンが指定され、こ

表8-2　エンタープライズ・ゾーン

エンタープライズ・ゾーン名		※	設定年	地区面積(ha)	指定箇所
コービィ	Corby	E	1981年	113	3
スウォンジー・ヴァレー	Swansea Valley	W	1981年	297	1
(追加)			1985年	16	1
ダドリィ	Dudley	E	1981年	219	1
(追加)			1984年	49	1
ウェイクフィールド	Wakefield	E	1981年	57	1
(追加)			1983年	33	2
クライド・バンク	Clyde Bank	S	1981年	231	2
サルフォード/トラフォード	Salford/Trafford	E	1981年	352	2
スペック	Speke	E	1981年	138	2
タインサイド	Tyneside	E	1981年	454	2
ベルファスト	Belfast	I	1981年	208	?
ハートルプール	Hartlpool	E	1981年	109	3
アイル・オブ・ドッグズ	Isle of Dogs	E	1982年	145	1
デリン	Delyn	W	1983年	118	1
ウェリンバラ	Wellingborough	E	1983年	54	1
ロンドンデリー	Londonderry	I	1983年	109	?
インヴァゴードン	Invergordon	S	1983年	60	2
アラーデイル	Allerdale	E	1983年	87	6
ノースウエスト・ケント	Northwest Kent	E	1983年	125	5
(追加)			1986年	27	2
ミドルスブラ	Middlesbrough	E	1983年	79	1
ノースイースト・ランカシャー	Northeast Lancashire	E	1983年	114	7
ティーズサイド	Teesside	S	1984年	120	7
テルフォード	Telford	E	1984年	113	5
グランフォード	Grandford	E	1984年	50	1
ミルフォード・ヘイヴン	Milford Haven	W	1984年	146	13
ロザーハム	Rotherham	E	1983年	105	1
スカンソープ	Scunthorpe	E	1983年	105	2
ダーン・ヴァレー	Dearne Valley	E	1985年	?	6
イースト・ダラム	East Durham	E	1985年	?	6
イースト・ミッドランズ	East Midlands	E	1985年10月	?	3
(追加)			1985年11月	?	1
(追加)			1995年9月	?	2
(追加)			1995年11月	?	1
インヴァクライド	Inverclyde	S	1989年	110	11
サンダーランド	Sanderland	E	1990年	60	3
ラナークシャー	Lanarkshire	S	1993年	205	9

※（E）：イングランド、（W）：ウェールズ、（S）：スコットランド、（I）：北アイルランド

（『検証イギリスの都市再生戦略』より）

れによって法的根拠をもつことになる。この管轄主体のことを「エンタープライズ・ゾーン行政庁」と呼ぶが、実際には新たにエンタープライズ・ゾーン行政庁が組織されたことはなく、ディストリクト等の基礎自治体がそれを兼ねるのが一般的であり、都市開発公社のようなさまざまな権限をもった事業主体ではなかった。そのため、エンタープライズ・ゾーンの指定だけでは、インフラの整備等ができず、荒廃地等が多く残るインナー・シティや工場跡地の整備には不充分であり、同時に都市開発公社を導入する場合も少なくなかった。

エンタープライズ・ゾーン内では、エンタープライズ・ゾーン・スキームに適合する計画には、自動的に計画許可が下りた。そのため、都市計画上の手続きが簡略され、時間短縮が可能となった。たとえば、計画公示の義務や建築デザインの審査等の手続きは省略された。これは英国の計画にとっては、かなり例外的な処置であった。その弊害として、都市内の建築デザインの審査がないため、伝統的なデザインや町並みを無視した建築を建てることも可能となった。エンタープライズ・ゾーンの初期の例であるロンドン・ドックランズの開発で、英国らしくないカーテン・ウォールの鉄とガラスの高層建築が建って、ロンドン市民を驚かせることになったのも、この制度のためである。

エンタープライズ・ゾーンに指定されると、通常、十年間にわたり、地域内の新旧の企業に対し、さまざまな優遇措置がとられる。地域内では事業者に対する開発用地税や法人所有地等の免税処置等の優遇措置がなされ、地区内の事業発展のために、さまざまな補助金が交付されるなどの公共支援制度が実施された。エンタープライズ・ゾーンは、地区指定の制度であり、都市開発公社のように大きな権限をもたせた事業主体をつくるものではなかった。特定の地域に、短期間に資本を集中させることによって、都市開発を促進し、周辺環境の開発への起爆剤としようとするものであった。当初、原則として一九八七年以降のエンタープライズ・ゾーンの指定は行なわない方針であったが、地元の強い要望等により、指定は続けられた。しかし、都市開発公社と同様に、すでにすべての地区で、その役割を終えている。

エンタープライズ・ゾーンと類似しているが、税制上の優遇がない「簡易計画ゾーン」という制度もあった。これは、一九八六年の「住宅・計画法」で導入された制度で、エンタープライズ・ゾーンと同様に、あらかじめ地域内の開発基準（スキーム）を決定しておき、その基準に適合する開発は、自動的に許可されるという地区制度であった。

他方、サッチャー政権の住宅政策は、一九八〇年住宅法で示された。ここで賃借人の公営住宅を購入する権利、すなわち「ライト・トゥー・バイ」を定め、地方自治体に対しては、売却収入の七五パーセントを借入金の返済に充てることを義務づけた[31]。これにより、新規住宅建設数は、著しく減少し、公的住宅は地方自治体によるものではなく、住宅供給公社もしくはハウジング・アソシエイション（住宅組合）によるものが中心となっていった。また、持ち家率も上昇し、一九八七年の段階で、六五・五パーセントにまで達した[32]。これはサッチャー政権の財政改革の一環でもあり、地方自治体による安価な公営住宅の建設はその役割を終えることとなった。このようにして住宅政策は刷新され、一九八五年住宅法が制定され、これが現行の制度の根拠法となっている。

一九八八年住宅法では、公営住宅を購入できない住民に対し、地方自治体に代わる家主への選択権を意味する「テナンツ・チョイス」を付与し、さらにすべての民間賃貸と住宅組合に保証賃貸借契約を適用し、公正家賃に代わって市場家賃制を導入した。これによって、住宅行政における地方自治体の役割が大きく変化し、住宅を建設する立場から、住宅の需要を分析し、助言する立場へと変わっていった。そして、一九八九年地方政府・住宅法によって、地方自治体が公営住宅を保有する義務は撤廃され、公営住宅の収支を独立採算とすることが義務づけられた。

もうひとつ、サッチャー政権が手をつけたのが、地方自治制度の改革であった。前述のように、英国の都市計画は、基本的には地方自治体が担当していた。これら地方自治体では、労働党の影響力が強く、それをできるだけ排除するのが目的であった。地方自治体のなかでも、問題が多かったのが大都市圏であった。それまで大都市圏は、わが国の都道府県に相当するメトロポリタン・カウンティと、その下に市町村に相当するメトロポリタン・ディストリクトがあるという二階層の構造をとっていた。しかし、この二層構造が、手続きの遅延化や複雑さを生むなど、障害も多かった。そこで、サッチャーは、一九八六年、グレイター・ロンドンとそれまで六つあったメトロポリタン・カウンティを廃止し［表**3**－**3**（前出）］、その権限をメトロポリタン・ディストリクトに委譲した。これにより都市計画上は、メトロポリタン・ディストリクトがそれまでのストラクチャー・プランとローカル・プランを一本化したユニタリー・ディヴェロプメント・プランを策定することになり、地域事情に合わせた迅速な対処が可能な制度となった。

地方自治制度改革の一端として、サッチャー政権は地方税制の大改革も断行した。すなわち、一九九〇年のレイトの廃止および「人頭税」(正式名称を「コミュニティ・チャージ」という)の導入である。人頭税の導入は、国民から大反発を受け、結局、サッチャーは辞任に追い込まれることになるが、これは地方の都市計画行政にとっても、大きな影響を及ぼすことになった。英国では、長い間、所有する資産に応じて課税される「レイト」が唯一の地方税として存在し、地方自治体はその税率を自由に設定することができるシステムであった。長引くレセッション(不況)において、各自治体は、増大する赤字決済を補うために、レイトの課税率を増大させ、国民生活は悪化の道をたどっていた。サッチャーの地方税制改革は、これを是正しようとするものであった。レイトには、個人の居住用資産に課税される「居住用資産レイト」と、法人等のオフィスや事務資産等に課税される「非居住用資産レイト」の二種類があったが、サッチャー政権の改革によって、居住用資産レイトは廃止され、それに代わってコミュニティ・チャージが導入され、非居住用資産レイトは地方税から国税へと切り替えられた(ビジネス・レイト)。特に、コミュニティ・チャージは、ワット・タイラーの一揆(一三八一年)が契機となって廃止されたといわれている中世の悪名高き「人頭税」を復活させるものだとして、批判をこめて「人頭税」と呼ばれた。このように、コミュニティ・チャージは、国民からあまりにも評判が悪く、わずか三年後の一九九三年に、「カウンシル・タックス」に変更されている。これにより、土地・建物に関する税制が大幅に変更されることになった。(33)

4　サッチャー改革の建築保存への波紋

サッチャー政権による諸改革により、それまでの伝統的な手法が大きく変わることになった。都市計画行政の改革は、サッチャー改革の中心であり、それを担当した環境省の果たした役割は、非常に大きかった。

歴史的建造物の保存行政に関しては、「一九八〇年国家遺産法」によって「国家遺産メモリアル基金」が創設され、歴史的建造物のための補助金および借入金の制度が導入された。さらに、行政改革の流れは、歴史的建造物の保存に関わる政府組織に対しても、目が向けられた。一九八一年一一月、政府(環境省)は『イングランドの古記念物および歴史的建造物のための組織』(34)というタイトルの文書を作成した。ここでは、現状を分析し、環境省の文化財行政に対する財政的な側面を指摘するとともに、(35)組織の複雑さを解消するべき方針が打ち出された。古記念物や歴史的建造物の保存には、それまでの複雑な経緯も関係して、さまざまな特殊法人組織が関与していたが、これを簡略化する必要があると考えたのであった。そこで提案されたのが、新組織の創設である。「歴史的建造物諮問委員会」が「リスト作成のための諮問委員会」を吸収合併するなど、これまでも組織の統廃合はしばしば行なわれてきたが、今回の統合は「古記念物局」と「歴史的建造物諮問委員会」の合併であり、根本的な組織改革であった。ただし、この時点で、政府は「王立古代歴史的記念物および建築物委員会（ＲＣＨＭ）」の統合は視野に入れていなかった[36]。

一九八三年には「国家遺産法」が成立し、これにより新組織「イングランド歴史的建造物および記念物委員会」の創設が正式に決まった。「イングランド歴史的建造物および記念物委員会」は、中央省庁の環境省とは独立したいわゆる特殊法人という体制をとることになった。そして、翌一九八四年の四月一日、モンタギュー・オブ・ビューリー卿を委員長として、業務が開始された[37]。この「イングランド歴史的建造物および記念物委員会」は、その後、「イングリッシュ・ヘリテイジ」と呼ばれるようになる。

イングリッシュ・ヘリテイジの業務内容は幅広く、その第一は、環境省への助言機関としての役割である。登録建造物および登録記念物のリストを監理し、場合によっては、登録建造物等の現状変更の是非を検討し、地方行政庁にアドバイスをするのが、イングリッシュ・ヘリテイジである。一九八六年四月一日からは、ＧＬＣ（グレイター・ロンドン・カウンシル）の廃止にともない、ＧＬＣが有していた「登録建造物に対する同意」を発布する権限も、イングリッシュ・ヘリテイジに移された[38]。

また、イングリッシュ・ヘリテイジは、環境省から、約四〇〇件の歴史的建造物および考古学的遺構を譲り受けており、その管理も行なうようになった。そのため、ナショナル・トラストと同様の会員制度を導入した。このように、イングリッシュ・ヘリテイジの業務内容は、多角化し、それまでの政府への助言機関としてばかりでなく、歴史的建造物と記念物に関するほとんどすべてのことを総括して取り扱う機関となった。

他方、歴史的建造物の保存の一般的傾向としては、一九七五年のヨーロッパ建築遺産年（ＥＡＨＹ）以降、建築保存の必要性は一般の人々にまで広く認識され、うまく波に乗ることができた。登録建造物の制度も浸透し、できるだけ多くの建造物を登録し、保存していこうとするようになった。

そして、次に問題となったのは、登録する建造物の範囲、すなわち登録の基準の問題であった。ヴィクトリアン・ソサイアティやシヴィック・トラスト等の働きかけもあって、徐々に、その範囲は次第に拡大されていくことになる。特に、登録の基準として定められていた建設年による分類に関して、緩和を求める動きが強かった。一九八七年には、建設年による規制を緩和し、建設後三〇年以上経ったものであれば登録が可能になった（「三〇年ルール」）。これは、環境省の通達『歴史的建造物と保存地区―方針と手続き』[39]（一九八七年）のなかで示されたものであるが、この通達は、それまでの方針を大きく変更したものであり、登録の基準の変更ばかりでなく、歴史的建造物の保存のためには、用途変更による建造物の再生、すなわち「コンヴァージョン」を視野に入れることを明確にうたっていた。

このようにして、これ以降、それまで足枷であった一九一四年という年代の限定がはずれて、第一次世界大戦後のモダニズム建築も、登録建造物に指定することができるようになった。第一次世界大戦後の建築で、初の登録建造物となったのは、ドイツ表現主義の建築家エーリッヒ・メンデルゾーン（一八八七―一九五三）とロシア人建築家セージ・チャマイエフ（一九〇〇―一九六）が設計した海浜リゾート施設ドゥ・ラ・ワール・パヴィリオン（イースト・サセックス州、一九三三―三五年）［図**8―1**］であった。

また、第二次世界大戦後の建築で、最初に登録されたのは、一九五六―五九年にアルフレッド・リチャードソン（一八八〇―一九六四）によって設計されたブラッケン・ハウス［図**8―2**］である。この建築は、もともと「フィナンシャル・タイムズ」という新聞社の社屋として計画され、RIBA（王立英国建築家協会）のゴールド・メダルを受賞するなど、建設当初から高く評価されていた建築であった。一九八七年、大林英国不動産が買い取り、再開発を進めていたが、登録建造物の見直しを進めていた環境省は、この建築を一九八八年八月にグレイドⅡ*に指定し、既存の建築を尊重した再開発とするよう求めた[40]。

それと同時に、ロイヤル・フェスティヴァル・ホール（ロンドン、一九五一年、一九六二年、LCC建築課設計）、コヴェントリー大聖堂（一九五〇―五一年、バジル・スペンス設計）など、他に一八棟の戦後の建築が登録されている。二〇〇五年現在、一〇〇件程度の現代建築が登録されているが、そのなかには、ウィリス・フェイバー・デューマー・ビル（イプスウィッチ、ノーマン・フォスター設計）［図**8―3**］のようにグレイドⅠに登録されているものもある。

このようにして、現代建築であっても建築的価値がある建築は、歴史的建造物と同様に保存すべきであるという世論が高まってきた。そして、建設年代のみにとらわれることなく、現代建築でも同じ枠組みで保存すべきだという考え方が増大してきた。政府は、「三〇年ルール」を原則としているが、取り壊しの危機にある場合、築年数がそれに満たなくとも、一〇年以上経っていれば、登録建造物とし、都市・農村計画法の枠組みで、保存していこうということになった。これを「一〇年ルール」、または、それを提唱した国会議員スケルマズデイル卿にちなんで「スケルマズデイル・ルール」と呼んでいる[41]。

さらに、王立英国建築家協会（RIBA）や王立都市計画協会（RTPI）や都市・農村計画協会（TCPA）等も、保存に反対するのではなく、協力的な態度を示すようになった。ただし、これら団体は、自分たちの活動と関連させ、登録の基準を建設年代ばかりでなく、その他の価値まで拡大することを求めたり、制度の改善を求めることもあった。たとえば、

図8-1　ドゥ・ラ・ワール・パヴィリオン（イースト・サセックス州，1933-35年，メンデルゾーンとチャマイエフ設計）

図8-2　ブラッケン・ハウス(フライデイ・ストリート，ロンドン，1991年にマイケル・ホプキンスによって改修)

図8-3　ウィリス・フェイバー・デューマー・ビル（イプスウィッチ，エセックス州，ノーマン・フォスター設計，1975年)

王立英国建築家協会（RIBA）は、近年の作品であっても建築的価値が高いものは登録すべきであると主張し、また、都市・農村計画協会（TCPA）は、「登録建造物に対する同意」の手続きの簡略化を訴えた。その結果、一九九四年には、建設年以外にも建築的価値を重視し、原則として、建設年のみに拘束されず建築的価値が高い建造物を登録する方針が明確に打ち出された。(42)

これら制度の改革、また、市民の意識の高揚に大きな影響を与えたと思われるのが、英国王室の姿勢であった。皇太子チャールズ（一九四八―）は、建築に非常に強い興味を示している人物で、鉄とガラスの世界中どこにでもあるような退屈な建築によって、ロンドンの歴史的景観が失われつつある現状を再三にわたり嘆き、その改善を訴え続けている。これがBBCでテレビ放映され、大いに反響を呼んだ。一九八九年には、その内容が『英国の未来像―建築に関する考察』(43)という一冊の本として出版された。チャールズは、その後も、歴史的建造物の保存に熱心であり、建築保存団体「リジェネレイション・スルー・ヘリテイジ（遺産を通じた再生）」(44)等の名誉総裁を務めるなど積極的な活動を行なっている。

5　一九九〇年代の改革

一九九〇年、都市計画関連法が整理・統合され、「一九九〇年都市・農村計画法」となった。これは、一九七一年に統合法が制定されて以来、一九年ぶりのことであった。一九九〇年法は、それまでのものと大きく異なるスタイルをとっている。すなわち、都市計画関連の法律が四つに分類され、主法にあたる「一九九〇年都市・農村計画法」を中心として、それを補うかたちで「一九九〇年計画（登録建造物および保存地区）法」「一九九〇年計画（危険物）法」「一九九〇年計画（改正に伴う規定）法」が制定された。

内容的には、一九九〇年法は一九七一年都市・農村計画法をベースとし、その後の各種法改正をすべて統合したものであった。その変更を簡単に整理すると、以下のようになる。(45)

まずは、「一九七二年地方政府法」と「一九八五年地方政府法」で、地方庁の都市計画への運用方針が変更となった。また、「一九七二年都市・農村計画（修正）法」と「一九七四年都市・農村アメニティズ法」で、保存地区内の非登録建造物の取り壊しと、樹木の取り扱いに関する規定が定められた。「一九八一年地方政府・計画（修正）法」では、強制執行の規定が強化され、「一九八〇年地方政府・計画・土地法」と「一九八六年住宅・計画法」で、手続上の変更が加えられた。

これら変更のため、歴史的建造物関係の条項は、一九七一年都市・農村計画では全体で二四章であったのが、一九九〇年法では三六章にまで増大し、独立して「一九九〇年計画（登録建造物および保存地区）法」となった。この一九九〇年計画（登録建造物および保存地区）法には、地方自治体の歴史的建造物に対する補助金について定めた「一九六二年地方庁（歴史的建造物）法」や教会堂建築に関係する「一九六九年不要教会堂およびその他宗教建築法」が統合された。しかしながら、「一九八三年国家遺産法」および「一九七九年古記念物および考古学地区法」は、一九九〇年法に統合されることはなかった。「一九八三年国家遺産法」は、イングリッシュ・ヘリテイジとCADWが作成する「特に価値がある（outstanding interest）建物」に対する補助金に関して定めた「一九五三年歴史的建造物および古記念物法」がもととなった法律であり、イングリッシュ・ヘリテイジが創設する根拠となったものである。また、「一九七九年古記念物および考古学地区法」は、一八八二年古記念物保護法がもとになった法律であり、考古学の分野に最初に「登録記念物」の制度を導入したものである。このふたつの法律は、一九九〇年計画法には統合されることなく、独立して機能している。[46]

「一九九〇年都市・農村計画法」ならびに「一九九〇年計画（登録建造物および保存地区）法」は、「一九九一年計画および補償法」によって改正が行なわれた。主に登録建造物ならびに保存地区に関する強制執行の手続き等に関して修正が加えられ、これが一九九〇年代以降用いられている制度となっている。また、都市再開発関係では、一九九三年にリースホールド改革・住宅・都市再生法が制定され、「都市再生庁」が設立された。

ほぼ一一年半にわたり国民から高い信頼を得ていたサッチャーも、人頭税の導入により支持率を急降下させ、一九九〇年一一月には、辞意を表明した。後任には四七歳という若さのジョン・メイジャー（一九四三―）が就任した。しかし、景気は後退し、多難な幕開けであり、一九九二年四月の総選挙では、かろうじて保守党が勝利できたという状態であった。メイジャー政権による都市計画上の変革は、地方行政の改革を開始した点であろう。すでに、サッチャー政権時に、GLCおよびメトロポリタン・カウンティを廃止するなど、改革がはじまっていたが、[47]メイジャーは「一九九二年地方政府法」を制定し、それを大幅に推進させた。

一九九二年は、建築保存行政にとっても大きな変革があった年でもあった。一九九二年四月、創設以来のイングリッシュ・ヘリテイジの委員長のモンタギュー・オブ・ビューリー卿に代わって、ジョスリン・スティーヴンズが新委員長として就任した。そして、その一カ月後の総選挙の後、「国家遺産省」が創設された。この国家遺産省の管轄は多岐にわたっており、歴史的建造物、保存地区、古記念物ばかりでなく、音楽、演劇、芸術、放送等、他の文化一般の領域、さらにはスポーツ関係まで含んでいた。英国では、伝統的に、文化に関しては自由放任主義が原則であり、これまで文化一般を管轄する中央省庁はなく、国家遺産省は、政府が創設した最初の文化関係の中央省庁となった。

国家遺産省の最初の通達は、環境省と合同で発行された。[48]ここで、考古学的遺構また歴史的建造物の保存は、国家遺産省が「イングリッシュ・ヘリテイジ」、「国家遺産メモリアル基金」、「RCHME（イングランド王立歴史記念物委員会）」、「王立美術委員会」、その他の関連機関と協力し、国家遺産省が作成する基本方針に従って、環境省が権限をもって、都市計画と照らし合わせて、実際の保存活動を行なっていくことが宣言された。これは、本書でこれまで取り扱ってきた都市計画と保存行政の観点からは、環境省のもっていた都市計画関連の権限は、国家遺産省にはいっさい引き継がれなかったとみなすことができる。このような意味で、この時点で再び、都市計画と歴史的建造物が分離して扱われるようになったと言ってもよいだろう。しかし、その役割分担は、以前と比べて明確になったことは間違いない。

この制度改革の結果、国家遺産省は、「登録建造物」の登録（リスティング）および「登録記念物」の登録（スケジューリング）およびその監理、また、グレイドIおよびグレイドⅡ*の「登録建造物に対する同意」の発布、「保存地区」の指定、各種保存団体への補助金の交付等を担当することになった。また、イングリッシュ・ヘリテイジは、国家遺産省に助言を行なうとともに、地方自治体に対しては、「登録建造物に対する同意」および「保存地区内の同意」を発布する際に、さまざまな専門的内容を協議する諮問機関として位置づけられ、登録建造物または登録記念物の選定等の実質的責任をもつことになった。と同時に、ロンドンでは、GLCから引き継いだ地方行政庁としての役割も担っている。他方、環境省は、登録建造物および保存地区内の申請に対する「コール・イン」の決定および「異議申立」への対処、計画の変更（modification）、取り消し（revocation）などのすべての強制権限に関わること、登録建造物の強制収用、一九九〇年都市・農村計画法第四章による「補償の手続き（compensation procedures）」、「牧会法令」による教会堂の取り壊しの建議、などを役割分担することになった。そして、地方行政庁は、「保存地区の指定」、グレイドⅡの「登録建造物に対する同意」および「保存地区内の同意」の発布、「建造物保存通告」および「修理通告」等を行なうことになった。[49]

一九九三年には、「ナショナル・ロッタリー法」が制定された。歴史的建造物の保存に対する補助金には、一九七六年のＥＡＨＹ直後に創設された「アーキテクチュラル・ヘリテイジ基金」によるものと、「一九八〇年国家遺産法」によって一九八〇年に創設された「国家遺産メモリアル基金」によるものがあったが、一九九三年にナショナル・ロッタリー法が制定されたことによって、一九九五年からヘリテイジ・ロッタリー基金が導入され、それによって建築や環境の保護に対して補助金が交付されるようになった。一九九七年にはナショナル・ロッタリー法が改正され、教会堂、都市公園、景観保全、建築保存トラストの活動等にまで、範囲が拡大された。[50]

一九九四年九月、政府は、計画方針ガイダンス（ＰＰＧ）として『都市計画と歴史的環境』（ＰＰＧ15）［表**３**－**１**（前出）］を発行した。これは環境省と国家遺産省の両省から発行されたもので、それまでの通達等をまとめたものであった。ＰＰＧは、すでに述べたように、[51]都市計画上の指針を示すもので、『都市計画と歴史環境』は歴史的建造物の保存の問題を取り上げたものと位置づけられる。しかし、このタイトルには「保存（preservation または conservation）」という言葉は用いられていない。これは人々の間で、歴史環境を保存するということは当然のこととみなされてきた証憑であり、その際の問題の解決方法が、ガイダンスとして示されたと解釈できよう。また、この政府文書は、当時の長く続いていたレセッション（不況）に対する政府の他の施策と協調し、経済再生を強く意識しており、一九八七年の通達『歴史的建造物と保存地区－方針と手続き』[52]よりも、さらに規制緩和の方向に向かうものであった。

このように、市民の意識が歴史的建造物の保存の方向に傾き、政府はそれを推進することができるように制度を整備していった。しかし、これとは反対の意見をもつ者もあり、また、これによって損失を受けたと感じる者も出てくるのは当然のことで、さまざまな論争が繰り広げられるようになった。その結果、論争が法廷にまで持ち込まれることも増加してきた。制度上、都市計画上の決定に対し、不当だと感じる者は、決定に対し、担当大臣に異議を申し立てる権利が与えられている。さらにその決定にも不服な場合、法廷で争われることになっている。都市計画法が制定され、そこに歴史的建造物の保存の条項が盛り込まれるようになって以来、このような制度があったが、最終的な手続きにまで達することはほとんどなかった。しかし、一九八〇年代後半頃から、都市計画上の問題が、法廷において争われ、司法の判断に委ねられることが多くなってきた。その多くは、登録建造物制度および保存地区制度による規制のために、開発が制限されたことに対する不満から生ずるものであった。その代表的な法廷論争に関しては、のちほど取り上げることにする。(53)

他方、都市再開発といった観点からも、メイジャー政権は、さまざまな新しい試みを行なっている。一九九三年には「リースホールド改革・住宅・都市再生法」を制定し、「都市再生庁」を設立した。都市再生庁は、「シティ・グラント」を引き継ぎ、翌年の一九九四年には「荒廃地グラント」と「イングリッシュ・エステイツ」をも統括するようになり、その後、「イングリッシュ・パートナーシップ」と呼ばれるようになった。一九九九年には、ニュー・タウン委員会等を取り込んで、新生イングリッシュ・パートナーシップとして再編されている。(54)

都市再生庁とは、都市開発公社と類似の組織であるが、その相違は、都市開発公社はひとつの開発地域にひとつずつ設立されたのに対し、都市再生庁はひとつの組織で複数の開発地域を所管する点と、都市開発公社は中央政府の意思の実行機関であるのに対し、都市再生庁は地方自治体・地元住民との協力体制に重点が置かれている点にある。そして、中央政府、地方自治体、民間が、パートナーシップを組んで、補助金の受け皿となって事業を進めていく。当初は、サッチャー政権下の時限付組織の後継組織として、つまり、期限が切れた都市開発公社またはエンタープライズ・ゾーンの運営を、そのまま引き継ぐものが多かった。

他にも、中央政府が参加せず、地方自治体と民間とがパートナーシップを組んで、都市計画を進めていくことを促進するため、政府は「シティ・チャレンジ」という制度を創設している。シティ・チャレンジとは、一九九一年五月に創設され、翌一九九二年から導入された地域振興のための補助金のことである。地方自治体のイニシアティヴのもと、民間セクターやヴォランティアで組織された。補助金は中央政府から交付されたが、都市開発公社のように中央政府が直接参加することはなかった。地方自治体に補助金を交付することは、新しいことではなかったが、その方法が特徴的であった。つまり、各省庁が管轄するさまざまな補助金で、薄く広く援助するのではなく、特定の事業に対し、重点的に補助金を交付するようになっていた。シティ・チャレンジが交付される事業は、コンペ方式によって決定された。シティ・チャレンジの交付機関は、原則として五年間と比較的長く設定された。その結果として、都市再生に熱心な地方自治体は、独創的で実現性の高い計画を練るようになり、補助金を得た場合には、それまでよりも多額な資金により、事業を潤滑に進行できるという長所をもっていた。

シティ・チャレンジは、当初、一九九二年度および一九九三年度の二年にわたり採用された。一九九二年度には、一五地区からの応募に対し一一地区が選定され、一九九三年度には、五七地区の応募に対し二〇地区が選定された。シティ・チャレンジは、実験的な試みということもあり、一九九三年度交付決定の補助事業が終了した一九九七年で終わっている。一地区あたり、年間七五〇万ポンド（約一五億円）、五年間で三、七五〇万ポンド（約七五億円）というものであった。この実験的な試みは、順調に成果をあげた。特に、パートナーシップの形成方法等に関して、異なる業界間の信頼関係を築き、相互理解を深め、パートナーシップを実質化するなど、着実に前進するかたちとなった。そして、この方式が、その後の都市再開発の補助金の交付の方法のもととなり、シティ・チャレンジは、後述する英国政府の予算制度の目玉として各省庁の予算を統合した「シングル・リジェネレイション・バジェット（総合再生予算）」の一部として交付される「チャレンジ・ファンド」に改編された。

チャレンジ・ファンドも、コンペ形式で申請事業に対して与えられる補助金で、通常五年間、最長七年間の期限付きの補助金であった。最高額二、五〇〇万ポンド（約五〇億円）で、一九九九年から二〇〇二年の三年間で四億ポンド（八〇〇億円）が費やされた。五〇以上の都市再開発で、この基金が用いられた。しかし、コンペ形式の選定方法は、選定理由に不透明性があり、ブレア政権による見直し作業が行なわれることになった。

6 ニュー・レイバーの都市行政および文化行政

長引く不況に、久々に長く続いた保守党政権への批判が高まっていった。これに対抗する労働党は、若き首相メイジャーよりもはるかに年下の四一歳のトニー・ブレア（一九五三ー）を党首に選び、新生労働党を強調した。新党首ブレアは大胆な党改革を実施し、「ニュー・レイバー（新労働党）」をうたい文句に一九九七年五月の選挙戦に挑み、保守党を大差で破り、一八年ぶりに労働党政権を復活させた。メイジャーが首相についた際よりもさらに若い四三歳の首相の誕生である。ブレアは、低迷する英国経済を打破するために、さまざまな改革に乗り出した。

ブレアの改革とは、産業国有化というそれまでの労働党の路線を捨て、民営化による経済活力を積極的に取り入れようとするものであった。福祉国家を目指しながらも、基本的にはサッチャー以降の保守党政権を継承する政策をとった。その際、それまでの二大政党の対立のように、相手党の政策を全面的に否定するのではなく、サッチャーの行なった荒治療はある程度必要だったと是認したうえで、労働党の新方針を訴えかけた。ブレア政権とサッチャー政権との違いは、サッチャー政権が「実利主義」に徹底していたのに対し、ブレア政権では、「文化」的側面を強調している点にある。文化事業を「創造産業」と位置づけ、情報化社会に対応する文化「資本」の充実をはかっている。その姿勢は、就任直後一九九七年の省庁再編において、「文化・情報・スポーツ省」を創設したことからも明らかであろう。また、二〇〇〇年祭を記念して、テムズ河南岸の再開発「ミレニアム・オブ・ロンドン」計画を実施し、[55]ミレニアム・ドーム（ロンドン、一九九九年、リチャード・ロジャーズ設計）をはじめとするさまざまな文化・スポーツ施設の建設を後援している。

意外なことに、これが英国における文化行政のはじまりでもあった。というのは、英国では伝統的に、文化活動をバックアップするのは貴族等の役割であり、それまで国家が関与することはなかった。[56]一九九二年に国家遺産省が創設された際も、それは国家遺産を監理するためであり、文化活動をバックアップする政府機関としては、「文化・情報・スポーツ省」が最初の存在とみなしてもよい。

ブレア政権は、サッチャー政権に劣らず、さまざまな改革を実施している。特に、ブレアが選挙の際のマニフェストに掲げた地方分権化は、英国にとって最大の行政改革となっている。これは、政府の権限を地方議会に委譲するものであり、スコットランド、ウェールズ、北アイルランド、ロンドンに地方議会が設置された。他の地域に関しても、議論は進められているが、実現するまでには、まだ時間がかかりそうである。すでに選挙も実施され、北アイルランド議会では一九九八年に、スコットランド議会およびウェールズ議会では一九九九年に、地方議会選挙が実施されている。また、二〇〇〇年地方政府法を制定し、中央政府と地方自治体の役割の見直しをはかった。それ以外にも、英国政治の伝統ともいえる貴族院（上院）の改革を試みようとするなど、大改革を推進した。

さて、ブレアの都市計画および文化財行政に関する改革に話を移そう。政権の座を射止めたブレアは、すぐに省庁再編に着手し、環境省は交通省等と再び合併させ、「環境・交通・地域省」とした。また、国家遺産省は、ブレア政権の目玉のひとつでもある文化行政の中心官庁の「文化・情報・スポーツ省」に組み込んだ。こうして、歴史的建造物の保存を管轄する中央省庁は、「環境・交通・地域省」と「文化・情報・スポーツ省」となった。また、これら中央省庁の再編と同調して、歴史的建造物を取り扱う諸機関に関しても整理が行なわれた。一九九九年には、RCHME（イングランド王立歴史記念物委員会）とナショナル・モニュメンツ・レコードの両者を、イングリッシュ・ヘリテイジに合併・吸収した。歴史的建造物の保存のための諸機関の合併・整理は、一九八四年のイングリッシュ・ヘリテイジ設立時にも行なわれたが、さらにここで諸機関の統廃合がはかられ、イングリッシュ・ヘリテイジの役割は、ますます増大していった。ただし、この合併は、イングランドに限ったことであり、ウェールズ、スコットランド、北アイルランドでは依然として従来の体制が続いている部分もあり、その改善は、今後の課題として残されている。

図**8-4**　『パワー・オブ・プレイス—歴史的環境の未来』の表紙

二〇〇〇年、これら組織再編を念頭に置いて、イングリッシュ・ヘリテイジは、都市計画行政および文化財行政の役割をまとめ、今後の歴史的遺産の保存に関する行政戦略を打ち出し、『パワー・オブ・プレイス—歴史的環境の未来』(57)（二〇〇〇年）［図**8**—**4**］と題する一冊の小冊子を刊行した。これは極めて的を射た報告書であり、あらゆる公共政策のなかで、保存施策をいかに有効に実施していくかを、一八の提案で示したものであった。これらには税制や補助金といった新制度の導入等の提案も含まれていた。このなかで、これまでの都市計画制度における登録建造物制度に関しては、その成果を高く評価している。一方で、海洋遺産等、現行の登録建造物からもれている歴史遺産があることを問題点としてあげている。また、歴史的遺産を用いた地域計画の今後の重要性を述べ、所有者の十分な理解を得ながら、観光といった観点も視野に入れながら、歴史遺産の保存計画を準備していく必要性を指摘している。その際、歴史遺産の評価に関しても、新たな指標の必要性を唱え、史跡等の保存計画を準備すべきであると説いている。また、これらを実施していくうえでの技術的問題として、歴史的建造物に通じた職員が不足している点をあげている。全体の二二パーセントの自治体には、歴史的建造部を専門とする職員がいないという調査結果を示し、各自治体には専門の職を配置する必要があると主張している。しかし、これは逆にいえば、全体の七八パーセントの自治体に歴史的建造物を専門とする職員がいるということで、わが国の実情と比べると、実にうらやましい限りである。

都市計画行政に関して、ブレアは省庁再編を再度、実施した。二〇〇一年に「環境・交通・地域省」は、「交通・地方政府・地域省」と変更になった。さらにその翌年、交通省は独立し、「交通・地方政府・地域省」の他の役割は、新設の「副総理府」に移された。その結果、歴史的建造物の保存行政は、「副総理府」と「文化・情報・スポーツ省」の協力体制によって行なわれるようになった。

ブレア政権は、民間活力を都市開発に導入しようとしている。これはサッチャー政権以来、イングリッシュ・パートナーシップ等、綿々と続けられてきたことであるが、さまざまな民間共同の組織を設置し、都市計画に活かそうとしている。このように、ブレアは都市再生を英国の経済復興の鍵とみなしており、都市再生に関して並々ならぬ努力を講じている。その一環として、副総理府は、建築家リチャード・ロジャーズ（一九三三―）を委員長とした「都市対策特別委員会」を設置し、都市問題に打開策を検討し、一九九九年六月には、今後の都市計画の方針を打ち出した『都市対策特別委員会報告』[58]（一九九九年六月二九日発表）を発行した。

これらブレアによる改革は、サッチャーに負けず劣らず大胆であり、のちの評価を待つものである。

7　近代建築と産業遺産の保存

歴史的建造物の重要性が人々に理解され、登録建造物制度による保存が浸透していくにつれ、登録建造物の基準が変化してきたことは、すでに述べてきた通りである。そのなかで、最も議論となったのが、建設年代の問題、つまり建てられてから何年以上たったものを登録の対象とするかということであった。登録作業を進めるにあたり、一九一四年、すなわち第一次世界大戦終結は、重要な時代区分として考えられてきた。それは、この時期を境に、英国建築は大きく変化し、モダニズム建築も建てられるようになったからであった。

モダニズム建築は、英国にはなかなか浸透しなかったが、一九五〇年代からはじまったテムズ河沿いの文化施設群の建設等に刺激され、一九六〇代頃から、コンクリートの建築が一般化し、モダニズム建築が多くあらわれるようになった。これらモダニズム建築の評価に関しては、意見は分かれ、議論の的となっていた。しかし、一九七〇年半ば以降の歴史的建造物の保存熱の高まりとともに、一九八〇年代になると、モダニズム建築を評価する動きが次第に高まっていった。これに合わせ、政府の「歴史的または建築的価値がある建築」の解釈も拡大する必要性を察知し、すでに述べたように、一九八七年には通達を発布し、(59) 登録建造物の基準を緩和し、一九一四年以降に建設された建築でも、登録できるように制度を改めた。さらに、その範囲を拡大していき、原則として築後三〇年以上経った建築を指定することが定められ（「三〇年ルール」）、取り壊しの危機にあるものに限っては、建築後一〇年が経過していれば、同様の手法で保存していくことが認められた（「一〇年ルール」）。

他方、「産業遺産」の保存に関しても、真剣に取り組むようになってきた。英国の場合、産業革命が他国と比較して早い段階で起こり、しかも、その勢いはすさまじかった。しかし、人類史上、未曾有の急速な展開をした英国諸都市は、その後の産業構造の変化になかなかついていくことができず、その多くが現代ではもはや時代遅れとなり、停滞していった。近代化の速度が著しかったのと同様に、その衰退の度合も著しかった。都市内では、スラム化が進むなど都市問題が多数生じ、再開発が必要な状況であった。特に、産業革命を支えた工場やその関連施設は不要となり、長い年月、そのままの状態にされていた。これらは「産業遺産」と呼ばれ（わが国では、しばしば「近代化遺産」と呼ばれる）、その対処法が検討さ

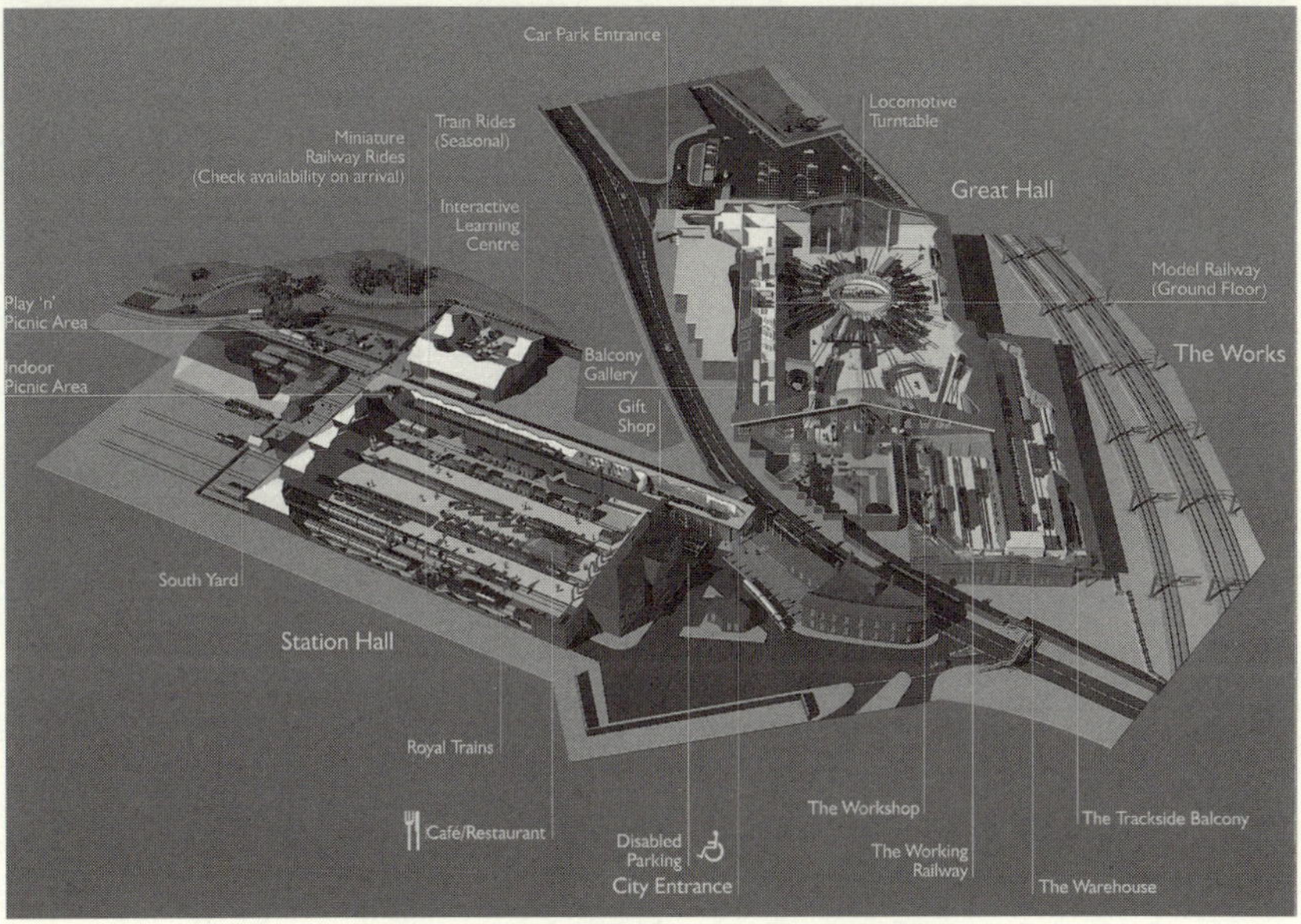

図**8-5**　国立鉄道博物館（ヨーク）の案内図

れはじめた。

これら産業遺産は、つい最近まで、いたるところで邪魔な存在となっていた。産業遺産は規模が大きく、その処理すらたいへんな作業となるため、経営不振に陥って工場を閉鎖した企業は、それをそのまま現地に放置するかたちで去っていき、経済不調に苦しむ国家状況で、長い間、そのままの状態にされていたものがほとんどであった。これら産業遺産は、都市の不衛生化の原因となっている場合が多く、これらを緊急に解決する必要性に迫られている自治体も少なくなかった。わが国でも、同様のところがないわけではないが、世界的に産業革命をリードした英国には、比べものにならないほど多くの産業遺産が、野ざらしにされていたのである。しかし、これらを消極的に処分するのではなく、積極的にまちづくりに活かしていこうとする試みが見られるようになった。

産業遺産が歴史的財産とみなされ、保存が考慮されるようになったのは、一九五九年の英国考古学評議会（ＣＢＡ）のカンファレンスの後である[60]。それまでは、産業遺産は経済目的の施設であり、文化的遺産とみなされることはなかったが、これらに社会的・歴史的意義を見出すようになった。同時に、産業考古学といった学問分野も誕生するようになった。産業遺産の保存は、それまでの歴史的建造物の保存とは異なり、さまざまな問題を抱えている。産業遺産は、ほとんどの場合、大規模で、個々の建築の芸術的価値といった観点からも劣るものが多く、単体での保存・活用の手法は限られてしまう。しかし、産業遺産はかつての町の成長の証であり、それぞれの町にとっては、存在そのものが歴史とみなされるようになった。そのため、特定の産業の衰退とともに活気を失ったような町では、個々の施設を産業遺産として保存するのではなく、むしろ地域全体を産業遺産とみなし、町おこしのために利用していこうとする試みが行なわれるようになった。すなわち、産業遺産を町のシンボルとみなし、地域の歴史を後世に残そうという試みである。このような動きは、一九七〇年代に顕著となった。

図8-6　科学産業博物館（マンチェスター）のガイドブックの表紙

産業遺産の活用のひとつとして、産業博物館（野外博物館となる場合が多い）として利用する方法がある。産業博物館の特徴も、建設の経緯、その目的、時代背景等によって異なっている。その第一としてあげられるのが、ヨークの国立鉄道博物館（一九七五年開館）［図**8**－**5**］やマンチェスターの科学産業博物館（一九八三年開館）［図**8**－**6**］といった大博物館である。これらは国の援助のもと建設された国立の博物館であり、規模も大きい。各種近代産業のあらゆるコレクションを集約し、各業界の歴史を展示・研究する機関としても重要である。

これら産業博物館と他の博物館との相違は、産業施設のなかに近代産業に関連する展示物を展示するのではなく、産業施設そのものを展示物としている点である。近代産業の特徴を示す展示品を、ひとつの屋根の下に、すべて収めるのは不可能である。また、産業施設は、それ自身独立した施設であるから、それをそのままにしておいても十分に展示物となる。このようにして野外博物館がつくられるようになった。その好例はアイアンブリッジ渓谷博物館（一九七三年開館）［図**8**－**7**］やブラック・カントリー生活博物館（バーミンガム近郊）（一九七五年開館）［図**8**－**8**］であろう。これらは国立鉄道博物館や科学産業博物館といった大博物館ではなく、地域に密着した施設を目指している。つまり、産業遺産を博物館として利用するものの、博物館としての機能を重要視するのではなく、教育施設、コミュニティ施設等の付属施設を建設し、地域コミュニティのセンターとしての役割を担わせ、地域の活性化をはかろうとした。これらは町おこしの起爆剤となり、成功を収めるところが多く、各地で類似の施設が建設

図8-7　アイアンブリッジ渓谷博物館（シュロップシャー）のガイドブックの表紙

図8-8　ブラック・カントリー生活博物館（バーミンガム近郊）のリーフレット

されるようになったが、一九九〇年頃をピークに、どこも入館者が減少傾向にあり、新たな工夫が必要となってきた。

すでに述べたが、一九九四年九月に政府が発行した計画方針ガイダンス『都市計画と歴史的環境』（ＰＰＧ15）や他の政策にも見られるように、歴史的建造物の保存に関しても長く続いたレセッションを打開するため、規制を緩和しはじめていた。そこで、こういった産業遺産をコンヴァージョンして、都市再開発の中心にすえようとする動きが生じてきた。一方で、政府の規制緩和は、大規模店舗の進出をうながし、産業遺産の活用に関しては、それが追い風となり、産業遺産を用いて、大型ショッピング・センターを建設し、町おこしにつなげようとするような動きも生まれてきた。そして、都市再開発と産業遺産の保存の問題が、同時に考慮されるようになってきた。

ミレニアムを迎えて景気回復を果した英国では、産業遺産の再開発がさかんになった。チャールズ皇太子は、みずから名誉会長を務める「リジェネレイション・スルー・ヘリテイジ（遺産を通じた再生）」の産業遺産の再生をテーマとするカンファレンスでスピーチを行なうなど、これら活動を後押ししている。[61] また、イングリッシュ・ヘリテイジでも、これら産業遺産に関して、真剣に取り組みはじめた。

8　世界遺産と建築保存の国際協調

国際的な文化財保護活動は、第二次世界大戦後、ユネスコ（一九四五年設立）が主導して行なってきた。特に、一九六四年に採択された「ヴェネツィア憲章」によって、歴史的建造物の修理の国際的ルールが定められ、各国はこの方針に従うようになった。

一九六〇年代後半になると、文化財の国家の枠組みを超えた不法取引が目立つようになり、これに国際的観点で取り組んでいく必要性が生じてきた。これに対し、ユネスコは、一九七〇年に、「文化財の不法な輸入、輸出および所有権移転を禁止しおよび防止する手段に関する勧告」（一九七〇年ユネスコ条約」として知られる）を作成し、国家間に協力を呼びかけた。また、この頃から、世界各地にある歴史遺産は人類が共有する貴重な遺産であり、危機にある歴史遺産は、国家単位ばかりでなく、国際的観点で保護していかなければならないという考え方が生じてきた。このような目的で、一九七二年には「世界の文化遺産および自然遺産の保護に関する条約」（「世界遺産条約」として知られている）が採択された[62]。これによって、歴史的建造物や歴史的建造物群を「世界遺産」に登録し、ユネスコによる「世界遺産基金」から資金援助を受けながら、保存を行なっていくことができるようになった。

世界遺産に関しては、わが国でもよく知られているため、ここでは簡単に概略を記すにとどめるが、世界遺産条約によって、ユネスコ内に「世界遺産委員会」が設けられ、「自然遺産」と「文化遺産」の両面から、世界各地の人類の遺産の保護を進めるようになった。世界遺産委員会の最も重要な役割は、「世界遺産リスト」と「危機にさらされている世界遺産リスト」を作成することにある。リストの作成にあたっては、個人や民間団体が推薦するのではなく、条約を締結した国家の政府が行なう。文化遺産の場合、その諮問機関として、一九六五年に設立されたイコモスおよび各国の国内委員会が協力する[63]。世界遺産委員会は、登録作業を行なうばかりではなく、登録された遺構の維持・管理の点検を行ない、世界遺産基金の適正な運用を検討する。また、登録のための基準などのガイドラインも作成している。一九九二年には、ユネスコに「世界遺産センター」が創設され、世界遺産委員会の運営等の事務上の責任を担うことになった。

英国は、一九八四年五月二九日に世界遺産条約を締結し、現在、二六件の世界遺産登録遺構［表**8－3**］がある。ただし、世界遺産へ登録されたとしても、国内での都市計画および文化財に関する法律上の規制はない。もちろん、これはユネスコの世界遺産制度を軽視しているのではなく、国内の既成の法制度とは別の次元で定められたことが原因している。制度とは無関係とはいっても、『都市計画と歴史的環境』（PPG15）では、地域の都市計画を行なう際に、世界的に重要な歴史遺産を後世に残す都市計画をしなければならないと明確にうたうなど、その重要性は認めている。二〇〇〇年頃から起こった傾向として、産業遺産を世界遺産にノミネートし、世界遺産として登録されることにより観光化をはかり、かつての栄光を復活させるまちづくりを目指そうとする動きがある[64]。英国の場合、世界遺産への登録は、それまでの歴史遺構の保存の方針を大きく変化させるものではないが、観光上は非常に効果があるという[65]。

ちなみに、わが国は、一九九二年に世界遺産条約に調印している。その直後の一九九四年に、奈良でユネスコの国際会議（通称「奈良会議」）が開催された。ここで取り上げられたのは、「オーセンティシティ」に関する問題であった。世界遺産委員会が作成した世界遺産の登録基準には、①材料、②工作技量、③デザイン、④環境、の四つのオーセンティシテ

表8-3　英国の世界遺産

名称	(原綴り)	種類	指定年	備考
ファウンティンズ修道院遺跡群を含むスタッドリー王立公園	Studley Royal Park including the Ruins of Fountains Abbey	文化	1986年	
ジャイアンツ・コーズウェイとコーズウェイ海岸	Giant's Causeway and Causeway Coast	自然	1986年	
アイアンブリッジ渓谷	Ironbridge Gorge	文化	1986年	
グウィネズのエドワード一世の城群と市壁群	Castles and Town Walls of King Edward in Gwynedd	文化	1986年	
ダラム・カースルと大聖堂	Durham Castle and Cathedral	文化	1986年	
セント・キルダ	St. Kilda	複合	1986年	2004年、2005年拡張
ストンヘンジ、エイヴベリーと関連する遺跡群	Stonehenge, Avebury and Associated Sites	文化	1986年	
バース市街	City of Bath	文化	1987年	
ローマ帝国の国境線（ハドリアヌスの長城）	Frontiers of the Roman Empire (Hadrian's Wall)	文化	1987年	2005年拡張・名称変更
ウエストミンスター・パレス、ウエストミンスター・アビー、セント・マーガレット教会	Westminster Palace, Westminster Abbey and Saint Margaret's Churche	文化	1987年	
ブレナム・パレス	Blenheim Place	文化	1987年	
ヘンダーソン島	Henderson Ireland	自然	1988年	
ロンドン塔	Tower of London	文化	1988年	
カンタベリー大聖堂、セント・オーガスティンズ修道院、セント・マーティン教会	Canterbury Cathedral, St. Augustine's Abbey, and St. Martin's Church	文化	1988年	
エディンバラの旧市街群と新市街群	Old and New Towns of Edinburgh	文化	1995年	
ゴフ島野生生物保護区	Gough Ireland Wildlife Reserve	自然	1995年	2004年拡張
河港都市グリニッジ	Maritime Greenwich	文化	1997年	
オークニー諸島の新石器時代遺跡中心地	Heart of Neolithic Orkney	文化	1999年	
ブレナヴォン産業景観	Blaenavon Industrial Landscape	文化	2000年	
バミューダ島の古都セント・ジョージと関連要塞群	Historic Town of St. George and related Fortifications, Bermuda	文化	2000年	
ダーウェント渓谷の工場群	Derwent Valley Mills	文化	2001年	
ドーセットおよび東デヴォン海岸	Dorset and East Devon Coast	自然	2001年	
ソールテア	Saltaire	文化	2001年	
ニュー・ラナーク	New Lanark	文化	2001年	
キューの王室植物園群	Royal Botanic Gardens, Kew	文化	2003年	
リヴァプール　—　海商都市	Liverpool - Maritime Mercantile City	文化	2004年	

（ユネスコのWEB SITEより）

ィが認められなければならないとしていた。特に、①の材料のオーセンティシティについて議論となった。もともとこの概念は、石造建築圏のヨーロッパの建築を中心に考えられたものであり、木造建築圏では、直接、応用しにくい概念であった。わが国をはじめとする、木造文化圏の代表は、「文化遺産の保存は、その地域の地理、気候、材料等、風土的条件と文化的条件に従って行なわれるべきで、これによってオーセンティシティを保つことができる」と主張した。会議では、この考えが認められ、「オーセンティシティに関する奈良文書」（一九九四年）が交わされ、「オーセンティシティ」の概念が拡大された[66]。

これら国際的な建築保存の動きのなかで、ヨーロッパ各国の間では、欧州会議の試みが重要な意味をもつようになってきた。欧州会議に関しては、すでに述べた通り[67]、一九七五年に「アムステルダム宣言」を採択し[68]、その後も、国際会議を頻繁に催し、歴史的遺産の保存は各国で独自に行なうのではなく、国際協力が必要不可欠であるとの姿勢を示してきた。一九四九年の設立時の一〇カ国から、毎年、加盟国を増やし二〇〇四年現在、四五カ国が加盟している。一九六一年には欧州会議のなかに文化協力委員会が創設され、国際的な文化財保存に対し、真剣に取り組み、一九七五年のヨーロッパ建築遺産年の開催にも貢献した。その後の欧州会議の活動のなかで重要なのが、一九八五年一〇月三日に締結された「ヨーロッパの建築遺産保存のための条約」（「グラナダ条約」として知られる）と、一九九二年一月一六日に締結された「考古学遺産の保存のためのヨーロッパ条約（改正）」（「マルタ条約」として知られる）であろう。これらふたつの条約によって、国際的に保存していくべき「建築遺産」ならびに「考古学遺跡」が定義された。ここで、建築遺産は、「記念物（monuments）」「建造物群（groups of buildings）」「遺跡（sites）」の三種に区分され、保護対策が練られるようになった。また、一九九九年から二〇〇〇年にかけては、欧州会議五〇周年を記念して「ヨーロッパ、共通の遺産」キャンペーンを繰り広げ、国際的な文化財保護の重要性を人々に訴えかけた。これら以外にも、一九八七年には「サンティアゴ・デ・コンポステーラ宣言」を採択し、巡礼路などの文化の道を保存の対象として確立し、二〇〇〇年には「ヨーロッパ景観条約」を採択し、「文化的景観（cultural landscape）」および「歴史的景観（historical landscape）」の概念を国際的認識とした[69]。

これらユネスコや欧州会議の活動とは別に、重要な動きは他にもあった。これらを簡単にまとめると、人々が考える保存しなければならない歴史的建造物の範囲が国際的に拡大されていったと言うことができる。一九七八年には、産業遺産の保存を国際的視野で実施するために「国際産業遺産保存委員会（TICCIH）」が創設されている。これにより、これまで無視されがちであった、産業遺産に国際的に脚光を浴びせるとともに、その保存のため、調査研究機関ができた。

また、一九九〇年に創設された「ドコモモ（DOCOMOMO）」の活動も重要であろう。ドコモモとは、正式名称を「モダン・ムーヴメントに関わる建物と環境形成の記録調査および保存のための組織」といい、二〇世紀のモダン・ムーヴメントの関連する建築および都市を対象とし、建物や図面・資料の保存を提唱して活動する国際組織である。各国に支部をもち、一九九〇年の第一回大会（於アイントホーヘン、オランダ）において採択された「アイントホーヘン宣言」（「ドコモモ（DOCOMOMO）憲章」[70]と称される）に基づいて、パリの建築博物館に置かれた本部「ドコモモ・インターナショナル」と連携を保ちながら、各国でモダニズム建築の保存のための活動を進めている。

英国でも、モダニズム建築の保存に関して、この頃から真剣に検討されるようになり、イングリッシュ・ヘリテイジも、モダニズム建築の緊急登録を課題に掲げ、活動を進めている。

第四部　建築保存の実践

9章
建築保存の展開

1　保存運動と諸団体の活動

歴史的建造物の保存運動は、さまざまなかたちで生じてきた。考古学研究の推進や考古学的遺物のコレクション等を目的とした考古学団体は、古記念物の保護を求めてアクションを起こし、まちづくりを支えたローカル・アメニティ・ソサイアティも、みずからの生活環境を快適に保つために、種々の建築保存運動を繰り広げ、英国の建築保存に寄与してきた。また、初期の段階からすでに、中世建築の保護に端を発する古建築保護協会（ＳＰＡＢ）や歴史・自然遺産の保護から発展してきたナショナル・トラストといった建築保存そのものを目的とする団体も存在していた。その後も、各種団体が形成されて、保存運動が展開されてきた。このような運動が起こった時期については、社会状況と密接に関係しており、非常に興味深い。

その最初の動きは、ヴィクトリア朝期、すなわち一九世紀末のことであった。この頃になってようやく、産業革命の弊害として、建築保存の必要性が認識され、法制度の確立や諸団体の設立がはじまった。

組織的な行動を起こし、社会を動かすようになったのは、一九二〇～三〇年代、つまり、第一次世界大戦後の急速な住宅地開発によって都市が郊外にスプロールしていった時期であった。この時期には、行政サイドでも、一九三二年都市・農村計画法を制定し、無計画な開発による自然環境破壊を防ごうとするなど、同時並行的な動きがあった。この頃の活動の特徴として、建築単体の保存というよりは、むしろ都市環境の保存が唱えられたことがあげられる。すなわち、市民のなかに、みずからの町はみずから守らなければならないという意識が芽生え、人々が自然に立ち上がって、さまざまな運動を展開した。

次に、この種の組織的活動が拡大していったのが、一九五〇年代の第二次世界大戦後の復興期である。戦後、ニュー・タウンが次々と建設され、全国に開発の手がのび、新しい都市計画手法が模索され、各地で試されていた。また、この頃、鉄筋コンクリート造のいわゆるモダニズム建築が英国でも建てられるようになり、それまでの伝統的な建築による統一した景観が損なわれるようなった。このような景観の変化に、英国人は非常に敏感であった。すなわち、モダニズムのアンチテーゼとして、歴史が認識され、伝統的な建造物や景観を残していこうとする運動が活発になっていった。

ヴィクトリア朝に起こった建築保存の動きに関しては、諸々の考古学学会の設立や一八七七年設立のSPAB、一八九五年設立のナショナル・トラストの活動等に関して、すでに取り上げてきた。(1) ここでは、その補足と、その後の動きに関して、整理しておきたい。

当初の保存運動は、建築に限った保存というよりは、むしろもっと広い意味で、自然環境および都市環境を構成するものすべてを守っていこうとするものであった。このような運動をリードしていったのが、学術団体であった。SPABやナショナル・トラスト以外の諸団体にも、建築の保存に熱心な団体がいくつも存在し、「自然保護地設置促進協会」(2)（のちに「王立自然保存協会」と改名、一九一二年設立）、「デザインおよび工業協会」(3)（一九一五年設立）、「イングランド田園保護協議会」(4)（のちに「イングランド田園保護運動」と改名、一九二六年設立）、「散策者協会」(5)（一九三五年設立）などが、その例としてあげられる。(6)

また、芸術協会（現王立）の活動も重要であろう。(7) 芸術協会は、一九二〇年代に古民家の保存を訴えるキャンペーンを展開した。一九二九年にはバークシャーのウエスト・ウィカムの村落の保存を確実にするために、村全体の土地所有権を

図9-1 「古記念物協会」のロゴ

図9-2 「ジョージアン・グループ」のロゴ

買い取っている。[8]

第一次世界大戦後に、英国の建築保存は第二段階を迎えることになる。一九一八年、第一次世界大戦が終結すると、すぐに一九一九年住宅・都市計画法が成立し、まずは政府が主導するかたちで都市計画諸法における改革がはじまった。歴史的建造物を保存しなければならないという世論も高まってきて、新たな団体が設立されるようになる。そのひとつが、「古記念物協会」（一九二四年設立）［図**9**―**1**］であった。[9] 古記念物協会は、古記念物、歴史的建造物、伝統的職人技術の保存に関して研究するために、一九二四年に設立された。古記念物協会が保存の対象としたのは、建築的または歴史的価値をもつすべての人工的構築物であり、住宅、倉庫、アームスハウス（私立救貧院）、ハト小屋、水車、教会堂、チャペルなどが含まれていた。このような保存すべきと考える対象の拡大は、のちの都市・農村計画法における登録建造物のリストにつながっていくことになる。

次の重要な動きは、「ジョージアン・グループ」[10]（一九三七年設立）［図**9**―**2**］の誕生であろう。ジョージアン建築、すなわち一八世紀から一九世紀初めにかけてのジョージ王朝期を中心に建てられた新古典主義建築は、それまで「さえない四角の箱（dull square boxes）」と蔑まれていたが、一九二〇年代になると、建築史研究の分野で、その評価が急速に高まってきた。[11] しかし、その一方で、多数のジョージ王朝期の建築が、取り壊され続けていた。特に、一八二〇年代に建設されたジョン・ナッシュ（一七五二―一八三五）によるリージェント・ストリートの諸建築が、一九二〇年代になって次々と破壊されていくという現実に対し、各方面から痛烈な非難が浴びせられるようになった。一九二七年には、ロンドン・カウンティ・カウンシル（LCC）が、ジョン・レニー（一七六一―一八二一）設計のウォータールー・ブリッジ（ロ

図9-3　ウォータールー・ブリッジ（ロンドン，1811-17年，ジョン・レニー設計，1939年取り壊し）

ンドン、一八一一－一七年）〔図9－3〕の取り壊しを決定した。これには反対意見も多く、各種保存運動がわき起こったにもかかわらず、結局、一九三二年に取り壊されてしまった。

同年、王室領地委員会が、ジョン・ナッシュ設計のカールトン・ハウス・テラス（パル・マル、ロンドン、一八二七－三二年）の取り壊しを発表してから、ますますジョージ王朝期の建築の保存運動は過熱していった。それでも、ジョージアン建築の破壊は、おさまらなかった。ロンドンのベッドフォード・スクエアの西側は、道路建設のために破壊されてしまい、マンチェスター・スクエアも取り壊されてしまった。また、ロンドンのドーチェスター・ハウス（一九二四年取り壊し）、セント・ジェイムジズ・スクエアのノフォーク・ハウス（一九三六年取り壊し）、ランズダウン・ハウス（一九三六年取り壊し）、チェスターフィールド・ハウス（一九三七年取り壊し）といったジョージ王朝期のタウン・ハウスの傑作とされる作品が、次々と取り壊されていった。一九三六年にはロバート・アダム（一七二八－九二）によるアデルフィ（ロンドン、一七六八－七二年）〔図9－4〕までもが、解体されてしまった。

そのような状況下、最も強烈な論調で、ジョージアン建築の破壊を非難したのが、ロバート・バイロン（一九〇五－四一）であった。バイロンは、一九三七年に「戴冠式の祝い

図9-4　アデルフィ（ロンドン，1768-72年，ロバート・アダム設計，1937年取り壊し）

かた」と題する論文を『アーキテクチュラル・リビュー』誌に発表し、そこでカールトン・ハウス・テラスをはじめとするロンドンにおいて、破壊されたか、破壊の脅威にさらされているジョージアン建築のすばらしさを記し、それを破壊しようとした者たちを名指しで非難した。この論文は多大な反響を呼び、アーキテクチュラル・プレス社から単行本として出版された。[12] さらにバイロンは、マイケル・ロッス（ロッス伯爵）（一九〇八－）とともに、「ジョージアン・グループ」を創設し、ジョージアン建築の保存を訴えかけた。[13]

その直後の一九三九年に、英国は第二次世界大戦に参戦した。英国の諸都市も空爆の被害を受けるようになり、多くの歴史的建造物が破壊された。その際、少なくとも写真だけでも残しておこうと、一九四一年に、ウォルター・ゴドフリー（一八九一－一九八六）とジョン・サマーソン（一九〇四－一九九二）によって、「ナショナル・ビルディングズ・レコード」が設立された。これは歴史的建造物のアーカイヴであり、パーリッシュ（教区）ごとに歴史的建造物の写真や実測図、これに関する研究論文、雑誌掲載記事などが集められた。ナショナル・ビルディングズ・レコードは出版物も刊行し、人々に破壊された歴史的建造物の実情を伝えようとした。

一九四二年には、ジョン・サマーソンとJ・M・リチャーズによって、『英国の爆撃された建築』が刊行されている。この頃から、過去の建築や風景に対する出版物も増え、人々の興味を引きつけていった。特に、一九五一年から刊行が開始されたニコラウス・ペヴスナーによる『イングランドの建築』シリーズは、人々を啓蒙するのに、十分な効力をもった。

ナショナル・ビルディングズ・レコードは、その後、一九六三年に「ナショナル・モニュメンツ・レコード」と名称を変更するとともに、RCHM（王立歴史記念物委員会）の一部として国家機関に組み込まれた[14]。ナショナル・モニュメンツ・レコードのオフィスには、書棚いっぱいにエンジ色のA4版程度の大きさの箱が無数に並んでいる。これらの箱は、パーリッシュ単位でひとつずつあり、多数の情報があるものから、ほとんど情報がないものまである。また、精密な実測図から、野帳のようなスケッチまであり、図面の精度・種類もさまざまである。現在は、これらが電子データ化され、その資料は、スウィンドンのイングリッシュ・ヘリテイジ内のナショナル・モニュメンツ・レコードに請求すれば入手することができる[15]。

戦時中の重要な動きは、それだけではなかった。第二次世界大戦中の空爆等により、英国の多くの都市が破滅状況にあるのを目の当たりにしていた考古学者たちは、戦争が終結する前に、戦後の再開発時における歴史的建造物を含んだ考古学的遺構の保護に取り組みはじめた。一九四四年には、「英国考古学評議会（CBA）」［図9－5］が設立され、考古学遺構の保護と現存する考古学遺構の記録を目的とし、活動を開始している[16]。CBAは機関誌『アーキオロジカル・ブリテイン』（のちに『アーキオロジカル・ビブリオグラフィー』と改名）を創刊し、戦争による混乱期にあっても、積極的に研究・啓蒙活動を繰り広げていった。と同時に、考古学への公的支援を獲得するために、ポスター等を作製し、キャンペーンを展開していった。その努力が、戦後のさまざまな学校の考古学コースの誕生につながっている。

図9-5「英国考古学評議会（CBA）」のロゴ

当然のことながら、第二次世界大戦により、英国内の多数の歴史的建造物が失われた。しかし、皮肉にも、結果的に戦争によって、歴史的建造物の保存のための組織的な動きが形成されることになった。

戦後の復興においても、歴史的建造物や景観の保存の重要性が唱えられ、各種団体が設立されたのが、英国の特徴であろう。もちろん、他国と同様に、英国にもモダニズム建築によって戦災復興をはかろうとする動きがなかったわけではない。英国では、MARS（近代建築研究グループ）と呼ばれる団体がリードして、モダニズム建築運動が展開された。MARSのメンバーたちは、独自にモダニズム様式による戦災復興計画案を作成していた。しかし、これらモダニストたちは少数派にとどまり、一般の人々は、伝統的な建築や景観を好み、こうした伝統に沿った復興計画が実施されることになった。

一九四六年には、ブライトンの町中のテラス・ハウスやスクエア、また、隣町ホーヴの海岸線の保存運動の活性化を機に、「リージェンシー・ソサイアティ」[17]［図**9－6**］が設立された。「リージェンシー」とは、ジョージ四世の摂政時代（一八一一－二〇年）のことで、この時代にはジョージアン建築とはやや趣を異にする「リージェンシー建築」と呼ばれる独特の建築が流行した。[18]ブライトンには、ジョージ四世がジョン・ナッシュに命じて建てさせた離宮ロイヤル・パヴィリオン（一八一五－二三年）があり、リージェンシー時代の保養地の代名詞のような土地であった。これらの保存も、他の歴史的な都市と同様に、住民から要求されるようになり、このようにして保存の対象が、徐々にのちの時代にまで拡大されるようになっていった。

田園地域に建つ民家建築の保存の分野でも、変化があったのがこの時期である。各地で民家建築の保存運動が起こると同時に、地域単位で民家など、どこにでもあるような一般建築に関する研究会等[19]が発足し、さまざまな調査・研究が行なわれるようになった。このような運動のための全国組織として設立されたのが、一九五二年創設の「ヴァナキュラー・アーキテクチャー・グループ[20]（VAG－民家建築団体）」［図**9－7**］である。VAGは、各地で行なわれていた民家建築の調査・研究に対し、全国レベルで情報交換をする場となり、学術的な団体に成長していった。現在でも、毎年、機関誌『ヴァナキュラー・アーキテクチャー』［図**9－8**］を刊行するとともに、定期的な会合、見学会等を催している。

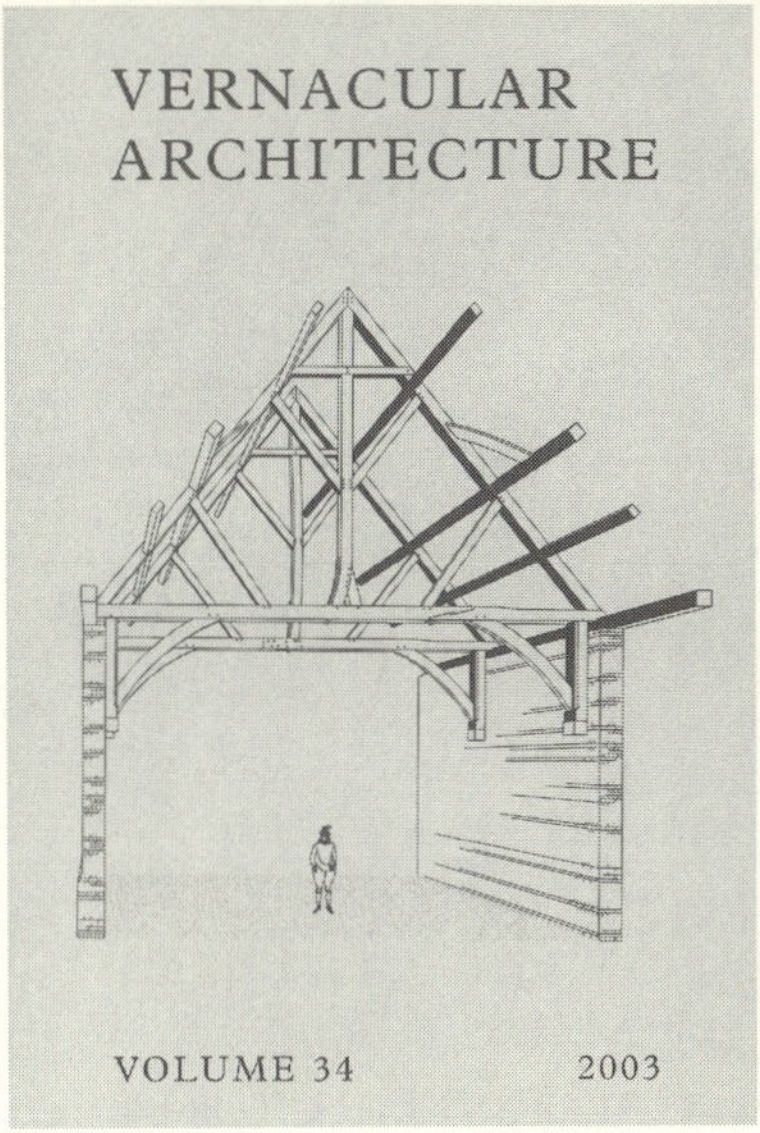

図9-8　『ヴァナキュラー・アーキテクチャー』の表紙

The Regency Society
CONSIDERING THE PAST...FRAMING THE FUTURE

図9-6　「リージェンシー・ソサイアティ」のロゴ

VAG

図9-7　「ヴァナキュラー・アーキテクチャー・グループ（VAG）」のロゴ

THE VICTORIAN SOCIETY

図9-9　「ヴィクトリアン・ソサイアティ」のロゴ

また、歴史的建造物を移築して保存するために、野外博物館が建設されるようになったのも、この頃からである。(21) 歴史的遺産を保存する方法は異なっているとはいえ、これらが失われることに憤りを感じ、何とか残そうというさまざまなアクションが生じてきた。

ジョージアン・グループが設立された時と同様の現象が、その約二〇年後に再び起こった。一九五八年の「ヴィクトリアン・ソサイアティ(22)」（一九五八年設立）〔図**9**－**9**〕の創設である。一九五〇年代には、すでにジョージアン建築は、その評価を確立していたが、ヴィクトリアン建築に関しては、まだほとんどその価値を評価されていなかった。当時の登録建造物の指定基準でも、一八四〇年以降のものは対象とされてなく、「所詮ヴィクトリアン建築だから」と無残にも取り壊されるのが普通であった。ヴィクトリア時代は、英国の経済成長が最も著しかった時期であり、ヴィクトリアン建築はいたるところに建っており、人々の目には特別な建築に映らなかったのも当然であろう。しかし、多くの町は、ヴィクトリア時代にその骨格が形成されており、ヴィクトリアン建築は、町を象徴するモニュメントになっていることも多かった。このようなヴィクトリアン建築が、いとも簡単に壊される状況で、それに親しんできた人々が、保存運動を起こすようになってきた。このような動きを背景として組織されたのが、ヴィクトリアン・ソサイアティであった。そのきっかけとなったのは、一九五七年一一月五日にロッス（伯爵）夫人が、ヴィクトリア朝のインテリアの傑作のひとつとされるケンジントン（ロンドン）のスタフォード・テラス一八番地で開いた会合であった。ちなみに、ロッス夫人は、ジョージアン・グループの設立者の一人で、長い間会長（一九四六－六八年）を務めていたマイケル・ロッス（ロッス伯爵）の奥方である。

図9-10　ユーストン駅（ロンドン，1836-40年建設，フィリップ・ハードウィック設計，1961年取り壊し）

図9-11　石炭取引所（シティ，ロンドン，1849年建設，J.B.バニング設計，1962年取り壊し）

ヴィクトリアン・ソサイアティは、設立直後、ふたつの大きな保存問題に取り組むことになった。そのふたつとは、ロンドンのユーストン駅［図**9－10**］とシティの石炭取引所［図**9－11**］の保存運動であった。結果として、両者とも取り壊しを回避することができなかったが、これら保存運動を通して、世論の確保に成功することができた。それは会員数によくあらわれており、一九六一年の段階では、せいぜい六〇〇名程度であった会員が、一九六七年には一、七〇〇名、その一〇年後には三、〇〇〇名にまで達している。[23]

一九七五年には、「ＳＡＶＥ（英国の建築遺産を救え）」［図**9－12**］が設立された。[24] 詳細は後述するが、ＳＡＶＥはジャーナリズムを積極的に利用し、世論を味方につけ、保存運動を展開すると同時に、裁判等、法的手段に訴えかけることによって、実質的にも歴史的建造物の保存を行なっている。

図**9-12**　「SAVE（SAVE Britain's Architectural Heritage）」のロゴとさまざまなキャンペーンのための小冊子

また、一九七九年には、戦後のモダニズム建築を保存する団体として、「二〇世紀協会」［図**9－13**］が設立されている。[25]

図**9-13**　「20世紀協会」のロゴ

図**9-14**　「IHBC」のロゴ

これら諸団体の活動が、英国の歴史的建造物の保存を支えていくことになる。また、これらの活動は制度にも反映され、地方計画庁が「登録建造物に対する同意」を発行する際、専門機関の助言を得ることが義務づけられ、これら諸団体は、さまざまな意見書を提出し、地方自治体の判断を手助けしてきた。

こういった団体のほとんどは、現在でも積極的に活動を続けており、英国の建築保存は、このような団体がリードし、行政を補完するかたちで進められてきた。ここで取り上げた保存団体ばかりでなく、他にも重要な役割を果たしている団

表9-1　建築保存に関わる諸団体

団体名		備考
＜英国国内＞（民間団体）		
古建築保護協会(SPAB)	The Society for the Protection of Ancient Buildings (SPAB)	W. モリスら中世主義者によって1877年に設立された保存団体.
ナショナル・トラスト	The National Trust	歴史的建造物および自然遺産を買取り, 所有することによって保存していこうとする団体. 1895年に設立され, 英国の建築保存をリードしてきた.
ナショナル・トラスト(スコットランド)	The National Trust for Scotland	ナショナル・トラストとは独立し, スコットランドの歴史的遺産を保護するために1931年に設立された. ナショナル・トラストと連携を保ちながら活動を続けている.
古記念物協会	Ancient Monuments Society	古記念物, 歴史的建造物, 伝統的職人技術の保存のために, 1924年に設立された. 保存の対象とする古記念物の幅が広いのが特徴.
ジョージアン・グループ	The Georgian Group	ジョージアン建築の保存のために, 1937年に設立された保存団体.
英国考古学評議会(CBA)	Council for British Archaeology	第二次世界大戦の混沌とする状況で, 考古学遺構の保護と現存遺構の記録を目的として, 1944年に設立された学術団体.
リージェンシー・ソサイアティ	The Regency Society	ブライトンを中心に, リージェンシー建築の保存のために1946年に設立された保存団体.
ヴィクトリアン・ソサイアティ	The Victorian Society	ヴィクトリアン建築の保存のために1958年に設立された保存団体.
20世紀協会	The Twentieth Century Society	1914年以降に建設された近代建築の保存のための組織. 1979年に設立された.
シヴィック・トラスト	The Civic Trust	ローカル・アメニティ・ソサイアティの活動を支援する全国組織. 1957年にダンカン・サンズによって設立された.
ヴァナキュラー・アーキテクチャー・グループ（VAG）	Vernacular Architecture Group	民家研究のために1952年に設立された全国組織.しばしば,保存運動にも関わってきた.
RESCUE	RESCUE : The British Archaeological Trust	考古学遺産の調査および記録を行なう全国組織.
産業考古学協会	Association for Industry Archaeology	産業遺産の研究および保存活動を行なう団体. 1976年に設立された.
SAVE	SAVE:Britain's Heritage	建築保存のためにジャーナリスト, 建築史家, 建築家等によって1975年に設立された.
IHBC（歴史的建造物保存協会）	Institute of Historic Building Conservation	建築保存に携わる専門家のための組織. より高度な修復のための情報交換等を行なっている.

団体名		備考
アーキテクチュラル・ヘリテイジ基金（建築遺産基金ー AHF）	The Architectural Heritage Fund	歴史的建造物の修復等に対し，資金援助する組織．1976年の設立以来，400件，3,000万ポンド（約60億円）以上の融資を行なってきた．
保存トラスト協会（APT）	Association of Preservation Trusts	建築保存トラストの活動を支援する団体．
ヒストリック・ハウジズ協会（HAA）	Historic Houses Association	歴史的住宅建築の所有者に対し，その修復等を支援する団体．
ランドマーク・トラスト	The Landmark Trust	用いられなくなった歴史的建造物を宿泊施設に改造し，その収入で歴史的建造物を修理・保存していこうとする団体．1965年に設立．
スコットランド建築遺産協会（AHSS）	Architectural Heritage Society of Scotland	エジンバラのジョージ・スクエアの保存運動を契機とし，1956年に結成された保存団体．
王立公認サーヴェイヤー協会（RICS）	Royal Institute of Chartered Surveyor	世界最大規模の技術者協会．100,000名の会員が所属し，75,000名の公認サーヴェイヤーが登録されている．若い技術者教育にも力を注いでいる．
教会堂保存トラスト	The Churches Conservation Trust	英国国教会の管轄下，歴史的な教会堂建築の保存を支援する組織．
歴史的教会堂保存トラスト	Historic Churches Preservation Trust	第二次世界大戦によって被害を受けた歴史的教会堂を修復するために1953年に設立された非政府組織．
孤立教会堂友の会	The Friends of Friendless Churches	使用されなくなったが，建築的な価値を有する教会堂を保存するために，1957年に設立された保存団体．1980年からは，古記念物協会と共同で，不要教会堂の保存計画を進めている．
＜英国国内＞（政府機関）		
イングリッシュ・ヘリテイジ	English Heritage	イングランドの歴史的建造物等の保存に関わる政府諮問機関．1984年設立．
CADW	Welsh Historic Monuments	ウェールズの歴史的建造物等の保存に関わる政府諮問機関．
ヒストリック・スコットランド	Historic Scotland	スコットランドの歴史的建造物等の保存に関わる政府諮問機関．
アルスター・アーキテクチュラル・ソサイアティ	Ulster Architectural Society	北アイルランドの歴史的建造物等の保存に関わる政府諮問機関．
ヘリテイジ・ロッタリー基金	National Heritage Lottery Fund	1993年ナショナル・ロッタリー法による歴史的建造物の保存に対して支給される補助金を運営する団体．1995年設立．

団体名		備考
＜国際組織＞		
ユネスコ	UNESCO	1945年，「世界の遺産である図書，芸術作品ならびに歴史および科学の記念物の保存および保護を確保し，かつ，関係諸国民に対して必要な国際条約を勧告する」ために創設され，文化遺産保護事業，文化遺産保護のための国際規範の作成および履行のための活動を進めてきた．
イクロム	ICCROM	全世界のすべての種類の文化財の保存・修復のために，情報収集を行ない，研究を進め，人材教育等を行なうために，1958年ユネスコによって設立された．
イコモス	ICOMOS	1964年，ユネスコによって設立された．各国で国内委員会を組織し，大学，研究所，行政機関などの専門家のネットワークを通じて，各地で文化財の技術的評価や保存状態の調査を行なっている．
世界遺産センター	World Heritage Centre	1972年に導入されたユネスコの世界遺産のための事務局．
国際保存技術協会（APT）	Association for Preservation Technology International	歴史的建造物等の保存技術の向上のための国際組織．アメリカが中心となって結成され，現在28カ国が加盟．

体は少なくない。昨今では、ＩＨＢＣ[26]（歴史的建造物保存協会）［図**9－14**］のように、建築保存実務の専門家からなる団体など、より実務的な団体も設立されるようになった。これらすべてを取り上げるのは困難であるが、英国における、歴史的建造物に関わる重要な組織をあげると、表**9－1**のようになる。

2　ナショナル・トラストの活動

建築保存のはじまりのひとつとして、「ナショナル・トラスト」が設立されたことは、すでに述べた通りである。[27]ナショナル・トラストの活動は、トラストの趣旨に賛同する人々から資金を集め、土地を含んだ歴史的遺産を所有することによって、所有者の立場に立ち、これらを保存していこうとするものであった。そして、トラストの存在は、一九〇七年ナショナル・トラスト法によって、法的にも公証されるようになり、広大な土地、城郭等の遺跡、橋梁、記念物等がトラストに寄託され、保存されてきた。

初期のナショナル・トラストの活動にとって、カントリー・ハウスの保存は重要であった。カントリー・ハウスに関して

図9-15　バーリントン・コート（サマセット州，1552-64年）

は、制度上、一八八二年古記念物保護法では保護の対象とされず、また、同法の一九〇〇年、一九一〇年の改正によっても対象に加えられることはなく、貴族自身がみずからの資金で対処していくしかなかった。他方、カントリー・ハウスの維持・管理には、莫大な費用を要すが、建てられた時代とは社会情勢が大きく変化しており、それを維持・管理していくのは容易なことではなく、所有者の貴族のなかには、その維持・管理に四苦八苦している者も少なくなかった。

このような状況下、ナショナル・トラストは、一九〇七年、バーリントン・コート（サマセット州、一五五二－六四年）［図9－15］を買い取り、カントリー・ハウスの保存をはじめた。[28] これは、カントリー・ハウスの維持・管理に苦慮する貴族にとって、ひとつの有効な解決策であり、このようにして、ナショナル・トラストが貴族のカントリー・ハウスを買い取って、維持・監視していくシステムが確立された。同時に、トラストは、カントリー・ハウスを保存するための役割を担う団体として認識されるようになっていった。その後、ナショナル・トラストの三人の設立者であるオクタヴィア・ヒル、ロバート・ハンター、キャノン・ハードウィック・ローンズリーがそれぞれ、一九一二年、一九一三年、一九二〇年に没するが、トラストの活動は停滞することなく、次の世代に継承されていくことになる。

当時、カントリー・ハウスの所有者であった貴族たちは、一九〇九年のロイド＝ジョージ蔵相による人民予算や一九一〇年の財政法の改正によって、ますます金銭的に圧迫されるようになった。そして、財政難のため、カントリー・ハウスを手放す者さえ出てきた。そのような状況下、カントリー・ハウスの保存は、ナショナル・トラストにまかせようとする風潮が生じてきた。カントリー・ハウスの保存に関しては、古記念物保護法の大幅な改正が行なわれた一九一三年古記念物統合・改正法においても、保護の対象からはずされ、依然として貴族自身で対処する以外に方法はなかったが、ナショナル・トラストをうまく利用することによって、貴族たちの財政負担を軽減し、カントリー・ハウスを保存していけないものかという考えが芽生えきて、制度の整備が求められるようになった。

貴族の財政難によるカントリー・ハウスの維持・管理に関しては、一九二〇年代頃から、いたるところで問題視されるようになってきた。ナショナル・トラストも、一九二三年に、減税のための立法措置を国会に要求している[29]。一九三〇年代になると、英国の財政危機は深刻になり、貴族たちはより大きな影響を受けるようになった。そして、多くのカントリー・ハウスが存続の危機に瀕するようになった。これら要求に対し、政府も理解を示し、カントリー・ハウスをナショナル・トラストに寄贈し、保存しやすいように、制度を整備していった。一九三一年には財政法が改正され、ナショナル・トラストへの寄贈が非課税となった。

一九三六年には、ナショナル・トラスト内にカントリー・ハウス保存に関する特別委員会が設置された。ここで問題となったのは、相続税等の支払いのため、カントリー・ハウス内の家具や絵画のコレクションを売却したり、資金節約のため維持・管理を疎かにすることによって、庭園等が台無しとなることであった。カントリー・ハウスの価値は、これらすべてが一体となってはじめて成立するということは、皆の一致した考えであり、その対策が講じられるようになった。その結果が、一九三七年のナショナル・トラスト法の改正であった。そして、ナショナル・トラストは、法律上もカントリー・ハウスを保存するための組織として位置づけられ、貴族に代わってカントリー・ハウスの維持・管理を行なうようになった。その後も、ナショナル・トラストは「カントリー・ハウス保存計画」と称される運動を展開するなど、カントリー・ハウスの保存に多大な功績を残してきた[30]。

一九六〇年代半ばには、カントリー・ハウスの保存は一段落し、その後、ナショナル・トラストは、自然環境の保全に力を入れるようになった。自然環境保全に関しても、基本的には、土地そのものを買い取り、保護していくという手法をとった。一九六五年から「ネプチューン計画」と呼ばれる自然海岸の保存のプロジェクトを実施している。ネプチューン計画とは、一九五〇年代から自動車道路の建設や埋め立てによって自然海岸の破壊が目立つようになり、その対応策として、募金を集めて自然海岸を購入し、保護していこうとする計画である。エディンバラ公が先頭に立ち、この計画は見事に成功し、三、六〇〇万ポンド以上の寄付金が集まり、四一三マイル（六六五キロメートル）の自然海岸を取得し、保存することができた。自然海岸以外にも、歴史的遺産として価値があるとみなされるものは買い取って保存を実施していった。また、しばしば各地のアメニティ・ソサイアティや各種団体と協力して、さまざまなプロジェクトを進めてきた。[31]

その他のナショナル・トラストの功績として、市民への啓蒙運動があげられる。ナショナル・トラストは、会員からの年会費によって運営を行なっており、会員はトラストが公開している全施設に無料で入場できることになっている［図**9**－**16**］。ナショナル・トラストは、会員に対して、資産目録を配布し、開館時間やそこにたどり着くための交通手段等を詳細に示したガイドブック『ナショナル・トラスト・ハンドブック』［図**9**－**17**］を毎年発行するなど、施設の訪問を手助けしている。[32] また、ナショナル・トラストは、所有する施設の歴史的価値が理解しやすいように、専門書や子供向けの書籍を発行している。このような書籍は、一般の書店でも販売されているが、トラスト専用のショップにもある。トラ

図**9-16**　「ナショナル・トラスト」の会員証

図**9-17**　『ナショナル・トラスト・ハンドブック』の表紙

ストが経営するショップは、公開施設の切符売場等に併設されている他に、町中に一般の店舗として設置されることもある。こうしたショップでは、ナショナル・トラストのロゴが入った記念品や文房具、カード類が、書籍とともに販売されている。また、さまざまな講習会を催したり、趣向が凝らされた企画等も計画している。これら努力の結果、一般の人々の、歴史的遺産への関心や興味を高めることに成功している。これら、本来の慈善団体としての保存活動以外の営利事業に関しては、ナショナル・トラスト・エンタープライジズの手によって、経営がなされている。

二〇〇五年現在、ナショナル・トラストは、会員数三〇〇万名を超し、六一二、〇〇〇エイカー（二四八、〇〇〇ヘクタール）の田園地帯、六〇〇マイル（九六五キロメートル）の海岸線、二〇〇以上の建築および庭園を有して活動している。資産の内容も多岐にわたっており、先史時代の遺跡、ローマ時代の遺跡、古城、教会堂、修道院施設、マナ・ハウス、カントリー・ハウス、納屋、水車、産業遺産、庭園、公園、森林、農地、牧場、草原、自然海岸、湖水、荒地とさまざまであり、なかには村落そのものがそっくりナショナル・トラストの資産となっているものもある[33]［図9－18］。また、実際に観光客が宿泊することができるプロパティもある。[34] ナショナル・トラストの影響は世界に広がり、類似の組織がつくられた。わが国でも、財団法人日本ナショナルトラストが一九六八（昭和四三）年に設立されている。

図9-18　ナショナル・トラストの標札
（ブレイズ・ハムレットの例）

図9-19　「シヴィック・トラスト」のロゴ

3　シヴィック・トラストの活動

一九五七年七月、「シヴィック・トラスト」［図9－19］が設立された。[35] シヴィック・トラストとは、各地のローカル・アメニティ・ソサイアティの活動を後押しし、全国的な運動にするために設立された団体である。創設者は、過去に住宅・地方政府大臣を務めた経験をもつ国会議員ダンカン・サンズであった。しかし、シヴィック・トラストは、国の組織とは関係なく、産業界等から任意の寄付金を集め、それで運営を進める公益信託であり、チャリティ団体として認定されている。サンズの設立総会での「町、村、田園における美を推進し、醜と戦う」という言葉にあらわれているように、当時、失われつつあった歴史的環境を保全する目的で設立された。そして、それまで各地で行なわれていた各種の活動を、環境の保全という共通の目的でまとめ、全国的な単位でそれを行なっていこうとした。当初は、産業界からの寄付、つまり事業スポンサーからの資金でのみで運営していたが、一九八九年以降、個人会員制度が導入され、これにローカル・アメニティ・ソサイアティの登録料、政府や地方政府または慈善団体からの助成金等を加えた資金で運営されている。また、一九八六年からはチャールズ皇太子がパトロンとなって、各種活動を支援している。

シヴィック・トラストの基本方針は、歴史的資産を保存・活用したまちづくりの推進である。具体的には、田園地帯の自然を守り、歴史的建造物を町の目玉として修復し、また、使われていない歴史的建造物は、再生を試みる。都市の景観を保存していくうえで、重要な行為である。それまでの歴史的遺産を単体で残していこうとする姿勢とは異なり、まちづくりが優先され、そのなかで歴史遺産を活かしていこうとするスタンスをとっている。

シヴィック・トラストは、原則として、ナショナル・トラストのように歴史的建造物を買い取って保存することはない。その活動は、歴史的環境や自然遺産の重要性を人々に訴え、政府や地方自治体、建築・都市計画関係団体に対し、町並みや街路樹等の都市の資産を保存・活用し、田園の美しさを保つように働きかけることである。具体的な活動はというと、歴史遺産を保存し活用しながら各地のまちづくりを推進しているローカル・アメニティ・ソサイアティを登録する。シヴィック・トラストに登録されると、登録されたことをロゴ等に表示することが認められるが、資金援助等が行なわれるわけではない。そのような特権よりも、むしろ、シヴィック・トラストに登録されることにより、その活動が全国的に認められたということのほうが重要で、活動が進めやすくなる。したがって、ロゴにシヴィック・トラストの登録団体ということを記載することは、それを公に宣伝していることであり、由緒正しい健全な団体であるという証明となる。

二〇〇五年現在、シヴィック・トラストの登録団体数は、約九〇〇～一、〇〇〇である。[36]その際の基準は、①ソサイアティの主目的が、その地域の鍵となる地区について人々の関心を呼び覚まし、地域の都市計画ならびに建築物の水準を高めることにあり、目的を達成するために広範な活動を展開していくこと、②だれでも会員になれること、③ソサイアティの管轄する地域が、他のローカル・アメニティ・ソサイアティの対象地域と重複していないこと、④ソサイアティの所管する地域は、環境問題に対して多様な取り組みができるくらい十分に広いこと、と定められている。そのため、類似の活動をしている郷土史研究を中心とした団体や、地域の親睦会、倶楽部のような入会条件があるものや、ごく限られた狭い地区のみの団体は除外される。これを逆手に見ると、アメニティ・ソサイアティに登録されていなくとも、地域遺産を残そうとする動きは他にもあるということであり、英国の市民運動の奥の深さには感銘せざるをえない。

シヴィック・トラストの役割は、これら各地の草の根運動を統括した点であり、決して新しい運動ではなかった。しかし、個々のローカル・アメニティ・ソサイアティが独自に行なっている活動では、大きな圧力とはなりにくかったが、シヴィック・トラストの登録団体だということで、その活動を全国的に後押ししてくれることになり、その活動の効力が増大することになった。このようにして、シヴィック・トラストに登録を希望する団体が増加していった。また、反対に、シヴィック・トラストの設立は、各地でのローカル・アメニティ・ソサイアティの活動をさかんにする役割も果たした。シヴィック・トラストの登録団体は、一九五七年の設立時には二一五団体であったが、一九六〇年には三〇〇団体、一九六三年には四六〇団体、一九六六年には五五〇団体、一九七九年には一、二五二団体と加速度的に増加していった。[37]

シヴィック・トラストは、これら登録されたローカル・アメニティ・ソサイアティに対して、まちづくり活動のセンターとして支援をしてきた。具体的には、ローカル・アメニティ・ソサイアティに対して、登録による社会的信用の授与、まちづくり個々の問題に対する助言、機関誌『ヘリテイジ・アウトルック』の刊行などといった活動を行なってきた。また、優秀な開発事例には賞を与え、このような動きを奨励してきた。この賞は「シヴィック・トラスト賞」（一九五九年創設）と呼ばれ、人々に認知された権威のある賞である。[38]

シヴィック・トラストは、一九六七年の「シヴィック・アメニティズ法」の制定に貢献した。すでに述べたように、[39]これは都市および田園風景の環境保全を目的としたもので、「保存地区制度」を導入した法律である。シヴィック・トラスト

図9-20　ラドロウ（シュロップシャー）のタウン・トレイル（ラドロウ・シヴィック・ソサイアティ作成）

の会長であり、国会議員でもあったダンカン・サンズの議員立法として成立した。この法律の成立は、都市景観を保つためには、単体で建築を保存するだけでは、十分ではないことが実践的に理解された結果であり、ソフト面も含めて、点としての保存から面としての保存が求められた。フランスでも、一九六二年に「マルロー法」と呼ばれる歴史的街区を保存する法律が制定されており、その影響が少なからずあった。これは、フランスや英国ばかりの現象ではなく、世界的に影響を及ぼすことになった。ちなみに、日本でも、一九七五（昭和五〇）年に、文化財保護法が改正され、「伝統的建造物群保存地区（伝建地区）」制度が導入されたが、これは、河野洋平議員の議員立法によってである。文化財保護関係の法律は、議員立法となることが多いようで、わが国の文化財保護法（昭和二五年成立）は、参議院緑風会の山本有三議員と田中耕太郎議員の議員立法であった。

アメニティ・ソサイアティの活動としては、ヘリテイジ・センターの活動や、タウン・マップや町歩きのための冊子（しばしば「タウン・トレイル」と呼ばれる）［図9－20］をつくることなどがあげられる。ヘリテイジ・センターは、わが国の郷土資料館のような存在である。わが国の場合、郷土資料館は公立のものがほとんどであるが、英国の場合、民間団体のローカル・アメニティ・ソサイアティが、何らかの助成金を得て、運営している場合が多いという違いがある。また、タウン・マップやタウン・トレイルは、地方のツーリスト・インフォメーション（旅行案内所）に行くと、どこででも手に入る町の観光情報冊子であるが、英国の場合、町や建物の歴史の説明を非常に丁寧に行なっている点が特徴的である。わが国でも、商工会議所などで類似の小冊子を発行していることがあるが、これらは商店の宣伝が主となることが多く、英国のものとは、少々、異なっている。英国の場合、ローカル・アメニティ・ソサイアティが地域の観光案内を目的として作成するので、宣伝がほとんどない純粋なものが多かった。しかし、これでは運営が困難なためか、最近では、無料ではなく、一〇〇円程度で販売しているものや、スポンサー企業をみつけて、宣伝入りで作成されるものも増えてきた。

4　建築保存とジャーナリズム

近代社会において、ジャーナリズムが世論の形成を導いてきたのと同様に、建築保存にとってもジャーナリズムの存在は、無視するわけにはいかない。建築に関するジャーナリズムのはじまりは、考古学および建築史研究の成果の発表の場としてであった。その最古のものは、一八世紀半ばまでさかのぼることができる一七七〇年創刊の古物研究家協会の機関紙『アーキオロジア』であり、[40]建築史発展に大きく貢献した。

一九世紀になると、考古学や建築史関係ばかりでなく、建築家や建築実務家を対象とした建築関係の雑誌が、次々と創刊されるようになる。一八三五年には英国建築家協会（IBA、のちにRIBAとなる）の『会報』（一八三五年以降）が刊行され、同じ頃、ジョン・クローディアス・ラウドン（一七八三－一八四三）によって、『建築雑誌』（一八三四年創刊）と『土木技師・建築家雑誌』（一八三七年創刊）が創刊された。また、一八四三年には、一九世紀に最も影響力をもった雑誌『ザ・ビルダー』が創刊されている。[41]

一九世紀末になると、現在でも刊行し続けられている『アーキテクツ・ジャーナル』（一八八五年創刊）が創刊され、建築家や実務家にさまざまな情報を提供するようになった。また、ＲＩＢＡも一八九三年に、新たに『ＲＩＢＡジャーナル』を刊行するようになった。一八九六年には『アーキテクチュラル・リビュー』が創刊され、技術面の情報誌というよりは、芸術面に中心をおくといったカラーをもつ雑誌となった。

一九世紀末のさまざまな雑誌の創刊は、建築界ばかりでなく、建築保存の分野にとって、極めて重要な影響力をもった。一八九七年創刊の雑誌『カントリー・ライフ』は、人々の関心を英国の貴重な歴史遺産のカントリー・ハウスでの生活に向けさせる結果となり、その後のナショナル・トラストによるカントリー・ハウスの保存に、間接的ながら貢献することになった。こうして、ジャーナリズムによって、人々がカントリー・ハウスや郷土の歴史遺産に高い関心をもつようになったことが、その後の建築保存運動の際の世論形成の土壌となっていった。

これら出版物によって、人々の郷土の歴史に対する興味はますます高まっていった。一八九〇年代から「イングランド諸州のヴィクトリア・ヒストリー」によって編纂がはじめられた『ヴィクトリア・カウンティ・ヒストリー』や、Ｃ・Ｒ・アシュビーの提案で「ロンドン・カウンティ・カウンシル（ＬＣＣ）」が編纂を開始した『サーヴェイ・オブ・ロンドン』（一八九六年以降）も、その延長上にあると言ってよい。[42]

一九〇八年から編纂が開始された「王立古代歴史的記念物および建築物委員会（ＲＣＨＭ）」による『文化財目録』［表**5－1**（前出）］もまた、重要な成果である。[43] このような出版物を通して、人々は身近にある歴史遺産の価値を再認識するようになり、それを保存していこうとする運動につながっていった。

第一次世界大戦後から第二次世界大戦直後にかけてのさまざまな保存団体の設立とともに、建築関係の出版物は、その意見を伝える手段となり、建築ジャーナリズムの存在は欠かすことができないものとなっていった。前述した、バイロンによる『戴冠式の祝いかた』（一九三七年）などがその例である。戦後も、ペヴスナーによる『イングランドの建築』シリーズ（一九五一年～）など、人々を啓蒙する重要な書籍が多数出版されている。

一九七〇年代には、新たにカントリー・ハウスの歴史に関する新研究が多数あらわれ、それが建築保存運動のきっかけとなっていった。その中心となったのが、マーク・ジルアード（一九三一－）、ジョン・コーンフォス（一九三七－）、マーカス・ビニーらであった。この三人は、『カントリー・ライフ』誌の元編集員であった。彼らは出版物を通して、カントリー・ハウスの保存運動を展開していった。

一九七一年に、ハーマイアニ・ホブハウスによって刊行された『失われたロンドン―破壊と滅亡の一世紀』[44]は、非常に大きな影響力をもった一冊であった。このなかで、ホブハウスは保存できなかった事例を示しながら、建築保存の現状を描写し、保存の緊急の必要性を訴えた。ちなみに、ホブハウスは、のちにヴィクトリアン・ソサイアティの会長となって活躍する人物である。一九七五年には、ヴィクトリア&アルバート博物館で「カントリー・ハウスの破壊」という展覧会が開かれ、波紋を呼んだ。その際、ロイ・ストロング、マーカス・ビニー、ジョン・ハリスによって編集された同名の図録[45]は、一般の人々に大きな影響を及ぼした[46]。

また、いわゆるアメリカン・マネーによって英国の歴史遺産が海外に流出する危機感を、世論に訴えかけたのも建築ジャーナリズムであった。その代表的な事件が、一九七七年のメントモアでのヴィクトリアン建築の保存問題であった。この問題に真っ向から取り組んだのが、ビニーによって設立された「SAVE（英国の建築遺産を救え）」という新しい保存団体であった。SAVEは、ジャーナリズムを利用し、世論を味方につけ、保存運動を展開していった。また、SAVEは保存問題を法的手段に訴えるという新しい手法も開拓した。このように建築保存に関する状況も、少しずつ変化し、それに対処するため、新たな手法が必要になってきたということである。

5　SAVEの活動

近年の建築保存といった観点からは、「SAVE（英国の建築遺産を救え）」の活動を見逃すわけにはいかない[47]。SAVEは、政府や他の大きな保存団体とは関係なく、建築関係者ならびに保存活動家などによって、歴史的建造物の民間保存団体として、ヨーロッパ建築遺産年（EAHY）が開催された一九七五年に設立された。『カントリー・ライフ』誌の編集員のマーカス・ビニーが初代会長を務め、設立以来、行政の保護からもれた建築を保存しようとする草の根運動を続けてきた。建築ジャーナリストや建築史家、都市計画家や実務建築家などが多く参加し、民間団体の立場を利用し、都市計画に対する訴訟や建築保存の啓蒙運動等、さまざまな活動を展開している。

その活動は、存続の危機に瀕した歴史的建造物を保存するため、世論に訴えかけるキャンペーンを行なうというものであった。大小交えたさまざまな出版物を多数刊行し、大々的なキャンペーンを展開し、時には展覧会を開催し、人々に歴史的建造物の保存を訴えかけてきた。その結果、朽ちかけたカントリー・ハウス、使われなくなった教会堂、不要となったミル、倉庫、工場、駅舎、病院、軍事施設、コテジ等、さまざまタイプの歴史的建造物を保存してきた［表**9－2**］。また、SAVEは、設立当初から歴史的建造物の適切な用途変更による保存・再生に重点を置いており、取り壊しの危機にある建物には、取り壊さないで使い続けることができるような代替案を提示してきた。

SAVEの活動のなかで最も重要なことは、都市計画決定によって歴史的建造物の取り壊しが決定された際、訴訟の原告になることである。歴史的建造物の取り壊しが都市計画決定された場合、それが違法であったとしても、裁判が起こされなければ、歴史的建造物は取り壊されてしまう。SAVEは、専門家の立場から、こういった歴史的建造物の取り壊しに関する都市計画決定を、裁判所に判断をあおぐ立場をとってきた。特に、一九八〇年頃から、歴史的建造物の保存に関する論争が、法廷に持ち込まれることが増加してきたが、その中心となって歴史的建造物の保存に努めてきたのがSAVEであった。

SAVEによる建築保存は多岐にわたっている。たとえば、ダービシャーのチョーク・アビーの例では、当初、ナショナル・トラストに保存を拒否されていたが、建築的価値をジャーナリズム等で訴えかけることにより、世論を見方につけ、保存に成功している[48]。また、ハンプシャーのザ・グレインジでは、専門の弁護士を立て、法的手段に訴えることにより、怠慢であった政府の態度を改めさせ、建物の修復・公開につなげた[49]。ウィンチェスターのペニンシュラ・バラックでは、地元建築家と組んで、歴史的建造物を活かした魅力的な代替案を提案することによって、横暴な開発業者による歴史的建造物の取り壊しを防いでいる[50]。

これまでのSAVEの活動で、最も著名で、その名を世間に知らしめる結果となったのが、「メントモア・キャンペーン」と称される保存運動であった。一九七七年、バッキンガムシャーのメントモアに建つメントモア・タワーズ[51]（ジョーゼフ・

表 **9-2**　SAVE の主な活動

年	活動内容
1975	SAVE 設立．第 1 回「SAVE レポート」を『アーキテクツ・ジャーナル』に掲載.
1976	戦後の開発を批判した小冊子「The Concrete Jerusalem」刊行
1977	オフ･ザ･レイルズ展覧会（ハインツ･ギャラリー），オール･ソールズ教会（へイリー･ヒル，ハリファックス）の保存運動
1978	「メントモア・キャンペーン」,「ハイ・ストリートのハウス・スタイル」（商店建築デザインのガイドライン・キャンペーン）
1979	「ナショナル・ランド・ファンド」に関する議会の委員会，スタンティック・ミルズ展覧会
1980	礼拝堂に関する先駆的報告書「The Fall of Zion」刊行,「The Lost Houses of Scotland」刊行
1981	「バーラストン・ホール」を 1 £で購入して保存,「Pennine Mill Trail」英国観光局と共同刊行，「The colossus of Battersea」刊行
1982	「The Country House: to be or not to be」刊行,「Save Gibraltar's Heritage」レポート,「バタシー火力発電所」の登録
1983	「Estates Villages who cares?」刊行，「Calke Abbey」キャンペーン
1984	ポウルトリ 1 番地（ロンドン）の第 1 回公聴会
1985	「Victorian Jersey」刊行，「Endangered Domains」刊行
1986	「The Lost Houses of Wales」刊行,「Brynmwar report」：30 年間の登録制度を振り返る．結果として戦後の建築が登録されるようになる.
1987	「Churches : a question of conversion」刊行
1988	「A Future for Farm Buildings」刊行，ポウルトリ 1 番地（ロンドン）の第 2 回公聴会
1989	「Empty Quarters」（危機に瀕した建物の初の年間カタログ）刊行
1990	ポウルトリ 1 番地（ロンドン）の控訴院上告,「Canova's Three Graces at Woburn Abbey」キャンペーン,「Bright Future」刊行
1991	ポウルトリ 1 番地（ロンドン）の貴族院法廷判決,「ジャマイカの歴史遺産」保存運動
1992	「Stop the Destruction of Bucklesbury」刊行
1993	「Deserted Bastions」刊行
1994	「Beauty or the bulldozer」刊行,「The Penninsula Barracks」スキーム開始
1995	「パレス・ストリート 6 番地（カナーヴォン、ウェールズ)」保存運動，SAVE の報告書を受けて「シティ・チャーチの会」結成
1996	「ボート・ハウス 4 番地」キャンペーン開始（破壊を免れる）
1997	「緊急医療病院」保存運動
1998	「触媒コンヴァージョン」「ビルディングズ・アット・リスク」プロジェクト開始
1999	旧教師養成学校（クラレンス・ストリート，リヴァプール）の法廷論争，危機に瀕した建物の初のオンライン化開始
2000	国家遺産のための 25 の偉大なアイディア,「バルト取引所」保存運動
2001	「ファーンバラを救え」運動
2002	「SAVE's Tyntesfield」キャンペーン
2003	「ヨーロッパの遺産を救え」運動（世界遺産内の許されない破壊）
2004	「Don't butcher Smithfield」刊行,「Silence in Court」刊行

(SAVE の WEB SITE より)

パクストンおよびジョージ・ヘンリ・ストークス設計、一八五一－五四年）の土地・建物、そして、その内部にある家具・調度品・絵画等のすべてが競売にかかった。メントモア・タワーズは、ヴィクトリア時代の首相ローズベリー（一八四七－一九二九）のカントリー・ハウスとして知られる由緒ある邸宅で、建築ばかりでなく、その内部にあった家具・調度品・絵画等のひとつひとつが貴重な文化遺産であった。この競売によって、カントリー・ハウスの一部を形成していた家具・調度品・絵画等が、それぞれ独自に売買されようとしていた。また、この競売によって、これら貴重な国家的文化遺産が、外国の資産家に買い取られ、散逸しそうになっていた。これに対し、それを憂う意見が多くあったものの、政府も既存の保存団体も太刀打ちできず、途方に暮れていた。これら高額に及ぶカントリー・ハウスのすべてを買い取って保存する資金など、どこにもなかった。

そこで、SAVEがそれを防ごうとアクションを起こした。SAVEは、小冊子を刊行したり、ジャーナリズムでこの問題を取り上げるなど、世論に訴えかける戦法を中心に、さまざまなかたちでこれを阻止しようと努力した。しかし、SAVEの懸命な反対運動にもかかわらず、オークションは続けられた。そして、カントリー・ハウスの資産は、総額六三〇万ポンドという値がついたという。これは、英国の歴史遺産を守ろうとする人々にとって、とても納得できるものではなかった。その過程で、人々は「このような文化財が、資本主義経済の論理にのって、海外に流出してよいものなのか」、また、「カントリー・ハウスの家具や絵画といった資産が、カントリー・ハウスから失われてよいものなのか」、「カントリー・ハウスの価値は、このような家具や絵画といった付属物があってこその価値があるのではないか」といったことを、繰り返し議論した。このようなことは、ナショナル・トラストがカントリー・ハウス・スキームを開始した時点で、すでに認識されていたことであるが、ここで改めて問題視された。結果として、家具・絵画等は売りに出され、英国を離れたものも少なくなかった。これは英国の文化財保存にとって大惨事であり、大きな教訓となった。しかしながら、唯一の成果として、メントモア・キャンペーンは、「国家遺産メモリアル基金」（のちに「ヘリテイジ・ロッタリー基金」となる）の創設を生んだ。これら保存運動を通して、国家的遺産の緊急の保存のためには、資金が必要であり、それを前もって用意しておく必要があると痛感した結果であった。

SAVEの活動は、これらばかりでない。登録制度を見直し、いわゆる「三〇年ルール」と呼ばれる戦後の建築をも登録の対象とする制度改正を提案したのもＳＡＶＥであった。また、存続の危機に曝されている歴史的建造物のリストを作成し、公開することによって、さまざまな方面の協力を求めている。しかも、最近では、インターネットを利用し、情報収集すると同時に、人々への歴史的建造物の取り壊し等の情報を提供している。二〇〇五年現在、ＳＡＶＥのカタログには、約一三〇件の取り壊しの危機にある歴史的建造物が登録されている。また、インターネット上のデータベースには、約七〇〇件が登録されている。ＳＡＶＥのホーム・ページを見ると、どの歴史的建造物が、現在、どのような状態にあるのかが把握できる。

6　民家の移築と野外建築博物館

建築保存で最も理想的なのは、建築をもともとあった場所で使い続けていくことである。しかし、それができない場合、次善の策が求められる。特に、近代化の過程にあり、道路やトンネル、ダムなどの建設のために、民家建築などが取り壊されることがしばしばあった。このような場合、その場での保存は困難ではあるが、建築自体はまだ十分に使えることも少なくない。その際、建物を移築し、保存する方法がある。建築は敷地に合わせて設計されるものであり、月日の経過とともに周辺環境にも少なからず影響を与えている。また、民家など土着な建築にとって、地域性は重要な要素である。そのため、建築は建てられた場所に保存されるのが最良の方法であることに違いないが、現実には建築が建てられたその場で保存されるのは困難な場合、やむをえずとられる手法が移築保存である。

建物を移築することは、わが国では頻繁に行なわれており、一般的な手法のように感じられるが、英国の場合、そうではなかった。というのは、わが国の建築と英国の建築とでは、構造・構法が大きく異なり、解体した建物の部材を転用することはあっても、建物を解体し、他の場所で、もとのかたちに復原するということは、まずなかった。しかし、英国の民家には木造建築が少なくなく、技術的には、移築保存の手法はさほど難しいことではない。もちろん移築保存は木造建築以外の建築にも応用することができることは言うまでもない(52)。

移築保存によって、建物は物理的に残るが、ここで問題となるのが、タイミングよく受入れ先を見つけなければならないことと、移築した建築をどのように用いるかということである。つまり、移築された歴史的建造物の運用面での問題点を考察する必要がある。

歴史的建造物の活用で、最善策と考えられるのは、所有者に建築の重要性を説いて、もともとの用途で使い続けてもらうことである。しかし、移築保存では最初からこれを否定しており、建築の維持・管理は当初の所有者ではなく、第三者に託されることになる。したがって、移築される建築のその後は、移築された建築を維持・管理する立場によって左右される。

移築された建築の用い方のひとつとして、建築の歴史性を経営上の売り物にする方法がある。たとえば、建物の本来の用途を変更し、ノスタルジックな雰囲気を醸し出す飲食店などに利用する方法である。英国の場合、パブや小物売店に利用されることが多い。この場合、商業上の都合が優先され、建物の歴史性はないがしろにされてしまう可能性がある。それに対し、学術的な意味で、建築の歴史性を残す方法として、移築の際に緻密な調査・研究を行ない、復原して建築そのものを展示物にしようとする構想、つまり野外建築博物館の建設がある。このような動きは各国で起こり、世界的に浸透していった。わが国も例外ではなく、多数の野外建築博物館がつくられるようになった(53)。

野外博物館は、北欧で誕生し、北欧を中心に展開されてきた。その最初の試みは、スウェーデンのストックホルムに一八九一年に開館したスカンセン野外博物館であった。そして、その後すぐに、デンマークではコペンハーゲンにデンマーク国立民俗野外博物館（一八九七年設立、一九〇一年現在地へ移転）が、ノルウェイではオスロにノルウェイ民俗博物館（一八九四年設立、一九〇二年一般公開）がオープンし、北欧各国の代表的民家を移築した大規模な野外博物館が誕生している。

これらは一九世紀の急速な農業改革によって不要になった農業施設（建築が中心）を、貴族が収集しはじめたことに端を発する。このような収集はいたるところで行なわれ、これら収集した施設が、博物館として一般に公開されるようになった。それと同時に、当時、にわかにわきあがってきたナショナリズムが、地域の伝統文化への関心を高め、これを伝承していく民俗博物館が求められるようになるなど、社会の動きも野外博物館の設立に追い打ちをかけた。このような現象は、国家レベルだけでなく、もっと狭い地域でも同様に起こっていた。そして、各地で地域の文化を表現しようとした小規模な野外民俗博物館もつくられ、大小さまざまな野外博物館の建設ラッシュにつながっていった。これら野外博物館は、個人のコレクションがもとになっていることが多いため、民営のものが多いのが特徴である[54]。

その先駆者的役割を果たしたスカンセン野外博物館設立の重要な点は、建築を保存し、公開するだけでなく、そこで民俗学的なコレクションを同時に展示して見せたことにある。つまり、人々の生活全体を環境として展示する野外博物館の典型的な手法を確立したのであった。そして、その後、解説や実演をする職員が歴史的な衣装を纏うなど、まるでそこで生活しているかのような生活環境までも再現するようになった。このような手法は「リヴィング・ヒストリー・ムーヴメント（生活史復原運動）」と呼ばれ、世界中に広がった[55]。現在、スカンセン野外博物館は、民俗コレクションと建築環境を総合的に展示する代表的野外博物館である一方で、園内に動物園、水族館、遊園地を設けるなど、総合的なレジャー施設としても整備されている[56]。

北欧で誕生した野外民俗博物館は、その後、ヨーロッパ各地に広がっていった。その際、スカンセン野外博物館が理想とされ、これに影響を受けていない野外博物館はまったくないともいわれるほどである。このようにして、世界各地でつくられた野外博物館のうち、ドイツではキール近郊のシュレスウィヒ・ホルシュタイン野外博物館、ウエストファリアのビーレフェルト民家博物館、ボン近郊のコンメルン野外博物館、フランクフルト近郊ノイ・アンシュパッハのヘッセンパルク博物館などが、オランダではアルンヘム民家博物館が、ルーマニアではブカレスト村落博物館などが、比較的初期に設立された例としてあげられる[57]。

スカンセン野外博物館を代表とする北欧的な野外博物館は、自分たちの地域のアイデンティティを確立し、郷土文化を後世に継承する目的でつくられた博物館であるが、英国の野外建築博物館の場合、事情が少々異なっていた。英国の野外建築博物館は、各地で取り壊されそうになった建築を救うため

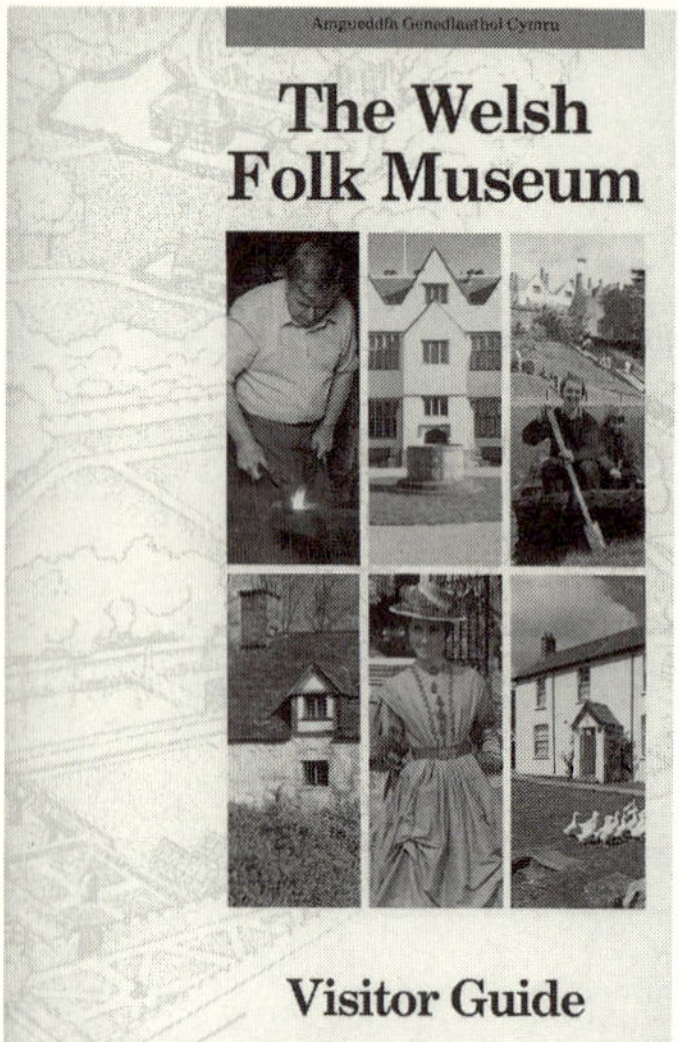

図9-21　ウェールズ民俗博物館（1946年開園）のガイドブック

に設立されたものが多い。特に、第二次世界大戦後、急速な開発などによって、その場での保存が困難になった建築が増加し、何とかしてこうした建築を保存するために、解体・移築の方法が選択されるようになった。

英国で最も早く古建築が移築され、野外建築博物館として開館したのは、ウェールズ民俗博物館（一九四六年開園）［図**9－21**］であった。これはスカンセン野外博物館と同様に、歴史的建造物を利用しながら、ウェールズの歴史・民俗を展示していこうとする試みであり、建築を保存することが第一目的ではなかった。しかし、その後、失われつつある民家等の古建築を保存するために、野外建築博物館が多数つくられるようになる。このような動きは、一九六〇年代に各地に広まっていった。一九六〇年代は、民家建築への興味が高まった時代であり、各地で研究グループが形成され、民家研究が本格的に行なわれはじめた時期でもあった。アマチュア研究者を含め、民家に興味を示す人々の増大とともに、各地で取り壊されつつあった古建築の保存運動がわき上がっていった。しかし、英国の場合も、開発が優先され、保存運動は成功することが少なかった。このような状況下、ヴォランティアの手によって、建築保存を第一目的とする野外建築博物館がつくられるようになった。

その最初の例が、一九六七年に開園したウィールド・アンド・ダウンランド野外博物館［図**9－22**］とエイヴォンクロフト建築博物館［図**9－23**］であった。英国の民家は、通例、南東部（ロウランド地方）と北西部（ハイランド地方）に分けて説明されることが多く、その様式も構法も異なっており、このふたつの博物館の存在は、英国の民家のふたつの伝統をそれぞれ代表する二大野外建築博物館となった。一九七〇年代になると、これらふたつの野外建築博物館に影響を受け、各地で小規模ではあるが類似の施設が多数つくられるようになる。多くの野外建築博物館の誕生は、人々の古建築への関心を高めることになり、民家研究の発展につながっていった。

図9-22　ウィールド・アンド・ダウンランド野外博物館（1967年開園）のガイドブック

また、野外建築博物館への解体・移築の過程は、結果的に民家研究の精度を高めることにもなった。一九五二年には、「ヴァナキュラー・アーキテクチャー・グループ[58]（VAG）」という民家研究の全国的な組織が設立され、民家研究がよりさかんとなるとともに、建築保存に関しても全国規模で情報の交換が行なわれるようになった。現在では、このような野外建築博物館が、建築保存のためのセンターとして機能し、地域の建築保存の実務以外にも、研究活動や市民への啓蒙などに重点をおいて、積極的に活動している[59]。

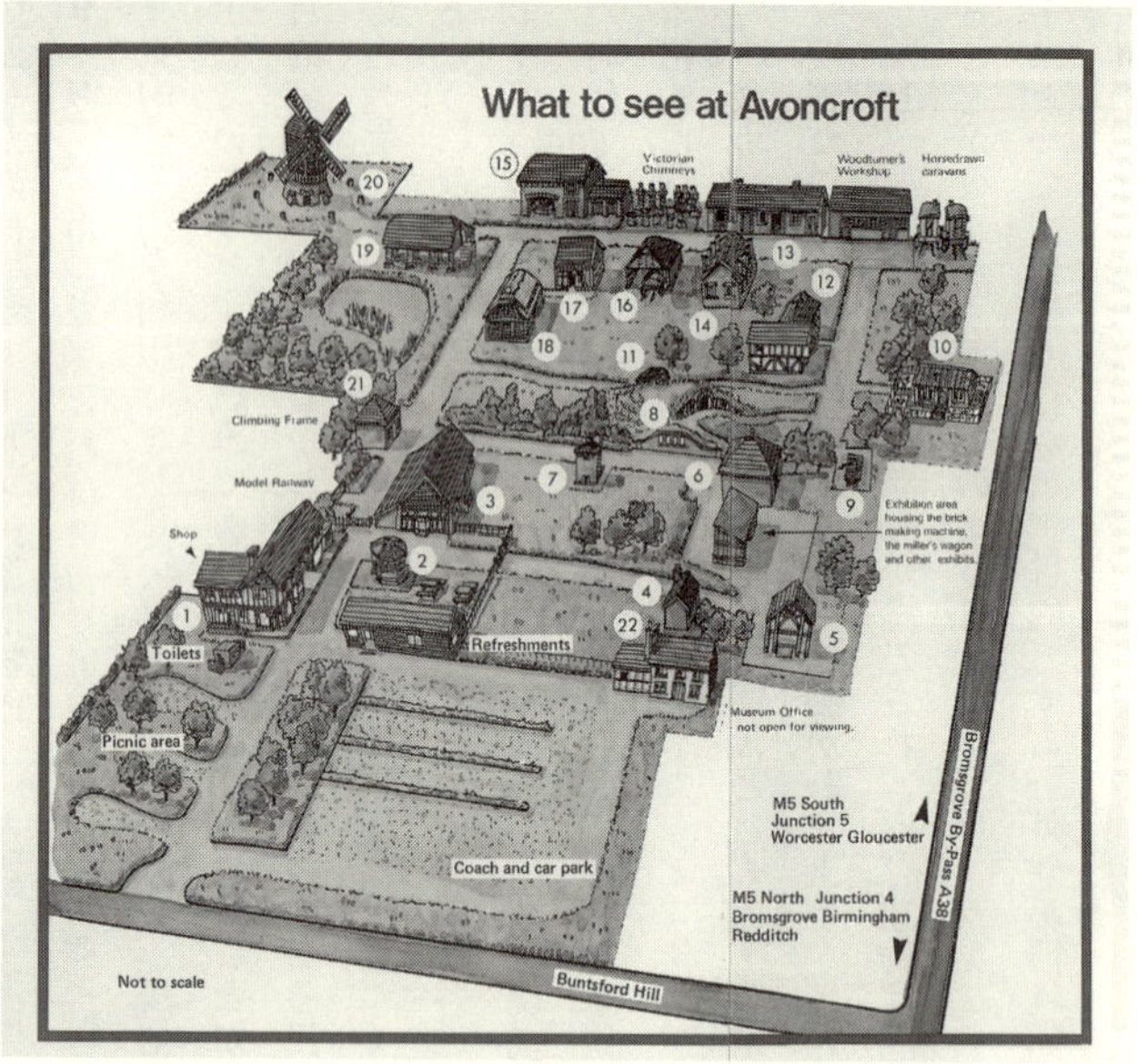

図**9-23**　エイヴォンクロフト建築博物館（1967年開園）の案内図

7　歴史的建造物の保存と防災

歴史的建造物も、他の建築同様に、火災、落雷、大雨、洪水、大風、地すべり、地震（英国の場合ほとんどないが）、盗難、ヴァンダリズム（テロリズムとともに災害に含めてもよいだろう）といった災害に、日頃から備えておく必要がある。特に、一瞬のうちに歴史的建造物に大きな損害を与え、場合によってはすべてを燃やし尽くすことさえある火災は、人的過失によって生じることが多く、事前の努力によって、ある程度は防ぐことができる。これら防災対策は、歴史的建造物の保存とは切っても切れない関係にあることは言うまでもないだろう。

歴史的建造物も他の建築物と同様に使用されている英国では、歴史的建造物が火災の被害に見舞われることがしばしばある。近代建築の嚆矢となったクリスタル・パレス（ロンドン、一九五一年、ジョーゼフ・パクストン設計）が、火災により焼失したことは有名な事実であり[60]、火災から歴史的建造物を守ることは、極めて重要なことである。英国では、一九八〇年代から九〇年代にかけて、矢継ぎ早に、大きな火災で歴史的建造物が被害を受け、これらをきっかけに、歴史的建造物の防災対策（ほとんどの場合、防火対策）が、重大な問題とみなされるようになった。

一九八四年七月八日の深夜から九日の早朝にかけて、ヨーク・ミンスターで火災が起こった。火は瞬く間に広がり、消防隊員が到着した頃には、聖堂は火と煙に包まれていた。この火災で、一三世紀に建設された南トランセプトの屋根のほとんどが失われ、一六世紀のステインド・ガラスが大きな損傷を負った。原因は照明機器の漏電であった。また、煙感知器が有効に働かず、初期消火が遅れたことも、火災が大きくなった要因のひとつであった。修復には四年の歳月と、総額二二五万ポンドを要した。さらに三五万ポンドをかけて最新の火災報知器が設置されている[61]。

この火災のわずか二年後の一九八六年四月三〇日には、王宮のひとつハンプトン・コート宮殿（ロンドン、一五一五年〜）で火災が発生した。火元は王のアパートメントの三階にあるグレイス・アンド・フェイヴァ・アパートメント（Grace and Favour Appartment）であった。発生から四時間後、火焔はそこを住まいとしていたゲイル夫人（Mrs. Gale）の寝室まで及び、不幸にもゲイル夫人は、この火災で死亡した[62]。表面の壁板の裏側の空間を火が伝わったため、火災報知器は機能しなかったという。すぐに修復工事が開始され、ウィリアム三世（在位一六八九－一七〇二）とメアリ（在位一六八九－九四）の時代、すなわちクリストファー・レンが増築した一七世紀末の状態に復原された。修復工事には、六年の歳月を要し、一九九二年夏から一般公開がはじまった。修復には、総予算一、〇〇〇〜一、三〇〇万ポンド、主要建築部分のみでも五四〇万ポンドに及んだという[63]。

ハンプトン・コート宮殿の修復が完了した一九九二年の一一月二〇日、今度はエリザベス女王の住まいでもあるウィンザー城が火災にあった。その被害は、セント・ジョージズ・ホール、ステイト・ダイニング・ルーム（State Dining Room）、グランド・チャペル（Grand Chapel）、およびふたつの小さな付属室にまで及んだ。幸運なことに、女王の個人的なふたつのアパートメントは火災を免れた。原因は、ここでもまた、照明機器の漏電であり、復旧に四、〇〇〇万ポンドを要した。一九九三年から、英国王室は、長い伝統を打ち破り、所得税の支払いをはじめたが、それと同時に、ウィンザー城の修復費用をまかなうために、それまで一般公開をしていなかったロンドンのバッキンガム宮殿の有料公開を開始したのは、有名な逸話である。

これらは、最近の悲惨な出来事である。これを防ぐための努力も当然払われており、さまざまな調査・研究も行なわれている。たとえば、ウィンザー城の火災の直後、アラン・ベイリーは、報告書『王宮の防火対策』[64]（一九九三年）を作成し、一五の提案を行なっている。このなかで、防火安全対策方針計画書の作成、防火安全管理者の任命（大規模な建築では常勤とする）、避難訓練および消火訓練の実施、リスク・アセスメント（危険性査定）の実施、煙感知器等の近代的設備の導入、防火対策調査および定期検査の実施等の必要性があげられている。政府はこの報告書を受けて、「歴史的建造物防火研究調整委員会」を設立し、定期的に歴史的建造物の防火に関する対策を検討することにした。そして、イングリッシュ・ヘリテイジでは、防火研究データベースを作成し、歴史的建造物の防火対策に関する情報を公開するようになった。

また、防火協会のスチュワート・キッドは、歴史的建造物の防災の際に留意すべきことを、次のように整理している[65]。

歴史的建造物は、基本的に、他の建築よりも火災に対して被害を受けやすい。建築の防火は、伝統的に、炎や煙が広がらないように、壁、開口部、床といった構造材料で延焼を防ぐという手法がとられてきたため、この手法を歴史的建造物に応用しようとすると、構造体に大幅に変更を加えなければならない場合も少なくなく、建築自身の特性を損なうことさえある。また、歴史的建造物を保存する場合には、用途変更を行なうことも少なくないが、この場合、本来の目的以外で使用するため、防火に対して、より慎重な姿勢が必要となる。避難階段が要求される場合もまた、解決策に苦慮することがしばしばある。避難口誘導灯、非常ランプ、煙感知器、スプリンクラーといった防火対策のハードウェアの設置も必要となる。ただし、これらの防火対策は、新築建築における手法をそのまま応用するのではなく、安全工学的観点から、費用対効果をも考慮し、代替案を用意する必要がある。その際、ある程度、構造体の耐火性能が基準に満たなくとも、居住者の生命の安全が確保できるよう、火災の早期発見、避難路の確保に力点をおくという方法もある。これは安全性能の低下ではなく、歴史的建造物に適した防災計画であることを意味する。

現行の制度では、地方行政庁が計画許可を発行する際、消防と検討することが義務づけられており、歴史的建造物の場合、消防は「リスク・アセスメント・サーヴェイ（危険性査定調査）」の実施を推進している[66]。また、日常の業務に関しては、消防の避難訓練を行なうなど、歴史的建造物の防災対策は、一般の建造物よりも、より慎重に行なわなければならないものと認識されている。

10章 建築保存と都市再生

1　歴史的建造物の活用

歴史的建造物の保存を都市計画の一部として考える際、保存した歴史的建造物をどのようにして活用していくかということを考えなければならない。歴史的建造物は、文化財であると同時に、現役の建築でもあり、この点が他の文化財とは異なるところである。歴史的建造物の保存にとって、「修復・修理」がハードの問題であるとすると、「活用」はソフトの問題であり、適切な方法を見つけなければならないことは言うまでもない。しかし、「活用」の方法によっては、建物の歴史性を損ねてしまうこともあり、十分な配慮が必要である。

わが国は、歴史的建造物の「活用」に関しては、極めて後進国であった。歴史的建造物は、文化財のひとつとして、文化財保護法のもと保護されてきたという経緯もあって、なかなか歴史的建造物を自由に改造し、新たな用途で用いるといったことは許されなかった。つまり、歴史的建造物の保存は、他の文化財とは異なる要因が多いにもかかわらず、わが国では、他の文化財と同様に行なわれてきた。一昔前には、このような保存は「凍結保存」と呼ばれ、批判の対象とされていた。「凍結保存」とは、誰が言い出したかは定かではないが、歴史的建造物にできるだけ手をふれず、そのままの形を保とうとする保存の方法である。このような方法で建物を残したとしても、本来の建築物の特性を失わせてしまうと、諸外国の歴史的建造物の保存・活用の状況に詳しい人々などから批判された。そして、建物は使い続けられてはじめて、価値があるものだと考えられ、建物を用いながら保存していこうとする方法が推奨された。このような手法は、しばしば「動態保存」と呼ばれ、現在、広く受け入れられている手法である。とはいっても、歴史的建造物は、地方自治体の手で管理されている場合も多く、管理上の問題もあり、いまだ制約が多いのも事実である。

他方、英国では、このような問題をどのように解決してきたのだろうか。現状では、さまざまな活用の方法が試みられており、このようなアイディアは、どのようにして生じてきたのかを知ることは、有用なことと考えられる。

現行の制度では、歴史的建造物は法律によって、その保存が義務づけられ、その現状変更は許可制をとっている。つまり、開発業者や建築家は、その建物の新たな活用の方法を模索し、計画案を地方計画庁に提出して、プランナー（検査官）が許可した計画だけが、実現されていることになる。英国の場合、プランナーの裁量が大きく、プランナーさえ納得すれば、新たな活用案は可能となるのだが、プランナーは歴史的建造物の現状変更の許可を検討する場合、専門家の助言を求めることとされており、イングリッシュ・ヘリテイジまたは他の専門機関の意見を聞くため、破天荒な計画が許可されることはない。これらのやり方は、いかにも英国らしく、長い伝統の中で、形成されてきたシステムである。

英国の場合も、最初から歴史的建造物の、自由な活用が容認されていたわけではない。この歴史的建造物の「保護」と「活用」の問題は、一九〇六年のマドリッド宣言までさかのぼることができる。前述のように、それ以前は、ＳＰＡＢの主張に代表されるように「修理」そのものが否定される状況であった。しかし、この国際会議において、修理の方法が明確に定義され、英国もその考え方を受け入れざるをえなくなった。ここでは、「死せる記念物」と「生ける記念物」といった分類がなされて、それぞれ異なる修理の方法が提唱された。現代流に表現すると、「死せる記念物」は凍結保存を行ない、「生ける記念物」は現状に合わせて改造するなど動態保存をするべきだとした。この時点で、歴史的建造物の活用の方法が検討されはじめたと言ってもよいだろう[1]。

その後、本格的に「保存」と「活用」の問題が生じてくるのは、英国の場合でも、歴史的建造物の取り壊しが、社会問題となってきてからである。すなわち、多数の歴史的建造物が破壊されるのを目の当たりにして、人々が保存運動を起こし、多くの歴史的建造物が実際に保存されるようになって、はじめて活用の問題が表面化してきた。また、強力な権限をもつ登録建造物制度の導入も、それに拍車をかけた。このような状況で、より現実的な保存・活用の手法が考案されていった。

歴史的建造物を保存する際、最初に考えるべきことは、そのままの状態で使い続けられるかどうかである。建物を調査し、修理が必要と判断された場合には、修理を施せばよい。これがおそらく最良の方法であろう。次に考えなければならないことは、修理を行なった場合、それが経済的に成立するかどうかである。そのままの状態を保つばかりでは、経済的に成り立たない場合も少なくなく、用途を変えて、新しい機能を付加させるというのもひとつの考え方であろう。その際に、積極的な考え方としては、歴史的建造物の希少価値を利用し、それをアドバンテージとして利用することがある。その方法には、さまざまな方法があるものと思われる。特に、商業上、観光上の観点からは、歴史性は有益になる場合が多い。

このように、新しい用途を付加させて歴史的建造物を蘇らせたり、歴史的建造物の特性をアドバンテージとして、商業利用したりすることは、最初から行政が主導して行なってきたものではなかった。開発業者や建設業者は、歴史的建造物を壊せないのであれば、それを最大限に利用することを考え、このような手法が民間主導で編み出されてきたのである。

このような状況を、政府も歓迎した。英国政府は、都市計画において、歴史的建造物の保存を義務づけるとともに、その活用に関して、積極的なものにし、経済の活性化につなげていくべきとの基本方針をとっており、建物の用途を変更（コンヴァージョン）して、歴史的建造物が蘇るのであれば、それは歴史的建造物の保存のひとつの手法であるとみなしている。それが最初に公に表明されたのは一九八七年のことで、政府（環境省）が発行した『歴史的建造物と保存地区－方針と手続き』（通達8／87）においてであった[2]。その方針は、現行の『PPG15－都市計画と歴史的環境』（一九九四年九月発行）に引き継がれている。

一九九〇年代には、歴史的建造物の用途変更による再生がブームになった。これら用途変更による歴史的建造物の再生は、「コンヴァージョン」と呼ばれている。これは英国に限ったことではなく、欧米諸国でも類似の傾向が確認され、わが国でもその事例が紹介されている。[3]

英国の歴史的建造物のコンヴァージョンの特徴は、中心市街地の再開発との関連性にある。コンヴァージョンのターゲットとされたのは、中心市街地のオフィス建築で、それを住宅にコンヴァージョンしようとしたのがはじまりだった。そして、中心市街地に人々を呼び戻し、中心市街地の活性化をはかろうとした。その際、アメリカ的な車社会の広域に広がる都市ではなく、徒歩圏内に公共サービスや各種店舗などの生活に必要な施設を設け、ヒューマン・スケールの小規模な都市を築こうとした。このような都市は、しばしば、「コンパクト・シティ」と呼ばれている。[4]英国の中心市街地には、多数の使われなくなったオフィス建築があった。これらの多くは、世界の工場として「英国」の名を世界にとどろかせていたヴィクトリア時代の建物であった。しかし、産業構造の変化によって、これらオフィス建築は不要となり、廃墟に近いものも少なくなかった。これが、サッチャー政権以降の都市再生プログラムのなかで注目されるようになり、コンヴァージョンによる再生が試みられるようになった。

本来、「コンヴァージョン」とは、「転換、変換、改造」という意味で、これを建築にあてはめると「用途変更のための改造・改修」ということになる。中心市街地においては、オフィス等に用いられていた建物を住宅に改修して使用しようとする際、この「コンヴァージョン」という言葉が用いられる。産業構造の変化により、不必要となった建物に新しい用途を与え、再生しようとする考え方である。英国では製造業の衰退とともに、それら関連施設がターゲットとなった。

かつて商業活動でにぎわっていた中心市街地が衰退した原因として、しばしば車社会への転換があげられる。英国の場合、ニュー・タウン政策以降、住宅が郊外に分散し、通勤にも、買い物にも車を利用することが一般的となっていった。そして、商業施設は車への対応を余儀なくされた。中心市街地内の駐車場計画や交通計画は、さまざまなかたちで進められているが、なかなかうまくいかず、その対応がネックとなって中心市街地は衰退していった。これは英国ばかりでなく、世界中どこでも同様の現象が起こった。

それに対して英国では、車社会とは独立して、車なしのコミュニティの復活を目指そうとする動きが起こった。つまり、中心市街地に住宅をつくろうとする運動である。中心市街地と呼ばれている場所は、歴史的に見ると、車が普及する以前のひとつのコミュニティである。多種多様な商店等があり、車を使わなくとも十分に日常の生活を営むことが可能である。そこに目を向けたのが、それまでオフィス空間を住宅に改造し、中心市街地を復興・再生しようとする試みであった。

英国では、都市再開発において、もはや用いられなくなったオフィス建築等を集合住宅にコンヴァージョンする例が、非常に多い。基本的に、都市再開発においては、ミクスト・ユース（混合利用）が原則となっており、郊外住宅主義に対抗し、都市内の住宅建設が促進されている。これは政府の施策のひとつであり、都市内の住宅不足を予測して、さまざまな対策をとっている。そのひとつがVAT（付加価値税―日本の消費税にあたるもの。通常は、一七・五パーセント）の免除である。英国では、住宅産業の活性化政策として新築住宅建設工事のVATが減免されていたが、一九九四年、新築以外にも既存建物の住宅へのコンヴァージョンに対しても、VATが免除されるようになった。(5) また、住宅へのコンヴァージョン以外にも、建物の改修費用へのVATの免除を、イングリッシュ・ヘリテイジなどで検討しているところである。

英国で、コンヴァージョンがさかんになりはじめたのは、一九九〇年頃からである。一九八〇年代後半に不動産の暴落があり、多くの余剰不動産の利用方法が検討されていた。そして、一九九〇年代初頭には金融ビッグバンによる開発ブームで、ロンドンではオフィスの供給過剰という状況が続き、町中に「TO LET（貸家）」の張り紙が蔓延していた。そのような状況下、オフィス建築を住宅に改造する例があらわれるようになった。一方、IT技術の発達によってフリー・アクセス・フロアや広い天井裏スペースが一般的となり、それまでの天井の低い建築は、オフィス建築として時代遅れとなり、また、間仕切りがなく大きな窓をもつ明るく広い執務空間がオフィス建築に求められたことから、既成のオフィス建築は、もはや事務所として用いるのではなく、用途を変更し、こうした問題が生じない住宅として用いたほうが得策と考えるようになった。そのような動きが一気に流行し、最初ロンドンで、その後、地方都市へと広がっていった。

ロンドンでは、一九九〇年代半ばには、年間一、〇〇〇戸程度であったコンヴァージョンの事例が、今後、年間五、〇〇〇戸以上の割合で行なわれていくだろうと見込まれている。ロンドンで起こったこの現象は、次第に地方都市に広がっていった。また、オフィスばかりでなく、倉庫や工場のコンヴァージョンに関しても真剣に考えられるようになってきた。そして、住宅以外への転用も一般的となってきた。ロンドンのバトラーズ・ワーフのコンヴァージョンによる再開発［図**10**―**1**］は、わが国でもよく知られた例であり、(6) テムズ河沿いの港湾施設をレストラン等の小売店やデザイン美術館および集合住宅にコンヴァージョンしている。コンヴァ

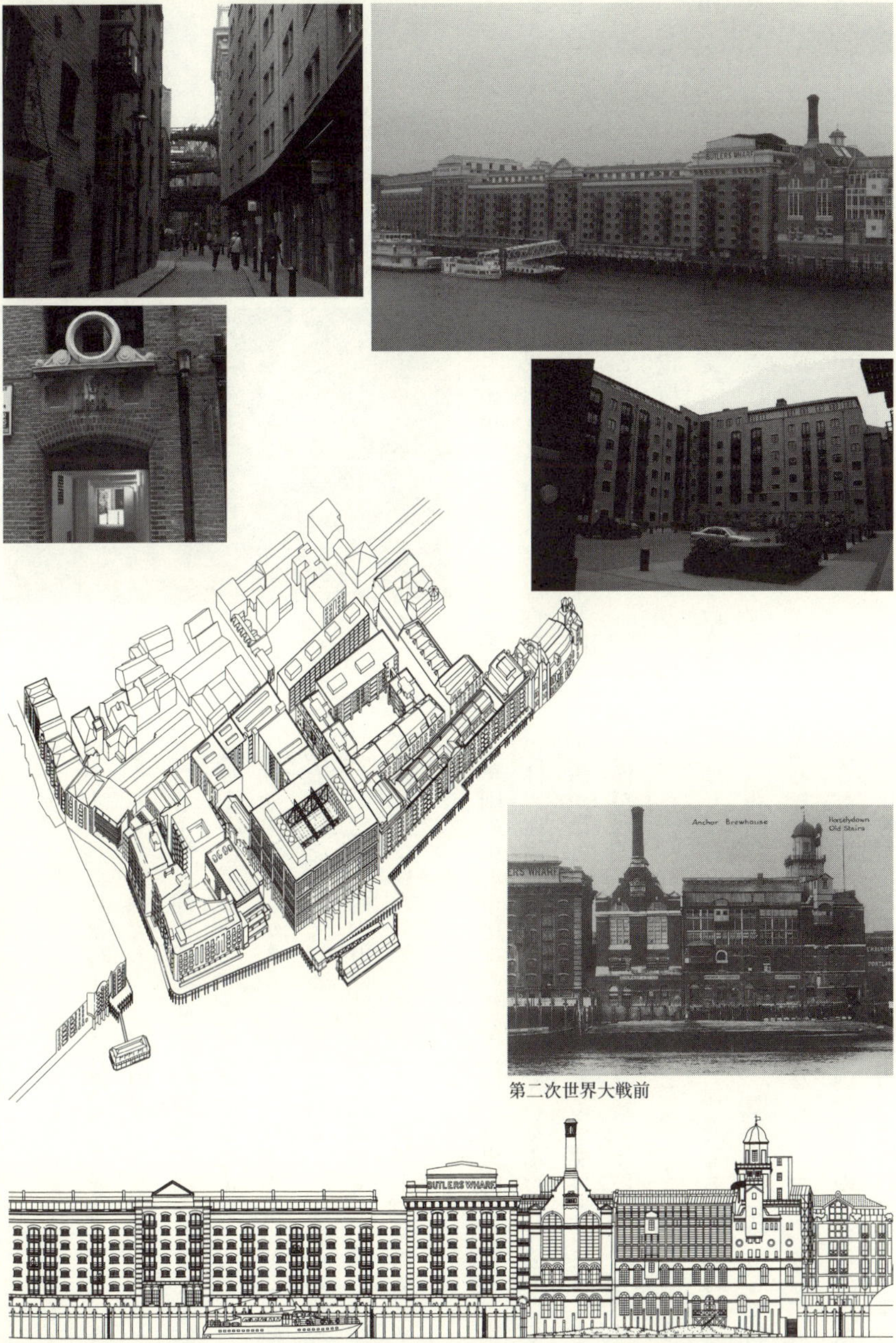

図10-1　バトラーズ・ワーフの再開発（ロンドン，コンラン&パートナーズ設計，1985-97年）
「The SHAD」と呼ばれ，ロンドン市民から親しまれている

図10-2　テート・モダン（ロンドン，ヘルツォーク＆ド・ムロン設計，1999年）

ージョンによる新用途は広がり、規模も種類もさまざまで、スタジオやアトリエといった小規模なものから、大規模なアミューズメント・センターやショッピング・センターといったものまで、多種多様になってきた。

たとえば、ロンドンの火力発電所は、テート・モダン［図**10－2**］という美術館に改築された。また、旧ロンドン政庁は、ロンドン水族館とナムコ・ゲーム・センターにコンヴァージョンされている。ちなみに、旧ロンドン政庁のコンヴァージョンには、日本の白山殖産㈱が関わっている。

英国のコンヴァージョンのひとつとして、「リヴィング・オーヴァー・ザ・ショップ・プロジェクト」(7)がある。これは中心市街地の店舗の上部を住宅として整備し、人々を呼び戻そうとする計画である。わが国で「下駄履き住宅」と呼ばれている手法と同様の発想で、同潤会アパート等でも試みられていた手法である。ロンドン中心部のような大都市では、あまり効果はないかもしれないが、地方小都市では、極めて有効な手段となっている。英国政府も、この手法を推奨しており、二〇〇一年の財政法の改正において、下駄履き住宅への改修および賃貸事業等に対して、税制上の免除措置をはかるようになった。

英国の中心市街地の建築には、歴史的建造物が多い。これらは、通例、耐火が考慮されているため、石造もしくはレンガ造がほとんどである。そのため、躯体としては、十分に耐久性が残っており、技術的に改修することは十分に可能である。また、建物を改修してリニューアルするということも、しばしば行なわれているため、所有者もわが国のように最初から新築を考えることはなく、既存建物を改造して利用することに対する抵抗はほとんどない。しかも、登録建造物に指定されている場合や保存地区内の建物の場合には、原則として取り壊すことができないため、当然のように、建物の改修が実施されることになる。そのため、既存の建築を改修する技術も、高い水準を有している。唯一の問題は、都市建築は縦割りの区画（一階・二階・三階を同一の占有者が用いること）でつくられるのが一般的であるため、上階への動線が店舗を経由しなければならないことである。この動線の問題は残るが、これを建築計画的に解決できれば、他に問題はない。わが国の建築基準法のもとでは、このような改修は難しいこともあるかもしれないが、英国の建築許可はプロジェクトごとの検討であるため、比較的融通がきき、避難路等を考慮してさえいれば、その他の法制度の規制に関しては問題が少ない。制度の問題に関しては、一長一短であるが、この点に関しては英国の制度は運用しやすいということであろう。

英国には基本的に容積率による一律の建築制限は存在しない。建物を建て替える場合、個別の審査となる。また、その際、個々の建築としての出来ばえより、町並みとの調和のほうが重視される。そのため、個別審査の際に、突飛な計画よりも、一般的な開発のほうが、手続き期間が短くて済む。また、町並みを乱す建築を建てようとすると、住民から反対されることが多く、施主も建築家も、そのようなことを望まないのが一般的である。しかし一方で、古い建築は不便なことも多く、設備等を更新する必要がある場合も少なくない。これは歴史的建造物を保存・活用しようとする際に、必ず問題となる点である。西洋諸国には、いわゆる「ファサード保存」という考え方があり、外観を保存しながら内部は使い勝手に合わせて改修し、町並みの保存および建物のリニューアルを同時に行なおうとする方法が根づいている。この手法は、構造の違いによって、わが国では応用しにくいと、しばしばいわれてきた。しかし、実際には、保存することに対する手間を避けたいという開発業者の意図と、アイディアの貧困さ、それに加え、何とか安価に容積いっぱいに建築を建てることしか考えていない開発業者の姿勢が影響して、わが国には根づかなかったものと考えられる。ちなみに、英国では、ファサード保存は、通常、「ファサード保存による内部更新（Development Behind the Retained Façade）」と呼んでいる。

2　建築保存と観光

歴史的建造物を保存するということは、歴史的価値を未来に伝えるということであり、非常に重要なことである。歴史に対する興味は、人類の根本的な願望のひとつであり、それを見学したいと考えるのは当然のことであろう。歴史的建造物を一般公開することは、人々の欲望に応えることであり、社会的にも重要な役割を演じることになる。一方で、歴史的建造物を公開することは、観光にもつながる。観光産業にとって、歴史的建造物は最大の目玉のひとつであり、これによって大きな収益をあげているところも少なくない。このように歴史的遺産を観光に結びつけることを、「ヘリテイジ・ツーリズム」と呼んでいる。

英国では、年間約八千万人が歴史的建造物を見学しており、そのうち、ウエストミンスター・アビーには三〇〇万人、セント・ポール大聖堂には二五〇万人、ロンドン塔には二三〇万人という人々が、訪れているという。そのうち約三〇パーセントが海外からの観光客であり、外資の獲得といった観点からも、ヘリテイジ・ツーリズムは重要である。[8]

観光は大きな経済市場であり、英国では年間六一〇億ポンド（約一二兆円）にのぼり、一、八〇〇万人の雇用があるといわれている（二〇〇四年現在）。したがって、ヘリテイジ・ツーリズムは、歴史的建造物の保存という観点ばかりでなく、地域の経済活性化といった意味でも重要である。特に英国は、諸外国に比べ、海外からの旅行者が多い。フランス、アメリカ、スペイン、イタリアに続き、世界で五番目の観光国であり、年間二、五五〇万人が英国を訪れ、一三〇億ポンド（約二兆六、〇〇〇億円）を消費しているという。[9]

観光のなかでも、ヘリテイジ・ツーリズムは、最も脚光を浴びている存在である。「歴史都市観光経営グループ」「ヘリテイジ都市協会」「イギリス歴史都市フォーラム」[10]といった組織がつくられ、各地のヘリテイジ・ツーリズムの運営等を支援している。このようにヘリテイジ・ツーリズムは、地域経済と密接な関係があり、都市計画上も重要視されている。政府も『PPG21－観光』（一九九二年一一月発行）を作成し、地域全体での開発方針を打ち出している。

観光に関する政府組織もまた、「文化・情報・スポーツ省」である。諮問機関として、観光問題全体を取り扱う「英国観光庁」と、政府方針に関して議論する「イングリッシュ・ツーリズム・カウンシル」（「イギリス観光局」の後身）があったが、二〇〇三年四月に両者は合併し、「ヴィジット・ブリテン」となった。[11]また、ブレア労働党政府は、観光を地域再生の一手法に位置づけ、さまざまな施策を進めている。一九九七年には「ツーリズム・フォーラム」を創設し、一九九九年には報告書『明日の観光』を発行し、詳細な戦略を提示している。ここで歴史遺産の保存やその運営は、地域経済活性化のための重要な手段となり得るが、単に商業目的になるのではなく、のちの時代に適切なかたちで残していかなければならないことが明確に示された。

歴史的建造物は、すべての人々の財産であり、それを見学することは、人々の楽しみでもある。古記念物保護法においても、かなり早い段階で、歴史的建造物を公開することを認めており、一九〇〇年古記念物保護法において、古記念物への一般の人々の入場を許可している。また、ナショナル・トラスト法による歴史的建造物の保存に関しても同様である。ナショナル・トラストの所有物件をすべて国民の基本的に、財産とみなし、それを公開することになっている。

歴史的建造物を公開する際、入場料を徴収する。歴史的建造物の維持・管理には、当然、資金が必要であり、ある程度、経済的活動も必要とされる。しかし、入場料収入のみで、維持・管理費をまかなえるところはさほど多くない。カントリー・ハウスの保存の組織であるナショナル・トラストでさえも、入場料収入のみで、経営が成り立っているわけではない。ナショナル・トラストの場合、会員制をとっており、会員は入場料が無料で、ほとんどの訪問客がこの制度を利用しているため、入場料収入がどの程度のものなのかということは、なかなか把握しにくいが、少なくとも、この年会費ばかりがナショナル・トラストの収入源となっているわけではない。ナショナル・トラストでは、外郭団体として、ナショナル・トラスト・エンタープライジズという収益会社をもち、各種グッズの販売をはじめとして、利益を得るためのさまざまな事業を展開している。また、ナショナル・トラストは、トラストが管理するプロパティを利用し、さまざまな観光サービスも行ないはじめた［表**10－1**］。このなかで、カントリー・ハウスに実際に泊まれ、貴族の気分を味わうことができる「ホリデイ・コテジ」は人気が高く、なかなか予約が取れないほどである。

英国の観光はというと、古刹・名勝を訪れるのが一般的である。そして、ヘリテイジ・ツーリズムを支えているのは、シルバー世代であるといわれている。すなわち、仕事を引退した人々が、余生の楽しみとして積極的に各地の歴史遺産を訪れている。また、修学旅行や遠足等で、歴史的建造物を訪ねる子供たちも多い。歴史的建造物や博物館のガイドブックには、一般向け以外に、子供向けの概説書やパンフレットが用意してあることが多く、その内容を子供たちに教えるための教師の虎の巻もしばしば目にする［図**10－3**］。これがこれで、英国のヘリテイジ・ツーリズムの実態である。

表10-1　ナショナル・トラストのさまざまな観光事業

ホリデイ・コテジ	Holiday Cottages	トラストは，イングランド，ウェールズ，スコットランド，北アイルランドに，合計310件のホリデイ・コテジを所有していて，これらさまざまなタイプの歴史的建造物を宿泊施設として提供している．
海外ツアー＆クルーズ	Overseas Tours and Cruises	トラストは，英国国内または海外の旅行を企画している．そのなかには，著名な「ナショナル・トラスト・クルーズ」も含まれている．
アクティヴ・ホリデイ	Active Holidays	2003年から開始された新しいサービス．専門の旅行プランナーによって，ヨーロッパ各国の美しい地域への旅行を企画する．特に，アクセスしやすい小さくて家族経営の宿泊施設に泊まり，荷物は宿泊施設から宿泊施設へ運んでくれ，参加者はその間を歩いたり，サイクリングしたり，乗馬することができるツアーが人気．また，それぞれの地方の料理を試すこともできる．
ベッド＆ブレックファースト	Bed and Breakfast	トラストに属する農夫が経営するベッド＆ブレックファースト（B＆B）．田園地帯の宿泊が体験できる．
キャンピング＆キャラヴァニング	Camping and Caravanning	トラストは，散策やサイクリングの起点となりうるキャンプ地やキャラヴァンのための場所を有している．
旅行代理業	Travel Trade	ツアーや長距離バスのチャーター等，さまざまな旅行代行業務を行なっている．
ナショナル・トラスト観光パス	The National Trust Touring Pass	1週間で16ポンド支払えば，すべてのプロパティに入場できるパスを発行している．

（ナショナル・トラストのWEB SITEより）

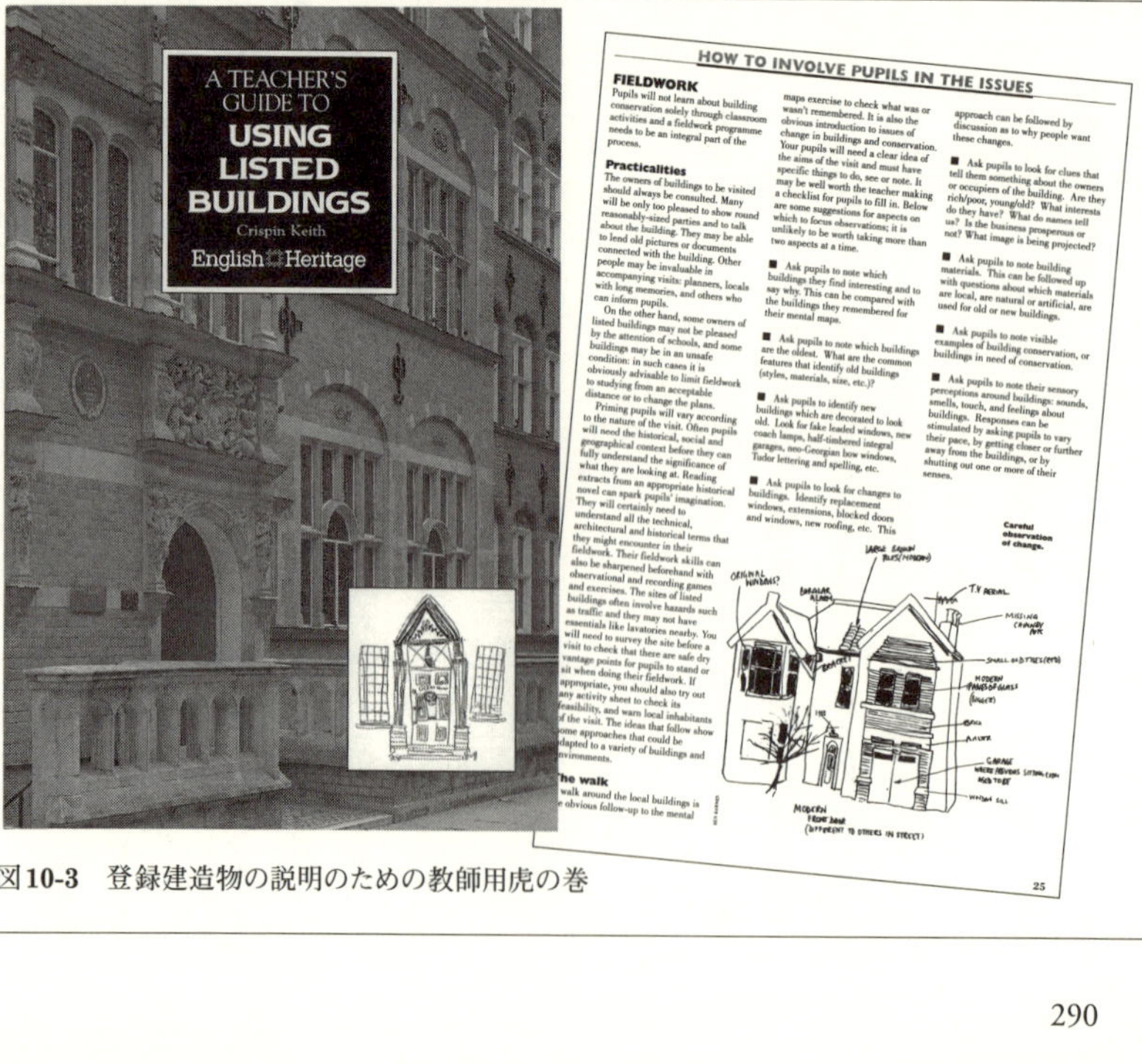

図10-3　登録建造物の説明のための教師用虎の巻

長い歴史で培われてきた伝統で、すばらしいことである。しかし、青年層から現役の社会人に対しては、あまり意識していないという問題を抱えている。各施設では、このような世代をいかに取り込むかが課題となっており、地域活動との連携をはかるなどの努力をしている。

とはいっても、これらは必ずしも成功を収めているわけではない。ドーヴァー・トンネルの開通によって、フランスのユーロ・ディズニー・ランドを訪れる英国人は、年々増加し、また、アメリカ的なシネマ・コンプレックスやアミューズメント・パークの入場者が増大しているのも事実である。

このように、英国の観光は、最近、急速に変化しつつある。古刹・名勝を訪れるという旧来のかたちが長い間保たれていたが、これは世界的に見ると異例の状態であり、政府の規制等の結果でもあった。昨今、さまざまな規制緩和によって状況が変化し、世界的動向に近づきはじめ、ディズニー・ランドに代表されるようなアメリカ的なアミューズメント優先の観光が主流になりつつある。このような状況を嘆く関係者も多い。政府の観光の諮問機関である「ヴィジット・ブリテン」も、これまでの手法に固執するのではなく、新しい観光の形態を世間のニーズに合わせて検討するようになった。

以前、アイアンブリッジ渓谷博物館の主席学芸員デイビッド・デ・ハーン氏に、英国のヘリテイジ・ツーリズムに関して、質問したことがある。(12) 彼が話してくれたことで、印象に残っていることは、歴史遺産を利用した観光に関しては、単独で行なってもあまり効果はなく、周辺地域との連携が必要だということであった。アイアンブリッジ渓谷の場合、バーミンガムへのビジネスでの訪問者をいかに呼び寄せるか、また、少々距離はあるが、シェイクスピアの生地として著名なストラトフォード・アポン・エイヴォンへ向かうロンドンからの観光客を引き寄せることができないかというのがテーマであると話してくれた。

これらヘリテイジ・ツーリズムにとって、宣伝・広告は重要である。その点で、英国のシステムは、実にすぐれている。道路地図には、カントリー・ハウス等の観光地の位置が多数記載され、道路には案内看板が数多く立てられており、はじめての道をドライブしていても、間違いなく目的地にたどり着くことができる。また、ガイドブックなどの情報誌も多い。歴史的建造物専門のガイドブックもあり、そこには住所、行き方ばかりでなく、開館時間、どのような施設があるかなど、詳しい情報が掲載されている。また、地方都市を訪れた際、ツーリスト・インフォメーションなどで宿泊先を探していると、中世の建物であることや、登録建造物に指定されていることなどが、宣伝文句として掲げられている。昨今、わが国でも、「登録建造物の宿」や「木造三階建の旅館」などといった宣伝文句が用いられ、人気を博すようになったが、英国では、このような動きがかなり前からあり、市民の間に根づいている。

3 さまざまな法廷論争

英国の場合、歴史的建造物の保存は、都市計画の一部として実施されている。そのため、都市計画上の決定に不服な場合は、裁判を起こし、その判断を法廷に託すことができる。すなわち、法律に従がって下された行政の判断の是非を、司法で問うのである。以前は、こういった事例はさほど多くなかったが、一九八〇年頃から、特に、歴史的建造物の保存に関する論争が、法廷に持ち込まれて争われることが増加してきた。これらのなかで、歴史的建造物の保存と都市計画のその後の方向性に大きな影響を与えたと思われる法廷論争に関して整理しておきたい［表**10－2**］。

⑴ 登録建造物に関わる論争

登録建造物に関わる問題としては、何が登録建造物として扱われるかという登録建造物の定義の問題と、「登録建造物に対する同意」に関するものに分けることができる。

登録建造物とそうでない建物は、都市計画上の扱い方が異なる。すなわち、登録建造物は、現状変更の際に許可が必要で、実質上、制限を受けることになる。そのため、所有者にとっては、それを不都合と感ずる場合も少なくなく、この件が裁判に持ち込まれることが多い（事例2）。[13] また、登録建造物の税制上の免除の関係からは、登録建造物に指定されていたほうが都合よく、[14] この点に関して、裁判が起こされることもある（事例4）。[15]

法律上、「登録建造物」とは、①登録建造物に付随する構築物、または、②付随していなくとも同一敷地内にある従属的な構築物、とされている。[16] 一方で、家具・家財等は、その対象外とされる。しかし、何が付随する構築物であり、何が家具・家財等であるのかを判断するのは難しく、裁判で決着がつけられることもある（事例16）。[17] また、不動産の売買等で、所有形態が変わり、敷地が複数の所有者のものである場合も問題となる（事例2）。[18] 登録建造物のなかには、複数の建造

表10-2　歴史的建造物の保存に関わる主な法廷論争

事例1	Kent Messenger Ltd. v Secretary for the Environment, [1976] JPL 372[1]
	登録建造物の取り壊しに際して，地方計画庁から「登録建造物に対する同意」が認められなかった原告が起こした裁判．検査官は，修理が非経済的であることを認め，取り壊しに対して許可を与えるよう助言したにもかかわらず，大臣は理由を明確にしないまま，取り壊しを認めなかった．この論争は，高等裁判所まで持ち込まれ，判決は棄却され，再審が要求された．〈1976年〉
事例2	Attorney General ex-relator Sutcliffe v Calderdale Borough Council (1982) 46 P & CR 399, [1983] JPL 310, CA[2]
	登録建造物の定義にまつわる裁判．登録建造物に指定されたミルと橋でつながっている小屋のテラスは，登録建造物の対象かどうかが争われた．争点となったのは，テラスは独立した構築物かどうかという点と，この建物は一部が売却され，所有者が複数となったが，それでも同一敷地内の構築物かという点であった．控訴院が下した判決は，テラスはミルと一体化した構築物であり，敷地の所有権が分割されたとしても，同一敷地内のものとみなすというものであった．〈1982年〉
事例3	Attorney General ex-relator Bedfordshire CC v the Trustees of the Howard United Reform Church, Bedford[3]
	法律による歴史的建造物の保存において，例外とされている教会堂の取り壊しの可否について最高裁で争われた裁判．例外的処置は，全面的な取り壊しには適用されないとの判決が下された．〈1986年〉
事例4	Debenhams plc v Westminster City Council, [1987] AC 396, [1987] 1 All ER 51, HL[4]
	登録建造物に定義にまつわる裁判．異なったふたつの敷地にそれぞれ建つふたつの建物が，トンネルと橋でつながれており，一方は登録建造物，他方はそうではなかった．登録建造物の税制上の免除の関係から，登録されていない建物の取り扱いが，裁判に持ち込まれた．そして，登録建造物でない建物は，独立した建造物か，それとも登録建造物に付随する構築物かどうかが争点となった．結果として，独立して建つ建築は，付属物とはみなさないとの判決が下された．〈1987年〉
事例5	R v Leominster District Council, ex p. Antique Country Buildings, [1988] JPL 554[5]
	木釘で結合されるといった伝統的構法でつくられていた16世紀の木造の納屋の保存に関わる裁判．この納屋は，ある会社に売却されると，すぐに解体され，木材として輸出し，その後，アメリカで再び組み上げようとされた．この計画を知った地方自治体は，船での輸送を何とかストップさせ(Leominster District Council v British Historic Buildings and SPS Shipping, [1987] JPL 350)，登録建造物に対する強制権を行使しようとした．その際，地方計画庁に，この強制命令を出す権限があるかどうかが裁判で争われた．結果は，解体されたとはいえ，木材は建造物の構成要素であり，地方計画庁の強制命令は，合法であるとの判断が下された．〈1988年〉

1　R.M.C. Duxbury, "Telling and Duxbury's Planning Law and Procedure", London, 11th edition, 1999, p.343
2　Duxbury, op.cit., pp.334-335
3　John Delafons, "Politics and Preservation : A policy history of the built heritage 1882-1996", London, 1997, p. 126
4　Duxbury, op.cit., p.335
5　Duxbury, op.cit., pp.347-348

事例 6	Godden v Secretary for the Environment, [1988] JPL 99[6]
	登録建造物の修復費用の非経済性を理由に，「登録建造物に対する同意」が許可されなかったことを不服として登録建造物の所有者が起こした裁判．その敷地の歴史性を再開発することによって，修復費用は十分に取り戻すことができるとの見解が示され，取り壊しは許可されなかった．〈1988 年〉
事例 7	Steinberg and Sykes v Secretary of State for the Environment and Another, [1989] JPL258（「スタインバーグ訴訟」）[7]
	1971 年法の 277 条(8) 項（「1990 年計画（登録建造物および保存地区）法」72 条）に示された保存地区における「特別な配慮」の解釈が争われた裁判．地方計画庁は，保存地区内の放置された土地への住宅建設をしようとする開発申請を認めなかった．これに対し，異議申立がなされ，「提案された開発計画が保存地区内の特性に害を与えるかどうか」が争点となった．検査官は，その土地の状態は，住民のアメニティおよび視覚的にも保存地区内の特性を損なうものとみなして，異議を認め，建設が許可された．しかし，これに対し，ふたりの住人が高等裁判所に訴え，計画許可を無効にすることを求めた．高等裁判所では，この特別な配慮とは，「提案された開発計画が保存地区内の特性に害を与えるかどうか」ではなく，「地区の特性を保存し，高めることに対し払われるもの」であり，検査官はこの点を誤解しているとし，大臣に差し戻された．〈1989 年〉
事例 8	Sir Graham Eyre, in London Borough of Harrow v Secretary of State for the Environment[8]
	「スタインバーグ訴訟」の延長線上のある裁判．都市計画決定を下す，地方計画庁の役割が確認された．〈1989 年〉
事例 9	South Western Regional Health Authority v Secretary of State for the Environment[9]
	「スタインバーグ訴訟」の延長線上のある裁判．保存地区における「特別な配慮」は，より積極的に解釈され，保存地区内の特性を保つばかりでなく，高めるよう努めるべきという結論が下された．〈1989 年〉
事例 10	Unex Dumpton Ltd v Secretary of State for the Environment and Forest Health District Council[10]
	「スタインバーグ訴訟」の延長線上のある裁判．その後も，この問題に関わる論争は続いたが，王室顧問弁護士ロイ・ヴァンダミアによって，保存地区における「特別な配慮」に対する原則が整理された．〈1990 年〉
事例 11	Bath Society v Secretary of State for the Environment and Another, [1991] JPL 663[11]
	保存地区の特性に対する配慮と開発に関して，控訴院で争われた裁判．「スタインバーグ訴訟」から一歩進み，保存地区内の計画許可に関する原則が示された．そして，「保存地区内の開発許可を検討する際，ディヴェロプメント・プラントばかりではなく，他の要因も考慮しなければならない．そのなかで，もっとも重要なのが，保存地区の特性を保存し，高める計画であるかどうかを判断することである．もしも，それに該当しない場合，提案された計画案が，そうすることよりもすぐれていると考えられる場合のみ，計画が許可される」とした．〈1991 年〉

6 Duxbury, op.cit., p.343

7 Peter J. Larkham, “Conservation and the City”, Routledge, London and New York, 1996, pp.97-98
Duxbury, op.cit., pp.355-358
http://www.trp.dundee.ac.uk/research/glossary/steinberg.html

8 Larkham, op.cit., p.98

9 Larkham, op.cit., p.98

10 Larkham, op.cit., pp.98-99

11 Larkham, op.cit., pp.99-100
Duxbury, op.cit., p.356

事例 12	South Lakeland District Council v Secretary of State for the Environment and Carlisle Diocesan Parsonages Board, [1991] JPL 654[12]
	保存地区の特性に何ら支障がない (neutral) 開発に関して，控訴院で争われた裁判．法律上，「保存地区内の特性を保存し，高まる」ために望まれる行為は，保存に積極的に貢献する行為もしくはその特性に害を与えない開発と解釈され，結果として，スタインバーグ・プリンシパルが再定義された．〈1991 年〉
事例 13	SAVE Britain's Heritage v Secretary of State for the Environment, [1991] 2 All ER 10[13]
	シティの保存地区内のグレイド II の登録建造物ポウルトリ 1 番地の建替問題に関わる裁判．登録建造物の保存が優先されるのか，または景観に配慮したとされる新デザインが優先されるのかが争点となった．結果的に，例外的な措置としながらも，建替が法的に容認された．〈1991 年〉
事例 14	R. v Canterbury City Council to ex parte Halford[14]
	カンタベリー・シティ・カウンシルがバーラム保存地区の領域を拡大しようとしたことに関して，控訴院で争われた．保存地区の背景 (setting) の保存についての解釈が問題となったが，保存地区の拡大は却下された．保存地区の周辺の緩衝帯は，保存地区に指定すべきでないとの見解が示された．〈1992 年〉
事例 15	Wansdyke DC v Secretary of State[15]
	保存地区内のラグビー場建設にまつわる裁判．ラグビー場は，保存地区の特性を損なう施設であるが，そこは近隣の旧市街から新設の大型スーパーへの買物客のためのパーク・アンド・ライドのために開発されているとの理由で開発が許可された．これは，保存地区の特性を損なう開発でも，他の保存に関する計画のためであれば計画を許可してもよいということを意味した．〈1993 年〉
事例 16	Kennedy v Secretary of State for Wales, [1996] EGCS 17.[16]
	家具・家財等の扱いに関わる裁判．ポウイスのレイトン・ホールのカリロン時計（組み鐘）とブロンズ製の三つのシャンデリアを，「登録建造物に対する同意」なしに取り外したことに関して，地方計画庁は強制執行通告を発行し，現状復帰を要求したが，これを不服として所有者が裁判を起こした．裁判では，時計およびシャンデリアは，家具・家財等なのか，付随する構築物なのかが争点となった．結果は，訴えは棄却され，時計にとって，独立して建っている事実は，それが付属物にあたらないという決定的な事実ではないとして，時計は付属物であるとの結論が下された．〈1996 年〉

12　Larkham, op.cit., pp.100-101
Duxbury, op.cit., p.356

13　拙著、「ポウルトリ 1 番地の建替問題について—英国の都市計画における歴史的建造物の取り扱い方に関する考察」, 2004 年度日本建築学会大会学術講演梗概集 F-1, pp.871-872
Delafons, op.cit., pp. 172-176
Larkham, op.cit., p.103
Duxbury, op.cit., pp.343-345

14　Larkham, op.cit., pp.101-102

15　Larkham, op.cit., p.102

16　Duxbury, op.cit., pp.336-337

事例 17	Shimizu(UK) Ltd v Westminster City Council, [1997] JPL 523[17]
	「登録建造物に対する同意」とその補償に関わる裁判．ピカデリーとボンド・ストリートの交差点にあったクワンタス･ハウスに関して，ファサードと煙突を除いて，取り壊しを行なうことに，「登録建造物に対する同意」が発行された．さらに，清水建設（英国）から，より多くの各階床面積を確保するため，煙突を取り壊す許可申請が提出されたが，却下された．これに対し，清水建設は，1990 年計画（登録建造物および保存地区）法 27 条に基づいて，補償請求を行なった．土地裁判所の判決は，清水建設を支持するものであったが，控訴院の判定はくつがえった．貴族院法廷での結論は，地方計画庁の下した都市計画決定に対し，補償を行なう必要はないとするものであった．この裁判は，1990 年計画（登録建造物および保存地区）法 27 条が廃止されるきっかけとなった．〈1997 年〉
事例 18	City of Edinburgh Council v Secretary of State for the Environment, [1998] JPL 224[18]
	登録建造物の範囲に関わる裁判．敷地内の，登録時，当初の建物ではないと考えられたため，対象からはずされていたが，その後，当初の建築であることが明らかになった建築を，登録建造物と同等のものとして扱うかが争点となった．結果は，登録建造物に含むとの結論が下された．〈1998 年〉

17　Duxbury, op.cit., p.338
18　Duxbury, op.cit., p.337

物が同時に登録されているものもあり、しばしば、その範囲も問題となる（事例18）。[19]

「登録建造物に対する同意」が認められず、裁判という手段がとられるのも、めずらしいことではない。それらのなかで、建物を壊さず、修理することに対する経済性を理由に、訴えが起こされることがある。これに関しては、相反する判決が示されている。一九七六年にケント・メッセンジャー社が起こした裁判では、修復にかかる費用が非経済的であることが認められ、登録建造物に対する許可の再考が要求された（事例1）。[20] 他方、一九八八年のゴッデンが起こした裁判では、その敷地の歴史性を再開発することによって、修復費用は取り戻すことができるとの見解が示され、申立は却下されている（事例6）。[21]

このように、歴史的建造物の取り壊しを認めず、修復を要求することは、所有者に経済的不利益をもたらすこともある。これに対し、一九九〇年計画（登録建造物および保存地区）法二七条では、補償を行なうことが定められていた。一九九七年の清水建設（英国）による訴訟は、その点に関して起こされた裁判であった（事例17）。[22] 清水建設は、「登録建造物に対する同意」が得られなかったという理由で、補償を求める訴訟を起こした。この裁判では、「登録建造物に対する同意」を発布しなかったことが、一九九〇年計画（登録建造物および保存地区）法二七条で定められた補償しなければならない行為に該当するかどうかが争点となった。裁判の過程で、一九九〇年都市・農村計画法では、開発許可が認められなかった場合でもいっさい補償は行なわれないことが定められており、相互の法律に矛盾があることが露呈した。[23] 結局、この裁判での議論を受けて、一九九〇年計画（登録建造物および保存地区）法二七条で定められた補償制度は、「一九九一年計画および補償法」の附則一九によって廃止されることになった。[24]

(2)保存地区に関わる論争

一九八〇年代末から一九九〇年代初頭にかけて、都市・農村計画法に示された「保存地区の特性に対する特別な配慮」に関して、その原則に関する議論が法廷で繰り広げられた。

そのきっかけとなったのが、「スタインバーグ訴訟」と呼ばれる裁判であった（事例7）。[25] ロンドンのカムデンの保存地区内において、放置された土地への住宅建設をしようとする開発申請に対し、地方計画庁は開発を認めなかった。これに対し、異議申立がなされ、「提案された開発計画が保存地区内の特性に害を与えるかどうか」が争点となった。当初、プランナー（検査官）は、その土地の状態は、住民のアメニティおよび視覚的にも保存地区内の特性を損なうとみなして異議を認め、建設を許可した。しかし、これに対し、住民のスタインバーグおよびサイクスの両氏が高等裁判所に訴えた。高等裁判所において、王室顧問弁護士のライオネル・リードは、この特別な配慮とは、「提案された開発計画が保存地区内の特性に害を与えるかどうか」ではなく、「地区の特性を保存し、高めることに対し払われるもの」であり、プランナーはこの点を誤解しているとし、大臣決定に差し戻した。これは、保存地区内の特性を積極性に形成していくべきだということを意味していた。

この控訴に対する決定は、おおむね保存主義者に受け入れられた。特別な開発は、その地区の特性に害を及ぼさないとはいえず、保存地区内の開発を検討する際、「その地区の特性を保存し高める」ためのより積極的な考察が要求されることが確認された。そして、この訴訟は、地方自治体の開発許可の方針を再考させるきっかけとなった。この原則はしばしば、「スタインバーグ・プリンシパル」と呼ばれている。[26]

スタインバーグ訴訟は、実際に都市計画決定を下す地方計画庁にとって、大きな混乱をもたらす結果となった。そして、この判決後、一連の訴訟が繰り返され、保存地区の特性に対する「特別な配慮」に関して、法廷における激しい議論が戦わされた。スタインバーグ訴訟の判決後、「地区の特性を保存し、高めることに対し払われるもの」という一文が強調され、保存地区内では、より積極的に保存に取り組まなければならないと解釈されてきたが、バース・ソサイアティの訴訟（事例11）[27]では、「そうしなくとも、そうするよりすぐれた計画のほう」が許容され、サウス・レイク・ディストリクト・カウンシルの訴訟（事例12）[28]においては、「保存地区内の特性に害を与えない開発までもが、許可の対象となること」が明確にされた。これら裁判の判決を通して、保存地区内の開発行為に関する基準が、明確に定義されることになった。

(3) 景観保全と歴史的建造物の保存に関わる論争

景観保全と歴史的建造物の保存は、密接な関係にある。この関係が、大議論された法廷論争があった。旧ポウルトリ一番地［図**10**－**4**］の建替にまつわる騒動がそれで、貴族院法廷（上院法廷）[29]の裁決を求めるに至り、足掛け七年にわたる大論争となった（事例13）[30]。これは単に、歴史的建造物の保存問題のひとつではなく、デザイン規制や景観保全といった英国の都市計画制度、また、歴史都市の再開発に際して、新しいデザインをどのようにとらえるかという建築そのものの評価にまで及ぶ内容となった。

図**10-4**　旧ポウルトリ1番地（ロンドン，J.&J.ベルチャー設計，1875年）

ポウルトリ一番地は、シティの中心部にあり、一六六六年のロンドン大火後のクリストファー・レンによるロンドン再建案でも、キー・ポイントとされるなど、歴史上も、景観上も、また、都市計画上も重要とされてきた場所であった。イングランド銀行の向かいの建物といえば、なじみが深い人も多いだろう。ここは各方面からの七本の通りが集まる交差点で、イングランド銀行前の小さな広場には、地下鉄のバンク駅の出入口があり、人の往来も多い。周囲には、新古典主義様式のイングランド銀行、ゴシック・リヴァイヴァル様式のマンション・ハウス（ロンドン市長公邸）など、ジョージ朝からヴィクトリア朝にかけて建てられた歴史的建造物が並び、ロンドンを代表する景観のひとつでもある。この一帯は、保存地区に指定されており、そのうち八棟がグレイドⅡの登録建造物であった。旧ポウルトリ一番地はそのひとつで、一八七五年、当時を代表する建築家J＆Jベルチャー[31]によって建設され、高級銀製品専門店のマッピン＆ウェッブ社の社屋として用いられてきた。建設当時の評判はあまり高くはなかったが、時が経つにつれ、三角形の敷地に建つ独特なデザインはシティのランドマークとなり、ヴェネツィアン・ゴシック調のヴィクトリア時代の商業建築として、建築史上も景観上も極めて重要な建築と評価されていた[32]。

ポウルトリ一番地周辺は、不動産開発業者ピーター・パルンボ[33]が、長年にわたり、開発を進めていた。近代建築に造詣が深いパルンボは、この地をアメリカ的近代建築が建ち並ぶ地区にしようと考え、世界的に有名なドイツの近代建築家ミース・ファン・デル・ローエ（一八八六－一九六九）に設計を依頼していた。ミースが設計した建物は、三〇階建のガラスの摩天楼であった。パルンボは、これを実施に移そうと、一九八四年、地方計画庁にあたるロンドン自治体に対し、計画申請を行なった。当然、反対意見も多く[34]、「周辺環境に比べ、規模が大き過ぎ、調和がはかられていない」との理由で、計画は却下された。パルンボは、環境大臣に異議申立を行ない、公聴会が開かれたが[35]、結果は同じであった。

パルンボは計画変更を余儀なくされ、今度は、著名な英国人建築家ジェイムズ・スターリング（一九二六－九二）に設計を依頼し、再度、計画申請を行なった。スターリング案は、ミース案に比べ、規模は控えめなものであったが、デザイン面では彼が得意とするポスト・モダニズム様式を採用しており、この点が議論の的となった。スターリングのデザインは、チャールズ皇太子をはじめとして、強烈な反対意見もあったものの、著名な建築家や王立美術委員会からは高い評価を受けていた。

計画の可否に意見の一致をみず、なかなか決断が下されなかったが、結局、ロンドン自治体は計画を却下した。パルンボは、その決定を不服とし、異議申立を行ない、一九八八年五月に一八日間にも及ぶ公聴会が開かれた。ここでの議論は、前回のように、単に、景観上、計画案がこの地にふさわしいかどうかを問うのではなく、新しい建築が既存の建築を取り壊してまで建てる価値があるのかという問題に及んできた。つまり、議論の内容が、デザインの可否から、歴史的建造物の保存の意義という根本的問題にまで広がっていった。

一九八九年六月七日、当時の環境大臣ニコラス・リドリーは、プランナー（検査官）の意見に従がい、「計画案は景観を十分に考慮に入れたものであり、もとの建物を保存するよりも、周辺環境が良好に保たれ、また、計画案は建築遺産としてすぐれた作品になるに違いない」という理由で、計画を容認する決定を下した。

これに対し、歴史的建造物の民間保存団体ＳＡＶＥは、刑事裁判所に告訴し、これをきっかけとして、この問題が法廷論争となるとともに、全国的な保存運動に展開していった。[36] 一九八九年一二月九日に刑事裁判所が下した判決は変わらなかったが、この問題はさらに控訴院に持ち越された。一九九〇年三月三〇日の控訴院の判決によって、再び最初の判決に戻された。そしてパルンボは、再度、上告し、最終的に貴族院法廷（上院法廷）の判断を待つことになった。

法廷での争点は、「登録建造物は、再開発の際にどのような重要性をもつのか」ということと、「計画案は、既存の建築を保存するよりも高い質を有しているかどうか」という二点であった。ここで取り沙汰されたのが、一九八七年に政府（環境省）が発行した歴史的建造物の活用の方針を示した「通達8／87」であった。そのなかの登録建造物の「保存の前提」と「現状の用途で使い続けようとする努力または適切な代替案を検討しない場合には、〝登録建造物に対する同意〟を与えない」という指針に、例外が認められるかどうかが議論となった。

一九九一年二月二八日、貴族院法廷（上院法廷）において下された結論は、「大臣が計画を許可したことは正当である」というものであった。[37] しかし、「計画案は建築遺産としてすぐれた作品になるに違いない」とする判断は是認されず、また、この判決は特別なものであり、今後の判決の前例とされるべきでないことが明確に宣言された。つまり、貴族院法廷（上院法廷）は、法律上、都市計画上の手続きが正当であったかどうかを判断しただけで、根本的な議論の内容は、「都市計画の基本方針」の問題とし、判断は下さなかった。

旧ポウルトリ一番地の建替は、結果として、法的に容認された［図**10**－**5**］。これにより、登録建造物の「保存の前提」等が崩れ、「保存」派にとっては、保存の牙城を失ったことになる。しかし、「建替」派が主張した「計画案は既存建築よりも、景観上も、建築上もすぐれているため建替が容認さ

図10-5　新ポウルトリ1番地（ロンドン，ジェイムズ・スターリングおよびマイケル・ウィルフォード設計，1998年）

れるべきと」いう主張も否定された。後者の論理は、過去のさまざまな様式論争の際にすでに経験済みであり、歴史的建造物を保存しなくてよい理由にはならないことが、再確認されることになった。貴族院法廷（上院法廷）の結論は、あくまでも手続きに関する裁決であり、建物の歴史性は確立された評価基準であることが否定されたわけではない。建物の歴史性は、実際の都市計画の是非を判断するプランナー（検査官）たちの間で、十分に認識されているという。[38]

つまり、この論争によって、「景観に配慮した」という言い訳で、歴史的建造物を保存せずに取り壊し、建て替えることが許されたわけではなく、今後の都市計画において、歴史的建造物の保存、景観保全、新しい建築デザインをどのように考えていくのかという宿題が与えられたことになった。その解答はいまだに出てはいないが、少なくとも、この判決後、英国は好景気を迎え、さまざまな再開発が進められるなか、歴史的建造物は取り壊されることなく、保存され、再活用されている。しかも、それらには、新しいアイディアも多数見受けられる。

4　町並みの保存

歴史的建造物を保存しようとする際、その価値が認められたとしても、技術的問題や経済的事情など、解決しなければならない課題が多数生じてくるのが一般的である。歴史的建造物を単体としてではなく、群として保存しようとする際には、なおさらそれが問題となる。これら浮上してくるすべての問題に、適切な方法で対処しなければ、建物や町並みを保存することはできない。しかし、どのような場合に、どう対処すべきかということを示したマニュアルはまずなく、あったとしてもマニュアルで想定していなかった事態も頻繁に起こることであろう。そのため、マニュアルを作成し、これら事態に備えるというよりは、これまでにとられた手法を知っておくほうが有効であろう。特に、その最初の試みを知ることは重要だと考える。すでに述べてきたように、英国における村おこし・町おこしといった都市再生は、市民運動や各種慈善団体によって開始された。ここでは、そのパイオニア的な実例を検討することによって、今後の問題を考えるヒントとして活かしていきたい。

(1) マグダレン・ストリート（ノリッジ、ノーフォーク州）

市民の手による歴史的建造物の保存ならびに歴史的環境の保存にとって、一九五七年に設立されたシヴィック・トラストの活動が、重要な役割を果たしてきたことは、すでに述べた通りである。その活動に関しては、西村幸夫氏をはじめとして、すでにさまざまなところで紹介されているので、多言は要しないと思われるが、市民によるまちづくりのきっかけとなった重要な活動として、ノリッジのマグダレン・ストリ

図10-6　マグダレン・ストリート（ノリッジ，ノーフォーク州）

ート［図10－6］を再生させようとする事業がよく知られている。[39] これは、シヴィック・トラストの最初の試みともいえる活動で、衰退しつつあった町を、大規模な再開発計画を行なうのではなく、誰にでもできるような小さな運動によって、再活性化させようとする運動であった。

この運動の中心となったのは、地元のアメニティ・ソサイアティの「ノリッジ・ソサイアティ[40]」であった。ノリッジ・ソサイアティは、一九二三年に、ウェンサム川に架かる中世のビショップ・ブリッジを保存するため、地元の建築家や考古学者が中心となって設立された由緒ある組織で、一九二〇年代には、町の歴史的建造物や歴史的遺構のリストを作成するなど、先駆的な試みを行なう団体であった。その後も、古い町並みを開発から守り、また、戦後すぐの復興時には、旧市内の保存運動を主導するなど、自治体のまちづくりに対して、常に積極的な意見を述べて、協力をしてきた。

この団体の重要性を世間に知らしめたのが、一九五七年からシヴィック・トラストが中心となって実施された街路修景プログラムであった。これは一九五七年に設立されたシヴィック・トラストとしての最初の事業でもあった。シヴィック・トラストとノリッジ・ソサイアティは、カウンシル（市）と協力し、個々の建物のファサード改修のためのマニュアルを作成し、所有者がみずからの負担で建物を整備していこうとする計画を立てた。

二年間かけて、六六棟の家屋のペンキを塗り替えた。また、看板のデザインを統一したり、取り替えたり、町並みにそぐわない広告等を撤廃し、景観を整備した。これは、総費用九千ポンド（約九〇〇万円）というものであった。そのうち、個人負担が五千ポンド（約五〇〇万円）であり、一件あたりに換算すると平均八〇ポンド（約八万円）弱とたいした金額ではないが、[41] 町並みを美化するには大きな役割を果たした。そして、このような小さなことが健全なまちづくりの第一歩であることが証明できた。マグダレン・ストリートの街路修景プログラムは、各地に広がりを見せ、ストーク・オン・トレントのバーズレム、ウィンザー等、英国のいたるところの約四〇〇の都市で、同様の美化運動が実施されていった。

これら街路の修景は、直接的に建築保存につながることではないかもしれないが、小さな努力によって、美しい都市景観が簡単に復活することを証明し、多額の費用がかかる建替を行なわなくとも、十分にアメニティを回復できることを人々に知らしめた。また、長年かけて培われてきた景観を残さなければならないという考えを生じさせる結果となった。

残念なことに、マグダレン・ストリートは、しばらくすると街路修景プログラム以前の状態に戻ってしまった。長く続いたレセッションの影響を受け、当時、運動の中心となっていた人々が引退したり、その地を離れてしまい、再び、活気が失われてしまった。とはいっても、筆者が二〇〇五年にこの地を訪ねた際、数件でペンキの塗り替え工事が行なわれており、わずかではあるが、当時の精神が引き継がれているように感じられた。

(2) ワークスワース（ダービシャー）

シヴィック・トラストのもうひとつの著名な活動事例として、ワークスワースの村おこしが、しばしば取り上げられる(42)[図**10－7**]。ワークスワースの村おこしもまた、シヴィック・トラストによって後押しされ、市民運動が成功した例であるが、ここではシヴィック・トラストの活動という観点ばかりでなく、各種制度を巧みに組み合わせて利用し、それにともなう補助金によって財源を確保したといった面でも、注目に値する。

ワークスワースは、人口六千人足らずのイングランド中部にある山村である。かつてこの付近では鉛や石炭が産出され、これらの集積地として栄えた。特に、一七・一八世紀には、この地方の中心地として活気に満ちていた。しかし、その後、これら産業が停滞し、地元に新たな雇用を創出することができず、過疎化が進んでいた。しかし、幸運なことに、この地には道路網を含めたローマ時代に端を発する中世の歴史的街区や歴史的建造物が残っており、一九七〇年にはシヴィック・アメニティズ法による保存地区に選定されていた。シヴィック・トラストは、ここに目をつけ、この条件を活かしてパイロット事業を立ち上げた。本来、シヴィック・トラストは、ナショナル・トラストのようにプロパティを買収し、整備するといったことはしていなかったが、ここでは例外的に基金を募り、事業を進めることにした。これはシヴィック・トラストにとっても、実験的な試みであった。

計画は一九七八年に開始された。「ワークスワース・プロジェクト」と名づけられたこの計画は、住民の理解を得ることからはじまった。一九七九年には、村おこしのためにアメニティ・ソサイアティの「ワークスワース・シヴィック・ソサイアティ(43)」が設立され、歴史遺産を利用した村おこしに協力していこうとする人々が集まった。シヴィック・トラストは、みずから七万五千ポンドの基金を用意した。しかし、これだけで十分ではなく、各種制度に目を向け、資金の拡大をはかった。一九七九年一一月には、住民の合意を得、そして、

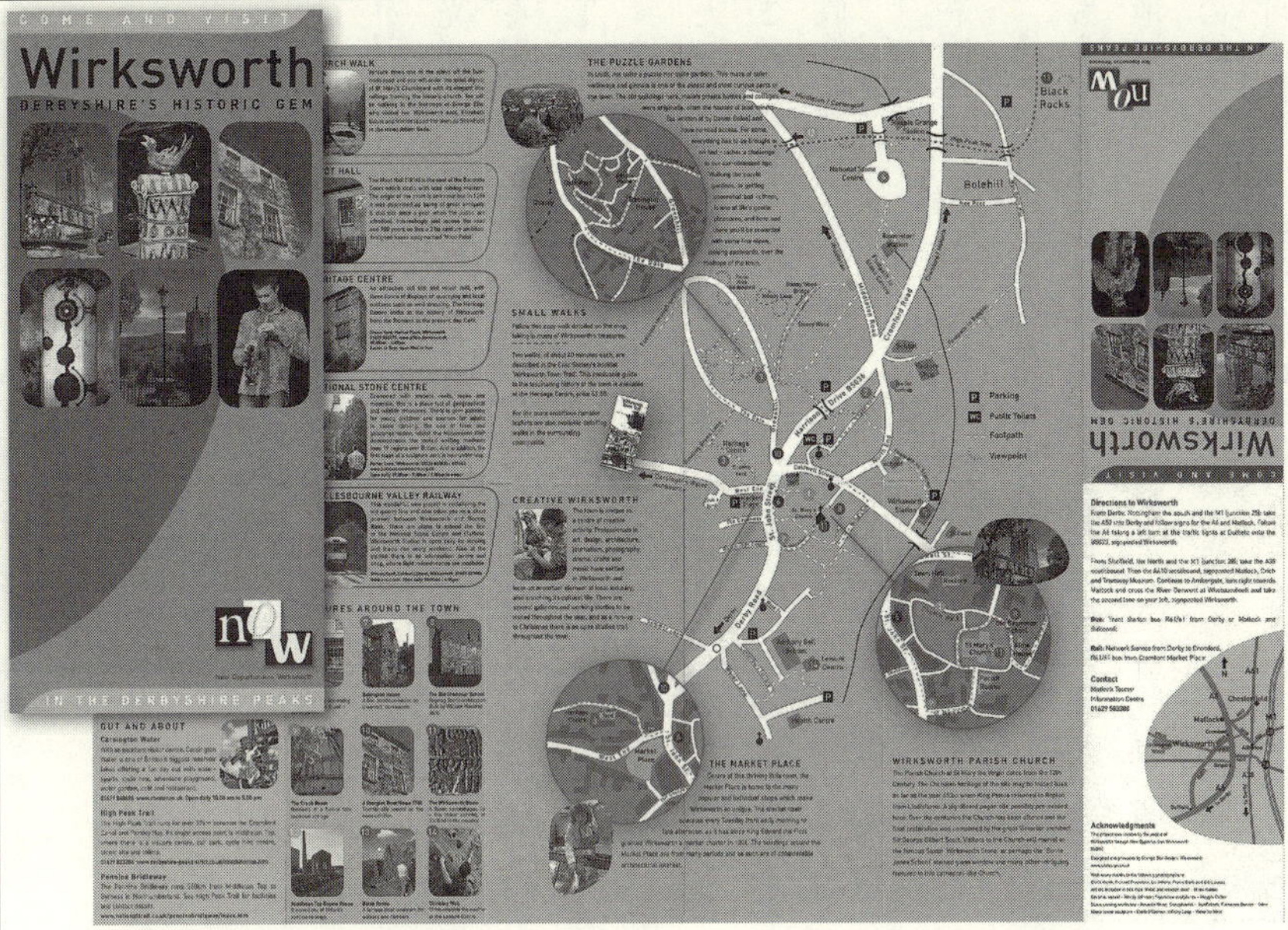

ワークスワースの観光マップ

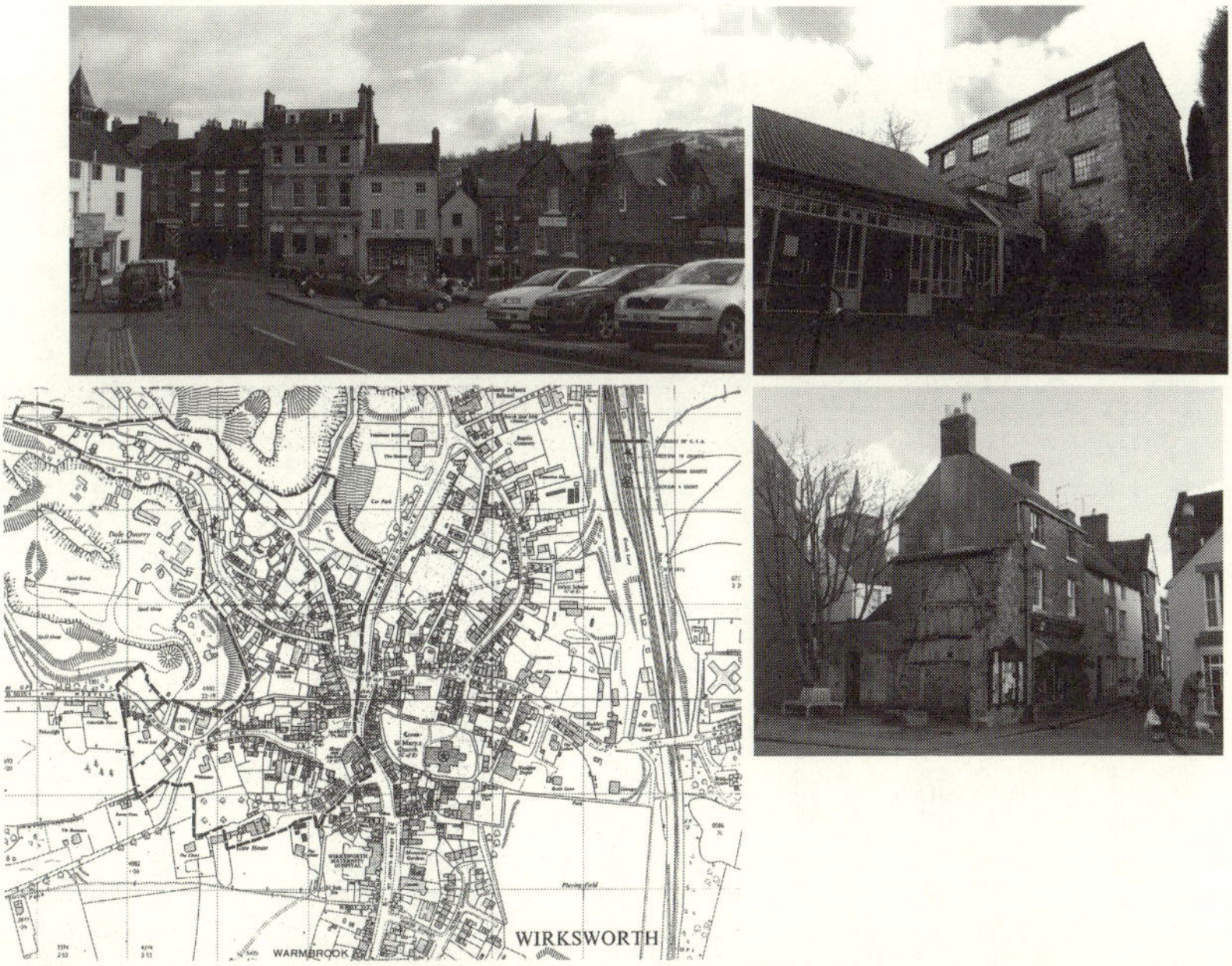

図**10-7**　ワークスワース（ダービシャー）

シヴィック・トラストから都市計画家が派遣され、村のなかに事務所を構え、村おこしが開始された。

村おこしには、いくつかの役割分担があり、各人がそれぞれできることを行っていくというのが原則となった。新しく創設されたワークスワース・シヴィック・ソサイアティには、住民が積極的に参加し、村の建築物や彫刻、また、その歴史が理解できるように、絵葉書、ポスター等を作成し、村の観光ガイドおよび子供たちの教育資料を作成するといった作業を担当することになった。このような住民の活動は、村おこしのきっかけとなるもので、非常に重要なことである。

他方、行政の役割は、各種事業の計画ならびに実施であった。事業を実施するためには、当然、資金が必要である。そこで、村おこしに利用できる各種制度・補助金等に関して徹底的に調べ、各方面から資金を調達することに成功した。そして、これら資金を利用して、村の建物等の修復事業を立ち上げた。

その最初は、住宅法による「総合改良地域」制度(44)の利用である。一九七八年に、中心部の四・二ヘクタールが総合改良地域の指定を受け、この補助金をもとに地域内の個々の住宅の修復が開始された。これによって、歴史的建造物の再生の可能性を、一般の人々にも目に見えるかたちで示すことに成功した。同時に、建物の跡地は子供たちの遊び場などに整備し、花壇や街燈といったストリート・ファニチャーも整備した。翌一九七九年には、総合改良地域が約五倍の面積に拡大された。そして、わずか三年間で五〇棟を超す住宅が、この補助金で改修された。

しかし、この制度では、建物の所有者も資金を用意する必要があり、みずからの力で建物を改修できない者のためには、他の手法を考えなければいけなかった。そこで、次に目をつけたのが、「ダービシャー歴史建造物トラスト(45)」の「リヴォルヴィング・ファンド(46)」の制度の利用であった。ダービシャー歴史建造物トラストは、危機に瀕した建物一六棟を公表することにし、そのうち六棟はリヴォルヴィング・ファンドを利用して修復した。

修復工事の増加とともに、地元の建設業は活気づいた。村全体の活気も復活し、新しい商店もオープンした。また、縫製工場や家具工場が郊外に立地し、村の経済は復活し、マーケット・プレイスは外観が修復されるなど、すべてがよい方に向かっていった。

一九八二年四月、シヴィック・トラストは撤退した。これは当初から三年計画というプロジェクトであったためであり、決して地元と対立したり、事業が失敗したからという理由ではなかった。発展的解消である。そして、事業は自治体に引き継がれた。

ワークスワースの再生計画は、結果として、一九八二年には「ヨーロッパ・ノストラ賞」を受賞するなど、成功した村おこしとして、高い評価を受けるに至った。しかも、これで終わったわけではなく、その後も村は一九八六年にワークスワース・ヘリテイジ・センター[47]を建設し、一九九〇年にはナショナル・ストーン・センター[48]をオープンしている。また、村の建築を来訪者に積極的に紹介し、人々に村を歩いてもらい、建物を見学してもらう資料を提示した。このように、ワークスワースは、歴史的建造物を核とした村づくりが成功した。しかし、その成功は、シヴィック・トラストの功績というよりは、市民・行政が一体となり、さまざまなアイディアを出し合った結果と言うことができよう。

二〇〇〇年以降、ワークスワースは、新たな展開をみせはじめつつある。というのは、近郊のダーウェント渓谷の工場群がユネスコの世界遺産に登録され、この一帯の観光客が増大し、その影響もあって、ワークスワースを訪れる観光客も増えつつあるからである。ワークスワースは、決して大きな村ではない。そのため、この村を目的として訪れる観光客はさほど多くはないだろうが、近くにあるダーウェント渓谷を訪れたついでに、立ち寄るには絶好の位置にある。村には、ヘリテイジ・センターやナショナル・ストーン・センター等のアトラクションもあり、観光客を引きつけることであろう。その際、これまで培ってきたタウン・マップなどのホスピタリティの手法が大いに役立つと思われる。ワークスワースのタウン・マップは、小さな村の案内図としては極めて優秀なものであり、また、著者がこの村を訪れた際、お世話になった教会堂のガイドも非常によくできており、感銘を受けた。これら、これまでの長年にわたる努力が報われる日が近いように感じられた。

(3)ボーフォート・スクエア（バース、エイヴォン州）

ボーフォート・スクエア[49]［図**10－8**］は、一七三〇年にジョン・ストラハンによって建設されたジョージ王朝期の住宅地である。設計者のストラハンは、クイーン・スクエア（バース、一七二九－三六年）やザ・サーカス（バース、一七五四年）によって、英国のスクエアのデザインを確立した著名なジョン・ウッド（父）（一七〇四－五四）と同時期に、バースで活躍した建築家である。ボーフォート・スクエアは、一八〇五年に南側一面にシアター・ロイヤルが建設され、統一感こそ損なわれてはいたが、他の三面は、ストラハンの設計した状態をほぼ残していた。

スクエアの東側の三番地および四番地は一九世紀初頭に建替えられ、好ましくない状況にあったため、一九五六年に、カウンシル（市）によって取り壊された。スクエアの東側には、バートン・ストリートというバース市内の幹線道路につながる小道があり、これを拡幅するには都合がよかったが、カウンシルはしばらくの間は駐車場としておいて、再開発の方法を検討していた。しかし、経済的理由から、なかなかよい案は見つからなかった。一九六一年、カウンシルはこの土地を地元の開発業者に売却することを発表し、解決をはかろうとした。しかし、開発業者がスクエアの東側の建物をすべて取り壊そうとしたため、「バース・プリザヴェイション・トラスト」が反対運動を起こした。そこには、グレイドIIの登録建造物に指定された五番地の建物が建っていた。「バース・プリザヴェイション・トラスト」は、一九一〇年に起

シアター・ロイヤル側

12-20 番地側

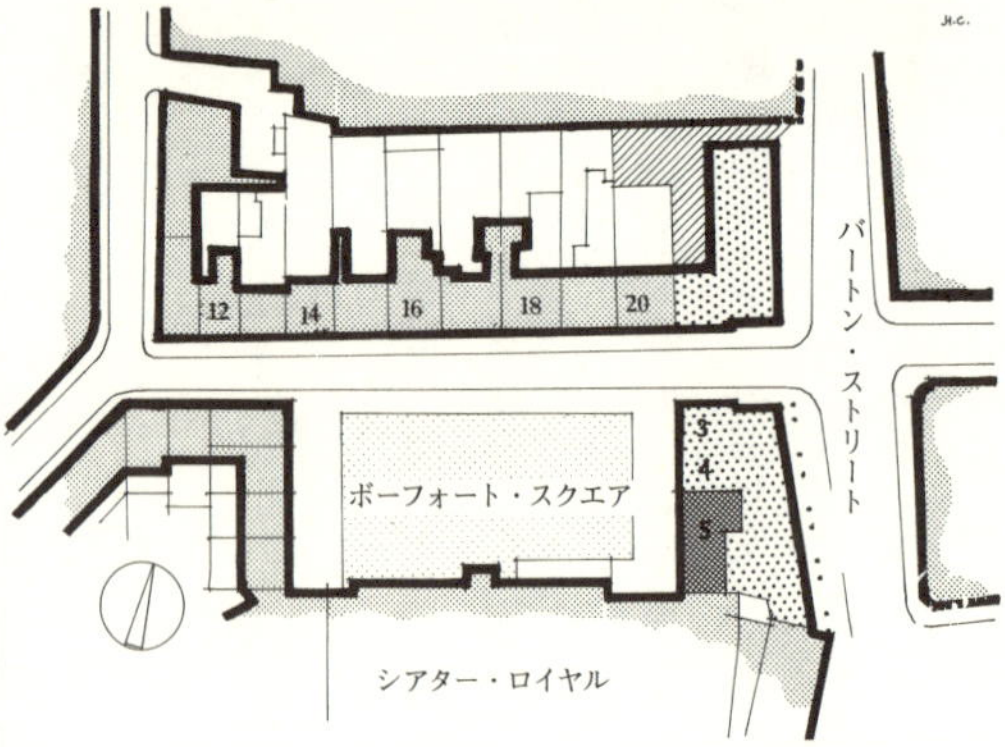

図10-8　ボーフォート・スクエア（バース，ジョン・ストラハン設計，1730年）

ったある保存問題のために設立された由緒ある団体で、市長が会長を務めたことがある行政とも密着した団体であった。一九二九年に「オールド・プリザーヴァーズ」の名で知られる「ジ・オールド・プリザヴェイション・ソサイアティ」として再結成され、一九三四年から現在の名称となった。その会員数は、一、〇〇〇名に達するという大組織である。(50)一九六一年時の会長は、トラストの設立時のメンバーであり、元カウンシルの職員であり、都市計画委員会から選出されたメンバーでもあったため、カウンシルの事情も把握することができた。

バース・プリザヴェイション・トラストのとった手法は、極めてオーソドックスなものであった。すなわち、近隣住民や市民に保存を求めるようにうながすとともに、各種学術団体に意見を求め、建築物の価値に客観性をもたせ、関係各局に働きかけた。しかし、なかなか順調には事は運ばなかった。まずは、近隣の住民に、再開発の及ぼす影響を伝えるとともに、スクエア内の車の立入りを禁止するという案を提示するが、近隣住民から理解を得ることができなかった。そこで方針を転換し、地方新聞を通して、この建物の保存を訴えかけることにした。と同時に、ジョージアン・グループや英国考古学評議会（ＣＢＡ）などの各種学術団体に意見を求めた。いくつかの学術団体は、この建築の重要性を認め、マスコミ各紙も大々的に、この保存問題を取り上げるようになった。やがて、世論も保存すべきとの見解が強くなっていった。

最初、取り壊しが提案されていたスクエアの東側の五番地を保存しようとする保存運動であったが、やがて、この問題は単体の建造物の保存の問題ではなく、ボーフォート・スクエア全体の保存の問題となり、さらにはジョージアン都市バースの保存問題とみなされるようになった。カウンシルもボーフォート・スクエアの保存には前向きになり、スクエアそのものの保存問題ではなく、スクエアの東側で三～五番地の建物が面するバートン・ストリートの拡幅計画を含めたこの地域全体の再開発計画と位置づけて考えるようになった。しかし、資金上の問題で、なかなか結論を下せないという状況であった。

バース・プリザヴェイション・トラストは、資金の確保に奔走するばかりでなく、カウンシルと建設業者の間に入り、建設業者とともに、安価ながらより適切な修復の方法に関して、技術的側面をも含んで、検討を加えた。その結果としてたどりついたのが、ボーフォート・スクエア側のファサードに関しては、失われた部分も復原し、ジョージ王朝期の状態に戻すが、バートン・ストリート側は、近代的な手法で建替えるという方法であった。わが国で「ファサード保存」と呼んでいる手法である。開発と保存、また予算というさまざまな問題が関係する都市内での歴史的建造物の保存問題に対し、より現実的なかたちで、解決策を示した。

これら計画に、五年の歳月と九〇、〇〇〇ポンドを要した。その資金も、バートン・ストリート側のテナントやフラット（貸家）からの収入でどうにかまかなうことができた。この計画では、ボーフォート・スクエア五番地の建築の価値を、スクエアとしての外観に見出し、それを保存することができた。これによって、バースというジョージアン都市の景観を何としても保ちたいという地元市民や、ジョージアン建築を愛する人々の願いがかなった。これら人々の後押しを受けた地元保存団体、建設業者、地方自治体の絶え間ない運動と協力体制がうまく機能し、その努力が結実したかたちとなった。この保存運動は、登録建造物制度および保存地区制度の導入以前の保存運動である。制度が先導したわけではなく、歴史的建造物を保存すべきだとする世論と、それに携わった専門家のアイディアが、このような保存の形態を可能としたことを示す好例のひとつであろう。やがて、このような保存は、都市内の歴史的建造物の一手法とみなされるようになっていった。

(4)モトコウム・ストリート（ウエストミンスター、ロンドン）

モトコウム・ストリート[51]［図10－9］は、一九世紀初頭の最も大規模なロンドンの住宅地開発であるベルグレイヴィア地区の一角にある。あまり知られていないものの、これら住宅地開発の一部として、計画当時の特徴を保っている地区である。モトコウム・ストリートは、直接、ベルグレイヴ・スクエアとはつながっていないものの、一八二五年から一八四一年にかけて建てられた一階に店舗をもつ地下階付きの三～四階建のスタッコ仕上げの建物が建ち並び、その端には、向かい合ったふたつのギリシア様式の建築が建っていた。ベルグレイヴィア地区とナイツブリッジ地区に挟まれ、開発利益が大きそうなモトコウム・ストリートに目をつけた開発業者は、一九六〇年代初頭から、この地区の開発計画を練りはじめ、計画許可申請を提出した。その計画では、モトコウム・ストリートのすべての建物を取り壊し、基壇の上にのった高層の建築を建てようとするものであった。これに対し、GLC（グレイター・ロンドン・カウンシル）は「建造物保存命令」を発行し、建設を阻止しようとした。その命令を不服とした開発業者と地主は、一九六六年に控訴し、司法の判断をあおいだ。現在では、「計画許可」や「登録建造物に対する同意」をめぐって裁判となることは、日常茶飯事であるが、当時は、このようなケースは稀であった。

ＧＬＣは、この計画が実現した場合、オフィスの床面積が増大することが予想され、ディヴェロプメント・プランに示されている「この地区を住宅地とする」という方針に反するものとして、この開発計画を却下した。また、この建築は、当時の建造物保存命令を発行する際の基準であった①希少価値、②現存状態の完全性、③公共の認識、のすべてを満たすものであり、「ジョージアン・グループ」「ヴィクトリアン・ソサイアティ」「ウエストミンスター・ソサイアティ」「ロンドン・ソサイアティ」「ロンドンおよびミドルセックス考古学協会」などからも支持され、四〇〇を超す署名からなる嘆願書もあった。

結局、開発業者たちの訴えは棄却された。しかし、裁判で交わされた議論は、一点に集約できるものではなく、個々の

図10-9　モトコウム・ストリート(ウエストミンスター，ロンドン)

建築に対するメリットの問題や、モトコウム・ストリートの群としての価値や、モトコウム・ストリートとベルグレイヴ・スクエアとの関係の問題など多岐にわたっており、現実の保存問題の争いに、法律が対応していないことが明確であった。これら制度上の問題点は、その後、一九六七年シヴィック・アメニティズ法および一九六八年都市・農村計画法で解決されていくことになった。

5　産業遺産の保存・再生

ブレア政権下、さかんに行なわれるようになったのが、産業遺産を保存・再生したまちづくりである。産業遺産は、歴史的建造物であるといっても、他の歴史的建造物と比べて、異なる点が多く、同じ方法で保存していくには、困難なことが多い。産業遺産は、ほとんどの場合、規模が大きく、また、すべての遺構が、建築的・美術的価値を有しているとも限らない。それらのなかには、すでにその役割を終えたものも多く、廃墟となってしまったものも少なくない。不景気が長く続く英国にあって、インナー・シティ問題においても、最も問題となっていたのが、こういった産業遺産であり、その対処の方法に、各自治体は頭を痛めてきた。しかしながら、英国の都市を考えた場合、ほとんどの都市は、産業革命以降に新興産業によって形成されたものがほとんどで、それ以前にあった町や村でも、産業革命によって、多かれ少なかれ変貌している。

つまり、産業遺産は、英国の都市の発展にとって、大切な役割を担ってきたものであり、それを利用し、未来につなげていこうとする考え方は、実に理にかなっていると言えよう。このような再開発には、先駆的な試みが多く、注目に値する。ここでは、はじめて産業遺産としてユネスコの世界遺産に登録され、野外博物館の運営を目玉としながら再生を果たしたアイアンブリッジ渓谷の再開発、サッチャー政権による都市開発公社およびエンタープライズ・ゾーンを利用した再開発を代表するリヴァプールのアルバート・ドックの再開発、地域住民の地道な努力によって世界遺産登録を達成し、蘇ることができたばかりのニュー・ラナーク、イングリッシュ・ヘリテイジが積極的に関与しているスウィンドンの再開発を紹介したい。

(1)アイアンブリッジ渓谷（シュロップシャー）

図10-10　アイアンブリッジ渓谷（シュロップシャー）

セヴァーン川から北へのびる渓谷は、通称「アイアンブリッジ渓谷」と呼ばれ、正式名称を「コールブルックデイル」という［図10－10］。この地で近代鉄鋼業の基礎が築かれたため、産業革命の発祥の地として、世界的に知られている。イングランド中部の中心都市バーミンガムから北西に約四〇キロメートル、シュロップシャーのシュローズベリーの東に位置する約六平方マイル（一五・五三平方キロメートル）の地域であり、ここで再開発プログラムが実施された。近郊には、テルフォード・ニュー・タウンがあり、アイアンブリッジ渓谷の開発は、このテルフォードのニュー・タウン開発と同時に行なわれることになった。つまり、この再開発プログラムは、一九六〇年代の労働党政権の郊外住宅地建設に、産業遺産を中心とした観光文化のまちづくりを合体させた文化行政施策としても重要な試みとみなすことができる。また、この再開発プログラムは、地域開発ならびに歴史的建造物の保存・再生といった観点からばかりではなく、博物館の分野でも高い関心を集めた[52]。

コールブルックデイルは、ダービー一家の成功とともに発展していった。その歴史は、クエイカー教徒の真鍮鋳造職人アブラハム・ダービー一世（一六七八－一七一七）が、一七〇八年、ブリストルを離れ、コールブルックデイルに住み着いたところまでさかのぼることができる。ダービーは、地主であったバジル・ブルック卿から古い炭焼窯を借り、一七〇九年に高価な木炭の代わりに安価で大量にあるコークスを利用して、鉄を製錬することに成功した。これは多くの

図10-11　アイアンブリッジ（シュロップシャー，トマス・プリチャード設計，1779年）

製鉄業者によって試みられてきたことであったが、なかなか成功せず、それまで失敗に終わっていたことであった。この成功によって、巨万の富をなしたダービー家は、次に、ジェイムズ・ワット（一七三五－一八一九）とマシュー・ボウルトン（一七二八－一八〇九）の協力を得て、一七五〇年代に、蒸気機関を用い、溶鉱炉に送風を行ない、コークスと蒸気機関による製鉄法、すなわち石炭製鉄の技法を確立した。そして、世界で初の近代的な製鉄会社コールブルックデイル社を創設し、ダービー一家は「鉄鋼王」の名をほしいままにした。

一七七九年、ダービー一世の孫にあたるアブラハム・ダービー三世（一七五〇－一八九）は、みずからの新しい溶鉱炉で生産される大量の鉄を輸送するため、セヴァーン川に鋳鉄橋を建設した。これが「アイアンブリッジ」［図**10－11**］として知られる世界で初の鋳鉄を使った構築物である。それ以前にも鉄は建築に使用されていたが、それはタイ・バー等の補強材としてであり、構造体に用いられたのは、これが最初であった。ダービー三世は、シュローズベリーの指物師兼建築家であったトマス・プリチャード（一七二三－一七七）の力を借りて、この橋を架け、自社の鉄のもつ可能性を、この鋳鉄橋で証明した。その後、この橋の完成が産業革命の幕開けを示すエポックとみなされるようになった。

このようにして、コールブルックデイル渓谷の鉄の生産は、世界の産業革命をリードし、多くの新技術、新製品がこの渓谷で誕生した。しかし、この技術を用いた製鉄業は、徐々に、原材料の鉄鉱石や石炭が豊富に手に入り、しかも交通の便がよい地域に移っていった。最初は、ブラック・カントリーやバーミンガムといった地域であったが、次第にウェールズ南部、イングランド北部へと移っていった。一八六〇年代には、鉄道を敷設し、なんとか復活の道を探るが、一八八〇～九〇年代の不況からは、立ち直ることができなかった。幾度か、新しい産業を誘致するものの、なかなか軌道に乗らず、その一方で、相変わらず地場の基幹産業の製鉄会社の業績はふるわず、多くの工場施設が、朽ち果てた産業遺産と化していた。

この歴史的に重要な地域を蘇らせようとするアクションが開始されたのは、一九六〇年代のことであった。最初に、この地域の有効性に目をつけたのは、当時、コンピュータ産業で人口が拡大し、郊外住宅地の必要にせまられていたバーミンガムの関係者であった。一九六三年、バーミンガムの都市計画家ジョン・マディンによって、最初のマスター・プランが作成された。そして、ドーリー地区（テルフォードとコールブルックデイルを合わせた地区の旧称）をバーミンガム近郊のニュー・タウンとするフィージビリティ・スタディ（予備調査）が開始された。この計画は、政府に認められ、ドーリー地区はニュー・タウンの指定を受け、一九六八年、ニュー・タウン開発公社のテルフォード開発公社が設立され、再開発が開始されることになった。「テルフォード」とは、一九世紀の偉大な技術者トマス・テルフォード（一七五七―一八三四）の名からとったもので、「ドーリー」地区は、その後、「テルフォード」と名称が変更された。計画当時のこの地区の人口は、約七万人であったが、一五万人都市を目指した。しかし、この時点で、自動車道路や鉄道での大都市へのアクセスは悪く、この地域の四分の一は汚染されており、二、〇〇〇ほどの廃炭坑が放置されているといった状況であった。大型企業もなく、産業は零細企業によって、細々と支えられていた。

ドーリー地区のニュー・タウン構想と平行して、コールブルックデイルの歴史遺産を利用し、「文化・教育・観光の町」として再生させようとする動きが持ち上がり、これが広域での地域再開発計画に組み込まれるようになった。一九六七年、非営利団体アイアンブリッジ渓谷博物館トラストが、公益財団法人として設立された。そして、ニュー・タウン建設のために翌年設立されたテルフォード開発公社が資金援助を行ない、さらには企業家や政治家からの資金援助のためのキャンペーンを展開していった。そして、一九八〇年代末になると、コールブルックデイルは地域の経済拠点となるまで成長した。ニュー・タウン開発公社である「テルフォード開発公社」は、期限付きの組織であり、一九九一年に閉鎖された。その後、業務は「テルフォード・ニュー・タウン委員会」に引き継がれ、委員会は主にニュー・タウンの維持・管理を行なうとともに、歴史・文化遺産を管理し、継続して開発することになった。そして、開発事業は「アイアンブリッジ渓谷博物館開発トラスト」に、運営は「アイアンブリッジ渓谷博物館トラスト」に、不動産や博物館の所有は「ヘリテイジ財団」にそれぞれ移行された。

こうしてコールブルックデイル渓谷一帯は、「アイアンブリッジ渓谷博物館」となった。アイアンブリッジ渓谷博物館は、一九七三年の開館以来、ヨーロッパの「ミュージアム・オブ・ザ・イヤー」（一九七九年）に選ばれるなど、実際に使われていた産業遺産を展示した総合博物館として、世界でも先導的役割を担ってきた。一九八七年には、ユネスコの世界遺産に登録され、その存在は、世界にも知られるようになった。

アイアンブリッジ渓谷博物館には、ブリッツヒル野外博物館［図10－12］をはじめとする六つの博物館施設がある。展示館や史跡などの観光拠点は、一箇所に集中しているわけではなく、各地に点在している。それは、産業遺産が各地に点在していたためであり、あえて展示施設を一箇所に集めるといったことはせず、産業遺産はその場で保存し、それを展示施設として利用したからである。その結果、地域全体が博物館となった。博物館の開発にあたり、ピーク時には年間開発予算として一四〇万ポンド（約三億五、〇〇〇万円）を用意したという[53]。しかし、最初から十分な資金があったわけではなく、不足する資金は、EU（欧州連合）の「ユーロ・ファンド」や「ナショナル・ロッタリー」などから調達した。博物館建設の結果、ブリッツヒル野外博物館の開発のみでも、三〇〇人の失業者に雇用機会を創出するなど、地域に活気が戻った。開発・運営にあたり、総合開発は、ニュー・タウン開発公社が担当した。開発当初は、産業遺産の専門の保存建築家を常勤させていた。

アイアンブリッジ渓谷が地域経済にもたらした効果は、観光に限っただけでも一、五〇〇万～二、〇〇〇万ポンド（三八～五〇億円）といわれている。基本的に、アイアンブリッジ渓谷の経済の源は、「ヘリテイジ・ツーリズム」である。そのため、博物館を訪れる客の中心はシルバー世代となる。しかし、博物館に立ち寄らず、リラクゼーション、キャンプ、ハイキング等を楽しむために、この地を訪れる若年の観光客も少なくない。これら若年層をいかに博物館に呼びこむかが、この博物館の最大の課題として掲げられている。そして、何度来ても、すべての博物館をフリーで回れるパスポート方式の入場券を発行するなどし、こういった人々を博物館に引きつけようと努力している。これまで安定していた英国のヘリ

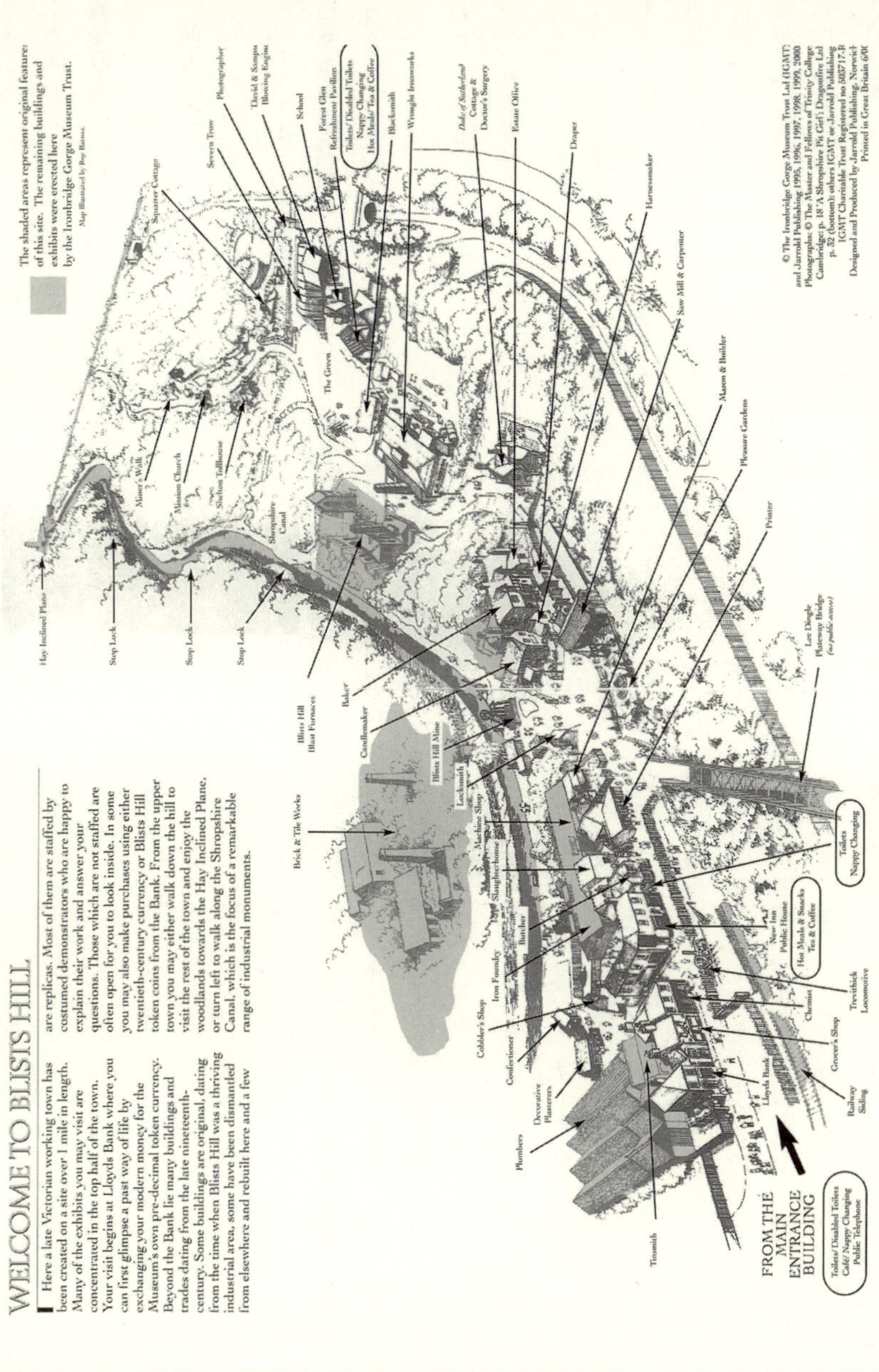

図10-12　ブリッツヒル野外博物館（アイアンブリッジ渓谷博物館，シュロップシャー）

テイジ・ツーリズムも、昨今、アメリカ的なアミューズメント方式のレジャーに押されぎみであり、こういった課題は、観光収入に依存してきた地域では、共通のことだという。(54)

他方、ニュー・タウン開発によって、地域には、四三マイル（六九キロメートル）の幹線道路、一〇〇マイル（一六〇キロメートル）の下水道、五二マイル（八三キロメートル）の自転車専用道路と歩道、三五〇万平方フィート（三二万平方メートル）の工場敷地、一二〇万平方フィート（一一万平方メートル）のショッピング・センター、八〇万平方フィート（七万四、三〇〇平方メートル）のオフィス・スペース、一一、五八七軒の貸家、六、六〇〇軒の持ち家、三、〇〇〇エイカー（一、二〇〇ヘクタール）の汚染された土地の埋め立て、六〇〇万本の植林、二、〇〇〇の炭坑の埋め戻し、という成果をもたらした。また、一二〇社の民間企業がテルフォード近郊に進出してきた。人口も一九六〇年代の約二倍、しかも計画通りの一五万人程度となった。経済基盤は、鉱業や重工業から、軽工業やサービス業へと移行した。観光収入を含むサービス業が、全体の四八パーセントを占めるようになった。その結果、テルフォードの住民の約八割が地域で働くようになり、バーミンガムのベッド・タウンとしての開発とは相反する結果となったものの、地域としては再開発が成功したと考えられる。

(2)アルバート・ドック（リヴァプール、マージサイド州）

アルバート・ドックは、ヴィクトリア女王の夫君アルバート公によって、一八四六年に開かれた七エイカー（二・八ヘクタール）の規模のドックで、極東からの紅茶、シルク、タバコ、酒等を貯蔵するための倉庫としても重要であった。その名称は、アルバート公にちなんで名づけられたもので、設計はジェス・ハートリーというヨークシャーの技術者の手による。アルバート・ドックが建つマージサイド地区は、国際港湾都市として一八～一九世紀に栄えたが、第二次世界大戦後は、近隣の工業地帯の衰退とともに、港湾施設そのものが衰退していた。このような集積基地としての役割を担った施設は、規模が大きいため、経済力が低下した時期には、なかなか再開発が難しく、そのまま放置されていた。アルバート・ドック一帯は、一九五二年の段階で、グレイドＩの登録建造物に登録されていたものの、ドックとしての業績は思わしくなく、一九七二年には完全に閉鎖されてしまった。

このような状態に目を向けたのが、サッチャー政権であり、

図**10-13**　アルバート・ドックの再開発（リヴァプール）

一九八一年以降、保守党政府の都市再開発のパイオニア的事業として、労働党の勢力が強いこの地を選択し、都市開発公社やエンタープライズ・ゾーンといった中央政権の手による再開発プログラムに着手した。アルバート・ドックは、そのキー・ポイントとして選ばれ、マージサイド都市開発公社によって再生計画が実施された。

　アルバート・ドックは、ヴィクトリアン建築独特のレンガ造の倉庫がドックのプールを囲むという立地条件であり、その特性である水辺の景観を前面に押し出した開発が実施された。ここでとられた手法は、「外壁保存」または「ファサード保存」と呼ばれる手法で、ヨーロッパでは、ごく一般的な手法であった。つまり、建物の外観のみを保存し、内部は大幅に改造し、新しい用途で蘇らせようとするものであった。保存された建物の外観は、きれいに清掃された水面に映り、独特の景観が再現された。これは、英国におけるウォーター・フロント開発の先駆けとなった再開発としても、注目に値する。リヴァプールはビートルズの出身地でもあり、観光客も多い。そこで、この地区は観光地としても重要視されるようになった。アルバート・ドックは、もともとは倉庫のための建築であったが、これを、店舗、オフィス等の商業施設と住宅にコンヴァージョンすることによって再生を果たした。また、マージサイド・マリンタイム博物館（現マージサイド国立博物館・美術館の一部）およびテート・リヴァプール美術館といった目玉となる観光拠点も、そのなかに組み込まれた［図**10**―**13**］。

再開発の第一弾として、一九八八年にテート・リヴァプール美術館がオープンした。設計を担当したのは、ジェイムズ・スターリングとマイケル・ウィルフォード（一九三〇―）であった。テート美術館は近代芸術を中心とした美術館で、もともとロンドンにあったが、北イングランドの現代芸術のセンターが必要とされ、ここに新たにテート・リヴァプール美術館が建設された。ちなみに、二〇〇〇年に、ロンドンの旧火力発電所を改修してテート・モダン美術館［図**10**―**13**（前出）］がオープンし、現代美術はここに移され、収蔵品が分野別に分類されて、展示されるようになった。

再生計画は、これで終わることなく、その後も続けられた。一九九二年にスターリングが亡くなるが、再生計画はマイケル・ウィルフォード事務所がスターリングの基本設計にのっとって続けた。この第二フレーズの工事は、一九九六年に開始された。そのもととなったのは、ヘリテイジ・ロッタリー基金からの三八〇万ポンドの補助金と、ヨーロッパ地域開発基金からマージサイドの五つのバラに交付された補助金一五〇万ポンド、および各種基金であった。そして、一九九八年五月に再オープンし、北イングランドを代表する観光スポットとなった。[55] ちなみに、アルバート・ドックの水面の一部に設けられた英国の地図を形どった浮島では、毎日、天気予報の生中継が行なわれ、これによってアルバート・ドックの再生を、多くの英国人が知るようになった。

さらに、二〇〇四年、この一帯はユネスコの世界遺産に登録され、これを利用した新たなまちづくりが開始された。

(3)ニュー・ラナーク（ラナークシャー、スコットランド）

スコットランドの工業都市グラズゴーの南西約三二キロメートルにあるニュー・ラナークは、一九世紀の英国の社会改革思想家ロバート・オーウェンによって建設された企業都市として世界的に知られていることは、すでに述べた通りである。[56] しかし、オーウェンが去った後のニュー・ラナークは、必ずしも順調な道を歩んだわけではなく、悲惨な時期も長く続き、皮肉にも、その再生計画で再び脚光を浴びるようになった。[57]

ニュー・ラナークの建設で成功を収めたオーウェンは、第二のニュー・ラナークを実現するために、一八二五年にアメリカに渡り、ニュー・ハーモニーの建設に着手する。一方、ニュー・ラナークの経営は、オーウェンのパートナーであったジョン・ウォーカーのふたりの息子たち（チャールズ&ヘンリ）に引き継がれた。その経営状態は、しばらくは順調であったが、徐々に経営不振に陥り、五六年後の一八八一年、ニュー・ラナークはグーロック・ロープワーク社のヘンリ・バークマイア（一八三二－一九〇〇）に売却された。グーロック・ロープワーク社は、本社をポート・グラズゴーに置き、キャンバスやロープや漁網などのシェアが世界一という健全な一流企業であった。しかし、当初、バークマイアがニュー・ラナークを購入したのは、経営者としてニュー・ラナークを評価したのではなく、むしろ、宗教的な目的であったといわれている。[58]その後、しばらくの間は、ニュー・ラナークは第二の人生を歩んでいたが、次第に帆船の需要が低下し、グーロック・ロープワーク社の経営も、悪化していった。そして、世界有数の規模を誇っていたグーロック・ロープワーク社も、その工場はニュー・ラナークのみというところまで落ち込み、一九六八年には、ついにその工場までもが閉鎖されることになった。住人たちはニュー・ラナークを去り、残された建物も、いつ壊れるかわからない状態に陥っていた。

ニュー・ラナークの再生の最初の試みは、一九六八年の工場の閉鎖前にすでにあった。グーロック・ロープワーク社は、スコットランドで最初のハウジング・アソシエイション[59]（住宅組合）の設立に関与しており、ハウジング・アソシエイションが一九六三年に開始したスコットランドで最初の工場労働者住宅の改善プログラムに、グーロック・ロープワーク社も含まれていた。そのため、ラナーク市（ラナーク・バラ・カウンシル）から融資を受け、住宅の修復が行なわれていた。工場の閉鎖後も、市からの融資は継続され、ケイスネス・ロウの二五住宅と幼稚園が修復された。しかし、工場の閉鎖と、それにともなう三五〇人の雇用機会を失ったことで、修復計画が続けていけるかどうかは疑わしい状態であった。工場の建物はそのままにされて売りに出されたが、かつてはきれいな水が特徴であった人里離れた土地が、その僻地である点が不利に働き、なかなか買い手が見つからなかった。

一九七〇年になってやっと、工場は屑鉄からアルミニウムを取り出すスクラップ会社に売却された。再び賑わいが期待されたが、実際には、わずかの雇用しか生まれず、見苦しい鉄屑の山ができただけであった。最盛期には二、五〇〇人ほどあった人口は、八〇人程度と激減した。市当局は、当初の融資さえ、回収できるかどうか不安になった。ついには、負債が約一五〇、〇〇〇ポンドに達し、修復プログラムは一時中止されるに至った。

このような状況下、ニュー・ラナークの歴史を尊重し、保存しようとする市民運動が芽生えていった。一九七一年、スコティッシュ・シヴィック・トラストの働きかけによって、ラナーク・タウン・カウンシルは会合を開き、そこで元ラナーク市長のハリー・スミスを長として、村の将来を考えるためのワーキング・グループを発足させた。一九七三年、ワーキング・グループは、『ニュー・ラナークの未来』という報告書を作成した。この手法はロバート・オーウェンが一五〇年前にとったのとまったく同じである。一九七四年には、ハリー・スミスを議長として、ニュー・ラナーク・コンサヴェイション・トラストが設立された。同時に、市の都市計画課は、ニュー・ラナークを重要保存地区[60]に登録することを念頭に置きながら、村の建築の登録作業を進めた。そして、トラストは、ジム・アーノルドをその統括責任者として指名した。

一九七四年、ラナークシャーは、歴史的建造物および遺産局から補助金を受けて、壊れかかっていた学校、染色工場、機械工房を買い取った。依然として、スクラップ会社が工場を占拠していたが、一九七八年には撤退したために、ひとつの問題が解決した。しかし、工場と人格形成学院の建物の保全の問題は依然として残っていた[61]。あいつぐ建物の老朽化に危機感が高まり、世論にも触発され、市の都市計画課は、一九八三年に強制収用命令を発効した。そして、市は、国家遺産メモリアル基金から融資を受け、建物を収用して（買い取って）、保存・再生プログラムをスタートさせた。これはスコットランドで法律を用いて歴史的建造物を守ろうとする最初の事例となった。一九八六年には、ヨーロッパ地域開発基金を得て、保存・再生プログラムは軌道に乗りはじめた。その後、状況の変化にともない、建物の所有権はニュー・ラナーク・コンサヴェイション・トラストの手に移された。

他に重要な役割を担ったのは、環境の改善のために設立されたスコティッシュ開発公社とその後身のラナークシャー開発公社であり、スクラップやアルミニウムのくずを工業地帯から取り除くといった作業を担当した。それ以外にも、各方面から、さまざまな協力が寄せられた。

一九九三年、最も古い第一工場が修復・再生工事が開始された[62]。資金難は、各種の補助金を得ることで、どうにか克服することができた[63]。事業開始にあたり、建物の損傷が著しかったため、全面的に改修し、ホテルへと転用される計画が立てられた。その際、第一工場は、重要保存地区内にある登録建造物であったため、修復工事にあたってはヒストリック・スコットランド[64]との綿密な打合せが必要となった[65]。一九九八年五月一四日、第一工場は、ニュー・ラナーク・ミル・ホテルとしてオープンした。このプロジェクトに対し、一九九九年のシヴィック・トラスト賞が授与された[66]。また、同年には、スコティッシュ・エグゼクティヴ（スコットランド政府）の都市計画賞を受賞している。

他方、従業員のための長屋であったウィー・ロウは、六〇床のユースホステルに、人格形成学院はヴィジター・センター（一九九〇年オープン）に改修された[67]。また、一九三〇年代の水力タービンは、再び水力発電を開始するなど、歴史遺産の特性を活かしながら再生された。

ニュー・ラナークの再生プログラムは、他にも一九九七年の英国都市再生協会の最優秀プラクティス賞、ヨーロッパ・ノストラ賞、英国観光庁の「来英賞」を受賞し、また、スコティッシュ・ツーリズム・オスカーの最優秀ヴィジター・センターに選ばれるなど各方面から高い評価を得た。一九九〇年代半ばには、年間五〇万人の観光客が訪れるようになった

図10-14　ニュー・ラナークの再開発(ラナークシャー，スコットランド)

［図10－14］。

よいことは、それればかりでなかった。修復した建物の一部を事務所やワークショップとして賃貸することができるようになり、村に新しいビジネスをもたらした。結果として、一〇〇近い新しい仕事を創出するなど、ニュー・ラナークの再生は、地域雇用を確保し、経済復興をもたらした。

さらに、ニュー・ラナークは、ユネスコの世界遺産に登録されることにより、国際的な地位を築くことに成功した。ニュー・ラナークのユネスコへの最初の申請は、一九八七年であった。その二年前の一九八六年には、アイアンブリッジ渓谷が世界遺産に登録されており、同じく産業遺産として登録されるものと考えられたが、その段階では、文化遺産の登録基準の「顕著で普遍的な重要性をもつ出来事、生きた伝統、思想、信仰、芸術的作品、あるいは文学的作品と直接または実質的関係がある」に該当するが、この基準だけでの登録はできず、他の基準に該当する点も考慮するように求められ、審議が延期された。その後、翌一九八七年に再度、一九世紀の産業遺産としての価値等を盛り込んで再申請するが、再び、イコモスによって一九世紀の産業遺産の比較研究を待つとの理由で、審議が延長となっていた。そして、二〇〇一年、産業および社会的な変化で重要な役割を果たした「オーウェン主義」「ユートピア主義」「協力」「共産社会主義」「産業資本主義」「保存のためのパートナーシップのモデル」などの概念がニュー・ラナークにあり、技術的にも、換気システムや産業設備等が最新であり、世界の建築家、都市計画家に大きな影響を与え、他の企業都市のモデルとなったこと、それに加え、美しく保存され、初期の紡績工場の最も完全な建築を残していること、ニュー・ラナークの工場で、製造、経営組織、および階級組織の現代的システムがつくられたことなどが評価されて、世界遺産に登録された。

ニュー・ラナークは、世界遺産として、産業遺産を観光化しながら、まちづくりを進めるという手法をとったため、アイアンブリッジ渓谷再開発の二番煎じのように思われるかもしれないが、それは結果論である。再開発の過程には、各方面にわたるさまざまな努力があり、たとえ世界遺産に登録されなくとも、村は再生することができたものと思われる。ニュー・ラナークの他にも、ブレナヴォン産業景観（ウェールズ、二〇〇〇年登録）、ダーウェント渓谷の工場群（ダービシャー、二〇〇一年登録）、ソールテア（ウエスト・ヨークシャー、二〇〇一年登録）［図4－8（前出）］等の産業遺産も世界遺産に登録され、産業遺産を活かしたまちづくりを展開しようとしているが、産業革命が最も著しく起こった英国の再開発では、当然の結果なのかもしれない。

ニュー・ラナークを訪れると、村全体が野外博物館のように感じられる。当然、観光地としてばかりでなく、住宅地としても再開発されているため住人がいる。しかし、民俗村のように、彼らの生活を展示しているのではなく、パブリックな部分とプライヴェートな部分とは明確に区分されている。また、村のなかには工房や店がある。これらは過去のものを復原して、展示・販売しているのではなく、あくまでも伝統工芸品を販売するという、現代の工芸を強調している。一方で、村の中心部は、博物館兼アミューズメント・パークとなっている。特に、最新の技術が用いられた3Dのショウや、コンピュータ・グラフィックスを駆使した展示などが特徴的である。英国では、古いものは最新の技術で、新しい芸術等は古い施設で行なうのが流行だという。

これら施設に入るには、まずは「ヴィジター・センター」に向かう。これは、かつての人格形成学院の建物を改修したものであり、そこで「ニュー・ラナーク・パスポート」というチケットを買う。この方式は、アイアンブリッジ渓谷博物館でとられた手法と同様である。そして、このチケットで、「ヴィジター・センター」「ニュー・ミレニアム・エクスピリアレンス」「ロバート・オーウェン学校」「ヴィレッジ・ストア」「ミルワーカーズ・ハウス」「ロバート・オーウェン・ハウス」の計六カ所に入場できる仕組みになっており、ディズニー・ランド的な仕組みも導入されるなど、随所に新しい工夫が感じられる。

(4)スウィンドン・レイルウェイ・ヴィレッジ（ウィルトシャー）

スウィンドンは、ロンドンから西に急行電車で一時間ほどのところにあるかつての工場町である。ここで鉄道軌道が、ペンザンス等の南西方面と南ウェールズ方面に分岐する。この地理的特性を活かし、一九世紀半ばに、GWR(68)（グレイト・ウエスタン・レイルウェイ）の工場が築かれ、世界の蒸気機関の工場町として君臨していた。最盛期の一九二五－五〇年頃には、一三〇・四ヘクタールの広大な敷地のうち、三〇・八ヘクタールに工場施設が建てられており、一万人以上の従業員、関連施設の労働者も合わせると一万四千人が、ここで働いていたという。また、この工場施設は科学史の上でも重要で、一八四〇年代に、アイザンバード・キングダム・ブルネル（一八〇六－一八）によってデザインされたものである。

しかし、時代の流れとともに、工場は規模縮小を強いられ、

図**10-15**　スウィンドン・レイルウェイ・ヴィレッジ（ウィルトシャー）

次第に人口は減少していった。そして、一九八六年に、工場は閉鎖されてしまう。その時点では、約一五・二ヘクタールの歴史的な中心地に、ほとんどがグレイドⅡの登録建造物からなる歴史的建造物が点在していた[69]。

GWRの工場跡は、蒸気機関の産業遺産と位置づけられ、歴史的遺産を活かしつつ、再開発がはじめられた[70]［図10―15］。その中心となったのは、ナショナル・モニュメンツ・レコードのアーカイヴを入居させたイングランド王立歴史的記念物委員会（RCHME―現イングリッシュ・ヘリテイジ）とスウィンドン・レイルウェイ・ヘリテイジ・センター[71]であった。再開発された工場群の大部分は、マッカーサーグレン・デザイナー・アウトレットが占めている。その脇には、GWRの鉄道博物館「STEAM」、オフィス、ゴーカート場が大駐車場とともに配置されている。今後、さらにアミューズメント・パーク、集合住宅、オフィス等が建設される予定である。

工事は、入念な調査のもと行なわれた。レンガ造の壁体や鉄骨のトラスに関しては、当初のものは極力保存し、また、特徴的なものは、意図的に人々の目に付くようデザインされた。これらはイングリッシュ・ヘリテイジと建築家、施工業者による綿密な打ち合わせの結果、詳細が決定されていった。こうして、このプロジェクトでは、博物館をつくって鉄道の歴史を残したいというGWRや自治体のねらいと、歴史的建造物を残し有効に活用して欲しいというイングリッシュ・ヘリテイジの意向と、周辺地域の住民を集め大ショッピング・センターをつくろうとするマッカーサーグレンのねらいが、すべて達成された。これは大店舗建設を許可した政府の規制緩和とも関係するが、その問題はさておき、建築の保存・活用の面では、建物の歴史的特徴を残しつつ、有効に活用されたと言ってよいだろう。工場建築の場合、すべての機器を取り除けば、広大な内部空間が確保できるという利点もあるが、反対に大型機械は処分が困難であるという場合も少なくない。スウィンドンの場合、大型機械の一部をそのまま残し、展示している。それによって、単に新しくアウトレットを建てたのではなく、もとの蒸気機関の工場を再利用したものであることを、意識的にあらわし、人々に過去の姿を思い出させようとしている。かつてこの工場で働いていた老人たちが子供たちに思い出話をしている光景もしばしば見られ、来場者の評判も上々である。このような配慮は、大型機械ばかりでなく、掛時計や照明機器にも払われている。

スウィンドンは、蒸気機関産業でにぎわった過去を後世に伝えながら、新しい町に生まれ変わろうとしている。このプロジェクトは、現在のところ成功している。特に、英国の歴史的建造物の保存の公的機関であるイングリッシュ・ヘリテイジが、オフィスの大半をスウィンドンに移すなど、力を注いでいる。今後、産業遺産の保存・活用の手本として、この再開発は位置づけられることであろう。また、この開発は、他の保存団体からも注目されている。ナショナル・トラストは、本部をここに移転することを決定しており、今後ますます歴史的建造物の保存の拠点として重要な役割を担っていくことになるだろう。

スウィンドンの再開発は、歴史的建造物の保存・活用にとって先駆的な例として位置づけられるばかりでなく、都市計画的観点からも重要である。その開発には、ブレア政権が推進する都市再生会社によるパートナーシップという手法が用いられており、国のパイオニア的なプロジェクトになっている。

このように、二〇〇〇年頃から、英国各地で、産業遺産を利用したさまざまな再開発プロジェクトが進められるようになった。港湾施設の再開発であるアット・ブリストルなど、大規模な産業遺産のリジェネレーション・プログラムは他にもいくつもあり[72]、これらはすべて、ある程度、盛況を博している。英国経済は、二〇年以上も続いたレセッション(不景気)の後の好景気を迎えることができ、これらの計画はその追い風にのって、やや拡大し過ぎのきらいもあるように感じられる。これら産業遺産の再開発プロジェクトが、持続的に、しかも経済的にも成功するかどうかは、今後の状況を見守るしかないが、少なくとも歴史的建造物がその特徴を損なうことなく残され再利用されている点と、国の歴史的建造物の保存制度がうまく機能している点は、高く評価できよう。

第五部　現行の法制度

11章 都市計画に関わる法制度とその展開

1 都市計画関連法の枠組みとその歩み

現行の都市計画関連法は、一九九〇年の統合法が中心となっている。ただし、この通称「一九九〇年法」と呼ばれる統合法は、イングランドとウェールズにのみ適用される法律であり、スコットランドおよび北アイルランドに関しては状況が異なる。ここでは、イングランド、ウェールズに限って言及するが、スコットランド、北アイルランドに関しても、法律は異なっていても、基本的には類似の制度が存在すると考えてよい(1)。

「一九九〇年法」は、単一の法律ではなく、以下の四つの法律から成り立っている。

「一九九〇年都市・農村計画法」

「一九九〇年計画(登録建造物および保存地区)法」

「一九九〇年計画(危険物)法」

「一九九〇年計画(改正に伴う規定)法」

これら四つの関連法律は、全体が「計画諸法」と呼ばれ、そのうち一九九〇年都市・農村計画法が「主法」と呼ばれる。これらは、一九四七年都市・農村計画法がベースとなって、その後、修正・改定が加えられたものである。一九九〇年統合法が作成されてから、すでに一五年以上が経過しており、その間、一九九一年計画・補償法の追加等の改正が行なわれている。

都市計画に関わる法律は、当然、これら「都市・農村計画法」が中心となるが、すでに言及してきた通り、その成立の経緯から、他にもさまざまな法律が関連している【参考資料 ii】。これらに関しては、すでに都市計画の歩みを概略するなかでふれてきたため、少々重複する内容があるかと思うが、ここで、それぞれの法律と都市計画における役割を、再度、整理しておきたい。

都市計画に関連する法律を、いくつかの系統に分けると、以下のようになる。

・都市・農村計画関連法
・公衆衛生法
・住宅関連法
・地方政府法
・土地および補償関連法
・ニュー・タウン法
・産業開発規制関連法
・地域政策関連法
・田園保存および環境保全関連法

これらのうち、最も直接的に都市計画に関することを定めているのが、都市・農村計画法である。現行の一九九〇年都市・農村計画法のおおもとになっているのは、一九〇九年制定の住宅・都市計画諸法であり、ここではじめて「都市計画」という用語が法律に盛り込まれた。また、同法で「都市計画スキーム」が導入され、開発が進行している都市郊外の一部地域でゾーニングを行なって、都心内の適切な状態、アメニティ、利便性を保とうとした。これは、「都市計画」というよりはむしろ「地区計画」といったほうがよいほど、一部の限られた地域を対象とするものであった。一九二五年には、住宅法と都市計画法にそれぞれ分離独立し、都市計画法既成市街地のスラム街の問題は住宅法が取り扱い、都市計画法ではでは新興の住宅地建設が進む郊外地を取り扱うようになった。スラム街の問題は住宅法が取り扱い、一九三二年には、「都市・農村計画法」と名称が変更され、都市部のみの計画ではなく、田園地域を含んだ英国全土の広い範囲での都市計画が目論まれるようになった。戦後すぐに労働党政権のもと制定された一九四七年法は、英国の現代都市計画制度の原点ともいえるもので、都市計画をカウンティまたはカウンティ・バラの業務として位置づけ、都市計画スキームに代わって「ディヴェロプメント・プラン」を導入し、すべての開発行為を事前の許可制とした。これによって、私有地の強制収用が可能となり、地方自治体がみずから開発事業を実施できるようになるなど、地方自治体の都市計画における権限が強化された。一九四七年法は、戦後の労働党政権によるものであり、政権が交代するたびに、土地政策は転換されたが、他の基本的枠組みは変わることがなかった。

一九六八年法では、ディヴェロプメント・プランの制度の改革が実施されるとともに、登録建造物の現状変更が許可制となった。一九七一年に再び改正され、関係各法を統合するとともに、都市計画における住民参加のシステムが確立された。その後、幾度かの微細な改正を経て、現行の一九九〇年都市・農村計画法に至っている。一九九〇年法では、これまでの都市計画関連法をほとんどすべて統合するなど、大幅な整理を行なっている。

他方、公衆衛生法および住宅法は、都市計画の概念の誕生という意味で、重要な役割を演じてきた。これらは、基本的に、都市の衛生問題を解決しようとするものであった。ただし、政府が率先して取り組んだわけではなく、現実には、都市内で多発するコレラ等の伝染病が深刻となり、地方自治体が自主的に取り締まるようになり、法律はそれを後追いするかたちとなった。そのため、公衆衛生法ならびに住宅法に関しては、地方自治体の権限が大きいのが特徴である。

公衆衛生法は、都市問題対策の原点ともいえる法律で、一八四八年法の制定以来、都市の衛生状態を改善するため、インフラ整備から公共サービス、医療に至るまで、非常に広範な範囲に及ぶさまざまなことを定めてきた。一八七二年公衆衛生法で定められた「都市衛生地区」および「農村衛生地区」は、中央政府が地方自治体の業務を国家レベルで管轄する重要な単位となった。

また、個々の建築に対して規制を行なってきたのも公衆衛生法であり、一八七五年には各自治体に「建築条例」を策定することを義務づけ、自治体単位で、住宅を中心とする建築の最低限の仕様を定めるという制度を確立した。これは一九六五年に導入された全国一律に適用される「建築規則」によって取って代わられるが、英国で長い間、条例によって建築規制が行なわれてきたのは、その影響である。一九六五年に導入された建築規則によって、建築の仕様等が全国一律に規制されるようになるが、これはわが国の建築基準法のいわゆる「単体規定」にあたるもので、都市計画に密接な関係がある容積率や建物の高さ等を制限する「集団規定」の内容は含まれてなく、これらに関しては、依然として、都市・農村計画法によって、地方自治体単位で定められている。ちなみに、英国にはわが国の建築基準法にあたる法律は存在せず、規則というかたちで、個々の建築を規制・監理している。(2)

住宅法もまた、都市の衛生問題の解決から生じた法律であり、公衆衛生法の延長線上にあるもので、基本的には労働者階級の居住環境問題の解決のために制定された。当初、公衆衛生法で取り扱われていた住宅問題に関して、一九二五年以降、独立して取り扱うようになり、その後、国の住宅政策を決定づけるうえで重要な役割を果たしてきた。そのはじまりは、一八五一年の「共同宿舎法」と「労働者階級宿舎法」であり、労働者の宿舎の質を確保し、地方自治体の手で労働者のための宿舎を建設していこうというものであった。そして、「一八七五年職工および労働者住居改良法」(クロス法)によって「スラム・クリアランス」の概念が導入され、地方自治体による公共住宅の建設とスラム・クリアランスが、英国の住宅政策の両輪となった。これらが整理・統合されたものが、「一八九〇年労働者階級住宅法」であった。これは基本的に、公共が介入することによって、投機的な建設業者が劣悪な住宅を建てることを防止し、入居者である労働者階級の生活を守ろうとしたもので、一八七五年公衆衛生法で建築条例を定めた際と、同一の目的であった。その結果、労働者階級の住環境レベルは、ある一定水準以上に保つことができたが、家賃の上昇という予期せぬ結果を招くこととなった。

一九〇九年には、都市計画を包括して、一九〇九年住宅・都市計画諸法となり、住宅政策を広い範囲で考えるようになった。この頃から、住宅法には、家賃統制、公営住宅の建設、住宅建設に対する補助金制度等の内容が盛り込まれるようになる。第一次世界大戦後は、国庫補助金による公営住宅の建設が本格的に進められるようになるが、この住宅政策に関しては、二大政党間で意見の対立があり、頻繁に改正が行なわれた。深刻な住宅不足に直面し、一九二五年には、都市計画が分離・独立し、住宅問題を単独で取り扱う「住宅法」となった。また、戦災で住宅建築が甚大な被害を受けたことも、緊急の住宅建設をうながし、国家政策によって、公営住宅の建設が促進された。これら公営住宅の建設は、労働者階級のためのものであり、中産階級は郊外の持ち家を手にするようになり、労働者階級のための市街地の公営住宅、中産階級のための郊外住宅地の建設という二極化を生んだ。

第二次世界大戦後も、この傾向に変わりはなかった。特に、第二次世界大戦後は、政府がニュー・タウン政策を実施したこともあって、中産階級が郊外に住宅を求める傾向はより加速し、その結果、既成市街地には労働者階級のみが残され、荒廃も目立つようになり、住宅法はインナー・シティ問題の解決の役割も担うようになった。一九六四年法では「改良地域」制度が導入され、さらに一九六九年には補助金を増大させた「総合改良地域（ジェネラル・インプルーヴメント・エリア―GIA）」制度に変更され、一九七四年法ではハウジング・アソシエイションとの連携を試みた「ハウジング・アクション・エリア（住宅改善地域―HAA）」となった。同時に、都市・農村計画法でも、一九六八年法で荒廃した土地の再生・再利用を促進し、それに迅速に対応するために、ディヴェロプメント・プランを前提とせずに都市計画決定ができる「アクション・エリア」が設定された。一九六九年には「アーバン・プログラム」が開始され、中央政府も地方自治体に資金援助を行なうようになった。一九七八年には「インナー・アーバン・エリアズ法」が制定され、地方庁の権限を強化するとともに、補助金の重点配分等が行なわれた。

一方で、サッチャー政権が誕生すると、路線が変更され、一九八〇年住宅法によって「ライト・トゥー・バイ」の権利が定められ、賃借人に公営住宅を購入させ、みずからが管理するように仕向け、公共団体による公営住宅建設による住宅政策から、持ち家制度にシフトがはかられた。また、サッチャー政権は、インナー・シティの住宅問題に対しても、重要な法令として一九八八年住宅法を制定している。ここで、ハウジング・アクション・トラスト(3)（住宅改善信託）が設立され、荒廃した公共住宅の環境保全がはかられるようになった。そのひとつがリヴァプール・ハウジング・アクション・トラストで、一九九三年二月に設立され、一〇月までに六七棟の高層集合住宅および一〇棟の低層住宅の計五、三三七住戸をリヴァプール・シティ・カウンシルから買取り、再開発を行なっている。ここでは、解散予定の二〇〇五年三月までに、総額約三億ポンドをかけて、住宅改良を行なう計画が立てられた。(4)

英国の都市計画は、地方自治体に依存するところが大きい。これは、「一八三五年都市自治体法」で、都市のインフラの整備が地方自治体の業務と定められて以来の伝統である。都市計画業務は、地方自治体の手に委ねられているため、都市計画制度の改革には、常に地方自治の制度の変更がともなった。つまり、地方自治制度は、都市計画を容易に行なえるようにと変更されていったといっても過言ではない。また、地方自治制度のなかで、都市計画に関する補助金に関しても定められている点が特徴的である。

このように、原則として、都市計画の権限は地方自治体に委ねられたとはいえ、一部地域では、地方自治体の権限をすべて奪い取り、中央政府が直接、関与しようとした施策もある。その代表的な例として、ニュー・タウン政策があげられる。ニュー・タウン政策とは、戦後すぐの住宅政策として、都市・農村計画法とは、まったく独立した法律として「ニュー・タウン法」（一九四六年制定）を定め、郊外住宅地を建設していこうとするものであった。実質的には、それに携わった者は都市計画の専門家であり、そのメンバーも他の都市計画を実施する人々とほとんど同じであったが、政策上、ニュー・タウン政策は独立したもので、計画策定の手順、補助金等の資金の流れも、他の都市計画とは異なっており、すべて中央が直営の組織であるニュー・タウン開発公社によって監理されていた。ニュー・タウン法によるニュー・タウン建設は、労働党政権の目玉ともいえる施策であった。

また、サッチャー保守党政権によって導入された、「都市開発公社」や「エンタープライズ・ゾーン」も非常に似た制度で、ニュー・タウン開発公社のインナー・シティ版といったものである。インナー・シティ問題に悩む特定の地域の再開発を、地方自治体の手に委ねるのではなく、中央政府が直接関与できるかたちで新組織（都市開発公社）を設立し、これによって再開発プログラムを進めようとした。これを定めた法律は、「一九八〇年地方政府・計画・土地法」である。これらは、地方自治体が主導権をもつのではなく、直接、政府が組織した機関により運営がなされる仕組みで、英国都市計画を特徴づける手法のひとつであろう。その後、「都市再生庁」の創設を定めた「一九九三年リースホールド改革・住宅・都市再生法」も、同様の趣旨で定められたものとみなしてよい。また、ブレア労働党政権においても、「一九九八年地域開発庁法」によって「地域開発庁」を定めており、これもこれら施策の延長上にあるものと位置づけられる。

産業構造の変化による工業地帯の衰退もまた、英国にとっての最大の問題のひとつであった(5)。その対策は、主に地域政策と連動して行なわれてきた。これら制度も、基本的に、中央政府が直接、意思決定ができる仕組みであった。その最初が一九二八年の「産業移転局」の設立であり、政府が直接、この問題に取り組みはじめた。

一九三四年には「特定地域（開発および改良）法」を制定

して「特定地域」を指定し、産業の衰退が著しい地域を国が援助していこうとするようになった。特定地域として、ウエスト・セントラル・スコットランド、ウエスト・カンバーランド、ノース・イースト・イングランド、サウス・ウェールズの四つの地域が指定され、イングランドとスコットランドにそれぞれ一名ずつ、計二名のコミッショナーが指名された。

戦後すぐにバーロウ報告およびスコット報告を受けて制定された「一九四五年工業配置法」も、基本的に政府主導でこの問題に取り組もうとしたもので、工業の制限の権限を一括して「通産省」にもたせ、「特定地域」に代わって「開発地域」が指定され、それまで対象とならなかった主要都市部にまで範囲が拡大された。また、一九四五年工業配置法では、工場の立地等をすべて国の許可制としている。その際、「工業開発許可証」制度が導入され、その後、この制度が一九四七年都市・農村計画法に組み込まれた。

政府の斜陽工業地帯への手厚い優遇措置政策は、一九五八年工業配置(工業財政)法[6]、一九六〇年地域雇用法[7]、一九六三年財政法等で、少しずつ修正を加えながら継続されていたが、事態は好転しなかった。一九六〇年代以降は、かつての工業地帯の衰退が、特に著しくなった。一九六四年に政権を奪取した労働党は、大幅な経済成長政策を導入することになる。そのひとつとして、一九六五年以降、政府はイングランドを八つの経済計画地域に分割し[8]、それぞれの地域に「経済企画部」と、直轄運営にあたる「地方経済計画局」を設置し、「地方経済計画カウンシル」と、その事務局にあたる「地方経済計画局」を設置し、経済再生を試みようとした。しかし、これらには強制力がなく、単なる調査・研究機関であったため、実質的な施策はできず、一九七九年に廃止されている[9]。また、一九六五年には「事務所および工業開発規制法」が制定され、「工業開発許可証」と類似の制度で、事務所の立地に関して規制する「事務所開発許可証」制度が導入された(一九七九年に廃止)。さらに、労働党政府は、一九六六年工業開発法、一九六六年地域雇用法によって、「開発地域」制度を少しずつ修正して、全国で斜陽産業に苦しむ地域に対応していった。

一九六七年には、ジョーゼフ・ハントを議長として福祉事業的観点から「開発地域」の必要性を検討する委員会(通称「ハント委員会」)が召集され、一九六九年に「ハント報告」として知られる報告書『中間地域』(一九六九年)が刊行された。そこで、仕事の種別、賃金、失業率、人口動態、環境等に分けて、地域の問題点を分析し、人的資源、物的資源、方針の転換等の基本的な原則を打ち立てた。そして、保守党が政権を奪取した一九七〇年の地域雇用法で、ハント報告の「中間地域」の概念が制度となって導入された。「中間地域」とは、産業のバランスは悪いものの、経済的には開発地域ほど深刻ではない地域のことで、政府は産業の転換を援助する。この地域では工場の建設や職業訓練に対し、補助金が給付された。一九七〇年地域雇用法では、政府が地方自治体に対し補助金を与える「荒廃地クリアランス地域」が導入された。一九七二年産業法では、「地域開発補助金」や政府が雇用を促進・保証する「補助地域」において、「特選財政補助」等の補助政策を行なうようになった。その頃、インナー・シティ問題が深刻となってきて、それに対処するため、労働党政府は人口や工業の分散政策の見直しをはかり、その結果、それ以降は、インナー・アーバン・エリアの再開発を中心とする政策に変更され、一九七八年には地方庁の工業支援の強化を定めた「一九七八年インナー・アーバン・エリアズ法」の制定につながった。サッチャー保守党政権が発足した後も、この路線は継続され、都市開発公社およびエンタープライズ・ゾーンを規定した「一九八〇年地方政府・計画・都市法」が制定されるに至っている。

都市周辺部の市街化抑制および田園地帯の保存関係の法律は、自動車交通の発達にともなう道路沿いの乱開発を規制する「一九三五年沿道（リボン状）開発規制法」や、グリーン・ベルトの概念をはじめて法制化した「一九三八年グリーン・ベルト（ロンドンおよびホーム・カウンティ）法」などが出発点となった。戦後は「スコット報告」が作成され、田園保存の問題は、全国土の土地利用計画として取り扱われるべきだという考えができあがっていった。その後の法制定で注目に値するのは、一九四七年と一九六七年と一九八一年の「森林法」、「一九四七年海岸保護法」、「一九四九年国立公園および田園地域通行権法」、「一九六〇年キャラヴァン・サイツおよび開発規制法」および「一九六八年キャラヴァン・サイツ法」、「一九六五年コモン登録法」、「一九七〇年樹木法」、「一九七四年都市・農村アメニティズ法」等であろう。一九四九年国立公園および田園地域通行権法によって、中央政府に「国立公園委員会」が設置され、一九六八年田園法によって、現在の「田園委員会」に改組されている。国立公園内は、他の都市計画行政とは分離しており、ディヴェロプメント・プランの作成に際しても、特別に「国立公園行政庁」が設置されて行なわれることになっている。

また、都市内の環境保護の観点からは、一九五六年と一九六八年に定められた「大気汚染防止法」や「一九六七年シヴィック・アメニティズ法」[10]、「一九七四年公害規制法」等がある。特に、大気汚染防止法は、英国名物でもあったスモッグによる薄暗い空を一掃する役割を果たした。

他にも、歴史的建造物の保存に関する規定も、都市計画関連法のなかで取り扱われるが、これらに関しては、次章で詳細に論ずるものとする。

2　開発規制とディヴェロプメント・プラン

英国の都市計画は、原則として「許可」制度をとっている。すなわち、すべての開発行為において、行政によって計画内容が審査され、許可されたもののみが実現可能となる。その際、許可を下すのが「プランナー」と呼ばれる検査官（行政官）である。そして、プランナーが計画許可の判断を下す際、よりどころとするのが「ディヴェロプメント・プラン」[11]との整合性である。つまり、計画許可の審査は、ディヴェロプメント・プランに適合しているかどうかで判断される。ディヴェロプメント・プランは、一九四七年都市・農村計画法で導入されたもので、その後、幾度かの改正を経て、現行の制度になった。[12]

ディヴェロプメント・プランがはじめて導入されたのは、一九四七年都市・農村計画法によってである。それ以前にも、一九〇九年住宅・都市計画諸法で導入された「都市計画スキーム」という制度があり、開発のための土地利用が規制されていたものの、あまり有効には機能していなかった。これら都市計画スキームの欠点を是正して、新たに導入されたのが、ディヴェロプメント・プランであった。

一九〇九年法による「都市計画スキーム」では、計画権限は、バラ、アーバン・ディストリクト、ルーラル・ディストリクト、およびロンドン・カウンティに与えられていた。それぞれの自治体は、図面と取り締りの規定を示した文書からなる「都市計画スキーム」を作成し、民間開発を規制しようとした。都市計画スキームは、いわばゾーニングによる規制であり、都市計画スキームに定められた規定に適合しない行為はすべて禁止されるという極めて強い拘束力をもつものであった。その対象区域に選ばれたのは、開発が進行中の区域や、今後開発が予想される区域に限られていた。都市計画スキームは、地方自治体が作成するものであったが、中央政府の「地方政府局」が許可して、はじめて効力をもった。すなわち、都市計画スキームの作成は、地方自治体が都市計画スキームの作成の必要性を国の地方政府局に訴え、許可を受けて作成に着手した。都市計画スキームが完成すると、自治体の議会で採択を受け、採択されると、再び地方政府委員会に提出した。その後、審査を通ったものは、両院の国会に一定期間公示されたのちに、はじめて都市計画スキームが拘束力をもつようになった。

都市計画スキームの作成には面倒な手続きを踏まなければならなかったが、その権限は強大で、法律に準ずる力をもっていた。実際に都市計画スキームに記載される内容は、街路、建築物、オープン・スペース、保存対象物件、下水、排水、照明、水路、その付随的工事であった。自治体には、都市計画スキームに適合した開発をみずから実施し、また、修正・是正する権限を与えられていた。私人の代わりに都市計画スキームに示された開発を実施する権限も与えられ、場合によっては、都市計画スキーム対象区域内の土地を任意に購入したり、強制収用する権限も与えられていた。開発側は、事前の許可は必要としなかったが、もしも都市計画スキームに適合していなかった場合、補償なしに除去または変更が強制される。これら都市計画スキームによる規制は、不適切な開発を事後に是正するものとみなすことができる。そのため、都市計画スキームの許可は、公共の権限によって、私的権限を大きく脅かすことになりかねないものでもあり、その作成には慎重な態度が要求された。

手続きの複雑さは、他の問題も引き起こした。都市計画スキームの作成には長い時間がかかったため、都市計画スキームが許可された時点では、その原案が作成された時とは状況が異なり、不適合な部分も生じる場合もあった。しかも、その際の修正も、同様の手続きを必要としたため、都市計画スキームは、なかなか有効に機能させることができなかった。また、都市計画スキームが作成されることにより、土地の価値を増減させることにもつながった。都市計画スキームという公共介入による土地利用規制は、私人の不動産の価値を変更することになり、その後、「土地の開発利益徴収と減価補償」の問題が、大きく取り沙汰されるようになる。

このように都市計画スキームは、作成に非常に手間取り、有効には機能しなかった。都市計画スキーム作成に時間を要したのは、手続きが煩雑であるといった技術的問題ばかりではなかった。「都市計画スキーム」では、私人の土地利用を厳格に拘束する代わりに、都市計画スキームによる開発によって減価した土地には、補償請求権を与えており、自治体にとって、それを工面することが困難な場合が多かった。また、都市計画スキームの作成が遅れれば遅れるほど、補償しなければならない開発が増加し、これらは悪循環を引き起こしていた。都市計画スキームの作成許可第一号であったバーミンガムの案件は、一九一一年二月に作成許可が与えられ、翌一九一二年六月に地方政府局に提出され、一九一三年五月になってようやく許可が下りたといったように、都市計画スキームの作成に約三年半の歳月を要しており[13]、その手続きには問題が多かった。この状態はしばらく続き、都市計画スキームはなかなか作成されず、制度の導入後一〇年経過した一九一九年七月三〇日の段階で、一七二件に対し作成許可が与えられていたが、実施に至ったのはわずか一三件しかなかった[14]。

そこで政府は、一九一九年住宅・都市計画諸法によって、人口二万人以上のバラとアーバン・ディストリクトに対し、都市計画スキームの策定を義務化した。同時に、都市計画スキームの提出期限を法律で定めるようになった。一九一九年法では、一九二五年末が提出期限として定められたが、それでもなかなか思い通りに進まず、一九二三年住宅諸法で一九二八年末まで延期された。しかし、一九二八年末になっても、都市計画スキームを作成すべき二六二の自治体のうち九八の自治体は、都市計画スキームの地方議会の採択にさえ達していなかった。そこで、一九二九年地方政府法で、提出期限をさらに五年間延長して一九三三年末とし、さらに、必要に応じて五年間の再延長を大臣に求めることができるようにした[15]。

都市計画スキームの作成には時間を要す一方で、実際の開発は著しく進んでおり、都市計画スキームが作成されるまでの間の開発規制を、どのように対処するのかが問題となった。そこで、一九三二年都市・農村計画法によって「暫定開発規制」が導入された。暫定開発規制とは、地方自治体が都市計画スキームの作成の意図を公にした後、都市計画スキームが認可されるまでの期間の開発を規制する制度である。都市計画スキームの作成に時間を要することから、このような制度が必要となった。当初、一九〇九年法では、都市計画スキームに適合しない開発の除去に関して、都市計画スキームの作成申請前に着手された開発には損失が補償され、申請以降の開発は無償で除去されることが定められていた。しかし、都市計画スキーム作成にあまりにも時間がかかるため、開発側はその決定を待つことができず、それが最大の問題となった。一九一九年法では、地方政府局に対し、暫定開発を一定の条件付きで許可する「一般暫定開発命令」と「特別暫定開発命令」を制定する権限を与え[16]、これら命令によって許可された開発には、もしも都市計画スキーム作成後に適合しない部分が生じて除去されるとしても、その際の損失は補償されることになった。これは、はじめて開発行為が許可制をとったことを意味していた。

その後、この許可制が、一九三二年都市・農村計画法で、「暫定開発規制」というかたちで、より明確な制度となり、一九三三年都市・農村計画（一般暫定開発）令によって、その手続き等が明確に定められた。そこで、暫定開発規制は、それまで中央政府が任意で制定していた「一般暫定開発命令」が義務化され[17]、また、地方自治体に対しても暫定開発許可に一定の裁量を認め、地方自治体はみずからの判断で許可、条件付き許可、不許可の決定を下すことができるようになった。開発側には、暫定開発の許可申請が義務づけられていたわけではなかったが、暫定開発許可を得て開発に着手したほうが、将来的に有利であるため、ほとんどの開発は許可を受けるようになった。これは、事前に行政にチェックを受けてから開発を行なうという、その後の開発の事前許可制につながっていく。

一九三二年都市・農村計画法では、法律名称が変更されたことでも明らかなように、都市計画の対象地域が拡大され、田園地域までが含まれるようになった。そして、都市計画スキームを作成すべき地域が拡大された。しかし、都市計画スキームの作成方法に関しては、何の修正もなされていなかったため、都市計画スキームの作成は進まず、反対に暫定開発による規制は増える一方であった。都市計画スキームの作成地域が拡大された五年後の一九三八年三月の段階で、都市計画スキームによる開発規制は約一パーセントで、残りの九九パーセントは暫定開発により規制されたものであった[18]。このように、もはや都市計画スキームは名目上存在しているに過ぎなくなり、実際には、地方自治体が暫定開発区域を定め、事前の許可申請によって、開発を規制していくのが現状となった。さらに、一九四三年都市・農村計画（暫定開発）法では、暫定開発地域が全国土に拡張され、都市計画スキームの作成に着手していない地域においても、暫定開発規制によって、開発を規制することができるようになった。

こういった経緯で、都市計画スキームそのものの改革も必要になってきた。そして、戦後すぐの一九四七年都市・農村計画法で、都市計画スキームに代わって「ディヴェロプメント・プラン」が導入された。ディヴェロプメント・プランは、都市計画の基本方針を示すものであり、計画申請を許可する際の地方自治体の判断基準となった。ここでディヴェロプメント・プランは「地方計画庁が管轄する地区内の土地について提案するその土地の利用の仕方を記述した計画[19]」と定義された。都市の拡大の方向性、土地の使用方法などのゾーニング等を定めたが、その決定は私人の財産権に対する直接的な拘束ではなく、あくまでも今後の都市計画の方針を示すものとされた。これは都市計画スキームが強い権限と拘束力をもち過ぎていたため、実際にうまく機能しなかったことの反省に基づくものであった。ディヴェロプメント・プランは、特定地域のみの計画を行なうのではなく、地方計画庁の管轄する全地域に対する都市計画の策定を義務づけ、全国土をカバーすることが目標として掲げられた。都市計画の権限を有する地方計画庁は、カウンティとカウンティ・バラに改められた。その結果、一四五の自治体がディヴェロプメント・プランを策定することになった。

一九四七年法に基づくディヴェロプメント・プランは、図面と計画書からなり、その他に法定計画とはならない調査報告等が含まれることもあった。これらは今後二〇年間の開発方針、開発プログラム、望ましい土地利用を示すものとされた。一九四七年では、法施行三年後の一九五一年七月までにディヴェロプメント・プランを中央政府へ提出することを義務づけたが、それを守ることができた自治体はわずか二二であり、最後のディヴェロプメント・プランが提出されたのは、一九五七年のことであった。また、一九四七年法では、ディヴェロプメント・プランはおおよそ五年ごとに見直しをするよう求めていたが、ディヴェロプメント・プランは中央政府の都市・農村計画省および住宅・地方政府省の大臣の承認を得ることが義務づけられていたため、その策定作業は遅れ、見直しどころではなかった。そして、すべてのディヴェロプメント・プランが出揃い、実際に機能しはじめたのは一九六〇年代になってからであった。

一九六〇年代には、国内状況が大きく変化していた。当時の英国は、経済不振に悩み、インナー・シティ問題に代表されるさまざまな問題を抱えるといった状態であった。そして、都市計画自体も、単にゾーニングによる規制ばかりでなく、経済・社会の側面からのアプローチの必要性が叫ばれるようになった。これらを背景とし、一九六四年には「都市計画諮問委員会」が設立され、翌一九六五年に委員会報告『ディヴェロプメント・プランの未来』[20]を発表し、さらに一九六七年には政府白書『都市・農村計画』[21]が刊行され、ディヴェロプメント・プラン制度改正等の都市計画上の制度改革の必要性が強調された。

これら提言を受けて、一九六八年都市・農村計画において、ディヴェロプメント・プランの制度が一新された。その最大の変化は、ディヴェロプメント・プランをふたつに分割したことであった。すなわち、国土全体にわたり基本的な土地利用、交通計画等に対し、長期的な展望を示した「ストラクチャー・プラン」と、より具体的で、実際の開発を行なう際の指針となる「ローカル・プラン」の二層構成によって都市計画が進められるようになった。また、これら計画は、図面中心のものから、計画書中心のものに改められた。

一九六八年法では、ストラクチャー・プランの策定を全地方自治体に義務づけたが、ローカル・プランの策定は任意とされた。ローカル・プランには、ストラクチャー・プランの内容を詳細かつ具体的に示した「ディストリクト・プラン」（または「ジェネラル・プラン」と呼ばれる。単に「ローカル・プラン」といった場合には、これを指す）と、比較的短期間に開発または再開発が重点的に行なわれる地域について定めた「アクション・プラン」と、都市計画上の個別の問題に関して言及した「サブジェクト・プラン」の三種類があった。

ストラクチャー・プランに関しては担当国務大臣の承認が必要とされたが、ローカル・プランに関しては大臣の承認は必要とせず、地方自治体の裁量に委ねられた。これはストラクチャー・プランもローカル・プランも同一の自治体によって作成されるという原則に基づくものであったが、一九七二年地方政府法によって地方行政の制度が根本的に改革され、二層制の地方自治体が誕生したため、都市計画行政に関しては、ストラクチャー・プランを上位の自治体が、ローカル・プランに関しては下位の自治体が策定することになり、当初の思惑とは異なったものになってしまった。しかし、再び、一九八五年地方政府法によって地方行政制度が改革され、単一の自治体による一層制の自治体が出現した。そこで、ストラクチャー・プランとローカル・プランの両方の性質をもった「ユニタリー・ディヴェロプメント・プラン」が創設された。

一九六八年法では、ディヴェロプメント・プランの策定手順に関しても、変更が加えられた。ディヴェロプメント・プラン策定に、市民参加が公式に位置づけられ、計画案の一定期間の縦覧が義務づけられた点も特筆に価するだろう。一九六八年法で定められたストラクチャー・プランの策定が終了したのは、一九八五年のことであった。またもや長い歳月を要してしまった。そして、地方自治体は時間と手間がかかるローカル・プランの策定を避け、各種非法定の計画を策定し、運用上の開発基準とすることが多くなった。

そのような状況で、一九九〇年都市・農村計画法では、ローカル・プランの策定を各自治体の義務とし、ストラクチャー・プランに関しては策定期間を短縮するために大臣の承認制度を廃止し、住民参加の手続き等にも変更が加えられた。

法律上、ディヴェロプメント・プランは、「地方計画庁」によって策定され、地方計画庁は地方の都市計画の権限のすべて、もしくは一部をもって実務にあたることになっている。地方計画庁は、通常、地方自治体と一致するが、それ以外にも、都市開発公社やエンタープライズ・ゾーン行政庁、合同都市計画協議会等[22]、特別な権限を有して都市計画を実施する組織にも、同等の権限をもたせることもあった[23]。現行の法律では、都市計画上の権限の多くを地方計画庁、すなわち地方自治体の裁量にまかせている。その裁量の範囲は、さまざまな判例をもって社会的通念を形成し、都市計画の公共性を担保することとしている。つまり、都市計画の正当性を、裁判所の判断に依存しているのが現状である。

ディヴェロプメント・プランは、二層構成をとる自治体では「ストラクチャー・プラン」と「ローカル・プラン」が、一層構成の自治体では「ユニタリー・ディヴェロプメント・プラン」が作成される。ストラクチャー・プランもローカル・プランもユニタリー・ディヴェロプメント・プランもすべて、計画書と計画図からなり、構成は類似しているが、その取り扱う範囲や内容は大きく異なる。

ストラクチャー・プランには、一五年先までのその地域に望ましい土地利用形態が描かれる。その際、①地域の都市計画と開発規制に関する戦略的方針の枠組みを提供すること、②開発に対する規定内容が現実的であり、かつ国および地方の政策と整合していることを保証すること、③ローカル・プラン相互の整合性を確保すること、が考慮に入れられて策定されることになっている。具体的内容を詳細に定めるものではなく、全般的方針を定めている。

ローカル・プランは、ストラクチャー・プランで定められた一般的な開発規制の指針を、より詳細に、かつ具体化したものである。すべての自治体が、単独のローカル・プランの作成を義務づけられている。計画期間はおおよそ一〇年先までで、ストラクチャー・プランと比べて短い。ローカル・プランでは、方針の採用理由を明記することが義務づけられており、市民や開発者がどのような開発が可能であるのかが理解できるよう配慮がなされなければならない。

また、ユニタリー・ディヴェロプメント・プランは、ストラクチャー・プランとローカル・プランの両者の性格を合せもったものである。地方自治制度の改革によって一層構成となった自治体では、ストラクチャー・プランとローカル・プランを分割して策定するのではなく、一体として策定されることになった。

これらディヴェロプメント・プランは、住民の合意のもと作成されるのが原則である。ストラクチャー・プランの場合、計画作成の段階で内容の公開と意見の聴取がなされ、計画案に対する異議申立と、それに関する公開審査がなされる。ローカル・プランの場合には、計画案の告知、意見書の提出、縦覧が行なわれ、当局に異議申立があると、公開審問が実施される。その策定方法に関しては、『PPG12―ディヴェロプメント・プラン』（一九九九年一二月発行）で詳細に記されている。

3　開発にともなう増価徴収と減価補償の問題

都市計画における私人の権利の補償は、大きな問題である。一九世紀の都市計画に関連する公衆衛生法や住宅法の制定過程において、議論がなされていなかったわけではなかったが、都市問題の緊急の解決が優先され、原則として、私人の土地利用は補償なしで、一定の公的規制を受けるという原則が確立していた。

しかし、一九〇九年住宅・都市計画諸法において、計画にともなう土地の価値の変化を総合的に考え、制度化した。すなわち、一九〇九年法で採用された「都市計画スキーム」は、私人の土地利用を厳格に拘束するものであったが、都市計画スキームによる開発によって減価した土地の所有者には補償請求権を与え、反対に、地方自治体には開発によって増価した土地からその土地の増価分、つまり「開発利益」の五〇パーセント（一九三二年法では、七五パーセント）を税金として徴収する権利を与えた。この制度の根本には、開発によって増価した土地から改修した開発利益を開発による損失に対する補償にあてようとする、いわゆる「衡平の原則」の考え方があった。しかし、実際には、徴収できる開発利益の額よりも、補償額のほうがはるかに大きかった。そのため、地方自治体は都市計画スキームの策定の前に、補償のための財源を確保する必要があり、それが都市計画スキームの策定上の大きなネックともなっていた。

開発による土地の減益および増益は、個別に裁定すると決められていたため、制度運用にあたって、補償額および徴収額の査定は難しく、実際に定められた額も、その根拠があいまいであったため、不満が多かった。ここで補償請求権が認められたのは、建物の高さや密度などの規制によって損失を受けた場合のみであり、しかも、地方自治体の他の条例等では規制されないものに限られていた。他方、公衆衛生法や住居法等でも、すでに都市計画上の規制がさまざまなかたちで定められていたが、これらの法律で規制されていたものに関しては、原則として補償はなされなかった。

また、開発行為と都市計画スキームの策定時期に関しても明確に規定され、都市計画スキーム許可以前の開発に対しては補償されるが、都市計画スキーム許可後の開発に関しては、いっさい補償は行なわないとの原則が打ち出された。しかし、都市計画スキームの作成に長い時間を要するため、都市計画スキーム策定中に開発されたものに対して、その是正にすべて補償しなければならず、莫大な費用を要するという欠点が露呈する結果となった。

このように、一九〇九年法による「開発価値と補償」に対する制度は、大きな問題を含んでおり、これに対する不満も反対意見も少なくなかった。ただし、ここで注意しておかなければならいのは、この制度に対する不満や反対意見は、開発利益の公共還元に対する反対ではなく、土地増価ならびに補償額の算出の方法に対してであり、これがアスワット委員会において検討されることとなった。

政府は一九四二年に、ジャスティス・アスワットを議長とする「補償および開発利益に関する専門委員会」(通称「アスワット委員会」)を召集し、この問題に関して検討を加えることとなった。アスワット委員会の出した結論は、「個々の土地区画に現在いかなる価値が存在しているかということとは無関係に、ある目的のためには、どの土地が最適かという選定基準によって都市計画が進められるべきである」という公益優先の都市計画の原則を最優先に位置づけたうえで、補償額の設定の問題に関しては、「浮遊価値」と「転移価値」というふたつの概念によって、「開発によって誰が利益を得て、誰が損失を被ったかを判断するのは事実上、無理があり、それを制度で調整するのではなく、土地所有制度自体を是正すべきである」とするものであった。

「浮遊価値」とは、将来の開発は、その時点での未開発地のどこで行なわれるかはわからず、開発にともなう価値は、浮遊しているとする考え方である。土地所有者は、将来、行なわれるかもしれない開発が、すべて自分の土地に関連するかたちで行なわれるものと仮定し、その価値を上乗せして土地の価値を算出することは避けられない。しかも、その額を合計すると、実際の開発にともなう増価をはるかに上回ることは明らかである。そのため、一時的な状態を、土地価格のなかに組み込むべきではないという結論を下した。

また、「転移価値」とは、開発は必然的に土地の価値を増加させる場所と、減少させる場所をつくることになり、開発によって生ずる開発価値は、単に転移したに過ぎないという考え方である。そのため、土地に関する浮動価値が動くことが必要の所有者のなかで、土地所有制度自体を是正し、単一であるとした。ここでいう「単一の所有者」とは、国家であり、土地の国有化を提言したものであるが、実際には、莫大な財政支出と国の管理機構の必要性があるため、土地自体の国有化ではなく、土地の「開発権」を国有化することを提言していた。その際、未開発地域と既開発地は、分けて考えられた。前者では、国が現存の土地の利用権を残した状態で、開発権を有償で国有化（購入）し、いっさいの開発を暫定的に凍結し、開発はすべて許可制とし、許可が下りた時点で土地を国有化し、それを開発者に賃貸するというものであった。他方、既開発地の場合、地価上昇分を、定期的な課税によって徴収するというものであった(24)。

戦後すぐに政権に就いた労働党政府は、一九四七年都市・農村計画法によって、「開発利益の公共還元」の観点から、「開発価値の国有化」政策を進めた。「開発価値」とは「市場価格」から「既存用途価値」を引いたもので、すべての開発を既存の用途のままで凍結し、それを国が補償するというかたちで買い取った。そのため、土地所有者は、これまでの用途で土地を使い続ける場合は問題がないが、既存の用途以外の目的で使用しようとすると、それらはすべて開発行為とみなされ、開発価値を国から再び購入しなければならなくなった。これが「開発負担金」である。しかも、その開発行為は、事前に計画許可を得なければならないといった制限も付いていた。

政府はその政策を実践するために、中央政府直属の機関である「中央土地局」を創設し、国有化にともなって不利益を被る者のために、補償金として三億ポンドを準備した。これは一九四八年七月一日の時点で、自分の土地が開発価値を有すると主張し、認められたものに対して分配されるはずであった。しかし、実際には手続きが未完のままで、開発価値の国有化は終了したものとみなされた。これら開発負担金制度は、言い換えれば、土地の開発利益の一〇〇パーセントが徴収される制度であり、戦前の五〇パーセント、七五パーセントという「開発利益」の徴収方法の延長線上にあるものととらえることができる。結局、この制度は十分に成果があがらず、一九五一年の保守党への政権交代で廃止された。

一九四七年法では、また、地方計画庁が都市計画遂行に必要な開発用地を強制的に買い取ることができる権限、すなわち私有地の「強制収用」に関しても制度化しており、収用価格に「既存用途価値の補償原則」が適用された。すなわち、開発価値はすでに国有化していたため、私有地の売買価格はそれを差し引いた「既存用途価値」に押さえることが定められた。土地の強制収用においては、補償なしでは収用されないという原則が存在するが、計画決定による土地の利用規制では、いかなる制限に対しても、法律に規定がなければ補償はなされないという一般原則も存在する。したがって、都市・農村計画法においても、都市計画制限による損失は、何らかの土地利用が可能である限り補償されず、また、原状において相当な収益利用(reasonable beneficial use in its existing state)が不可能とならない限り土地の買い取り請求権も認めていない。土地収用における損失補償に関する問題および開発徴金の賦課に関する紛争は、行政的性格をもつ「土地裁判所」が、「一九四九年土地裁判所法」および「一九四九年土地裁判所規則」で定められる手続きに従って、専門的かつ統一的に裁決するのが原則であった。土地裁判所の決定は、原則として最終決定であるが、違法な決定によって権利を侵害される場合は、控訴院に控訴することができた。

一九五一年にチャーチル率いる保守党が政権を奪回すると、これら労働党政府による土地政策を、真っ向から否定し、改めた。その後、これら戦後の土地政策および開発による補償問題に関しては、二大政党間で主張がまっぷたつに分かれ、政治色が強いものとなっていく。

政権に就いた保守党政府は、一九四七年都市・農村計画法の施行にともなう緊急補償の三億ポンドの支払い期限である一九五三年七月一日を前に、開発負担金制度を完全に撤廃することを決定し、「一九五三年都市・農村計画法」によって、それを実施した。さらに、「一九五四年都市・農村計画法」によって、土地の開発価値は土地所有者に返した。一九五九年都市・農村計画法では、都市計画による土地の取得、使用、処分の場合の地方計画庁に対する国務大臣の統制は、大幅に緩和されている。さらに「一九六二年都市・農村計画法」では、収用対象地の指定制度を採用するようになった。

こうして保守党政府は、開発価値の国有化を断念し、土地所有者に与えたものの、同時に定められた計画の許可制度はそのまま残され、土地利用規制により、国益の損失がないよう監視するシステムとなり、それが結果的に土地価格を決定する要因ともなった。たとえば、住宅地を建設する際、当然、この開発行為により地価が高騰することが予測できるが、これを許可した場合には国は開発価値を無償で分配したことになり、不許可とした場合には国がその分配を拒否したことになる。このように、開発の許可制度は私人の開発権を国有化したものであり、それにともなう損失の補償もしないというかなり強硬な制度であり、これによりそれまで問題となっていた多くの事柄が、一気に解決されることになった。

一方で、一九四七年法では、開発権は国に帰属するものとされ、地方自治体による収用価格には「既存用途価値の補償原則」が適用されたが、一九五四年法では、私的契約による土地売買は「市場価値」によって行ない、公用収用による補償については、既存用途価値に加え、一九四七年の開発価値（ただし、一九四七年以降の開発価値は認められていなかった）という二重の価値基準で算定されるようになった。やがて、このふたつの補償方法で支払われる価値に大きな差が生じてきた。具体的には、一九四七年法で定められた土地収用価格では、類似の土地を市場で購入することができないという不均衡状態が生じてしまった。そのため、一九五九年法では土地収用における価格は、再び市場価値を基準とするものに定められ（ただし、開発計画の決定による土地の増価は含まない）、収用による補償算定の原則に終止符を打つことになった。その後の収用時の土地価格の原則は、一九六一年土地補償法に統合され、一九六二年都市・農村計画法では、土地収用の際に支払われる補償額は、一九六一年土地補償法の規定により評価される土地の市場価値とされた。労働党に政権が移ると、その原則がくつがえされるが、保守党が政権を復活すると、再び一九七三年土地補償法で、この原則を継承している。

このように、保守党は、自由主義的土地政策をとったため、公共による土地規制といった意味では後退し、結果として開発は行き詰まり、地価は高騰していった。

これら開発利益と補償の問題は、単独で解決できる問題ではなく、都市計画手法そのものと密接に関わり合っていた。一九四七年法で導入されたディヴェロプメント・プランは、戦前の都市計画スキームがもつ補償の問題が原因となって、なかなか一般化しなかったという事実を反省し、補償の問題が発生しないよう、私的財産権に対する直接的な拘束力は有していなかった。また、計画によって直接的な土地の資産価値の増減が生じないよう、道路や公共施設用地以外には、地図等によって具体的な位置を示すようなことは避けようとしていた。しかし、道路や公共施設用地の確定や具体的な開発・再開発事業を前提としてアクション・エリアにおいては、計画の実施にともない強制収用の可能性が明確なものもあり、どうしても土地の市場価格の下落に結び付くことを避けられなかった。

こうした公共機関が作成した都市計画によって、土地の市場価格が下落する現象を「プランニング・ブライト」と呼ぶ。これに関してはなかなか問題視されなかったが、一九五九年都市・農村計画法でやっと、これに対する補償制度である「ブライト通告」が創設された。ブライト通告とは、当該土地の所有者が市場でその土地を売却しようとしたが、明らかに低価格でしか売却できないことを証明して、以前の価格での買取を請求できる制度である。ただし、その権利を有するのは、当該用地に建つ住宅の居住者、もしくは住宅以外の資産では実際の使用者等に限られており、それ以外の投機目的の業者等には、その権利が与えられていなかった。

一九六〇年代になると、深刻な不況とインナー・シティ問題等、社会問題が多数露呈してきた。一九六四年には、それら不況の原因を保守党の失政にあるとして総選挙を戦ったウィルソン率いる労働党が勝利した。一三年ぶりに政権を奪取した労働党は、すぐにミルトン・キーンズの建設などニュー・タウン政策を再開し、第二次世界大戦直後の都市計画政策を復活させようとした。土地政策に関しても、戦後すぐの一九四七年法の原則に戻し、再び開発利益の公共還元の方向性を打ち出した。また、当時、問題となっていた都市内のインナー・シティ問題に対しては、公共の土地収用権限を強化し、再開発を推進しようとした。

当時の建設界の状況はというと、保守党政府による自由主義的土地政策のため、地価が高騰し、開発そのものが行き詰まりを感じていた。そこで、自由主義的土地政策に代わり、再び、開発利益の公共還元が試みられた。一九四七年都市・農村計画法による「開発負担金」制度は、保守党政府によって一九五三年に廃止されてしまっていたため、労働党政府は、開発利益吸収のための新たな試みとして、一九六五年に政府白書『土地委員会』[25]を刊行し、再び開発利益の公共還元の方針を示した。

一九六七年には「土地委員会法」を制定し、同法に基づいて設けられた土地委員会は、公共事業工事等の開発によって生じた開発価値に対し、土地増価に対する税金である「開発利益課徴金」を課すことができるとした。この場合、実際に課徴金が課せられる開発利益とは、土地所有者が土地を売却したとき、または、みずからの「相当程度の開発」によって得た譲渡価格（market value, 実際の売却価格）から現実の開発が開始された時点の利用方法に基づく基準価格および改良費を差し引いたものであり、開発前の価値（current value）を意味するものではなかった。開発利益課徴金の賦課率は四〇パーセントの定率とし、逐次、四五パーセントから五〇パーセントまで引き上げることができるものとした。課徴金は、土地利用委員会が所管する土地取得管理基金に繰り入れられ、政府融資とともに土地取得・管理および処分に必要な財源となり、これによって公的機関の負担が軽減されることが期待された。

また、「一九六七年土地委員会法」では、国土または地域全体の見地から土地を合理的・能率的に利用するために、土地委員会に「重要な開発のために適当と認めるいっさいの土地」を取得できる広範な権限をもたせた。土地委員会による土地取得は、協議収用・強制収用のいずれの方法でもできるが、委員会による迅速な取得を容易にするため、土地の一般帰属宣言方式によって、当該土地を公用収用できるようにした。土地委員会は、取得した土地をみずから開発または監理する権限をもち、かつ公益上適当と判断した場合は、他の機関に市場価値で処分できた。また、土地委員会が保有する土地を住宅用に譲渡する場合は、その土地の将来価値を委員会に帰属せしめる留保条件（国王保有約款）を付けることができた。この保留規定は登記され、当該権利者・承継人・転借人はもちろん、地方自治体をも拘束した。

しかし、一九七〇年六月の総選挙で労働党が敗れたため、この制度は十分に効果を発揮しないまま、お蔵入りとなった。政権交代を達成した保守党は、一九七一年四月、「土地委員会（解散）法」により、土地委員会を解散した。土地委員会は、わずか三年余りという短い存命期間であったものの、一、一二〇ヘクタールの土地を買収し、四、六〇〇万ポンドの開発課徴金を徴収するという実績を上げている。(26)

一九七一年土地委員会（解散）法によって、開発利益には課徴金が課せられなくなったが、開発による増価に対しては、一九六五年財政法によって定められたキャピタル・ゲイン税(27)（資本利得税）が課せられるようになり、賦課率は三〇パーセントとなった。キャピタル・ゲイン税とは、既存用途価値の増分に対して課税されるもので、土地の市場価値に対する課税と考えてよい。他方、開発利益課徴金も「開発利益税」に改められた。これは実質的にキャピタル・ゲイン税の課税領域を拡大するものであったが、有効には機能しなかった。また、キャピタル・ゲイン税も開発利益税も、ともに個人に対する税制であり、土地取引を行なう法人に対しては適用されず、法人の場合、同じ開発利益であったとしても法人利潤に対する法人税が課税されるだけであるという問題や、開発利益の税収入を地方自治体の公共開発事業にまわす手立てもないという問題を抱えていた。

保守党政権復活直後に制定された一九七一年土地委員会（解散）法は、労働党政府による土地政策に関して根本的に否定し、抜本的に改めようとするものであった。これによって土地委員会は解散したが、同年に制定された「一九七一年都市・農村計画法」は、この点以外は労働党政権時代の諸制度を統合したものであった。[28]地方計画庁の土地取得・処分の権限等は、労働党政府の政策から延長しており、以前の保守党政権下の一九六二年法で導入された収用対象地域の指定制度は、労働党時代の一九六八年法で廃止されていたが、一九七一年法では地方庁は原則として事前の指定なしに土地収用の権限を有するようにしており、結果的に、都市計画における公共の土地収用権限が強化されたかたちとなった。その手続きは、「一般帰属宣言」に従って「強制収用命令」を発して、土地所有権を取得するというものであった。さらに、地方庁は、取得した土地を開発する権限および適当と認められる者に、大臣の同意を得て、その土地を利用させる権限を与えた。これは強制収用権をもたない私人による開発も可能となったことを意味していた。また、開発にともなう補償の問題の細部に関しては、「一九七三年土地補償法」によって修正されている。

この間も、英国の宅地価格は高騰を続けていた。一九六九年から一九七三年にかけて住宅地価格は、平均で三倍にもなったという。[29]そのような状況下、一九七四年に再び政権の座に就いた労働党内閣は、同年に政府白書『土地』[30]を発表し、新方針を示し、開発利益の公共還元に対する三度目の試みを開始した。これまで二度の失敗を繰り返していただけに、今回の政策にはそれまでとは異なった発想が必要とされた。そこで労働党政府が打ち出したのは、「地域社会がみずからの必要性と優先順位に応じて開発を規制し、みずからの努力によって生み出された土地の増価を回収する」という原則であった。そして、「一九七五年公用地法」と「一九七六年開発地税法」が制定された。これは中央政府主導ではなく、地方自治体主導によって、都市再生を行なおうとするものであった。一九七五年公用地法は、地方自治体等の公的機関が、必要な公共開発事業を行なうための用地を取得することができるよう定められた法律であり、「開発地税」はそのための財政的基盤を保障するとともに、開発利益を公共に還元したものであった。これにより、計画的な土地利用計画に基づいた土地管理をも行なおうとした。

こうしてイングランドとスコットランドでは地方庁とニュー・タウン開発公社等が、ウェールズではニュー・タウン開発公社と新設されたウェールズ土地庁が、都市計画上の権限をもち、みずから必要とする土地を任意にまたは強制的に取得し、みずから、もしくは民間と共同で、または民間独自で開発することになった。労働党政府には、これら施策により、究極的にはすべての開発用地の公有化を実現しようとするねらいがあった。私人の土地所有者が開発行為を行なう場合には、開発価値の八〇パーセントを「開発地税」として、地方行政庁等に納めることを義務づけた。また、公共がその土地を開発用地として強制収用しようとする際には、収用価格は市場価格から開発地税分を差し引いた額と定めた。この制度は、いわば開発利益の公共化であり、公共以外の開発は著しく不利な条件に追い込まれる結果となった。

この政策もまた、政権交代によって挫折する。しかも、一九七九年に誕生したサッチャー政権は、「一九八〇年地方政府・計画・土地法」によってこの制度を廃止するとともに、それまでにない大改革を行なった。そして、土地を公有化し、公的開発を進めていくという戦後の基本方針から、私的開発が進めやすいようにする条件整備政策へと転換していった。その際、サッチャー政権は、労働党政府のすべての政策を否定したような印象があるが、実際には、地方自治体の土地収用権限を強化し、開発地税も六〇パーセントと税率を下げたことは存続させ、ウェールズ土地庁もそのままのかたちで残している。とはいえ、サッチャー政権が導入した都市開発公社ならびにエンタープライズ・ゾーンは、それまでの地方政府主導の都市計画行政に、大きなメスを入れたもので、開発にともなう補償の問題は、ニュー・タウン開発公社等、中央政府主導の開発の際の特権を応用したかたちとなった(31)。

4　土地・建物に関わる税制

政府の都市計画政策において、土地・建物に関わる税制は、避けては通れない問題である。英国の土地・建物に関わる税制は、どのようになっているのであろうか。とはいっても、土地・建物に係わる税制は多岐にわたっており、免税措置等も含めると非常に複雑となるので、ここでは現行の土地・建物に関係する主な税制を紹介するにとどめたい(32)。

ヨーロッパ諸国では、土地・建物一体とした不動産税制が一般的であり、英国の場合もその例外ではない。土地・建物に関わる税制として、土地・建物を所有するか使用することに対して課税されるものがある。これはしばしば、「保有課税」と呼ばれる。現行の制度では、国税の「ビジネス・レイト」と地方税「カウンシル・タックス」が関係してくる。サッチャーの地方財政改革以前は、これらはすべて地方税であったが、現在は、国税と地方税に分けられている。[33]非居住用資産レイトとは、所有者が個人または法人であるにかかわらず、事業用の資産に課せられるもので、「レイト価格」と呼ばれる国の評価官が市場賃貸価格に基づいて一元的に定めた査定額が課税される。納付された税は中央機関でプールされた後、地方自治体に分配される。

一方、「カウンシル・タックス」とは、サッチャーが導入した「コミュニティ・チャージ（人頭税）」があまりにも評判が悪かったため、それを修正するかたちで取り入れられた地方税である。この悪評高きコミュニティ・チャージは、所得にかかわらず、すべての人に同額の税を課税する制度として、個人に課せられた居住用資産レイトに代わって導入されたものであった。土地の年使用価値によって、課税額が異なっていたレイト（税率は地方自治体で任意に定めることができた）に対し、[34]住民すべてに均一の税額を徴収するようになったのは、地方公共サービスの対価として、コミュニティに属するすべての人に、平等に税負担を求めるもので、コミュニティに対する会費のような考え方に基づくものであった。しかし、国民の強烈な反発に、一九九三年、財産の価値に基づき査定されるカウンシル・タックスに置き換えられた。そのため、カウンシル・タックスは、財産の価値によって定められたレイトに後戻りするようなかたちとなったが、カウンシル・タックスの場合、課税額は国の評価官が市場価格に基づき、一元的に定めることになったところが、以前のレイトと異なるところである。また、さまざまな減税措置が設けられており、低所得者に対する配慮が見られる。カウンシル・タックスは、わが国の固定資産税に近いが、資産の所有者ではなく、居住者に直接課税されるのが特徴である。また、空き家の場合、所有者が税を支払うことになるが、五〇パーセントの減税措置が設けられている。

次に、土地およびそこに建つ施設等の賃貸借によって得られる賃料、土地および土地に存する権利の売買利益等に対して課せられる税金があげられる。これらに関しては、個人の場合は、「所得税」および「キャピタル・ゲイン税」が、法人組織の場合には「法人税」が課せられる。基本的に他の所得と総合して、国税として課税され、「所得税」は土地およびそこに建つ施設の賃貸借によって得られる賃料、土地および土地に存する権利の売買利益等に対して課せられる税金で、

「キャピタル・ゲイン税」は資産の売却・譲渡等の処分によって生ずる利潤のうち、所得税として課税されないものに対して課税される。たとえば、土地所有者が土地を取得し、所有していた間の値上益に対する課税等が、キャピタル・ゲイン税に該当する。キャピタル・ゲイン税には、収益額、また、譲渡される住居および敷地の規模によって免税措置もある。

「VAT（付加価値税）」も例外ではない。VATとは、物品やサービスに対して一律に課せられる間接税で、わが国の消費税に近い性格の税である。土地に関わるものでは、自由土地保有権（freehold land, 所有権）に関係する土地の売却や定期借地権が二一年を超える場合の定期借地権（leasehold land）に関係する土地の売却、または当該定期借地権の設定等は、商品の提供とみなされ、VATが課税される。

不動産を譲渡する場合には、「印紙税」も課税される。「印紙税」は、土地・建物の譲渡に際し、取得価格に応じて税率が設定されて課税される。これまでは、土地・建物の一体とした譲渡の際のみに課税されていたが、二〇〇三年以降、土地のみの譲渡に対しても課税されるようになった（「土地印紙税」）。

他方、土地・建物を相続する際には、これとは異なった税制によって課税される。相続や譲与に関しては、かつては「資産移転税」が課せられていたが、一九八六年以降、すべてが「相続税」に統一された。移行当時は、累進課税方式であったが、一九八八年以降、四〇パーセントに税率が統一されている。

これ以外の税制として、英国特有のものに「開発地税」がある。「開発地税」とは、労働党政府の三度目の開発利益の公共還元の試みの手段として創設された税制で、「一九七五年公用地法」とセットとなって制定された「一九七六年開発地税法」のなかで定められた。これは地方自治体がみずから土地を取得し、公的開発が行ないやすくするために設けられた制度で、開発地税は、その際の開発利益を税金として徴収しようとするもので、地方の財政を補償するという機能をもっていた。一九七五年公用地法で定めた制度は、サッチャー政権による「一九八〇年地方政府・計画・土地法」で廃止されたが、開発地税に関しては、税率や地方自治体等への財政保障の仕組みに合わせて改正されたものの、税そのものは残された。開発地税は、原則として、すべての土地に存する権利の処分に課税される。そのため、現行の税制では、課税対象は、キャピタル・ゲイン税と重複することが多いが、非課税措置も多く設けられているのが特徴である。

5 既成市街地の再開発の制度

既成市街地の再開発は、住宅法によるスラム・クリアランスが中心となって行なわれてきた。スラム・クリアランスは、一八七五年の職工および労働者住居改良法（クロス法）で導入されて以来、長い歴史をもっている。また、類似の手法として、建物をすべて除去してしまうのではなく、修理等を施して、耐久年数をのばそうとする考え方も登場してきた。このような手法を「改良（インプルーヴメント）」という。この概念は、一九四九年住宅法ではじめて導入され、一九六四年住宅法では、一定の範囲の地域を対象とした「改良地域（インプルーヴメント・エリア）」となり、一九六九年住宅法で「総合改良地域（ジェネラル・インプルーヴメント・エリア－GIA）」となった。一九七四年住宅法では、総合改良地域に代わって、より劣悪な地域に対処するために「ハウジング・アクション・エリア（住宅改善地域－HAA）」が導入された。しかし、これらは比較的狭い範囲で、不良住宅地を取り壊し、オープン・スペース等を設けながら、新しく住宅地を建設するという手法であり、既存の建物を利用したり、都市の歴史性を保ちながら改善していくといった意味合いはなかった。

より広い範囲で、既存の建物をすべて取り壊し、更地にしてから開発するのではなく、建物を補修し、都市機能を復活させようとする考え方は、都市・農村計画法による再開発の制度によって、少しずつあらわれてくる。都市・農村計画法によって定められた再開発の制度には、これまで「総合開発地域」（一九四七年法）と「アクション・エリア」（一九六八年法）があった。しかし、これらも当初から、このようなことが考えられていたわけではなかった。

総合開発地域は、一九四七年都市・農村計画法によって導入された。当初の目的は、戦災地、荒廃地、古い開発地等を改善し、人口や産業を再配置し、健全な都市空間を復活させようとするものであった。その際、オープン・スペース等をちりばめ、二度と不健全な状態にならないよう、都市計画上の配慮がなされた。当初は、戦災地復興の意味合いが強かったが、次第に目的が拡大され、総合的な再開発を実施する際の手法となった。しかし、総合開発地域の指定には、国務大臣の承認が必要であり、手続きが煩雑になり、時間を要し、また、指定した後にしか土地の収用ができないという欠点もあった。一九六〇年代以降、商業地区の再開発が必要になった際、この制度では対応しにくくなり、勧告により非法定な「タウン・センター・マップ」の作成が奨励され、実際には、これによって再開発が実施されるようになった。タウン・センター・マップは、都市更新のための政策を図表化したもので、民間および公共の土地利用の方針を定めるものであり、当時問題になっていた交通問題にも対応したものであった。これら再開発は、公共のみでは不可能であり、民間の協力をあおぐことにした。そして、地方自治体は総合的な計画に基づいて土地を収用し、基盤を整備し、その後の建物の建設ならびに再開発事業は、民間に託すという方法が一般的となった。

一九六八年都市・農村計画法では、アクション・エリアが導入され、形骸化した総合開発地域に取って代わった。アクション・エリアでは、タウン・センター・マップを利用した再開発同様、地方自治体が土地を収用し、基盤整備を行なって、民間開発のために、それを譲渡・賃貸するようになった。

一九六〇、七〇年代は、保守党と労働党の間で政権が行ったり来たりする状態が続いていた。両党政権の努力にもかかわらず、既存都市の衰退は著しかった。一九七〇年代半ばに労働党政府がとった方策は、地方自治体に都市計画上の大きな権限を委譲し、地方自治体がみずからの力で、都市を再生することに期待をかけたものであった。つまり、「一九七五年公用地法」と「一九七六年開発地税法」の導入である。労働党政府が、この政策を打ち出した背景には、再開発が必要とされる深刻な不況地域、すなわち、かつての工業地帯では、労働者の生活改善のために決起した労働党が依然として力を有しており、このような地方議会は労働党が牛耳っていたという事実があった。しかし、これが思うようにならない状態が続く最中に行なわれた総選挙で、サッチャー率いる保守党政権が勝利を収めた。サッチャー政権は、このような地方の労働党勢力を押さえるためにも、深刻な不況地帯の改善は、中央主導で行なうことを決定した。そこで導入されたのが、「一九八〇年地方政府・計画・土地法」である。同法で「都市開発公社」と「エンタープライズ・ゾーン」が導入された。これに関しては、すでに述べた通り[35]で、ニュー・タウン事業で用いられた中央主導のシステムを、既存都市内の再開発に応用したものととらえてよい。

そして、現在の都市再開発は、サッチャー時代の延長線上にあり、開発手法はさほど変わりがないものの、開発母体が中央主導から官民共同の組織へと移されつつあるのが特徴である。

6　計画許可とその手続き

すでに繰り返し述べてきたように、英国においては、すべての開発行為に対して、原則として「計画許可」が必要であり、地方計画庁に計画許可を申請しなければならない。その手順をまとめると、図**11**－**1**のようになる[36]。

原則として、すべての開発において「計画許可」を必要とするが、これには例外がないわけではない。次の四つの場合は計画許可の取得は免除される[37]。

①旧用途に戻す特例的な開発
②「開発命令」による開発
③「みなし許可」による開発
④「王領地」の開発

①には、違法用途を旧来の適法の用途に戻す場合や、期限等の条件付きで許可された用途を適法の用途に戻す場合や、一定期間ごとに同じ用途への用途変更を繰り返すことを許可された「臨時用途」として認められた場合、が該当する。②の「開発命令」とは、担当大臣が開発規制に関する詳細事項に関して定めることで、一定の開発行為に関して、一定の条件を満たした開発の場合には、個別の審査を必要としない制度である。開発命令には、全国一律に適用される「一般開発命令」と特定の場所・場合のみに適用される「特別開発命令」がある。現行制度において、「一般開発命令」は、正式には「一般開発許可命令」といい、一九九五年都市・農村計画（一般開発許可）令および一九九五年都市・農村計画（一般開発手続き）令で詳細が定められている。他方、特別開発命令のなかには「ニュー・タウン特別開発命令」等があり、中央政府が地方自治体から権限を吸い上げて行なう開発の場合には、開発許可を必要としない。これは都市開発公社による開発の場合にも適用された。③の「みなし許可」とは、一定の行為に関しては、実際に許可が与えられていなくとも許可が与えられたと同等に扱うことで、広告規制法で許可が与えられた場合や、地方行政庁等が中央政府の許可によって事業を行なう場合や、地方行政庁がみずからの管轄地域で事業を行なう場合などが該当する。④は、王権は原則として法律による拘束を受けないという伝統に基づく制度で、王室の保有地、中央政府の保有地の一部が該当する。

また、法的に「開発」とみなされない行為も、開発許可の申請を必要としない。では、「開発」行為とは、法律上、どのように定義されているのだろうか。都市・農村計画法では、「開発」行為を、「工事」と「用途変更」の二種類に分けている。

「工事」には、建築工事、土木工事、採掘工事、その他の工事、取り壊し、がある。また、「用途変更」に関しては、申請をする必要があるものを定めており、それらを「重大な用途変更」と呼んでいる。都市・農村計画法では、「開発」に該当するいくつかの行為を例示しているが[38]、しかし、開発にあたるかどうか微妙なものの場合には、地方計画庁の判断をあおぐ必要があると記されている。

これ以外に、都市・農村計画法では、「開発」にあたらない行為も別に定めている。

・建築物の内装の変更
・地方行政庁が行なう道路の維持・修理等
・地方行政庁や公共事業体（statutory undertaker）が行なう下水道・導管・架線等の点検・修理・更新等
・住宅敷地内の居住活動にともなって生ずる付随的工事
・農業・林業などの土地利用・建物利用
・「用途クラス」内の用途変更

ここで、用途クラス［表**11－1**］とは、「用途クラス令[39]」によって定められた土地利用方法の分類のことで、わが国の建築基準法の別表で定められた特殊建築物の用途と同種のものである。同一グループ内の用途変更の場合には、許可申請の必要がないが、異なるグループへの用途変更の場合には、計

表11-1　用途クラス

	用途クラス	例
A1	商店	店舗，郵便局，旅行代理店，理髪店・美容院，葬儀屋，クリーニング店，等
A2	金融および専門サービス施設	銀行，不動産業，公認賭博券売所，その他の金融業および専門サービス業，等
A3	飲食店	パブ，レストラン，カフェ，ファースト・フード店，等
B1	ビジネス施設	事務所，研究開発所，住宅地にふさわしい軽工業，等
B2	産業施設一般	
B8	倉庫および流通施設	屋外集積所を含む
C1	ホテル	ホテル，民宿，ゲストハウス，等
C2	住居系施設	老人ホーム，病院，養護施設，寄宿学校，全寮制大学，トレーニング・センター，等
C3	住居	家族用住居，収容人員6人以内の寄宿舎
D1	非住居系施設	診療所，幼稚園，デイ・ケア・センター，学校，画廊，博物館，図書館，ホール，教会
D2	集会所およびレジャー施設	映画館，コンサート・ホール，ダンス・ホール，カジノ，水泳プール，スケート・リンク，体育館，スポーツ・アリーナ（ただし，モーター・スポーツおよび火気を取り扱うものを除く）

「1987年都市・農村計画（用途クラス）令」による

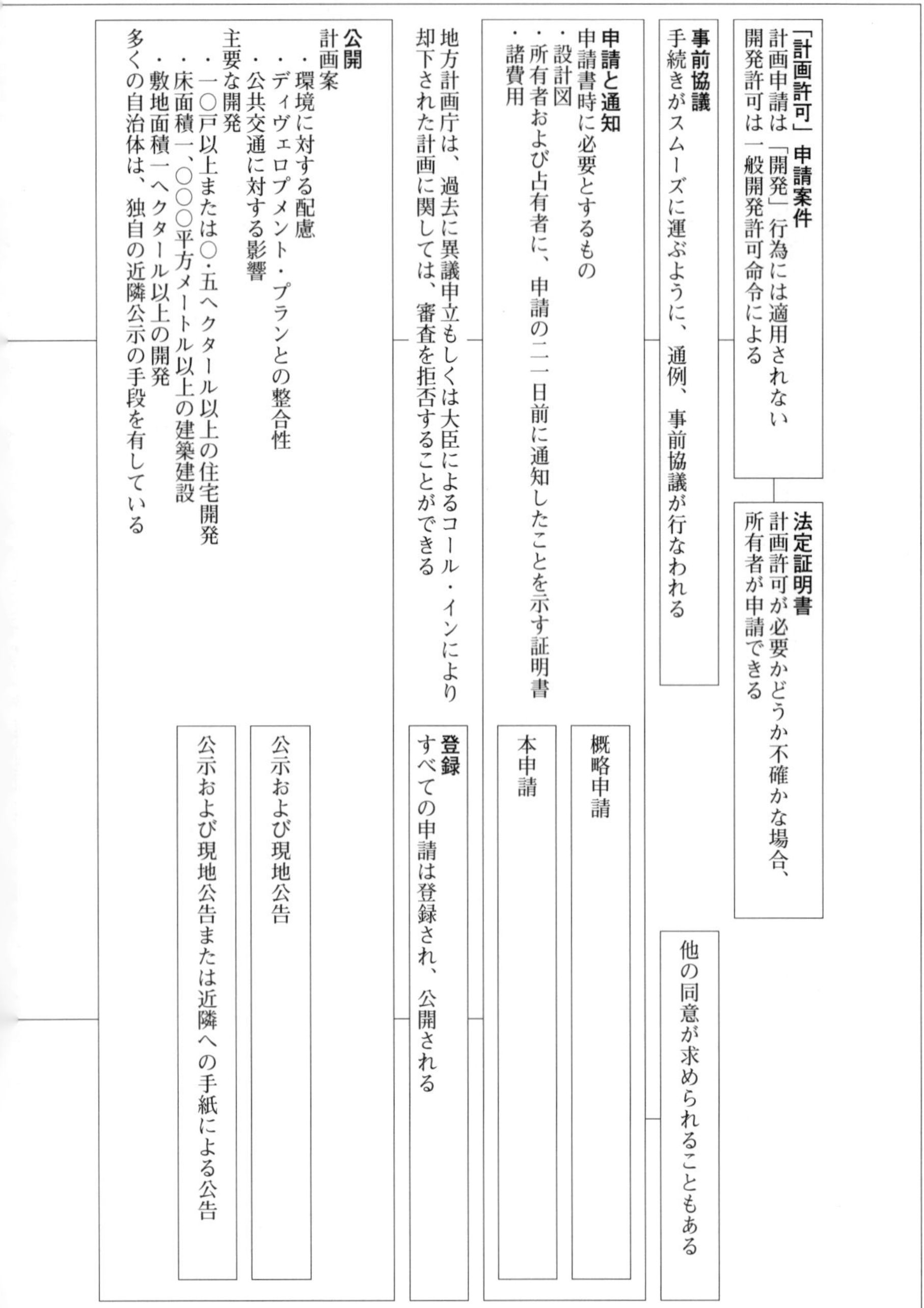
「計画許可」申請案件
計画申請は「開発」行為には適用されない
開発許可は一般開発許可命令による
法定証明書
計画許可が必要かどうか不確かな場合、
所有者が申請できる
事前協議
手続きがスムーズに運ぶように、通例、事前協議が行なわれる
他の同意が求められることもある
申請と通知
申請書時に必要とするもの
・設計図
・所有者および占有者に、申請の二一日前に通知したことを示す証明書
・諸費用
概略申請
本申請
地方計画庁は、過去に異議申立もしくは大臣によるコール・インにより
却下された計画に関しては、審査を拒否することができる
登録
すべての申請は登録され、公開される
公開
計画案
・環境に対する配慮
・ディヴェロプメント・プランとの整合性
・公共交通に対する影響
主要な開発
・一〇戸以上または〇・五ヘクタール以上の住宅開発
・床面積一、〇〇〇平方メートル以上の建築建設
・敷地面積一ヘクタール以上の開発
多くの自治体は、独自の近隣公示の手段を有している
公示および現地公告
公示および現地公告または近隣への手紙による公告

図11-1　計画申請の手順（イングランドの場合）　(Cullingworthに基づく)

公告
・高速道路に影響を及ぼす開発に関しては、交通大臣へ
・要求された場合には、パーリッシュまたはコミュニティ・カウンシルへ
・保存地区に影響を与える開発の場合には、現地公告
・登録建造物に影響を与える開発の場合には、公示および現地公告
・カウンティ・マターは、ディストリクト・カウンシルへ

諮問
政府関係機関、学術団体、ローカル・アメニティ・ソサイアティ等、さまざまな団体に意見を求める
形式上、一四日以内に回答を得ることになっている

報告書の作成
計画官は関係者間の調整をはかりながら、報告書を作成する
報告書は計画委員会等によって審議される
詳細の決定は、調査官に委ねられる

決議
ディヴェロプメント・プランに照らし合わせ、八週間以内に判断が下される

申請却下
地方計画庁は、明確な理由を示す必要がある

異議申立
六ヵ月以内に、検査官は報告書を作成し、公聴会等を実施し、それに基づき、大臣が申請の可否を検討する

決議
大臣により、行政上の最終決定が下される

控訴
申請者は、六週間以内に、高等裁判所に控訴し、判断を司法に委ねることができる

ディヴェロプメント・プランとの矛盾
地方計画庁が申請を却下する意思がない場合、もしくは下記の場合は、地方計画庁は大臣に報告し、詳細計画を提出しなければならない
・一五〇戸を超える住宅開発
・売り場面積一〇、〇〇〇平方メートルを超える商業開発
・地方計画庁が関与する開発
・計画が著しく危害を及ぼす恐れのある開発
なお、大臣がコール・インしない場合、地方計画庁は三一日以内に申請を承認する

申請許可
五年以内の定められた期間内に着工しない場合、無効となる

差戻し
大臣は、案件を地方自治体に差し戻すことができる

画許可を受ける必要がある。

これら開発行為は、地方計画庁に計画許可を申請する。その際の地方計画庁とは、例外はあるものの、たいていの場合、ディストリクト・カウンシルであり、その際の窓口となるのは、都市計画課や建築課である。計画許可申請に関しては、原則としてディストリクト・カウンシルが決定権を有するが、一部の問題はカウンティ・カウンシルとの協議が必要となる。このような事項は「カウンティ・マター」と呼ばれている。通例、手続きが順調に進むように、開発申請者は、ディストリクト・カウンシルの担当官等との事前協議を行なったうえで、担当の窓口に申請書を提出する。事前協議には、「概略申請」と呼ばれる制度もあり、これによって無駄な手続き等を省略できるよう目論まれている。

原則として、申請は所有者でなければ行なうことができない。ただし、土地の取得または長期の賃貸を予定している者のうち、所有者の許可を得た場合のみ、当事者以外が申請を行なうことができる。計画許可申請は、規則で定められた書式によってなされるが、全国統一の書式はなく、各地方計画庁が独自に定めている。その際、準備しなければならないのは、計画書、所有者であることの証明書、テナント（居住者）への通知済証明書、手数料である。

計画許可申請のなかには、事前の公告を必要とするものもある。「近隣に悪影響を及ぼす開発」や「保存地区に影響を及ぼす開発」に対しては、一定期間、計画を公示し、それに対する異議申立の機会を設けた後でないと、申請が受理されない場合がある。近隣に悪影響を及ぼす開発には、高さ二〇メートルを超す建物、カジノ、映画館、劇場、水泳プール、動物園、ペット・ショップ、公衆便所、ゴミ捨て場、石炭置き場、露天採掘場、屠殺場、墓地等の建設が該当し、これらの建設に際しては、地方新聞等に公告し、現地で計画案を提示し、近隣住民へ意思表明の機会を与えたという一連の手続きを経た旨を、申請時に証明しなければならない。また、保存地区に影響を及ぼす開発とは、保存地区内のディヴェロプメント・プランと合致しない開発のことで、ディヴェロプメント・プランと大きく異なるものではなく、近隣に悪影響を及ぼす可能性がないものに対しては、計画内容を公示し、一定の期間の異議申立て期間を設けたうえで、許可が下されることになっている。なお、この場合、申請書の謄本を、担当国務大臣に送付する必要が生ずる。

その後、計画が公示される［図**11**－**2**］と同時に、関係部局との協議が行なわれる。その場合、住宅、道路、上下水道等に関わる部局の他に、カウンティ・カウンシルや近隣のディストリクト・カウンシルとの協議が必要となる場合もある。そして、ディヴェロプメント・プランに適合しているかどうかが審査され、決定が下される。原則として、ディヴェロプメント・プランに適応した計画のみが許可されるが、ディヴェロプメント・プランに適合していないものに関しても、許可することができるという例外規定も設けている。また、その際の判断のために、中央省庁から地方行政庁に対し、「通達」や「指導書」等の公式文書や、政策方針の説明や法令の解釈等の資料が常に配布されている、地方計画庁のプランナーは、これに基づいて審査を行なうが、これらで想定されていない決定に関しては、プランナーが常識に基づいて判断することになっている。

図**11-2**　計画の公示

　地方計画庁は計画許可申請の受理後、八週間以内に決定を下さなければならない。これを超える場合には、当事者間の合意がなければならず、もしも合意なしで遅れた場合には「不許可」とみなされ（deemed refusal）、異議申立の権利を有することになる。計画が許可された場合には、通常、五年以内に開発が開始されなければ許可の効力を失効する。ただし、地方計画庁は、その期間を変更することもできる。また、期限の条件付きで開発が許可された場合で、開発は開始されたものの、期間内に完成していない場合には、一二ヵ月以上の期限を定めて「完成期限通告」を発し、期限内に完成をしない場合、許可は効力を失うように定めることもできる。

　他方、計画が不許可となった場合は、六ヵ月以内に、担当大臣に異議申立を行なうことができる。異議申立が行なわれた場合、当事者の出席による公聴会や書面審査によって意見が述べ交わされ、中央省庁の審査官が参加し、報告書が担当国務大臣に提出され、大臣の名において決定が下される。全申請処理数の約三パーセント（年間一万件以上）が異議申立に持ち込まれ、そのうち四分の一が大臣の許可を勝ち取っているという[40]。

地方計画庁は、計画許可を取り消しまたは修正することもできるが、この場合、それによって影響を受ける者にあらかじめ通知し、必要な場合には公聴会を催さなければならない。また、それにともなう費用、開発側の損失に関しては、補償しなければならない。これら以外にも、地方計画庁には、緊急を要するような不適切な開発が実施されていると思われる場合には、「停止命令」を発効し、工事をストップさせ、既成事実となることを防ぐことができる。

国務大臣は、これら開発許可申請および計画許可等の手続きに対し、直接介入し、決定を行なうことができる。これを「コール・イン」と呼ぶ。コール・インが行なわれた場合、国務大臣の決定は絶対的なものとなり、都市計画における権限が集中した独裁的なものとなるが、実際に行使される例は、さほどない。

12章 歴史的建造物の保存・再生に関わる法制度

1 歴史的建造物の保存・再生に関わる法制度の枠組み

現行の歴史的建造物の保存・再生に関わる制度は、以下の法律が根拠となっている。

「一九五三年歴史的建造物および古記念物法」
「一九六二年地方庁（歴史的建造物）法」
「一九六七年シヴィック・アメニティズ法」
「一九六九年不要教会堂およびその他宗教建築法」
「一九七四年都市・農村アメニティズ法」
「一九七九年古記念物および考古学地区法」
「一九八〇年地方政府・計画・土地法」
「一九八四年財政法」
「一九八五年地方政府法」
「一九八六年住宅・計画法」
「一九九〇年都市・農村計画法」
「二〇〇二年国家遺産法」

これらは当初、それぞれ別の目的で制定されたが、ひとつひとつが独立して機能するというよりはむしろ、それぞれが複雑に絡み合って機能している。そのため、法律そのものの理解が煩雑となるので、これらのうち「一九五三年歴史的建造物および古記念物法」、「二〇〇二年国家遺産法[1]」、「一九七九年古記念物および考古学地区法」を除いた都市再開発等に関連する歴史的建造物の保存に関わる法規はすべて、「一九九〇年計画（登録建造物および保存地区）法」に統合されている。[2]

英国の現行制度において、歴史的建造物の保存・再生は、文化財の保護と都市計画というふたつの側面から規制されている。そのため、実際の運用に際しては、歴史的建造物の登録等に関しては、文化財行政を司る「文化・メディア・情報省」が担当し、これら建造物の開発許可は、都市計画行政を司る「副総理府」が担当するなど非常に複雑である。それをわかりやすくするため、一九九四年には、両省（当時は、国家遺産省と環境省）が共同して、計画方針ガイダンス『PPG15—都市計画と歴史的環境』（一九九四年九月発行）を発行し、実際の運用方針を示した。また、『PPG16—考古学と都市計画』（一九九〇年一一月発行）も、歴史的建造物の保存と密接な関係があるPPG（計画方針ガイダンス）のひとつである。

2　登録建造物制度

現在、国家によって保護されている文化財建造物には、「登録記念物（スケジュールド・モニュメント）」と「登録建造物（リスティド・ビルディング）」の二種類がある［図**12**—**1**］。

登録記念物は、「一九七九年古記念物および考古学地区法」によって定められた制度で、「国家的に重要な遺跡や記念物のうち、法律によって保護されるリストに掲載されたもの」と定義されている。これは、一八八二年古記念物保護法に基づいて作成された保護すべき記念物のリストの流れを汲むもので、歴史的に文化財関連の部局が作成・監理してきた【参考資料ⅳ】。二〇〇五年現在、イングランドで約一八、三〇〇件が文化・情報・スポーツ省のリストに掲載され、三一、四〇〇の遺構が保護の対象となっている。[3]

他方、登録建造物は、一九九〇年計画（登録建造物および保存地区）法によって定められた制度で、すでに幾度となく言及してきたが、歴史的または建築的な価値があり、保護すべき建造物として、一九四四年都市・農村計画法によって作成が開始されたリストに掲載された建造物のことである。現行の登録建造物制度は、「一九六八年都市・農村計画法」で

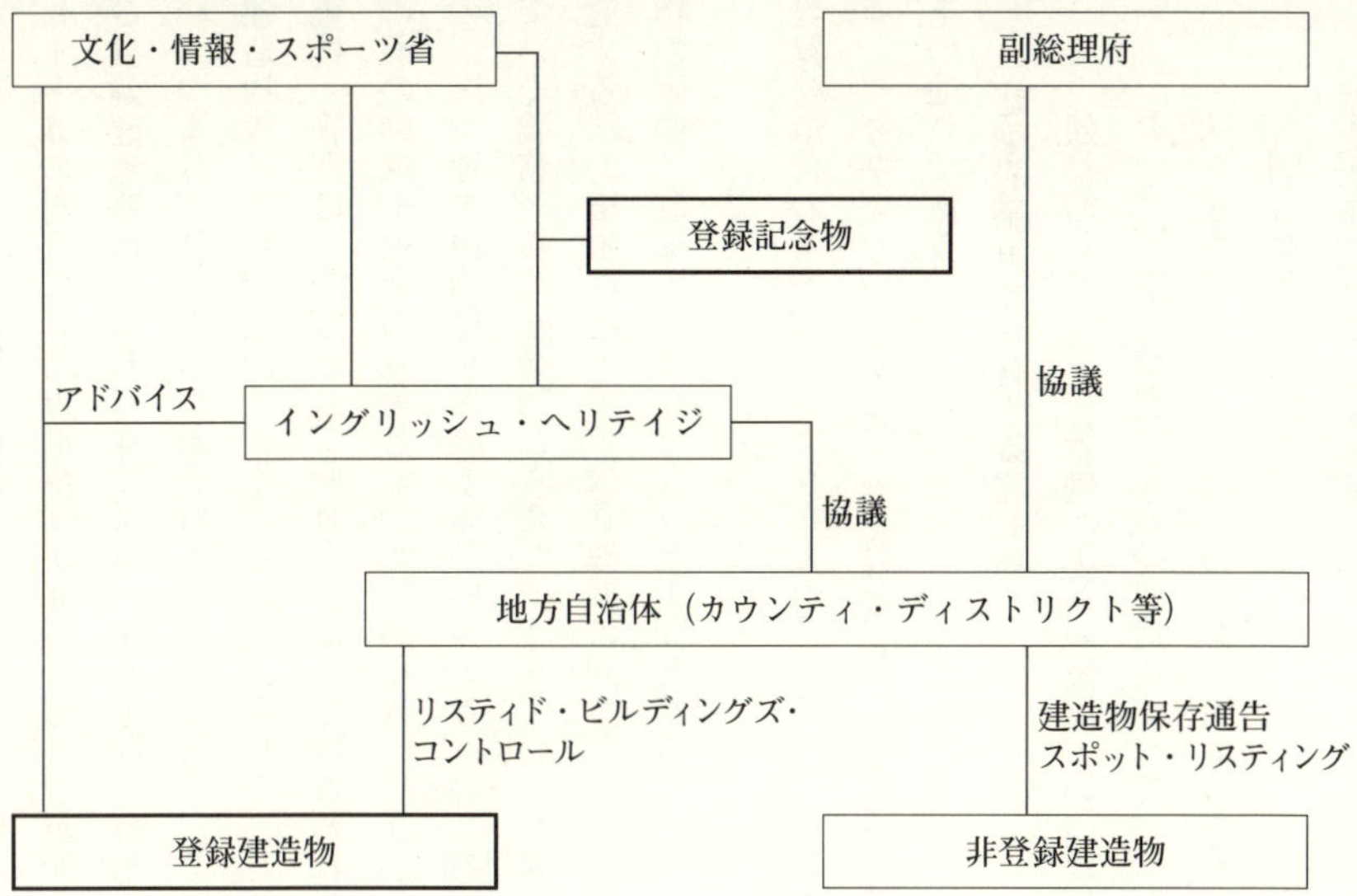

図**12-1**　英国の保存行政概要図

導入された制度がもとになっており、リストに掲載された建造物の現状変更は、すべて許可制となっている(4)。この登録建造物を記載したリストは、正式には「特別な建築的または歴史的価値を有する建造物の法定リスト」という。登録記念物は文化財関連部局が作成・監理してきたのに対し、登録建造物は都市計画関連の部局が作成し、監理してきた【参考資料iii】。しかし、一九七〇年に環境省が創設されてからは、ともに環境省が監理するようになった。一九九二年には、新設された国家遺産省に移管され、現在は登録記念物と登録建造物ともに、文化・情報・スポーツ省の管轄となっている。これらは原則として、建築物か、またはそれ以外の考古学的遺構かによって分類されているが、例外がないわけではない。また、それぞれリストが作成されているが、ひとつの物件が、登録記念物でもあり、登録建造物である場合もある(5)。

　現行の制度では、登録記念物も登録建造物もともに、現状変更が許可制となっている。これらに何らかの変更を加えようとする際、登録記念物の場合は、文化・メディア・情報大臣が発行する「登録記念物に対する同意」が必要となる。また、登録建造物の場合には、「登録建造物に対する同意」を必要とする。ただし、登録建造物の場合、グレイドにより「登録建造物に対する同意」の発行元が異なっており、グレイド

Iおよびグレイド II*の場合には文化・メディア・情報大臣が、グレイド IIの場合には地方計画庁が発行する。(6) 登録記念物および登録建造物は、これらなしではいかなる開発行為もできない。つまり、リストに掲載されるということは、その遺跡や建造物等に文化的価値があることが認められたことで、その維持・管理は、原則として所有者によって行なわれる。修理の際の助成や税金の減免といった特別な扱いはなされるものの、国や地方自治体が保護するというよりはむしろ、保存していく義務がある建築物と考えたほうがよい。登録建造物に対する法的権限は絶大で、公共機関の同意なしに、登録建造物の破壊・改築・増築を行なうと犯罪となる。

登録建造物の基準はどのようなものであろう。イングリッシュ・ヘリテイジによると、登録建造物にあたる建造物は、以下の通りである。(7)

・「建築的価値」を有する建造物
　建築的デザイン、装飾、工芸の価値といった観点において国家的重要性をもつ建造物すべて、また、特殊な建築タイプ、技術、特別な平面形態をもつ重要な例となる建造物
・「歴史的価値」を有する建造物
　国家の社会的、経済的、文化的、軍事的歴史において重要な特徴を示す建造物を含む
・「国家的に重要」な建造物または「国家的に重要な出来事と関連」する建造物
・「集合的価値」を有する建造物
　特に、建物群が建築的または歴史的に重要な統合体となっているもの、または、都市計画上優秀な実例(スクエア、テラス、モデル・ヴィレッジ等)

昨今では、建築のタイプ別に重点的なリストを作成しており、それらには次のようなものがある。(8)

・産業遺産
・パブ
・工業都市
・国家的軍事施設

また、リストに掲載される建造物は、建設年代によって、以下のような基準が設けられている。(9)

・一七〇〇年以前に建築された建造物で、当初の状態が保たれているもののすべて
・一七〇〇―一八四〇年に建築された建造物で、当初の状態が保たれているもののほとんど

・一八四〇－一九一四年に建築された建造物で、明確な質または特徴を有するもの
・一九一四－一九三九年に建築された建造物で、高い質を有するもの
・一九三九年以降に建築された建造物でも、特別な価値を有するもの

一八四〇年以降の建造物に関しては、現存数が多くなるため、基準が厳しくなり、戦後の建造物に至っては、極めて重要なもののみが登録される。原則として、登録建造物は築後三〇年を経過したものと定められているが（「三〇年ルール」）、取り壊しの危機にあるものなど、場合によっては、それ以下の築後年数のものでも登録することができる。ただし、築後一〇年以下のものは登録することができない（「一〇年ルール」）[10]。

戦後の建造物に関しては、多くの議論があったが、一九八七年に基準が作成されて以来、約二〇〇件が登録されている[11]。また、一九四五－六五年に建設された建造物は、すべての建築タイプにおいて検討が加えられることになった。

これら登録建造物にはランクが設けられ、イングランドとウェールズでは、「グレイドⅠ」「グレイドⅡ*」（「ツゥー・スター」と読む）」「グレイドⅡ」の三種類、スコットランドでは、「カテゴリーA」「カテゴリーB」「カテゴリーC（S）」の三種類、北アイルランドでは「カテゴリーA」「カテゴリーB」「カテゴリーB＋」「カテゴリーB1」「カテゴリー2」の五種類に区分されている。これらの選定基準は、大筋同様であるが、詳細はそれぞれ異なっている[12]。

イングランドとウェールズのグレイドは、三つに区分されているのに「Ⅰ」と「Ⅱ」というふたつの数字しか用いられてなく、幾分奇妙に思えるかもしれないが、これは登録作業の経緯が影響している。登録建造物のリストが作成されはじめた一九四四年の段階では、「グレイドⅠ」「グレイドⅡ」「グレイドⅢ」といった三階級があった。これらのうち、「グレイドⅠ」と「グレイドⅡ」は「法定リスト」に掲載され、現状変更の際、届出が必要であり、「グレイドⅢ」は「法定リスト」には載せられず、地方自治体の監理する「補助リスト」のみに掲載されるものと区別されていた。しかし、一九七〇年に「グレイドⅢ」が廃止され[13]、グレイドⅢのほとんどが、グレイドⅡに格上げされるとともに、グレイドⅡのなかでもグレイドⅠに近い価値があると思われるもののために、グレイドⅠとグレイドⅡの中間に「グレイドⅡ*」という階級が新設された。そして、登録建造物は現行のように、グレイドⅠ、

グレイドⅡ*、グレイドⅡの三階級に区分されるようになった。イングリッシュ・ヘリテイジによると、それぞれのグレイドの選定基準は、以下のように定められている。

グレイドⅠ　極めて重要な価値がある建造物

グレイドⅡ*　特別な価値があるもののなかで、特に重要な建造物

グレイドⅡ　特別な価値があり、保存するよう努めるべき建造物

　これら制度のもと、イングランドだけでも、二〇〇四年五月時点で、三七〇、九一二件がリストに掲載されている[14]。一九六八年末の段階では、約一一五、〇〇〇件であったというから[15]、その後、追加された数がいかに多いかがわかる。三七〇、九一二件の登録建造物の内訳は、グレイドⅠが九、一三九件、グレイドⅡ*が二〇、八五五件、グレイドⅡが三四〇、九一八件である[16]。ウェールズでも同様に、一九九〇年計画（登録建造物および保存地区）法による登録制度が適用されているが、登録建造物の数は、グレイドⅠが四四七件、グレイドⅡ*が一、九二四件、グレイドⅡが二四、八七七件、計二七、二四八件となっている[17]。ちなみに、スコットランドでは法律が異なり、一九九七年都市・農村計画（スコットランド）法によるため、登録の基準がやや異なっているが、カテゴリーAが三、五九六件、カテゴリーBが二五、九九五件、カテゴリーCが一六、七〇二件、計四六、二九三件が、登録建造物として法律によって保護されている[18]。また、北アイルランドは、現在、制度の整備が進められている最中であるが、二〇〇四年六月時点で、カテゴリーAが一八七件、カテゴリーB＋が四四六件、カテゴリーBが二、一三五件、カテゴリーB1が三、三六〇件、カテゴリーB2が一、九七一件、合計八、一九九件が登録されている[19]。

　再び、イングランドのケースに話を戻したい。イングランドの登録建造物のうち約九二パーセントがグレイドⅡで、グレイドⅠとグレイドⅡ*は全体の約二パーセントと少ない。これは、法律の保護の度合いにも対応しており、グレイドⅠとグレイドⅡ*は、現状変更の際の手続きが異なり、また、修復にあたって、イングリッシュ・ヘリテイジ等の補助金が特別に用意されているといった違いがある。

　登録建造物に関する資料は、各地方自治体の都市計画部局等に備えられている他、「ナショナル・モニュメンツ・レコード」に集められている。これらは、すべて電子データ化されているが、一般には公開されていない（ただし、特定の登

録建造物のデータに関しては、一定の手続きのもと、コピー等を得ることができる)。また、これらには、建造物ごとに、A4用紙一枚程度の解説文が作成されており、これらはパーリッシュ(教区)ごとに整理されている。この冊子は、表紙が緑色であることから「グリーンバックス」と呼ばれている。

ナショナル・モニュメンツ・レコードの前身は、ジョン・サマーソンとウォルター・ゴッドフリーによって一九四一年に創設されたナショナル・ビルディングズ・レコードで、「歴史的建造物諮問委員会」とともに、イングランド、ウェールズ、スコットランド、北アイルランドでそれぞれ独自のナショナル・モニュメンツ・レコードが創設された。イングランドのナショナル・モニュメンツ・レコードは、ロンドンのピカデリーのサヴィル・ロウ(現在、イングリッシュ・ヘリテイジのロンドン・オフィスがある場所)に長い間あったが、イングリッシュ・ヘリテイジに統合され、現在はスウィンドンのレイルウェイ・ヴィレッジ内に移転している。かつてロンドンのオフィスでは、部屋いっぱいに配置された棚に、パーリッシュの名前がつけられたエンジ色の箱が並べられ、そこにこれまでに掲載された雑誌記事、古写真、実測図面等の資料が保管されており、関係者の紹介状があれば、自由に出入りでき、建築史研究者の貴重なアーカイヴであった。

建造物の登録の追加は、イングリッシュ・ヘリテイジの定期的なリストの見直しと、緊急対策として「スポット・リスティング」と呼ばれる方法で実施される。[20] イングリッシュ・ヘリテイジでは、各地を調査し、候補となる建造物を仮のリストに掲載し、さらに地方自治体等から詳細なデータを集めている。これらのうち、登録建造物として登録すべきと判断されたものは、文化・情報・スポーツ大臣によって、リストに追加される。そして、その後、大臣から地方計画庁にこのことが、文書で通知され、さらに、地方計画庁から所有者および居住者に、リストに掲載されたことが通知される。これが定期的なリストの見直しの作業で、この方法によって年間約一、〇〇〇件程度の建造物が新たにリストに加わっている。

他方、スポット・リスティングとは、取り壊しの危機にある建造物など、特定の建造物に対して調査を行ない、歴史的・建築的価値があると認めた場合には、それをリストに掲載する方法である。これによって、登録建造物以外の(リストに掲載されていない)建造物でも、歴史的・建築的価値がある場合は、取り壊しの危機から守ることができる。その際、所有者の同意は必要としない。それどころか、所有者には、みずからの所有財産の建造物が登録されることに異議申立を行なう権利すら与えられていない。この点が、わが国の登録文化財制度との最大の相違である。つまり、所有者の意思とはまったく別に、建造物が登録され、それによって所有者の開発行為を制限することができる。このように、英国の登録建造物制度とは、単に歴史的・建築的価値によって保存すべき建築物が決定されるもので、所有者の意思、経済的な理由等は、まったく別の次元で決定される。

歴史的建造物の登録作業は、行政の権限で一元的に行なわれ、登録建造物になると保存が実質上義務化されるといったように、所有者にとっては、喜ばしくない場合も少なくない。しかし、原則として、これら決定に不服があったとしても、登録を取り消すことはできない。登録が取り消されるのは、大臣がその建造物に歴史的または建築的価値がなく、登録時の評価が間違っていると判断したときに限られると規定されている。

これ以外に興味深い点として、登録建造物に指定されていない建造物に対しても、取り壊されそうになった際、「建造物保存通告」を発令し、工事をいったん中止させ、建造物を六カ月間保存し、その間に建造物をリストに載せるかどうか判断する猶予が与えられる制度が存在することである。猶予された期間に、学術的な調査を行ない、追加登録するかどうかを判断する。[21] この制度によって、歴史的建造物に影響を与える開発の規制を容易にすることができるようになった。また、登録建造物を放置し、破壊が不可避となる状態まで放って置かれることを防ぎ、登録建造物を適切な状態に保つために、地方計画庁は所有者に対して「修理通告」を発令することができる。そして、所有者が二カ月以内に登録建造物の修理を行なわない場合は、最低限の補償により、「強制収用命令」を出して、強制収用することができる仕組みになっている。

現行の登録建造物制度では、リストに登録された建造物の現状変更はすべて許可制となる。つまり、登録建造物に何らかの変更を加えようとする場合には、関係部局に対し、計画許可を申請するとともに、「登録建造物に対する同意」[図12－2]を得なければならない。これを「リスティド・ビルディングズ・コントロール」と呼ぶ。その手順は、グレイドⅠおよびグレイドⅡ*と、グレイドⅡとでは異なる[23][図12－3]。ともに計画許可は、地方行政庁に提出し、地方行政庁から許可を得るが、「登録建造物に対する同意は」、グレイドⅠおよびグレイドⅡ*に関しては、文化・情報・スポーツ大臣から得なければならない。グレイドⅡの場合は、地方計画庁が「登録建造物に対する同意」を発布する権限をもっているが、取り壊す場合は、文化・情報・スポーツ大臣の許可を受けなければなければならない。もし、これを怠った場合、最高一二カ月の禁固および相当額の罰金が課せられる。

申請書が提出されると、地方計画庁は、その現状変更の内容が適切かどうかを審査する。その際の判断は、行政官であるプランナーにまかされている。[24] プランナーは、建築的、歴史的重要性や希少性などの建造物の重要度や、デザインや材料等の建造物の特徴、周辺環境との調和、コミュニティに対する影響等を考慮に入れて総合的に検討する。申請内容は、一般に公示され、住民の意向をただす必要がある。もしも、当局で判断できない場合は、関係専門機関の意見を聞くことになっている。[25] また、計画が許可されても計画内容を公示し、クレームがあった場合には再審査が必要となる。これらの過程を経て、はじめて計画が実施される。登録建造物を取り壊そうとする申請があった場合、より慎重な対応が要求される。地方計画庁は、イングリッシュ・ヘリテイジやその他の専門機関に通知し、すべての意見を集約したうえで、大臣の判断をあおぐことになる。また、国家的に重要と思われる案件の場合は、地方自治体の都市計画に関する権限を停止し、中央管轄省庁の長が直接、登録建造物の許可申請の審査にあたることができる。これを「コール・イン」と呼ぶ。

開発が許可されなかった場合には、開発申請者は中央管轄省庁の長に異議申立を行なうことができ、異議申立やコール・インがあった場合には、中央管轄省庁の長は、原則として、審査官を任命し、公募したメンバーからなる「ヒアリング」または「審査会」を開くことになっている。

このような制度が確立されているものの、通常の場合、登録建造物は保存が前提とされる。これは一九八七年の『歴史的建造物と保存地区—方針と手続き』(通達8／87)で明確に示されており、それ以降、登録建造物の取り壊し許可は急激に減少している。ちなみに、一九七七年には、登録建造物の総数二五〇、〇〇〇件のうち三〇六件に取り壊しの許可が与えられたのに対し、一九八八年には登録建造物の総数が四二七、〇〇〇件に増大したにもかかわらず、実際に許可されたのは、一八五件と減少している。[26]

他方、登録建造物の取り壊し(部分的にも含む)が許可された場合でも、公的機関(イングリッシュ・ヘリテイジ等)によって、記録が作成されるまで、取り壊しを行なってはいけないことになっている。これにより、最悪の場合、建物が失われても記録だけは残るシステムができあがっている。

登録建造物の現状変更（改修・増築・取り壊し）計画案

所有者であることを証明する書類もしくは所有者に通知済みであることを示す書類を用意

証明書および申請書を地方計画庁に提出

グレイドⅡの建造物のインテリアのみの変更か？

はい

いいえ

地方計画庁による公示（必須）

計画申請には取り壊しが含まれているのか？

はい

学術機関等、関係諸団体へ通知し、意見を求める

いいえ

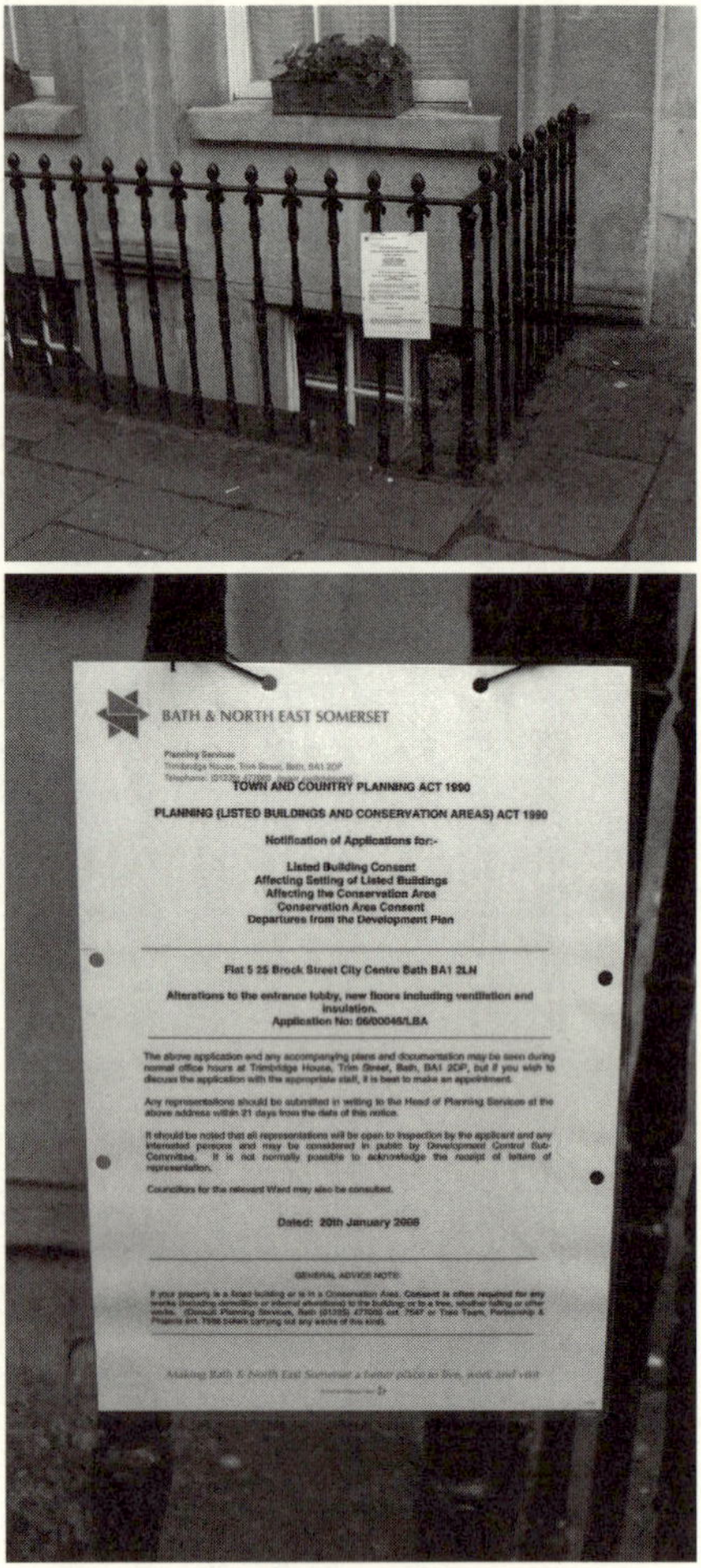

図12-2　登録建造物に対する同意

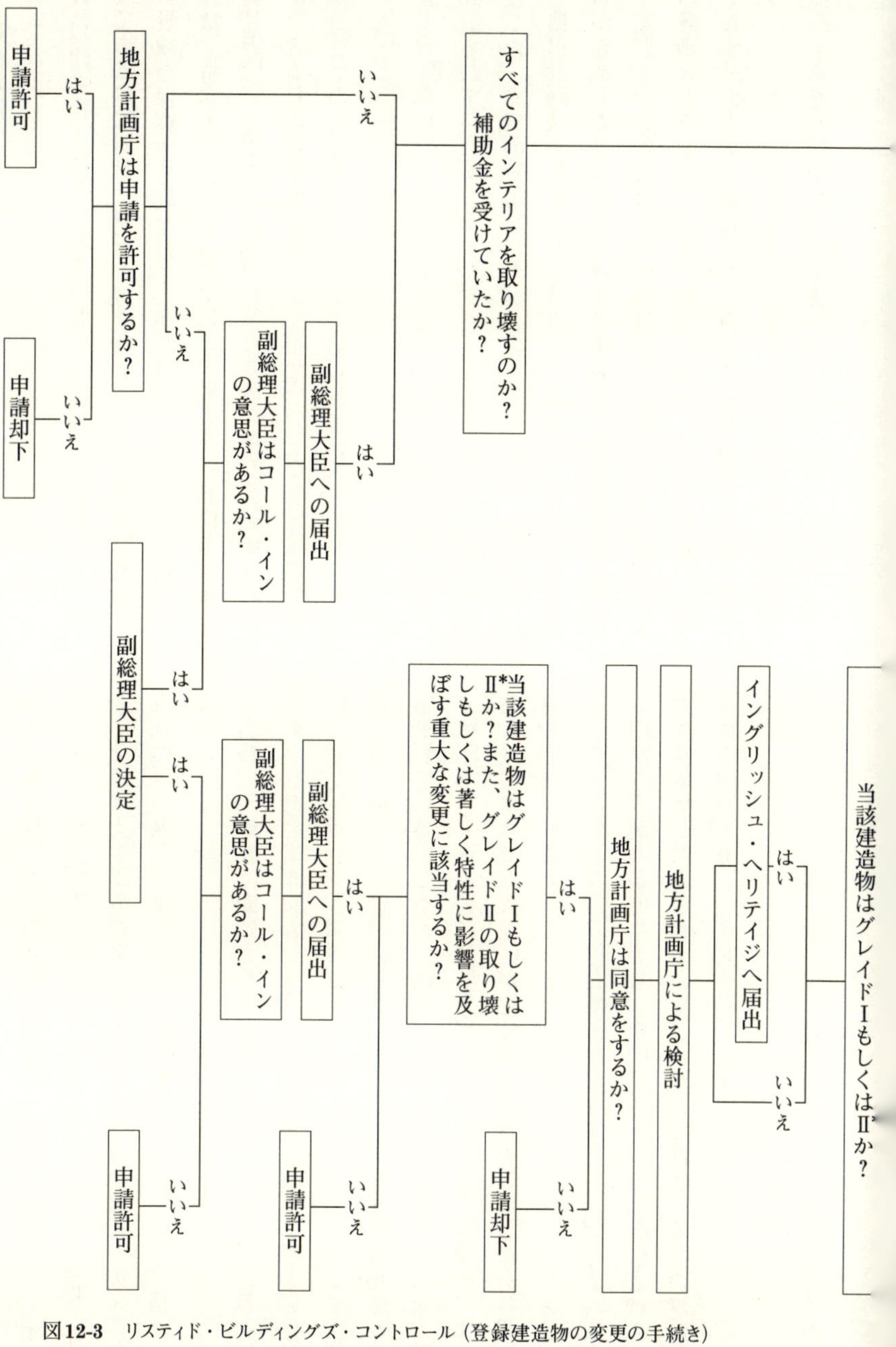

※ロンドンにおいては、地方計画庁に代わってイングリッシュ・ヘリテイジが「登録建造物に対する同意」を発効するため、上記手続きとは異なる。

図12-3　リスティド・ビルディングズ・コントロール（登録建造物の変更の手続き）

3　保存地区制度

「登録建造物」制度が個々の歴史的建造物の保存のための制度であるのに対し、歴史的建造物の集合体、または町並み等の景観を保存する制度が、「保存地区」である。各地方自治体は、町並み自体に歴史的な価値があると判断した場合、「保存地区」に指定し、建造物や景観等の保存を強要することができる。現行制度では、これもまた、「一九九〇年計画（登録建造物および保存地区）法」で定められている。

歴史的建造物の集合的価値に関しては、かなり早い時期から認識されていたが、それが制度となるまでには、長い時間を要した。歴史的建造物の登録作業を開始した一九四四年都市・農村計画法が制定された時点で、政府は、都市・農村計画省が作成したリストを作成する調査官を対象とした指導書に、「偶然的あるいは絵画的な建築集合体」の構成単位としての評価という項目を設けており、[27] 群としての価値が、その頃からすでに十分に認識されていたことがわかる。前述したように、[28] 一九五〇年代後半になると、歴史的建造物を集合的に保存する必要性が叫ばれるようになってきた。フランスで制定された「マルロー法」（一九六二年制定）に刺激され、英国でも一九六七年に「シヴィック・アメニティズ法」が制定され、「保存地区」の指定制度が導入された。その後、「一九七一年都市・農村計画法」、「一九七二年都市・農村計画（修正）法」、「一九七四年都市・農村アメニティズ法」等で修正が加えられ、現行の「一九九〇年計画（登録建造物および保存地区）法」となった。

当初、四地区で開始された保存地区も、年毎にその数を増やし、[29] 二〇〇五年現在、イングランドのみでも八、〇〇〇地区を超し、ウェールズでは五〇二地区、スコットランドでは約六〇〇地区、全国では九、〇〇〇地区を超す保存地区が指定されている。[30] これだけの保存地区が存在すると、ほとんどすべてのまちに保存地区があると感じるほどである。また、ひとつのまちで保存地区が複数あることもしばしばあり、しかもそれらが隣接している場合もある。ちなみに、ロンドンのシティには、二六の保存地区が存在する[31]［図**12**－**4**］。また、この保存地区の制度により、全国で一、三〇〇、〇〇〇棟の歴史的建造物が保護されているという。これは、英国の建造物全体の四パーセントを超す値である。[32]

原則として、保存地区は「建築的または歴史的にすぐれて

図 12-4　シティの保存地区

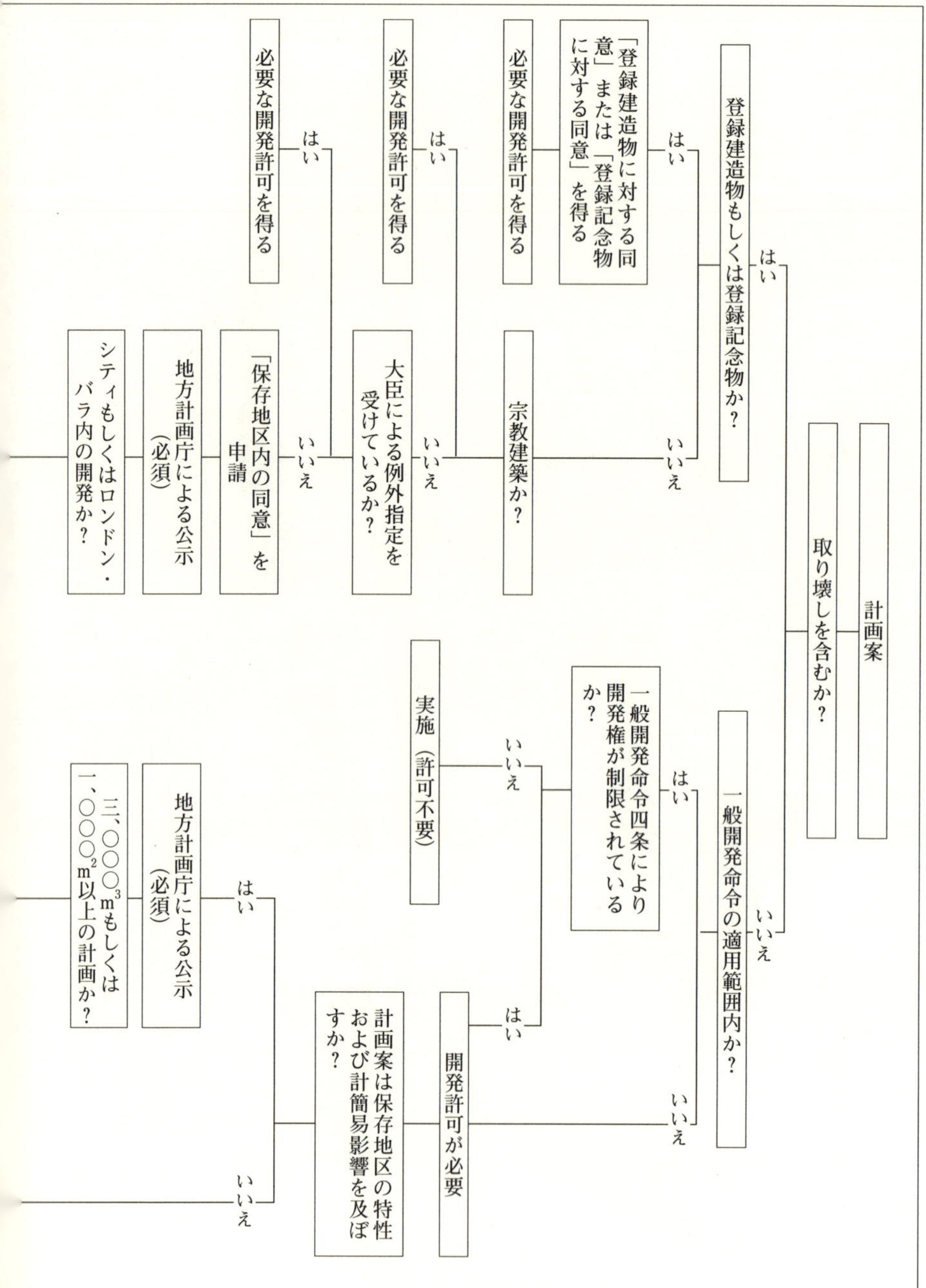

図12-5　保存地区内の開発　（Michael Ross に基づく）

いて、それを保護し、その特性を高めていこうとする地区」に設定される。保存地区に指定されると、その地区の特性を維持し、高めることが最大の目標とされ、景観の保全が義務化される。そのため、地区内の建造物の現状変更等を含むすべての開発行為に対して、その特性を維持し、高めるための特別な配慮が必要となる。

保存地区内の建物に対して、何らかの現状変更を行なおうとする際、地方計画庁の許可が必要となる。その許可を「保存地区内の同意」という。保存地区以外の場所では、登録建造物以外の建築には、規制がかけられることはないが、保存地区内では、例外なくすべての建造物が規制の対象となり、原則として、取り壊しが禁止される。また、外観に影響を及ぼす現状変更も、許可が必要となる。これら保存地区では、通例、景観保全のために開発の方向性を示すために、デザインのガイドライン等が作成される。これは建造物ばかりでなく、街路樹等の樹木も対象となり、樹木の伐採さえ、一定の手続きが必要となる。ただし、唯一、英国国教会等の内部審査制度を有している宗教団体所有の建造物（宗教活動に供される建造物に限る）に関しては、これら制度の適用外となっている［図12－5］。

保存地区に指定された場合、地方自治体は、保存および計画方針を決定しなければならない。これが「保存地区計画」である[33]。そして、これがディヴェロプメント・プランに組み込まれ、地区の歴史的環境の保全がはかられる。その際、歴史的建造物等の修理・改築等は、イングリッシュ・ヘリテイジ等の専門機関の助言を受けながら進めることが義務づけられており、建物を新築する場合も含めて、実質上、保存地区内のすべての開発行為を、歴史的建造物の専門機関が監理す

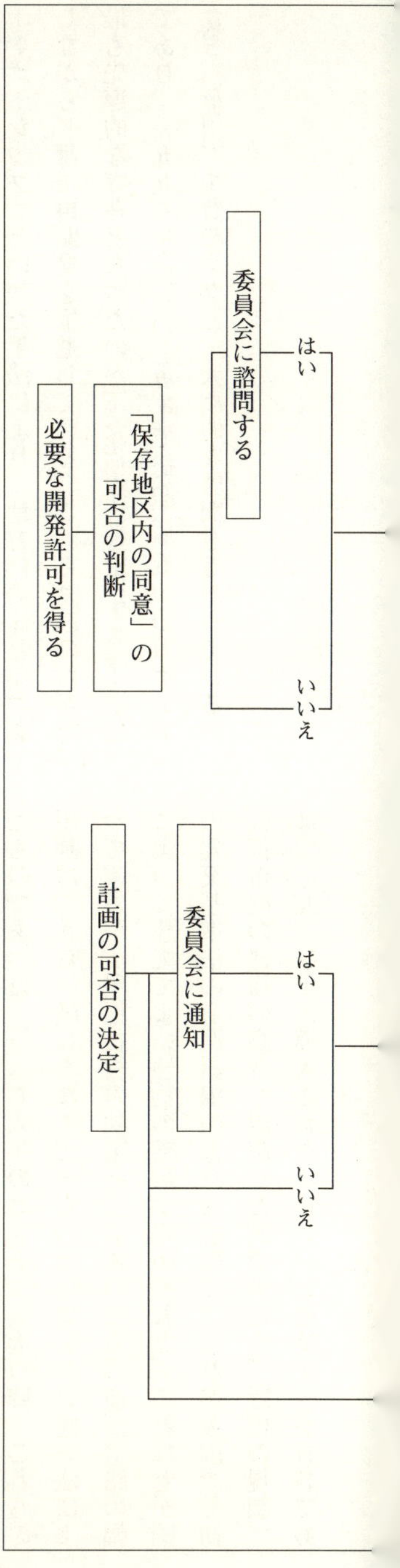

ることになる。

保存地区制度は、地区内のすべての開発を規制するという極めて強大な権限をもつ制度であるが、当初から、どのような開発を規制し、どのような開発を推進するかといった保存地区内の開発の方針が明確に定められているわけではなく、制度のみが一人歩きをする状態であった。これに明確な方針が定められるようになるのは、一九八九年に起こされたスタインバーグ訴訟の後であり、その判決ではじめて保存地区内の開発方針の原則(「スタインバーグ・プリンシパル」として知られる)が打ち出された。[34]

一九九九年末頃から、保存地区の指定が急速に増加した。これは政府の方針とも関係することであるが、イングリッシュ・ヘリテイジは、「タウン・スキーム」や「保存地区パートナーシップ」といった手法により、地方自治体と協力をしながら、都市再開発を推進している。これら試みのなかで、最も先導的な存在となったのが「文化遺産経済再生スキーム」であり、一九九八年からの三カ年で総額一、五〇〇万ポンド(約三〇億円)を費やすなど、大々的な展開をはかっている。[35]

4 歴史的景観に関わる諸制度

英国の歴史的景観の保存といった観点からは、[36]「戦略的眺望」[図12―6]や「広告規制」などが重要な制度となる。

前者の「戦略的眺望」とは、都市内の景観を守るために、建築物の高さを規制する制度である。英国の場合、建築物の高さは、わが国の建築基準法にあたる「建築規則」によって規制されているのではなく、都市計画上の規制があるのみである。したがって、全国で画一な高さ規制に関する制度は存在せず、都市ごとに建築物の高さは規制されている。

都市内の建築物を規制することは、中世にすでに行なわれていた。これらのほとんどは、たびかさなる大火に備えたもので、火事の際、延焼を最小限にするために定められたものであった。一六六六年のロンドン大火以降、これらの規制は、さらに厳しくなり、一六六七年ロンドン建築法によって、外壁、屋根葺材の制限と、避難のために前面道路の幅によって建ててよい建物の階数が定められた。[37]これはわが国の建築基準法の道路斜線のようなもので、これが英国で最初に都市内の建物の高さを規制した例であろう。近代の規制では、一九三〇年に導入された「ロンドン建築法」が有名であ

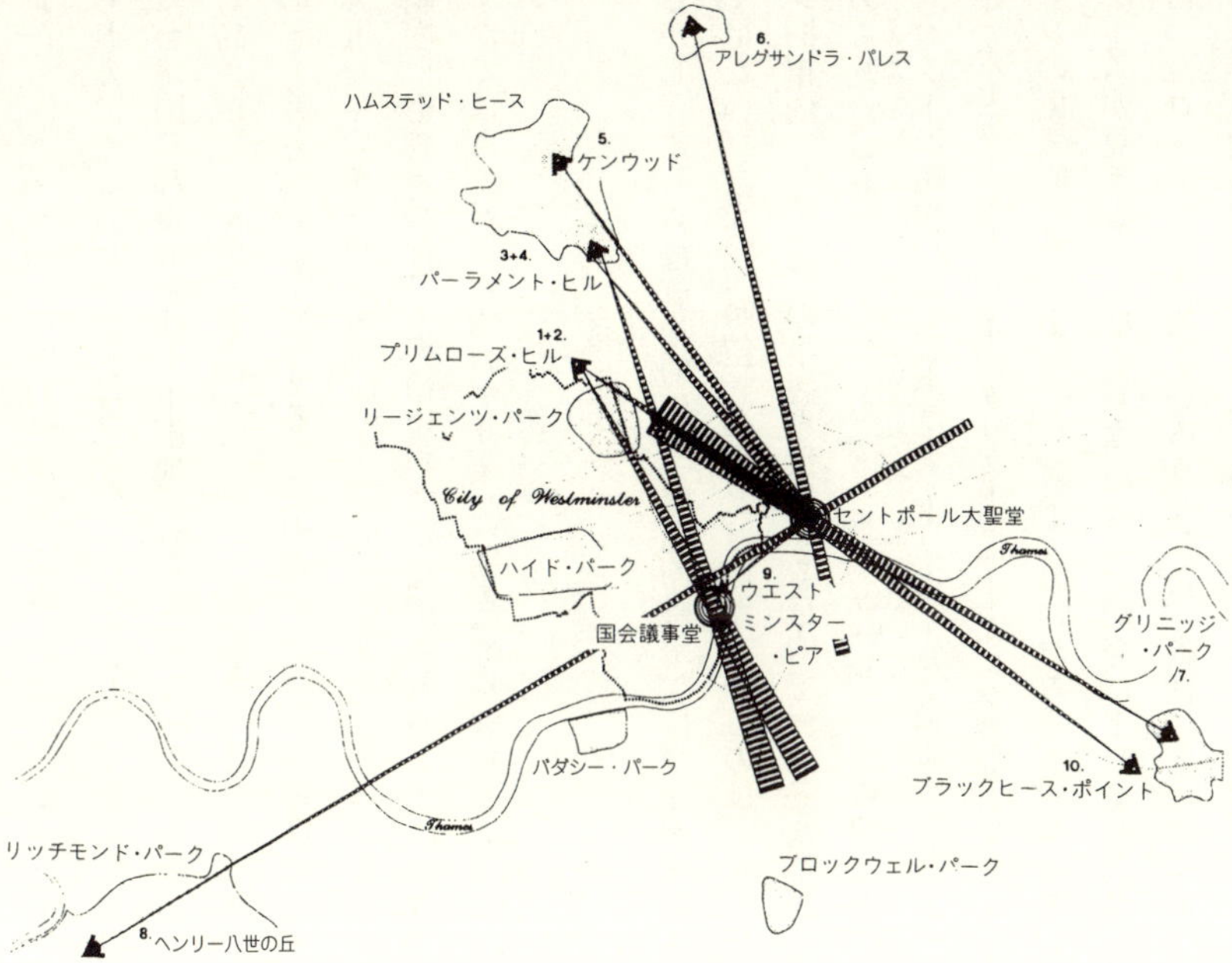

	眺　望　地　点	眺　望　対　象
1	プリムローズ・ヒル	セント・ポール大聖堂
2	プリムローズ・ヒル	国会議事堂
3	パーラメント・ヒル	セント・ポール大聖堂
4	パーラメント・ヒル	国会議事堂
5	ケンウッド	セント・ポール大聖堂
6	アレクサンドラ・パレス	セント・ポール大聖堂
7	グリニッジ・パーク	セント・ポール大聖堂
8	リッチモンド・パーク	セント・ポール大聖堂
9	ウエストミンスター・ピア	セント・ポール大聖堂
10	ブラックヒース・ポイント	セント・ポール大聖堂

図12-6　戦略的眺望（中井・村木による）

る。ここで、ロンドンの旧市内（シティ）では、一〇〇フィート（三〇・三メートル）以上の建築は建ててはいけないと定められた。[38] ちなみに、これは一九一九（大正八）年に制定されたわが国の都市計画法・市街地建築物法のなかで、建物の絶対高さが三一メートル（一〇〇尺）に制限されるという規則のもととなったものである。[39] その後、ロンドン地区では、一九五一年のディヴェロプメント・プランから、アメリカ等の制度に影響を受け、「容積規制」が採用されるようになり、[40] わずかではあるが、建物のデザインに柔軟性を認めるようになった。[41]

しかし、これらは直接的に、「戦略的眺望」につながるものではない。「戦略的眺望」のもととなっているのは、ロンドン旧市内（シティ）の景観を保護する目的で一九三八年に定められた「セント・ポールズ・ハイツ」という規制である。ロンドン市民にとって、セント・ポール大聖堂（ロンドン、一六七五―一七一〇年、クリストファー・レン設計）は、ロンドンの象徴的存在であり、ロンドンのいたるところからそのドームが見えなければならないとし、開発によって乱れつつあったロンドンの景観を守ろうとした。厳密には、ロンドンのシティ内の定められたいくつかのポイント（眺望点）から、セント・ポール大聖堂のドームが見えるようにしなければならないという景観規制の制度を導入した。このようにランドマークと眺望点を設定し、その間の建物の高さ等を規制することを、「ビュー・コントロール」という。

セント・ポールズ・ハイツは、シティ内のみの建築規制であったが、同様の規制はより広い範囲で必要とされた。その結果、一九七六年には、「グレイター・ロンドン・ディヴェロプメント・プラン」においても、この発想が取り入られることになった。また、その際、セント・ポール以外のランドスケープも設定されるとともに、丘や森なども眺望の対象物として定められた。[42] その後、一九九一年には環境省によって、一〇の戦略的眺望が指定され、各バラ（ロンドン・バラ・カウンシル）に対し、その保全の対策をディヴェロプメント・プランに明記することを求めた。[43] 一九九六年には『RPG3A―ロンドン（戦略的眺望）』（一九九六年三月発行）によって、さらなるロンドンのスカイラインと戦略的眺望に関する検討が要求され、それを受けて、ロンドン計画諮問委員会（LPAC―GLC解体後、ロンドン全域の都市計画の責任を負う組織）がガイドラインを作成することになった。一九九八年には『ロンドンの高層建築と戦略的眺望』が刊行され、翌一九九九年にロンドン計画諮問委員会が、正式に戦略的眺望の採用を決定している。

戦略的眺望は、ディヴェロプメント・プランに方針が明記されることによって、実際の開発規制が実施されることになる。その際、規制を受ける地域を眺望点とランドスケープの関係から、「ビューイング・コリドー」「広角眺望協議区域」「背景協議区域」の三つに分けて指定され［図**12**－**7**］、それぞれの区域で建築規制が定められる。ロンドンの場合、各バラがユニタリー・ディヴェロプメント・プランを作成することになっており、戦略的眺望が指定された自治体は、その方策をユニタリー・ディヴェロプメント・プランに明記することになる。(44)

シティの場合、「二〇〇二年シティ・オブ・ロンドン・ユニタリー・ディヴェロプメント・プラン」(45)において、セント・ポール大聖堂をランドマークとする眺望規制の他、世界遺産のロンドン塔（一〇七八年～）、ロンドン大火の記念碑モニュメント（一六七一－七七年、クリストファー・レン&ロバート・フック設計）の眺望に対する配慮が定められている。その結果、シティ内のほとんどすべての地域で、景観保存のための何らかの規制を受けることになった［図**12**－**8**］。

この発想はロンドンばかりではなく、各地で戦略的眺望保全の制度がつくられ、各都市でシティのセント・ポール大聖

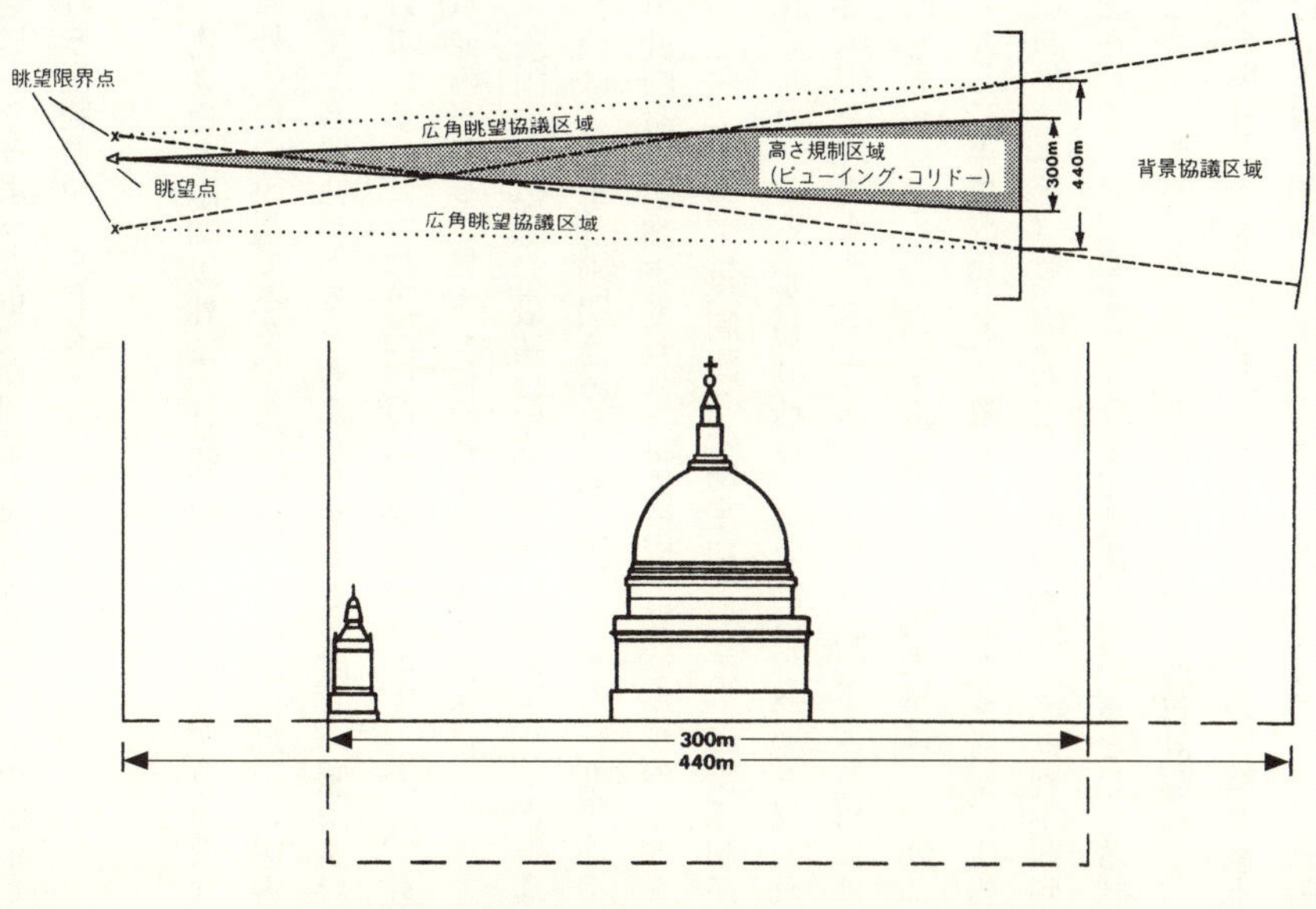

図**12-7**　戦略的眺望規制の三つの区域（中井・村木による）

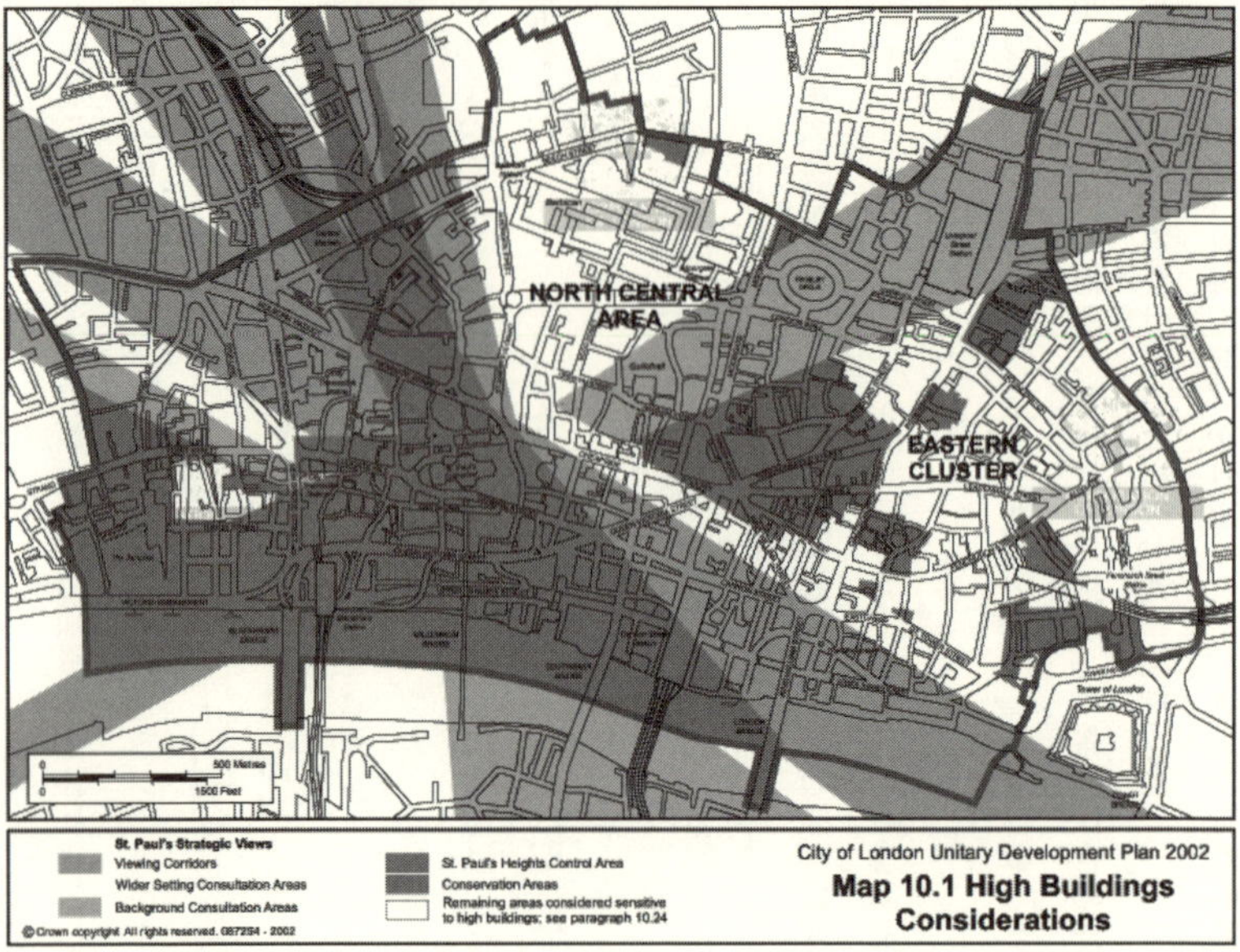

図**12-8**　シティの景観規制（2002年 シティ・オブ・ロンドン・ユニタリー・ディヴェロプメント・プランより）

堂にあたるような重要な建築が設定されて、その眺望が守られる規制がつくられるようになった。

建築物の規制以外に、景観の保全の観点から重要なのが、屋外広告の規制である。英国では、伝統的に町中の広告を規制する必要性があると考えられており、厳しい制限が設けられている。これは英国の町には看板がほとんどなく、建物や町並みが美しく見えるといわれる所以である。

英国において、最初に屋外広告に対して規制が行なわれたのは、都市計画関連の最初の法律の一九〇九年住宅・都市計画諸法が制定される二年前の一九〇七年のことであり、「一九〇七年広告規制法」の制定によって、広告規制が制度化された。この広告規制法は、基本的に、必要と思われる屋外広告を許可するものであり、広告を制限するためには十分なものではなかった。その後、広告規制法は、一九二五年、一九三二年に改正され、権限を拡大・強化するが、広告が地域のアメニティを損なわないかの判断は、治安判事裁判所に託されるなど、必ずしもうまく機能しているといえる状態ではなかった。しかし、一九四七年都市・農村計画法で、すべての屋外広告が許可制となるとともに、その管轄が都市・農村計画省に移り、広告の掲示を規制または禁止する権限を都市計画を所管する国務大臣がもつようになった。これによって都市計画の一部として広告規制を行なうことができるようになり、大きな成果をあげるようになった。

現行の制度は、「一九九二年都市・農村計画（広告規制）規則[46]」で定められ、その運用方針は『PPG19－屋外広告規制』（一九九二年三月発行）で示されている。原則として、どのような広告も地方計画庁の同意がなければ掲示することができない。その際、地域のアメニティ保持が判断基準になる。また、公告の規制は、景観等のアメニティ上の問題ばかりでなく、公共の安全を守る必要から生ずる場合もある。たとえば、交差点やカーブで道路利用者の視界を妨げる広告、交通標識や信号を見えにくくする広告、といったものは設置が制限される。これらアメニティおよび公共の安全性の確保のため、担当国務大臣には、強大な権限が与えられている。ただし、地方自治体や公的な事業所が行なう広告や建物の用途を示す広告等[47]は、「明示の同意」がなくとも、同意を得たものとみなされ（「みなし同意」）、掲示することができる。また、もしも、広告物が公共のアメニティおよび安全性に障害となると地方計画庁が判断した場合には、「廃止命令」を発令し、撤去を求めることができる。一方で、広告設置者は、他の同意と同様に、大臣に対し、異議申立ができる。これは一般的な地域でのことであるが、保存地区、国立公園、特別自然景勝地域といった特別な地域に関しては、その特性を損なう恐れのある広告を禁止することができる。また、地方計画庁は「特別広告規制地域」を設定し、広告の全面的禁止等、より厳格に規制できるようになっている。一九九五年の段階で、イングランドとウェールズのほぼ半分の地域が、この特別広告規制地域に指定されていたが、時代の要請に合わせて、徐々にその地域は縮小されていく傾向にある[48]。

これらの規制の特徴として、土地所有者の権利を優先するのではなく、環境や景観といった観点を優先し、制度がつくられていることがあげられる。また、経済的側面が優先されず、公的なアメニティが優先されるのが興味深い。これに対して批判がないわけではないが、自由に自分勝手な景観にそぐわない建築や看板等をつくることを許可しないのは、英国の伝統と言えるだろう。

5　イングリッシュ・ヘリテイジの役割

英国の文化財行政で最も重要な組織のひとつが、「イングリッシュ・ヘリテイジ」［図12―9］である。[49]「イングリッシュ・ヘリテイジ」とは、公式には「イングランド歴史的建造物および記念物委員会」といい、一九八三年の「国家遺産法」の成立を受けて、一九八四年、政府の諮問機関として環境省のもとで、歴史的環境の保護ならびに歴史的遺産の調査・修復・管理をする目的で設立された。その前身は「一九五三年歴史的建造物および古記念物法」に基づいて創設された「イングランド歴史的建造物諮問委員会」である。この「イングランド歴史的建造物諮問委員会」は「登録建造物のリスト」の作成を大筋終えた段階で、当初の目的を終了し、その後、業務を拡大し、「イングランド歴史的建造物および記念物委員会」(通称「イングリッシュ・ヘリテイジ」)に改組された。現在は、文化・情報・スポーツ省の政府機関（エイジェンシー）のひとつとして機能している。

ENGLISH HERITAGE

図12-9　「イングリッシュ・ヘリテイジ」のロゴ

英国では、サッチャー政権以降、公共部門の削減の方針により、行政機関の独立法人化が進み、行政機関は施策の目標を決定し、それに向けた計画を綿密に立て、実行するという体制が整えられた。また、その後、ブレア政権は、大幅な省庁再編を実施し、政府機関の構成は大きく変化した。文化財行政に関しても例外ではなく、小さな組織はすべて、イングリッシュ・ヘリテイジに統合されていった。たとえば、一九〇八年に設立され、「文化財総目録」作成のために奔走してきた「イングランド王立古代歴史的記念物および建築物委員会」の後身の「イングランド王立歴史的記念物委員会（RCHME）」は、一九九九年にイングリッシュ・ヘリテイジに吸収・統合された。[50]また、文化財総目録作成の際に集めたデータや、パーリッシュ（教区）ごとの歴史的建造物のデータを収集・保管している「ナショナル・モニュメンツ・レコード」も、イングリッシュ・ヘリテイジのアーカイヴとして吸収された。

このように、イングリッシュ・ヘリテイジはイングランドの文化財行政の政府の諮問機関である。しかし、独立行政法人として、他にもさまざまな活動を行なっている。そのなかで、代表的なものが、歴史的建造物の管理および経営であり、一般の人々のなかには、イングリッシュ・ヘリテイジは歴史的建造物の管理組織と考えている人もいるほどである。

イングリッシュ・ヘリテイジが取り扱うのは、イングランドの文化財に限ったことであるが、ウェールズ、スコットランド、北アイルランドにもほぼ同じ機能を果たす組織があり、ウェールズでは「CADW（英語名―ウェリッシュ・ヒストリック・モニュメンツ）」が、スコットランドでは「ヒストリック・スコットランド」が、北アイルランドでは「アルスター・アーキテクチュラル・ソサイアティ」が該当する(51)。

イングリッシュ・ヘリテイジに課せられた責務は、非常に大きい。文化財行政を管轄する中央省庁は、文化・情報・スポーツ省であるが、実務的なことはすべてイングリッシュ・ヘリテイジが行なっている。その業務内容は、歴史的建造物に関する行政への助言、調査、プロパティの管理等、広範にわたっている。イングリッシュ・ヘリテイジのホーム・ページを見ると、その役割を「歴史的環境の理解」「歴史的環境の発見」「歴史的環境の保護」の三つに分けて説明している(52)。つまり、歴史的建造物を含む歴史遺産の調査・研究を行なうこと、プロパティを管理し、それを一般に公開すること、リストを作成し、補助金を交付することなど歴史的環境の保存を行なうことが、イングリッシュ・ヘリテイジに課された責務としている。

イングリッシュ・ヘリテイジの役割は、これだけではない。特に、ブレア政権の省庁再編によって、イングリッシュ・ヘリテイジは各地で推し進める再開発の方針を定める際の諮問機関としての役割も担うようになった。都市再開発は、ブレア政権の最大の目標のひとつであり、単に歴史的建造物を保存するばかりでなく、それを観光や地域雇用、地域振興等の地域経済活性化と結びつけ、地域計画を行なっていくうえでも、さまざまなアイディアが期待されている。その際、積極的な歴史遺産の活用を進めるようになった。一九九九年には、『遺産の利益―イングリッシュ・ヘリテイジの再生の結果の評価』を刊行し、歴史的建造物の活用の経済効果も示し、地域開発の基盤としての歴史遺産の存在を宣伝している。

6　歴史的建造物の保存・再生に対する補助金

歴史的建造物に対する補助金等の助成は、主に、国家、地方自治体、民間団体からの三種類に分けられる。国家からの補助は、文化・情報・スポーツ省の予算が主で、イングランドの場合、イングリッシュ・ヘリテイジを通して交付される。

また、都市計画関連の助成は、主に、地方自治体を通して行なわれる。民間団体からの支援は英国の伝統ともいえるもので、さまざまな慈善団体からの助成金がある。

イングリッシュ・ヘリテイジを通して、得られる補助金（グラント）には、次のようなものがある。[53]

(1)「歴史的建造物・記念物・公園・庭園グラント・スキーム」

グレイドⅠまたはⅡ*に該当する建造物、記念物、公園、庭園に対する補助金。基本的に修理を目的とする場合に支給される。建造物の場合、その費用が、一〇、〇〇〇ポンド以上のものに限られる。

(2)「イングランドの礼拝堂に対する修理グランツ二〇〇二―二〇〇五」

イングリッシュ・ヘリテイジとヘリテイジ・ロッタリー基金との共同した補助金。礼拝堂（大聖堂を除く）として用いられている登録建造物の緊急の修理に対して交付される（最高一〇〇万ポンド）。

(3)「カテドラル修理グラント・スキーム」

保存地区内にあるグレイドⅠまたはグレイドⅡ*の英国国教会またはローマ・カトリック教会の大聖堂の修理に対する補助金。二万五、〇〇〇ポンド以下の修理には適用されない。

(4)「ロンドン・グランツ」

グレイター・ロンドン内のグレイドⅡの登録建造物で、イングリッシュ・ヘリテイジの危機に瀕した建物に登録されたもの、または、それに類するものが対象となる補助金。構造体の損傷が激しいもの等の修理の他、フィージビリティ・スタディ（予備調査）等にも交付される。

(5)「戦争記念碑グラント・スキーム」

イングリッシュ・ヘリテイジにより資金援助され、「戦没者追悼の会」によって監理される補助金。イングランドの保存地区内にある戦争記念碑のうちグレイドⅡのものに対し、緊急の修理、文字の修理等に対して交付される。

(6)「文化遺産経済再生スキーム」

一九九九年に開始された保存地区の特性と景観を保存、改善させるための補助金。地域雇用、住宅建設、対内投資を促進する目的で行なわれる困窮したコミュニティの建造物の修理（構造体もしくは外観の修理）や環境の整備に対して交付される。このスキームは、イングリッシュ・ヘリテイジの年間予算に申請している地方自治体によって運営される。

(7)「保存専門家育成助成金」

イングリッシュ・ヘリテイジは、永久的な職員または不足した地方計画庁の職員の雇用に対して援助を行なっている。しかし、その職員は、原則として、ＩＨＢＣ（歴史的建造物保存協会）のメンバーでなければならない。

(8)「緊急工事通告のための地方交付金」

一九九〇年計画（歴史的建造物および保存地区）法五四条に基づいて、地方庁が「緊急工事通告」を出す際に、地方庁に対して交付される補助金。グレイドⅠ、グレイドⅡ*、および保存地区内のグレイドⅡ、ロンドンの登録建造物に対して、交付される。

(9)「修理通告のための地方交付金」

一九九〇年計画（歴史的建造物および保存地区）法四七、四八、五二条に基づいて、地方庁が「修理通告」を出す際に、地方庁に対して交付される補助金。強制収用の際にも用いることができる。

これ以外にも、イングリッシュ・ヘリテイジでは、「文化遺産グラント基金プログラム」という制度をもっている。これは、文化財を保護する技術を継承するための補助金で、ヴォランティア団体等の活動に対して交付される。

イングリッシュ・ヘリテイジは、二〇〇二〜〇三年度には三、五〇〇万ポンド（約七〇億円）の補助金を交付するとともに、二〇〇二年から開始された「イングランドの礼拝堂に対する修理グランツ二〇〇二—〇五」に関しては、ヘリテイジ・ロッタリー・ファンドから二、一〇〇万ポンド（約四二億円）の資金援助を受け、二七〇の礼拝堂に補助金を交付している。(54)

イングリッシュ・ヘリテイジ以外にも、歴史的建造物の保存に対して支給される補助金は、いくつもある。その代表的なものは、「ヘリテイジ・ロッタリー基金」と「アーキテクチュラル・ヘリテイジ基金」であろう。

ヘリテイジ・ロッタリー基金は、国営の宝くじを運営するナショナル・ロッタリーから資金提供を受け、国家遺産メモリアル基金の監理のもと、一九九五年一月に設立された。基金のねらいは、英国の特性やアイデンティティを形成する建造物、オブジェ、環境等、人工物および自然物を問わず、歴史遺産を守り、その特性を増大させるために資金援助をすることであった。すでに、メントモアの遺産流出事件を契機に、一九八〇年国家遺産法によって国家遺産メモリアル基金が設立されていたが、分配額が比較的小額であり、それを補うために、宝くじによる収益をその基金にあて、政府による資金援助を拡大しようとした。一九九七年国家遺産法によって、適用の範囲が、教会堂、都市公園、都会景観の保全、歴史的建造物の保存等にまで広げられた。[55] 一九九九―二〇〇〇年度には、国家遺産メモリアル基金の交付が七件二七〇万ポンド（五億四、〇〇〇万円）であったのに対し、ヘリテイジ・ロッタリー基金は、一、八七二件、総額一億四、八〇〇万ポンド（約三〇〇億円）と増大した。[56]

他方、アーキテクチュラル・ヘリテイジ基金は、一九七五年のヨーロッパ建築遺産年のひとつの成果として創設されたもので、歴史的建造物の修理の際、建造物保存トラストから低金利で融資を受けることができる仕組みである。[57] アーキテクチュラル・ヘリテイジ基金は、他にフィージブル・スタディ等にも補助金を交付している。[58]

また、英国の場合、歴史的建造物の保存・再生は、必ずしも文化財保存の枠組みで実施されるものではなく、副総理府のもつ住宅法関連の補助金[59]や都市再開発に関する補助金等[60]も、重要な財源となる。特に、ＥＵ（欧州連合）ではさまざまな地域振興の補助金を用意しており、これらを巧みに組み合わせて、歴史的建造物の保存・再生計画を進めるのが一般的となっている。

登録建造物の修理は、一般の建築物の修理とは異なり、税制上の優遇措置も設けられている。英国には、わが国の消費税にあたるＶＡＴ（付加価値税）という税金があり、通常の建築物の修理工事等には、一律、一七・五パーセントのＶＡＴが課税されるが、登録建造物の修理工事等の場合、居住施設として設計されたもの、居住施設に改築されたもの、収益目的以外に使用されている場合に限って、登録された業者によって「登録建造物に対する同意」のもと行なう工事に関しては、ＶＡＴが免除される。ただし、「登録建造物に対する同意」を要しない微細な工事等には、税制上の優遇措置はない。[61]

以上が中央政府が用意している補助金等であるが、地方自治体にもさまざまな補助金がある。一九六二年の「地方庁（歴史的建造物）法」により、制度上、地方自治体（カウンティ・カウンシルまたはディストリクト・カウンシル）は、独自に歴史的建造物に対して補助金を交付することができるようになっており、[62] 地方自治体ごとに、各種補助金を設定している。自治体によって異なるが、多くの自治体では「ヒストリック・ビルディングズ・グランツ」等の補助金を用意し、歴史的建造物の修理等の際に、資金援助を行なっている。

都市計画事業のなかには、中央政府と地方自治体および所有者が協調して計画を実施するものも少なくない。そのなかで代表的なものが保存地区内の歴史的建造物の修理に対する補助金である。通常、保存地区の歴史的建造物（必ずしも指定されている必要はない）の修理の場合、費用の五〇パーセントは所有者が、二五パーセントは政府から、残りの二五パーセントは地方自治体から支払われる。

中央政府または地方自治体からの公的な補助金以外にも、英国では、各種慈善団体からの金銭的援助がある。この支援制度は、「ノーブレス・オブリッジ」という英国貴族の伝統に基づくもので、歴史的建造物の保存にかかる費用は、募金、寄付金等に依存することが多く、そのために設立された団体も多数ある。ナショナル・トラスト、シヴィック・トラスト等が、その最も代表的な組織であるが、他にも「プリグリム・トラスト」の活動などが重要である。

「プリグリム・トラスト」(63)とは、一九三〇年、ニューヨークのエドワード・ハークネス（一八七四―一九四〇）によって設立された財産委託信託で、設立時に二〇〇〇ポンドが寄贈され、その後、英国の慈善的文化財保護活動の支援を行なってきた。現在も、「社会福祉」「芸術・教育」「保存」「考古学等の調査」「教会堂の維持・管理」に対して、財政援助を行なっている。これまで、基金の三分の一以上が、存続が危ぶまれている美術的あるいは歴史的な場所、建築、資産の保全に対して費やされた。通例、プリグリム・トラストが直接、保存行為を行なうのではなく、大学等の研究機関、地方自治体、ナショナル・トラスト等の民間団体の活動を、資金面で援助する。二〇〇〇年度には、一三七件に対し、総額二九〇万ポンドの補助を行なっている。

また、「アーツ・カウンシル・イングランド」(64)、「ADAPTトラスト」(65)、「コミュニティ・ファンド」(66)等でも、歴史的建造物の修復の際等に、補助金を交付している。他方、教会堂の修復等に関しては、英国国教会による「教会堂保存トラスト」(67)の他に、「歴史的教会堂保存トラスト」(68)、「教会建築協会」等からの補助金がある。

これら以外にも、各種の補助金が存在し、歴史的建造物の所有者が、金銭的問題で維持・管理ができなくなるのを防ぐ手立てが多数考えられている。どの補助金を申請するのが最善の方法なのか、担当の行政官でさえ、助言に苦しむこともある。そのために、所有者がみずからの歴史的建造物を修理する際、どういった補助金があり、そのうちどれに応募する資格があるのかといった相談を受け付ける専門機関として、「歴史的建造物に関する基金」(69)といった団体も存在するほどである。

13章
都市再生に対するさまざまな取り組み

1　都市開発のターニング・ポイント

一九九七年五月に誕生したブレア政権は、サッチャー政権に負けず劣らず、さまざまな改革を実施しはじめた。サッチャー政権時の大改革により、英国の都市状態が改善されたことに間違いないが、その際に導入された都市開発公社やエンタープライズ・ゾーンは、期限が定められた措置であり、二〇年以上が経過し、すべてが満期に達した。これら中央政府主導の施策は、ある程度の成果を収め、その役割を終えたとみてよいだろう。そこで、ブレア政権下、次のステップが期待された。

ブレアの改革は、順調な英国経済にも助けられ、順調な滑り出しを見せた。改革は多岐にわたっているが、都市再生に関係するものとしては、地方自治制度の改革が重要であろう。政府は、一九九八年七月三〇日に、地方自治制度改革白書として『市民に密着した現代の地方政府』(1)を発表し、このなかで、地方自治制度の近代化を目指し、「ベスト・ヴァリュ」や「ビーコン・カウンシル・スキーム」(2)等のさまざまな新しい制度の導入を提案した。ここで提案されたアイディアはすぐに実施され、地方自治体主導で進められる都市計画に、大きな変革をもたらしている。

一方、ブレア政権下の英国では、各地で都市再生プロジェクトが進行中で、これが地域経済の活性化につながり、好景気を持続している。ブレア政権にとって、都市再生は政策上の最優先課題であり、地方自治体改革と同様に力点を置いている。ブレアは政権誕生後すぐに、建築家であり国会議員でもあるリチャード・ロジャーズ（一九三三―）を委員長とし、「都市対策特別委員会（アーバン・タスク・フォース）」という委員会を組織し、今後の都市再生のための方針を検討しはじめた。その結果は、一九九九年六月二九日に発表された『アーバン・ルネッサンスに向けて―都市対策特別委員会報告』[3]としてまとめられた。ここで、現在の英国の都市計画行政は、まさに改革が必要な時期に達しているとし、今後二五年を見通した各種戦略を打ち出した。

この報告書では、交通渋滞、大気汚染、自然資源の枯渇、生態系の破壊、社会的隔離といった問題をあげ、これらを解決し、健全な社会を形成していくためには「都市再生」が不可欠であると位置づけた。そして、都市は、都市環境、交通といったさまざまな点で、すぐれた計画でなければならないとし、特に、都市の質の問題を前面に掲げ、「技術的改革」「環境保全」「社会改革」によって、都市再生をはかるべきだとした。そのためには、各地方において、民主主義的なリーダーシップのもと、住民と協力し、公的資金によって、経済的にも魅力あるマーケットを創造していかなければならず、また、これらを達成するためには、単に政策を打ち出すばかりでなく、教育、議論、情報収集、住民参加といった行為を通じて、文化そのものも成長させていく必要があるとした。報告書では、これらを達成するための具体的な一〇〇を超える提案を行なっている。これらのなかには、デザイン、交通、運営、再生、都市計画、投資といったさまざまな問題が含まれている。

ブレア政権下において、各地でこの報告書の提案に基づきさまざまな施策が実施されている。これが、ブレア政権による都市改革であり、英国の都市開発は、まさにターニング・ポイントを迎えた。

2　PPP方式とPFI方式

英国では、公共事業を進めるにあたり、「PPP（公共と民間のパートナーシップ）方式」が推進されている。すなわち、地域サービスに係わる事業を、公共のみで進めていくのではなく、民間とのパートナーシップを組んで、行なっていくのが一般的になっている。わが国でも、関心の高い手法で、すでにさまざまなところで紹介されているので、なじみが深いことであろう。英国の場合、これらを実践していくうえで、事業に民間資本を利用し社会資本を整備していく「ＰＦＩ（民間資本を利用した社会資本整備）方式」を同時に採用することによって、特有の公共事業の進め方が誕生した。

ＰＦＩとは、従来は公共部門で整備されてきた公共サービスの設計、建設、運営および資金調達に関する責任を民間部門に移転し、公共サービスを向上させようとするものである。民間部門がプロジェクトを進める各段階で生ずるリスクに関して、十分に考慮したうえで契約を結ぶ。これにより、公共部門の効率化と公共サービスの質の向上をはかっている。つまり、公共施設等の建設、維持・管理、運営等を、民間の資金、経営能力、技術的能力を活用して行ない、民間企業が公共事業に参加することにより、民間企業がこれまで培ってきた技術が公共事業に反映されることになり、国や地方自治体の事業コストの削減、より質の高い公共サービスの提供が可能となるという考えが根本にある。ＰＦＩ方式は、都市再開発の他、有料橋脚、鉄道、病院、学校等の公共施設の整備など、民間の資金、経営能力、技術的能力を活用することにより、国や地方自治体等が直接実施するよりも効率的で、有効な公共サービスを提供できる事業で用いられている。

ＰＦＩ方式は、一九九〇年代の初頭に、英国で最初に試みられた公共事業の運営方式である。レセッション（大不況）が長く続いた英国にとって、都市のインフラ整備への資金不足は、重大な問題であった。税収から行政がインフラを整備するというそれまでの考えでは、十分なインフラ整備を行なうことはできず、財源の節約のため、民間がインフラを整備・維持・管理し、その対価をユーザーである市民の税金というかたちで行政が支払うという考え方が生じてきた。このような手法がＰＦＩ方式であり、メイジャー政権下の一九九二年から、サッチャー政権が行なった各種公共事業の民営化後に残った行政サービスに用いられるようになり、ブレア政権下では公共事業の約一二パーセントがＰＦＩ方式で実施されているという。わが国でも、一九九九（平成一一）年七月に「民間資金等の活用による公共施設等の整備等促進に関する法律」（通称ＰＦＩ法）が制定され、ＰＦＩ方式を採用し、公共事業を推し進めようとする自治体が増えてきたが、これは英国の制度を参考にしたものである。

ＰＦＩ方式は、独立採算型の事業に適用しやすく、従前の手法に比べ、一〇〜二〇パーセントは安価になるといわれている。原則として、長期にわたる見通しを立て、採算やリスク等に関わることをあらかじめ定めて契約を交わすが、公民のリスクの分担等の面で、問題がないわけではない。このような問題を解決するために、ブレア政権が打ち出した案が、官民双方の適切な役割分担のもと、適切なパートナーシップを確立していこうとするＰＰＰ方式の導入である。ＰＰＰ方式は、一九七〇年代後半にアメリカで登場した概念であり、経済開発の主導的な概念となり、都市開発に応用されるようになった。(4) ＰＰＰ方式による都市開発とは、さまざまなレベルの政府、民間企業、慈善団体等の組織、コミュニティ、個人等が合意を形成し、互いに資金、労働力、技術を提供して行なうことをいう。すなわち、都市開発にとって、ＰＰＰ方式とはＰＦＩ方式のより広い概念ともとらえることができ、ブレア政権には、公共事業においてＰＦＩ方式をより自由に展開させていこうという意図があったと言えよう。

英国におけるＰＰＰの形成や運営の方法は多岐にわたるが、すべてのＰＰＰは、公共政策を実現するために、公共団体と民間企業や民間団体が、そのリスクを共有しているのが特徴である。また、事業が継続的に行なわれるため、ＰＰＰの関係は長期にわたることになる。通例、ＰＰＰでは公共サービスに力点を置いており、当初は民間企業の資本が多く注ぎ込まれたとしても、最終的にＰＰＰの運営は税金によってなされることになる。この点が、公共事業の民営化との最大の相違である。

このようにして、ブレア政権誕生後、ＰＦＩ方式の発想はより拡大され、ＰＰＰ方式の枠組みのなかで、ＰＦＩ方式を中心に公共事業が実施されるようになった。ＰＰＰ方式のなかには、民間企業は出資しないで、ノウハウのみを提供するものや、公共団体が多額の投資をし、非営利団体が運営を行なっていくものなどもある。また、ＰＰＰ方式は、都市開発事業のみならず、あらゆる分野への応用が検討されている。特に、義務教育の学校関係事業、福祉病院関係の事業に、ＰＰＰ方式が応用されることが多くなっているという。

ＰＦＩ事業のすべてに対して、各省庁は政府が定めた一定の指針に基づいて、「投資効果評価」を実施することが義務づけられている。そのなかで、最も重要な評価対象となるのが、「ヴァリュ・フォー・マネー」の検討である。ヴァリュ・フォー・マネーとは、「支払いに対して最も価値の高いサービスを供給する」といった考え方で、公共投資が効果的に機能しているかどうかを検証するものである。

同様の発想は、ブレア政権が推し進める地方自治改革でも応用された。地方自治体の公共サービス全般に関しては、「ベスト・ヴァリュ」[5]という名のもと、いっそうの公共サービスの向上を目指している。ベスト・ヴァリュでは、これまでの年次報告に代わり、五年単位という長期スパンで、一定の業績指標[6]によって事業を評価し、それが経済的に有効であるかどうか検討することにより、より効率的な公共サービスを実現しようとするものである。[7]そして、これはサッチャー政権で導入された競争原理に代わる新しいコンセプトとして、[8]ニュー・レイバーのスローガンとなった。[9]

3 イングリッシュ・パートナーシップ

PPP方式およびPFI方式の運営の中心となっている政府組織は、「イングリッシュ・パートナーシップ」[10]であり、副総理府と地域開発庁[11]が協力して、都市再生を行なっている。

しばしば、英国における都市再生の最大の特徴は、地方自治体が単独で行なうのではなく、中央政府、民間組織等、さまざまな組織が共同して、新たな組織をつくり、都市計画を進めていく点にあるといわれる。わが国でも、第三セクターという官民が一体となって事業を進める方式があるが、英国の場合、その組織の形成の手法は、多岐にわたっている。その最初の発想は、戦後すぐに労働党政権が実施したニュー・タウン政策までさかのぼることができ、その延長上に、「都市開発公社」や「都市再生庁（イングリッシュ・パートナーシップ）」や「地域開発庁」などが位置する。また、トラストを組織して、公共事業と同様の活動を行なっていくのも、英国の伝統的手法である。これは歴史的建造物や町並みの保存運動などに用いられてきた手法である。都市開発に関しては、さまざまな分野が関係しており、単独の組織で成立するものではなく、各方面が協力して取り組んでいく必要がある。こういった意味でも、イングリッシュ・パートナーシップの担っている役割は重要である。

イングリッシュ・パートナーシップは、シングル・リジェネレイション・バジェット（統合再生予算）とともにメイジャー保守党政府の地域活性化施策の両輪をなすものとして導入されたアイディアで、民間部門、地方自治体、地域社会とのパートナーシップにより、遊休・荒廃した土地・建物の再生をはかることを任務とした組織である。炭坑が閉山された地域やインナー・シティ問題を抱える地域等で、イングリッシュ・パートナーシップを用いている。また、解散した都市開発公社の受け皿となることも多かった。

その前身は、一九九三年三月に創設された「都市再生庁」であり、一九九四年以降、この組織が「イングリッシュ・パートナーシップ」と呼ばれるようになった。地域再生プロジェクトを援助・助成する他、直接事業を行なうこともできる。海外からの投資を誘致し、地域社会の参加を求めている。また、デザイン水準の高い計画などが、プロジェクト選定の要因となる場合もある。一九九九年五月、イングリッシュ・パートナーシップは、ニュー・タウン委員会と都市再生庁を合併し、新組織となった。ニュー・タウン委員会は、一九五九年ニュー・タウン法によって設立された組織で、ニュー・タウン開発公社を引き継いだ組織であり、その後、都市開発公社、ハウジング・アクション・トラストの業務を引き継いでいた。一方、都市再生庁の「シティ・グラント」および「イングリッシュ・エステイツ」の「荒廃地グラント」をも統括する組織となり、公的資金と民間資本を統合し、都市再生を実施する組織して整備された。イングリッシュ・パートナーシップは一九九三年から活動を開始しており、都市再生の中心的な役割を担ってきたが、これらの役割は徐々に、次に述べる地域開発庁に移行されていった。

また、イングリッシュ・パートナーシップはイングランド内の開発に関する組織であり、ウェールズにはウェールズ開発公社、スコットランドにはスコットランド企業庁、北アイルランドでは社会開発省が同様の役割を演じているが、必ずしも一律の方法で都市開発が進められているわけではない。

4　都市再生会社

都市計画におけるパートナーシップは、地域の事情に合わせて形成される。そのため、一律な組織をつくるというよりは、その協力体制はさまざまで、その地域の特性に適合したさまざまな組織が構成されるようになった。

地域それぞれにおいて都市再開発事業が進めやすいように、制度も整えられている。一九九八年に「地域開発庁法」が制定され、一九九九年四月一日には、イングランドで八地域に、「地域開発庁」が設立された[12]。地域開発庁は、シングル・リジェネレイション・バジェットの受皿となり、地域事情に合わせた都市再生を行なう母体となった。そして、一九九三年から活動を行なってきた中央組織のイングリッシュ・パートナーシップの役割の一部を引き継いだ。

実際に都市再生事業を開始する際には、「都市再生会社」が設立される。[13] 都市再生会社は、地域ごとに再開発を行なっていくためにつくられる組織で、政府によって促進され、地元の関係団体が協同し、地方がもつ都市再生に関する英知を統合して、まちづくりを行なおうというものである。これは一九九九年六月二九日に発表された都市対策特別委員会による『都市ルネッサンスに向けて』のなかに盛り込められたアイディアであった。つまり、都市再生会社は、第三セクターではなく、独立法人で、専門家、地方自治体、地元の雇用主、アメニティ・ソサイアティ、ヴォランティア・グループ等が重要な役割を果たすことになる。一九九九年にイングリッシュ・パートナーシップがリヴァプール・ヴィジョンを設立し、すぐにニュー・イースト・マンチェスター、シェフィールド・ワンが設立され、この三社がパイオニアとなって、実験的に運用が開始された。

都市再生会社は、主に、地方自治体、イングリッシュ・パートナーシップならびに地方開発庁からなり、それぞれが資金を出し合い、都市再開発を進める。対象地域全体の将来的ヴィジョンを掲げ、その実現に向け事業を行なっている。主として、人口の増加、雇用の創出、経済復興、生活・ビジネス環境の向上、民間資本の誘引等を目標とし、産業跡地の再生、用地開発、住宅の整備、アクセシビリティの改善、公共空間の質的向上の事業を繰り広げている。都市再生会社は、今後、都市開発の中心的存在となると予想される。先駆的な都市再生が行なわれている地域では、すでに都市再生会社が組織されている場合が多く、二〇〇六年三月現在、イングランドで二一社が設立され[14]［表**13**－**1**］、同様な試みは、ウェールズ、スコットランド、北アイルランドでも行なわれはじめており、今後、その数は増加する見込みである。[15]

5 タウン・センター・マネジメント

都市再生会社は、広域の、しかも大規模な再開発の際の手段であるが、もっと身近で、小規模なものとして、「タウン・センター・マネジメント（TCM）」が利用されることが多い。タウン・センター・マネジメントとは、まちづくりのためのNPO法人[16]（非営利組織）のことで、わが国でもさまざまな自治体で形成されているものと同様である。わが国では、このような組織を「TMO（タウン・マネジメント・オーガニゼイション）」と呼ぶが、英国ではこれを「TCM（タウン・センター・マネジメント）」と呼んでいる。

表13-1　都市再生会社

（2006年3月現在）

管轄地域開発庁	名　称		設立年月	主なパートナーシップ	備考
One North East (ONE)					
	サンダーランド・アーク	Sunderland arc	2002.05	City of the Sunderland, ONE, English Partnership	
	ティーズ・ヴァリー・リジェネレイション	Tees Valley Regeneration	2002.04	5councils(Middlesbrourgh, Darlington, Hertlepool, Redcar and Cleveland, Stock on Tee), ONE, English Partnership	
Yorkshire Forward (YF)					
	シェフィールド・ワン	Sheffield One	2002.02	Shefield City Council, YF, English Partnership	
	ハル・シティビルド	Hull Citybuild	2002.04	Kingston upon Hull City Council, YF, English Partnership	
	ブラッドフォード・センター・リジェネレイション	Bradford Centre Regeneration	2003.02	Bradford Metropolitan District Council, YF, English Partnership	
Northwest Regional Development Agency (NRDA)					
	リヴァプール・ヴィション	Liverpool Vision	1999.06	Liverpool City Council, NRDA, English Partnership	英国初の都市再生会社
	ニュー・イースト・マンチェスター	New East Manchester	1999.10	Manchester City Council, NRDA, English Partnership	
	ウエスト・レイクズ・ルネッサンス	West Lakes Renaissance	2003.05	Allerdale Borough Council, Barrow Borough Council, Copeland Borough Council, Cumblia City Council, NRDA, English Partnership	
	リブラックプール	ReBlackpool	設立予定		2005年2月に設置許可が下りる
	セントラル・サルフォードURC	Central Salford URC	設立予定		2005年2月に設置許可が下りる

East Midlands Development Agency (EMDA)					
	カタリスト・コビー	Catalyst Corby	2001.09	Corby Borough Council, Northamptonshire County Council, EMDA, English Partnership	
	レスター・リジェネレイション・カンパニー	Leicester Regeneration Company	2001.04	Leicester City Council, EMDA, English Partnership	
	ダービー・シティスケイプ	Derby Cityscape	2003.07	Derby City Council, EMDA, English Partnership	
South West of England Regional Development Agency (SWERDA)					
	ＣＰＲリジェネレイション	CPR Regeneration	2002.09	Cornwall County Council, Kerrie Destrict Council, SWERDA, English Partnership	
	ザ・ニュー・スウィンドン・カンパニー	The New Swindon Company	2002.01	Swindon Borough Council, SWERDA, English Partnership	
	グロスター・ヘリテイジ	Gloucester Heritage	2004.02	Gloucester City Council, Gloucestershire County Council, SWERDA, English Partnership	
Advantage West Midlands (AWM)					
	レジェンコ（サンドウェル）	Regenco (Sandwell)	2003.04	Sandwell Borough Council, AWM, English Partnership	
	ウォールソール・リジェネレイション・カンパニー	Walsall Regeneration Company	2003.12	Walsall Metropolitan Borough Council, AWM, English Partnership	
East of England Development Agency (EEDA)					
	オポチュニティ・ピータバラＵＲＣ	Opportunity Peterborough URC	2005.04	Peterborough County Council, EEAD, English Partnership	
	ファースト・イースト／ロウストフト＆グレイト・ヤーマス	1st East / Lowestoft & Great Yarmouth	2006.01	Norfolk County Council, Suffolk County Council, Great Yarmouth Borough Council, Waveney District Council	
	ルネッサンス・サウスエンド	Renaissance Southend	2005.03	Westend Bourough Council, EEDA, English Partnership, Office of the Duputy Prime Minister	

Welsh Development Agency (WDA) ＜ウェールズ＞					
	ニューポート・アンリミテッド	Newport Unlimited	2003.03	Newport City Council, Welsh Development Agency, Welsh Assembly Government	
北アイルランド					
	イレックス・リジェネレイション・カンパニー	Ilex Urban Regeneration Company	2003.07	The Office of the First and Deputy First Minister, The Department for Social Development	
その他類似の組織					
	ノッティンガム・リジェネレイション・リミテッド	Nottingham Regeneration Limited	2004.03	Nottingham City Council, EMDA, English Partnership, 民間会社	地域開発庁から資金支援を受けていない

（都市構造研究センター「UK/都市再生の新しい動向」をもとに著者が作成）

わが国でも、中心市街地の空洞化の問題は深刻であるが、英国でも同様であり、しかもかなり早い時期から問題視されていた。というのは、英国の都市機能は、田園都市構想以来、郊外に移転してしまったからで、中心市街地での商業機能の低下および都市環境の悪化は英国最大の問題となっていた。政府もさまざまな施策を試みるが、なかなか改善はできなかった。わが国でも、中心市街地活性化は、現代の地方行政上の最大のテーマのひとつであり、政府は法律の整備をはかり、地方自治体は、さまざまな手法でこれに対応しはじめているが、英国では、わが国よりずっと早く、この問題に取り組んできた。

英国のタウン・センター・マネジメントは、一九八〇年代の初頭から、ブーツ（全国展開をしているドラッグストアのチェーン店）やマークス&スペンサー（全国展開をしている衣料を中心としたスーパーマーケット）といった大手小売業者が提唱し、各地で次々と創設されていった。これは、これら大手小売業者が、フランチャイズ店舗を展開する中心市街地の活性化こそが、事業の発展につながるという考えに基づくもので、各種プロジェクトへの寄付、タウン・マネジャーの派遣、雇用の創出等、さまざまな方法で協力してきた。また、これはインナー・シティ問題や中心市街地の問題の改善は、長く続けられた経験から、単に失業者に金品を提供しても改善しないことは明らかであり、地域に雇用を創出し、地域経済を活性化させなければならないと考えた結果であった。一九九一年には「タウン・センター・マネジメント協会（ATCM）」が設立され、[17]全国的な運動に展開していき、二〇〇五年現在、三〇〇ほどのTCMが組織されている。そして、これら英国ではじまったTCMは、EU各国のまちづくりに応用されるようになった。

タウン・センター・マネジメントでは、一般に、タウン・マネジャーを雇い、タウン・マネジャーの裁量でまちづくりが進められる。英国で最初にタウン・マネジャーが採用されたのは、ロンドンのレッドブリッジ地区のイルフォードのイルフォード・タウン・センター・パートナーシップで、一九八七年のことであった。タウン・マネジャーは、通例、公募で選ばれる。民間企業出身者が採用されることが多く、その雇用の方法や報酬はさまざまである。TCMの規模や構成によって、タウン・マネジャーに課せられる仕事も多岐にわたるが、基本的には、中心市街地の開発計画に関係する人々の調整役となることが期待されている。

タウン・センター・マネジメントの特徴は、官民のパートナーシップによるところである。ローカル・アメニティ・ソサイアティのなかにも、類似の活動を続けてきた諸団体は少なくないが、この点が大きな相違である。TCMによるまちづくりを進めるにあたり、まずは「タウン・センター・マネジメント・スキーム」が作成される。その地域の長所・短所等を綿密に分析し、まちづくりの目標が定められ、その達成に向けてさまざまな事業が進められる。その際、補助金等は、自治体を通してではなく、直接、TCMに与えられるように制度が整備されつつある。これは英国特有の都市計画の補助金の交付方法であり、都市開発公社等の制度を引き継いだものと考えることができる。ただし、予算規模はさほど大きなものではなく、せいぜい一〇万ポンド（約二、〇〇〇万円）程度である。[18]

タウン・センター・マネジメントの活動は、地域環境を整備することにより、物理的にも経済的にも再生をはかり、健全な都市環境を築き上げようとすることにある。タウン・センター・マネジメント協会は、そのための具体的方策として、以下のような事業をあげている。[19]

・町の維持・管理および安全対策に投資することによる清潔で安全な都市環境の創出

・交通網、駐車場、アクセシビリティ等の改善
・専門的な商業戦略および各種イベント企画による地域経済活性化
・地域への投資と開発による経済成長の促進
・各種サービスの提供、会費、スポンサーシップ、助成金、企業活動等を統合した資金の誘発
・民間工事と公共事業の関係の調整による紛争の防止
・観光と観光地整備による地域遺産の活用
・職業訓練と雇用プログラムによる雇用の拡大
・新たなアメニティの供給、住宅地開発、夜間経済の導入による選択肢および多様性の拡大
・パブリック・アートや公共空間の主要インフラの改善による地域の質の向上

実際のタウン・センター・マネジメントの活動は、都市の実情によってさまざまであるが、都市の安全および環境の改善、アクセシビリティの向上やストリート・ファニチャー等の整備、ビジネスの振興、パートナーシップの形成等に力点を置いているところが多い。特に、再生が必要な地域では、犯罪率が高く、都市内の安全性の確保が最優先課題となることが多い。そのために、ＣＣＴＶ（監視カメラ）を設置したり、街燈を増加するなどの改善を行なう他、清掃をまめに実施することによって犯罪率を下げようと努力している。その効果は予想以上であり、町がきれいになると犯罪が少なくなり、地域経済も活性化していくという道をたどることになる。

6　ＣＡＢＥとアーバン・パネル

ブレア政権の政策の特徴として、文化的側面を強調している点があげられる。都市開発に関しても、建築の質の向上や都市の歴史性を尊重した開発を目指している。ブレア政権は、サッチャー以来の保守党政権で実施された中央省庁の統廃合によって、複雑でかなりの数に及んでいた組織を簡潔に整理しているが、そのなかで、都市計画を文化的に実施していくためのいくつかの新しい組織を創設・再編している。

そのひとつが、一九九九年九月一日に創設された「ＣＡＢＥ[20]（建築および建築環境委員会）」である。ＣＡＢＥは、英国の建築および建築環境改善を推進する目的で、文化・情報・スポーツ省の独立行政法人として設立された。副総理府とも密接な関係を保ちながら、建築や空間デザインの水準を高め、建築創造等のあらゆる活動を支援し、助言を行なっている。国内の建築および都市デザインの優秀作品を独自に選び、そ

れをデータベース化するなどの活動を展開している。これはインターネットを利用した電子図書館[21]という先駆的な試みでもある。それ以外にも、CABEでは、英国国内の都市計画や建築プロジェクトに対し、細部にわたる相談を受け付ける。そのためにデザインおよび技術等に関して、研究も進めている。

CABEは、教育活動にも力を入れている[22]。将来の良質な建築環境の形成には、若い人材の教育が不可欠であるとみなし、建築教育のネットワークの形成、教育者の育成、教育教材の作成、雑誌『360°』の発行、若者向けの各種出版物の刊行、各種イベント等を企画している。また、建築教育に関わる事業に関しては、CABE教育財団を通して、補助金も交付している。

CABEの活動は、建築に限ったものではない。CABEの小委員会として設立された「CABEスペース」[23]は、都市公園等のオープン・スペースに関わる事業を援助する活動も行なっている。

都市開発を実施する際、地域の特性である歴史遺産をいかに上手に用いていくかが、今後の最大の課題である。そのため、イングリッシュ・ヘリテイジの存在は、ますます重要なものとなってきた。イングリッシュ・ヘリテイジは、こうした社会の要請に対し、都市再開発における都市内の歴史遺産の保存・活用に関して、積極的に取り組むようになってきた。二〇〇〇年一一月には、都市開発問題に専門に取り組む「アーバン・パネル」という特別委員会を創設した。アーバン・パネルは、イングリッシュ・ヘリテイジの都市再開発の戦略上の指針を定めるとともに、主な都市再生に対して助言を行なう。そのメンバーは、建築家、歴史家、技術者、都市計画家など都市計画の実践に経験が深い人々から構成され、そのなかには、CABEのメンバーも含まれている。アーバン・パネルは、年間四～六回程度、実際に都市開発の現場を訪ね、計画案を検討し、今後の議論となると思われる事項に関しての見解を示した「リヴュー・ペーパー」を作成する。また、各地でシンポジウムを開くなど、都市開発における歴史的環境の取り扱いに関して、積極的に活動するようになった。

7　都市再生を支える財源

都市再生という巨大なプロジェクトでは、多くの財源を要することは言うまでもない。英国では、都市再生に関しては、

PPP方式およびPFI方式が一般的であり、その財源も、単に公的な補助金にたよるばかりではなく、特殊である。そのため、都市再生に用いられている財源を、「公的資金」と「民間資金」の二通りに分けて考えることにする。

公的資金に関しては、国からの補助金が重要な財源となる。英国の場合、地方自治体の収入源となる地方税は、カウンシル・タックスのみであり、これ以外の収入に関しては、地方交付税にあたる「ビジネス・レイト」があるだけである。つまり、英国では、税制が中央集権化しているため、地方自治体が都市開発を行なおうとする場合には、国からの資金提供が必要不可欠となる。

英国中央政府の資金としては、地域開発庁の「シングル・ポット」または「シングル・バジェット」と呼ばれる予算（「シングル・リジェネレイション・バジェット」の後身）がよく知られている。[24] 都市再開発に関しては、長い取り組みの歴史があり、そのため国の予算もさまざまであり、省庁ごとに目的を定め、それぞれ独自に交付してきた。しかし、その期間はまちまちで、その額も小分けにされていたため、地方自治体にとっては、補助金をさまざまなところからかき集めなければ事業が遂行できず、なかなか思うようにならなかった。また、どの補助金がいつ交付されるかは不明確で、しかも交付された後も、使用目的が限定されており、長期的展望に立った自由な都市開発を行なうには、資金繰りが難しかった。そこで、事業を円滑に進めるために、それぞれの省庁がもっていた予算を統合し、都市再生のために比較的自由に用いられるようにしたのが、一九九三年に創設（翌一九九四年導入）された「シングル・リジェネレイション・バジェット」であった。導入当初の保守党政権下では、イングリッシュ・パートナーシップがシングル・リジェネレイション・バジェットを監理し、「シティ・チャレンジ」や「チャレンジ・ファンド」などのように、コンペ形式によって特定の事業に対して予算を配分する形式をとっていたが、労働党政権に代わると見直しがはかられ、一九九九年に地域開発庁が創設されると、その監理は地域開発庁に移管された。また、二〇〇二年四月には、シングル・リジェネレイション・バジェットは地域開発庁の「シングル・プログラム」に組み込まれ、その予算を「シングル・ポット」または「シングル・バジェット」と呼ぶようになった。シングル・ポットとは、シングル・リジェネレイション・バジェットと同様に、各省庁の予算を統合したものであるが、さらにさまざまな予算を統合し、[25] その利用に関してもいっそうの自由度が与えられたものとなった。また、交付先に関しても大幅に拡大され、さまざまなパートナーシップがその対象となった。ただし、その成果に関しては厳しい監査がなされ、毎年、地方自治体による評価を受けなければならなくなった。

他方、住宅地改良に対しては、「リニューアル・エリア」の制度がある。これは一九八九年の「地方政府・住宅法」によって導入されたもので、地方自治体、住民、民間団体がパートナーシップを組んで、住宅地改良を行なう制度で、通例、一〇年という期間が定められ、国からの交付金によって住宅地改良がはかられる。各種新制度の創設とともに、シングル・リジェネレーション・バジェットやシングル・ポットといった都市計画関連の補助金を得て、事業を進める例もでてきた。

町並み保存を進める都市開発に対しても、いくつかの補助金がある。ヘリテイジ・ロッタリー基金では、「タウンスケイプ・ヘリテイジ・イニシアティヴ」という制度があり、地方自治体や民間企業からなるパートナーシップが行なう歴史的建造物を利用した都市開発に対して、補助金を交付している。また、イングリッシュ・ヘリテイジでも、歴史的環境を整備する「ヘリテイジ・エコノミック・リジェネレイション・スキーム」や、地方自治体とともに歴史的建造物の修理等に補助金を与える「保存地区パートナーシップ」といった制度を有し、資金援助を行なっている。これらは大規模な開発には向かないが、小規模な地域の歴史的環境を整備する際には有効である。

国内の補助金以外にも、EUから支給される補助金がある。そのひとつが「ストラクチュラル・ファンド」である。これは、EU地域内の不均衡を是正する目的で交付されるもので、そのなかに都市再開発に対する「ヨーロッパ地域再生基金」という補助金があり、一九九四―九九年のラウンドで、二四億ポンド（約五、〇〇〇億円）が英国国内の都市再開発事業に交付されている。

一方で、「民間資金」はPFI方式を通して、都市開発に投資される。道路などの社会資本の整備に費やされる民間資金は相当の額に及び、導入された一九九二年から九七年までの五年間で七〇億ポンド（一兆四千億円）の事業契約が結ばれるなど、大きな活力となっている。

また、ブーツやマークス&スペンサーといった大手小売業者は、積極的に中心市街地の活性化のために資金提供を行なっている。場合によっては、タウン・センター・マネジメントに社員を出向させ、地域の活性化による企業自身の売上向上に努めている。これらが総合して、都市計画の財源となっている。

これらさまざまな財源からの資金の割合はというと、都市の規模や特性によって大きく異なっている。英国の場合、費目を限定されない比較的自由に使うことができる予算がほとんどであり、予算に関しても、都市再生の各事業主体が、計画を自由に遂行できるようになっているのが、特徴と言えよう。

8　都市再生の方向性

まちづくりには市民の協力が不可欠となるが、伝統的に英国のまちづくりでは、市民の力が大きかった。英国のまちづくりは、行政主導で行なわれてきたというよりは、市民運動が先行し、行政がそれに追従する場合が多かった。英国では、都市内の建築物や景観といったものは、公共の財産と考えられている。また、これらに関する市民の関心は非常に高い。これは今にはじまったことではなく、旧市内の建築物に関する規制は、中世からすでにあったという。都市内で都市市民として共同生活するなかで、ルールが築き上げられ、それに従うのは当然のことであった。その際、過去を尊重するという姿勢が、自然と形成されてきた。まちづくりに関しても、このような背景で、自分たちが住む町への関心からはじまった。そして、この関心がみずからの町をできるだけ快適にしていこうとする運動となり、それが住民参加のまちづくりにつながっていった。このように上から押しつけられたものではなく、自然とわきあがってきた考え方や行動であるがゆえ、持続可能なまちづくりが可能となるのである。

英国では、経済復興のため、サッチャー政権以降、中央政府主導の都市開発が行なわれ、それが起爆剤となり、ある程度、地方都市が活性化してきた。そして、ブレア政権下、次のステップとして、地域が中心となって、独自の都市再開発を進められるようになった。このことは、昨今の都市計画でキーワードとなっている「サステイナブル（持続可能）」なまちづくりには、地方に合った独自の計画が必要であり、そのために、地方自治体と市民が協力してまちづくりを行なっていく必要があることを証明していると言えよう。英国では、パートナーシップが重要視され、官民が一体となって都市計画が進められ、成功を収めつつある。そして、景気の回復とともに、それらの成果が徐々にかたちとなって姿を見せはじめている。その過程で、制度も整えられており、次の展開を期待したいところだ。
本書ではほとんどふれてこなかったが、英国では自然環境保全運動もさかんである。たとえば、「グラウンドワーク」[26]や「グリーン・ツーリズム」といった動きが各地でさかんに行なわれている。今後、これらの運動と都市開発の関係もテーマのひとつと思われる。

これら英国の現在の都市開発を概観していて、都市開発における「横断的な対応」と「地域特性の尊重」ということがキーワードになっているように感じられる。横断的な対応はさまざまなパートナーシップの形成であり、地域特性の尊重は歴史性・地域性の重視である。イングリッシュ・ヘリテイジの役割の増大は、その最も顕著な例であろう。わが国では、前者のパートナーシップばかりが脚光を浴びているが、後者の歴史性・地域性の重視に関しても同等に評価され、その手法が応用されていくことを、切に望むところである。

第六部　過去から未来へ

14章 まちづくりにとっての歴史遺産

1　伝統的手法と新たな試み

本書では、英国の都市計画と歴史的建造物の保存に関して、その経緯と現行の制度を概観してきた。これらを通して、英国の法制度は、国家の歴史遺産を尊重しており、その保存を大前提としているため、歴史的建造物は確実に保存され、有効に活用されていることを指摘してきた。これら制度にもとづいた英国のまちづくりは、地域性を尊重しており、全国一律のまちづくりとなることなく、地域ごとの個性的なまちづくりになっている。

これら英国の諸制度の制定される過程において共通しているのは、それまでの伝統的手法を尊重しながらも、問題点がある場合には、そこに新しい試みを組み込んでいくという手続きを踏んでいるところにある。たとえば、歴史的遺構の保存をはじめて法制度化しようとした古記念物保護法の制定に関しては、慎重な議論が積み重ねられ、なかなか制定されなかったが、一度、古記念物を法律で保護することが決まると、この法律をもとに次から次へと改善を重ね、より現実に合ったものに変化させてきた。また、登録建造物制度という全国各地の歴史的建造物を網羅する制度に関しては、保存対策初期の段階から行なわれていた歴史的建造物のリストを作成するという仕組みを延長させ、建築保存という目的がより達成しやすいように、リストに掲載された建造物の現状変更を許可制にするという制度をつくりあげた。このように、英国の制度は、ひとつひとつの過程を経ながら完成されてきた。

英国の歴史的建造物の保存制度および都市計画制度は、非常に強い権限を有している。なかには厳し過ぎるのではと思えるほどの強制力をもっているものさえあり、かなり強引な制度のようにも感じられないこともない。しかし、これら法制度は、決してトップ・ダウンで定められたわけではなく、これに至る過程で、十分な議論がなされてきた。つまり、英国の歴史的建造物の保存また都市計画の法制度は、さまざまな議論の結果であり、その歴史に裏づけされたものとみなすことができる。

近代社会において、英国は常に各国の一歩先を歩んできた。各国に先駆けて、産業革命を達成した英国にとって、その弊害によって引き起こされた問題を、自力で次々と解決しなければならなかった。急速な近代化のための施設が時代遅れとなり、その再開発が必要となった際も、その解決策として、さまざまなアイディアを考案してきた。このようにして、みずから生じさせた問題をみずからつくった制度で解決していくという姿勢が、自然とできあがっていったということであろう。そして、多くの制度が、他国に先駆けて制定され、諸外国に大きな影響を与えることになった。

確かに、戦後の英国は、福祉国家に変貌する一方で、長い間、不景気が続き、国力の低下を国内外から指摘されていた。かつての大国としてのプライドが邪魔をし、何もかもがうまくいかなかった時期もあった。ECへの加盟が遅れるなど、国際的に孤立していたこともあった。しかしながら、昨今の経済復興は見事なもので、新しい都市再開発には目を見張るものがある。そして、さまざまな都市計画および歴史的建造物の保存の制度を創設してきた。

とはいっても、これら制度が順調に制定されてきたわけではない。その苦悩に関しては、いたるところで述べた通りである。興味深いのは、英国の歴史的建造物の保存運動において、敗北または失敗が、必ずといってよいほど、次の制度や新しい運動のステップとなっている点である。ロンドンのウォータールー・ブリッジやロバート・アダムのアデルフィの取壊しの後には、ジョージアン・グループが設立され[1]、また、ユーストン駅や石炭取引所の取り壊しの後には、ヴィクトリアン・ソサイアティが設立され[2]、建築保存団体による組織的な保存運動が繰り広げられるはじまりとなった。また、メントモアの文化財流出事件の後には、資金的問題から建築保存をバックアップするために、ナショナル・ヘリテイジ・メモリアル基金が創設されている。(3) これら失敗を、ただ単に悲しむだけではなく、次へのステップにつなげていったのは、国家の歴史的遺産を保護し、次の時代に残していかなければならないという一貫した考え方があったからであろう。

2 「英国病」のよいところ

しばしば、英国人は非常に保守的な国民であるといわれる。しかし一方で、産業革命を最初に達成したのは英国であり、新しいものを最初に取り入れるのも英国である。たとえば、いまだに法廷では裁判官は法衣のみならず「ウィグ(かつら)」をかぶって裁判を行ない、ホース・ガードといった王室の近衛師団の儀式が残っていたりする半面、音楽界に新しい潮流をもたらしたビートルズはリヴァプールの出身であり、また、奇抜なパンク・ファッションなどもロンドンが発祥の地とされる。

建築の世界においても例外ではなく、英国には歴史的建造物を保存し、伝統的な歴史様式で新築建築を建てる建築家が多いかと思えば、ニュー・ブルータリズムにはじまり、ハイテク建築へとつながっていく斬新なポスト・モダニズム建築を世界で繰り広げているのも英国人建築家である。ただ、ロンドンのシティにロイズ・オブ・ロンドン本社(ロンドン、一九八五年)といったハイテク建築を建てたリチャード・ロジャーズにしても、用いられなくなった魚市場の歴史性を保ちつつ見事に改修したビリングズゲイト(ロンドン、一九八九年)[図**14-1**]といった作品を残しており、同じくハイテク建築家の代表格ノーマン・フォスター(一九三五-)も、ロイヤル・アカデミー・オブ・アーツ(王立美術院)のサクラー・ギャラリー(ロンドン、一九八五-一九九一年)[図**14-2**]や大博物館のグレイト・コート(中庭増築)(ロンドン、二〇〇一年)[図**14-3**]といった既存の歴史性を活かした増築を行なうなど、保守的な側面も見せている。

このように、英国人の考え方のベースには、伝統を尊重する部分と新しいことを模索するふたつの側面があり、両者ともに著しく突出していると言えよう。これを別の見方をすると、英国人の考え方の根底には確固たる伝統があるために、奇抜な発想が容認され、そのためさまざまな新しい流行が起こってくるということであろう。

英国人はまた、土地性に対して、特別な感覚をもっているように思われる。彼らにとって、土地には、その土地のイメージがあり、それが損なわれることを著しく嫌う。「地霊[4]（ゲニウス・ロキ）」といった概念が重要視されるのも、その影響であろう。そのため、都市の景観が変更されようとすると、多くの反対意見が出される。建物が建ってしまってからではどうしようもないため、事前に計画を縦覧させる制度が誕生したのも、こういった背景からである。これら制度があるため、歴史的な都市景観のなかに奇抜な建築が建てられることは少ないが、もしも建てられると、マスメディア等から

図14-1　ビリングズゲイト（ロンドン，1989年，リチャード・ロジャーズ設計）

強烈な批判が浴びせられる結果となる。これらは郷土愛と密接につながっているように感じられる。そして、この考え方が、歴史的建造物の保存および都市計画の制度に反映されていると言えよう。

　このような英国人の気質は、社会全体が正常に機能している場合には、よい方向に向かう。しかし、ひとたび歯車がはずれると、その考え方そのものが否定されることもある。かつて英国経済がどん底の状態にあるときには、それが「英国病」と呼ばれ、揶揄された。しかし、現在では、英国経済が復活し、このような蔑称は聞かなくなった。これは「英国病」は完治したということであろうか。いや、そうではないだろう。サッチャー政権により、さまざまな改革が実施され、その延長上に現在の成功はあることは認めるが、この改革でも

コリン・キャンベルによる正面

フォスターによる既存のふたつの建物の間の増築部

図14-2　ロイヤル・アカデミー・オブ・アーツ（王立美術院）のサクラー・ギャラリー（ロンドン, 1985-1991年, ノーマン・フォスター設計）

グレイト・コート内部

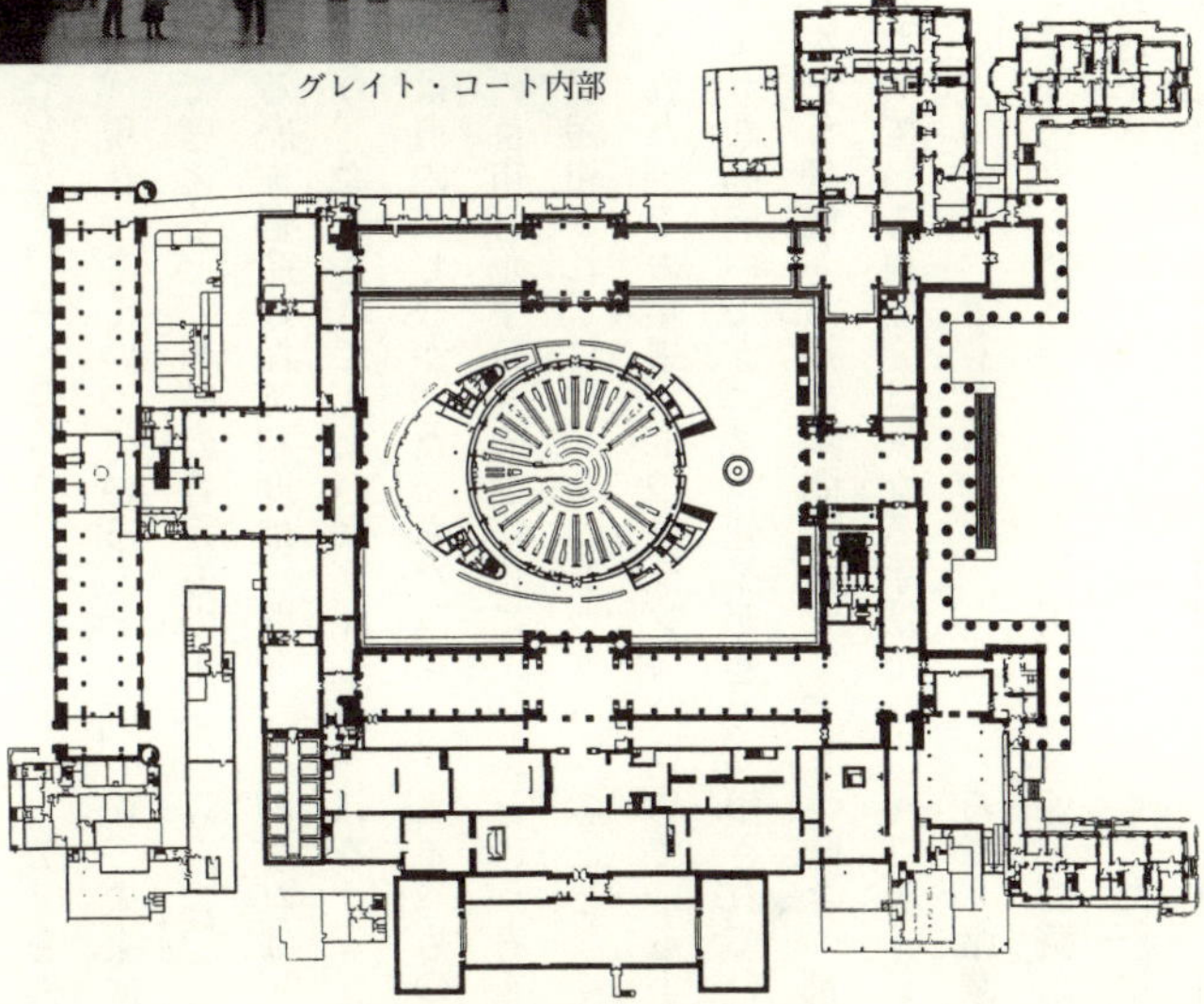

Cross Section／短手断面図

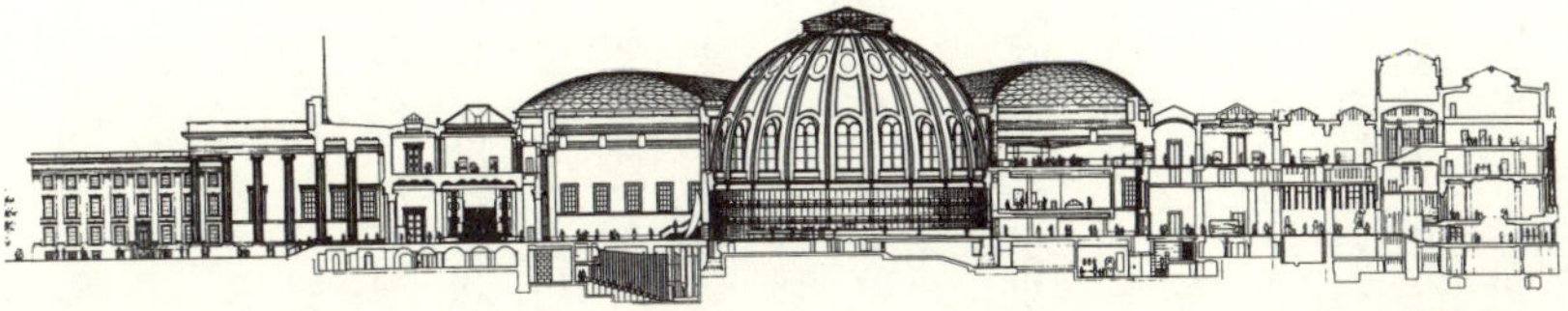

Longitudinal section／長手断面図

図14-3　大英博物館のグレイト・コート（中庭の増築）（ロンドン，2001年，ノーマン・フォスター設計）

変えられなかったことも少なくなく、それが「英国病」の根本原因とみなされていたものではないだろうか。当時は、過去に固執する態度が、すべての障害のようにみなされていたが、この考え方は、今でも変わっていないだろう。むしろ、これを変えなかったからこそ、現在うまくいっていることも多い。これを都市計画の分野で考えると、当時の考え方の主流では、都市計画制度における歴史遺産の保護制度は、開発の自由度を失わせるものであり、撤去されてもよいようなものであったが、それを完全には自由にしなかった。ちなみに、エンタープライズ・ゾーンでの都市計画手続きの簡略化によって、一部、実験的にこれらが緩和され、ロンドンのドックランズ等で規制の箍がはずされた。その結果、ドックランズは、世界のどこにでもあるような高層のモダニズム建築が建ち並ぶ地区となった。これをどう評価するかは別問題として、少なくとも、現在の主流となっている再開発は異なる手法で行なわれている。

最近、脚光を浴びている手法は、歴史的な資源を利用し、その土地の歴史が感じられるような「リジェネレイション・プログラム」である。都市の歴史性を尊重しながら再開発を行なっているため、全国で一律な再開発になるのではなく、個性豊かな計画を見ることができる。これら現在の経済復興と再開発の傾向を鑑みると、「英国病」と呼ばれた原因は、伝統への固執のことではなかったかと思われる。このような批判を受けながらも、英国人は、みずからのアイデンティティを失うことはなく、それが現在につながっており、今後、未来につながっていくことになるだろう。したがって、「英国病」とは、決して悪いことではなかった。別の言い方をすれば、「伝統を尊重する」「過去に対し畏敬の念を抱いている」「こだわりがある」「信念をもっている」ということである。ものとの関係でいえば、「よいものを長く使い続ける」という考え方につながり、次々と移り変わる流行にとらわれることなく、長いスパンで、本当によいものとは何かと見定めているようにも思える。それが建築または町並みにまで応用されているということであろう。

昨今の都市再開発計画において、政府がイングリッシュ・ヘリテイジの存在を重視している点も興味深い。いたるところで、産業遺産の再開発にも積極的に取り組んでおり、建築保存の概念も変化した。イングリッシュ・ヘリテイジの役割も、ただ単に学術的な保存に専心していればよいわけではなくなり、再開発計画においても、歴史遺産の活用の指針を示すことが望まれている。地域の歴史・文化性を活かした再開発を実施していくことは、ブレア政権の最大の目標でもあり、この戦略は、現在までのところ、十分に成果をあげているということであろう。

3　スクラップ・アンド・ビルドからリジェネレイションへ

わが国においても、住民が参加した積極的なまちづくりがさかんになってきた。スクラップ・アンド・ビルドが否定され、歴史に根づいたまちづくりの必要性が認識されてきた。このような状況下、もはや「開発か保存か」といった議論に終止符を打つことはできないものか。「開発」vs「保存」という図式は過去のものとし、今後は過去を尊重しつつ、開発につなげていきたい。英国の昨今のリジェネレイション・プログラムは、過去の遺産を再生することによって、経済的にも大きく前進することを証明した。わが国においても、成功例を増やし、その可能性を示すことによって、最初から更地での建築設計を議論するのではなく、まずは既存建築の再生の方法を考え、残すことを前提に開発を考えるべきであろう。しかし、現状はというと、毎月のように、歴史的な建造物の取り壊しのはなしを耳にする。開発サイドは、取り壊しを前提として、更地での新計画を練る。それら建築の歴史性が評価されて、保存すべきだとの世論が高まると、その一部のみを部分的に移築するなどのエクスキューズでごまかしてしまう。これらは、本当の保存とは呼べない状況である。そもそも、このような考え方は、抜本的に改めるべきであり、その土地にふさわしい開発を考えるべきである。

地域に根づいたまちづくりが求められる現在、地域資源を探すことからはじめなければならない。その地域資源とは、長い間、その場に建っている建築に他ならない。そして、各地で、その地域にあった開発を行なうことによって、どこにいっても同じ光景しか見られないといったような画一的な開発を避けることができるのである。

昨今、わが国でも「コンヴァージョン」という言葉が流行しはじめた。もともと、英国をはじめとする欧米諸国では、この発想は中心市街地の不要となった事務所建築を住宅に改造することによって、中心市街地に活気を取り戻そうとするために行なわれたものであり、不動産業界の戦略であった。わが国では、建築構法の分野が中心となってこの問題に取り組んでいる。これまでの建築史の分野が中心となって進めてきた建築保存とは、異なった考え方である。

本来の目的を失った建築でも、新しい用途を与えて蘇らせようとする試みは、昔からあったが、それが積極的に行なわれるようになってきたのは、一九八〇年代以降であろう。貨物駅の駅舎を美術館に改修したパリのオルセー美術館（一九八六年改修）は、世界的に有名な例であり、大きな影響を及ぼした。英国では、一九八六年の通達に、保存の一手法として、コンヴァージョンが認められて以来、歴史的建造物の保存を考える際の主流となっていった。

わが国でも、レンガ倉庫をビア・ホールやショッピング・センター等に改修して成功した例が少なくない。英国をはじめとする諸外国の実例には、もっと多くのアイディアが見られ、今後、わが国でもこうした魅力的な再開発計画が実現されることを願うところである。その際、建物を単体として考えるのではなく、もう少し広く、地域全体で考える必要があろう。その際のアイディアとして、路面電車を復活させようと考えているところもある。これは、自動車の弊害に対する解決策ともなり、歴史的な風景の再現にもつながる可能性もある。

これらコンヴァージョンによる歴史遺産の活用法は、本来の建築保存ではなく、建物を物理的に残してはいるものの、建物の本来の役割がなくなった建物を用途変更して利用するのは意味がなく、ただの廃材利用に過ぎないのではないかといった反論もあるかもしれない。しかし、用途は変わったとしても、その土地、その場所には変化がない。人々の思い入れは残り、また、それを後世に伝えることも可能となる。それは著者が、スウィンドンの開発を調査に行った際に見た光景で証明できるだろう。スウィンドン・レイル・ヴィレッジでは、工場の建物をショッピング・センターに用途変更したため、巨大な什器は処分できずにそのままにされ、簡単な展示パネルが設置され、ショッピング・センターのはずれに展示物として残された。ショッピングが好きなのは、わが国も英国も女性たちであるらしく、老人男性とその孫と思われる小学生低学年くらいの男の子が、そこで時間をつぶしていた。そして、すでにリタイアしたと思われる老人は、展示パネルを指差しながら、孫と思われる男の子に、あれこれと説明をしている。ふたりは非常に仲よさそうに、話をしている。話の内容までは聞こえてこなかったが、その機械をどう使うのかを、身振り手振りで熱心に説明しているように思われた。スウィンドンには、すぐ隣に鉄道博物館（STEAM）がある。本来この博物館に求められたことが、母親の買い物待ちの時間に、ショッピング・センター内で、十分にコミュニケーションできていた。

町がかつてどのような産業で栄えたのかは、歴史遺産を残し、活用することによって、十分に後世に伝えることができる。これまで、歴史・文化を伝える役割は、博物館が担ってきたが、建築や都市の歴史は、町自体が展示空間になっていかなければならない。これは「エコ・ミュージアム」の発想と同様の考え方である。(5)

昨今、歴史遺産の考え方は、多岐にわたってきた。歴史には、よいことばかりではなく、忘却してしまいたいような忌まわしい出来事もある。しかし、これを無視するのではなく、歴史として真摯に受け止めなければならず、同じ過ちを繰り返さないためにも、後世に伝えなければならないという考え方もある。これらを象徴する歴史遺産は、しばしば「負の遺産」と呼ばれる。たとえば、広島の原爆ドームは、原爆投下で多くの犠牲者を出したことに対して、永遠の平和を願う市民の意思を反映するものである。それを覆い隠すのではなく、人々の心にいつまでも原爆投下の悲惨な結果をとどめておかなければならないという人々の願いである。二〇〇一年九月一一日のニューヨークのワールド・トレード・センターの無差別テロの跡地でも、被害を受けたコンクリートの壁をそのまま残す再開発が進められている（「グラウンド・ゼロ」として知られている）。このような発想は、現実を見極め、美辞修辞ばかりではなく、その町のたどった道を、そのまま正直に後世に伝えていこうとする態度であり、起こってしまった事件も、町にとっては歴史のひとつとして、受け止めていこうとするものである。

また、歴史遺産は、古さだけが重要なわけではない。ファッションや音楽の世界では、一昔前の流行が、リヴァイヴァルするという。若者にとって、両親や祖父母の時代のものにふれることは新鮮で、しかも親近感があるのだろう。身近なおじいさんやおばあさんが実際に使った建物が町にあれば、その場の力で、世代間の交流が可能となるのではないか。

このように考えると、建物をなぜ壊す必要があるのかという思いが強くなってくる。都市計画における市場主義の経済優先施策に問題意識を感じる。建物だって人間と同じである。人間も年をとればどこかに不都合が生じる。つまり、病気にかかる。そんなとき、人間は、医者に治療をしてもらい、社会復帰するのはあたりまえである。このようなことは、すでに多くの建築史家によって言い尽くされたことかもしれないが、歴史的遺産も再び蘇ることが可能なのである。コンピュータ・ゲーム時代になって、子供たちはものがうまくいかなくなると、すぐリセットをしてしまう。このような時代は「リセット時代」と呼ばれるが、高度成長期からバブル期のわが国のスクラップ・アンド・ビルドの建設業界は、まさにリセット時代であったと考えられよう。しかし、建物も都市も、コンピュータのようにはいかない。むしろ、人間と一緒である。具合が悪くなったら、治療し、社会復帰をさせなければならない。経験はすぐにはつくれない。どんな歴史であっても、歴史を利用すべきである。

4 未来に向けて

現在、わが国の都市計画は、ターニング・ポイントに達しているように思われる。各地で行なわれてきたまちづくり運動が、ようやく国の都市計画を変えるところまできた。これは、最近の国土交通省等のさまざまな試みからも明らかであろう。

次に必要となるのは、人々の意識にも改革であろう。もはや経済成長優先の画一的な開発は終わりにすべきであり、地域の特性にあった開発を模索していくべきである。まちづくりは一般解があるのではなく、すべてが特殊解である。それがまちづくりの一番興味深いところである。近代化の過程において、わが国では、それをあたかも一般解があるかのような都市計画を行なってきた。しかし、このような画一的な開発計画から、いち早く脱却しなければならない。

土地には土地の特性があり、まちづくりにとっては、それが「場所の力（Power of Place）」となる。「場所の力」とは、イングリッシュ・ヘリテイジが今後の活動方針を示した報告書［図**8**－**4**］のタイトルにも用いられた言葉であるが、今後のわが国のまちづくりにとっても重要な言葉であるように感じられる。未来のよりよいまちづくりのためには、その場所の歴史を十分に理解し、その歴史がもつ「場所の力」を利用していくべきであろう。それが建築保存であり、未来につながるまちづくりとなる。つまり、これはまちづくりの長期的展望を歴史に求めるということである。そうすることによって、各地で懸案となっている中心市街地の活性化の問題も、解決に向かうに違いない。

人々の意識を改革するには、よりよい実例を示すのが最もよい。そのためにも、わが国でも歴史的建造物を利用したよりよい開発をできるだけ多く実施し、それを広めていきたいものである。そのために、できることは、今すぐにでも行なっていくべきであろう。

先人たちからは、学ぶことが多く、先人が残した遺産はその最もよい教材である。そのためにも先人が残した遺産を活かし、また、後世に伝えていかなければならない。

過去の建築に目を向けることは、決して時代を逆戻りすることではない。都市計画においても、歴史的建造物の保存にしても、過去のために過去の遺産を残すのではなく、豊かな未来を築いていくために、過去の遺産を利用するのである。われわれは過去から未来へと連続する時間の中に生きているのであって、歴史的建造物の保存も、未来に向けて考えていくべきなのである。

註

はじめに

1 「景観緑三法」とは、「景観法」「景観法の施策に伴う関係法律の整備等に関する法律」「都市緑地保全法等の一部を改正する法律」の三法のことを指す。景観法は、わが国ではじめての景観に関する総合的な法律であり、これによってこれまで地方自治体等が独自に進めてきた景観を守るための条例等に、法的根拠が与えられたかたちとなった。
景観緑三法に関しては、以下を参照した。
国土交通省景観ポータルサイト (http://www.mlit.go.jp/keikan/keikan_portal.html)
「ここが知りたい 建築の？ 景観法」、『建築雑誌』、二〇〇四年一一月号、五〇頁
「特集 景観まちづくりの展望」、『建築雑誌』、二〇〇五年一月号、一一－四七頁

2 東京都国立市の「大学通り」に、㈱明和地所が建設した高さ四四メートルのマンションをめぐり、周辺住民が景観権の侵害などを訴えた民事訴訟。二〇〇二（平成一四）年一二月一八日に東京地裁によって下された一審判決では、住民が守ってきた都市景観は法的に保護されると認められ、開発業者の明和地所に、高さ二〇メートル以上の撤去が命じられた。わが国で「景観権」が認められた最初の判例として注目を集めた。しかし、二〇〇四（平成一六）年一〇月二七日の第二審において、東京高裁は「良好な景観は国民共通の資産で、適切な行政施策で保護されるべきだ」として住民の権利を認めず、建設当時の市の条例と建築基準法に照らし合わせて、明和地所のマンションを違法建築物とは判断せず、第一審の撤去命令を破棄した。また、二〇〇六年三月三〇日には、最高裁での判決が言い渡され、当時の法律において、マンション建設は合法であるとされるものの、地方自治体は景観を守るためには条例等を整備すべきであるとされた。これにより、法整備が進むことになった。

3 二〇〇二（平成一四）年一二月一〇日に閣議決定された「文化芸術の振興に関する基本的な方針」を受けたもので、景観法による「文化的景観」の制度制定のもととなった。

4 滋賀県犬上郡豊郷町の町立豊郷小学校の建替に対する保存運動。豊郷小学校の建築は、一九三七（昭和一二）年にヴォーリズ建築事務所によって設計されたわが国の鉄筋コンクリート造の初期モダニズム建築を代表する学校建築として知られ、日本建築学会が編集した『日本の近代建築総覧』（一九八〇年）および滋賀県教育委員会による『滋賀県近代建築調査報告書』（二〇〇〇年）でも建築史上、重要な建物として文化的価値が評価されていた。取り壊し報道に対し、卒業生、地元住民を中心として、保存運動が起こり、マスコミに取り上げられることによって、全国的な話題となった。この運動は、町長のリコールにまで及び、結局、建物は保存されることになった。

5 東京都品川区東五反田五丁目の旧正田邸の取り壊しに対する保存運動。美智子妃殿下の生家の保存運動とあって、建築関係者以外からも広く注目を浴びる。そのはじまりは、正田邸の土地・建物が、二〇〇一（平成一三）年六月二八日に国に物納されて国有財産となり、財務省が建物を取り壊し、更地にして競売にかけることを決定したことであった。これに対し、さまざまな保存運動が起こるが、結局、「皇后陛下のご意向」に沿ってとの理由で、二〇〇三（平成一五）年一月一六日に取り壊し工事が開始された。旧正田邸は、昭和初期のチューダー朝風の屋根をもつ和洋折衷住宅で、日本建築学会の『日本の近代建築総覧』にも掲載されるとともに、旧池田藩邸跡の池田山（東五反田五丁目）の町並みの一部として人々に親しまれていた。

6 伝統的建造物保存地区の制度は、一九七五（昭和五〇）年の文化財保護法一部改正によって導入されたもので、重要文化財のように単体として文化財を保護するのではなく、群として価値のある地区を、重要文化財と同様に保存しようとする制度である。現在、国の重要伝統的建造物群保存地区に指定されている地区は、日本全国に七三地区ある（二〇〇六年四月一日現在）。

1章

1 たとえば、国際文化会館（東京、一九五五年建設、前川國男・吉村順三・坂倉準三設計）の建替問題に際しては、日本建築学会は、保存要望書（二〇〇三年五月）を提出したばかりでなく、国際文化会館側の要望を受けて、特別委員会を組織し、具体的な保存案を提示した。そして、国際文化会館側は、それをもとに新会館計画を検討することになった。

2 わが国の歴史的建造物の保存行政の経緯に関しては、本章3節を参照のこと。

3 岩崎友吉、『文化財の保存と修復』、日本放送出版協会、一九七七年、二〇頁

4 Barry Cullingworth ed., *British Planning*, London and New Brunswick, 1999, p.105

5 デイヴィッド・ワトキン著、桐敷真次郎訳、『建築史学の興隆』、中央公論美術出版、一九九三年、一〇四頁
Michael Ross, *Planning and the Heritage*, London, 1996, p.10

6 2章2節および3節を参照のこと。

7 「国宝保存法」における「国宝」は、現行の「文化財保護法」における「国宝」とは一致しない。

8 姫路城天守（兵庫県姫路市、一六〇八（慶長一三）年建築、一九三一（昭和六）年指定）が、最初の例で、国宝保存法のもと保護の対象となった。

9 二条陣屋小川家住宅（京都府京都市、江戸後期建築、一九四四（昭和一九）年指定）が、最初の例で、国宝保存法のもと保護の対象となった。昭和三〇年代から、文化財保護法のもと民家建築も保護の対象下に置かれるようになった。

10 洋風建築の最初の指定は、国宝保存法に基づいて一九三三（昭和八）年に指定された大浦天主堂（長崎県長崎市、一八六四（元治元）年）で、続いて一九三五（昭和一〇）年に尾山神社神門（石川県金沢市、一八七五（明治八）年建築）が指定されている。現行の文化財保護法に基づく指定は、一九五六（昭和三一）年指定の泉布館（大阪府大阪市、一八七一（明治四）年建築）と旧造幣寮鋳造所正面玄関（大阪府大阪市、一八七一（明治四）年建築）の二件が最初である。明治維新後一〇〇年を経た昭和四〇年代には、明治時代の洋風建築への関心が高まり、一九六九（昭和四四）年からは、文化庁によって明治時代の洋風建築の調査が開始され、重点的に指定されていった。

11 フランク・ロイド・ライト設計の旧山邑邸（現淀川製鋼所迎賓館－兵庫県芦屋市、一九一八（大正七）年設計、一九二四（大正一三）年上棟）が、一九七四（昭和四九）年、モダニズム建築としてはじめて重要文化財に指定された。

12 一九九七（平成九）年、明治生命本館（東京都千代田区、岡田信一郎設計、昭和九年）が、昭和期の建築で最初に重要文化財に指定された。

13 登録文化財制度は、一九九六（平成八）年の文化財保護法一部改正によって導入され、制度導入後わずか八年で国宝・重要文化財の総数をすでにしのぎ、今後、さらにその数が増大していくものと期待されている。ちなみに、二〇〇六（平成一八）年四月一日現在、国宝二一三件、重要文化財二、〇七三件に対し、登録建造物は五、三〇四件である。

14 登録文化財制度は、その後、国税庁長官の「財産評価基本通達の一部改正」（平成一六年六月四日付）によって相続財産評価額が一〇分の三控除されるようになり、二〇〇四（平成一六）年五月の文化財保護法の一

部改正によって登録の対象が拡充され、従来の建造物に加え、他の有形の文化財や民俗文化財ならびに記念物にも、登録制度が導入された。また、二〇〇四年の文化財保護法の一部改正にともない、地方税法も改正され、家屋の固定資産税が二分の一に減税された（従来は地方の判断により、二分の一以内に軽減できるという規程であった）。ちなみに、二〇〇四年の改正では、景観法の制定にともない、文化庁が「重要文化的景観」の選定を行なうことになった。

15 John Harveyは、スウェーデン王グスタフ二世アドルフス（一五九四―一六三二）が、一七世紀前半に古記念物の保存を命じたことを最初の例としてあげている（John Harvey, *Conservation of Buildings*, Toronto, 1972, p.157）。John Delafonsも、最も早い例として、スウェーデンをあげているが、その年代に関しては、一六六六年としている。他にポルトガルでは一七二一年、ドイツでは一七八〇年、デンマークでは一八〇七年、ギリシアでは一八三四年に、何らかの法律等が制定されたとしている（John Delafons, *Politics and Preservation*, London, 1997, p.27）。

16 また、伊藤延男は、スウェーデン以外にも、イタリア、ドイツ、フランス、イギリス、アメリカの初期の例を紹介している（伊藤延男他著、『新建築学大系50 歴史的建造物の保存』、彰国社、一九九九年、七五頁）。政府による保存の最初期の文書として、ドイツのヘッセン大公国において一八一八年一月二二日に発せられた法令がある。その全文は、John Harveyによる*Conservation of Buildings*に掲載されている（Harvey, op.cit., p.157, pp.208-209）。

17 G. Baldwin Brown, *The Care of Ancient Monuments*, Cambridge, 1905, pp.44-45
Brownは、ハンガリーでは一八八一年、トルコでは一八八四年、フランスでは一八八七年、ブルガリアでは一八八九年、ルーマニアでは一八九二年、ヴォー州（スイス）では一八九八年、ギリシアでは一八九九年に、ポルトガルでは一九〇一年、イタリア、ヘッセン（ドイツ）、ベルン州（スイス）、ヌーシャテル州（スイス）では一九〇二年に、それぞれ古記念物を保護する法律が制定されたと紹介している。

18 アイルランドでは、一八九二年に「古記念物保護法（Ancient Monuments Protection (Ireland) Act 1892）」が制定されている。

19 伊藤延男他、前掲書、七九―八一頁

20 羽生修二、『ヴィオレ・ル・デュク』、鹿島出版会、一九九二年
Jukka Jokilehto, *A History of Architectural Conservation*, Oxford, 1999, pp.127-132, pp.137-149（ユッカ・ヨキレット著、益田兼房監修、秋枝ユミイザベル訳、『建築遺産の保存』、すずさわ書店、二〇〇五年）
Wayland Kennet, *Preservation*, London, 1972, pp.20-21

21 メリメの他、ヴィクトール・ユゴー（一八〇二―八五）らが参加し、近代的な保存運動の基礎が築かれた。

22 委員会のメンバーは、メリメのほか、考古学者二名、国会議員二名、建築家三名の計八名であった（羽生修二、前掲書、二三頁）。

23 正式名称を「フランスの歴史的、美的資産保護に関する立法を補完し、かつ、不動産修復を助成することを目的とした法律」という。フランスの法律は個別名称をつけないのが一般的で、通例、法案が成立した年月日で示されるので、「一九六二年八月四日法」または「一九六二年法律九〇三号」ということになるが、「マルロー法」の場合、この法案成立に尽力した文化大臣アンドレ・マルローの名前をとって、こう呼ばれている。7章6節を参照のこと。

24 7章5節を参照のこと。

25 英国における保存地区制度および「シヴィック・アメニティズ法」の成立に関しては、7章6節を参照のこと。

26 陣内秀信、『イタリア都市再生の論理』、鹿島出版会、一九七八年
西村幸夫、『都市保全計画』、東京大学出版会、二〇〇四年、六四四頁

27 当初、史跡や名勝などの保存を目的として導入された。最初の風致地区は、明治神宮外苑付近であった。昭和初期には、一般的な自然景観の保全などに概念が拡大された（ヴィジュアル版建築入門編集委員会編、『ヴ

ィジュアル版建築入門10 建築と都市』、彰国社、二〇〇三年、一五九頁、小林重敬編著、『条例による総合的まちづくり』、学芸出版社、二〇〇二年、三一―四五頁)。

28 景観をコントロールできる制度であるが、地区指定はわずか六地区と少ない(小林重敬、前掲書、四五―六一頁)。

29 5章7節を参照のこと。

30 9章6節を参照のこと。

31 屋根等の構造は、本来、鉄骨造であったが、復原建物ではRC造に変更されるなど、忠実な復原とはいかなかった。

32 たとえば、山岸常人は、復原の有効性・意義を認めたうえで、復原がすべてに関して当初形態を示すことはほぼ不可能に近いという事実から、歴史学上の弊害を述べ、復原模型、文化財建造物の復原等の問題点を指摘している(山岸常人、「文化財「復原」無用論」、『建築史学』第二三号、一九九四年九月、九二―一〇七頁)。

33 当初材の割合を、オーセンティシティの評価基準にすることは、ヨーロッパを中心とする石造建築には有効であるが、アジア諸国の木造建築にその概念を単純にあてはめるには問題が多かった。たとえば、世界最古の木造建築とされる法隆寺の建築でさえ、腐食した部材を入れ替えるなどの修理が行なわれており、オーセンティシティの観点では、価値が低い建築となってしまう。そこで、オーセンティシティの定義も、一九九四年に開催されたユネスコ主催の奈良会議以降変化し、わが国の文化財で行われてきた解体・修理の方法も、世界的に認められるようになった(「小特集　世界文化遺産奈良コンファレンス」、『建築史学』第二四号、一九九五年三月、四三―一二五頁、益田兼房、「オーセンティシティの概念について」、関口欣也先生退官記念論文集刊行会、『建築史の空間』、一九九九年、二一一―二二四頁)

34 7章5節を参照のこと。

35 清水真一、蓑田ひろ子、三船康道、大和智編、『歴史ある建物の活かし方』、学芸出版社、一九九九年

2章

1 デイヴィッド・ワトキン著、桐敷真次郎訳、『建築史学の興隆』、中央公論美術出版、一九九三年、三八三頁

2 G. Baldwin Brown, *The Care of Ancient Monuments*, Cambridge, 1905

3 ibid., p.11

4 Wayland Kennet, *Preservation*, London, 1972

5 ibid., pp.11-12

6 Peter J. Larkham, *Conservation and the City*, London, 1996, p.33

Brown, op.cit., p.13

7 Nikokaus Boulting, "The law's delays : conservationist legislation in the British Isles", in Jane Fawcett ed., *The Future of the Past*, London, 1976, p.10

8 Boulting, op.cit., p.11

9 伊藤延男他著、『新建築学大系50 歴史的建造物の保存』、彰国社、一九九九年、六九頁

10 S・E・ラスムッセン著、兼田啓一訳、『ロンドン物語』、中央公論美術出版、一九八七年、五七―六八頁

11 Nikolaus Pevsner, "Scrape and Anti-scrape", in Jane Fawcett ed., *The Future of the Past*, London, 1976, p.36

John Delafons, *Politics and Preservation*, London, 1997, pp.10-11

12 英国・オーストリア連合軍がフランス・バイエルン連合軍を破ることで終結する

13 G. Webb ed., *The Complete Works of Sir John Vanbrugh : IV. The Letters*, London, 1927, p.29

14 森護、『英国王室史話』、大修館書店、一九八六年、三五二頁

青木道彦、『エリザベスI世』、講談社、二〇〇〇年、四五頁

一五五四年の「トマス・ワイアットの反乱事件」後、ほぼ一年間にわた

り、エリザベスはウッドストックのマナ・ハウスに軟禁されていた。

15 ギリシアは、一八二九年に独立するが、それ以前は、トルコの支配下にあり、なかなか足を踏み入れることができなかった。ギリシア独立後、発掘・整備・修理・修復が絶え間なく行なわれるようになった。

16 John Summerson, *Architecture in Britain 1530-1830*, London, 1991, pp.377-383

17 本城靖久、『グランド・ツアー』、中央公論社、一九八四年

18 Joan Evans, *A History of the Society of Antiquaries*, Oxford, 1956
「ロンドン古物研究家協会」のウェブ・サイト (http://www.sal.org.uk/)
しばしば、ロンドンが省略され、「古物研究家協会」と表記されることがある。
一七〇七年に最初の会合が開かれ、一七五一年に組織として認定された。

19 Brown, op.cit., pp.34-35
Delafons, op.cit., p.32

20 John Harvey, *Conservation of Buildings*, Toronto, 1972, pp.172-173
「王立考古学協会」のウェブ・サイト (http://www.royalarchaeolinst.org/ および http://www.cix.co.uk/~archaeology/r-a-i/home.htm)

21 「英国考古学協会」のウェブ・サイト (http://www.britarch.ac.uk/baa/)

22 Brown, op.cit., pp.34-35
右記参考文献の他、当時の考古学的学術団体の、成立およびその活動等については、デイヴィッド・ワトキン著『建築史学の興隆』(桐敷真次郎訳、中央公論美術出版、一九九三年)に詳しい。

23 「ロンドン古物研究家協会」の機関誌は『アーキオロジア』(一七七〇年創刊)、「グレイト・ブリテンおよびアイルランド考古学協会」の機関誌は『アーキオロジカル・ジャーナル』(一八四五年創刊)、「英国考古学協会」は『考古学協会ジャーナル』(一八四五年創刊)である。

24 Michael J. Lewis, *The Gothic Revival*, London, 2002, pp.28-23
Summerson, 1991, op.cit., pp.372-373
鈴木博之、『建築の世紀末』、晶文社、一九七七年、三三一六一頁

25 2章5節を参照のこと。

26 正式名称を『ノルマン人の征服から宗教改革に至るまでのイギリス建築の様式を判別する試み—ギリシア式およびローマ式オーダーの大要および約五〇〇件の建造物についての覚書付き』という。

27 リックマンによる「中世建築」の区分の詳細は、以下の通り。
アングロ・サクソン式 (Anglo-Saxon) —サクソン族の侵入からノルマン・コンクェストまで (五C—一〇六六)。他国のロマネスク建築に相当する。
ノルマン式 (Norman) —ノルマン・コンクェストからヘンリ二世まで (一〇六六—一一八九)
初期イギリス式 (Early English Style) —リチャード二世からヘンリ三世まで (一一八九—一二七二)
装飾式 (Decorated Style) —エドワード一世からエドワード三世まで (一二七二—一三七七)
垂直式 (Perpendicular Style) —リチャード二世からヘンリ八世まで (一三七七—一五四六)

28 デイヴィッド・ワトキン、前掲書 (一九九三年)、一一三—一一七頁

29 オクスフォード運動とは、一八三三年のジョン・キーブル (一七九二—一八六六) の説教を契機として、英国国教会を高教会派の理想に従って改革しようとして起こった思想運動で、神学者でオクスフォード大学教授であったジョン・ヘンリ・ニューマン (一八〇一—九〇) やエドワード・ブーヴェリ・ピュージ (一八〇〇—八二) らが中心人物となった。結局、一八四五年にニューマンがカトリックに改宗することによって、この運動は一段落するが、その際、キリスト教の教義と典礼に関して戦わされた議論は、英国のキリスト教徒および知的世界に多大な影響を与えた。

30 ケンブリッジ・キャムデン・ソサイアティは、ケンブリッジ大学のジョン・メイソン・ニール (一八一八—九五) とベンジャミン・ウェッブ (一八一九—九五) によって設立され、当初は三八名の会員であったが、たった四

年間で会員は七〇〇名を超え、カンタベリー大司教の他、多くの司教を含む高教会派の一大勢力となった。その後、ケンブリッジ・キャムデン・ソサイアティは、一八四六年、それまで主張を掲載していた機関誌『ジ・イクレジオロジスト』から分離し、ロンドンに拠点を移し、名称も「教会建築学協会」と改めた。

31 ワトキン、前掲書（一九九三年）、一四二－一四四頁
鈴木博之、前掲書（一九七七年）、六三－八五頁

32 鈴木博之、前掲書（一九七七年）、八七－一〇六頁
鈴木博之『建築家たちのヴィクトリア朝』、平凡社、一九九一年、四一－六八
ピュージンは、カトリックに改宗していたが、教会建築に関する考え方は、他の宗教でも受け入れられた。

33 正式名称を『対比、すなわち一四世紀・一五世紀の高貴な建造物と現代の同様な建造物を比較して現代の趣味の衰退を示す』という。

34 A.W.N. Pugin, *Contrasts; or, A Parallel Between the Noble Edifices of the Fourteenth and Fifteenth Centuries, and Similar Buildings of the Present Day; Showing the Present Decay of Taste*, London, 1836
邦訳は、鈴木による（鈴木博之、前掲書（一九七七年）、九四頁）。

35 Jukka Jokilehto, *A History of Architectural Conservation*, Oxford, 1999, pp.110-112

36 Pevsner, op.cit., 1976, p.35

37 イニゴー・ジョーンズは、セント・ポール大聖堂の改修（restoration of the St Paul's Cathedral, London, 1633-42）、セント・ジェイムズ宮殿のクイーンズ・チャペル（Queen's Chapel, St James's Palace, London, 1623-27）などで、中世建築を古典様式に改造している（John Summerson, *Inigo Jones*, New Haven and London, 2000）。

38 Pevsner, op.cit., pp.36-37
Jokilehto, op.cit., p.102

39 Boulting, op.cit., p.15
Pevsner, op.cit., pp.37-38
Jane Fawcett, "A restoration tragedy : cathedrals in the eighteenth and nineteenth centuries", in Jane Fawcett ed., *The Future of the Past*, London, 1976, pp.75-77
Harvey, op.cit., pp.171-172
Jokilehto, op.cit., pp.104-106

40 Jokilehto, op.cit., pp.106-109

41 教会堂の修復による改変に関しては、Jane Fawcett, "A restoration tragedy : cathedrals in the eighteenth and nineteenth centuries" (Jane Fawcett ed., *The Future of the Past*, London, 1976, pp.74-115) に詳しい。

42 E. A.Freeman, *Principles of Church Restoration*, London, 1846

43 鈴木博之『ヴィクトリアン・ゴシックの崩壊』、中央公論美術出版、一九九五年、一九二－一九三頁
Jokilehto, op.cit., p.159

44 鈴木博之、前掲書（一九九五年）、一九〇－一九四頁
Jokilehto, op.cit., pp.159-163
Pevsner, op.cit., p.44

45 G.G.Scott, *Recollections*, London, 1879

46 鈴木博之、前掲書（一九九五年）、一九四－二〇五頁
鈴木は、Ｇ・Ｇ・スコットを中心とする一九世紀の主な修復工事による改変を整理している。

47 鈴木博之、前掲書（一九九五年）、二一九－二三〇頁
Ｊ・Ｊ・スティーヴンソンは、一八七七年五月二八日に、ＩＢＡで「建築の修復―その原理と実践」という講演を行ない、実例を示しながら、ＩＢＡの修復に対する見解や、Ｇ・Ｇ・スコット、Ｇ・Ｅ・ストリート、ヴィオレ・ル・デュクらの「修復」工事を痛烈に批判し、「修復」行為そのものまでも否定した。スティーヴンソンは、その後、ＳＰＡＢ（古建築保護協会）の会員となるが、この考え方は、ＳＰＡＢの建築保存に対する基本的な姿勢であった。

48 Jokilehto, op.cit., pp.157-159

49 白石博三、『ラスキンとモリスとの建築論的研究』、中央公論美術出版、一九九三年

ニコラウス・ペヴスナー著、鈴木博之訳、『ラスキンとヴィオレ・ル・デュク』、中央公論美術出版、一九九〇年

ラスキンの保存観に関しては、以下に詳しい。

Jokilehto, op.cit., pp.174-181

鈴木博之、前掲書（一九九五年）、二〇七－二一八頁

50 邦訳に、杉山真紀子訳、『建築の七燈』（鹿島出版会、一九九七年）および高橋枀川訳、『建築の七燈』（岩波書店、一九三〇年）がある。

51 邦訳に、福田晴虔訳、『ヴェネツィアの石（全三巻）』（中央公論美術出版、一九九四、一九九五、一九九六年）がある。

52 ジョン・ラスキン著、杉山真紀子訳、『建築の七燈』、鹿島出版会、一九九七年、二五一－二八〇頁

53 ラスキン、前掲書（一九九七年）、二五四－二五五頁

54 ラスキン、前掲書（一九九七年）、二七五－二七六頁

55 ラスキン、前掲書（一九九七年）、二七八－二七九頁

56 Joan Evans, *A History of the Society of Antiquaries*, Oxford, 1956, p.311

Jokilehto, op.cit., p.181

57 Jokilehto, op.cit., pp.182-183

58 鈴木博之、前掲書（一九九五年）、二〇七－二一八頁

Jokilehto, op.cit., p.183

Pevsner, op.cit., p.49

RIBA（IBA）の見解に強い反発を示したのは、ラスキンばかりではなかった。のちには、J・J・スティーヴンソンに代表されるSPABのメンバーからも、強烈に批判されるようになる。

59 英国の場合、ラスキン、SPABと続く中世主義者の運動によって、「オーセンティシティ」を尊重し、建物に手を加えることを否定する立場をとるが、これに対し、フランスでは早い段階から、建物を使用しやすいように改造し、再生させるといった発想があった。このように各国で建築保存に対する考え方は大きく異なっていたが、これが後述する「マドリッド宣言」で統一見解として整理されることになる（5章3節を参照のこと）。

60 スレイド講座とは、法律家で芸術愛好家であったフェリックス・スレイド（一七九〇－一八六八）によって創設された寄付講座で、オクスフォード大学とケンブリッジ大学とロンドン大学の三大学に設けられた。オクスフォード大学のスレイド講座の初代教授はジョン・ラスキン（一七六九年就任）が、ケンブリッジ大学における初代教授はマシュー・ディグビィ・ワイアット（一八二〇－七七、一八六九年就任）が、ロンドン大学はエドワード・ポインター（一八三六－一九一九、一八七一年就任）が務め、その後も著名な研究者が歴代教授に名を連ねる由緒ある美術講座である。

61 Jokilehto, op.cit., p.183

62 ibid., op.cit., pp.183-184

63 ラスキンとヴィオレ・ル・デュクの保存観の相違を扱った研究として、ニコラウス・ペヴスナー著『ラスキンとヴィオレ・ル・デュク―ゴシック評価における英国性とフランス性』（中央公論美術出版、一九九〇年）(Nikolaus Pevsner, *Ruskin and Viollet-le-Duc*, London, 1969) がある。

64 ヴィオレ・ル・デュクならびに当時のフランス等の建築保存に関しては、Jukka Jokilehto, *A History of Architectural Conservation*, Oxford, 1999（ユカ・ヨキレット著、益田兼房監修、秋枝ユミ・イザベル訳、『建築遺産の保存』、すずさわ書店、二〇〇五年）に詳しい。

65 Mark Girouard, "Living with the past : Victorian alterations to country houses", in Jane Fawcett ed., *The Future of the Past*, London, 1976, pp.116-139

66 「古建築保護協会（SPAB）」のウェブ・サイト（http://www.spab.org.uk/）

67 SPABの設立および初期の活動等に関しては、以下に詳しい。

鈴木博之、前掲書（一九九五年）、二三一－二四五頁

Jokilehto, op.cit., pp.184-186

68 Philip Henderson ed, *The Letters of William Morris to His Family and Friends*, London, 1950, pp.87-89

69 SPABは、「マニフェスト」のなかで「修復という名の改造（changes wrought in our day under the name of Restoration）」という表現を用いている。また、『いわゆる修復に対する異論（*Objections to so-called Restoration*）』といったリーフレットを作成するなど、実際に行なわれている修復に関して、全面否定を行なっている。

70 成立当初のメンバーには他に、Professor James Bryce や Lord Houghton などがいた。

71 Harvey, op.cit., Appendix III, pp.210-212

付録にマニフェストの全文が掲載されている。

72 Evans, op.cit., p.311

Harvey, op.cit., Appendix II, pp.209-210

73 5章5節を参照のこと。

74 5章3節を参照のこと。

75 ワトキン、前掲書、一八四－二二二頁

3章

1 J・B・ワード＝パーキンズ著、北原理雄訳、『古代ギリシアとローマの都市』、井上書院、一九八四年

2 Brian Paul Hindle, *Medieval Town Plans*, Prince Risborough, 1990

Maurice Beresford, *New Towns of the Middle Ages : Town Plantation in England, Wales and Gascony*, London, 1988

3 その経緯に関しては、以下に詳しい。

S・E・ラスムッセン著、兼田啓一訳、『ロンドン物語』、中央公論美術出版、一九八七年

クリストファー・ヒバート著、横山徳爾訳、『ロンドン』、朝日新聞社、一九九七年

見市雅俊、『ロンドン＝炎が生んだ世界都市』、講談社、一九九九年

4 A. J. Ley, *A History of Building Control in England and Wales 1840-1990*, Coventry. 2000, pp.1-3

5 John Summerson, *Georgian London*, New Haven and London, 2003, pp.196-216

6 例外として、一九二〇年から一九七二年までは、北アイルランド議会で法律を制定することができた。

7 PPG等の行政文書は、政府（副総理府）のウェブ・サイト等でダウンロードできる。

8 英国の地方議員には伝統的に、議員報酬にあたるものはなく、必要経費が支払われる程度で、通常、議員で生計を立てることは難しい。

9 英国では、伝統的に、地方は地主である貴族によって統治されており、立法・司法・行政の三権を有していた。一八八八年および一八九四年の地方政府法による地方自治改革においても、この伝統は保たれ、それが現在の地方自治制度につながっている。

10 英国の地方自治体は、独特の制度であり、用語に関しても複雑である。しかし、現行の制度を考察する際、これら用語の相違は微妙なニュアンスの違いしかなく、本書では、特別な場合以外、これら用語を使い分けることはしなかった。

11 一九九〇年都市・農村計画法二八八条

12 中井検裕、村木美貴、『英国都市計画とマスタープラン』、学芸出版社、一九九八年、一七－一八頁

13 代々一家に伝わる称号を世襲した世襲貴族（「公爵（duke）」「侯爵（marquess）」伯爵「（earl）」「子爵（viscount）」「男爵（baron）」の五階級がある）と、功績等が評価され、本人一代に限って与えられる一代貴

14 族（「サー（Sir）」という敬称で呼ばれる）からなる。貴族院の存在意義に関しては議論の的となり、ブレアは大改革を行なおうとした。

15 都市計画行政および文化財行政に関する中央政府機関の変遷は、本章6節ならびに【参考資料ⅲ】【参考資料ⅳ】を参照のこと。

16 副総理府は、交通・地方政府・地域省と内閣府が担当していた業務を担う新しい省庁として、二〇〇二年五月二九日に設立された。建築規則による建築確認、都市計画行政、住宅政策、地方行政等、担当する業務の範囲は幅広い。

17 英国の地方自治に関しては、㈶地方自治国際化協会、『英国の地方自治』(2002, http://www.jlgc.org.uk/uklg/uklg.htm) に詳しい。

18 本書では、「シャー」のつかないカウンティに対しては、「州」という語を補った。本来、「カウンティ」は、わが国の「県」に相当するため正確性に欠くが、便宜上、比較的一般的に用いられている方法を踏襲することにした。

19 「ディヴェロプメント・プラン」の経緯に関しては、4章4節および6節を参照のこと。

20 廃止されたメトロポリタン・カウンティは、表3―3の通り。これらはすべて後述するインナー・シティ問題に悩んでいた地域であり、サッチャー政権の都市改造のターゲットとなった。

21 二〇〇五年四月一日より、建造物課の業務は、参事官に移された。今後、さらなる改革が実施される可能性が高い。

4章

1 W・アシュワース著、下総薫訳、『イギリス田園都市の社会史』、御茶の水書房、一九八七年、七〇―七二頁

2 「腐敗選挙区」とは、産業革命によって人口分布が変化し、有権者と議員数の間に大きな不均衡を生じた選挙区をいう。第一次選挙区改正直前には、約二〇〇の腐敗選挙区があったといわれている。また、「ポケット選挙区」とは、国会議員選出の実権が、一人または一家・一族の手中にあった選挙区のこと。

3 チャドウィックに関しては、アンソニー・ブランテイジ著、廣重準四郎、藤井透訳、『エドウィン・チャドウィック』（ナカニシヤ出版、二〇〇二年）に詳しい。

4 エリザベス王朝期にも救貧法が制定されており、これと区別するためにしばしば「新救貧法」と呼ばれる。

5 L・ベネヴォロ著、横山正訳、『近代都市計画の起源』、鹿島出版会、一九七六年、一三〇―一四四頁

6 Enid Gauldie, *Cruel Habitations*, London, 1974, pp.101-112

7 A. J. Ley, *A History of Building Control in England and Wales 1840-1990*, Coventry. 2000, pp.20-34

8 「中央厚生局」には、「地方厚生局」を設置する権限が与えられた。

9 デイヴィッド・スミス著、川向正人訳、『アメニティと都市計画』、鹿島出版会、一九七七年、二二頁

10 この一八五一年制定の二法は、シャフツベリー卿（一八〇一―八五）の尽力で成立した。そのため、特に、「労働者階級宿舎法」は、「シャフツベリー法」と呼ばれている。この住宅問題に対する法律の整備が、英国の都市計画のはじまりとされている。

11 日本都市センター、『世界の都市再開発』、一九六三年、一〇九―一一二頁

小玉徹他、『欧米の住宅政策』、ミネルヴァ書房、一九九九年、一七―二四頁

「労働者階級宿舎法」で、地方自治体が土地を購入し、共同宿舎を建設することを許可し、さらに一八六六年の「労働者階級住居法」で、地方自治体が土地購入および住宅建設のため資金を借り入れることを許可し

た。

12　ユニテリアン（Unitarian）派の牧師から医師に転じた人物で、ベンサム主義を代表する社会改革者として活動を行なった。後述するオクタヴィア・ヒルの祖父にあたる。

13　Gauldie, op.cit., pp.221-235

14　アシュワース、前掲書、九九—一〇六頁

15　ニコラウス・ペヴスナー著、鈴木博之、鈴木杜幾子訳、『美術・建築・デザインの研究Ⅱ』、鹿島出版会、一九七〇年、二一—五三頁

16　「Waterlow Study Circle」のウェブ・サイト（http://www.waterlow.stamps.org.uk/sirsydney.htm）

17　アシュワース、前掲書、一〇〇頁

18　小玉徹他、前掲書、二二—二三頁

19　同法を推進した議員ウィリアム・トレンズ（一八一三—九四）の名前にちなんで「トレンズ法」と呼ばれる。新築以外の不良住宅の修繕、閉鎖、除去等の処理に関する規定が定められた。二回の修正を経て、一八九〇年労働者階級住宅法のパートⅡに統合された。

20　同法の立法責任者である内務大臣（Home Secretary）リチャード・クロス（一八二三—一九一四）の名にちなんで「クロス法」と呼ばれる。地域すべてを含むスラム・クリアランスの概念がはじめて導入された法律として知られる。また、これによって、自治体の住宅供給に対する権限を強化した。二回の修正を経て、一八九〇年労働者階級住宅法のパートⅠに統合された。

21　小玉徹他、前掲書、二二—二三頁

22　渡辺俊一、『比較都市計画序説』、三省堂、一九八五年、四〇—四一頁

23　一八九〇年労働者階級住宅法は、それまでの住宅関連法を統合したもので、主として、クロス法（パートⅠ）とトレンズ法（パートⅡ）からなる。

24　アンソニー・クワイニー著、花里俊廣訳、『ハウスの歴史・ホームの物語（下）』、住まいの図書館出版局、一九九五年、八七—八九頁

25　アシュワース、前掲書、九〇—九二頁

26　3章5節を参照のこと。

27　公衆衛生法と建築規制の関係に関しては、A. J. Ley, *A History of Building Control in England and Wales 1840-1990* (Coventry, 2000) に詳しい。

28　これらの規制は、一八七〇年頃から出現しつつあった大規模な建築業者による集合住宅の建設を規制しようとするものであった。これにより、劣悪な集合住宅の建設は避けられたが、結果的に単調な連続住宅からなる街区が多数形成されることとなった。

29　「囲い地」とは、もともとサービス空間として利用されていた集合住宅の裏庭のことである。本来、サービス空間であったため、便所の汲み取りやゴミの排出等の必要性があったが、動線として使われていた空間にまで建物が建てられてしまい、本来の目的が機能せず、もはや汚物の処理は不可能となり、不衛生極まりない状態となるものが多かった。これら囲い地は、一般に、未舗装で、泥と汚物で足の踏み場もなく、風は通らず、日照もほとんどない状態であった。

30　「バック・ツゥー・バック住宅」とは、いわゆる棟割長屋のことで、上下階一部屋ずつからなる住戸が背中合わせに配置されたものを横に連続させた低層の集合住宅をいう。これら住戸では、採光、通風がほとんどとれず、本来は作業空間もしくは収納空間であった地下室も、居室として用いられるほどであった。バック・ツゥー・バック住宅には、低所得者が多数住み着き、人口密度は極めて高くなり、衛生状態は最悪となることが多かった。

31　Ley, op.cit., pp.69-71

具体的な内容に関しては、RIBAによって作成された。

当初は、建築条例の作成は地方自治体の義務ではなかったが、一九三六年から、すべての建築タイプに対して、「建築条例」を作成することが義務づけられた。一九五一年作成の「標準条例」が、多数の自治体の建築条例として普及し、「一九六一年公衆衛生法」では、全国共通の「建築規則」を採用することが定められ、一九六五年に最初の建築規則（「一九六五年建築規則」）が作成された。一九八四年には「一九八四年

建築法（Building Act 1984）」が制定され、建築規則が法的根拠をもつようになり、全国を対象とした建築規則が作成され、一九八七年には「建築（ロンドン内）規則」（Building (Inner London) Regulations 1987）が制定され、英国すべての地域で建築規則による規制が開始された。現行の建築規制は、二〇〇〇年発効のものである（「二〇〇〇年建築規則」－Statutory Instrument 2000 No.2531）。

32 Gauldie, op.cit., pp.221-235

33 オクタヴィア・ヒルに関しては、E・モバリー・ベル著、平弘明、松本茂訳、中島明子監修・解説、『英国住宅物語』（日本経済評論社、二〇〇一年）に詳しい。

34 小玉徹他、前掲書、二三頁

35 ニュー・ラナークのリジェネレイション・プログラムに関しては、10章5節③を参照のこと。

36 鈴木博之、『建築家たちのヴィクトリア朝』、平凡社、一九九一年、二一一－二二四頁

37 New Lanark Conservation Trust, *The Story of New Lanark*, Glasgow

38 片木篤、『イギリスの郊外住宅』、住まいの図書館出版局、一九八七年、一五二－一五八頁

39 企業家たちの博愛的まちづくりに関しては、月尾嘉男、北原理雄著『実現されたユートピア』（鹿島出版会、一九八〇年）、石田頼房著「一九世紀イギリスの工業村」（『総合都市研究』第四二号、一九九一年、一二一－一四九頁）、片木篤著『イギリスの郊外住宅』（住まいの図書館出版局、一九八七年、一六三－二一七頁）等に詳しい。

40 月尾嘉男、北原理雄、前掲書、一三六－一三八頁
片木篤、前掲書、一六三－一六四頁
高橋哲雄、『イギリス歴史の旅』、朝日新聞社、一九九六年、一九二－一九四頁
マンフレッド・タフーリ、フランチェスコ・ダル・コ著、片木篤訳、『図説世界建築史15　近代建築〔1〕』、本の友社、二〇〇二年、二七頁

41 アシュワース、前掲書、一五二－一五三頁
月尾嘉男、北原理雄、前掲書、一三八－一三九頁
片木篤、前掲書、一六四－一六七頁
高橋哲雄、前掲書、一九四－一九六頁
タフーリ、ダル・コ、前掲書（二〇〇二年）、二七－二八頁

42 石田頼房、前掲書、一二二－一二九頁
アシュワース、前掲書、一四八－一五一頁
月尾嘉男、北原理雄、前掲書、一四二－一四六頁
片木篤、前掲書、一六八－一七四頁
高橋哲雄、前掲書、一九六－二〇一頁

43 石田頼房、前掲書、一三五－一四二頁
アシュワース著、前掲書、一五三－一五五頁
月尾嘉男、北原理雄、前掲書、一五九－一六三頁
片木篤、前掲書、一七四－一八二頁
高橋哲雄、前掲書、二〇一－二〇三頁

44 石田頼房、前掲書、一二九－一三五頁
アシュワース、前掲書、一五五－一五七頁
月尾嘉男、北原理雄、前掲書、一六三－一六九頁
片木篤、前掲書、一八三－一九二頁
高橋哲雄、前掲書、二〇四－二〇八頁
タフーリ、ダル・コ、前掲書（二〇〇二年）、二八－三〇頁

45 ゴードン・E・チェリー著、大久保昌一訳、『英国都市計画の先駆者たち』、学芸出版社、一九八三年、一〇二－一〇四頁
片木篤、前掲書、二一一－二一七頁
高橋哲雄、前掲書、二〇八－二一四頁

46 鈴木博之、前掲書（一九九五年）、三三七－三五七頁
鈴木博之監修、『ブリティッシュ・スタイル一七〇年』、西武美術館、一九八七年、二五－三三頁
Mark Girouard, *Sweetness and Light*, New Haven and London, 1990,

pp.160-176
Savin Stamp and André Goulancourt, *The English House 1860-1914*, London, 1986, pp.206-209
Roger Dixon and Stefan Muthesius, *Victorian Architecture*, London, 1985, pp.68-69

47 邦訳に、長素連訳『明日の田園都市』（鹿島出版会、一九六八年）がある。

48 ハワードに関しては、東秀紀著『漱石の倫敦、ハワードのロンドン』（中公新書、一九九一年）、東秀紀、風見正三、橘裕子、村上暁信著『「明日の田園都市」への誘い』（彰国社、二〇〇一年）、S・E・ラスムッセン著・兼田啓一訳『近代ロンドン物語』（中央公論美術出版、一九九二年）等に詳しい。

49 Gauldie, 1974, op.cit., p.195
アシュワース、前掲書、一六四－一六六頁
片木篤、前掲書、二二八－二四二頁
鈴木博之、前掲書（一九八七年）、九一－一二四頁
ラスムッセン、前掲書、一七九－一八八頁
Gordon E. Cherry, *The Evolution of British Town Planning*, London, 1974, pp.34-43
Stamp & Goulancourt, 1986, op.cit., pp.220-223

50 大工で労働組合主義者でもあった自由党員。一九〇六年から一一年まで、庶民院（下院）議員となる。ヴィヴィアンならびにコ・パートナーシップに関しては、西山康雄著『アンウィンの住宅地計画を読む』（彰国社、一九九二年）、第六章一②ビビアンの抱いた「共同のハウジング」の夢（pp.116-126）に詳しい。

51 本章3節を参照のこと。

52 西山康雄、前掲書、一〇五－一八〇頁
片木篤、前掲書、二四二－二七八頁
ラスムッセン、前掲書、二〇六－二一六頁
Stamp & Goulancourt, 1986, op.cit., pp.226-227

53 クワイニー、前掲書、（下）、八四頁、一一四－一一八頁
イアン・カフーン著、服部岑生監訳、鈴木雅之著訳、ヨーロッパ建築ガイド1『イギリスの集合住宅の二〇世紀』、鹿島出版会、二〇〇〇年、八九頁

54 Gordon Cherry, *Town Planning in Britain since 1900*, London, 1996, p.7

55 ニュー・タウン法による郊外住宅地建設に関しては、6章5節を参照のこと。

56 Cherry 1966, op.cit., p.77
Cherry 1974, op.cit., p.92
片木篤、前掲書、二八〇－二八四頁

57 デイヴィッド・スミス著、川向正人訳、『アメニティと都市計画』、鹿島出版会、一九七七年、一二頁

58 カリングワース著、久保田誠三監訳、『英国の都市農村計画』、都市計画協会、一九七二年、一八一頁
「一九六二年都市・農村計画法」の二八、二九、三四、三六条で用いられている。

59 アシュワース、前掲書、一九五－一九八頁

60 スミス、前掲書、八－九頁

61 カリングワース、前掲書、一八一頁

62 カリングワース、前掲書、一八二頁
アシュワース、前掲書、一九七頁
AMR編、『アメニティを考える』、未來社、一九八九年、九－一〇頁

63 Ministry of Town and Country Planning, *Town and Country Planning Progress Report 1943-1951*, London, 1951

64 デイヴィッド・スミスは、「アメニティ」の概念を説明するために、都市・農村計画省の「事業報告書」から、ふたつの文章を引用している（デイヴィッド・スミス、前掲書、八－九頁）。また、カリングワースも、同報告書から、後半の文章を引用している（カリングワース、前掲書、一八三頁）。なお、邦訳は、川向によるものを採用した。

65 David L. Smith, *Amenity and Urban Planning*, London, 1974
邦訳として、川向正人訳、『アメニティと都市計画』(鹿島出版会、一九七七年)がある。
66 Department of the Environment, *Development Control Policy note no.7*
67 スミス、前掲書、二一三頁

5章

1 宗教上の争いは、多くの歴史的遺構の破壊を招いた。たとえば、一六四一年に政府は聖像破壊をうながす法律を制定し、これにより多くの聖像が破壊された(Nikolaus Boulting, "The law's delays : conservationist legislation in the British Isles", in Jane Fawcett ed., *The Future of the Past*, London, 1976, p.13)。
2 2章1節を参照のこと。
3 2章5節を参照のこと。
4 Jukka Jokilehto, *A History of Architectural Conservation*, Oxford, 1999, p.156
5 Joan Evans, *A History of the Society of Antiquaries*, Oxford, 1956, pp.301-302
6 ibid., p.302
7 ibid., p.307
8 ibid., pp.307-308
John Delafons, *Politics and Preservation*, London, 1997, p.23
鈴木博之、『ヴィクトリアン・ゴシックの崩壊』、中央公論美術出版、一九九五年、二三四—二三五頁
9 古記念物保護法の成立過程に関しては、以下に詳しい。
Wayland Kennet, *Preservation*, London, 1972, pp.21-30
10 Delafons, op.cit., pp.23-35
「バンク・ホリデイ」とは、日曜日、クリスマス、ボクシング・デイ(12月26日)以外の休日で、英国の「国民の祝日」にあたる。導入当時、「セント・ラボックス・デイ(St Lubbock's Day)」と呼ばれていた。
11 ラボックの生涯に関しては、以下に詳しい。
Adrian Grant Duff ed., *The Life-Work of Lord Avebury (Sir John Lubbock)*, London, 1924
12 ジョン・ウィリアム・ラボックは、銀行家としてばかりではなく、著名な数学者であり、天文学者であって、ロイヤル・ソサイアティの収入役(Treasure)、副会長(Vice President)、ロンドン大学の副学長等を歴任した。
13 国家記念物保存法案でのラボックの古記念物に対する考え方は、Charles P. Kains-Jackson, *Our Ancient Monuments and Land Around Them* (Glasgow, 1880) の前文を見るとよくわかる。ここで、ラボックは、英国の歴史上重要な古記念物として、①河川漂流墓所(The Riverdrift Gravels)、②洞窟ならびに岩盤住居(Caves and Rock Shelters)、③貝塚(Shell Mounds)、④湖上住居(Lake Dwellings)、⑤墳丘(Tumuli)、⑥巨石遺構(Megalithic Monuments)、⑦要塞ならびに廃墟住居(Fortification and Ruined Dwellings)をあげており、これらが当初、ラボックが国家によって保護されるべきと考えた古記念物であったものと考えられる。また、ここで考古学上の時代区分に関しても詳細に言及されており、ラボックの興味が先史時代にあったことが明らかである。
14 フランスの制度に関しては、1章1節を参照のこと。
15 法案諮問委員会(一八七七年)は、ラボックを委員長とし、Lord Francis Hervey, Herschell, Earl Percy, Beresford Hope, Sullivan, Phillip Egerton, Osborne Morgan, Rodwell, Grant Duff, Charles Legard, Richard Wallace, Arthur Moore といったメンバーで構成されていた(「BOPCRIS : The British Official Publications Collaborative Reader Information Service」のウェブ・サイト http://www.bopcris.ac.uk/

bop1833/ref3239.html)。

16 Kennet, op.cit., p.24

17 著名な文具チェーン店「W.H.Smith」の創業者ウィリアム・ヘンリ・スミス（William Henry Smith, 1792-1865）の息子。

18 シュロップシャー教区登記協会会長のレイトン氏の発言。

19 古建築保護協会（SPAB）の設立の経緯等に関しては、2章7節を参照のこと。

20 2章7節を参照のこと。

21 Delafons, op.cit., pp.23-25
Barry Cullingworth ed., *British Planning*, London and New Brunswick, 1999, p.105

22 2章7節および5章5節を参照のこと。

23 一九〇〇年法の詳細な改正に関しては、7章1節を参照のこと。

24 5章8節を参照のこと。

25 伊藤延男他著、『新建築学大系50 歴史的建造物の保存』、彰国社、一九九九年、八二―八三頁、八九頁
八二頁に全文（邦訳）が掲載されている。
鈴木博之、前掲書（一九九五年）、二四〇―二四四頁

26 当時、さまざまな団体が、保存に対して、協力し合おうとする風潮ができつつあった。そのひとつの動きとして、一八八八年には、考古学協会会議が結成されている（Timothy Champion, "Protecting the monuments: archaeological legislation from the 1882 Act to PPG 16", in Michael Hunter ed., *Preserving the Past*, Gloucestershire, 1996, p.42）。

27 John Harvey, *Conservation of Buildings*, Toronto, 1972, pp.185-186

28 「サーヴェイ・オブ・ロンドン」シリーズは、C・R・アシュビーによって提案され、LCCによって制作が開始され、その後、GLCに引き継がれた。さらに、一九八六年にはRCHMに、その後、イングリッシュ・ヘリテイジに引き継がれ、刊行され続けている。第一巻（Bromley-by-bow）が一九〇〇年に刊行されて以来、綿々と調査が行なわれ続け、二〇〇〇年に第四五巻（Knightsbridge）が刊行された。現在も、調査が継続されている。

29 Delafons, op.cit., pp.33-34
「イングリッシュ・ヘリテイジ」のウェブ・サイト（http://english-heritage.org.uk/）

30 「Victorian County History」のウェブ・サイト（http://www.victoriancountyhistory.ac.uk/）
カウンティ単位で、歴史をまとめたもの。現在もなお、編纂が継続されている。これまで、一五〇冊以上が刊行されている。取り扱う内容は、広範にわたり、考古学、宗教史、経済史、地誌学、また、それぞれの町や村の成り立ち、現存する建築または記念物まで、詳細に記述されている。

31 Harvey, op.cit., pp.185-186
Delafons, op.cit., p.34
イングリッシュ・ヘリテイジのウェブ・サイト
庶民院（下院）議員ウィリアム・ユーアト（一七九八―一八六九）の発案のもと、一八六六年に芸術協会（のちに王立芸術協会となる）によって、歴史上重要な人物の住まいであった建物などを記念し、そこにプレート（碑文）を掲示し、人々に伝えていこうとする「ブルー・プラク・スキーム」が開始された。最初のブルー・プラクは、一九六七年に詩人ジョン・ドライデン（一六三一―一七〇〇）を記念し設置された。その後、ブルー・プラク・スキームは、一九〇一年にLCCに引き継がれ、一九六五年にはGLCに、そして、一九八六年にはイングリッシュ・ヘリテイジに引き継がれた。また、その対象は、イングランド全土に及ぶようになり、現在では七六〇あまりのブルー・プラクが設置されている。

32 G. Baldwin Brown, *The Care of Ancient Monuments: an account of the legislative and other measures adopted in European countries for protecting ancient monuments and objects and scenes of natural beauty, and for preserving the aspect of historical cities*, Cambridge, 1905

33 「Part 1: The Principles and Practice of Monument Administration」

34 「Part 2 : Monument Administration in the Various European Countries」ここで取り上げられた国々は、フランス、ドイツ、イタリア、グレイト・ブリテンおよびアイルランド、オーストリア帝国、ベルギー、オランダ、スイス、デンマーク、ノルウェイ、スウェーデン、ロシア、フィンランド、スペイン、ポルトガル、ギリシア、トルコ、ドナウ河流域諸公国、インド、エジプト、アルジェリア、チュニジアで、付録としてアメリカの歴史的建造物の法制度に関して言及している。

35 "Reports from Her Majesty's Representatives abroad as to the Statutory Provisions existing in Foreign Countries for the Preservation of Historical Buildings, Accounts and Reports, Miscellaneous, No.2 (1897)", [c-8433], London, 1897
"Memorandum as to the steps taken in various countries for the Preservation of Historical Monuments and Places of Beauty", appendix by Sir Robert Hunter to the Report for the National Trust for Places of Historical Interest and Natural Beauty, London, 1897

36 Brown, op.cit.
Delafons, op.cit., pp.25-30

37 一九〇八年、イングランド、ウェールズ、スコットランドにそれぞれ、「The Royal Commission on the Ancient and Historical Monuments and Constructions」が設立され、その後、「The Royal Commission on the Historical Monuments of England」、「The Royal Commission on the Ancient and Historic Monuments of Wales」、「The Royal Commission on the Ancient and Historic Monuments of Scotland」となり、「The Royal Commission on the Historical Monuments of England」は、一九九九年に「English Heritage」に統合された。
（「Researching Historic Buildings in the British Isles」のウェブ・サイト http://www.building-history.pwp.blueyonder.co.uk/Books/Inventories.htm）

38 RCHMによって作成された「文化財目録」は、「Researching Historic Buildings in the British Isles」のウェブ・サイト（前掲）にまとめられている。

39 12章2節を参照のこと。

40 現行法は、「一九七九年古記念物および考古学地区法」。その内容に関しては、8章1節を参照のこと。

41 現行法は、「一九九〇年計画（登録建造物および保存地区）法」。登録建造物リストに関しては、7章4節を参照のこと。

42 SPABの設立の経緯等に関しては、2章7節を参照のこと。

43 「シティ・チャーチ」とは、ロンドンのシティにある教区教会堂の総称。一六六六年九月のロンドン大火で、シティはセント・ポール大聖堂と八七の教区教会堂、一三、〇〇〇棟を超す民家を焼失した。クリストファー・レンは、王室営繕局長官（Surveyor General of the King's Works）に任命され、ロンドン再建を指揮した。そのなかで、レンは、一六七〇年から八六年の間に、五二棟のシティ・チャーチの設計を行なっている。

44 Philip Henderson ed, *The Letters of William Morris to His Family and Friends*, London, 1950, pp.120-122
鈴木博之、前掲書（一九九五年）、二三八―二三九頁

45 5章8節を参照のこと。

46 デイヴィッド・ワトキン著、桐敷真次郎訳、『建築史学の興隆』、中央公論美術出版、一九九三年、二三六―二三七頁

47 Harvey, op.cit., p.181

48 A.R. Powys, *Repair of Ancient Buildings*, London, 1995
初版（一九二九年刊）は、J.M.Dent & Sons Ltd (London & Tronto) および E.P.Dutton & Co. Inc. から刊行された。

49 「ナショナル・トラスト」のウェブ・サイト（http://www.nationaltrust.org.uk/）

50 ナショナル・トラストの成立の経緯に関しては、以下の文献を参照した。ロビン・フェデン著、四元忠博訳、『ナショナル・トラスト』、時潮社、一九八四年

グレアム・マーフィ著、四元忠博訳、『ナショナル・トラストの誕生』、緑風出版、一九九二年
四元忠博、『ナショナル・トラストの軌跡 一八九五〜一九四五年』、緑風出版、二〇〇三年
木原啓吉、『ナショナル・トラスト』、三省堂、一九八四年

51 マーフィ、前掲書、四三―七〇頁

52 5章7節を参照のこと。

53 会の名称は、アレグザンダー・ポープ（Alexander Pope, 1688-1744）の『道徳論（Moral Essay）』（一七三一―三五年）に登場する慈善家で、故郷に公園を寄贈したジョン・カールにちなんで名づけられた。

54 E・モバリー・ベル著、平弘明、松本茂訳、中島明子監修・解説、『英国住宅物語』、日本経済評論社、二〇〇一年、一六五―一八一頁
西村幸夫、『環境保全と景観創造』、鹿島出版会、一九九七年、三五頁

55 マーフィ、前掲書、七一―一〇七頁

56 ヒルの住宅改良運動に関しては、4章2節を参照のこと。

57 マーフィ、前掲書、一〇九―一五一頁
高橋哲雄、『イギリス歴史の旅』、朝日新聞社、一九九六年、六九―七一頁

58 National Trust First Annual Report（1895）より。
邦訳は西村による（西村幸夫、前掲書（一九九七年）、三五―三六頁）。

59 西村幸夫、前掲書（一九九七年）、三八頁
その内訳は、土地一四件、建造物九件（城郭等の遺跡三件、橋脚一件を含む）、建造物と周辺の土地一件、塔などのモニュメント四件。

60 その後の税制の改正により、現行制度では、「相続税」が減免対象となっている。

61 「シヴィック・トラスト」のウェブ・サイト（http://www.civictrust.org.uk/）

62 シドン・ヴェイル協会に関しては、西村幸夫著『歴史を生かしたまちづくり』（古今書院、一九九三年）で、詳しく紹介されている。

63 「王立自然保存協会」のウェブ・サイト（http://www.rsnc.org.jo/）

64 「古記念物協会」のウェブ・サイト（http://www.ancientmonumentssociety.org.uk/）

65 「イングランド田園保護協議会」のウェブ・サイト（http://www.cpre.org.uk/）

66 「散策者協会」のウェブ・サイト（http://www.ramblers.org.uk/）

67 「ジョージアン・グループ」のウェブ・サイト（http://www.georgiangroup.org.uk/）

68 *RIBA Journal*, April 23, 1904
Brown, op.cit., p.48
鈴木博之、前掲書（一九九五年）、二四二―二四三頁
伊藤延男他、新建築学大系50『歴史的建造物の保存』、彰国社、一九九九年、八二―八三頁、八九頁
邦訳は、鈴木によった。

69 歴史的遺産の理解とその保存のための国際組織として一九二七年に設立された。その布石となったのは、フランスの哲学者アンリ・ベルグソン（一八五九―一九四一）の発案で国際連盟に「国際知的協力委員会」が設立されたことで、国際知的協力委員会は一九二二年に初会合を開き、考古学上の遺産や美術品の保存のための国際協力について検討している。国際知的協力委員会は、第二次世界大戦後の一九四六年に「国際博物館会議」に再編された。また、一九五〇年には、「国際博物館収蔵品保存協会」（のちに「国際歴史的および芸術的作品保存協会」となる）が設立され、文化財保存の国際化に貢献することになる（西村幸夫、『都市保全計画』、東京大学出版会、二〇〇四年、七五一頁、七五三頁）。

70 The First International Congress of Architects and Technicians of Historical Monuments, Athens, 1931

71 正式名称を、「歴史記念物の修復に関するアテネ憲章」という。
他に、「アテネ憲章」として知られるものに、ル・コルビュジェがオーガナイズしたCIAM（近代建築国際会議）の第四回会議（一九三三年）

で採択された文書「Athen's Charter」（ル・コルビュジェ著、吉阪隆正編訳、『アテネ憲章』、鹿島出版会、一九七六年）があるが、ここでいう「アテネ憲章」とは別のものである。ちなみに、CIAMの第四回会議は、「機能的都市」が主要テーマであり、そこでまとめられた「アテネ憲章」にも「都市の歴史的遺産」（ル・コルビュジェ、前掲書、一〇五―一〇九頁）という項目があり、混乱しがちである。

72 「イコモス」のウェブ・サイト
(http://www.icomos.org/docs/athens_charter.html)
伊藤延男他、前掲書、八三頁
邦訳は、伊藤によった。

73 伊藤延男他、前掲書、八三頁、八九―九一頁

6章

1 渡辺俊一、『比較都市計画序説』、三省堂、一九八五年、四二―四四頁
W・アシュワース著、下總薫監訳、『イギリス田園都市の社会史』、御茶の水書房、一九八七年、二一九―二二一頁
Gordon E. Cherry, *The Evolution of British Town Planning*, London, 1974, pp.63-70

2 スキームの作成・許可には、時間がかかり過ぎ、現実的には機能しなかった。一九一九年法で提出期限を定めたものの効果はほとんどなかった。

3 Cherry, 1974, op.cit., pp.73-77
一九七〇年に王立（Royal Town Planning Institute：RTPI）となる。

4 この時期の住宅ストックの約九〇パーセントは民間借家からなっていた。

5 小玉徹他、『欧米の住宅政策』、ミネルヴァ書房、一九九九年、三三一―三三五頁

6 自由党と保守党の連立内閣。首相のロイド＝ジョージは自由党党首。

7 同法の制定に尽力した当時の地方政府局長で、同法制定後、初代厚生大臣に就任したクリストファー・アディソン（一八六九―一九五一）の名前にちなんで「アディソン法」と呼ばれる。

8 渡辺俊一、前掲書、四四―四五頁
Cherry, 1974, op.cit., pp.82-87
小玉徹他、前掲書、三五―三七頁
一九一九年住宅・都市計画諸法とともに、民間建築業者への補助金等の制度を整備し、地方自治体の住宅供給を推進した。これは、単なるスラム・クリアランスを目的とした一八九〇年法から一歩踏み出して、地方自治体による一般住宅供給を目指したものとなったとみなすことができる。

9 都市計画スキームの作成期限は、当初一九二六年一月一日までと定められていたが、一九二三年住宅諸法で延期され、一九三二年の都市・農村計画法で廃止された。都市計画スキーム策定に関しては、手続きが煩雑であり、作成に時間を要するという欠点があった。その後、手続きに関する改正が行なわれたが、なかなか思惑通り機能しなかった。

10 Housing Etc. Act 1923
当時の保守党の厚生大臣アーサー・ネヴィル・チェンバレン（のちに首相になる）の尽力で制定されたため、「チェンバレン法」と呼ばれている。

11 これら政策によって、一九二三年から一九三〇年にかけて、三六万戸の民間住宅が建設された（デイヴィッド・スミス著、川向正人訳、『アメニティと都市計画』、鹿島出版会、一九七七年、四四頁）。

12 一九二四年住宅（財政補助）法
労働党の厚生大臣ジョン・ホイットリー（一八六九―一九三〇）の尽力で制定されたため、「ホイットリー法」と呼ばれている。

13 小玉徹他、前掲書、三七―三九頁

14 労働党の厚生大臣アーサー・グリーンウッド（一八八〇―一九五四）の尽力で制定されたため、「グリーンウッド法」と呼ばれている。

15 アンソニー・クワイニー著、花里俊廣訳、『ハウスの歴史・ホームの物語』、住まいの図書館出版局、一九九五年、（下巻）、一七六―一九二頁

16 二戸の住戸を連続して建て、一戸の住戸のようにデザインした戸建住戸と集合住宅の中間的な住戸の形式。わが国の「二戸一住戸」と同様の発想と考えてよい。

17 西山康雄、『アンウィンの住宅地計画を読む』、彰国社、一九九二年、六〇－六一頁

18 バラ、ディストリクト、カウンティ等の行政区分に関しては、3章5節を参照のこと。

19 それまでは、都市計画の権限がバラやディストリクトといった多数の小規模地方自治体に与えられたため、計画が地方的なものになり、広域的な調整が困難であった。

20 Cherry, 1974, op.cit., pp.98-107

John Delafons, *Politics and Preservation*, London, 1997, pp.38-41

最初の法案は、一九三一年に労働党政府によって提出されたが、成立しなかった。同年一〇月マクドナルド連立内閣が発足し、翌一九三二年に新政府によって再び法案が提出され、一九三二年都市・農村計画法が成立した。時の厚生大臣は、のちに初代ケネット卿となるヒルトン・ヤング（一八七九－一九六〇）であった。

21 財団法人日本都市センター編、『世界の都市再開発』、一九六三年

22 カリングワース著、窪田誠三監訳、『英国の都市農村計画』、都市計画協会、一九七二年、二六－二七頁

23 英国では、「沿道開発」のことを「リボン状開発（Ribbon Development）」と呼んでいる。

24 渡辺俊一、前掲書、四五頁

25 委員長モンタギュー・バーロウ（一八六八－一九五一）の名前を冠して、こう呼ばれた。

26 カリングワース、前掲書、三一頁

27 これに基づき、一九四九年に「国立公園および田園地域通行権法」が制定された。

28 厚生省は、地方政府局（枢密院の衛生部門と内務省の地方政府部局と救貧法局が合併して一八七一年に誕生）と国家保険委員会の合併により誕生した。

29 衰退した工業地帯（衰退地域）の再活性化をはかるために「一九三四年特定地域（開発および改良）法」が定められ、「特定地域」が指定された。この地域の都市計画等の権限は、すべて「特定地域委員会長官」に与えられた。

30 カリングワース、前掲書、三一－三五頁

31 戦後、一九五一年に地方政府・計画省に改組され、同年、住宅・地方政府省と改称し、一九七〇年には省庁合併により誕生した環境省の所管となる。

32 原則として、都市農村計画省は都市計画を担当し、厚生省が住宅行政を、通産省が産業立地を所管した。

33 Cherry, 1974, op.cit., pp.120-132

34 BBC（英国放送株式会社）の初代総裁としても知られる。チャーチルとは犬猿の仲であったという。

35 委員長ジャスティス・アスワットの名前を冠して、こう呼ばれた。

36 委員長レズリー・スコット（一八九三－一九五一）の名前を冠して、こう呼ばれた。

37 開発にともなう増価徴収と減価補償の問題に関しては、9章3節を参照のこと。

38 Patrick Abercrombie and J.H. Forshaw, *County of London Plan*, London, 1943

39 Patrick Abercrombie, *Greater London Plan 1944*, London, 1944

しばしば、「大ロンドン計画」と訳されている。

40 ゴードン・E・チェリー著、大久保昌一訳、『英国都市計画の先駆者たち』、学芸出版社、一九八三年、一五五－一六〇頁

41 小玉徹他、前掲書、四四頁

Cherry, 1974, op.cit., pp.127-130

42 4章3節および4節を参照のこと。

43 Gordon E. Cherry, *Town Planning in Britain since 1900*, London, 1996, pp.113-132

44 Cherry, 1974, op.cit., pp.139-176

45 渡辺俊一、前掲書、五一頁

46 戦前にも「一九三四年特定地域（開発および改良）法」で、類似の「特定開発地域」が定められていたが、これが「開発地域」に改められ、地域の拡大と指定の追加がなされた。

47 渡辺俊一、前掲書、五〇−五一頁

48 ブーンヴィルの経営は、「ブーンヴィル・ヴィレッジ・トラスト」の手によってなされていた。ブーンヴィル・ヴィレッジ・トラストは、ジョージ・キャドベリー（一八三九−一九二二）によって一九〇〇年に創設され、ジョージの死後は、夫人エリザベス、息子のジョージ・ジュニアに引き継がれた。ロレンスは、ジョージ・ジュニアの異母兄弟にあたり、一九五四年からブーンヴィルの経営を引き継いでいた。

49 「Cadbury」のウェブ・サイト（http://www.cadbury.co.uk/）

50 渡辺俊一、前掲書、四七−四八頁

51 スミス、前掲書、五九頁

52 一九四四年と一九四七年の都市・農村計画法では、都市計画のシステムづくりが中心となった。ここで、ディヴェロプメント・プランの策定を自治体に義務づけたものの、半数以上の自治体では、策定することができなかった。そのため、その後の法改正では、より現実的に修正されていった。

都市計画の単位が、従来のディストリクトからカウンティのレベルに引き上げられることによって、その数が一、四四一から一四五に減少した。同時に、都市計画の広域的調整が行われるようになった。

一九六八年法で、「ストラクチャー・プラン」と「ローカル・プラン」の二層制をとるようになる。詳細は、本章6節および11章2節を参照のこと。

スミス、前掲書、五九頁

53 詳細は、11章3節を参照のこと。

54 小玉徹他、前掲書、四四−五五頁

55 イアン・カフーン著、服部岑生監訳、鈴木雅之著訳、ヨーロッパ建築ガイド1『イギリスの集合住宅の二〇世紀』、鹿島出版会、二〇〇〇年、二〇−二四頁

56 フラット形式とは、縦方向に各住戸を重ねていく形式の集合住宅のことである。わが国の集合住宅ではあたりまえの手法だが、ジョージ王朝期以来、縦割り長屋のタウン・ハウスが主流であった英国では、新しい考え方であった。比較的床面積が小さい労働者階級の住居では、伝統的縦割り長屋の形式は不向きであり、より多くの住戸を狭い敷地に納めることができるフラット形式が、敷地不足を補うためには、最良の手法と考えられた。

57 カフーン、前掲書、二四−二六頁

58 一九五五年までは、五分の四が地方庁による公営住宅であったが、一九六一年には「公営住宅」対「民間住宅」の割合が二対三となっている。

59 クワイニー、前掲書、二三一−二三三頁

60 カリングワース、前掲書、二六八−二九〇頁

61 近藤茂夫、『イギリスのニュータウン開発』、至誠堂、一九七一年、二九−三二頁

62 アーヴィン・Y・ガランタイ著、堀池秀人訳、『都市はどのようにつくられてきたか』、井上書院、一九八四年、七一頁

63 マンフレッド・タフーリ、フランチェスコ・ダル・コ著、片木篤訳、『図説世界建築史16 近代建築〔2〕』、本の友社、二〇〇三年、八九−九三頁

ガランタイ、前掲書、七一−七二頁

タフーリ、ダル・コ、前掲書（二〇〇三年）、八九−九三頁

R・ランダウ著、鈴木博之訳、『イギリス建築の新傾向』、鹿島出版会、一九七四年、八三頁

S・E・ラスムッセン著、兼田啓一訳、『近代ロンドン物語』、中央公論

美術出版、一九九二年、二五五―二七六頁
鈴木博之監修、『ブリティッシュ・スタイル一七〇年』、西武美術館、一九八七年、一四五―一五八頁
タフーリ、ダル・コ、前掲書（二〇〇三年）、九三―九四頁

64 小玉徹他、前掲書、四七頁

65 イングリッシュ・パートナーシップに関しては、13章3節を参照のこと。

66 ランダウ、前掲書、五五―五六頁

67 Colin Buchanan, *Traffic in Towns*, London, 1964
邦訳に、八十島義之助・井上孝訳『都市の自動車交通』（鹿島出版会、一九六五年）がある。

68 7章6節および7節を参照のこと。

69 Department of the Environment, *People and Planning : Report of the Committee on Public Participation in Planning*, London, 1969

70 西村幸夫、「英国ローカル・アメニティ・ソサイアティの活動」（AMR編、『アメニティを考える』、未來社、一九八九年）、一九頁

71 小玉徹他、前掲書、五五―五七頁

72 カリングワース、前掲書、二九七―二九九頁

73 一九七五年住宅家賃・補助金法によって撤廃される。

74 小玉徹他、前掲書、五六―五七頁

75 クワイニー、前掲書、（下）二〇〇―二六八頁

76 建設省まちづくり事業推進室監修、財団法人都市みらい推進機構編、イギリス都市拠点事業研究会著、『検証イギリスの都市再生戦略』、風土社、一九九七年、三五―四六頁

7章

1 5章2節を参照のこと。

2 Michael Ross, *Planning and the Heritage*, London, 1996, p.12
John Delafons, *Politics and Preservation, London*, 1997, p.1, p.25

3 5章2節を参照のこと。

4 一八九二年にアイルランドで制定された古記念物保護（アイルランド）法では、すでに中世の遺構も対象とされていたが、イングランドでは依然として対象外であった（Timothy Champion, "Protecting the monuments : archaeological legislation from the 1882 Act to PPG 16", in Michael Hunter ed., *Preserving the Past*, Gloucestershire, 1996, p.42）。

5 Peter Alexander-Fitzgerald, *Built Heritage Law*, Aberystwyth, 2000

6 Delafons, op.cit., pp.29-30
Alexander-Fitzgerald, op.cit.

7 たとえば、John Delafonsは、この点を強烈に批判している。この影響で、戦時中、歴史的建造物を保護下に置く機関がなく、多くの歴史的建造物が破壊されることになったと、このことの弊害を指摘している（Delafons, op.cit., pp.29-30）。

8 5章4節を参照のこと。

9 5章4節を参照のこと。

10 4章1節を参照のこと。

11 Delafons, op.cit., pp.36-37

12 Circular No.17, 31 December 1909
reprinted in *Local Government Board Report 1909-10, Part II*, p.lvii

13 *Town Planning Procedure Regulations SR&O*, 1910, No.436

14 Gordon E. Cherry, *The Evolution of British Town Planning*, London, 1974, p.65
Delafons, op.cit., p.37

15 G. Baldwin Brown, *The Care of Ancient Monuments*, Cambridge, 1905, p.66

16 カーゾン卿は、インド総督として活躍するなど、アジア統治の立役者としてよく知られている人物だが、歴史的建造物の保存といった観点からも、多くの功績を残している。タターシャル・カースルの他にも、対仏

百年戦争時を代表する城郭建築であるボーディアム・カースル（イースト・サセックス州、一三八五年～）が荒れ果てているのを知ると、みずから買い取って復原・修復を行なっている。

17 Champion, op.cit., pp.45-46

Nikolaus Boulting, "The law's delays : conservation legislation in the British Isles", in Jane Fawcett ed., *The Future of the Past*, London, 1976, p.19

18 Wayland Kennet, *Preservation*, London, 1972, pp.34-38

一九一三年法が制定される以前、政府による改正法案以外にも、サザーク卿による法案と、ナショナル・トラストを巻き込んだエヴァズリー卿による法案が、国会に提出されていた。特別委員会では、これらすべての法案の内容が同時に議論された。

19 一九一四年、一九一三年法による最初の保存命令が、ソーホーのディーン・ストリートの初期ジョージ朝様式の住宅に対して作成された。所有者は、建物を修理していたが、買い手がつかなかった。一九一三年法には、財政補助や補償に関する条項を有していなかったため、国会は、この命令を取り下げた。その後、この法律による保存命令は、二件しか作成されなかった。

20 ＲＣＨＭの委員長ビーチャム卿は、文化財を取得しようとする莫大なアメリカン・マネーに対し、五ポンドは少な過ぎると主張し、罰金額が上昇された。この規定は、現在でも残っており、現行法では、上限が二〇、〇〇〇ポンドである。

21 John Harvey, *Conservation of Buildings*, Toronto, 1972, p.187

22 Kennet, op.cit., p.38

23 5章6節を参照のこと。

24 Delafons, op.cit., p.47

これに対し、ＳＰＡＢが保存運動を展開したことは、5章5節で述べた通りである。

25 教会堂に関しては、独自の保存体制がすでにあり、「教会堂保護中央審議会」が、英国国教会の教会堂の保存ならびに保全活動を行なっていた。

26 一九六九年の「不要教会堂およびその他宗教建築物法」によって、礼拝堂として使用されていない教会施設に対して補助金を与えることになった。また、大蔵省からの援助は、一九六八年に、教会堂対策として英国国教会によって設立された不要教会堂基金を通じてなされるようになった。不要教会堂基金には、教会コミッショナーからも、同様の寄付がなされる。不要教会堂基金は、その後、教会堂保存トラストに再編されている。

27 Delafons, op.cit., p.37

28 一九〇九年住宅・都市計画諸法では、「都市計画スキーム」に「歴史的価値あるいは自然美をもつ事物の保存」に関する内容を盛り込むことが定められた。

29 条例によって景観を保護しようとした歴史都市として、オクスフォード、ウィンチェスター、カンタベリー、エクシター、ストラトフォード・アポン・エイヴォン等があげられる。

30 デイヴィッド・スミス著、川向正人訳、『アメニティと都市計画』、鹿島出版会、一九七七年、五二―五三頁

Barry Cullingworth ed., *British Planning*, London and New Brunswick, 1999, p.106

31 Where it appears to the Minister that on account of a town planning scheme should be made with respect to any area comprising that locality, the Minister may authorize a town planning scheme to be made with respect to that area prescribing the space about buildings, or limiting number of buildings to be erected, or prescribing the height or character of buildings, and, subject as aforesaid, the Town Planning Act, 1909 to 1923 shall apply accordingly.

32 Delafons, op.cit., pp.37-38

33 Ministry of Health, *Model Clauses for Use in the Preparation of Schemes*

34 英国とアイルランドの関係は複雑な歴史をもつが、一八〇一年以来、ア

イルランド議会とイングランド議会は統合され、連合王国を形成していた。その後、一九四九年、北アイルランドを除いたアイルランドが「アイルランド共和国」として独立する。そのため、当時は、アイルランドに関する法律も、英国議会で制定されていた。

35 The National Monuments Act, 1930, Part 1, Preliminary and General, Section 2

36 スミス、前掲書

37 Delafons, op.cit., pp.38-39

38 Delafons, op.cit., pp.39-41

39 Delafons, op.cit., p.79

40 5章6節を参照のこと。

41 9章1節を参照のこと。

42 一九四三年都市・農村（一般暫定開発）法による。

43 Delafons, op.cit., pp.56-59

44 Ross, op.cit., p25

45 11章3節を参照のこと。

46 Delafons, op.cit., pp.59-61

47 一九六〇年改正規則により一部改正された。

48 ディズモンド・ヒープ著、竹内藤男訳、『英国の都市計画法』、鹿島出版会、一九六九年、七八－八二頁

49 英国家系学（English Genealogy）の研究者として知られる。

50 のちに、ウィリアム・グラッドストーン（William Gladstone, 1809-98）の伝記作家となる。

51 のちに、ガーター紋章官（Greater King of Arm）となる。

52 Delafons, op.cit., p.65

53 もともと都市・農村計画省の「チーフ・プランナー（Chief Planner）」の地位にあったが、その職を辞して、諮問委員会の委員長となった。

54 9章1節を参照のこと。

55 のちに、ロイヤル・アカデミー・オブ・アーツの会長となる。

56 上記以外の委員としては、Earl of Euston, Professor Galbraith, Professor Webb, W.A.Eden, Goodhart Rendel, Brendon Jones, Marshall Sissins 等があげられる。

57 Delafons, op.cit., pp.65-66

58 これは、行政文書として政府から発行されたものではなく、あくまでも調査官のみに示された極秘文書であった。そのため、その具体的内容が公表されることはなかったが、Delafons の著書の付録で、はじめて公となった（Delafons, op.cit., pp.194-200）。

59 Delafons, op.cit., pp.69-70

60 Delafons, op.cit., p.66
吉田早苗、「コンサヴェーションを支えるもの —イギリスの保存活動」、『都市住宅』一九七四年二月号、七二－七八頁

61 一九七〇年に登録建造物の「グレイドⅢ」が廃止となり、グレイドⅢのほとんどが、グレイドⅡに格上げされるとともに、グレイドⅠとグレイドⅡの中間にグレイドⅡ*という階級が新設され、現行の分類になった。

62 12章2節を参照のこと。

63 Ministry of Town and Country Planning, *Report of the Ministry of Town and Country Planning for 1943-51*, Cmnd. 8204

64 『一九四三－五一年次報告書』で示された基準は、以下の通りである。
クラス1－重大な理由以外で取り壊されるべきではない重要な建物
クラス2－「建築的」「歴史的」「社会的」または「現存する十分な資格がある」等に該当する建築
クラス3－保存するかどうか議論の価値がある建築
これら建築に対しては、その特徴を明記し、可能ならば保存し、再開発計画に取り入れるよう地方計画庁に依頼する（ただし、クラス3は「法定リスト」には載せられず、「補助リスト」に載せられる）。

65 Delafons, op.cit., p.70

66 「イングランド歴史的建造物諮問委員会」、「ウェールズ歴史的建造物諮問委員会」「スコットランド歴史的建造物諮問委員会」「歴史的建造物

諮問委員会（北アイルランド）」が創設された。その後、一九八三年国家遺産法を受けて、一九八四年に「歴史的建造物および記念物委員会」が創設され、「歴史的建造物諮問委員会」の役割を引き継いだ。ここでイングランドに設立された「イングランド歴史的建造物および歴史的記念物委員会」は、「イングリッシュ・ヘリテイジ」と呼ばれている。

67 委員長にアラン・ラッセルズ卿（Rt.Hon.Sir Alan Lascalles）、副委員長にチュート・イーデ卿（Rt.Hon.J.Chuter Ede, MP）、他の委員には、「リスト作成のための諮問委員会」委員長のウィリアム・ホルフォード卿、建築史家ジョン・サマーソン卿、ユーストン卿（Earl of Euston）、ラドナー伯婦人（Countess of Radnor）、D・M・エリオット女史（Miss D.M.Eliott, JP）、『カントリー・ライフ』誌の編集者クリストファー・ハッシー（Christopher Hussey）、考古学者のジェイムズ・マン卿（Sir James Mann）、サーヴェイヤーのW・M・F・ヴェイン（W.M.F.Vane, MP）がいた。

68 「都市・農村計画省」は、一九五一年に「地方政府・計画省」となり、同年に「住宅・地方政府省」と組織替えを行なっている。

69 ヒープ、前掲書、七八―八二頁

70 カリングワース著、久保田誠三監訳、『英国の都市農村計画』、都市計画協会、一九七二年、一八八―一九三頁

71 Delafons, op.cit., pp.72-75

72 ナショナル・トラストのカントリー・ハウスの保存に関しては、5章6節ならびに9章2節を参照のこと。

73 Ministry of Housing and Local Government, *Town Centres : Approach to Renewal*, London, 1962

74 Ministry of Housing and Local Government, *Town Centres : Current Practice*, London, 1962

75 初代委員長はアラン・ラッセルズ卿（Sir Alan Lascells）が務め、その後、ハリーズ卿（Lord Halies）、グレンドラン卿（Lord Glendoran）、モンタギュー・オブ・ビューリー卿（Lord Montagu of Beaulieu）と委員長の座が受け継がれた。

76 河野靖、『文化遺産の保存と国際協力』、風響社、一九九五年、一六七―二一三頁、二一五―二三四頁

ユネスコの採択した条約に関しては本文で取り上げたが、それ以外にも左記のような勧告があった。

「考古学上の発掘に適用される国際的原則に関する勧告」（Recommendation on International Principles Applicable to Archaeological Excavations）（一九五六年）

「博物館をあらゆる人々に開放する最も有効な方法に関する勧告」（Recommendation concerning the Most Effective Means of Rendering Museum Accessible to Everyone）（一九六〇年）

「風光の美および特性の保護に関する勧告」（Recommendation concerning of the Safeguarding of the Beauty and Character of Landscapes and Sites）（一九六二年）

「文化財の不法な輸出、輸入および所有権以上の禁止および防止に関する勧告」（Recommendation on the Means of Prohibiting and Preventing the Illicit Export, Import and Transfer of Ownership of Cultural Property）（一九六四年）

「公的または私的工事によって危険にさらされる文化財の保存に関する勧告」（Recommendation concerning the Preservation of Cultural Property Endangered by Public or Private Works）（一九六八年）

「文化遺産および自然遺産の国際的保護に関する勧告」（Recommendation concerning the Protection of the Cultural and Natural Heritage at National Level）（一九七二年）

「文化財の国際交流に関する勧告」（Recommendations concerning the International Exchange of Cultural Property）（一九七六年）

「歴史的地区の保全および現代的役割に関する勧告」（Recommendation concerning the Safeguarding and Contemporary Role of Historic Areas）（一九七六年）

「動産文化財の保護のための勧告」(Recommendation for the Protection of Movable Cultural Property)(一九七八年)、「民間伝承の保全に関する勧告」(Recommendation on the Safeguarding of Traditional Culture and Folklore)(一九八九年)

78 河野靖、前掲書、一六七－一六八頁

79 武力紛争時の文化財の保護に関しては、赤十字の創始者ジャン・アンリ・デュナン(一八二八－一九一〇)によって提唱され、一八七四年にブリュッセル(ベルギー)で初の国際会議が開かれた。ここで、国際宣言(ブリュッセル宣言)が提案されたが、採択には至らなかった。これが条約として最初に締結されたのは、一八九九年と一九〇七年に、ハーグで開かれた二度の国際平和会議(Hague Conference)である。これらもまた「ハーグ条約」と呼ばれている(西村幸夫、『都市保全計画』、東京大学出版会、二〇〇四年、七四七頁)。特に、後者で締結された「陸戦ノ法規慣例ニ関スル条約(Convention respecting Laws and Customs of War on Land)」は、一九五四年の条約のもとになった重要なものである。ここで、一九五四年の条約もまた、ハーグで締結されたため、「ハーグ条約」と呼ばれているので、注意が必要である(河野靖、前掲書(一九九五年)、二三六－二四〇頁)。

80 可児英里子、「「武力紛争の際の文化財保護のための条約(一九五四年ハーグ条約)」の考察—一九九九年第二議定書作成の経緯」、外務省調査月報、二〇〇二年第三号

81 景勝地は、世界遺産条約で文化財の対象となった。

82 イクロムのウェブ・サイト(http://www.iccrom.org/)

河野靖、前掲書、一七五－一七八頁

83 河野靖、前掲書、九七－一六五頁

84 河野靖、前掲書、一〇七－一一四頁

85 5章8節を参照のこと。

86 伊藤延男他、新建築学大系50『歴史的建造物の保存』、彰国社、一九九九年、八四－八五頁、九一－九三頁

西村幸夫、前掲書(二〇〇四年)、七八二－七八四頁

87 西村幸夫、前掲書(二〇〇四年)、七八四頁

88 10章4節①を参照のこと。

89 シヴィック・トラストの活動に関しては、9章3節を参照のこと。

90 スミス、前掲書、一二七－一二八頁

91 Department of the Environment, *People and Planning : Report of the Committee on Public Participation in Planning*, London, 1969

6章6節を参照のこと。

92 フランスの作家兼政治家。パリ生まれ。二一歳でインドシナに渡り、東洋に関心をもち、中国革命を題材とした『征服者(Les conquérants)』(一九二八年)、上海を舞台とした『人間の条件(La condition humaine)』(一九三三年)をはじめとする多数の著作を残した。政治家としては、共産主義に奉じて反帝国主義運動を繰り広げた。美術・芸術全般にも造詣が深く、一九五八－六九年にかけて文化大臣を務め、フランスの歴史的建造物・町並み保存の法制度の整備を行なうなど、建築保存の観点からも、重要な足跡を残している。

93 北河大次郎、「フランス歴史的記念物の多様化の歩み」(http://www.t3.rim.or.jp/~sfjti/a&u/planning/kinen02.html)

94 1章註23を参照のこと。

95 歴史的価値をもつ都市や街区を保護するために「保護地域(secteur sauvegrarde)」の制度が定められた。この制度は、「一定の区域のなかで、そのなかに含まれる歴史的・芸術的価値の高い建築遺産との関連において、建築群(ensemble)や歴史的街区といった都市遺産を保護する必要がある」という考え方に基づくものであった。

『都市住宅』一九七四年一二月号、二四－二七頁

三宅理一、「フランスにおける歴史的環境の保護制度」(http://www.t3.rim.or.jp/~sfjti/a&u/planning/hogo02.html)

96 9章3節を参照のこと。

97 一九四五年の総選挙で労働党の議員となり、一九五一年からは長い

間、野党の政治家として活動してきたが、一九六四年、労働党が政権を奪取してから、次々と重要なポストに就く。一九六四年に、住宅・地方政府大臣（一九六四―六六）に就任し、その後、枢密院議長（Lord President of the Council, 一九六六―六八）、庶民院議長（Leader of the House of Commons, 一九六六―六八）、健康・社会保障大臣（Secretary State for Health and Social Security, 一九六八―七〇）を歴任した。

98 R.H.S.Crossman, *The Diaries of a Cabinet Minister : Vol.1 : 1964-66* (edited by Janet Morgan), London, 1975

99 Delafons, op.cit., pp.90-94

100 英国の議員内閣制では、閣議に出席する二〇名程度の「閣内大臣（国務大臣または閣僚大臣）」と、その他一〇〇名程度の「閣外大臣」、「事務次官」がいる。

101 その後、労働党が政権を失うと、野党外務スポークスマン（一九七一―七四）、欧州議会議員（一九七八―七九）、貴族院の野党外交および国防スポークスマン（一九八一―九〇）等を務めた。

102 Kennet, op.cit.

103 マルロー法では、保護地区の決定は、市町村（commune）の議会で審議し、中央政府の承認を受けるという手続きが必要であった。その際、詳細に及ぶ保護活用計画を作成する必要があった。一九八三年には、制度が改革され、登録建造物と特定地点（site classé）を中心とした半径五〇〇メートル圏内を保護地区（zone protégé）と定め、そこでの建築物の取り壊しおよび新築等は中央政府の許可が必要となった。

104 「一九六七年シヴィック・アメニティズ法」の全文の邦訳は、シヴィック・トラスト著『プライド・オブ・プレイス』（井出久登、井出正子訳、鹿島出版会、一九七六年）の巻末（一九九―二二一頁）に掲載されている。

105 Delafons, op.cit., p.96

106 Ministry of Housing and Local Government, *Historic Towns : Preservation and Change*, London, 1967

107 Roy Worskett, *The Character of Towns*, London, 1969

108 Planning Advisory Group, *The Future of Development Plan*, London, 1965

109 一九六八年法では、ストラクチャー・プランとローカル・プランという新たなディヴェロプメント・プランの制度が規定された。詳細は、6章6節ならびに11章2節を参照のこと。

110 Ross, op.cit., p31

111 Ministry of Housing and Local Government, Circular 61/68, 4 December 1968

112 10章3節を参照のこと。

113 一九九〇年計画（登録建造物および保存地区）法二七条によって、「登録に対する同意」が得られなかった際には補償がなされることが定められていたが、この条項は「一九九一年計画および補償法」の附則一九によって廃止された。ただし、すべての補償制度が廃止されたわけではなく、たとえば、「建造物保存通告」を発布したものの、登録に至らなかった場合の補償制度は、依然として残っている。

114 現在は廃止されてないが、同様のサービスが、カウンティ・カウンシルやヴォランティア団体によって続けられている（Michael Ross, op.cit., p.176）。

115 本章6節を参照のこと。

116 Preservation Policy Group, *Studies in Conservation*, London, 1968

117 『都市住宅』一九七四年一二月号、一四―一九頁

Delafons, *Politics and Preservation*, London, 1997, pp.98-100

スミス、前掲書、六七頁、一二九頁

『都市住宅』一九七四年一二月号、一四―一九頁

118 それぞれの報告書の担当者は、次の通り。

バース ― コリン・ブキャナン（エンジニア兼都市計画家、交通問題の専門家、元住宅・地方政府省の都市計画検査官、『都市の自動車交通』の著者）

チェスター ― ドナルド・インソール（保存に精通した建築家）

ヨーク ― イーシャー卿（建築家・著述家、「ジョージアン・グループ」

の設立者のひとり）
チチェスター－G・S・バロウズ（サーヴェイヤー兼都市計画家、ウエスト・サセックス州の計画担当官）

119 木原啓吉、『歴史的環境』、岩波書店、一九八二年、八七頁
歴史環境研究会、「歴史的環境の保存・再生のために」（『都市住宅』一九七四年一二月号、一三一－一三三頁）
「欧米における歴史的環境保存の動向－建築史・建築意匠・都市計画合同研究協議会資料（一）」（日本建築学会）に基づく。

120 Minstry of Housing and Local Government, *First Report of the Preservation Policy Group*, London, 1970

121 一九六八年では「開発価値」に対する補償は廃止されたが、これは法律の抜け道となって残っていた。

122 そのうち約八、五〇〇棟は宗教革命以前（ほとんどが中世）のもので、約一二、五〇〇棟が登録されており、うち二、六七五棟がグレイドⅠまたはⅡ*として登録されている（Barry Cullingworth and Vincent Nadin, *Town and Country Planning in the UK*, London, 2002, p.256）。

123 「登録建造物リスト」には、教会堂も含まれているが、教会堂は他の登録建造物のように、都市計画上の規制を受けることはない。これを「教会の例外」と呼んでいる。教会堂が都市計画上の規制を受けるのは、用途変更を行なう場合、外観に影響があるような大幅な改造を行なう場合で、その際、「計画許可」を得なければならないが、「登録建造物に対する同意」は必要としない。

124 ただし、使用されていない教会堂は登録（スケジュール）することはできた。

125 本章2節を参照のこと。

126 2章4節を参照のこと。

127 Delafons, op.cit., p.47

128 2章7節を参照のこと。

129 Delafons, op.cit., 1997, pp.119-129

130 チャンセラー（chancellors）とは、古い教区の大聖堂の四人の高官のひとり。

131 大執事（archdeacons）とは、主教（bishop）から教区の管理の一部を託される重要な職で、一七世紀以降、司祭がこれにあたることが多い。

132 「The Churches Conservation Trust」のウェブ・サイト（http://www.visitchurches.org.uk/）

133 Cullingworth & Nadin, op.cit., pp.245-246

8章

1 *The Reorganisation of Central Government*, White Paper, Cmnd. 4506, 1970

2 環境省の三人の閣外大臣は、それぞれ担当が異なり、メイジャー政権では、住宅、インナー・シティ問題および建設担当大臣（Minister for Housing, Inner Cities and Construction）、地方自治および都市計画担当大臣（Minister for Local Government and Planning）、環境問題および田園地帯担当大臣（Minister for the Environment and Countryside）とに分けられた。

3 Department of the Environment, *Conservation and Preservation*, Circular 46/73, August 1973

4 Department of the Environment, *Historic Buildings and Conservation*, Circular 102/74, July 1974

5 John Delafons, *Politics and Preservation*, London, 1997, pp.201-205

6 ここで定められた制度が、現行の制度となっている。つまり、国が保護する文化遺産には、「登録記念物」と「登録建造物」があり、前者の「登録記念物」は国が監理する遺跡全般を指し、他方、「登録建造物」は地方自治体が監理することになっている。

7 Circular 147/74

8 Michael Ross, *Planning and the Heritage*, London, 1996, pp.36-38

9 7章5節を参照のこと。

10 「欧州会議」のウェブ・サイト（http://www.coe.int/）
EC（European Community－欧州共同体）に、「European Council」という組織があり、紛らわしいが、これらを区別するため、通常、「Council of Europe」は「欧州会議」、「European Council」は「欧州理事会」と訳されている。

11 「ヨーロッパ・ノストラ」のウェブ・サイト（http://europanostra.org/）
欧州会議の協議会として、一九六三年に設立。初代会長は、ダンカン・サンズが務めた。

12 Delafons, op.cit., pp110-115

13 Circular 86/72

14 西村幸夫、『CIVIC TRUST 英国の環境デザイン《一九七八－一九九一》』、駸々堂出版、一九九五年、三五五－三五六頁

15 ニュー・タウン法によるニュー・タウンとは異なる。エディンバラでは、一八世紀末にジェイムズ・グレイグ（James Graig, 1744-95）の手によって、ジョージ朝的手法で新たに新市街地が建設された。旧市街に対し、この新市街地を「ニュー・タウン」と呼んでいる。現在は、ユネスコの世界遺産に登録されている。

16 「スコットランド・ナショナル・トラスト」のウェブ・サイト（http://www.nts.org.uk/）
ナショナル・トラストとは独立しているが、連携して、ほぼ同一の活動を行なっている。

17 Delafons, op.cit., p.113

18 「イコモス」のウェブ・サイト（http://www.icomos.org/）

19 5章8節および7章5節を参照のこと。

20 河野靖は、その内容を以下のようにまとめている。
「ヨーロッパの建築遺産を形成するものは、最も重要な記念物だけではなく、古い町村にある普通の建造物でもある。これらの遺産は精神的、文化的、社会的、経済的、教育的価値をもつ資産であり、そこに込められている過去は、均衡があり充実した生活にとって不可欠の環境を提供している。今やこの遺産が破壊の危機に直面している。その保存のためには、法制的、行政的、財政的、技術的側面に関して、ヨーロッパレベルでの協力と統一的な方策が必要であるから、欧州会議は加盟国が連帯の精神をもって共通の政策を打ち出すようにすべきである。」（河野靖、『文化遺産の保存と国際協力』、風響社、一九九五年、一〇八－一〇九頁）

21 Department of the Environment, *What is Our Heritage*, London, 1976

22 9章5節を参照のこと。

23 David Eversley, *The Planner in Society*, London, 1973

24 ibid.

25 Delafons, op.cit., pp.75-76
「都市開発公社」および「エンタープライズ・ゾーン」に関しては、建設省まちづくり事業推進部監修『検証イギリスの都市再生戦略』（風土社、一九九七年）に詳しい。

26 6章7節を参照のこと。

27 理事会は、理事、副理事、五人以上一一人未満の理事によって構成される。政府は、理事会の任命にあたり、地元自治体の意向を反映させることが求められており、地元自治体の代表者等も加えられる。実際に実務にあたるスタッフは、公募され、期間限定で採用される。

28 都市開発公社の指定は、環境省時代のみで、環境・交通・地域省となってからは指定が行なわれていない。

29 一九八〇年地方政府・計画・土地法一四八条ならびに一四九条

30 当時の「レイト」は、現行制度では存在しない。土地税制の詳細に関しては、9章4節を参照のこと。

31 一九九八年に、この規制は撤廃された。

32 小玉徹他、『欧米の住宅政策』、ミネルヴァ書房、一九九九年、七二頁

33 土地・建物に関する税制に関しては、11章4節を参照のこと。

34 Department of the Environment, *Organization of Ancient Monuments and*

Historic Buildings in England : A Consultation Paper, London, 1981

35 古記念物および歴史的建造物に対する年間予算が約三、六〇〇万ポンド、そのうち公開している四〇〇件を訪れる観光客が二〇〇万人、そこから得られる収益は、七五〇万ポンドであった。

36 RCHM（イングランドに限る）が、イングリッシュ・ヘリテイジに統合されたのは、一九九九年になってからである。

37 ただし、これはイングランドに限られたことで、ウェールズ、スコットランド、北アイルランドには適用されていない。

38 Delafons, op.cit., p.144

39 Department of the Environment, *Historic Buildings and Conservation Areas*, Circular 8/87, London, 25 March 1987
登録の基準に関しては、以下で整理されている。
Ross, op.cit., pp.179-180

40 西村幸夫＋町並み研究会編著、『都市の風景計画』、学芸出版社、二〇〇〇年、三六一三八頁

41 Ross, op.cit., pp.48-49

42 Department of the Environment and Department of National Heritage, *Planning Policy Guidance : Planning and the Environment*, PPG15, London, September 1994

43 HRH the Prince of Wales, *A Vision of Britain : A Personal View of Architecture*, London, 1989
邦訳に、プリンス・オブ・ウェールズ著『英国の未来像』（東京書籍、一九九〇年）がある。

44 「Regeneration Through Heritage」は、皇太子チャールズの要請により、「Business in the Community」によって一九九六年に設立された非営利団体で、産業遺産を修理・改修し、現代社会で使用していくことを推進している。
Regeneration Through Heritage, *Proceedings of 'Making Heritage Industrial Building Work*, Business in the Community, London, 1999

45 Charles Mynors, *Listed Buildings and Conservation Areas*, London, 1995, pp.3-4

46 都市計画を執行する際の考古学に関する規制等は『PPG16－考古学と都市計画』（一九九〇年一一月発行）に整理されている。

47 3章2節を参照のこと。

48 Department of the Environment, *Responsibilities for Conservation and Casework*, Circular 20/92, Department of National Heritage, Circular 1/92, London, 1992

49 Delafons, op.cit., p.156

50 歴史的建造物に対する補助金等に関しては、12章6節を参照のこと。

51 3章2節を参照のこと。

52 Department of the Environment, 1987, Circular 8/87.

53 10章3節を参照のこと。また、その手続きに関しては、3章3節を参照のこと。

54 13章3節を参照のこと。

55 『新建築』、二〇〇一年一二月号、pp.38-39
「英国政府観光庁 Vist Britain」のウェブ・サイト（http://www.visitbritain.com/）
現在、この一帯は、「ミレニアム・マイル」と呼ばれ、観光にも力が入れられている。

56 河島伸子、「イギリスの文化政策」、上野征洋編、『文化政策を学ぶ人のために』、世界思想社、二〇〇二年、二七二－二八四頁

57 English Heritage, *"Power of Place : The Future of the Historic Environment"*, London., 2000

58 Lord Rogers of Riverside, John Prescott, *Towards an Urban Renaissance*, London, 1999

59 Department of the Environment, 1987, Circular 8/87

60 Neil Cossons, *Perspectives on Industrial Archaeology*, London, 2000

61 *Proceedings of 'Making Heritage Industrial Buildings Work*, 1999

62 ユネスコによる条約には、「一九五四年ハーグ条約」「一九七〇年ユネスコ条約」「世界遺産条約（一九七二年）」と二〇〇一年に採択された「水中文化遺産保護条約」および二〇〇三年に採択された「無形文化遺産保護条約」がある。

63 自然遺産に関しては、「IUCN（国際自然保護連合）」が諮問機関となる。また、登録の審査にあたっては、イクロムも協力することになっている。

64 一九八六年に、アイアンブリッジ渓谷が世界遺産指定を受けているが、二〇〇〇年になって、ブレナヴォン産業景観が、二〇〇一年には、ダーウェント渓谷の工場群、ソールテア、ニュー・ラナークが世界遺産の指定を受けた。

65 二〇〇一年二月一二日、アイアンブリッジ渓谷博物館の主席学芸員ディヴィッド・デ・ハーン（David de Harn）氏へのインタビューによる。

66 「小特集　世界文化遺産奈良コンファレンス」、『建築史学』第二四号、一九九五年三月、四三－一二五頁
益田兼房、「オーセンティシティの概念について」、関口欣也先生退官記念論文集刊行会、『建築史の空間』、一九九九年、二二一－二二四頁

67 7章5節を参照のこと。

68 8章2節を参照のこと。

69 Robert Pickard ed., *Management of Historic Centres*, London and New York, 2001, pp.1-11
西村幸夫、『都市保全計画』、東京大学出版会、二〇〇四年、七七八－七八一頁

70 DOCOMOMO憲章（一九九〇年、第一回大会で採択、二〇〇〇年改訂）
(1)モダン・ムーヴメントの重要性を一般、行政関係者、環境形成に関わる専門家、教育組織だけでなく広く一般に認識させること
(2)モダン・ムーヴメントに関わる建物とそれに関する登録を行なうこと。それに関連する図面、写真、公文書、その他の資料などの記録を把握し、整理すること
(3)保存に対する適正な技術や手段の開発と専門知識の伝達を行なうこと
(4)重要建築物の取り壊しや美的価値喪失の危機に対して警鐘を鳴らすこと
(5)文書調査の実施と保存のための基金の調達を図ること
(6)基本的人権を守り、持続可能な将来を築くためにモダン・ムーヴメントに関する理解の促進と発展を図ること
(7)最高レベルでの上記の事柄の実現を目指すこと
（DOCOMOMO Japan リーフレットより）

9章

1 5章5節および6節および7節を参照のこと。

2 「王立自然保存協会」のウェブ・サイト（http://www.rsnc.org.jo/）

3 「デザインおよび工業協会」のウェブ・サイト（http://www.dia.org.uk/）

4 「イングランド田園保護協議会」のウェブ・サイト（http://www.cpre.org.uk/）

5 「散策者協会」のウェブ・サイト（http://www.ramblers.org.uk/）

6 John Harvey, *Conservation of Buildings*, Toronto, 1972, p.183

7 王立芸術協会は、初期の段階では、建築保存に関する活動に熱心であったが、次第に、活動内容が多方面に広がっていき、その後、建築保存に関する活動はほとんど行なわなくなった。

8 John Delafons, *Politics and Preservation*, London, 1997, p.34
Harvey, op.cit., p.183
のちにナショナル・トラストに移管された。

9 「古記念物協会」のウェブ・サイト（http://www.ancientmonumentssociety.org.uk/）

10 「ジョージアン・グループ」のウェブ・サイト（http://www.

georgiangroup.org.uk/)

11 デイヴィッド・ワトキン著、桐敷真次郎訳、『建築史学の興隆』、中央公論美術出版、一九九三年、二三二－二五八頁

12 Robert Byron, *How We Celebrate the Coronation : a word to London's visitors*, London, 1937

13 ワトキン、前掲書、pp.253-255

Delafons, op.cit., pp.44-50

14 一九九九年にはイングリッシュ・ヘリテイジに吸収合併され、現在はイングリッシュ・ヘリテイジのアーカイヴとなっている。

15 「イングリッシュ・ヘリテイジ」のウェブ・サイト（http://www.english-heritage.org.uk/）

ナショナル・モニュメンツ・レコードは、ロンドンのサックヴィル・ロウ（Sackville Row, London）のRCHMEのオフィスと同じ建物にあったが、一九九四年に、RCHMEとともに、スウィンドンのグレイト・ウェスタンの鉄道施設跡（Great Western Railway Works）を利用した再開発地域のレイルウェイ・ビレッジに移った（10章5節④を参照のこと）。

また、一部の資料は、上記のナショナル・モニュメンツ・レコード（現在は、イングリッシュ・ヘリテイジの一部）のウェブ・サイトから、入手することができる。

16 「英国考古学評議会（CBA）」のウェブ・サイト（http://www.britarch.ac.uk/）

17 「リージェンシー・ソサイアティ」のウェブ・サイト（http://www.regencysociety.co.uk/）

18 ジョージ三世（在位一七六〇－一八二〇）は、その治世の後期に精神異常に陥り、皇太子であったジョージは、一八一一年、摂政皇太子（プリンス・リージェント）となり、国政を握った。この一八一一年から皇太子がジョージ四世として即位する一八二〇年まで時期を一般史では「リージェンシー」もしくは「摂政時代」と呼ぶ。しかし、建築、家具の様式史では、直前の新古典主義とその後のヴィクトリア王朝期に流行するゴシック・リヴァイヴァルの開始期を考慮して、摂政時代（一八一一－二〇年）とジョージ四世の治世（一八二〇－三〇年）を合わせた期間、すなわち一八一一年から一八三〇年までの建築・家具の様式を「リージェンシー」様式と呼んでいる。家具・インテリアの分野では、フランスのアンピール様式の影響が強く、トマス・ホープ（Thomas Hope, 1770－1831）などが代表的なデザイナーで、贅沢な擬古典主義的な作風を批判し、彩色を施したスタッコなどを特徴とした独特のデザインを展開した。様式の移行時期にあって、ギリシア、ローマ、エジプト、中近東、中国などの文化・風俗に対する関心の高まりとともに、その装飾モティーフも積極的に取り入れた。建築の分野では、厳格な新古典主義から脱却し、ピクチャレスクの高まりがあったのと同時に、ヨーロッパ圏外の様式も取り入れた新たな造形に発展していった。

19 たとえば、「ウィールデン・ビルディング・スタディ・グループ」、「エセックス・ヒストリック・ビルディングズ・グループ」等といった組織が地域単位の民家の研究団体で、これら団体は、独自に機関誌を発行し、調査結果等を発表している。

20 「ヴァナキュラー・アーキテクチャー・グループ」のウェブ・サイト（http://www.ccurrie.me.uk/vag/）

21 本章6節を参照のこと。

たとえば、ウェールズ民俗博物館は、戦後すぐの一九四六年に開園している。また、開発のために取り壊しを余儀なくされ、何とか移築して歴史的建造物を保存しようとして設立された野外博物館には、ウィールド・アンド・ダウンランド野外博物館（一九六七年開園）やエイヴォンクロフト建築博物館（一九六七年開園）等がある。

22 「ヴィクトリアン・ソサイアティ」のウェブ・サイト（http://www.victorian-society.org.uk/）

23 ワトキン、前掲書、三二一－三二五頁

24 「SAVE（英国の建築遺産を救え）」のウェブ・サイト（http://www.

savebritainsheritage.org/）

25 ＳＡＶＥの活動に関しては、本章5節を参照のこと。

26 「二〇世紀協会」のウェブ・サイト（http://www.c20society.org.uk/）
「ＩＨＢＣ（歴史的建造物保存協会）」のウェブ・サイト（http://www.ihbc.org.uk/）

27 5章6節を参照のこと。

28 四元忠博、『ナショナル・トラストの軌跡 一八九五〜一九四五年』、緑風出版、二〇〇三年、九六－一〇一頁

29 ロビン・フェデン著、四元忠博訳、『ナショナル・トラスト』、時潮社、一九八四年、四〇－四一頁
西村幸夫、『環境保全と景観創造』、鹿島出版会、一九九七年、五三頁

30 フェデン、前掲書、三九－五三頁

31 西村幸夫、前掲書（一九九七年）、三一－八〇頁
木原啓吉、『ナショナル・トラスト』、三省堂、一九八四年

32 The National Trust, *Handbook for Members and Visitors March 2003 to February 2004*, London, 2003
毎年新たな情報を加え、充実した内容になってきている。ちなみに、一九九三年版は、二八八頁であったのに対し、二〇〇三年版は四〇〇頁である。また、二〇〇三年版からは、カラー印刷となった。

33 たとえば、中世の修道院の門前町レイコック・アビーや、ジョン・ナッシュによる住宅地開発であるブレイズ・ハムレットなどは、村落全体がナショナル・トラストの資産となり、管理・運営がなされている。

34 これらは、「ホリデイ・コテジ」と呼ばれ、イングランドだけでも約三〇〇ある。これらに用いられるプロパティは、マナ・ハウスから猟場小屋まで多彩で、人気を博している。

35 シヴィック・トラストの設立、活動内容に関しては、西村幸夫著『歴史を生かしたまちづくり』（古今書院、一九九三年）および西村幸夫著『ＣＩＶＩＣ ＴＲＵＳＴ 英国の環境デザイン《一九七八－一九九一》』（駸々堂出版、一九九五年）に詳しい。また、シヴィック・トラストの出版物の翻訳として、『プライド・オブ・プレイス』（井手久登・井手正子訳、鹿島出版会、一九七六年）がある。

36 詳細は、シヴィック・トラストのウェブ・サイト（http://www.civictrust.org.uk/）を参照のこと。

37 AMR編、『アメニティを考える』、未來社、一九八九年、一七－一八頁
西村幸夫、『歴史を生かしたまちづくり』、古今書院、一九九三年、七頁

38 「シヴィック・トラスト賞」の実例は、西村幸夫著『ＣＩＶＩＣ ＴＲＵＳＴ 英国の環境デザイン〈一九七八－一九九一〉』（駸々堂出版、一九九五年）で紹介されている。

39 7章6節を参照のこと。

40 ワトキン、前掲書、一一二頁

41 ワトキン、前掲書、一三六頁

42 ワトキン、前掲書、一八四－一二二頁
5章3節を参照のこと。

43 5章3節を参照のこと。

44 Hermione Hobhouse, *Lost London, a Century of Demolition and Decay, London*, 1971

45 Roy Strong, Marcus Binney and John Harris, *The Destruction of the Country House, 1875-1975*, London, 1974

46 ワトキン、前掲書、三五二－三五三頁

47 「ＳＡＶＥ（英国の建築遺産を救え）」のウェブ・サイト（http://www.savebritainsheritage.org/）
Delafons, op.cit., p.115

48 一八八二年、所有者のヘンリ・ハーパー＝クリュー（Henry Harper-Crew）は、八〇〇万ポンドという譲渡税の代わりに、国にチョーク・アビーの土地建物を物納し、ナショナル・トラストの監理下とされることを申し出た。しかし、ナショナル・トラストは、建物自身の受け入れを拒否した。そこで、ＳＡＶＥはこの建築の学術的価値を人々に知らしめるキャンペーンを行ない、結局、新たな予算を勝ち取り、ナショナル・

トラストの手によって保存されることとなった。

49 ＳＡＶＥによる最初の法的手段に訴えかけた保存運動。ザ・グレインジ（一八〇八年頃建設）は、一九七二年、政府（環境省）の手によって緊急の取り壊しを免れ、二年後に後見人制度をとることになった。しかし、その後四年間、修理等はまったく行なわれず、政府はこの建築が朽ち果てるのを待っているかのようであった。そこで、ＳＡＶＥは法的手段に訴える準備をはじめ、政府に対し、司法審査権を要求した。結果として、政府はこの建築を修復し、一般公開するよう動きはじめた。

50 ヴィクトリア朝の中心市街地の建替計画が持ち上がり、不動産業者によるスクラップ・アンド・ビルド方式の案が提出された。不動産業者の倒産により、計画が頓挫している間、ＳＡＶＥと地元建築家ヒュー・トーマス（Huw Thomas）は、歴史的建造物を利用した再開発計画とする代替案を提案。結局、その代替案が採用され、ヴィクトリア朝の建築群が保存・再生されることになった。

51 メントモア・タワーズは、一八五一―五四年に、ロンドン万博のクリスタル・パレス（一八五一年）の設計者として知られるジョーゼフ・パクストン（Joseph Paxton, 1803-65）と娘婿のジョージ・ヘンリ・ストークス（George Henry Stokes）によって、マイヤー・アムシェル・ド・ロスチャイルド男爵（Baron Meyer Amschel de Rothschild）のために建てられた。その後、一九世紀末にヴィクトリア時代の首相ローズベリー（Lord Rosbery, Archibald Philip Primrose Rosebery, 5th Earl of, 1847-1929）の手に移った。オークションの後、邸宅はマハリシ・マヘッシ・ヨーギ氏（Maharishi Mahesh Yogi）の所有となり、現在はヨーギ氏の自然法大学（University of Natural Law）となっている。

52 たとえば、わが国の愛知県犬山市にある博物館・明治村には、フランク・ロイド・ライト（Frank Lloyd Wright, 1878-1936）設計の旧帝国ホテルのファサード部分をはじめとした、多くの非木造建築が移築保存されている（財団法人明治村編集、『博物館・明治村』、二〇〇二年）。また、これまでトラックに載る大きさ以上の建築の移築は不可能と考えられてきた鉄筋コンクリート造の建築さえ、最近では、一度切断され、その後元通りにつなぎ合わせることが可能となり、このような技術を用いて移築保存された実例もでてきた。清水建設㈱の手により、世田谷にあった鉄筋コンクリート造建築の「清風亭」が、埼玉県深谷市に移築された（一九九九年一一月竣工）のは、その一例である。

53 大野敏、『民家村の旅』、ＩＮＡＸ、一九九三年
大野敏、「野外博物館における民家の保存と活用」、第三回日韓民家研究シンポジウム・配付資料、一九九五年、二一―二三頁
わが国の野外建築博物館の誕生と民家研究の発展は、分けて論ずることはできない。わが国の民家研究は、古くは一九一七（大正六）年発足の白芽会に求められ、民俗学者、建築学者、農村行政の専門家などによってはじめられた。戦後になって、建築史研究者が民家に注目するようになり、民俗学の成果に、復原的考察および文献調査を加え、歴史学的方法論が確立した。特に、改造の経緯を解きほぐし、建築当初の姿を追求する復原的研究方法は、昭和三〇年代になって確立する（伊藤鄭爾、稲垣栄三、大河直躬、田中稔、「民家建築の成果と課題」、建築史研究二一号別冊、一九五五年）。そして、一九六六（昭和四一）年から、日本建築学会によって民家緊急調査が、全国的に、しかも組織的に行なわれ、民家の建築史上の展望が可能となった。一方で、野外建築博物館の発想は、戦前にすでにあり、一九三五（昭和一〇）年に保谷に民俗博物館が開館されている。しかし、この企ては戦争のため、武蔵野の民家が移築されるだけにとどまった。そして、本格的に建築博物館が考えられるようになるのは、多くの民家が急速な近代化のために取り壊しの危機に瀕してからであった。ダム建設や過疎による村落の消滅などで民家が不要になると、にわかにこれらをどこかに移築しようとする動きが起こってきた。移築する民家を一カ所に集め、それを体系的に展示することにより、教育、研究用の資料として利用することができる。この方法だと、本来取り壊され、永遠に姿を消してしまう建築にとって、博物館への移築によって第二の人生がはじまることになり、しかも、博物館としても

一級の展示資料が入手できることになる。このような発想が最初に実現したのは大阪であった。一九五六（昭和三一）年に大阪の豊中市立民俗館が開館し、翌一九五七（昭和三二）年に大阪府は日本民家集落の設置を決め、一九六〇（昭和三五）年に豊中市立民俗館を移管して財団法人日本民家集落博物館に発展させた。他方、関東では、大岡實が昭和三〇年頃からすでに、古建築を利用し、郷土の民俗を展示する北欧の野外博物館を紹介しながら、日本にも類似の野外博物館の必要性を主張していたが、現実には一九六〇（昭和三五）年に横浜三渓園に合掌造り民家（矢箆原家）を移築したにとどまっていた。しかし、川崎市内の伊藤酉造家民家の保存問題を契機に、一九六七（昭和四二）年四月、川崎市立日本民家園が誕生する。日本民家集落博物館、川崎市立日本民家園の両博物館は、民家のみを、しかも江戸時代にまで遡れる古い建築を中心に収集しようとしたものであったが、同時期の一九六五（昭和四〇）年に開館された博物館・明治村では、民家に限らず明治以降の建築を集め、前二館とは趣が異なった野外建築博物館として誕生した。

54 Knut Einar Larsen, "VERNACULAR ARCHITECTURE AND OPEN-AIR MUSEUMS IN NORTHERN EUROPE", 第三回日韓民家研究シンポジウム・配付資料、一九九五年、三六－四〇頁

55 大原一興、「スカンセンから新しい博物館学へ」、日本建築学会関東支部歴史意匠専門研究委員会、『シンポジウム「これからの野外博物館～その役割と可能性～」』配付資料、一九九九年一一月

56 大野敏、「海外の野外博物館に関する資料」、日本建築学会関東支部歴史意匠専門研究委員会、『シンポジウム「これからの野外博物館～その役割と可能性～」』、一九九九年一一月、一二－一三頁

57 杉本尚次、「ヨーロッパの野外博物館」、民俗建築第六八号、一九七四年、六〇－六二頁

58 本章1節を参照のこと。

59 拙著、「イギリスの野外建築博物館」、日本建築学会関東支部歴史意匠専門研究委員会、『シンポジウム「これからの野外博物館～その役割と可能性～」』、一九九九年一一月、四二－四九頁

60 クリスタル・パレスは、一八五一年に開催されたロンドン万国博覧会の主会場として建設された鉄とガラスのモニュメントである。万博終了後、ロンドン郊外のシドナム・ヒル（Sydenham Hill, London）に移築されて遊園地として用いられていたが、一九三六年に、ガラスの反射光が日除けとして用いられていたカーテンに着火することで起こった火災により、焼失してしまった。

61 「ＢＢＣ」のウェブ・サイト（http://news.bbc.co.uk/onthisday/hi/dates/stories/july/9/newsid_2498000/2498525.stm）

62 ジョージ三世は、ハンプトン・コートの一部を家臣たちの住居として開放し、その後、王室以外の人々（主として家臣たちの家族）もハンプトン・コートに住まうようになった。

63 "Palace Restored", *CONTEXT* 38, 1992, pp.34-35

64 Alan Bailey and others, *Fire Protection Measures for the Royal Palaces*, London, 1993

65 Stewart Kidd, "Fire Safety Management : some problems in the protection of historic buildings from fire", Fire Protection and the Built Heritage, Duff House, 7-8 October 1998 (http://www.risk-consultant.com/pdf/fire.pdf)

66 ibid.

10章

1 5章8節を参照のこと。

2 Department of the Environment, *Historic Buildings and Conservation Areas*, Circular 8/87, London, 25 March 1987

3 建物のコンバージョンによる都市空間有効活用技術研究会、『コンバー

ジョンによる都市再生』、日刊建設通信新聞社、二〇〇二年

4 海道清信、『コンパクトシティ』、学芸出版社、二〇〇一年

5 建物のコンバージョンによる都市空間有効活用技術研究会、前掲書、p.23

6 鈴木博之監修、『ブリティッシュ・スタイル一七〇年』、西武美術館、一九八七年、一六五－一七〇頁

7 「リヴィング・オーヴァー・ザ・ショップ・プロジェクト」のウェブ・サイト（http://www.livingovertheshop.org）

8 Michael Ross, *Planning and the Heritage*, London, 1996, pp.176-177

9 Barry Cullingworth and Vincent Nadin, *Town and Country Planning in the UK*, London, 2002, p.250

10 「イギリス歴史都市フォーラム」のウェブ・サイト（http://www.ehtf.org.uk/）

11 「ヴィジット・ブリテン」のウェブ・サイト（http://www.visitbritain.com/）

英国観光庁は、省庁改変によって「文化・情報・スポーツ省」に吸収された。また、イギリス観光局の後身として、一九九九年にイングリッシュ・ツーリズム・カウンシルが設立されるが、二〇〇三年四月一日に英国観光庁とイングリッシュ・ツーリズム・カウンシルとが合併し、「ヴィジット・ブリテン」となり、その業務を受け継いでいる。

12 二〇〇一年二月一二日に、アイアンブリッジ渓谷博物館の主席学芸員デイビッド・デ・ハーン氏へのインタビューを行なった。

13 Attorney General ex-relator Sutcliffe v Calderdale Borough Council (1982) 46 P & CR 399, [1983] JPL 310, CA（R.M.C. Duxbury, *Telling and Duxbury's Planning Law and Procedure*, London, 1999, pp.334-335）

14 登録建造物に関連する資本税は原則として免除され、人が住んでいない登録建造物に関しては「非居住用資産レイト（現在はビジネス・レイト）」も免除される。また、登録建造物の改修時にはＶＡＴが免除される。Charles Mynors, *Listed Buildings, Conservation Areas and Monuments*, London, 1999, pp.161-164

15 Debenhams plc v Westminster City Council, [1987] AC 396, [1987] 1 All ER 51, HL（Duxbury, op.cit., p.335）

16 Duxbury, op.cit., pp.332-337

17 Kennedy v Secretary of State for Wales, [1996] EGCS 17（Duxbury, op.cit., pp.336-337）

18 Attorney General ex-relator Sutcliffe v Calderdale Borough Council (1982) 46 P & CR 399, [1983] JPL 310, CA（Duxbury, op.cit., pp.334-335）

19 City of Edinburgh Council v Secretary of State for the Environment, [1998] JPL 224（Duxbury, op.cit., p.337）

20 Kent Messenger Ltd v Secretary for the Environment, [1976] JPL 372（Duxbury, op.cit., p.343）

21 Godden v Secretary for the Environment, [1988] JPL 99（Duxbury, op.cit., p.343）

22 Shimizu(UK) Ltd v Westminster City Council, [1997] JPL 523（Duxbury, op.cit., p.338）

23 「School of Town and Regional Planning, University of Dundee」のウェブ・サイト（http://www.trp.dundee.ac.uk/research/glossary/steinberg.html）

24 拙著、「英国の登録建造物制度にまつわる私的所有権の問題とその背景」、日本建築学会計画系論文集、二〇〇四年五月、一八七－一九四頁

25 Steinberg and Sykes v Secretary of State for the Environment and Another, [1989] JPL258（Peter J. Larkham, *Conservation and the City*, London and New York, 1996, pp.97-98, Duxbury, op.cit., pp.355-358,「School of Town and Regional Planning, University of Dundee」のウェブ・サイト）

26 Larkham, op.cit., pp.97-98
Duxbury, op.cit., pp.355-358
「School of Town and Regional Planning, University of Dundee」のウェ

ブ・サイト

27 Bath Society v Secretary of State for the Environment and Another, [1991] JPL 663（Larkham, op.cit., pp.99-100, Duxbury, op.cit., p.356）

28 South Lakeland District Council v Secretary of State for the Environment and Carlisle Diocesan Parsonages Board, [1991] JPL 654（Larkham, op.cit., pp.100-101, Duxbury, op.cit., p.356）

29 わが国の最高裁にあたる司法機能をもつ。英国には、いわゆる最高裁は存在せず、法廷論争の最終結論は、貴族院（上院）内に設けられた委員会により決定される。

30 SAVE Britain's Heritage v Secretary of State for the Environment, [1991] 2 All ER 10（拙著、「ポウルトリ一番地の建替問題について—英国の都市計画における歴史的建造物の取り扱い方に関する考察」、二〇〇四年度日本建築学会大会学術講演梗概集F—1、八七一—八七二頁、Delafons, op.cit., pp. 172-176, Larkham, op.cit., p.103）

論争の経緯に関しては、John Delafons, *Politics and Preservation*（London, 1997）の一七二—一七六頁に詳しい。

31 John Belcher(c.1816-90) と Sir John Belcher(1841-1913) の親子。息子のジョンは、当時の英国建築界をリードした建築家で、バロック・リヴァイヴァル様式の公認会計士会館（ロンドン、一八八八—九三）やゴシック・リヴァイヴァル様式のコルチェスター市庁舎（一八九七—一九〇二）等の設計者として知られる（J.S. Curl, *Oxford Dictionary of Architecture*, Oxford, 1999, p.67）。

32 Nikolaus Pevsner, revised by Bridget Cherry, *The Buildings of England : London 1, The Cities of London and Westminster*, Penguin Books, London, 1973, pp.275-276

33 ピーター・パルンボは、芸術に理解がない人物ではなく、近代芸術に高い興味を抱き、ニューヨーク近代美術館のミース・アーカイヴの理事（一九七七—）や英国芸術評議会の議長（一九八九—九四）を歴任した人物でもある。

34 歴史的景観および建築に強い興味を示すチャールズ皇太子は、ＲＩＢＡの講演会で、この種の建築はロンドンには不適切であるといった旨の演説を行なっている。

35 地方計画庁に計画申請を却下された場合、申請者は担当国務大臣に「異議申立」を行なうことができる。異議申立が行なわれた場合、申請者、地方計画庁、その他関係者が意見を述べ合う公聴会が開かれ、担当省の審査官が報告書をまとめ、大臣の名のもと、決定が下される。なお、現在の担当中央省庁は「副総理府」であるが、当時は「環境省」であった。

36 旧ポウルトリ一番地の保存運動は、ＩＨＢＣ（歴史的建造物保存協会）等、他の団体にも広がっていった。

37 貴族院法廷（上院法廷）の判決に関しては、Peter J. Larkham, *Conservation and the City*, London, 1996, p.103 に詳しい。

38 Richard Baker, "Design : A Material Consideration", *Planning Inspectorate Journal*, Issue 10, Winter 1997, pp.11-14

39 The Civic Trust, *Magdalen Street, Norwich, An Experiment in Civic Design 1858-59*, London, 1959

西村幸夫、『歴史を生かしたまちづくり』、古今書院、一九九三年、八七—一〇六頁

40 「Photographs of Old Norwich」のウェブ・サイト（http://www.the-plunketts.freeserve.co.uk/MagdalenStreet.htm）

「The Norwich Society」のウェブ・サイト（http://www.thenorwichsociety.co.uk/）

41 当時の円相場を、一ポンド約一、〇〇〇円で換算した。

42 The Wirksworth Project in association with The Civic Trust, *The Wirksworth Story, New Life for an Old Town*, 1989

43 西村幸夫、前掲書（一九九三年）、一〇七—一一三頁

「www.wirksworth.net」のウェブ・サイト（http://www.wirksworth.net/history.html）

44 一九六九年住宅法によって導入された制度で、良好な住宅地になる可能

性がある住宅群に対し、政府が補助金を与え、住居地区の環境改善をはかろうとするもの。詳細は、6章7節および11章5節を参照のこと。

45 「Derbyshire Historic Buildings Trust」のウェブ・サイト（http://www.derbyshirehistoricbuildings.org.uk/）

46 危機に瀕した歴史的建造物を買い取り、修復して売却する方法。

47 「www.wirksworth.net」のウェブ・サイト（前掲）

48 「National Stone Centre」のウェブ・サイト（http://www.nationalstonecentre.org.uk/）

49 Wayland Kennet, *Preservation*, London, 1972, pp.131-153

50 「Bath Preservation Trust」のウェブ・サイト（http://www.bath-preservation-trust.org.uk/）

51 Kennet, op.cit., pp.184-198

52 西村幸夫、前掲書（一九九三年）、一二四－一四九頁
加藤康子、『産業遺産』、日本経済新聞社、一九九九年、二六－五七頁
The Ironbridge Gorge Museum Trust, *The Iron Bridge and Town*, Norwich, 1995
「Madeley Local Studies Group」のウェブ・サイト（http://www.localhistory.madeley.org.uk/newtown/newtown.html）

53 当時の為替相場で、一ポンド約二五〇円として計算した。

54 アイアンブリッジ渓谷博物館の主席学芸員デイビッド・デ・ハーン氏へのインタビュー（二〇〇一年二月一二日実施）による。

55 「テート・リヴァプール美術館」のウェブ・サイト（http://www.tate.org.uk/liverpool/history.htm）

56 4章3節を参照のこと。

57 拙著、「ニュー・ラナークの再生 ―英国における歴史的建造物の保存・活用に関する事例検討」、二〇〇二年度日本建築学会大会学術講演梗概集F－2、五七七－五七八頁
New Lanark Conservation Trust, *The Story of New Lanark*, Glasgow
Historic Scotland, *Nomination of New Lanark for Inclusion in the World Heritage List*, 2000

58 ヘンリ・バークマイアは熱心な連合長老派信者（United Presbyterian）で、その信者の理想郷としてニュー・ラナークを購入した（Historic Scotland, *Nomination of New Lanark for Inclusion in the World Heritage List*, 2000, p.41）。

59 ハウジング・アソシエイションに関しては、6章7節を参照のこと。

60 スコットランドにおける登録建造物制度および保存地区制度に関しては、一九九七年計画（登録建造物および保存地区）（スコットランド）法によって定められており、グレイド等の名称が、イングランドおよびウェールズとは異なっている。「重要保存地区」の制度は、スコットランドのみでの制度である。12章2節および3節を参照のこと。
Historic Scotland, *Scotland's Listed Buildings : A Guide for Owners and Occupiers*
Historic Scotland, *A Guide to Conservation Areas in Scotland*

61 一九七九年に、地方庁によって修理通告が工場に出されたが、スクラップ会社はまったく行動を起こさなかった。

62 このプロジェクトはニュー・ラナーク・コンサヴェイション・トラストと、クライズデイル・ディストリクト・カウンシルと、その後継のサウス・ラナークシャー・カウンシル、ヒストリック・スコットランドなどのパートナーシップによる開発である。ニュー・ラナーク・ミル・ホテルの修復・開発と第一工場の修復プロジェクトには、一五年の歳月を要した。資金確保のために一二年、修復工事に三年かかった。

63 このプロジェクトの総額は、七〇〇万ポンドであった。それをサウス・ラナークシャー・カウンシル、ラナークシャー開発公社、ストラスクライド欧州共同体を通したヨーロッパ地域開発基金、ヒストリック・スコットランド、クライズデイル・ディストリクト・カウンシルおよびストラスクライド・リージョナル・カウンシル、そしてヘリテイジ・ロッタリー基金からの補助金等でまかなった。

64 イングランドのイングリッシュ・ヘリテイジにあたるスコットランドの

65 政府機関。12章5節を参照のこと。
ニュー・ラナーク重要保存地区は、一九九六年三月に村の風景を取り込むために拡大され、ニュー・ラナーク・アンド・フォールズ・オブ・クライド保存地区と改名された。

66 「スコティッシュ・エグゼクティヴ（スコットランド政府）」のウェブ・サイト（http://www.scotland.gov.uk/）
「スコットランド・ナショナル・トラスト」のウェブ・サイト（http://www.ntsglasgow.org.uk/Activities/graphics1.html）

67 この修復工事には、スコットランド観光局の補助金が交付された。

68 ロンドンのパディントン駅から西へ走る鉄道路線。一九九六年の英国の国鉄民営化によって「Great Western Train Company Limited」となった。

69 Regeneration Through Heritage, *Proceedings of 'MAKING HERITAGE INDUSTRIAL BUILDING WORK*, 1999

70 拙著、「スウィンドンでの試み ―イングランドにおける歴史的建造物の保存・活用に関する考察」、二〇〇二年度日本建築学会大会学術講演梗概集F―2、一〇七―一〇八頁

71 ヘリテイジ・ロッタリー基金、マッカーサーグレン、スウィンドン・バラ・カウンシルが資金援助した組織。英国の場合、歴史的建造物の保存・再生等に給付される専門の公共機関の補助金はないため、ほとんどの場合、このような組織がつくられ、事業が進められるのが一般的である。

72 English Heritage, *Conservation Bulletin*. Issue 38, August 2000

11章

1 3章2節を参照のこと。

2 英国の建築規制の歴史に関しては、A.J.Ley, *A History of Building Control in England and Wales 1840-1990*, Coventry, 2000 に詳しい。

3 ハウジング・アクション・トラスト（住宅事業信託―HAT）には、カースル・ヴェイル（Castle Vale）、リヴァプール（Liverpool）、ノース・ハル（North Hull）、ストンブリッジ（Stonebridge）、タワー・ハムレッツ（Tower Hamlets）、ウォールタム・フォレスト（Waltham Forest）等がある。

4 「The Mersey Partnership」のウェブ・サイト（http://www.merseyside.org.uk/）

5 The Renewable Way, *British Regional Industrial Policy from the Aftermath of the 'Great War' to the 'Thatcher Era' (1920-1989)*, (http://www.renewableway.co.uk/sustain/econdev/econhist.html)

6 「開発地域」の範囲を拡大した。

7 国会の承認を必要とせず、通産省が指定できる「開発地区」制度を創設した。

8 八つの地域の名称は、北部（Northern）、ヨークシャーおよびハンバーサイド（Yorkshire and Humberside）、北西部（North West）、イースト・ミッドランズ（East Midlands）、ウエスト・ミッドランズ（West Midlands）、イースト・アングリア（East Anglia）、南東部（South East）、南西部（South West）。

9 渡辺俊一、『比較都市計画序説』、三省堂、一九八五年、五一頁

10 一九六七年シヴィック・アメニティズ法は、「保存地区」を定めた法律としてよく知られているが、それ以外にも、「樹木の保存と植栽」、「放棄車輌およびその他廃棄物の処理」に関しても規制が定められた。

11 ディヴェロプメント・プランの詳細ならびに策定手順に関しては、中井検裕、村木美貴著『英国都市計画とマスタープラン』（学芸出版社、一九九八年）に詳しい。ディヴェロプメント・プランには、①ストラクチャー・プラン、②ローカル・プラン、③ユニタリー・ディヴェロプメント・プラン、④採掘ローカル・プラン、⑤廃棄物ローカル・プランの五種類がある。

12 一九四七年都市・農村計画法で導入された際には、二〇年後を目標とする土地利用を含む開発計画の方針を決定するものであり、望ましくない開発を規制するために効果があった。ディヴェロプメント・プランの作成は、カウンティ、カウンティ・バラの業務として位置づけられたが、権利者の調整、周辺自治体との調整、ディストリクト間の調整等に手間がかかり、実際にディヴェロプメント・プランを作成できた地方自治体は少なかった。そこで、一九六八年都市・農村計画法で改正が行なわれ、計画の種類、および決定手続きの変更を行なった。

13 渡辺俊一、前掲書、六三頁

14 Gordon Cherry, *The Evolution of British Town Planning*, London, 1974, p.67

15 渡辺俊一、前掲書、六三頁

16 一九三二年都市・農村計画（一般暫定開発）令が制定され、これに従って手続きが行なわれるようになった。

17 ただし、「特別暫定開発命令」は任意のままであった。

18 渡辺俊一、前掲書、六三頁

19 一九四七年都市・農村計画法、第5章（1）

20 Planning Advisory Group , *The Future of Development Plan*, 1965

21 *Town and Country Planning*, Cmnd 3333, 1967

22 ふたつ以上の自治体の行政区域を「統合地区」として都市計画を進める場合に組織される機関。

23 その他、ディヴェロプメント・プランを策定することが認められた機関として、国立公園行政庁（国立公園区域内の都市計画を行なう場合に組織される機関）、ブローズ行政庁（イースト・アングリア地方の湖沼地帯ブローズの都市計画を行なう機関）、ハウジング・アクション・トラスト（一九八八年の住宅法で制定された荒廃した公共住宅の集中する地区の環境改善のためのハウジング・アクション・エリア内の都市計画を行なう組織）、都市再生庁（都市再生区域に指定された区域のみの開発規制に関する権限を有する機関）等がある。

24 戦後の土地政策の経緯に関しては、カリングワース他が整理している。（"6. LAND POLICIES" in Barry Cullingworth and Vincent Nadin, *Town and Country Planning in the UK*, London, 2002, pp.160-195 およびJ・B・カリングワース著、久保田誠三監訳、『英国の都市農村計画』、「第六章　都市農村計画と地価」、財団法人都市計画協会、一九七二年、一五六－一八〇頁）

これら戦後の土地所有権の取り扱い施策に関しては、二大政党間で大きく異なるが、この問題に関しては、大沢正男、「イギリスにおける土地所有権規制の原状と問題　－都市計画・土地公有化計画関連立法を中心として」（『ジュリスト』、六二〇号、一九七六年九月一日号、三六－四三頁）に詳しい。

25 *The Land Commission*, 1965, Cmnd. 2771

26 渡辺俊一、前掲書、一一七－一一八頁

27 完全実施は一九六七年から。

28 一九七一年都市・農村計画法は、「一九六二年都市・農村計画法」をもとに、「一九六八年都市・農村計画法」、「一九六三年ロンドン政府法」、「一九六五年事務所および工業開発規制法」、「一九六六年工業開発法」、「一九六七年シヴィック・アメニティズ法」等を統合したものであった。その後、すぐに「一九七二年都市・農村計画（修正）法」、「一九七二年地方政府法」、「一九七三年土地補償法」によって修正された。

29 渡辺俊一、前掲書、一一八頁

30 *The Land*, 1974, CMND. 5730

31 ニュー・タウン開発において、ニュー・タウン開発公社は、事業の影響による地価上昇分を無視し、既存用途価格で収用を行なうことにより、開発利益の公共還元を目指すという原則が確立され、同様の発想は、エキスパンディング・タウン、総合開発地域、アクション・エリア、エンタープライズ・ゾーン等でも適用されている。

32 土地税制に関しては、稲本洋之助他著『ヨーロッパの土地法制』（東京大学出版会、一九八三年）の「第二部－イギリス」「Ⅵ．土地税制」（三二一

―三二二頁）に詳しい。ただし、ここで解説がなされている「資産移転税」は、一九八六年に「相続税」に取って代わられ、「レイト」に関しては、一九九〇年のコミュニティ・チャージ（人頭税）の導入によって廃止された。

33 8章3節を参照のこと。

34 「レイト」とは、「一般レイト法（一九六七年および一九八四年）」にのっとった税制で、原則として、その土地を占有し、何らかの形態でこれを使用している「占有者（occupier）」を納税義務者とし、年使用価値に対して課せられる地方税のことである。わが国の固定資産税にあたる税金に近い。年使用価値とは、土地そのものの価値の「資本価値」ではなく、それを利用して得られると考えられる利益にあたる「純年使用価値」のことで、これが「課税価額」となる。課税価額は国が策定する評価台帳（五年ごとに見直しがなされる）に基づくが、税率は地方自治体が、それぞれの財政需要に応じて独自に定めているため、全国一律ではないのが特徴であった。

35 8章3節を参照のこと。

36 Cullingworth & Nadin, op.cit., pp.122-123

37 渡辺俊一、前掲書、七五―八〇頁

38 たとえば、一戸の住宅を二戸以上の住宅に変更する場合や自分の敷地から公道への出入口をつける場合などは、開発行為に含まれることが、条文に記されている。

39 現行の用途クラスは、「一九八七年都市・農村計画（用途クラス）令」による。

40 渡辺俊一、前掲書、八五頁

12章

1 「一九九〇年計画（登録建造物および保存地区）法」の制定時には、「一九八三年国家遺産法」であった。

2 Charles Mynors, *Listed Buildings and Conservation Areas*, London, 1995, 2nd ed., p.3

3 「イングリッシュ・ヘリテイジ」のウェブ・サイト（http://www.english-heritage.org.uk/）

4 7章7節を参照のこと。

5 この場合、法律的には、登録記念物であることが優先される。

6 ロンドンの場合、イングリッシュ・ヘリテイジが地方計画庁に代わって、「登録建造物に対する同意」および「保存地区内の同意」を発行する。

7 「イングリッシュ・ヘリテイジ」のウェブ・サイト

8 「イングリッシュ・ヘリテイジ」のウェブ・サイト

9 登録の基準に関しては、以下に詳しい。
Michael Ross, *Planning and the Heritage*, 1996, pp.179-180
「Architectural Heritage Web Pages」のウェブ・サイト（http://www.heritage.co.uk/apavilions/glstb.html）

10 8章4節を参照のこと。

11 一九九五年までに一八九件が登録されている。

12 Barry Cullingworth and Vincent *Town and Country Planning in the UK*, London, 2002, p.241

13 国レベルでは、グレイドⅢは廃止されたが、地方自治体単位では、そのリストを依然として用いているところもある。つまり、国によって監理される「法定リスト」のみが残されたかたちになり、「補助リスト」は地方自治体によって作成されたものの、国にとってはもはや必要がないものとなり、その利用法に関しては地方自治体にまかされた。

14 この数字には、教会堂は含まれていない。

15 J・B・カリングワース著、久保田誠三監訳、『英国の都市農村計画』、財団法人都市計画協会、一九七二年、一九〇頁

16 イングリッシュ・ヘリテイジのNeil Stevenson氏（Enquiry & Research

Services, Building）の情報提供による。
17 CADWのJulie Freeman氏の情報提供による。
18 ヒシトリック・スコットランドのGraig Dixon氏の情報提供による。
19 Environment and Heritage ServiceのIsobel McKee氏の情報提供による。
20 「イングリッシュ・ヘリテイジ」のウェブ・サイト
21 「建造物保存通告」が発令されると、ただちに調査が行なわれ、六ヵ月以内に登録するかどうかの判断が下される。
22 一一五平方メートル以上の増改築、取り壊し、外観の変更、内部の模様替え等が該当する。
西村幸夫、「イギリスの都市計画と歴史的資産」（大河直躬編、『都市の歴史とまちづくり』、学芸出版社、一九九五年、八五頁、八一－九二頁）
23 財団法人自治体国際化協会、『英国の地方自治』、二〇〇二年一二月、二三〇頁
Ross, op.cit., pp.96-97
24 行政官のほとんどは、歴史的建造物に関する知識を十分に持ち合わせている。また、研修、勉強会等も頻繁に催されている。著者も、留学中、こういったさまざまな会に参加したが、その際、机を並べていた人のなかには、多くの地方行政官がおり、さまざまなご教示をいただいた経験がある。
25 通例、イングランドでは、イングリッシュ・ヘリテイジに指示をあおぐ。イングリッシュ・ヘリテイジは、場合によって、該当地域の適当なアメニティ・ソサイアティや、古代記念物協会、英国考古学評議会（CBA）、ジョージアン・グループ、ヴィクトリアン・ソサイアティ、庭園史協会等にも意見を求める。
26 Ross, op.cit., p.110
27 デイヴィッド・スミス著、川向正人訳、『アメニティと都市計画』、鹿島出版会、一九七七年、一二六頁
28 7章6節を参照のこと。
29 一九六七年には四地区、一九六九年六月には六六五地区といった割合で増加していった。
30 現在でも、頻繁に保存地区が追加指定されており、正確な数字は、担当官でさえ、把握していないのが現状である。ちなみに、カリングワース他は、一九九九年時点で、イングランド八、八一九地区、ウェールズ四〇〇地区、スコットランド六七四地区、北アイルランド四〇地区というデータを提示しているが、合計を九、一一四（計算では九、九三三）地区とするなど、あいまいな点が多い（Cullingworth & Nadin, op.cit., p.236）。
31 Corporation of London, Department of Planning, *Conservation Areas in the City of London : A General Introduction to their Character*, London, 1994
32 Ross, op.cit., p.120
33 一九七四年都市・農村アメニティズ法で導入された。地方自治体は、新たに保存地区を指定する場合は、事前に保存地区計画を作成し、保存地区の保存方針を定め、それをディヴェロプメント・プランに盛り込まなければならなくなった。
34 10章3節②を参照のこと。
35 Cullingworth & Nadin, op.cit., pp.243-244
36 英国の都市景観に関する規制に関しては、中井検裕、西村幸夫、五木孝幸著「イギリス―眺望の確保と保全計画」（西村幸夫＋町並み研究会編著、『都市の風景計画』学芸出版社、二〇〇〇年、二四－三八頁）に詳しい。
37 S・E・ラスムッセン著、兼田啓一訳、『ロンドン物語』、中央公論美術出版、一九八七年、一二三－一二七頁
38 中井検裕、村木美貴、『英国都市計画とマスタープラン』、学芸出版社、一九九八年、一四六頁
ロンドンの建築物の規模は、建蔽率、絶対高さ、斜線制限の組み合わせで制限されていた。
39 わが国の都市計画関連法は、一八八八（明治二一）年に公布された「東京市区改正条例」が最初のもので、法律として全国にまで適用の範囲が拡大されたのは、一九一九（大正八）年に制定された「都市計画法」お

よび「市街地建築物法」によってである。その後、一九五〇年に建築基準法が制定され、一九六八年に、新たな「都市計画法」が制定されている。建物の高さに関する規制は、一九六三（昭和三八）年七月の建築基準法の一部改正によって、容積率を採用する地域の場合、三一メートルを超える建物を建ててもよくなった。一九六四（昭和三九）年一〇月には、東京の環状六号線内の地域全体に容積率が導入された。

40 中井検裕、村木美貴、前掲書、一四六頁

41 カリングワース、前掲書、二〇四―二〇八頁
「容積規制」とは、容積率による制限で、英国では、一九四七年に都市・農村計画省による『中心地区の再開発』（一九四七年）によって概要が示された。デザインの柔軟性を増し、与えられた敷地に許される床面積を前もって見積もることができるとして期待された。その際、グレイター・ロンドン内の土地を、（i）高層建築が不適切な地域、（ii）高層建築の影響を特に受けやすい地域、（iii）もっと柔軟で積極的なアプローチが可能な地域、の三つに分け、（i）の地区では、原則として高層建築物を禁止し、（ii）の地区では、より慎重な検討が必要とされ、（iii）の地区では、景観や安全性を考慮の上、高層建築が許可される地域とした。しかし、美観的な規制は、同様な手法では解決できず、特別の許可基準が存在した。

42 中井検裕、村木美貴、前掲書、一七一―一七四頁

43 RPG3 : Annex A Supplementary Guidance for London on the Protection of Strategic Views, November 1991

44 中井検裕、村木美貴、前掲書、一七四―一八〇頁

45 「City of London」のウェブ・サイト（http://www.cityoflondon.gov.uk/Corporation/）

46 一九九四年および一九九九年に一部改正が行なわれている。

47 これらには、バス停留所の標識や時刻表、ホテルの標識、専門職や商社の標札、貸家・貸部屋（To Let）、売出中（To Sale）等の一時的な広告、選挙通告、法律上の広告等が含まれる。

48 Cullingworth & Nadin, op.cit., pp.144-145

49 イングリッシュ・ヘリテイジの活動に関しては、ウェブ・サイトに詳細にまとめられている。

50 一九〇八年に同時に設立された「ウェールズ王立古代および歴史的記念物委員会（RCHMW）」と「スコットランド王立古代および歴史的記念物委員会（RCHMS）」は、現在も存続している。

51 登録建造物に関しては、イングランド、ウェールズでは、グレイドⅠ、グレイドⅡ*、グレイドⅡの三種に分類され、スコットランド、北アイルランドでは、グレイドA、グレイドB、グレイドCの三種に分類される。

52 「イングリッシュ・ヘリテイジ」のウェブ・サイト

53 「イングリッシュ・ヘリテイジ」のウェブ・サイト

54 「イングリッシュ・ヘリテイジ」のウェブ・サイト

55 「ヘリテイジ・ロッタリー基金」のウェブ・サイト（http://www.hlf.org.uk/）
「School of Town and Regional Planning, University of Dundee」のウェブ・サイト（http://www.trp.dundee.ac.uk/research/glossary/hlf.html）

56 Cullingworth & Nadin, op.cit., pp.246-247

57 「School of Town and Regional Planning, University of Dundee」のウェブ・サイト（http://www.trp.dundee.ac.uk/research/glossary/bpt.html）

58 「アーキテクチュラル・ヘリテイジ基金」のウェブ・サイト（http://www.ahfund.org.uk/）
「School of Town and Regional Planning, University of Dundee」のウェブ・サイト（http://www.trp.dundee.ac.uk/research/glossary/ahf.html）

59 住宅法のなかにも、歴史的建造物の修復に用いることができる補助金がある。これは、本来、老朽化した家屋のアメニティを向上させる目的で導入された補助金で、衛生設備や暖房設備等の改善のために用いるものであったが、次第に拡大解釈がなされるようになり、この補助金で歴史的建造物の修復も行なうようになった。これは日本の文化財建造物に支給される補助金と性格を大きく異とする点である。政府は、土地所有者

および借地人に対し、改修の費用として、一戸あたり通常一、〇〇〇ポンドを上限として、補助金事業を行なってきた。一九七一年住宅法では、開発地域ではさらに補助金の額を増額させている。また、一九六九年住宅法によって、地方計画庁は住宅地域全体の改善ばかりでなく、駐車場をつくったり、児童公園を設置したり、緑化したり、交通を制限するなど、環境の改善を行なうことができるようになった。この目的のため、政府は一世帯あたり二〇〇ポンドを限度として、最大五〇パーセント（一部地域では七五パーセント）の補助金を支出する。一九六一年住宅法の権限によっても、保存政策を推進した。個人の持ち家に関しても、二通りの補助金がある。ひとつは任意の補助で、ある程度の自由度がある改修が可能なもので、もうひとつは標準の補助で、風呂、便所、暖房設備といった標準的な設備改善のためのものである。一九六九年住宅法では、前者の上限は、改善に対しては一、〇〇〇ポンド（一部地域では一、五〇〇ポンド）、改築に対しては一、二〇〇ポンド（一部地域では一、八〇〇ポンド）で、後者の標準の補助金は二〇〇ポンド（一部地域では三〇〇ポンド）であった（シヴィック・トラスト、『プライド・オブ・プレイス』、鹿島出版会、一九七六年、九三―九六頁）。

60 13章7節を参照のこと。

61 Roger W. Suddards and June M. Hargreaves, *Listed Buildings*, London, 1996, pp.346-353

62 一九六二年の「地方庁（歴史的建造物）法」により、指定の有無にかかわらず、歴史的または建築的に重要な建造物の修繕または維持のために、補助金を支出する権限が与えられた。しかし、実際には、地方自治体による補助金制度はほとんど創設されず、その代わりに、各種団体が関係部局から補助金を受けて保存活動を行なってきたのが現状である。

63 「プリグリム・トラスト」のウェブ・サイト（http://www.thepilgrimtrust.org.uk/）

64 「アーツ・カウンシル・イングランド」のウェブ・サイト（http://www.artscouncil.org.uk/）

65 「ADAPTトラスト」のウェブ・サイト（http://www.adapttrust.co.uk/）

66 「コミュニティ・ファンド」のウェブ・サイト（http://www.community-fund.org.uk/）

67 「教会堂保存基金」のウェブ・サイト（http://www.visitchurches.org.uk/）

68 「歴史的教会堂保存トラスト」のウェブ・サイト（http://www.historicchurches.org.uk/）

69 「歴史的建造物に関する基金」のウェブ・サイト（http://www.fundsforhistoricbuildings.org.uk/）

13章

1 Department of the Environment, Transport and Regions, *Modern Local Government In Touch with the People*, 1998

2 ビーコン・カウンシル・スキームとは、さまざまな行政分野において業績をあげた自治体を、改革のモデル自治体として、政府が認証する制度のことである。

3 Lord Rogers of Riverside, John Prescott, *Towards an Urban Renaissance*, London, 1999

4 秋本福雄、『パートナーシップによるまちづくり―行政・企業・市民／アメリカの経験』、学芸出版社、一九九七年

5 一九九九年地方政府法で、ベスト・ヴァリュとは、「法的であるか否かに関係なく、地方自治体によって行なわれるすべての職務の遂行における連続した改良を確実にすることであり、経済、効率、効果の組み合わせと関係をもっているもの（securing continuous improvement in the exercise of all functions undertaken by the local authority, whether

statutory or not, having regard to a combination of economy, efficiency and effectiveness)」と定義されている。

6 政府の定めた業績指標（ＢＶＰＩ）、監査委員会の業績指標（ＡＣＰＩ）、自治体ごとの業績指標（ＬＰＩ）がある。

7 監査委員会では、二〇〇一年九月に、ベスト・ヴァリュに関する年次報告書『チェンジング・ギア』を発表し、ベスト・ヴァリュ制度導入初年度の成果をまとめた。市民へ情報公開、サービスを市民ニーズや要望に近づけようとする自治体の姿勢など、ベスト・ヴァリュの効果を高く評価しながらも、市民の満足度は二一パーセントとまだ低いことを指摘しており、これを高めることが、今後の課題となっている。

8 コスト削減を重視した従来の強制競争入札（ＣＣＴ）制度を廃止し、それに代わる政策として導入された。

9 Barry Cullingworth and Vincent Nadin, ***Town and Country Planning in the UK***, London, 2002, pp.65-68

10 「イングリッシュ・パートナーシップ」のウェブ・サイト（http://www.englishpartnerships.co.uk/）

11 「副総理府」のウェブ・サイト
一九九九年四月一日に、八つの地域開発庁（Regional Development Agencies）が設立された。

12 「地域開発庁」は、一九九七年一二月に発表された政府の地域白書『繁栄のためのパートナーシップの構築』のなかで提案されたアイディアであり、ロンドン広域自治体の「グレイター・ロンドン・オーソリティ」とともに設立された。
なお、八つの地域開発庁は、以下の通り。

「Advantage West Midlands」「East of England Development Agency」「East Midlands Development Agency」「Northwest Regional Development Agency」「One North East」「South East England Development Agency」「South West of England Regional Development Agency」「Yorkshire Forward」。

また、ロンドンには「London Development Agency」がある。

13 「副総理府」のウェブ・サイト
「都市再生会社」のウェブ・サイト（http://www.urcs-online.co.uk/）
都市構造研究センター、「ＵＫ／都市再生の新しい動向　都市再生会社（Urban Regeneration Company）」（http://www.usrc.co.jp/uk/urc.htm）

14 スコットランド企業庁は、最初、独自の手法で都市再生をはかろうとしていたが、二〇〇四年六月三〇日、スターリング（Stirling）、クライドバンク（Clydebank）、エディンバラ（Edinburgh）の三つの地域を、都市再生会社の先導地域とし、二、〇〇〇万ポンドの資金援助を行なうと発表した。

15 同様の組織は、ウェールズ、北アイルランドでも設立されている。また、正確には、都市再生会社ではないが、同様な活動を行なっている組織として「ノッティンガム・リジェネレイション・リミテッド」がある。ノッティンガム・リジェネレイション・リミテッドは、地域開発庁からの資金援助を受けず、民間企業とパートナーシップを組み、都市再開発を行なっている。

16 英国では、「ＮＧＯ（Non Government Organization －非政府組織）」と呼ぶことが多い。

17 「タウン・センター・マネジメント協会（ＡＴＣＭ）」のウェブ・サイト（http://www.atcm.org/）

18 ＴＣＭの予算規模はさまざまであり、ほとんど予算がかからないものから、二五万ポンド（約五、〇〇〇万円）を超すものも少なくない（横森豊雄、『英国の中心市街地活性化』、同文舘、二〇〇一年、七七－七八頁）。

19 「タウン・センター・マネジメント協会（ＡＴＣＭ）」のウェブ・サイト

20 「CABE（建築および建築環境委員会）」のウェブ・サイト（http://www.cabe.org.uk/）
「文化・メディア・情報省」のウェブ・サイト（http://www.culture.gov.uk/）

21 「CABE」のウェブ・サイト

22 「CABE」のウェブ・サイト

23 「CABE Space」のウェブ・サイト

24 その予算は、「シングル・バジェット」または「シングル・ポット」と呼ばれる。

25 現在、シングル・プログラムに資金提供を行なっている中央省庁は、「副総理府」「貿易・産業省」「教育・職業技能省」「環境・食料・農村地域省」「文化・情報・スポーツ省」等である。

26 「グラウンドワーク」とは、環境問題の解決のために、地域住民、行政、企業が一体となって行なわれる地域環境改善運動のことである。このような活動は、一九七〇年代後半に各地で自然発生的にはじめられたが、一九八一年に環境大臣マイケル・ヘーゼルタイン（Michael Heseltine）によって最初のグラウンドワーク・トラストであるセント・ヘレンズ&ノウズリー・グラウンドワーク・トラストが設立され、一九八五年にはグラウンドワーク財団（現グラウンドワークＵＫ）が設立され、全国的な活動基点ができ、現在では英国約五〇のグラウンドワーク・トラストが存在し、五〇〇人のスタッフが、年間四万人のヴォランティアの協力を得て、三、〇〇〇件のプロジェクトを実施している。さらに、一九九二年にリオデジャネイロで開かれた地球サミット（環境と開発に関する国連会議）において、アジェンダ21が採択され、世界的規模で活動が行なわれるようになった（「グラウンドワークＵＫ」のウェブ・サイト http://www.groundwork.org.uk/）。

14章

1 9章1節を参照のこと。

2 9章1節を参照のこと。

3 9章5節を参照のこと。

4 「地霊（ゲニウス・ロキ）」とは、古代ローマで誕生した概念で、ラテン語の「ゲニウス（守護霊）」と「ロキ（場所）」が組み合わされて、その地にひそんでいる霊のような見えない力のことをいう。「ゲニウス・ロキ」に関しては、クリスチャン・ノルベルグ＝シュルツ著、加藤邦男、田崎裕生訳、『ゲニウス・ロキ』（住まいの図書館出版局、一九九四年）に詳しい。

5 「エコ・ミュージアム」とは、地域全体を博物館と見立て、地域文化を学習し、保存していく施設および活動のことをいう。事物を建物のなかに集めて展示するのではなく、地域のなかにあるがままに保存・活用し、人々が町を歩きながら見学することができるよう意図されている。地域住民が、地域の歴史や文化、産業、暮らしなどを十分に理解し、行政とパートナーシップをとることが必要となり、住民と行政が協力したまちづくりが可能となることが多い。一九六〇年代後半にフランスの博物館学者アンリ・リビエールが新しいタイプの博物館として構想したのをきっかけに、地方の民俗文化の見直しや地方分権の政策と関連しながらフランス各地に広がっていった。その後、この発想は各国に伝播し、日本には一九八六年、新井重三氏によって紹介された。

あとがき

町のアイデンティティを見つけるためには、その町の歴史を知る必要がある。そして、歴史を理解するには、その舞台となってきた歴史遺産を見るのが最良の方法である。常々、このように考えてきた。文字で示された情報だけでは気づかなくとも、ものを見ることによってわかることも少なくない。これは経験上、なんとなく考えていたことであったが、ラスキンも建築保存の意義として同様のことを述べていることを知り、歴史の舞台となってきた古建築は、どうしても残していかなければならないということを、あらためて強く感じた。留学時代、英国にはなんと多くの歴史的建造物が残っているのだろうと漠然と思っていた。最初は、うらやましく感じていただけであったが、次第に、どうすれば歴史的建造物は残っていくのだろうと考えるようになった。われわれ建築史を専門とする者は、建築保存の問題を避けて通るわけにはいかない。建築学会の活動に参加していても、頻繁に保存の問題にぶち当たる。しかし、なかなかうまい具合に建築を残せない。なにかよい方法はないものかと、英国の状況を調べはじめた。研究を進めていくと、これが楽しくなり、制度制定の背景には、どのような事情があるのかを知りたくなった。そして、英国の建築保存に関して、その歴史を整理していった。その過程で、建築保存のみではなく、あわせて都市計画史も理解しないと英国の事情は把握できないと感じ、研究の対象を拡大することにした。

まちづくりや建築保存は、社会背景と大きく関係している。そのため、他国の制度をそのままわが国に取り入れようとするのは、無意味である。他国の制度を理解するためには、その背景を解明する必要がある。そのため、本書では、建築保存や都市計画の制度そのものよりも、できるだけ制度制定の背景に注目することにした。また、建築保存の歩みを都市計画史とともに言及したのは、建築保存は建築史を専門とする一部の研究者が行なうものではなく、まちづくりを進めるなか、住民すべてが一緒になって考えていくべきことで、しかもこういった発想は、今後のまちづくりに必要不可欠だと考えたからである。英国では、こういったことはすでに常識になっている。わが国でもこうなって欲しいと、暗に示したかった。これらの目的が、本書で十分に達成できたかといえば、不安が残る。しかし、英国の建築保存および歴史的建造物を活かしたまちづくりに関して、その背景に流れる英国人の考え方の一部でも、読者の方々に理解していただくことができたなら幸いである。

本書の執筆中、幸運なことにも、幾度となく英国を訪れる機会を得ることができた。その際、感じたのは、十数年前とは大きく変わったなということである。英国経済は、現在、絶頂期にあり、さまざま再開発プロジェクトが進行しつつある。これらは、サッチャー政権にはじまり、その後、メイジャー政権、ブレア政権と継続して行なわれてきた大改革が、ようやくかたちになったものと考えている。本書の校正作業中、首相ブレアは、あと一年で引退することを表明したとのニュースを耳にした。そのため、これから英国がどのような方向に向かうのかはわからないが、これまで通り、それぞれの町の歴史を尊重した開発が続けられていくものと確信している。今後が楽しみである。

本書が刊行されるにあたり、多くの方々にお世話になった。恩師の桐敷真次郎先生と鈴木博之先生には、これまでさまざまな教えをいただいた。直接、英国の建築保存に関するお話をしたことはあまりなかったが、既往研究をあたっていると幾度となく、お名前がでてきて、先生方の先見の明に、あらためて敬服することになった。また、先輩の工学院大学の後藤治氏には、公私にわたり、たいへんお世話になった。現在も、共同研究者として、諸外国の保存制度をいっしょに研究させていただいており、後藤氏のアドバイスがなかったら、この研究を続けることはできなかったであろう。文化庁の上野勝久氏には、わが国の制度や保存行政に関するさまざまなことを教えていただき、そのおかげで研究の幅を広げることができた。英国での調査・研究では、オクスフォード大学のデイヴィッド・クラーク氏をはじめとする多数の友人たちに、協力をいただいた。他にも、多くの方々のご指導やあたたかい激励の言葉がなかったら、本書を書き上げることはできなかったであろう。ここで、すべての方のお名前を挙げるわけにはいかないが、これまでお世話になった多数の先生方、先輩方、友人諸氏に対し、心から感謝を申し上げる次第である。

本書は、原稿が完成してから、なかなか出版にたどりつくことができなかった。しかし、南風舎の小川格氏は、本書の意義に理解を示し、出版に向けて尽力してくれた。そして、鹿島出版会の川嶋勝氏は、出版を現実のものとしてくれた。実際の編集作業に携わっていただいた南風舎の平野薫氏は、私にとって二冊目のお付き合いである。私のわがままに再度お付き合いいただき、たいへん感謝している。これら皆様のお力添えがなければ、本書は日の目を見ることはなかったであろう。関係の皆様に、ここでお礼の言葉を述べさせていただきたい。

大橋　竜太

二〇〇六年一二月吉日

参考資料

【参考資料・i】英国都市計画年表

年	政権	英国社会の動向	関連法規	都市計画関係の出来事	都市計画管轄官庁	文化財管轄官庁	備考
一六六六		ロンドン大火					
一六六七			「一六六七年ロンドン建築法」				法による建築規制のはじまり
一七〇七				「ロンドン古物研究家協会」設立			
一七六〇		ジョージ三世即位					
一七七〇				『アーキオロジア』創刊			
		この頃、産業革命がはじまる					
一七七六							アメリカ独立宣言
一七八三				ニュー・ラナーク建設			ロバート・オーウェンによる経営は、一七九九年から
一七八六			「リヴァプール改良法」				
一七八九							フランス革命（～一七九九）
一八〇〇			「国勢調査法」				
一八〇一		アイルランド併合					
一八〇四							ナポレオン皇帝となる（フランス）
一八〇五		トラファルガー海戦					
一八一一		皇太子ジョージ摂政となる					
一八一五		ウォータールーの戦い					
一八一九			「工場法」				ロバート・オーウェンの尽力による

一八二〇		ジョージ四世即位					
一八二五		ストックトン・ダーリントン鉄道開通					
一八二八	第一次ウェリントン公（トーリー）						
一八三〇	グレイ伯（ホイッグ）	ウィリアム四世即位					
		リヴァプール・マンチェスター間に鉄道開通					
一八三二		第一次選挙法改正					
一八三三		オクスフォード運動（〜一八四五）		「救貧法委員会」設立			
一八三四	第一次メルバーン子爵（ホイッグ）						
			「救貧法」				エドウィン・チャドウィックらの尽力による
				「救貧法委員会」、救貧事業を所管			
	第二次ウェリントン公（トーリー）						
	第一次ロバート・ピール（トーリー）						
一八三五	第二次メルバーン子爵（ホイッグ）						
			「一八三五年都市自治体法」				
				「RIBA」設立			
一八三六			「生死・婚姻登録法」				
一八三七		ヴィクトリア女王即位					

年	政権	英国社会の動向	関連法規	都市計画関係の出来事	都市計画管轄官庁	文化財管轄官庁	備考
一八三七							フランスで「歴史的記念物委員会」設立。国家予算による建築保存のはじまりとみなされる
一八三九				「教会建築学協会」設立			
一八四〇		「アイルランド自治法」制定					
一八四一	第二次ロバート・ピール（トーリー）						
		初の全国的規模の国勢調査					
				「首都圏勤労者住宅改善協会」設立			
一八四二				チャドウィックによる『労働者階級の衛生に関する報告書』			
一八四四				「英国考古学協会」設立			
一八四五				「労働者階級の状態改善協会」設立			
一八四六	第一次ジョン・ラッセル卿（ホイッグ）						
			「迷惑行為取締り法」				
				「グレイト・ブリテンおよびアイルランド考古学協会」設立			
				「シドモス改善委員会」設立			最初のローカル・アメニティ・ソサイアティ
一八四七			「都市改良条項法」				

一八四八				「救貧法委員会」、「救貧法庁」に改組			
			「一八四八年公衆衛生法」				エドウィン・チャドウィックの尽力による
一八四九				「中央厚生局」新設、公衆衛生、住宅関係を所轄			
				『建築の七燈』（ラスキン著）			
一八五〇				『労働者階級の住居』（ヘンリ・ロバーツ著）			
				『わが国の古い教会の忠実な修復への要請』（G・G・スコット著）			
一八五一		ロンドン万博開催					
			「共同宿舎法」「労働者階級宿舎法」（シャフツベリー法）				
一八五二	第一次ダービー伯（トーリー）						
	アバディーン伯（トーリー）						
一八五三		クリミア戦争（～一八五六年）					
一八五五	第一次パーマストン子爵（自）						
				ロンドンに「首都公共事業局」設立			
一八五六			「株式会社法」	「首都衛生官協会」設立			
一八五八	第二次ダービー伯（保）						

年	政権	英国社会の動向	関連法規	都市計画関係の出来事	都市計画管轄官庁	文化財管轄官庁	備考
一八五八				「中央厚生局」廃止、「枢密院」の衛生部門と「内務省」の地方政府部門へ			
一八五九	第二次パーマストン子爵(自)						
一八六二				「ザ・ピーボディ・トラスト」設立			
一八六五	第二次ラッセル伯(自)			「コモン保存協会」設立			
一八六六	第三次ダービー伯(保)		「労働者階級住居法」				
一八六八	第一次ベンジャミン・ディズレイリ(保)						
			「職工および労働者住居法」(トレンズ法)				
				「貧困化と犯罪の防止のためのロンドン協会」設立			
	第一次ウィリアム・ユーアト・グラッドストン(自)						
一八六九				政府がロンドン古物研究家協会に「保存すべき記念物のリスト」の作成を要求			
一八七〇		「初等教育法」成立					
一八七一				「救貧法局」と「枢密院」の衛生部門と「内務省」の地方政府部門とを合併し、「地方政府局」を設置			

		「バンク・ホリデイ法」成立 「労働組合法」成立					
一八七二			「一八七二年公衆衛生法」(改正)				
一八七三		「大不況」到来		ラボック卿、古記念物保護法案を国会に上程するが成立ならず			
一八七四	第二次ベンジャミン・ディズレイリ(保)						
一八七五		「スエズ運河株」買収	「職工および労働者住居改良法」(クロス法) 「一八七五年公衆衛生法」(改正)	『ロンドンの貧困者住居』(オクタヴィア・ヒル著) ベッドフォード・パーク建設開始			「スラム・クリアランス」の手法をはじめて公的に導入
一八七七				「古建築保護協会(SPAB)」設立			
一八八〇	第二次ウィリアム・ユーアト・グラッドストン(自)						
一八八一			「大都市オープン・スペース法」				
一八八二			「一八八二年古記念物保護法」				
				「公共事業庁」が古記念物等の文化財を管轄する		公共事業庁	

年	政権	英国社会の動向	関連法規	都市計画関係の出来事	都市計画管轄官庁	文化財管轄官庁	備考
一八八二			「一八八二年都市自治体法」(改正)				
一八八三		「社会民主連盟」結成					
			「低廉列車法」				
一八八四		「フェビアン協会」結成					
			「チェスター改良法」				
一八八五	第一次ソールズベリー子爵(保)						
一八八六	第三次ウィリアム・ユーアト・グラッドストン(自)						
	第二次ソールズベリー子爵(保)						
一八八八			「一八八八年地方政府法」				
		「LCC」設立					
一八九〇		ベアリング恐慌					
			「労働者階級住宅法」				
一八九一				「衛生官協会」設立			
一八九二	第四次ウィリアム・ユーアト・グラッドストン(自)						
			「古記念物保護(アイルランド)法」				
一八九三		「独立労働党」結成					
一八九四	ローズベリー伯(自)						
			「一八九四地方政府法」(改正)				
一八九五	第三次ソールズベリー子爵(保)						

一八九七				「ナショナル・トラスト」設立 『カントリー・ライフ』創刊	わが国で「古社寺保存法」施行
一八九八				『明日─真の改革に至る平和な道』(E・ハワード著)	
一八九九		ボーア戦争(〜一九〇二)	「一般権限法」 「エディンバラ・コーポレイション・アクト」		
一九〇〇			「一九〇〇年古記念物保護法」(改正)	『ロンドン・サーヴェイ』シリーズ刊行開始 LCC、シティのフリート・ストリート一七番地を購入して保存する	パリ万博(エッフェル塔等)
一九〇一		エドワード七世即位			
一九〇二	アーサー・ジェイムズ・バルフォア(保)	「日英同盟」締結		『明日の田園都市』(ハワード著)改訂出版	
一九〇三				レッチワース建設開始	
一九〇四		「英仏協商」締結		第六回国際建築家会議で「マドリッド宣言」が採択	

年	政権	英国社会の動向	関連法規	都市計画関係の出来事	都市計画管轄官庁	文化財管轄官庁	備考
一九〇四				『ヴィクトリア・カウンティ・ヒストリー』シリーズ刊行開始			
							ガルニエの「工業都市」(〜一九一七)
一九〇五	ヘンリ・キャンベル＝バナマン(自)						
				「コ・パートナーシップ協会」設立			
				『古記念物の監理』(G・B・ブラウン著)			
				ハムステッド・ガーデン・サバーブ建設開始			
一九〇六		「労働党」結成					
		「労働争議法」成立					
			「ハムステッド・ガーデン・サバーブ法」				
一九〇七		「英露協商」締結					
			「ナショナル・トラスト法」				
			「広告規制法」				
							「ドイツ工作連盟」設立
一九〇八	第一次ハーバート・ヘンリ・アスキス(自)						
		「炭鉱法」制定(八時間労働規定)					
				「王立古代歴史的記念物および建築物委員会(RCHM)」設立			
一九〇九		「人民予算」成立					

				「地方政府局」、新設の都市計画関係を所轄	地方政府局		
				「リヴァプール大学都市設計学科」設立			
				『都市計画の実践』（アンウィン著）			
			「一九〇九年住宅・都市計画諸法」				初の都市計画法
一九一〇		ジョージ五世即位					
			「一九一〇年古記念物保護法」（改正）				
			「一九一〇年財政法」（改正）				
				最初の「文化財目録」刊行			
一九一一				オールド・オーク建設開始			
一九一二				「自然保護地設置促進協会」設立委員会設置			
一九一三		「労働組合法」成立					
				「都市計画協会」設立			
			「一九一三年古記念物統合・改正法」				
				「古記念物局」創設			
一九一四		第一次世界大戦に参戦					サラエヴォ事件
一九一五	第二次ハーバート・ヘンリ・アスキス（連立＝自・保＝労）						
			「家賃および住宅金利増加（闘争制限）法」（家賃制限法）				

年	政権	英国社会の動向	関連法規	都市計画関係の出来事	都市計画管轄官庁	文化財管轄官庁	備考
一九一六	デイヴィッド・ロイド＝ジョージ(連立・自＝保＝労、一九一八労脱退)						
一九一八		第一次世界大戦終結					
		婦人参政権一部賦与					
		労働党臨時大会開催(新規約の採択)					
一九一九							ヴェルサイユ条約調印
			「一九一九年住宅・都市計画諸法」(改正)(アディソン法)				
				「地方政府局」と「国家保険委員会」が合併し、「厚生省」が設置される	厚生省		
				ウェルウィン建設開始			
				シティ・チャーチの保存運動			
							わが国で「都市計画法」施行
一九二〇							国際連盟設立
一九二一		炭坑ストライキ					
一九二二	アンドルー・ボナ・ロー(保)						
一九二三	第一次スタンリー・ボールドウィン(保)						
			「一九二三年住宅諸法」(チェンバレン法)				
一九二四	第一次ジェイムズ・ラムジー・マクドナルド(労)						

			「一九二四年住宅(財政補助)法」(ホイットニー法)				
	第二次スタンリー・ボールドウィン(保)						
				「古代記念物協会」設立			
一九二五			「一九二五年住宅法」(統合法)				
			「一九二五年都市計画法」(統合法)				
							「アール・デコ展」開催
一九二六				「イングランド田園保護協議会」設立			
一九二七		「労働争議・労働組合法」成立					
一九二八		「普通選挙法」成立					
							「CIAM」結成
一九二九	第二次ジェイムズ・ラムジー・マクドナルド(労)						初の単独労働党政権
			「一九二九年地方政府法」(改正)				
				『古建築の修復』(A・R・ポウイス著)			
							わが国で「国宝保存法」施行
一九三〇			「一九三〇年住宅法」(改正)(グリーンウッド法)				
			「一九三〇年ロンドン建築法」				
			「一九三〇年国家記念物法」(スコットランド)				

年	政権	英国社会の動向	関連法規	都市計画関係の出来事	都市計画管轄官庁	文化財管轄官庁	備考
一九三一	第三次ジェイムズ・ラムジー・マクドナルド（連立・労挙国派＝保＝自）		「一九三一年古記念物法」				
				「アテネ憲章」			
一九三二			「一九三二年都市・農村計画法」				
				「建造物保存命令」導入			
							「MARS」結成
一九三三			「一九三三年地方政府法」（改正）				「保存命令」の手続きの簡略化
			「一九三三年都市・農村計画（一般暫定開発）令」				
一九三四			「特定地域（開発および改良）法」				
一九三五	第三次スタンリー・ボールドウィン（挙国連立・保＝自＝挙国派）						
			「一九三五年住宅法」（改正）				
			「一九三五年沿道開発規制法」				
			「一九三五年財政法」（改正）				
				「散策者協会」設立			
一九三六		「エドワード八世」問題					
		ジョージ六世即位					
				「人口の再配置に関する王立委員会」設置			

			「一九三六年住宅法」（統合法）			
			「一九三六年公衆衛生法」（改正）			
				ナショナル・トラスト「カントリー・ハウス保存計画」		
一九三七	ネヴィル・チェンバレン（挙国連立・保＝自＝労挙国派）					
			「一九三七年ナショナル・トラスト法」（改正）			
				『戴冠式の祝いかた』（R・バイロン著）		
				「ジョージアン・グループ」設立		
			「バース・コーポレイション・アクト」			
一九三八			「グリーン・ベルト（ロンドンおよびホーム・カウンティ）法」			
一九三九		第二次世界大戦に参戦				
一九四〇	第一次ウィンストン・チャーチル（連立・保＝労＝自、一九四五自・労脱退）					
				『バーロウ報告』		
				「公共事業省」が拡大され、「公共事業建築省」となる	厚生省および公共事業建築省	公共事業建築省
一九四一				「ナショナル・ビルディングズ・レコード」設立		

年	政権	英国社会の動向	関連法規	都市計画関係の出来事	都市計画管轄官庁	文化財管轄官庁	備考
一九四二				『アスワット報告』			
				『スコット報告』			
				「公共事業建築省」、「公共事業計画省」と改名、厚生省から都市計画関係を移管される	公共事業計画省	公共事業計画省	
一九四三				「ロンドン・カウンティ計画」（アバークロンビーによる）			
				「公共事業計画省」、「公共事業省」と改名し、都市計画部門は新設の「都市・農村計画省」へ	都市・農村計画省	公共事業省	
			「一九四三年都市・農村計画（一般暫定開発）法」				
一九四四				「グレイター・ロンドン計画一九四四」（アバークロンビーによる）			
			「一九四四年都市・農村計画法」（改正）				
				「英国考古学協会（CBA）」設立			
一九四五		第二次世界大戦終結					
	クレメント・アトリー（労）						
		イングランド銀行国有化					
			「工業配置法」				
				「リスト作成のための諮問委員会」創設			
一九四六		「国民保険法」成立					

		炭坑・道路・鉄道輸送国有化					
			「ニュー・タウン法」	「リージェンシー・ソサイアティ」設立			
一九四七			「一九四七年都市・農村計画法」(改正)	『調査官への指示』			
			「総合開発地域」導入				
			「森林法」				
			「海岸保護法」				
一九四八		選挙区改正					
		「独占禁止法」成立					
			「一九四八年都市・農村計画(建造物保存命令)規則」				
				「建造物保存命令」導入			
				「ガウアーズ委員会」創設			
一九四九		アイルランド共和国、英国から独立					
			「国立公園および田園地域通行権法」				
							「欧州会議」創設
一九五〇							わが国で「文化財保護法」施行
一九五一	第二次ウィンストン・チャーチル(保)						
				「地方政府・計画省」に改組、同時に公衆衛生関係と住宅関係を「厚生省」から移管	地方政府・計画省		
				「地方政府・計画省」、「住宅・地方政府省」に改名	住宅・地方政府省		

年	政権	英国社会の動向	関連法規	都市計画関係の出来事	都市計画管轄官庁	文化財管轄官庁	備考
一九五一				『イングランドの建築』シリーズ(N・ペヴスナー編)刊行開始			
一九五二		エリザベス二世即位					
				「ヴァナキュラー・アーキテクチャー・グループ」設立			
			「都市開発法」				
							ル・コルビュジェによる「マルセイユのアパート」(フランス)竣工
一九五三			「一九五三年都市・農村計画法」				
			「一九五三年歴史的建造物および古記念物法」				
				「イングランド歴史建造物諮問委員会」創設			
一九五四				「除去延期手続き」導入			
			「ハーグ条約」				
一九五五	アントニー・イーデン(保)						
一九五六		スエズ事件					
			「大気汚染防止法」				
一九五七	ハロルド・マクミラン(保)						
				「シヴィック・トラスト」設立			
				マグダーレン・ストリートの改善運動			

一九五八			「一九五七年住宅法」(統合法)				
				「ヴィクトリアン・ソサイアティ」設立			
一九五九			「一九五九年ニュー・タウン法」(改正)				「イクロム」創設
一九六〇			「キャラヴァン・サイツおよび開発規制法」				
一九六一			「一九六一年土地補償法」				
				「都市計画連合グループ」結成			
				ボーフォート・スクエアの保存運動			
一九六二			「一九六二年都市・農村計画法」				
			「一九六二年地方庁(歴史的建造物)法」				
						公共建築事業省	
							フランスで「マルロー法」施行
一九六三	アレク・ダグラス・ヒューム(保)						
		EEC加盟拒否される					
				『ブキャナン報告』			
				ニュー・ラナークの再開発開始			
一九六四	第一次ハロルド・ウィルソン(労)						
			「一九六四年住宅法」(改正)				

年	政権	英国社会の動向	関連法規	都市計画関係の出来事	都市計画管轄官庁	文化財管轄官庁	備考
一九六四				「改良地域」導入			
				「住宅供給公社」設立			
				ミルトン・キーンズ建設開始			
一九六五			「建築規則」	「ヴェネティア憲章」			
			「事務所および工業開発規制法」				
			「コモン登録法」				
				『ディヴェロプメント・プランの未来』			
				ナショナル・トラスト「ネプチューン計画」			
							「イコモス」創設
一九六六				「保存政策グループ」結成			
				モトコウム・ストリートの保存運動			
一九六七			「シヴィック・アメニティズ法」				
				「保存地区制度」導入			
				『歴史的都市—保存と変化』			
			「土地委員会法」				
			「森林法」（改正）				
				「ウィールド・アンド・ダウンランド野外博物館」開館			
				「エイヴォンクラフト建築博物館」開館			
				アイアンブリッジ渓谷の再開発開始			

一九六八			「一九六八年都市・農村計画法」（改正）	「登録建造物制度」導入 「アクション・エリア」導入		
			「キャラヴァン・サイト法」 「大気汚染防止法」（改正）	『保存に関する研究』 「不要教会堂基金」創設		
一九六九			「一九六九年住宅法」（改正） 「地方政府補助金法」 「不要教会堂およびその他宗教建築法」	「総合改良地域」導入 「アーバン・プログラム」導入 『スケフィントン報告』 『ハント報告』		
一九七〇	エドワース・ヒース（保）		「樹木法」 「一九七〇年ユネスコ条約」	『中央政府の再編成』 「環境省」設立（「住宅・地方政府省」と「交通省」と「公共建築・公共事業省」が合併）	環境省	環境省
一九七一			「一九七一年都市・農村計画法」（改正） 「土地委員会（解散）法」			
一九七二			「一九七二年住宅財政法」			

年	政権	英国社会の動向	関連法規	都市計画関係の出来事	都市計画管轄官庁	文化財管轄官庁	備考
一九七二			「一九七二年地方政府法」（改正）				
			「一九七二年都市・農村計画（修正）法」				
				「世界遺産条約」締結			英国の加盟は一九八四年
一九七三		EC加盟	「一九七三年土地補償法」				
				『コンサヴェーションとプリザヴェーション』			
一九七四	第二次ハロルド・ウィルソン（労）		「一九七四年住宅法」（改正）				
				「ハウジング・アクション・エリア」導入			
			「都市・農村アメニティズ法」				
			「公害規制法」				
				『歴史的建造物と保存』			
一九七五			「一九七五年公用地法」	ヨーロッパ建築遺産年			
				「アムステルダム憲章」採択			
				「SAVE」設立			
							わが国で「伝統的建造物群保存地区制度」導入
一九七六	ジェイムズ・キャラハン（労）		「一九七六年開発地税法」				

一九七七				「建築遺産基金」創設 メントモア事件 「国家遺産メモリアル基金」創設			
一九七八			「インナー・アーバン・エリアズ法」	「環境省」から「交通省」が独立			
一九七九	マーガレット・サッチャー（保）		「一九七九年古記念物および考古学地区法」				
一九八〇			「一九八〇年地方政府・計画・土地法」 「一九八〇年財政法」（改正） 「一九八〇年住宅法」（改正） 「一九八〇年国家遺産法」	ワークスワースの再生計画開始			「ライト・トゥー・バイ」制導入 「国家遺産メモリアル基金」創設
一九八一			「地方政府・計画（修正）法」 「森林法」（改正）	アルバート・ドックの再開発開始			
一九八二		フォークランド紛争	「荒廃地法」				
一九八三			「一九八三年国家遺産法」 「牧会法令」				
一九八四			「一九八四年財政法」（改正）				

年	政権	英国社会の動向	関連法規	都市計画関係の出来事	都市計画管轄官庁	文化財管轄官庁	備考
一九八四				「イングリッシュ・ヘリテイジ」創設			
				「世界遺産条約」締結			
				ヨーク・ミンスターの火災			
一九八五			「一九八五年住宅法」（改正）				
			「一九八五年地方政府法」（改正）				
一九八六			「一九八六年住宅・計画法」				
				ハンプトン・コート宮殿の火災			
				スウィンドン・レイルウェイ・ヴィレッジの再開発開始			
一九八七			「一九八七年都市・農村計画（用途クラス）令」				
				『歴史的建造物と保存地区』（通達8／87）			
				「三〇年ルール」導入			
一九八八			「一九八八年住宅法」（改正）				「テナンツ・チョイス」制導入
				「シティ・グラント」導入			
				「住宅事業信託」導入			
一九八九			「一九八九年地方政府・住宅法」				
				「スタインバーグ・プリンシパル」判例			
				『英国の未来像』（チャールズ皇太子著）			

一九九〇	ジョン・メイジャー（保）	「人頭税」導入					
			「一九九〇年都市・農村計画法」（統合法）				
			「一九九〇年計画（登録建造物および保存地区）法」				
			「カテドラル管理法令」				
			「カテドラル管理令」				
一九九一				「シティ・チャレンジ」導入			「ドコモモ」創設
				「TCM協会」創設			
一九九二			「一九九二年地方政府法」（改正）				
			「一九九二年都市・農村計画（広告規制）規則」				
				「国家遺産省」が創設、文化財を担当		国家遺産省	
				「シングル・リジェネレーション・バジェット」導入			
一九九三			「リースホールド改革・住居・都市開発法」	ウィンザー城の火災			
				「都市再開発庁（イングリッシュ・パートナーシップ）」創設			
一九九四			「一九九三年ナショナル・ロッタリー法」				
				「チャレンジ・ファンド」導入			
				「PPG15―都市計画と歴史的環境」発行			

年	政権	英国社会の動向	関連法規	都市計画関係の出来事	都市計画管轄官庁	文化財管轄官庁	備考
一九九四			「カテドラル管理（補足条項）法令」				
			「教会除外令」				
							ユネスコ「奈良会議」開催
一九九五				「ヘリテイジ・ロッタリー基金」創設			
一九九六							わが国で「登録文化財制度」導入
一九九七	トニー・ブレア（労）	香港返還					
			「一九九七年ナショナル・ロッタリー法」（改正）				
				省庁再編、都市計画の部局は「環境・交通・地域省」に、文化財関係は、「文化・情報・スポーツ省」へ	環境・交通・地域省	文化・情報・スポーツ省	
一九九八		英愛和平合意					
		「ウェールズ政府法」成立					
		「スコットランド法」成立					
		「北アイルランド法」成立					
			「地域開発庁法」				
一九九九			「一九九九年地方政府法」				
			「礼拝堂管理法令」				
				「RCHME」、「イングリッシュ・ヘリテイジ」に統合			

				「イングリッシュ・パートナーシップ」改組			
				都市対策特別委員会報告『都市ルネッサンスに向けて』（委員長リチャード・ロジャーズ）			
				「リヴァプール・ヴィジョン」設立			
				「ニュー・イースト・マンチェスター」設立			
				「シェフィールド・ワン」設立			
				「CABE」創設			
二〇〇〇			「二〇〇〇年地方政府法」（改正）				
			「建築規則」（改正）				
				イングリッシュ・ヘリテイジに「アーバン・パネル」創設			
				『パワー・オブ・プレイス』			
二〇〇一			「二〇〇一年財政法」（改正）				
				省庁再編、都市計画の部局は「交通・地方政府・地域省」へ	交通・地方政府・地域省		
				『チェンジング・ギア』			
二〇〇二				省庁再編、都市計画の部局は「副総理府」へ	副総理府		
			「二〇〇二年国家遺産法」（改正）				

【参考資料ii】都市計画関連法一覧

一六六七年	ロンドン建築法	London Building Act 1967
一七七二年	ロンドン建築法	London Building Act 1772
一七七四年	ロンドン建築法	London Building Act 1774
一七七八年	ブリストル建築法	Bristol Building Act 1778
一七八六年	リヴァプール改良法	Liverpool Improvement Act 1786
一八二五年	リヴァプール建築法	Liverpool Building Act 1825
一八三四年	救貧法	Poor Act 1834
一八三五年	都市自治体法	Municipal Corporation Act 1835
一八四二年	リヴァプール建築法	Liverpool Building Act 1842
一八四五年	土地条項統合（スコットランド）法	Land Clauses Consolidation (Scotland) Act 1845
一八四六年	迷惑行為取締り法	Nuisances Removal Act 1846
一八四六年	大都市建築法	Metropolitan Building Act 1946
一八四六年	リヴァプール建築法	Liverpool Building Act 1846
一八四七年	都市改良条項法	Town Improvement Clauses Act 1847
一八四七年	ブリストル建築法	Bristol Building Act 1847
一八四八年	公衆衛生法	Public Health Act 1848
一八五一年	共同宿舎法	Common Lodging Houses Act 1851
一八五一年	労働者階級宿舎法（シャフツベリー法）	Labouring Classes Lodging Houses Act 1851, Shaftesbury Act
一八五五年	大都市管理法	Metropolitan Management Act 1855
一八五六年	公衆衛生法	Public Health Act 1856
一八五六年	地方政府法	Local Government Act 1856
一八五九年	公衆衛生法	Public Health Act 1859
一八六六年	労働者階級住居法	Labouring Classes Dwelling Houses Act 1866

一八六六年	公衆衛生法	Public Health Act 1866
一八六七年	労働者階級住居法	Labouring Classes Dwelling Houses Act 1867
一八六八年	職工および労働者住居法(トレンズ法)	Artisans and Labourers Dwellings Act 1868, Torrens Act
一八六九年	ストックトン改良法	Stockton Improvement Act 1869
一八七一年	セント・ヘレンズ改良法	St. Helens Improvement Act 1871
一八七一年	地方政府局法	Local Government Board Act 1871
一八七二年	公衆衛生法	Public Health Act 1972
一八七四年	衛生法規(修正)法	Sanitary Laws (Amendment) Act 1874
一八七五年	職工および労働者住居改良法(クロス法)	Artisans and Labourers Dwellings Improvement Act 1875, Cross Act
一八七五年	公衆衛生法	Public Health Act 1875
一八七九年	職工および労働者住居改良法	Artisans and Labourers Dwellings Improvement Act 1879
一八八一年	大都市オープン・スペース法	Metropolitan Open Spaces Act 1881
一八八二年	都市自治体法	Municipal Corporation Act 1882
一八八二年	職工住居法	Artisans Dwelling Act 1882
一八八二年	古記念物保護法	Ancient Monuments Protection Act 1882
一八八三年	一八七五年公衆衛生(下水設備援助)修正法	Public Health Act 1875 (Support of Sewers) Amendment Act 1883
一八八四年	チェスター改良法	Chester Improvement Act 1884
一八八五年	労働者階級住宅法	Housing of the Working Classes Act 1885
一八八八年	地方政府法	Local Government Act 1888
一八九〇年	労働者階級住宅法	Housing of the Working Classes Act 1890
一八九〇年	公衆衛生(修正)法	Public Health (Amendment) Act 1890
一八九一年	公衆衛生(ロンドン)法	Public Health (London) Act 1891
一八九二年	古記念物保護(アイルランド)法	Ancient Monuments Protection (Ireland) Act 1892
一八九四年	地方政府法	Local Government Act 1894
一八九八年	一般権限法	General Powers Act 1898
一八九九年	小住居取得法	Small Dwellings Acquisition Act 1899
一八九九年	エディンバラ・コーポレイション法	Edinburgh Corporation Act 1899
一九〇〇年	労働者階級住宅法	Housing of the Working Classes Act 1900

一九〇〇年	古記念物保護法	Ancient Monuments Protection Act 1900
一九〇一年	工場および作業場法	Factories and Workshops Act 1901
一九〇三年	労働者階級住宅法	Housing of the Working Classes Act
一九〇六年	ハムステッド・ガーデン・サバーブ法	Hampstead Garden Suburb Act 1906
一九〇七年	公衆衛生(修正)法	Public Health (Amendment) Act 1907
一九〇七年	ナショナル・トラスト法	National Trust Act 1907
一九〇七年	広告規制法	Advertisement Regulation Act 1907
一九〇九年	住宅・都市計画諸法	Housing, Town Planning, Etc. Act 1909
一九一〇年	古記念物保護法	Ancient Monuments Protection Act 1910
一九一〇年	財政法	Finance Act 1910
一九一三年	古記念物統合・改正法	Ancient Monuments Consolidation and Amendment Act 1913
一九一五年	家賃および住宅金利増加(闘争制限)法(「家賃制限法」)	Increase of Rent and Mortgage Interest (War Restriction) Act 1915
一九一九年	住宅・都市計画諸法(アディソン法)	Housing, Town Planning, Etc. Act 1919 , Addison Act
一九二〇年	家賃および住宅金利増加(制限)法	Increase of Rent and Mortgage Interest (Restrictions) Act 1915
一九二一年	厚生省(都市計画)規則	Ministry of Health (Town Planning) Regulations 1921
一九二二年	都市・農村(一般暫定開発)令	Town Planning (General Interim Development) Order 1922
一九二三年	住宅諸法(チェンバレン法)	Housing, Etc. Act 1923, Chamberlain Act
一九二三年	家賃および抵当制限法	Rent and Mortgage Restrictions Act 1923
一九二四年	住宅(財政補助)法(ホイットニー法)	Housing (Financial Provisions) Act 1924, Wheatley Act
一九二四年	立ち退き防止法	Prevention of Eviction Act 1924
一九二五年	都市計画法	Town Planning Act 1925
一九二五年	住宅法	Housing Act 1925
一九二五年	公衆衛生法	Public Health Act 1925
一九二五年	土地所有権に関する原則法	Law of Property Act 1925
一九二六年	住宅(田園労働者)法	Housing (Rural Workers) Act 1926
一九二七年	土地所有者および借地人法	Landlord and Tenant Act 1927
一九二九年	地方政府法	Local Government Act 1929
一九三〇年	住宅法(グリーンウッド法)	Housing Act 1930, Greenwood Act

一九三〇年	国家記念物法(アイルランドに適用)	National Monuments Act 1930
一九三〇年	ロンドン建築法	London Building Act 1930
一九三一年	住宅(田園労働者)修正法	Housing (Rural Workers) Amendment Act 1931
一九三一年	古記念物法	Ancient Monuments Act 1931
一九三一年	財政法	Finance Act 1931
一九三二年	都市・農村計画法	Town and Country Planning Act 1932
一九三三年	都市・農村計画(一般暫定開発)令	Town and Country Planning (General Interim Development) Order 1933
一九三三年	地方政府法	Local Government Act 1933
一九三四年	特定地域(開発および改良)法	Special Areas (Development and Improvement) Act 1934
一九三五年	住宅法	Housing Act 1935
一九三五年	沿道開発規制法	Restriction of Ribbon Development Act 1935
一九三六年	公衆衛生法	Public Health Act 1936
一九三六年	住宅法	Housing Act 1936
一九三七年	ナショナル・トラスト法	National Trust Act 1937
一九三七年	バース・コーポレイション法	Bath Corporation Act 1937
一九三八年	住宅(財政補助)法	Housing (Financial Provision) Act 1938
一九三八年	住宅(田園労働者)修正法	Housing (Rural Workers) Amendment Act 1942
一九三八年	グリーン・ベルト(ロンドンおよびホーム・カウンティ)法	Green Belt (London and Home Country) Act 1938
一九三九年	住宅(緊急権限)法	Housing (Emergency Power) Act 1939
一九四一年	戦争被害修理法	Repairs of War Damage Act 1941
一九四二年	住宅(田園労働者)法	Housing (Rural Workers) Act 1942
一九四三年	都市・農村計画(一般暫定開発)法	Town and Country Planning (General Interim Development) Act 1943
一九四四年	都市・農村計画法	Town and Country Planning Act 1944
一九四四年	住宅(臨時宿所)法	Housing (Temporary Accommodation) Act 1944
一九四五年	住宅(臨時宿所)法	Housing (Temporary Accommodation) Act 1945
一九四五年	建築材料および住宅法	Building Materials and Housing Act 1945
一九四五年	工業配置法	Distribution of Industrial Act 1945
一九四六年	都市・農村計画(一般暫定開発)令	Town and Country Planning (General Interim Development) Order 1946

一九四六年	住宅(財政および各種条項)法	Housing (Financial and Miscellaneous Provisions) Act 1946
一九四六年	ニュー・タウン法	New Town Act 1946
一九四六年	土地取得(権限委譲手続き)法	Acquisition of Land (Authorisation Procedure) Act 1946
一九四七年	都市・農村計画法	Town and Country Planning Act 1947
一九四七年	農業法	Agriculture Act 1947
一九四七年	森林法	Forestry Act 1947
一九四七年	海岸保護法	Coast Protection Act 1947
一九四八年	国家扶助法	National Assistance Act 1948
一九四八年	都市・農村計画(建造物保存命令)規則	Town and Country Planning (Building Preservation Order) Regulation 1948
一九四九年	住宅法	Housing Act 1949
一九四九年	土地所有者および借地人法	Landlord and Tenant Act 1949
一九四九年	土地裁判所法	Lands Tribunal Act 1949
一九四九年	土地裁判所規則	Lands Tribunal Rule 1949
一九四九年	国立公園および田園地域通行権法	National Parks and Access to Countryside Act 1949
一九五〇年	都市・農村計画(一般開発)令	Town and Country Planning (General Development) Order 1950
一九五〇年	都市・農村計画(用途クラス)令	Town and Country Planning (Use Classes) Order 1950
一九五一年	都市・農村計画(修正)法	Town and Country Planning (Amendment) Act 1951
一九五一年	炭坑労働法	Mineral Workings Act 1951
一九五二年	ニュー・タウン法	New Town Act 1952
一九五二年	都市開発法	Town Development Act 1952
一九五三年	都市・農村計画法	Town and Country Planning Act 1953
一九五三年	ニュー・タウン法	New Town Act 1953
一九五三年	歴史的建造物および古記念物法	Historic Buildings and Ancient Monuments Act 1953
一九五四年	都市・農村計画法	Town and Country Planning Act 1954
一九五四年	住宅修理および家賃法	Housing Repairs and Rents Act 1954
一九五五年	収用住宅および住宅(修正)法	Requisitioned Houses and Housing (Amendment) Act 1960
一九五五年	ニュー・タウン法	New Town Act 1955
一九五六年	住宅補助金法	Housing Subsidies Act 1956

一九五六年	大気汚染防止法	Clean Air Act 1956
一九五七年	住宅法	Housing Act 1957
一九五七年	家賃法	Rent Act 1957
一九五七年	断熱(工業建築)法	Thermal Insulation (Industrial Buildings) Act 1957
一九五八年	住宅(財政補助)法	Housing (Financial Provisions) Act 1958
一九五八年	ニュー・タウン法	New Town Act 1958
一九五八年	地方政府法	Local Government Act 1958
一九五八年	工業配置(工業財政)法	Distribution of Industrial (Industrial Finance) Act 1958
一九五九年	都市・農村計画法	Town and Country Planning Act 1959
一九五九年	都市・農村計画(委任)規則	Town and Country Planning (Delegation) Regulations 1959
一九五九年	ニュー・タウン法	New Town Act 1959
一九五九年	土地所有者および借地人(家具および造作)法	Landlord and Tenant (Furniture and Fittings) Act 1959
一九五九年	住宅購入および住宅法	House Purchase and Housing Act
一九五九年	住宅(地下室)法	Housing (Underground Rooms) Act
一九六〇年	都市・農村計画(広告規制)規則	Town and Country Planning (Control of Advertisement) Regulations 1960
一九六〇年	収用住宅法	Requisitioned Houses Act 1960
一九六〇年	キャラヴァン・サイツおよび開発規制法	Caravan Sites and Control of Development Act 1960
一九六〇年	地域雇用法	Local Employment Act 1960
一九六一年	住宅法	Housing Act 1961
一九六一年	土地補償法	Land Compensation Act 1961
一九六一年	公衆衛生法	Public Health Act 1961
一九六二年	都市・農村計画法	Town and Country Planning Act 1962
一九六二年	地方庁(歴史的建造物)法	Local Authorities (Historic Buildings) Act 1962
一九六三年	都市・農村計画法	Town and Country Planning Act 1963
一九六三年	都市・農村(ニュー・タウン特別開発)令	Town and Country Planning (New Towns Special Development) Order 1963
一九六三年	都市・農村計画(一般開発)令	Town and Country Planning (General Development) Order 1963
一九六三年	ロンドン政府法	London Government Act 1963
一九六三年	地域雇用法	Local Employment Act 1963

一九六三年	財政法	Finance Act 1963
一九六四年	住宅法	Housing Act 1964
一九六四年	ニュー・タウン法	New Town Act 1964
一九六四年	ニュー・タウン(第二)法	New Town (No.2) Act 1964
一九六五年	都市・農村(ニュー・タウン特別開発)令	Town and Country Planning (New Towns Special Development) Order 1965
一九六五年	住宅(スラム・クリアランス補償)法	Housing (Slum Clearance Compensation) Act 1965
一九六五年	ニュー・タウン法	New Town Act 1965
一九六五年	強制収用法	Compulsory Purchase Act 1965
一九六五年	ニュー・タウン法	New Town Act 1965
一九六五年	事務所規制および工業開発法	Control of Office and Industrial Development Act 1965
一九六五年	コモン登録法	Commons Registration Act 1965
一九六五年	建築規則	Building Regulations 1965
一九六六年	都市・農村計画(工業開発許可証免除)令	Town and Country Planning (Industrial Development Certificates Exemption) Order 1966
一九六六年	工業開発法	Industrial Development Act 1966
一九六六年	ニュー・タウン法	New Town Act 1966
一九六六年	地域雇用法	Local Employment Act 1966
一九六七年	土地委員会法	Land Commission Act 1967
一九六七年	住宅補助金法	Housing Subsidies Act 1967
一九六七年	シヴィック・アメニティズ法	Civic Amenities Act 1967
一九六七年	森林法	Forestry Act 1967
一九六七年	一般レイト法	General Rate Act 1967
一九六八年	都市・農村計画法	Town and Country Planning Act 1968
一九六八年	公共医療および公衆衛生法	Health Services and Public Health Act 1968
一九六八年	キャラヴァン・サイツ法	Caravan Sites Act 1968
一九六八年	田園法	Countryside Act 1968
一九六八年	大気汚染防止法	Clean Air Act 1968
一九六九年	都市・農村計画(一般開発)令	Town and Country Planning (General Development) Order 1969
一九六九年	公衆衛生(迷惑行為再発)法	Public Health (Recurring Nuisances) Act 1968

一九六九年	住宅法	Housing Act 1969
一九六九年	ニュー・タウン法	New Town Act 1969
一九六九年	不要教会堂およびその他宗教建築法	Redundant Churches and Other Religious Buildings Act 1969
一九六九年	地方政府補助金(社会需要)法	Local Government Grants (Social Need) Act 1969
一九六九年	土地所有権に関する原則法	Law of Property Act 1969
一九七〇年	樹木法	Trees Act 1970
一九七〇年	地域雇用法	Local Employment Act 1970
一九七一年	都市・農村計画法	Town and Country Planning Act 1971
一九七一年	住宅法	Housing Act 1971
一九七一年	ニュー・タウン法	New Town Act 1971
一九七一年	土地委員会(解散)法	Land Commission (Dissolution) Act 1971
一九七一年	財政法	Finance Act 1971
一九七一年	炭坑労働法	Mineral Workings Act 1971
一九七一年	火災予防法	Fire Precaution Act 1971
一九七二年	都市・農村計画(修正)法	Town and Country Planning (Amendment) Act 1972
一九七二年	地方政府法	Local Government Act 1972
一九七二年	住宅財政法	Housing Finance Act 1972
一九七二年	土地課徴金法	Land Charge Act 1972
一九七二年	地域雇用法	Local Employment Act 1972
一九七二年	産業法	Industry Act 1972
一九七二年	有毒水貯蔵法	Deposit of Poisonous Water Act 1972
一九七二年	建築規則	Building Regulations 1972
一九七三年	都市・農村計画(一般開発)令	Town and Country Planning (General Development) Order 1973
一九七三年	住宅(修正)法	Housing (Amendment) Act 1973
一九七三年	土地補償法	Land Compensation Act 1973
一九七四年	都市・農村アメニティズ法	Town and Country Amenities Act 1974
一九七四年	住宅法	Housing Act 1974
一九七四年	家賃法	Rent Act 1974

一九七四年	財政法	Finance Act 1974
一九七四年	公害規制法	Control of Pollution Act 1974
一九七五年	住宅家賃および補助金法	Housing Rents and Subsidies Act 1975
一九七五年	住宅財政（特別供給）法	Housing Finance (Special Provisions) Act 1975
一九七五年	公用地法	Community Land Act 1975
一九七五年	ニュー・タウン法	New Town Act 1975
一九七五年	財政（第二）法	Finance (No.2) Act 1975
一九七五年	可動住居法	Mobile Homes Act 1975
一九七六年	都市・農村計画一般規則	Town and Country Planning General Regulations 1976
一九七六年	ニュー・タウン（修正）法	New Town (Amendment) Act 1976
一九七六年	開発地税法	Development Land Tax Act 1976
一九七六年	ウェールズ郊外開発法	Development of Rural Wales Act 1976
一九七七年	都市・農村計画（修正）法	Town and Country Planning (Amendment) Act 1977
一九七七年	都市・農村計画一般開発令	Town and Country Planning General Development Order 1977
一九七七年	事務所規制および工業開発法	Control of Office and Industrial Development Act 1977
一九七七年	住宅（ホームレス）法	Housing (Homeless Persons) Act 1977
一九七七年	家賃法	Rent Act 1977
一九七七年	ニュー・タウン法	New Town Act 1977
一九七八年	地方政府法	Local Government Act 1978
一九七八年	インナー・アーバン・エリアズ法	Inner Urban Areas Act 1978
一九七八年	住宅購入補助およびハウジング・コーポレイション保証法	Home Purchase Assistance and Housing Corporation Guarantee Act 1978
一九七八年	塵芥処理（アメニティ）法	Refuse Disposal (Amenity) Act 1978
一九七九年	古記念物および考古学地区法	Ancient Monuments and Archaeological Areas Act 1979
一九七九年	事務所および工業開発規制（廃止）令	Control of Office and Industrial Development (Cessation) Order 1979
一九八〇年	地方政府・計画・土地法	Local Government, Planning and Land Act 1980
一九八〇年	住宅法	Housing Act 1980
一九八〇年	ニュー・タウン法	New Town Act 1980
一九八〇年	都市・農村計画一般開発（修正）令	Town and Country Planning General Development (Amendment) Order 1980

一九八〇年	国家遺産法	National Heritage Act 1980
一九八〇年	財政法	Finance Act 1980
一九八一年	都市・農村計画一般開発（修正）令	Town and Country Planning General Development (Amendment) Order 1981
一九八一年	都市・農村計画一般開発（修正）規則	Town and Country Planning General Development (Amendment) Regulations 1981
一九八一年	都市・農村（採掘）法	Town and Country (Mineral) Act 1981
一九八一年	地方政府・計画（修正）法	Local Government and Planning (Amendment) Act 1981
一九八一年	ニュー・タウン法	New Town Act 1981
一九八一年	森林法	Forestry Act 1981
一九八一年	野外生活および田園法	Wildlife and Countryside Act 1981
一九八二年	計画審議（市民参加）法	Planning Inquiries (Attendance of Public) Act 1982
一九八二年	社会保障および住宅給付法	Social Security and Housing Benefits Act 1982
一九八二年	ニュー・タウン法	New Town Act 1982
一九八二年	工業開発法	Industrial Development Act 1982
一九八二年	荒廃地法	Derelict Land Act
一九八二年	地方政府（各種条項）法	Local Government (Miscellaneous Provisions) Act 1982
一九八三年	国家遺産法	National Heritage Act 1983
一九八三年	牧会法令	Pastoral Measure 1983
一九八四年	都市・農村計画法	Town and Country Planning Act 1984
一九八四年	財政法	Finance Act 1984
一九八四年	建築法	Building Act 1984
一九八四年	一般レイト法	General Rate Act 1984
一九八五年	住宅法	Housing Act 1985
一九八五年	地方政府法	Local Government Act 1985
一九八六年	住宅・計画法	Housing and Planning Act 1986
一九八七年	都市・農村計画（用途クラス）令	Town and Country Planning (Use Classes) Order 1987
一九八七年	「歴史的建造物と保存地区―方針と手続き」（通達8／87）	Department of the Environment, "Historic Buildings and Conservation Areas", 1987, Circular8/87
一九八八年	住宅法	Housing Act 1988

一九八九年	地方政府・住宅法	Local Government and Housing Act 1989
一九九〇年	都市・農村計画法	Town and Country planning Act 1990
一九九〇年	計画(指定建造物および保存地区)法	Planning (Listed Buildings and Conservation Areas) Act 1990
一九九〇年	計画(危険物)法	Planning (Hazardous Substances) Act 1990
一九九〇年	計画(改正に伴う規定)法	Planning (Consequential Provisions) Act 1990
一九九〇年	カテドラル管理法令	Care of Cathedral Measure 1990
一九九〇年	カテドラル管理令	Care of Cathedral Rules 1990
一九九一年	計画および補償法	Planning and Compensation Act 1991
一九九二年	都市・農村計画(広告規制)規則	Town and Country Planning (Control of Advertisement) Regulation 1992
一九九二年	地方政府法	Local Government Act 1992
一九九三年	リースホールド改革・住宅・都市再生法	Leasehold Reform, Housing and Urban Regeneration Act 1993
一九九三年	ナショナル・ロッタリー法	National Lottery Act 1993
一九九四年	カテドラル管理(補足条項)法令	Care of Cathedral (Supplementary Provision) Measure 1994
一九九四年	教会除外令	Ecclesiastical Exemption Order 1994
一九九四年	都市・農村計画(一般開発手続き)(スコットランド)修正(第三)令	Town and Country Planning (General Permitted Development)(Scotland) Amendment (No.3) Order 1994
一九九五年	都市・農村計画(一般開発許可)令	Town and Country Planning (General Permitted Development) Order 1995
一九九五年	都市・農村計画(一般開発手続き)令	Town and Country Planning (General Development Procedure) Order 1995
一九九五年	都市・農村計画一般開発(修正)令	Town and Country Planning General Development (Amendment) Order 1995
一九九五年	都市・農村計画(簡易計画ゾーン)(スコットランド)令	Town and Planning (Simplified Planning Zone)(Scotland) Order 1995
一九九五年	都市・農村計画(簡易計画ゾーン)(スコットランド)規則	Town and Planning (Simplified Planning Zone) (Scotland) Regulation 1995
一九九七年	都市・農村計画(スコットランド)法	Town and Planning (Scotland) Act 1997
一九九七年	計画(登録建造物および保存地区)(スコットランド)法	Planning (Listed Buildings and Conservation Areas) (Scotland) Act1997
一九九七年	ナショナル・ロッタリー法	National Lottery Act 1997
一九九八年	地域開発庁法	Regional Development Agencies Act 1998
一九九八年	都市・農村計画(用途クラス)(スコットランド)修正令	Town and Country Planning (Use Classes) (Scotland) Amendment Order1998
一九九九年	地方政府法	Local Government Act 1999
一九九九年	礼拝堂管理法令	Care of Places of Worship Measure 1999
一九九九年	都市・農村計画(樹木)規則	Town and Country Planning (Trees) Regulation 1999

二〇〇〇年	地方政府法	Local Government Act 2000
二〇〇〇年	建築規則	Building Regulations 2000
二〇〇一年	財政法	Finance Act 2001
二〇〇一年	計画(補償)(北アイルランド)法	Planning (Compensation, etc.) (Northern Ireland) Act 2001
二〇〇二年	国家遺産法	National Heritage Act 2002
二〇〇二年	都市・農村計画(一般開発)(修正)(ウェールズ)令	Town and Country Planning (General Permitted Development)(Amendment)(Wales) Order 2002
二〇〇四年	都市・農村計画(一般開発(修正)(イングランド)令	Town and Country Planning (General Permitted Development)(Amendment)(England) Order 2004

【参考資料iii】都市計画行政担当の中央省庁

一九〇九―一九一九	地方政府局	Local Government Board
一九一九―一九四〇	厚生省	Ministry of Health
一九四〇―一九四二	厚生省および公共事業・建築省	Ministry of Works and Buildings
一九四二―一九四三	公共事業・計画省	Ministry of Works and Planning
一九四三―一九五一	都市・農村計画省	Ministry of Town and Country Planning
一九五一	地方政府・計画省	Ministry of Local Government and Planning
一九五一―一九七〇	住宅・地方政府省	Ministry of Housing and Local Government
一九七〇―一九九七	環境省	Department of the Environment
一九九七―二〇〇一	環境・交通・地域省	Department of the Environment, Transport and the Regions
二〇〇一―二〇〇二	交通・地方政府・地域省	Department of Transport, Local Government and Regions
二〇〇二―	副総理府	Office of the Deputy Prime Minister

【参考資料.iv】文化財（古記念物、登録建造物等）行政担当の中央省庁

一八八二―一九四〇	公共事業庁	Office of Works
一九四〇―一九四二	公共事業・建築省	Ministry of Works and Buildings
一九四二―一九四三	公共事業・計画省	Ministry of Works and Planning
一九四三―一九六二	公共事業省	Ministry of Works
一九六二―一九七〇	公共建築・事業省	Ministry of Public Building and Works
一九七〇―一九九二	環境省	Department of the Environment
一九九二―一九九七	国家遺産省	Department of National Heritage
一九九七―	文化・情報・スポーツ省	Department for Culture, Media and Sport

英国の建築保存と都市再生
歴史を活かしたまちづくりの歩み

発　行　二〇〇七年二月二〇日　第一刷 ©
著　者　大橋竜太
発行者　鹿島光一
発行所　鹿島出版会
〒一〇〇―六〇〇六
東京都千代田区霞が関三―二―五　霞が関ビル六階
電話：〇三―五五一〇―五四〇〇
振替：〇〇一六〇―二―一八〇八八三

制　作　南風舎
印　刷　三美印刷
製　本　牧製本

ISBN978-4-306-04482-1 C3052

本書の内容に関するご意見・ご感想は左記までお寄せください。
e-mail　info@kajima-publishing.co.jp
URL　http://www.kajima-publishing.co.jp

著者紹介

大橋竜太（おおはし・りゅうた）

建築史家／東京家政学院大学助教授

一九六四年　福島県生まれ
一九八八年　東京都立大学工学部建築工学科卒業
一九九〇年　同大学院工学研究科建築学専攻修士課程修了
一九九五年　東京大学大学院工学系研究科建築学専攻博士課程修了・博士（工学）
　　　　　　ロンドン大学コートールド美術史研究所に学ぶ（一九九二―九四年）
一九九五年　東京大学大学院工学系研究科建築学専攻・助手
一九九七年　東京家政学院大学家政学部住居学科・講師
二〇〇四年　同助教授

著書　『イングランド住宅史』（中央公論美術出版、二〇〇五年）
　　　西洋建築史研究会編『パラレル―建築史・西東』（共著、本の友社、二〇〇三年）
訳書　スティーヴン・キャロウェー編『様式の要素』（共訳、同朋舎出版、一九九四年）など

索　引

あ

『アーキオロジア』(1770年創刊)　*Archaeologia* ……… 266, 426
『アーキオロジカル・ジャーナル』(1845年創刊)　*Archaeological Journal* ……… 426
『アーキオロジカル・ビブリオグラフィー』　*Archaeological Bibliography* ……… 251
『アーキオロジカル・ブリティン』　のちに『アーキオロジカル・ビブリオグラフィー』と改名
　Archaeological Bulletin ……… 251
『アーキテクチュラル・リビュー』(1896年創刊)　*Architectural Review* ……… 250, 267
アーキテクチュラル・ヘリテイジ基金, 1976年設立　Architectural Heritage Fund
　……… 214, 230, 257, 389, 390,462
『アーキテクツ・ジャーナル』(1885年創刊)　*The Architects' Journal* ……… 266, 270
アークライト, リチャード　Richard Arkwright, 1732-1792 ……… 78, 79
アーツ・アンド・クラフツ　Arts and Crafts ……… 35, 40, 41, 43, 76 113
アーツ・カウンシル・イングランド　Arts Council England ……… 391, 463
アーノルド, ジム　Jim Arnold ……… 322
アーバン・タスク・フォース　→都市対策特別委員会
アーバン・ディストリクト・カウンシル　urban district council ……… 57
アーバン・パネル　Urban Panel ……… 404
アーバン・プログラム　Urban Program ……… 165, 217, 334
『アーバン・ルネッサンスに向けて―都市対策特別委員会報告』(都市対策特別委員会編, 1999年)
　Lord Rogers of Riverside, John Prescott, *Towards an Urban Renaissance : Final Report of the Urban Task Force* ……… 235, 392
アイアンブリッジ(コールブルックデイル, 1779年)　Ironbridge, Coalebrookdale, Shropshire
　……… 314, 316
アイアンブリッジ渓谷(コールブルックデイル)　Ironbridge Gorge … 242, 291, 312, 313, 316, 324, 450
アイアンブリッジ渓谷博物館, 1973年開館　Ironbridge Gorge Museum, Shropshire
　……… 238, 239, 291, 317, 325, 450, 455, 457
アイアンブリッジ渓谷博物館開発トラスト　Ironbridge Gorge Museum Development Trust ……… 316
アイアンブリッジ渓谷博物館トラスト, 1967年設立　The Ironbridge Gorge Museum Trust
　……… 315, 316
アイクリフ(ダラム州, 1947年～)　Aycliffe, Durham ……… 153, 159
アイルランド　Ireland ……… 25, 175, 424, 436, 441, 442, 443
アイントホーヘン宣言, 1990年採択　Eindhoven Statement　→ドコモモ憲章
アウグストゥス　Gaius Julius Augustus, BC.63-AD.14, 在位 : BC.63-AD.14 ……… 20
アウター・カントリー・リング(田園地区)　Outer Country Ring ……… 144, 145
青書　blue paper ……… 49
アクション・エリア　Action Area ……… 165, 334, 349, 356, 357, 459
アクション・プラン　Action Plan ……… 343

アクロイドン(ハリファックス近郊，ウエスト・ヨークシャー，1859年-)　Akroydon, near Halifax, West Yorkshire ……… 81, 82
アクロイドン建設協会，1860年創設　The Akroydon Building Society ……… 83
アクロイド，エドワード　Colonel Edward Akroyd, 1810-1887 ……… 81
『アシニーアム』　*Athenaeum* ……… 41
アシュビー，チャールズ・ロバート　Charles Robert Ashbee, 1863-1942 ……… 76, 113, 267, 435
アシュワース，ウィリアム　William Ashworth ……… 98
『明日—真の改革に至る平和な道』(E.ハワード著，1898年)　E.Howard, *Tomorrow : A Peaceful Path to Real Reform* ……… 87, 89
『明日の観光』(ツーリズム・フォーラム編，1999年)　Tourism Forum, *Tomorrow's Tourism* ……… 288
『明日の田園都市』(E.ハワード著，1902年)　E.Howard, *Garden Cities of Tomorrow* ……… 87
アスワット，ジャスティス　Justice Uthwatt ……… 346, 439
アスワット委員会，1942年設立　Uthwatt Committee ……… 142, 143, 145, 147, 346
アスワット報告　Uthwatt Report ……… 142, 143, 145, 148
アダム，ロバート　Robert Adam, 1728-1792 ……… 23, 249, 250, 411
アット・ブリストル　@Bristol ……… 328
アディソン，クリストファー　Christopher Addison, 1st Viscount of Addison, 1869-1951 ……… 438
アディソン法　Addison Act　→住宅・都市計画諸法(1919年)
アテネ憲章　The Athens Charter ……… 131, 193, 214, 437, 438
『アテネの古代遺物』(スチュワートとレヴェット著，1762, 89年)　Stuart & Revett, *Antiquities of Athens* ……… 23
アデルフィ(ロンドン，1768-72年，ロバート・アダム設計，1937年取り壊し)　Adelphi, London ……… 249, 250, 411
アトリー，クレメント(政権・内閣)　Clement Richard Attlee, 1883-1967 ……… 146, 147
アバークロンビー，パトリック　Sir Patrick Abercrombie, 1879-1957 ……… 141, 145, 147, 151, 155, 157
あふれ人口　overspill ……… 155, 157
アマーレ　amare ……… 97
アムステルダム憲章，1975年採択　The Amsterdam Charter：European Charter of the Architectural Heritage ……… 214, 243
アメニティ　amenity ……… 97, 98, 99, 100, 101, 129, 134, 135, 143, 149, 160, 176, 198, 199, 294, 297, 303, 331, 384, 385, 403, 433, 463
アメニティ・グループ　amenity group ……… 129
アメニティ・ソサイアティ　amenity society　→ローカル・アメニティ・ソサイアティ
アモエニタス　amoenitas ……… 97
アルスター・アーキテクチュラル・ソサイアティ　Ulster Architectural Society ……… 257, 387
アルバート・ドック，リヴァプール，マージサイド州　Albert Dock, Liverpool, Merseyside ……… 312, 318, 319, 320
アルバート公　Albert, Prince Consort, 1819-1861 ……… 68, 318
アルバニー・パーク分譲住宅地(ロンドン，1932-33年)　Albany Park Estate, Bexley, London ……… 137
アルフリストンの牧師館(イースト・サセックス州)　Clergy House, Alfriston, East Sussex ……… 126
アルベルティ　Leon Battista Alberti, 1404-1472 ……… 19
アルンヘム民家博物館，オランダ ……… 274
アンウィン，レイモンド　Sir Raymond Unwin, 1863-1940 ……… 89, 91, 93, 98

い

イーシャー卿　Lord Esher, Viscount Esher……203, 446
イーデン，アンソニー（政権・内閣）　Anthony Eden, 1st Earl of Avon, 1897-1977……195
イートン校　Eton College……106, 195
イーリ大聖堂　Ely Cathedral……30
異議申立　appeal……54, 161, 175, 183, 229, 294, 297, 299, 345, 360, 361, 362, 363, 371, 373, 385, 456
イギリス観光局　English Tourist Board……288, 455
『イギリス住宅の発展』（アルフレッド・ゴッチ著，1909年）　J.A.Gotch, *The Growth of the English House*……44
『イギリス田園都市の社会史』（W.アッシュワース著，1954年）　William Ashworth, *The Genesis of Modern British Town Planning*（邦訳あり）……98
イギリス歴史都市フォーラム　English Historic Towns Forum……288
イクレジオロジカル・ソサイアティ　→教会建築学協会
イクロム（ICCROM：文化財保存修復研究国際センター）　通称：ローマ・センター　ICCROM：International Centre for the Study of the Preservation and the Restoration of Cultural Property……192, 258, 450
生ける記念物　living monuments……122, 130, 131, 281
イコモス（ICOMOS：国際記念物遺跡会議），1965年設立　ICOMOS：International Council of Monuments and Sites……193, 194, 213, 241, 258, 324
『遺産の利益—イングリッシュ・ヘリテイジの再生の結果の評価』（1999年）　*The Heritage Division : Measuring the Result of English Heritage Regeneration*……387
イズリントン地区，ロンドン　Islington, London……69
著しい歴史的または建築的価値がある住宅委員会　Committee on Houses of Outstanding Historic or Architectural Interest　→ガウアーズ委員会
一戸建　→デタッチド・ハウス
一般開発許可命令　General Permitted Development Order……358, 360
一般開発命令　General Development Order……358, 378
一般帰属宣言　General Vesting Declaration……351, 352
一般権限法（1898年）　General Powers Act 1898……114
一般暫定開発命令　General Interim Development Order……340, 341
一般レイト法（1967年）　General Rate Act 1967……460
一般レイト法（1984年）　General Rate Act 1984……460
転移価値　shifting value……346, 347
委任立法　delegated legislation……50
イルフォード，エセックス州　Ilford, Redbridge (London), Essex……180, 402
イルフォード・タウン・センター・パートナーシップ，1987年設立　Ilford Town Centre Partnership……402
『いわゆる修復に対する異論』（SPABリーフレット）　SPAB, *Objections to so-called Restoration*…429
イングラム，ウィニングトン　Dr. Winnington Ingram……122
イングランド王立歴史記念物委員会（RCHME）　The Royal Commission on Historical Monuments of England : RCHME……229, 234, 327, 386, 451
イングランド銀行，ロンドン　Bank of England, London……298, 299
『イングランド建築様式判別試論』（トマス・リックマン著，1817年）　Thomas Rickman, *An Attempt*

to Discriminate the Styles of Architecture in England, from the Conquest to the Reformation; Preceded by a Sketch of the Grecian and Roman Orders, with Notices of Nearly Five Hundred Buildings … 27
イングランド諸州のヴィクトリア・ヒストリー　The Victoria History of the Counties of England …… 44, 267, 437, 450
イングランド地方自治体委員会，1992年発足　Local Government Commission for England…… 58
イングランド田園保護運動　Campaign to Protect Rural England　→イングランド田園保護協議会
イングランド田園保護協議会，1926年設立　のちに「イングランド田園保護運動」と改称　Council for the Protection of Rural England …… 130, 247
『イングランドにおける教会建築の現状』（A.W.N.ピュージン著，1843年）　A.W.N.Pugin, *The Present State of Ecclesiastical Architecture in England* …… 28
『イングランドにおけるキリスト教建築リヴァイヴァルの弁明』（A.W.N.ピュージン著，1843年）　A.W.N.Pugin, *An Apology for the Revival of Christian Architecture in England* …… 28
『イングランドの建築』シリーズ（N.ペヴスナー編著，1951年〜）　Nikolaus Pevsner ed., *Buildings of England* series …… 251, 267
『イングランドの古記念物および歴史的建造物のための組織』（環境省，1981年）　Department of the Environment, *Organization of Ancient Monuments and Historic Buildings in England* …… 223
『イングランドの古建築』（ジョン・カーター著，1795-1814年）　John Carter, *The Ancient Architecture of England* …… 27, 31
イングランドの礼拝堂に対する修理グランツ2002-2005　Repairs Grants for Places of Worship in England …… 388, 389
イングランド歴史的建造物および記念物委員会　Historic Buildings and Monuments Commission for England　→イングリッシュ・ヘリテイジ
イングランド歴史的建造物諮問委員会，1953年創設　Historic Buildings Council for England …… 386, 443
イングリッシュ・エステイツ　English Estates …… 231, 397
イングリッシュ・ツーリズム・カウンシル　「イギリス観光局」の後身　English Tourism Council …… 288, 455
イングリッシュ・パートナーシップ　English Partnership …… 158, 232, 236, 396, 397, 398, 405, 441
イングリッシュ・ヘリテイジ，1984年設立　正式名称を「イングランド歴史的建造物および記念物委員会」という，English Heritage ……
209, 224, 228, 229, 234, 240, 244, 251, 257, 278, 281, 284, 312, 327, 328, 367, 368, 370, 371, 373, 375, 379, 380, 386, 387, 388, 389, 404, 406, 408, 416, 420, 435, 444, 449, 451, 457, 460, 461, 462
イングリッシュ・ヘリテイジの危機に瀕した建物　English Heritage Register of Buildings at Risk 388
イングリッシュネス　Englishness …… 43
印紙税　Stamp Duty, Stamp Tax …… 127, 355
インソール，ドナルド　Donald Insall …… 203, 446
インナー・アーバン・エリア　inner urban area …… 337
インナー・アーバン・エリアズ法（1978年）　Inner Urban Areas Act 1978…… 165, 334, 337
インナー・アーバン・リング（市街地）　Inner Urban Ring …… 144, 145
インナー・シティ問題　Inner City Problem …… 161, 162, 164, 165, 221, 312, 334, 335, 337, 342, 350, 396, 401, 430, 447
インプルーヴメント　→改良

う

ヴァナキュラー・アーキテクチャー・グループ（VAG），1952年設立　Vernacular Architecture Group ……… 252, 253, 256, 276
『ヴァナキュラー・アーキテクチャー』　*Vernacular Architecture* ……… 252, 253
ヴァリュ・フォー・マネー　value for money ……… 395
ヴァンダミア，ロイ　Roy Vandermeer ……… 294
ヴァンダリズム（破壊行為）　vandalism ……… 102, 151, 276
ヴァンブラ，ジョン　Sir John Vanbrugh, 1664-1726 ……… 21, 22
ウィー・ロウ，ニュー・ラナーク　Wee Row, New Lanark ……… 80, 323
ウィーラー，モーティマー　Sir Mortimer Wheeler ……… 207
ウィールデン・ビルディング・スタディ・グループ　Wealden Buildings Study Group ……… 451
ウィールド・アンド・ダウンランド野外博物館，1967年開園　Weald and Downland Open Air Museum ……… 275, 451
ヴィヴィアン，ヘンリ　Henry Vivian, 1868-1930 ……… 92, 433
ヴィオレ・ル・デュク　Eugène Emanuel Viollet-le-Duc, 1814-1879 ……… 13, 14, 38, 39, 42, 427, 428
ウィグ（かつら）　wig ……… 412
『ヴィクトリア・カウンティ・ヒストリー』（1904年～）　*The Victoria County History* ……… 44, 114, 267
ヴィクトリアン・ソサイアティ，1958年設立　The Victorian Society ……… 225, 253, 254, 255, 256, 268, 311, 411, 461
ヴィジター・センター，ニュー・ラナーク　Visitor Centre, New Lanark ……… 325
ヴィジット・ブリテン　Visit Britain ……… 288, 291, 455
ヴィテ，ルドヴィク　Ludovic Vitet, 1802-1873 ……… 13
ウィトルウィウス　Marcus Vitruvius Pollio, c.BC.90-c.BC.20 ……… 10
ウィリアム四世　William IV, 1765-1837, 在位 : 1830-1837 ……… 65
ウィリス・フェイバー・デューマー・ビル（イプスウィッチ，エセックス州，1975年，ノーマン・フォスター設計）　Willis Faber Dumas Building, Ipswich, Essex ……… 225, 226
ウィルソン，ハロルド（政権・内閣）　Harold Wilson, 1st Baron Wilson, 1916-1995 ……… 196, 197, 211, 350
ウィルトシャー考古学・博物学協会，1853年設立　The Wiltshire Archaeological and Natural History Society ……… 25
ウィルフォード，マイケル　Michael Wilford, 1930- ……… 301, 320
ヴィレッジ・ストア，ニュー・ラナーク　Village Store, New Lanark ……… 325
ヴィレッジ・ロウ，ニュー・ラナーク　Village Row, New Lanark ……… 80
ヴィンケルマン，ヨーハン・ヨアヒム　Johann Joachim Winkelmann, 1717-1768 ……… 24
ウィンザー　Windsor, Berkshire ……… 194, 303
ウィンザー城，バークシャー　Windsor Castle, Berkshire ……… 277, 278
ヴィンダミア湖畔　Windermerer ……… 125
ウェイクフィールド大聖堂　Wakefield Cathedral ……… 105
ウェールズ王立古代および歴史的記念物委員会（RCHMW）　The Royal Commission on the Ancient and Historical Monuments of Wales ……… 116, 171, 436, 461
ウェールズ開発公社　Wales Development Corporation ……… 397
ウェールズ省　Welsh Office ……… 48
ウェールズ政府法（1998年）　Government of Wales Act 1998 ……… 48
ウェールズ土地庁　Land Authority for Wales ……… 353

ウェールズ民俗博物館，1946年開園　The Welsh Folk Museum …… 274, 275, 451
ウェールズ歴史的建造物諮問委員会　Historic Buildings Council for Wales …… 443
ウエスト・ウィカム，バークシャー　West Wycombe, Berkshire …… 247
ウエスト・カンバーランド（特定地域）　West Cumberland, Special Area …… 336
ウエスト・ゲイトウェイ，テンビー　West Gateway at Tenby …… 105
ウエスト・ケネット・ロング・バロー（ウィルトシャー）　West Kennet Long Barrow, Wiltshire　107
ウエスト・セントラル・スコットランド（特定地域）　West Central Scotland, Special Area …… 336
ウエストミンスター・アビー、ロンドン　Westminster Abbey, London …… 106, 242, 288
ウエストミンスター・ソサイアティ　Westminster Society …… 311
ウェッブ，フィリップ　Philip Webb, 1831-1915 …… 41
ウェッブ，ベンジャミン　Benjamin Webb, 1819-1895 …… 426
ヴェニス憲章　→ヴェネツィア憲章
ヴェネツィア（ヴェニス）憲章，1964年採択　The Venice Charter …… 14, 18, 193, 194, 214, 240
『ヴェネツィアの石』（ジョン・ラスキン著，1851-53年）　John Ruskin, *The Stones of Venice* …… 35
ウェラー・ストリーツ・ハウジング・コーポラティヴ（リヴァプール，1977年設立）　Weller Streets Housing Co-operative …… 164
ウェリッシュ・ヒストリック・モニュメンツ　→CADW
ウェルウィン（ハートフォードシャー，1919-60年）＜田園都市＞　Welwyn Garden City, Hertfordshire …… 96
ウェルウィン・ガーデン・シティ（ハーフォードシャー，1948年～）＜ニュー・タウン＞　Welwyn Garden City, Hertfordshire …… 153, 159
ウェルウィン・ガーデン・シティ株式会社　Welwyn Garden City Co., Ltd. …… 96
ウェンサム川　River Wensum …… 303
ウォーカー，ジョン　John Walker …… 321
ウォーカー，ピーター　Mr. Peter Walker, later Lord …… 210
ウォータールー・ブリッジ（ロンドン，1811-17年，ジョン・レニー設計，1932年取り壊し）　Waterloo Bridge, London …… 248, 249, 411
ウォーターロウ，シドニー　Sir Sydney Medley Waterlow, 1822-1906 …… 70
ウォーターロウ・コート（ハムステッド，ロンドン，1908-09年）　Waterlow Court, Hamstead, London …… 70, 95
ウォートン　Mr. Warton …… 111
ウォーリックシャー考古学･博物学協会，1836年設立　The Warwickshire Archaeological and Natural History Society …… 25
ウォーリントン（チェシャー，1968年～）　Warrington, Cheshire …… 157, 159
ウォルポール，ホラス　Horace Walpole, 1717-1797 …… 26
『失われたロンドン―破壊と滅亡の一世紀』（H.ホブハウス著，1971年）　Hermione Hobhouse, *Lost London, a Century of Demolition and Decay* …… 268
ウスター大聖堂　Worcester Cathedral …… 105
ウッド，アンソニー　Anthony Wood, 1631-1695 …… 10
ウッド，ジョン（父）　John Wood the Elder, 1704-1754 …… 307
ウッド，ロバート　Robert Wood, 1714-1771 …… 23
ウッドストック（オクスフォードシャー）　Woodstock, Oxfordshire …… 21, 22, 426
運輸省　Ministry of Transport …… 55, 141, 190, 210

え

エイヴォンクロフト建築博物館，1967年開園　Avoncroft Museum of Buildings ………… 275, 276, 451
エイヴベリー男爵　Baron Avebury　→ラボック
エイヴベリーの環状列石遺跡　Stone Circle, Avebury, Wiltshire ………… 107, 112, 242
英国観光庁　British Tourist Authority ………… 288, 323, 455
英国病 ………… 412, 414, 416
英国建築家協会(IBA)　のちに王立英国建築家協会となる　Institute of British Architects ………… 37, 266, 427
英国考古学協会，1843年設立　The British Archaeological Association ………… 25, 113, 426
英国考古学評議会(CBA)，1944年設立　Council for British Archaeology : CBA ………… 194, 238, 251, 256, 309
英国国会議事堂(ロンドン，1835-52年，チャールズ・バリーとA.W.N.ピュージン設計)　Houses of Parliament, London ………… 28
英国国教会　Anglican Church …… 27, 28, 56, 173, 205, 206, 207, 208, 209, 257, 379, 388, 391, 426, 442
英国都市再生協会　British Urban Regeneration Association ………… 323
『英国の建築遺跡』(ジョン・ブリトン著，1807-26年)　John Britton, *Architectural Antiquities of Great Britain* ………… 104
『英国の爆撃された建築』(J.サマーソン＆J.M.リチャーズ著，1942年)　J.Summerson & J.M.Richards, *The Bombed Buildings of Britain* ………… 251
『英国の未来像—建築に関する考察』(チャールズ皇太子著，1989年)　HRH the Prince of Wales, *A Vision of Britain : A Personal View of Architecture*（邦訳あり）………… 227
衛生官協会　Society of Medical Officers of Health ………… 67
衛生検査官　sanitary inspector ………… 73
衛生状態　sanitary condition ………… 64, 66, 67, 72, 134, 166, 176, 332, 431
衛星都市　Satellite Town ………… 97, 140, 144, 145, 157
「英雄たちに住む家を」　Homes for Heroes ………… 136, 174
エヴァズリー，デイヴィッド　David Eversley, ?-1995 ………… 215, 216, 442
エキスパンディング・タウン　Expanding Town ………… 155, 459
エクシター大聖堂　Exeter Cathedral ………… 105
エコ・ミュージアム　Eco Museum ………… 419, 465
エセックス，ジェイムズ　James Essex, 1722-84 ………… 30, 32, 37
エセックス・ヒストリック・ビルディングズ・グループ　Essex Historic Buildings Group ………… 451
エッピング，エセックス州　Epping, Essex ………… 124
エディンバラ・コーポレイション法(1899年)　Edinburgh Corporation Act of 1899 ………… 173
エディンバラ公　Duke of Edinburgh, 1921- ………… 213, 261
エドワード一世　Edward I, 1239-1307, 在位 : 1272-1307 ………… 20, 46, 103, 242, 426
エリザベス一世　Elizabeth I, 1533-1603, 在位 : 1558-1603 ………… 20, 21, 22, 103, 426
エンタープライズ・ゾーン　Enterprise Zone : EZ ………… 216, 217, 219, 220, 221, 231, 312, 319, 335, 337, 344, 353, 357, 392, 416, 448, 459
エンタープライズ・ゾーン・スキーム　Enterprise Zone Scheme ………… 219, 221
エンタープライズ・ゾーン行政庁　Enterprise Zone Authority ………… 221, 344
沿道開発　Ribbon Development ………… 439
沿道開発規制法(1935年)　Restriction of Ribbon Development Act 1935 ………… 139

お

オーウェン，エドワード　Edward Owen ……… 171
オーウェン，ロバート　Robert Owen, 1771-1858 ……… 78, 79, 80, 81, 147, 320, 321, 322, 325
オーウェン主義　Owenism ……… 324
オーウェンの平行四辺形　Owen's Parallelograms ……… 81
オースティン，ウィリアム　William Austin, 1804-? ……… 70
オーセンティシティ　authenticity ……… 18, 34, 38, 39, 40, 193, 241, 243, 425, 428
「オーセンティシティに関する奈良文書」(1994年採択)　Nara Document on Authenticity ……… 243
オーブリー，ジョン　John Aubrey, 1626-1677 ……… 10
オールド・イングリッシュ様式　Old English Style ……… 43
オールド・オーク(イースト・アクトン，ロンドン，1909-11年設計，1911-14施工)　Old Oak, East Acton, London ……… 95
オールド・プリザーヴァーズ　Old Preservers　→ジ・オールド・プリザヴェイション・ソサイアティ
『王宮の防火対策』(アラン・ベイリー著，1993年)　Alan Bailey, *Fire Protection Measures for the Royal Palaces* ……… 278
王室顧問弁護士　Queen's Counsel : QC ……… 294, 297
王室領地委員会　The Commissioners for Crown Lands ……… 249
欧州会議　Council of Europe ……… 192, 213, 214, 243, 448
欧州共同体(EC)　Europe Communities ……… 192, 213, 411, 448, 458
欧州旅行委員会　European Travel Commission ……… 213
欧州連合　EU ……… 316, 390, 402, 406
王政復古(1660-88年)　The Restoration ……… 30, 46
王立英国建築家協会(RIBA)，1835年設立　1866年に王立となる　Royal Institute of British Architects ……… 34, 37, 38, 113, 135, 225, 226, 227, 266, 267, 428, 431, 456
王立衛生委員会，1868年設立　Royal Sanitary Commission ……… 72
王立芸術協会　Royal Society of Arts ……… 113, 114, 247, 435, 450
王立考古学協会　The Royal Archaeological Institute　→グレイト・ブリテンおよびアイルランド考古学協会
王立古記念物委員会　Royal Commission on Historical Monument ……… 106
王立古代歴史的記念物および建築物委員会(RCHM)，1908年設立　のちに王立古代歴史的記念物委員会となる　The Royal Commission on the Ancient and Historical Monuments and Constructions ……… 116, 119, 169, 171, 172, 178, 224, 225, 251, 267, 386, 462
王立自然保存協会　The Royal Society for Nature Conservation : RSNC　→自然保護地設置促進協会
王立都市計画協会　Royal Town Planning Institute：RTPI　→都市計画協会
王立美術委員会，1924年設立　The Royal Fine Art Commission ……… 119, 229, 299
王立歴史的文書委員会，1869年設立　Royal Commission on Historical Manuscripts ……… 116
王領地　crown land ……… 358
大蔵省(国家財政委員会)　Treasury ……… 108, 207, 442
大蔵大臣　Chancellor of Exchequer ……… 181
オクスフォード運動　Oxford Movement, 1833-45 ……… 28, 35, 426
オクスフォード建築・歴史協会，1839年設立　The Oxfordshire Architectural and Historical Society, →ゴシック建築研究推進のためのオクスフォード・ソサイアティ
『オクスフォードの古代遺物』(A.ウッド著，1674年)　Anthony Wood, *Antiquities of Oxford* ……… 10

オズボーン，フレデリック　Sir Frederic James Osborne, 1885-1978 ……… 147
覚書　Memorandum ……… 100, 169, 194
オルセー美術館（パリ，1986年改修）　Musée d'Orsay, Paris ……… 418

か

カー，ジョナサン・トマス　Jonathan Thomas Carr, 1845-1915 ……… 85, 87
カーゾン卿，ジョージ・ナサニエル　Lord Curzon, George Nathaniel, Curzon of Kedleston, 1st Marquis, 1859-1925 ……… 170, 172, 441
カーター，ジョン　John Carter, 1748-1817 ……… 27, 31
カーディガン湾，ウェールズ　Cardigan Bay, Wales ……… 126
ガーデン・サバーブ（田園風郊外住宅地）　Garden Suburb ……… 70, 92, 93, 94, 95, 97
ガーデン・シティ　→田園都市
ガートン，W.J.　W.J.Garton ……… 185, 186
カーライル，トマス　Thomas Carlyle, 1795-1881 ……… 41, 114
カール，ジョン　John Kyrle ……… 437
カール協会，1876年設立　Kyrle Society ……… 113, 124
カールトン・ハウス・テラス（パル・マル，ロンドン，ジョン・ナッシュ設計，1827-32年）　Carlton House Terrace, Pall Mall, London ……… 249, 250
海岸保護法（1947年）　Coast Protection Act 1947 ……… 337
会社法　Companies Act ……… 71, 126
階層混住　social mixture ……… 92, 93
海中採掘ガイダンス（MMG）　Marine Minerals Guidance Notes ……… 50
開発（法律用語）　development ……… 358
開発価値　development value ……… 143, 148, 346, 347, 348, 349, 350, 353, 447
開発権　development right ……… 143, 148, 347, 349, 378
開発地域　Development Area ……… 147, 336, 337, 440, 458, 463
開発地区　Development District ……… 458
開発地税　development land tax ……… 352, 353, 355
開発地税法（1976年）　Development Land Tax Act 1976 ……… 352, 355, 357
開発負担金　development charge ……… 143, 148, 347, 348, 350
開発命令　development order ……… 358
開発利益　betterment ……… 142, 148, 161, 181, 310, 339, 345, 346, 347, 349, 350, 351, 352, 353, 355, 459
開発利益課徴金　betterment levy ……… 350, 351
開発利益税　development gains tax ……… 351
『会報』（英国建築家協会，1835年～）　*Transactions* ……… 225
概略申請　outline application ……… 360, 362
改良（インプルーヴメント）　improvement ……… 356
改良工業住宅会社，1863年設立　The Improved Industrial Dwellings Company ……… 69
改良地域　Improvement Area ……… 137, 163, 334, 356
下院　→庶民院
ガウアーズ委員会，1948年設立　Gowers Committee ……… 187
カウンシル（議会）　council ……… 53

カウンシル・タックス　council tax ……… 223, 354, 405
カウンティ　county ……… 56, 57, 58, 59, 60, 73, 116, 138, 148, 332, 342, 367, 430, 435, 439, 440, 459
カウンティ・カウンシル　county council ……… 56, 57, 58, 72, 73, 112, 168, 362, 363, 390, 446
カウンティ・バラ・カウンシル　county borough council ……… 56, 57, 73, 148, 332, 342, 459
カウンティ・マター　county matter ……… 361, 362
科学および工業研究省　Department of Scientific and Industrial Research ……… 172
科学産業博物館（マンチェスター），1983年開館　The Museum of Science & Industry, Manchester ……… 238, 239
閣外大臣　Minister of State ……… 55, 197, 199, 210, 446, 447
閣内大臣　Secretary of State：大蔵省ではChancellor of the Exchequer ……… 55, 446
囲い地　court ……… 73, 431
課税価額　rateable value ……… 460
カテドラル管理法令（1990年）　Care of Cathedral Measure 1990 ……… 209
カテドラル管理令（1990年）　Care of Cathedral Rules 1990 ……… 209
カテドラル管理（補足条項）法令（1994年）　Care of Cathedral (Supplementary Provision) Measure 1994 ……… 209
カテドラル建築委員会　Cathedrals Fabric Commission ……… 209
カテドラル修理グラント・スキーム　Cathedral Repairs Grant Scheme ……… 209, 388
『カテドラルの遺跡』（ジョン・ブリトン著，1836年）　John Britton, *Cathedral Antiquities* ……… 104
ガフ，リチャード　Richard Gourh ……… 31
株式会社法（1856年）　Joint Stock Companies Act 1856 ……… 71
カリングワース，J.B.　J.B.Cullingworth ……… 98, 459, 461
簡易計画ゾーン　Simplified Planning Zone ……… 51, 59, 221
管轄特権　Faculty Jurisdiction ……… 209
管轄特権委員会，1980年設立　Faculty Jurisdiction Commission ……… 208
環境・交通・地域省　Department of the Environment, Transport and the Regions ……… 62, 234, 235, 448
環境・食料・農村地域省　Department for Environment, Food and Rural Affair ……… 465
環境委員会　Environment Committee ……… 208
環境省　Department of the Environment ……… 55, 61, 62, 100, 188, 190,197, 210, 211, 213, 215, 223, 224, 225, 229, 230, 234, 282, 300, 366, 367, 382, 386, 439, 447, 448, 453, 456
環境大臣　Secretary of State for the Environment ……… 198, 210, 213, 217, 218, 219, 299, 300, 465
監査委員会　The Audit Commission ……… 464
環状緑地帯　→グリーン・ベルト
完成期限通告　Completion Notice ……… 363
カンタベリー大聖堂（1070年～，1174年再建）　Canterbury Cathedral ……… 20, 242
「カントリー・ハウスの破壊」（展覧会）　The Destruction of the Country House, 1975 ……… 268
カントリー・ハウス保存計画　Country House Scheme ……… 260
『カントリー・ライフ』（1897年創刊）　*The Country Life* ……… 43, 44, 215, 267, 268, 444
カンバーランドおよびウエストモーランド古物研究家・考古学協会，1866年設立　The Cumberland and Westmoreland Antiquarian and Archaeological Society, ……… 25
官僚主義　bureaucracy ……… 176

き

キーブル，ジョン　John Keble, 1792-1866 ……… 426
キーリング，エドワード　Mr. Edward Keeling, MP for Twickenham ……… 180
議員立法　Private Member's Bill ……… 107, 171, 175, 195, 196, 198, 265
議会(国)　→国会
議会(地方自治体)　→カウンシル
危機にさらされている世界遺産リスト　World Heritage in Danger List ……… 241
危険性査定　→リスク・アセスメント
危険性査定調査　→リスク・アセスメント・サーヴェイ
基準価格　base value ……… 350
ギゾー　François Pierre Guillaume Guizot, 1787-1874 ……… 13
貴族院(上院)　House of Lords ……… 55, 110, 111, 122, 171, 176, 234, 430, 446
貴族院法廷(上院法廷) ……… 270, 296, 298, 300, 301, 456
既存用途価値　existing use value ……… 347, 348, 351
既存用途価値の補償原則　principal of existing use compensation ……… 348, 349
北アイルランド　Northern Ireland
……… 48, 49, 220, 233, 234, 257, 290, 330, 369, 370, 371, 387, 397, 398, 401, 443, 449, 461, 462, 464
北アイルランド省　Northern Ireland Office ……… 48
北アイルランド法(1998年)　Northern Ireland Act 1998 ……… 48
キッド，スチュワート　Stewart Kidd ……… 278
ギッブズ，ジェイムズ　James Gibbes, 1682-1754 ……… 30
記念物(モニュメント) ……… 3, 6, 13, 14, 17, 25, 30, 82, 105, 106, 107, 108, 109, 111, 112, 115, 116, 119, 128, 130, 131, 166, 167, 168, 169, 171, 172, 173, 175, 179, 189, 191, 192, 193, 195, 205, 214, 224, 243, 248, 253, 258, 366, 388, 424, 435, 437, 444, 448, 454
機能複合的再開発　→ミクスト・ディヴェロプメント
ギバード，フレデリック　Sir Frederick Gibberd, 1908-1984 ……… 153
キャドベリー，エリザベス　Elizabeth Cadbury, ?-1935 ……… 440
キャドベリー，ジョージ ……… 83, 89, 440
キャドベリー，ジョージ・ジュニア　George Cadbury Junior ……… 440
キャドベリー，ロレンス　Laurence John Cadbury, 1889-1982 ……… 148
キャピタル・ゲイン税(資本利得税)　capital gains tax ……… 351, 354, 355
キャラヴァン・サイツおよび開発規制法(1960年)　Caravan Sites and Control of Development Act 1960 ……… 337
キャラヴァン・サイツ法(1968年)　Caravan Sites Act 1968 ……… 337
救貧院　wcok house, or workhouse ……… 66, 248, 430
救貧法(1834年)　Poor Act 1834 ……… 65, 66
救貧法委員会，1832年設立　Poor Law Commission ……… 65, 66
救貧法局　Poor Law Board ……… 439
旧ロンドン政庁 ……… 286
教育・職業技能省　Department for Education and Skill ……… 465
教会会議裁判所　Consistory Courts ……… 205, 206
教会建築学　ecclesiology ……… 27, 28
教会建築学協会(イクレジオロジカル・ソサイアティ)　The Ecclesiological Society

…… 28, 32, 33, 34, 426, 427
教会建築協会　Incorporated Church Building Society …… 391
『教会建築に関する所見』（J.L.ペティ著，1841年）　John Louis Petit, *Remarks on Church Architecture*
…… 33
教会コミッショナーズ　Church Commissioners …… 207, 209
教会除外令（1994年）　Ecclesiastical Exemption Order 1994 …… 209
教会堂管理審議会，1918年設立　Council for the Care of Churches …… 206, 209
『教会堂修復の諸原理』（E.A.フリーマン著，1846年）　E.A.Freeman, *Principles of Church Restoration*
…… 32
教会堂保護中央審議会　Central Council for the Care of Churches …… 442
教会堂保存トラスト　The Churches Conservation Trust …… 209, 257
教会の例外　ecclesiastical exception …… 205, 447
教会法令監査機関　Inspection of Church Measures …… 209
教区　→パーリッシュ
教区諮問委員会，1914年設立　Diocesan Advisory Committees …… 206, 209
強制競争入札（CCT）制度　Compulsory Competitive Tendering …… 464
強制執行通告　Enforcement Notice …… 295
強制収用　Compulsory Purchase
…… 14, 71, 115, 116, 127, 148, 149, 158, 161, 188, 198, 229, 332, 339, 348, 349, 351, 353, 372, 389
強制収用命令　Compulsory Purchase Order : CPO …… 151, 322, 352, 372
業績指標（ACPI）（監査委員会による）　Audit Commission Performance Indicator …… 396, 464
業績指標（BVPI）（政府による）　Best Value Performance Indicator …… 396, 464
業績指標（LPI）（地方自治体による）　Local Performance Indicator …… 396, 464
共同宿舎法（1851年）　Common Lodging Houses Act 1851 …… 68, 333
共同出資型住宅建設　→コ・パートナーシップ
居住用資産レイト　domestic rate …… 223, 354
『ギリシア芸術模倣論』（J.J.ヴィンケルマン著，1755年）　J.J.Winkelmann, *Gedanken über die Nachahmung der griechischen Werke in Malerei und Bildhauerkunst* …… 24
『ギリシアの美しい遺跡について』（ル・ロア著，1758年）　Le Roy, *Les Ruines des plus Beaux Monuments de la Gréce* …… 23
ギルド・アンド・スクール・オブ・ハンディクラフト，1888年設立　Guild and School of Handicraft
…… 76
記録長官　Master of the Rolls …… 108
緊急工事通告　Urgent Works Notice …… 389
緊急工事通告のための地方交付金　Grants to Local Authorities to Underwrite Urgent Works Notices
…… 389
キング（北サマセット州選出の国会議員）　Mr. King, MP for North Somerset …… 172
キングズ・カレッジ・チャペル（ケンブリッジ，1446-1515年）　King's College Chapel, Cambridge 30
キングズ・リン　King's Lynn, Norfolk …… 190, 202, 203
近代化遺産　→産業遺産
近代建築研究グループ　→MARS
近隣に悪影響を及ぼす開発　bad neighbourhood development …… 362

く

グーロック・ロープワーク社　Gourock Ropework Company ………… 321
クイーン・アン様式　Queen Ann Style ………… 43, 85
クイーン・スクエア(バース，ジョン・ウッド(父)設計，1729-36年)　Queen Square, Bath ………… 307
グスタフ二世アドルフス(スウェーデン王)　Gustavus Adolphus, 1594-1632 ………… 424
クライズデイル・ディストリクト・カウンシル　Clydesdale District Council ………… 457
グラウンド・ゼロ，ニューヨーク　Ground Zero, New York ………… 418
グラウンドワーク　Groundwork ………… 408, 465
グラウンドワーク事業団，1985年設立　Groundwork Foundation →グラウンドワークUK
グラウンドワークUK　Groundwork UK ………… 465
グラズゴー　Glasgow ………… 79, 320, 321
グラッドストン(政権・内閣)　William Ewart Gladstone, 1809-1898 ………… 110, 111
グラナダ条約(1985年)　Granada Convention →ヨーロッパの建築遺産保存のための条約
クラパム，アルフレッド　Sir Alfred Clapham ………… 185
グラント →補助金
グランド・アヴェニュ　Grand Avenue ………… 89
グランド・ツアー　Grand Tour ………… 24
クランボーン子爵　Viscount Cranborne ………… 176
クランワース卿　Lord Cranworth ………… 176
グリーン・ツーリズム　Green Tourism ………… 408
グリーン・ベルト(環状緑地帯)　green belt ………… 51, 97, 139, 140, 144, 145, 153, 158, 337
グリーン・ベルト(ロンドンおよびホーム・カウンティ)法(1938年)　Green Belt (London and Home County) Act 1938 ………… 139, 337
グリーン・ベルト・リング(環状緑地帯)　Green Belt Ring ………… 144, 145
グリーンウッド，アーサー　Arthur Greenwood, 1880-1954 ………… 199, 438
グリーンウッド，アンソニー　Anthony Greenwood, 1911-1982 ………… 198
グリーンウッド法　Greenwood Act ………… 137, 439
グリーンバックス　Greenbacks ………… 186, 371
クリスタル・パレス(ロンドン，1951年，ジョーゼフ・パクストン設計)　Crystal Palace, Great Exibition, London ………… 276, 453, 454
グリムズビー司教　Bishop of Grimsby ………… 207
グループ・ヴァリュ →群としての価値
グレイター・ロンドン・オーソリティ，2000年設立　Greater London Authority, ………… 59, 60, 464
グレイター・ロンドン・カウンシル(GLC)　Greater London Council ………… 57, 215, 224, 229, 310, 311, 382, 435
グレイター・ロンドン・ディヴェロプメント・プラン(1976年)　Greater London Development Plan 1976：GLDP ………… 382
『グレイター・ロンドン計画1944』(P.アバークロンビー)　*Greater London Plan 1944* ………… 144, 145, 153, 155
グレイター・ロンドンにおける記念物調査のための委員会，1894年設立　Committee for the Survey of the Memorials of Greater London ………… 113
グレイト・ウエスタン・レイルウェイ(GWR)　Great Western Railway ………… 325, 327
グレイト・ブリテンおよびアイルランド考古学協会(現：王立考古学協会)，1844年設立　The

Archaeological Institute of Great Britain and Ireland …… 25, 113, 426
グレイドⅠ(登録建造物)　Grade I
…… 186, 187,207, 208, 225, 229, 318, 367, 369, 370, 372, 375, 388, 389, 443, 447, 462
グレイドⅡ(登録建造物)　Grade II
…… 186, 187, 207, 208, 230, 295, 299, 308, 327, 368, 369, 370, 372, 374, 375, 388, 389, 443, 462
グレイドⅡ*(登録建造物)　Grade II* …… 187, 225, 229, 368, 369, 370, 372, 375, 388, 389, 443, 447, 462
グレイドⅢ(登録建造物)　Grade III …… 186, 187, 207, 212, 369, 443, 460
グレイドⅣ(登録建造物)　Grade IV …… 187
クロウリー（ウエスト・サセックス州，1947年～）　Crawley, West Sussex …… 153, 159
クロス，リチャード　Richard Assheton Cross, 1st Viscount Cross, 1823-1914 …… 431
クロス法　Cross Act →職工および労働者住居改良法(1875年)
クロスビー，セオ　Theo Crosby, 1923-1994 …… 203
クロスマン，リチャード　Richard Crossman, 1907-1974 …… 196, 197, 198, 202
クロスランド，ウィリアム・ヘンリ　William Henry Crossland, 1835-1908 …… 82
『クロノロギア・アルキテクトニカ(建築年代記)』(J.オーブリー著，1670年代)　John Aubrey, *Chronologia Architectonica* …… 10
クワンタス・ハウス，ロンドン　Quantas House, Lodon …… 296
群としての価値(グループ・ヴァリュ)　group value …… 184, 312, 376

け

計画(改正に伴う規定)法(1990年)　Planning (Consequential Provisions) Act 1990 …… 227, 330
計画(危険物)法(1990年)　Planning (Hazardous Substances) Act 1990 …… 227, 330
計画(登録建造物および保存地区)（スコットランド)法(1997年) …… Planning (Listed Buildings and Conservation Areas) (Scotland) Act 1997 …… 48, 457
計画(登録建造物および保存地区)法(1990年)　Planning (Listed Buildings and Conservation Areas) Act 1990 …… 48, 50, 227, 228, 294, 296, 297, 330, 366, 370, 376, 436, 446, 460
計画(補償等)（北アイルランド)法(2001年)　Planning (Compensation, etc.) (Northern Ireland) Act 2001 …… 48
計画および補償法(1991年)　Planning and Compensation Act 1991 …… 228, 297, 446
計画許可　planning permission
…… 138, 202, 206, 217, 218, 219, 221, 278, 294, 310, 311, 338, 347, 358, 360, 362, 363, 364, 372, 447
計画諸法　Planning Acts …… 330
計画方針ガイダンス(PPG)　Planning Policy Guidance Notes …… 50, 51, 230, 240, 366, 429
経済企画部　Department of Economic Affairs …… 336
経済計画地域　Economic Planning Region …… 336
刑事裁判所　Crown Court …… 300
芸術協会(現・王立)，1754年設立　Society of Arts, now Royal →王立芸術協会
ケイスネス・ロウ，ニュー・ラナーク　Caithness Row, New Lanark …… 80, 321
ケズウィック，カンブリア　Keswick, Cumbria …… 125
ゲステン・ホール，ウスター大聖堂　Guesten Hall, Worcester Cathedral …… 105
ゲスト，ヘイデン　Dr. Haden Guest …… 180
ゲニウス・ロキ →地霊

ケネット，ウェイランド　Lord Kennet, Wayland Hilton Young, 2nd Baron Kennet, 1923-
……20, 197, 198, 199
ケネット卿（初代ケネット男爵）　→ヤング，ヒルトン
ケネット卿（第二代ケネット男爵）　→ケネット，ウェイランド
煙感知器……277, 278
権限外　ultra virus……54
検査官　inspector……67, 167, 171, 172, 173, 281, 293, 294, 297, 300, 301, 338, 361
建造物保存通告　Building Preservation Notice……230, 367, 372, 446, 461
建造物保存トラスト　Building Preservation Trust……214, 390
建造物保存命令　Building Preservation Order
……175, 176, 177, 178, 179, 180, 181, 182, 183, 184, 189, 200, 201, 206, 212, 310, 311
建築（ロンドン内）規則（1987年）　Building (Inner London) Regulations 1987……432
建築遺産基金　→アーキテクチュラル・ヘリテイジ基金
建築および建築環境委員会　→CABE
建築規制　building control……67, 73, 91, 173, 217, 332, 382, 383, 431, 432, 458
建築規則　Building Regulation……74, 332, 380, 430, 431, 432
建築規則（1965年）　Building Regulations 1965……332, 432
建築研究局，科学および工業研究省　Building Research Station, Department of Scientific and Industrial Research……172
建築工事（法律用語）　building operations……359
『建築雑誌』（ラウドンによる，1834年創刊）　*The Architectural Magazine*……266
『建築書』（ウィトルウィルス著，紀元前20年頃）　Vitruvius, *De architectura libri decem*……10
建築条例　building bye-law (by-law)……73, 150, 332, 333, 431
『建築試論』（M.A.ロージェ著，1735, 55年）　Marc Antoine Laugier, *Essai sur l'Architecture*……24
建築団体　→AA
『建築年代記』（J.オーブリー著）　→『クロノロギア・アルキテクトニカ』
「建築の修復—その原理と実践」（J.J.スティーヴソンによるIBA講演会，1877年5月27日）
Architectural Restoration : Its Principles and Practice……427
『建築の七燈』（ジョン・ラスキン著，1849年）　John Ruskin, *The Seven Lamps of Architecture*…35
建築法（1984年）　Building Act 1984……432
ケント・メッセンジャー社　Kent Messenger Ltd……296
ケント考古学協会　Kent Archaeological Society……113
ケンブリッジ　Cambridge……30, 33, 197, 202, 203
ケンブリッジ・キャムデン・ソサイアティ，1839年設立　1846年に「教会建築学協会」と改称
Cambridge Camden Society……28, 33, 426, 427

こ

コ・パートナーシップ（共同出資型住宅建設）　Co-Partnership……92, 93, 443
コ・パートナーシップ・テナンツ会社　Co-Partnership Tenants Ltd.　→コ・パートナーシップ協会
コ・パートナーシップ協会，1905年設立　1907年に「コ・パートナーシップ・テナンツ会社」に改組
Co-Partnership Society……92
コートールド美術研究所　Courtauld Institute of Art……187

コービー（ノーサンプトンシャー，1950年〜） Corby, Northamptonshire …… 153, 159
コーポレイト・タウン・バラ corporate town-borough …… 56
コーポレイト・バラ(自治体) corporate borough …… 56
コール・イン call-in …… 230, 360, 361, 364, 373, 375
コールゲイト，ウィリアム Mr. William Arthur Colegate, later Sir, 1883-1956 …… 179
ゴールド・メダル(RIBA) Gold Medal, RIBA …… 38, 225
コールブルックデイル Coalbrookdale →アイアンブリッジ渓谷
コーンフォス，ジョン John Cornforth, 1937- …… 267
国防大臣 Secretary of State for Defence …… 196, 198
コヴェントリー大聖堂(1950-51年，バジル・スペンス設計) Coventry Cathedral, Coventry …… 225
公害規制法(1974年) Control of Pollution Act 1974 …… 337
広角眺望協議区域 Wider Setting Consultation Area …… 383
高教会派 High Church …… 27, 426, 427
工業開発許可証 Industrial Development Certificate：IDC …… 147, 336
工業開発法(1966年) Industrial Development Act 1966 …… 161, 336, 459
公共建築事業省 Ministry of Public Building and Works …… 55, 61, 191, 196, 197, 210, 211
公共事業・計画省 Ministry of Works and Planning …… 61, 142, 188
公共事業・建築省 Ministry of Works and Buildings …… 61, 142, 178
公共事業省 Ministry of Works …… 61, 142, 178, 187, 189, 207
公共事業庁 Office of Works …… 61, 142, 167, 168, 169, 171, 172, 177, 178
公共事業庁長官 Commissioner of Works …… 170, 171, 175, 177, 178
公共事業融資委員会，1866年設立 Public Works Loans Commissioners …… 70, 72
工業都市 Industrial City …… 81, 64, 320, 368
工業配置(工業財政)法(1958年) Distribution of Industry (Industrial Finance) Act 1958 …… 336
工業配置法(1945年) Distribution of Industry Act 1945 …… 147, 148, 336
後見人制度 guardianship …… 111, 116, 167, 168, 453
考古学遺産の保存のためのヨーロッパ条約(改正)，1992年1月16日締結 European Convention on the Protection of the Archaeological Heritage (revised) …… 243
考古学協会会議，1888年結成 The Congress of Archaeological Societies …… 435
『考古学協会ジャーナル』(1845年創刊) *Journal of the Archaeological Association* …… 426
広告規制 Advertisement Control …… 173, 358, 380, 384, 384, 385
広告規制法(1907年) Advertisement Regulation Act 1907 …… 384
工事(法律用語) operations …… 358, 359
公衆衛生 public health …… 66, 67, 72, 83, 100, 135, 217, 331, 332
公衆衛生官 public health inspector …… 67
公衆衛生地区 sanitary district …… 57
公衆衛生法(1848年) Public Health Act 1848 …… 61, 67, 73, 101, 135, 166, 168, 332, 333, 345, 346, 431
公衆衛生法(1872年) Public Health Act 1872 …… 72, 332
公衆衛生法(1875年) Public Health Act 1875 …… 72, 73, 333
公衆衛生法(1936年) Public Health Act 1936 …… 139
公衆衛生法(1961年) Public Health Act 1961 …… 73
工場法(1819年) Factory Act 1819 …… 80, 81
厚生省 Ministry of Health …… 61, 141, 142, 174, 177, 178, 439
公正家賃 fair rent …… 162, 164, 222

控訴院　Court of Appeal ……… 55, 270, 293, 294, 295, 296, 300, 348
公聴会　public inquiry ……… 16, 161, 175, 194, 270, 299, 361, 363, 364, 456
交通・地方政府・地域省　Department of Transport, Local Government and Regions……… 62, 235
交通省　Department for Transport ……… 234, 235, 430
高等裁判所　High Court……… 54, 55, 293, 294, 297, 361
合同都市計画協議会　Joint Planning Board ……… 344
河野洋平……… 265
荒廃地グラント　Derelict Land Grant : DLG ……… 217, 231, 397
荒廃地クリアランス地域　Derelict Land Clearance Areas ……… 337
荒廃地法(1982年)　Derelict Land Act 1982……… 217
衡平の原則　equitable principle, equity ……… 345
公用地法(1975年)　Community Land Act 1975 ……… 352, 355, 357
古遺物法(アメリカ), 1906年制定　Antiquities Act ……… 13
古器旧物保存方(日本)　1871 (明治4)年発布 ……… 12
古記念物　ancient monument ……… 3, 9, 11, 13, 20, 42, 61, 107, 108, 110, 111, 112, 115, 116, 119, 122, 130, 166, 167, 168, 169, 170, 171, 172, 173, 175, 177, 178, 179, 183, 184, 196, 205, 207, 211, 225, 230, 246, 248, 256, 257, 260, 289, 410, 424, 434, 449
古記念物および考古学地区法(1979年)　Ancient Monuments and Archaeological Areas Act 1979 ……… 175, 212, 228, 365, 366, 436
古記念物協会, 1924年設立　Ancient Monuments Society ……… 130, 248, 256
古記念物局　Ancient Monuments Board ……… 171, 172, 173, 224
『古記念物と遺跡の保存』(IBA編, 1865年)　IBA, *Conservation of Ancient Monuments and Remains* ……… 37
古記念物統合・改正法(1913年)　Ancient Monuments Consolidation and Amendment Act 1913 ……… 119, 171, 173, 177, 205, 260
古記念物統合法案(1912年)　Ancient Monuments Consolidation Bill, 1912 ……… 171
『古記念物の管理』(G.B.ブラウン著, 1905年)　G. Baldwin Brown, *The Care of Ancient Monuments* ……… 19, 115
「古記念物の保存および修復」に関する宣言(1904年)　The Preservation and Restoration of Ancient Monuments　→マドリッド宣言
古記念物法(1931年)　Ancient Monuments Act 1931 ……… 175, 183, 184, 207
古記念物保護(アイルランド)法(1892年)　Ancient Monuments Protection Act 1892 …… 175, 424, 441
古記念物保護法(1882年)　Ancient Monuments Protection Act 1882 ……… 13, 41, 61, 104, 112, 116, 126, 166, 167, 177, 205, 228, 259, 366
古記念物保護法(1900年)　Ancient Monuments Protection Act 1900 ……… 112, 119, 168, 289
古記念物保護法(1910年)　Ancient Monuments Protection Act 1910 ……… 119
古記念物リスト　list of scheduled monuments ……… 166, 167, 172, 183, 184
国際記念物遺跡会議　→イコモス
国際産業遺産保存委員会, 1978年設立　The International Committee for the Conservation of the Industrial Heritage : TICCIH ……… 244
国際自然保護連合(IUCN)　International Union for Conservation of Nature and National Resources ……… 450
国際知的協力委員会(国際連盟)　International Committee on International Co-operation : IMO, League of Nations ……… 437

国際博物館会議　International Council of Museums : ICOM …… 437
国際博物館事務局，1927年設立　1946年に「国際博物館会議」に改組　International Museums Office …… 131
国際博物館収蔵品保存協会，1950年設立　のちに「国際歴史的および芸術作品保存協会」と改称　International Insutitute for the Conservation of Museum Objects : IIC …… 437
国際歴史的および芸術的作品保存協会　International Institute for the Conservation of Historic and Artistic Works …… 437
国際連合教育科学文化機関　→ユネスコ
国際連盟　League of Nations …… 437
国勢調査法(1800年)　Census Act 1800 …… 66
国内委員会，イコモス　National Committee, ICOMOS …… 194, 241, 258
国宝保存法(日本)　1929（昭和４)年制定 …… 12, 423
国立公園委員会　National Parks Commission …… 337
国立公園および田園地域通行権法(1949年)　National Parks and Access to Countryside Act 1949 …… 337, 439
国立公園行政庁　National Park Authority …… 337, 459
国立鉄道博物館(ヨーク)，1975年開館　National Railway Museum, York …… 237, 238
『古建築の修理』（A.R.ポウイス著，1929年)　A.R.Powys, *Repair of Ancient Buildings* …… 123
古建築保護協会(SPAB)，1877年設立　The Society for the Protection of Ancient Buildings …… 9, 32, 34, 36, 40, 41, 42, 43, 106, 111, 112, 113, 120, 121, 122, 123, 128, 206, 246, 247, 256, 281, 427, 428, 429, 435, 436, 442
ゴシック・リヴァイヴァル　Gothic Revival …… 10, 11, 26, 30, 35, 43, 81, 193, 299, 451, 456
ゴシック建築研究推進のためのオクスフォード・ソサイアティ，1839年設立　のちに「オクスフォード建築・歴史協会」と改称　The Oxford Society for Promoting the Study of Gothic Architecture …… 25, 28
古社寺保存法(日本)　1897（明治30)年制定 …… 12
国会　Parliament …… 180, 181, 209, 260, 339, 442, 458
国家遺産省　Department of National Heritage …… 56, 62, 229, 230, 233, 234, 366, 367
国家遺産法(1980年)　National Heritage Act 1980 …… 223, 230, 389
国家遺産法(1983年)　National Heritage Act 1983 …… 224, 228, 386, 444, 460
国家遺産法(1997年)　National Heritage Act 1997 …… 389
国家遺産法(2002年)　National Heritage Act 2002 …… 365, 366
国家遺産メモリアル基金　National Heritage Memorial Fund …… 223, 229, 230, 271, 322, 389, 390
国家記念物委員会　National Monuments Commission …… 108, 109
国家記念物法(1930年)　National Monuments Act 1930 …… 175
国家記念物保護法案　National Monuments Preservation Bill …… 107, 108, 110, 434
国家産業庁　National Industrial Board …… 141
国家的軍事施設　The Defence of Britain …… 368
国家土地基金　National Land Fund …… 181
国家保険委員会　National Insurance Commission …… 439
国家歴史保存法(アメリカ)　National Historic Preservation Act, 1966 …… 14
ゴッチ，アルフレッド　J.Alfred Gotch, 1852-1942 …… 44
ゴッデン　Godden …… 296
ゴッドフリー，ウォルター　Walter Godfrey, 1891-1986 …… 185, 371

『コテジのプランと常識』（レイモンド・アンウィン著，1902年） Raymond Unwin, *Cottage Plans and Common Sense* …… 89
ゴドウィン，エドワード Edward William Godwin, 1833-1886 …… 85, 87
古都における歴史的風土の保存に関する特別措置法 →古都保存法
古都保存法（日本） →1966（昭和41）年制定 …… 15
古物研究家協会 →ロンドン古物研究家協会
コプリー（ハリファックス近郊，ウエスト・ヨークシャー，1847-53年） Copley, near Halifax, West Yorkshire …… 81
コミュニティ・チャージ（人頭税） Community Charge …… 223, 228, 354, 460
コミュニティ・ファンド Community Fund …… 391
コミュニティ開発プログラム Community Development Program：CDP …… 165
コモン登録法（1965年） Commons Registration Act 1965 …… 337
コモン保存協会，1865年設立 Commons Preservation Society …… 124, 129
コルヴィン，シドニー Sidney Colvin, 1845-1927 …… 38, 41
コルビュジェ →ル・コルビュジェ
コロッセウム（ローマ，70?-80年） Colosseum, Rome …… 20, 21
コンヴァージョン conversion …… 215, 225, 240, 270, 282, 283, 284, 286, 319, 417, 418
混合利用 →ミクスト・ユース
コンサヴェイション conservation …… 7, 9
『コンサヴェイションとプリザヴェイション』（環境省，1973年） Department of the Environment, *Conservation and Preservation*, Circular 46/73 …… 200, 211
コンパクト・シティ compact city …… 283
コンメルン野外博物館，ボン近郊，ドイツ …… 274

さ

ザ・オーチャード（ハムステッド，ロンドン，1909年） The Orchard, Hampstead, London …… 95
ザ・グレインジ，ハンプシャー The Grange, or Grange Park, Hampshire, c.1808 …… 269, 453
ザ・サーカス（バース，ジョン・ウッド（父）設計，1754年） The Circus, Bath …… 307
『ザ・ジェントルマンズ・マガジン』 *The Gentleman's Magazine* …… 27, 31
『ザ・タイムズ』 *The Times* …… 87, 121
ザ・ピーボディ・トラスト，1862年設立 The Peabody Trust, …… 69
『ザ・ビルダー』（1843年創刊） *The Buildier* …… 266
『サーヴェイ・オブ・ロンドン』（1896年～） *Survey of London* …… 44, 114, 178, 267, 435
サーヴェイヤー surveyor …… 87, 257, 444, 447
サーヴェイヤーズ協会 Surveyors' Institution …… 113
再開発地域 re-development area …… 137, 451
採掘工事（法律用語） mining operations …… 359
採掘方針ガイダンス（MPG） Minerals Policy Guidance Notes …… 50, 59
採掘ローカル・プラン Mineral Local Plan …… 458
財政法（1910年） Finance Act 1910 …… 127, 259
財政法（1931年） Finance Act 1931 …… 127, 260
財政法（1963年） Finance Act 1963 …… 336

財政法(1965年)　Finance Act 1965 ……………………………………………………… 351
財政法(1972年)　Finance Act 1972 ……………………………………………………… 163
財政法(1980年)　Finance Act 1980 ……………………………………………………… 219
財政法(1984年)　Finance Act 1984 ……………………………………………………… 365
財政法(2001年)　Finance Act 2001 ……………………………………………………… 286
最低限の補償　minimum compensation ……………………………………………… 189, 372
最優秀プラクティス賞(英国都市再生協会)　Best Practice Award, British Urban Regeneration Association……………………………………………………………………… 323
サヴィル・ロウ，ロンドン　Savile Row, London ……………………………………… 371
サウス・ウェールズ(特定地域)　South Wales, Special Area ……………………… 336
サウス・ラナークシャー・カウンシル　South Lanarkshire Council ……………… 457
サクラー・ギャラリー，ロイヤル・アカデミー・オブ・アーツ(王立美術院)（ロンドン，1985-1991年）
Sackler Galleries, Royal Academy of Arts, Piccadilly, London……………………… 412, 414
サザーク卿　Lord Southwark……………………………………………………………… 442
サステイナブル(持続可能な)　sustainable…………………………………………… 407
サッチャー，マーガレット(政権・内閣)　Lady Margaret Thatcher, 1925- ……………
50, 57, 165, 216, 217, 221, 222, 223, 228, 231, 233, 235, 283, 312, 318, 334, 335, 337, 353, 354, 355, 357, 386, 392, 394, 396, 403, 407, 414, 430
サバーバン・リング(郊外)　Suburban Ring ………………………………………… 144, 145
サブジェクト・プラン　Subject Plan ……………………………………………………… 343
サマーソン，ジョン　Sir John Summerson, 1904-1992 ………… 185, 188, 250, 251, 371, 444
サルヴィン，アンソニー　Adnthony Salvin, 1799-1881 …………………………………… 34
サン=シモン　Comte de Saint-Simon, Claude Henri de Rouvroy, 1760-1825 ……………… 78
サン・ピエトロ大聖堂(ローマ)　St. Pietro, Rome……………………………………… 19, 121
産業遺産　industrial heritage………………………………………………………………
104, 212, 236, 237, 238, 239, 240, 241, 244, 256, 262, 312, 313, 315, 316, 324, 327, 328, 368, 416, 449
産業移転局　Industrial Transference Board ……………………………………………… 335
産業革命　Industrial Revolution……………………………………………………………
47, 64, 65, 74, 77, 97, 101, 103, 104, 129, 146, 166, 236, 237, 246, 312, 313, 314, 324, 411, 412, 430
産業考古学　Industrial Archaeology……………………………………………………… 237
産業法(1972年)　Industry Act 1972 ……………………………………………………… 337
散策者協会，1935年設立　The Ramblers' Association ………………………………… 130, 247
参事会　Chapter ………………………………………………………………………………… 105
30年ルール　Thirty Year Rule ……………………………………… 225, 226, 236, 272, 369
サンズ，ダンカン　Duncan Sandys, 1st Baron Duncan-Sandys, 1908-1987 ………………
……………………………………… 195, 196, 198, 199, 212, 213, 215, 256, 263, 265, 448
サンスのギョーム　Guillaume de Sans, ?-c.1180……………………………………………… 20
サンティアゴ・デ・コンポステーラ宣言(1987年)　Declaration of Santiago de Compostela ……… 243
暫定開発規制　Interim Development Control ……………………… 138, 176, 179, 340, 341
暫定保存通告　Interim Preservation Notice ……………………………………………… 189
暫定リスト　Interim List ……………………………………………………………… 185, 186
サント・シャペル，パリ　Sainte-Chapell, Paris……………………………………………… 38
『360°』　*360°* ……………………………………………………………………………… 404

し

『ジ・イクレジオロジスト』(教会建築学協会機関紙)　*The Ecclesiologist* …………………… 32, 427
ジ・オールド・プリザヴェイション・ソサイアティ，1929年に再結成　The Old Preservation Society
　→バース・プリザヴェイション・トラスト
シークエンス　sequence ……………………………………………………………………… 26, 47
シアター・ロイヤル(バース，1805年)　Theatre Royal, Bath ……………………………… 307, 308
シヴィック・アメニティズ法(1967年)　Civic Amenities Act 1967
　……………………… 14, 97, 160, 161, 195, 196, 199, 210, 264, 312, 337, 365, 376, 424, 446, 458, 459
シヴィック・トラスト，1957年設立　The Civic Trust ……………………………………… 128,
　129, 194, 195, 196, 212, 213, 214, 225, 256, 262, 263, 264, 302, 303, 304, 306, 307, 322, 391, 445, 452
シヴィック・トラスト賞，1959年創設　Civic Trust Awards ……………………………… 264, 323
ジェイムズ，ジミー　Jimmy James, Chief Planner ………………………………………… 197
ジェネラル・プラン　General Plan ……………………………………………………… 343
シェフィールド・ワン　Sheffield One ………………………………………………… 398, 399
ジェリー・ビルダー　jerry builder ……………………………………………………… 68
シェリフ　sheriff ………………………………………………………………………… 56
シェルドニアン・シアター(オクスフォード，1663年，クリストファー・レン設計)　Sheldonian
　Theatre, Oxford ……………………………………………………………………………… 30
市街地建築物法(日本)　1919 (大正8)年に制定 ………………………………………… 382, 462
資産移転税　capital transfer tax …………………………………………………………… 355, 460
市場価格　market value ……………………………………………… 347, 349, 350, 353, 354
市場価値　current market value …………………………………………………………… 349, 351
死せる記念物　dead monuments ………………………………………………………… 130, 281
慈善組織協会(貧困化と犯罪の防止のためのロンドン協会)　Charity Organization Society : C.O.S.
　…………………………………………………………………………………… 74, 76, 77, 93
慈善団体　charity organization ……………………………… 124, 128, 179, 262, 263, 302, 388, 391, 395
自然保護地設置促進協会，1912年設立　のちに「王立自然保存協会」と改名　The Society for the
　Promotion of Nature Reserves ……………………………………………………………… 130, 247
持続可能な　→サステイナブル
シティ＜特別区＞　The City of London Corporation
　……………………………… 114, 121, 122, 254, 255, 295, 298, 299, 376, 377, 378, 383, 384, 412, 436
シティ・オブ・ロンドン・ユニタリー・ディヴェロプメント・プラン(2002年)　City of London
　Unitary Development Plan 2002 ………………………………………………………… 383, 384
シティ・グラント　City Grant ………………………………………………………… 217, 231, 397
シティ・チャーチ　City Church ……………………………………… 121, 122, 173, 205, 436
シティ・チャーチ保存協会　City Church Preservation Society ……………………………… 113
シティ・チャレンジ　City Challenge ……………………………………………………… 231, 232, 405
指定制度(収用対象地域)　designation ……………………………………………………… 348, 352
シド・ヴェイル協会，1846年設立　「シドマス改善委員会」から改称，Sid Vale Association
　…………………………………………………………………………………………… 129, 437
指導書　bulletin ……………………………………………………………………………… 363, 376
シドマス，ドーセット州　Sidmouth, Dorset ……………………………………………… 129
シドマス改善委員会　Sidmouth Improvement Committee　→シド・ヴェイル協会

ジネル　ginnel …… 73
司法審査　judicial review …… 54, 453
資本価値　capital value …… 460
資本税　capital tax …… 455
資本利得税　→キャピタル・ゲイン税
清水建設(英国)　Shimizu (UK) Ltd. …… 296
『市民に密着した現代の地方政府』(環境・交通・地域省，1998年)　Department of the Environment, Transport and Regions, *Modern Local Government In Touch with the People* …… 392
事務次官　Parliamentary Under Secretaries of State, or Parliamentary Secretary …… 55, 199, 207, 446
事務所開発許可証　Office Development Permit：ODP …… 336
事務所規制および工業開発法(1965年)　Control of Office and Industrial Development Act 1965 … 161
諮問機関　advisory body …… 13, 108, 119, 169, 171, 202, 229, 241, 257, 288, 291, 386, 387, 450
社会開発省(北アイルランド)　Department for Social Development …… 397
『社会のなかの都市計画家—専門性の果たす役割の変化』(デイヴィッド・エヴァズリー著，1973年)　David Eversley, *The Planner in Society : The Changing Role of the Profession* …… 215, 216
シャフツベリー卿　7thEarl of Shaftebury, Anthony Ashley Cooper, 1801-1885 …… 430
シャフツベリー法　Shaftesbury Act　→労働者階級宿舎法(1851年)
重大な用途変更(法律用語)　material change of use …… 359
住宅(財政補助)法(1924年)(ホイットリー法)　Housing Act 1924 …… 136, 438
住宅・計画法(1986年)　Housing and Planning Act 1986 …… 221, 228, 365
住宅・地方政府省　Ministry of Housing and Local Government …… 55, 61, 100, 183, 187, 188, 189, 190, 196, 197, 198, 199, 200, 202, 207, 210, 211, 342, 439, 444, 447
住宅・都市計画諸法(1909年)　Housing, Town Planning, Etc. Act 1909 …… 61, 92, 98, 134, 166, 169, 173, 178, 331, 333, 338, 345, 384, 442
住宅・都市計画諸法(1919年)(アディソン法)　Housing, Town Planning Act, Etc. 1919 …… 136, 137, 141, 174, 248, 340, 438
住宅改善地域　→ハウジング・アクション・エリア
住宅供給公社，1964年設立　Housing Corporation …… 163, 164, 222
住宅組合　→ハウジング・アソシエイション
『住宅建築の芸術』(バリー・パーカー著，1901年)　Barry Parker, *The Art of Building a Home* …… 89
住宅財政法(1972年)　Housing Finance Act 1972 …… 163
住宅改善信託　→ハウジング・アクション・トラスト
住宅修理および家賃法(1954年)　Housing Repairs and Rents Act 1954 …… 195
住宅諸法(1923年)(チェンバレン法)　Housing Etc. Act 1923 …… 136, 174, 340, 438
住宅法(1925年)　Housing Act 1925 …… 137, 331, 333
住宅法(1930年)(グリーンウッド法)　Housing Act 1930 …… 137, 199, 439
住宅法(1935年)　Housing Act 1935 …… 137
住宅法(1949年)　Housing Act 1949 …… 356
住宅法(1957年)　Housing Act 1957 …… 149
住宅法(1961年)　Housing Act 1961 …… 463
住宅法(1964年)　Housing Act 1964 …… 163, 334, 356
住宅法(1969年)　Housing Act 1969 …… 163, 356, 456, 463
住宅法(1971年)　Housing Act 1971 …… 463

住宅法(1974年)　Housing Act 1974 …… 163, 164, 356
住宅法(1980年)　Housing Act 1980 …… 221, 334
住宅法(1985年)　Housing Act 1985 …… 222
住宅法(1988年)　Housing Act 1988 …… 222, 334, 459
住宅補助金法(1956年)　Housing Subsidies Act 1956 …… 149
住宅家賃・補助金法(1975年)　Housing Rents and Subsidies Act 1975 …… 164, 441
自由党　Liberal Party …… 106, 107, 110, 111, 136, 169, 433, 438
自由土地保有権　freehold land …… 355
自由放任主義(レッセ・フェール)　laissez faire …… 64, 146, 229
修道院の解散(1536, 39年)　Dissolution of the Monasteries …… 102
10年ルール(スケルマズデイル・ルール)　Ten Year Rule …… 226, 236, 369
『修復』(ロンドン古物研究家協会, 1855年)　The Society of Antiquaries of London, *Restoration* …… 42
「修復という名の改造」　changes wrought in our day under the name of Restoration …… 41, 429
『修復と反修復』(シドニー・コルヴィン著, 1877年)　Sidney Colvin, *Restoration and Anti-Restoration* …… 41
収用通告　Purchase Notice …… 201
重要な開発のために適当と認めるいっさいの土地　lands suitable for material development …… 351
重要保存地区(スコットランド)　Outstanding Conservation Area …… 322, 457
縦覧　deposit …… 16, 161, 194, 219, 343, 345, 413
修理通告　Repairs Notice …… 230, 372, 389, 457
修理通告のための地方交付金　Acquisition Grants to Local Authorities to Underwrite Repairs Notices …… 389
首席司祭　Dean …… 105
首都衛生官協会, 1856年設立　1891年に「衛生官協会」に名称変更　Metropolitan Association of Medical Officers of Health …… 67
首都勤労者住宅改善協会, 1841年設立　Metropolitan Association for Improving Dwellings of Industrious Classes …… 68, 76
首都公共事業局　Metropolitan Board of Works …… 57, 72, 73
主任審査官　Chief Inspector …… 185
主法　Principal Act …… 48, 227, 330
樹木法(1970年)　Trees Act 1970 …… 337
樹木保存命令, 1959年導入　Tree Preservation Order …… 184
シュレスウィヒ・ホルシュタイン野外博物館, キール近郊, ドイツ …… 274
シュローズベリー, シュロップシャー　Shrewsbury, Shropshire …… 313, 314
純年使用価値　net annual value …… 460
ショウ, リチャード・ノーマン　Richard Norman Shaw, 1831-1912 …… 85, 87
ジョウィット, ウィリアム　William Allen Jowitt, 1st Earl Jowitt, 1885-1957, Lord Chancellor …… 183
上院　→貴族院
上院法廷　→貴族院法廷
女王座部(高等裁判所)　Queen's Bench Division, High Court …… 55
詳細計画(PP)(イタリア)　PP：piano particolareggiato …… 14
小住宅スキーム　Little Houses Scheme …… 214
譲渡不能　inalienable …… 127
条例住宅　→バイロー・ハウス

ジョージ二世　George II, 1683-1760, 在位 : 1727-1760 ……… 106
ジョージ三世　George III, 1738-1820, 在位 : 1760-1820 ……… 451, 454
ジョージ四世　George IV, 1762-1830, 在位 : 1820-1830 ……… 47, 252, 451
ジョージアン・グループ，1937年設立　The Georgian Group
……… 130, 248, 250, 253, 254, 256, 309, 311, 411, 447
ジョーンズ，J.D.　J.D.Jones ……… 197
ジョーンズ，アーネスト　Ernest Jones ……… 78
ジョーンズ，イニゴー　Inigo Jones, 1573-1652 ……… 30, 427
初期イギリス式　Early English Style ……… 27, 426
除去延期手続き，1954年導入　deferred demolition ……… 163
職工・労働者・一般居住者のための住宅会社，1867年設立　The Artizans, Labourers and General Dwellings Company Ltd ……… 70
職工および労働者住居改良法(1875年)(クロス法)　Artisans and Labourers Dwellings Improvement Act 1875 ……… 71, 72, 77, 333, 356, 431
職工および労働者住居法(1868年)(トレンズ法)　Artisans and Labourers Dwellings Act 1868
……… 71, 77, 431
助成金　→補助金
庶民院(下院)　House of Commons ……… 55, 107, 111, 122, 171, 176, 177, 198, 208, 433, 435, 446
書面審査　written representation ……… 363
白山殖産(株) ……… 286
ジルアード，マーク　Mark Girouard, 1931- ……… 267
シルキン，ルイス　Lewis Silkin, 1st Baron Silkin, 1889-1972 ……… 147, 182
シルバリー・ヒル(ウィルトシャー)　Silbury Hill, Wiltshire ……… 107
人格形成学院，ニュー・ラナーク　Institute for the Formation of Character, New Lanark
……… 80, 322, 323, 325
シングル・バジェット　Single Budget　→シングル・ポット
シングル・プログラム　Single Program ……… 405, 465
シングル・ポット(シングル・バジェット)　Single Pot ……… 405, 406, 465
シングル・リジェネレイション・バジェット(総合再生予算)　Single Regeneration Budget : SRB
……… 232, 396, 397, 405, 406
人口の再配置に関する王立委員会　Royal Commission on Distribution of Industrial Population
→バーロウ委員会
『人口の再配置に関する王立委員会報告』(1940年)　*Royal Commission on Distribution of Industrial Population Report*　→バーロウ報告
新古典主義　Neo-Classicism ……… 10, 23, 29, 30, 31, 122, 248, 299, 451
新労働党　→ニュー・レイバー
審査会　inquiry ……… 373
人頭税　Pole Tax　→コミュニティ・チャージ
人民予算　People's Budget, 1909 ……… 127, 259
森林生産物研究所，科学および工業研究省　Forest Products Research Laboratory, Department of Scientific and Industrial Research ……… 172
森林法(1947年)　Forestry Act 1947 ……… 337
森林法(1967年)　Forestry Act 1967 ……… 337
森林法(1981年)　Forestry Act 1981 ……… 337

す

衰退地域　depressed area ……… 140, 439
水中文化遺産保護条約(2001年)　Convention on the Protection of the Underwater Cultural Heritage, 2001 ……… 450
垂直式　Perpendicular Style ……… 27, 30, 426
スウィンドン，ウィルトシャー　Swindon, Wiltshire ……… 251, 312, 325, 327, 328, 371, 418, 451
スウィンドン・レイルウェイ・ヴィレッジ　Swindon Railway Village ……… 325, 326, 418
スウィンドン・レイルウェイ・ヘリテイジ・センター　Swindon Railway Heritage Centre ……… 327
スウィンドン・バラ・カウンシル　Swindon Borough Council ……… 458
『崇高と美の起源』(エドマンド・バーク著，1757年)　Edmund Burke, *A Philosophical Enquiry into the Origin of Our Ideas of Sublime and Beautiful* ……… 24
スーター，アーチボルド　Archibald Soutar ……… 95
スーパー・ブロック方式　super block ……… 91
枢密院　Privy Council ……… 49, 198, 439, 446
枢密院令　order in council ……… 111, 167
スカンセン野外博物館，ストックホルム，スウェーデン，1891年開館　Skansen, Stockholm, Sweden ……… 273, 274, 275
スクラップ・アンド・ビルド　scrap and build ……… 4, 417, 420, 453, 457
スケジュール，スケジューリング，スケジュールド　→登録<記念物>
スケジュールド・モニュメント　→登録記念物
スケフィントン，アーサー　Arthur Massey Skeffington, Labour MP, 1909-1971 ……… 160
スケフィントン委員会　Skeffington Committee ……… 161
スケフィントン報告　Skeffington Report ……… 161, 194
スケルマズデイル(ランカシャー，1961年～)　Skelmersdale, Lancashire ……… 157, 159
スケルマズデイル・ルール　Skelmersdale Rule　→10年ルール
スコット，ジョージ・ギルバート　Sir George Gilbert Scott, 1811-1878 ……… 33, 34, 37, 38, 39, 40, 41, 82, 105, 427
スコット，レズリー　Sir Leslie Scott, 1893-1951 ……… 439
スコット委員会，1942年設立　Scott Committee ……… 142, 143, 145, 147
スコット報告　Scott Report ……… 143, 145, 147, 336, 337
スコットランド　Scotland ……… 20, 48, 49, 78, 108, 116, 166, 175, 188, 220, 233, 234, 256, 257, 290, 320, 321, 322, 323, 330, 336, 353, 369, 370, 371, 376, 387, 397, 398, 436, 449, 457, 458, 461, 462
スコットランド・ナショナル・トラスト　National Trust for Scotland ……… 214, 256
スコットランド王立古代および歴史的記念物委員会(RCHMS)　The Royal Commission on the Ancient and Historical Monuments of Scotland ……… 116, 462
スコットランド観光局　Scottish Tourist Board ……… 458
スコットランド企業庁　Scotland Enterprise Agency ……… 397
スコットランド古物研究家協会　Society of Antiquities of S cotland ……… 110
スコットランド省　Scottish Office ……… 48
スコットランド担当大臣　Secretary of State for Scotland ……… 141, 213
スコットランド法(1998年)　Scotland Act 1998 ……… 48
スコットランド歴史的建造物諮問委員会　Historic Buildings Council for Scotland ……… 443

スコティッシュ・エグゼクティヴ　Scottish Executive……323, 458
スコティッシュ・シヴィック・トラスト　Scottish Civic Trust……322
スコティッシュ・ツーリズム・オスカー　Scottish Tourism Oscar……323
スコティッシュ開発公社　Scottish Development Agency　→ラナークシャー開発公社
スターリング，ジェイムズ　James Stirling, 1926-1992……299, 301, 320
スタインバーグ・プリンシパル　Steinberg Principle……295, 297, 380
スタインバーグ訴訟……294, 297, 298, 380
スタンフォード，リンカンシャー　Stamford, Lincolnshire……78
スタフォード・テラス18番地（ケンジントン，ロンドン）　18 Stafford Terrace, Kensington, London……254
スチュワート，ジェイムズ　James Stuart, 1713-1788……23
スティーヴンズ，ジョスリン　Jocelyn Stevens……229
スティーヴンソン，ジョン・ジェイムズ　John James Stevenson, 1831-1908……34, 38, 39, 41, 427, 428
スティヴネイジ（ハーフォードシャー，1946年～）　Stevenage, Hertfordshire……152, 153, 154, 155, 159
ストウ　Stow……197
ストークス，ジョージ・ヘンリ　George Henry Stokes……271, 453
ストラクチャー・プラン　structure plan……57, 58, 59, 160, 161, 222, 343, 344, 345, 440, 446, 458
ストラクチュラル・ファンド　Structural Fund……406
ストラスクライド・リージョナル・カウンシル　Strathclyde Regional Council……457
ストラスクライド欧州共同体　Strathclyde European Partnership……457
ストラハン，ジョン　John Strahan……307, 308
ストランド建設会社　Strand Building Company……70
ストリート，ジョージ・エドマンド　George Edmund Street, 1824-1881……37, 120, 427
ストリート・ファニチャー　street furniture……145, 213, 306, 403
ストレッサム・ストリートの家族向けモデル住宅（ブルームズベリー地区，ロンドン，1850年，ヘンリ・ロバーツ設計）　Model Houses for Families, Streatham Street, Bloomsbury, London……69
ストローベリー・ヒル（トゥイクナム，ロンドン，1748年～）　Strawberry Hill, Twickenham, London……26, 30
ストロング，ロイ　Roy Strong……268
ストンヘンジ（ウィルトシャー）　Stonehenge, Wiltshire……112, 166, 170, 242
『スパラトのディオクレティアヌス帝の宮殿遺跡』（ロバート・アダム著，1764年）　Robert Adam, *The Ruins of the Palace of the Emperor Diocletian at Spalato*……23
スプリンクラー……278
スペイン継承戦争　War of the Spanish Succession, 1701-14……21
スペンス，バジル　Sir Basil Spence……225
スポット・リスティング　spot listing……367, 371
スミス，ウィリアム・ヘンリ　William Henry Smith……109, 110
スミス，デイヴィッド　David L. Smith……98, 100, 101, 110, 176, 433
スミス，トマス・サウスウッド　Thomas Southwood Smith, 1778-1861……68, 76
スミス，ハリー　Harry F. Smith……322
スラム・クリアランス　slum clearance……70, 72, 77, 134, 137, 162, 163, 164, 195, 333, 356, 431, 438
スラム・クリアランス・プログラム　Slum Clearance Program……137
スレイド，フェリックス　Felix Slade, 1790-1868……428

スレイド講座（ケンブリッジ大学芸術学部）　Slade School of Art, Cambridge University ··· 38, 41, 428
スレッドニードル・ストリート　Threadneedle Street ··· 105

せ

生活史復原運動　→リヴィング・ヒストリー・ムーヴメント
清教徒革命　→ピューリタン革命
精算価格　break-up value ··· 204
生死・婚姻登録法（1836年）　Births, Deaths and Marriages Registration Act 1836 ··· 66
政府白書··· 49, 210, 342, 350, 352, 392, 462
セヴァーン川　River Severn ··· 313, 314
世界遺産　World Heritage ··· 112, 240, 241, 242, 258, 270, 307, 312, 316, 320, 324, 383, 448, 450
世界遺産委員会　World Heritage Committee ··· 241
世界遺産基金　World Heritage Fund ··· 241
世界遺産条約，世界の文化遺産および自然遺産の保護に関する条約（1972年）··· 240, 241, 445, 450
世界遺産センター，ユネスコ　World Heritage Centre, UNESCO ··· 241, 258
世界遺産リスト　World Heritage List ··· 241
世界の文化遺産および自然遺産の保護に関する条約　Convention concerning the Protection of the World Cultural and Natural Heritage, 1972　→世界遺産条約
石炭取引所（シティ，ロンドン，1849年建設, J.B. バニング設計，1962年取り壊し）　Coal Exchange, The City, London ··· 254, 255, 411
セツルメント　settlement ··· 76, 93
セミ・デタッチド・ハウス　semi-detached house ··· 82, 83, 85, 137
選挙法改正（1832年）　→第一次選挙法改正
全国住宅協会連合，1935年設立　The National Federation of Housing Societies ··· 163
全国住宅連合1974年設立，前身は「全国住宅協会連合」　National Housing Federation ··· 163
戦争記念碑グラント・スキーム　War Memorials Grant Scheme ··· 388
セント・クレメンツ・デインズ　St. Clement's Danes ··· 105
セント・ジョージズ・ホール，ウィンザー城　St. George's Hall, Windsor Castle ··· 277
セント・パンクラス墓地　St. Pancras's Burial-ground ··· 105
セント・ヘレンズ＆ノウズリー・グラウンドワーク・トラスト，1981年設立　Groundwork Trust in St. Helens and Knowsley ··· 465
セント・ポールズ・ハイツ，1938年導入　St. Paul's Hights ··· 382
セント・ポール大聖堂（ロンドン，1675-1710年，クリストファー・レン設計）　St. Paul's Cathedral, London ··· 121, 288, 382, 383, 427, 436
『尖頭式すなわちキリスト教建築の真の原理』（A.W.N.ピュージン著，1841年）　A.W.N.Pugin, *The True Principles of Pointed or Christian Architecture* ··· 28
先買権　Pre-emptive Right ··· 171
戦没者追悼の会　Friends of War Memorials ··· 388
戦略的眺望　Strategic Views ··· 52, 380, 381, 382, 383

そ

ゾーニング　zoning……81, 85, 135, 139, 331, 338, 342
ソールズベリー大聖堂　Salisbury Cathedral……31
『ソールズベリー大聖堂を例にした歴史的カテドラル建築の現代様式への改修に関する論文』（ジョン・ミルナー著，1798年）　John Milner, *Dissertion on the Modern Style of Altering Ancient Cathedrals as Examplified in the Cathedral ot Salisbury*……31
ソールテア（ブラッドフォード近郊，ウエスト・ヨークシャー，1850年〜）　Saltaire, near Bradford, West Yorkshire, 1850-……83, 84, , 242, 324, 450
ソールト，タイタス　Sir Titus Salt, 1803-1876……83
総合開発地域　Comprehensive Development Area……149, 356, 357, 459
総合改良地域　General Improvement Area: GIA……163, 306, 334, 356
総合再生予算　→シングル・リジェネレーション・バジェット
総合的再開発　comprehensive redevelopment……162
装飾式　Decorated Style……27, 29, 34, 42, 426
相続税　Death Duty or Inheritance Tax……127, 128, 260, 355, 437, 460
相当程度の開発　material development……350
底とかかとの修理　soiling and heeling……163
その他の工事（法律用語）　other operations……359
ソレズビー協会（リーズ・アンド・ディストリクト歴史協会），1889年設立　The Thoresby Society…25

た

ダーウィン，チャールズ　Charles Darwin, 1809-1882……106
ダーウェント渓谷工場群　Darwent Valley Mills, Derbyshire……242, 307, 324, 450
ダートマス伯爵婦人　Countess of Dartmouth……213
ターナム・グリーン，ロンドン　Turnham Green, London……85
ダービー一世，アブラハム　Abraham Derby I, 1678-1717……313, 314
ダービー三世，アブラハム　Abraham Derby III, 1750-1789……314
ダービシャー歴史建造物トラスト　Derbyshire Historic Buildings Trust……306
第一次選挙法改正（1832年）　Reform Act 1832……65
第一田園都市株式会社　The First Garden City Company……89, 91
大英博物館　British Museum……108
大英博物館のグレイト・コート（中庭増築）（ロンドン，2001年）　Great Court, British Museum, London……415
大気汚染防止法（1956年）　Clean Air Act 1956……195, 337
大気汚染防止法（1968年）　Clean Air Act 1968……337
大執事　archdeacons……209, 447
大都市オープン・スペース法（1881年）　Metropolitan Open Spaces Act 1881……124
大都市および過密地域の現状に関する王立委員会，1844年設立　Royal Commission on the State of Large Towns and populous Districts……66
大都市圏　→メトロポリタン・カウンティ
大法官　Lord Chancellor……183

大ロンドン政庁　→グレイター・ロンドン・カウンシル
第二回歴史記念物関係建築家および技術者の国際会議(1964年)　The Second International Congress of Architects and Technicians of Historic Monuments……193
第六回国際建築家会議　The 6th International Congress of Architects, Madrid, 1904 ……112, 122, 130
『対比』(A.W.N.ピュージン著, 1836年)　A.W.N.Pugin, *Contrasts; or, A Parallel Between the Noble Edifices of the Fourteenth and Fifteenth Centuries, and Similar Buildings of the Present Day; Showing the Present Decay of Taste*……28, 427
タウン・グランツ　town grants ……190
タウン・スキーム　Town Scheme ……380
タウン・センター・マップ　town centre map ……356, 357
タウン・センター・マネジメント(TCM)　Town Centre Management……398, 401, 402, 403, 406
タウン・センター・マネジメント協会(ATCM), 1991年設立　Association of Town Centre Management ……402
タウン・トレイル　Town Trail……265, 266
タウン・マネジャー　Town Manager ……401, 402
タウンスケイプ・ヘリテイジ・イニシアティヴ　Townscape Heritage Initiative……406
ダゲナム　Dagenham……180
タターシャル・カースル　Tattershall Castle, Lincolnshire ……170, 172, 441
田中耕太郎……265
ダブル・ロウ, ニュー・ラナーク　Double Row, New Lanark……80
ダラム大聖堂　Durham Cathedral ……31, 242
タルボット, ファニー　Mrs. Fannie Talbot ……126
単一自治体　→ユニタリー・オーソリティ
ダンス, ジョージ(子)　George Dance, junior, 1741-1825……122
ダンス, ジョージ(父)　George Dance, senior, ?-1768 ……122

ち

地域開発庁　Regional Development Agency ……335, 396, 397, 399, 401, 405, 464
地域開発庁法(1998年)　Regional Development Agencies Act 1998……335, 397
地域開発補助金　Regional Development Grant ……337
地域雇用法(1960年)　Local Employment Act 1960 ……336
地域雇用法(1966年)　Local Employment Act 1966 ……336
地域雇用法(1970年)　Local Employment Act 1970 ……336, 337
地域方針ガイダンス(RPG)　Regional Planning Guidance Notes……50, 52, 382
チェスター　Chester ……202, 203, 213, 446
チェスター改良法(1884年)　Chester Improvement Act 1884 ……115, 173
チェスターフィールド・ハウス, ロンドン　Chesterfield House, London ……249
チェトル　Mr Chettle……185
チェルシー地区, ロンドン　Chelsea, London ……69
チェルトナム　Cheltenham ……180
『チェンジング・ギア』(監査委員会編, 2001年9月)　The Audit Commission, *Changing Gear*……464
チェンバレン, アーサー・ネヴィル(政権・内閣)　Arthur Neville Chamberlain, 1869-1940……138, 438

チェンバレン法　Chamberlain Act　→住宅法(1923年)
チチェスター　Chichester, West Sussex …… 180, 202, 203
地方計画庁　local planning authority ……
60, 98, 139, 143, 148, 149, 161, 177, 184, 187, 189, 200, 211, 255, 281, 293, 294, 295, 296, 297, 299, 341, 342, 344, 347, 348, 352, 358, 359, 360, 361, 362, 363, 364, 368, 371, 372, 373, 374, 375, 378, 379, 385, 389, 443, 456, 460, 463
地方経済計画カウンシル　Regional Economic Planning Council …… 336
地方経済計画局　Regional Economic Planning Board …… 336
地方厚生局　Local Board of Health …… 67, 72, 73, 430
地方自治体　→地方庁
地方政府　local government …… 49, 54, 60, 263, 353
地方政府・計画・土地法(1980年)　Local Government, Planning and Land Act 1980
…… 216, 217, 219, 228, 335, 337, 353, 355, 357, 365, 448
地方政府・計画省　Ministry of Local Government and Planning …… 61, 183, 191, 196, 439, 444
地方政府・住宅法(1989年)　Local Government and Housing Act 1989 …… 222, 406
地方政府局　Local Government Board …… 61, 72, 169, 178, 338, 340, 438, 439
地方政府法(1888年)　Local Government Act 1888 …… 56, 72, 429
地方政府法(1894年)　Local Government Act 1894 …… 56, 429
地方政府法(1929年)　Local Government Act 1929 …… 138, 340
地方政府法(1933年)　Local Government Act 1933 …… 175
地方政府法(1972年)　Local Government Act 1972 …… 57, 161, 227, 343, 459
地方政府法(1985年)　Local Government Act 1985 …… 57, 227, 343, 365
地方政府法(1992年)　Local Government Act 1992 …… 58, 229
地方政府法(1999年)　Local Government Act 1999 …… 463
地方政府法(2000年)　Local Government Act 2000 …… 234
地方政府補助金(社会需要)法(1969年)　Local Government Grants (Social Need) Act 1969 …… 165
地方庁(地方自治体)　local authority …… 48, 53, 54, 55, 56, 57, 58, 64, 66, 67, 68, 71, 72, 73, 81, 97, 101, 113, 115, 119, 136, 137, 139, 143, 148, 149, 155, 158, 161, 162, 163, 164, 165, 168, 170, 173, 176, 177, 178, 179, 180, 181, 182, 183, 184, 185, 186, 189, 190, 198, 199, 200, 201, 202, 203, 204, 212, 213, 217, 218, 219, 222, 223, 227, 228, 229, 231, 234, 255, 263, 281, 293, 297, 310, 332, 333, 334, 335, 337, 338, 340, 341, 343, 344, 345, 349, 351, 352, 353, 354, 355, 357, 358, 361, 367, 368, 369, 370, 371, 373, 376, 379, 380, 385, 387, 389, 390, 391, 393, 394, 396, 398, 401, 405, 406, 407, 422, 429, 430, 431, 438, 439, 440, 447, 457, 459, 460, 463, 464
地方庁(歴史的建造物)法(1962年)　Local Authorities (Historic Buildings) Act 1962
…… 190, 228, 365, 390, 463
チャーチヤード　churchyard …… 105
チャーチル，ウィンストン(政権・内閣)　Churchill, Sir Winston Leonard Spencer, 1874-1965
…… 142, 146, 147, 195, 348, 439
チャーチル，ジョン，初代モールバラ公　John Churchill, 1st Duke of Marlborough, 1650-1722 … 22
チャーチル・カレッジ，ケンブリッジ　Churchill College, Cambridge …… 197
チャールズ二世　Charles II, 1630-1685, 在位：1660-1685 …… 46
チャールズ皇太子　Charles, Prince of Wales, 1948- …… 227, 240, 263, 299, 449, 456
チャドウィック，エドウィン　Edwin Chadwick, 1800-1890 …… 65, 66, 68, 430
チャマイエフ，セージ　Serge Chermayeff, 1900-1996 …… 225, 226

チャリティ団体 →慈善団体
チャレンジ・ファンド Challenge Fund ······ 232, 405
チャンセラー chancellors ······ 209, 447
中央厚生局 General Board of Health, or Central Board of Health ······ 67, 430
『中央政府の再編成』(政府白書, 1970年) *The Reorganisation of Central Government* ······ 210
中央土地局 Central Land Board ······ 148, 347
『中間地域』(1969年) *The Intermediate Areas* ······ 336
中間地域 Intermediate Areas ······ 337
チュークスベリー大聖堂 Tewksbury Cathedral ······ 40
中心市街地 town centre ······ 158, 190, 198, 204, 283, 284, 286, 401, 402, 406, 417, 420, 453, 464
『中心市街地—最新の実務』(1962年) Ministry of Housing and Local Government, *Town Centres : Current Practice* ······ 190
『中心市街地—リニューアルへのアプローチ』(1962年) Ministry of Housing and Local Government, *Town Centres : Approach to Renewal* ······ 190
『中心地区の再開発』(1947年) Ministry of Town and Country Planning, *The Redevelopment of Central Areas* ······ 462
調査官 Investigator ······ 185, 187, 212, 361, 376, 443
『調査官への指示』(1946年3月作成) *Instructions to Investigators* ······ 185, 187
眺望点 view point ······ 382, 383
チョーク・アビー, ダービシャー Chalk Abbey, Derbyshire ······ 269, 453
チョールトン・ツイスト会社, 1795年創設 Chorlton Twist Company ······ 79
地霊(ゲニウス・ロキ) Genius Loci ······ 413, 465

つ

通産省 Board of Trade ······ 147, 148, 336, 439, 458
通産大臣 President of the Board of Trade ······ 141
通達 Circular ······ 50, 59, 163, 169, 200, 211, 212, 213, 225, 229, 230, 236, 282, 300, 363, 373, 418
通達46/73 Circular46/73 →『コンサヴェイションとプリザヴェイション』
通達8/87 Circular8/87 →『歴史的建造物と保存地区—方針と手続き』
ツーリズム・フォーラム, 1997年設立 Tourism Forum ······ 288
つぎはぎとつっかい patching and propping ······ 163

て

デ・ハーン, デイビッド(アイアンブリッジ渓谷博物館の主席学芸員) David de Harn ······ 291, 450, 455, 457
テート・モダン(ロンドン, 1999年, ヘルツォーク&ド・ムロン設計) Tate Modern, Bankshide, London ······ 286, 320
テート・リヴァプール美術館 Tate Liverpool ······ 320
デイ, アラン Professor Alan Day ······ 203
ディーヴィー, ジョージ George Devey, 1820-1886 ······ 39, 40

ディーナス・オライ　Dinas Oleu……126
ディーン・ストリート，ソーホー，ロンドン　Dean Street, Soho, London……442
デイヴィッドソン大司教(カンタベリー大司教)　Randall Thomas Davidson, 1843-1930, カンタベリー大司教在位 : 1903-28……173, 205, 206
ディヴェロプメント・プラン　development plan……51, 57, 58, 59, 148, 160, 161, 165, 182, 200, 211, 218, 219, 222, 294, 311, 332, 334, 337, 338, 341, 342, 343, 344, 345, 349, 360, 361, 362, 363, 379, 382, 383, 384, 430, 440, 446, 458, 459
『ディヴェロプメント・プランの未来』(都市計画諮問委員会編，1965年)　Planning Advisory Group, *The Future of Development Plan*……200, 342
庭園史協会　The Garden History Society……461
『戴冠式の祝いかた』(ロバート・バイロン著，1937年)　Robert Byron, *How We Celebrate the Coronation*……249, 267
定期借地権　leasehold land……355
低教会派　Low Church……27
停止命令　stop notice……364
ディストリクト　district……56, 57, 58, 59, 60, 138, 221, 361, 362, 363, 367, 390, 439, 440, 459
ディストリクト・プラン　District Plan……160, 343
ディズレイリ(政権・内閣)　Benjamin Disraeli, 1804-1881……109
デイル，キャロライン　のちにロバート・オーウェンの妻となる(キャロライン・オーウェン)　Caroline Dale……79, 80
デイル，デイヴィッド　David Dale, 1739-1805……79, 80
ディレッタント協会，1733年設立　The Society of Dilettanti……24
デザインおよび工業協会，1915年設立　Design and Industries Association……247
デタッチド・ハウス(一戸建)　detached house……83, 85, 150
鉄の女(サッチャー)　Iron Lady……165, 216
テナンツ・チョイス　Tenant's Choice……222
デュナン，ジャン・アンリ　Jean Henri Dunant, 1828-1910……445
デラフォンズ，ジョン　John Delafons……174, 176, 196
テルフォード(シュロップシャー，1968年〜)　Telford, Shropshire……157, 159, 220, 313, 315, 318
テルフォード，トマス　Thomas Telford, 1757-1834……315
テルフォード開発公社　Telford Development Corporation……315
田園委員会　Countryside Commission……337
田園地域の土地利用に関する委員会　Commission on Land Utilisation in Rural Areas　→スコット委員会
『田園地域の土地利用に関する委員会報告』(1942年)　*Report of the Committee on Land Utilisation in Rural Areas*　→スコット報告
田園都市(ガーデン・シティ)　Garden City……83, 85, 87, 88, 89, 91, 92, 93, 95, 96, 97, 139, 140, 144, 145, 147, 148, 401
田園都市および都市計画協会，Garden City and Town Planning Association　→田園都市協会
田園都市開発株式会社，1902年設立　Garden City Pioneer Co., Ltd.,……89
田園都市協会，1889年設立　1909年に「田園都市および都市計画協会」に改称，Garden City Association……89
田園都市借家人株式会社，1905年設立　Garden City Tenants Ltd……91, 92
田園風郊外住宅地　→ガーデン・サバーブ

田園法(1968年)　Countryside Act 1968 …… 337
伝統的建造物群保存地区(伝建地区)＜制度＞(日本)　1975 (昭和50)年導入 …… 12, 14, 265, 423
テンビー，ペンブルックシャー，ウェールズ　Tenby, Pembrokeshire, Wales …… 105
デンマーク国立民俗野外博物館，コペンハーゲン　1897年創立，1901年現在地へ移転
Nationalmuseet, Frilandsmuseet …… 273

と

ド・ソワソン，ルイ　Louis de Soissons, 1890-1962 …… 96
ドーチェスター・ハウス，ロンドン　Dorchester House, London …… 249
ドートン，ヒュー　Dr. Hugh Dalton …… 181
トーリー　Tory …… 109
ドーリー地区　Dawley, Wellington Oakengates …… 315
トインビー，アーノルド　Arnord Toynbee, 1852-1883 …… 74, 125
トインビー・ホール　Toynbee Hall …… 76, 93
ドゥ・ラ・ワール・パヴィリオン(イースト・サセックス州，1933-35年)　De La Warr Pavillion, Bexhill, East Sussex …… 225, 226
同意　consent …… 48, 108, 111, 121, 141, 181, 182, 201, 352, 360, 368, 371, 375, 385
トゥイクナム　Twickenham …… 26, 180
統合地区　United District …… 459
統合法　consolidated act …… 50, 72, 73, 98, 137, 211, 227, 330, 331
投資効果評価　Investment Appraisal …… 395
登録＜記念物＞　scheduled …… 111, 112, 166, 172, 173, 212, 229
登録＜建造物＞　listed …… 2, 185, 186, 201, 212, 224, 225, 226, 227, 229, 236, 244, 270, 272, 369, 371, 372, 424, 446, 447, 449, 460
登録記念物(スケジュールド・モニュメント)　scheduled monument …… 111, 112, 119, 166, 167, 168, 170, 212, 224, 228, 229, 366, 367, 368, 378, 447, 460
登録記念物に対する同意　scheduled monument consent …… 367, 378
登録建造物(リスティド・ビルディング)　listed building …… 2, 3, 49, 55, 60, 119, 120, 160, 178, 179, 184, 199, 200, 201, 202, 205, 206, 207, 208, 211, 212, 218, 224, 225, 226, 227, 228, 229, 230, 231, 235, 236, 248, 253, 255, 282, 286, 290, 292, 293, 294, 295, 296, 297, 299, 300, 308, 311, 318, 327, 332, 361, 366, 367, 368, 369, 370, 371, 372, 373, 374, 375, 376, 378, 379, 386, 388, 389, 390, 410, 423, 436, 443, 447, 455, 460, 462
登録建造物に対する同意　listed building consent …… 200, 201, 206, 224, 227, 229, 230, 255, 292, 293, 294, 295, 296, 297, 300, 311, 367, 372, 374, 375, 378, 390, 447, 460
登録建造物リスト　→特別な建築的または歴史的価値を有する建造物の法定リスト
登録文化財＜制度＞(日本)　1996 (平成8)年導入 …… 7, 12, 201, 372, 423
特選財政補助　Selective Financial Assistance …… 337
特定開発地域　Special Development Area …… 440
特定地域　Special Area …… 139, 157, 336, 342, 439
特定地域(開発および改良)法(1934年)　Special Area(Development and Improvement) Act 1934 …… 335, 439, 440

特定地域委員会　Special Area Commission……141, 142, 439
特別委員会　Selected Committee……171, 173, 404, 442
特別開発命令　Special Development Order……218, 358
特別規制地域　area of special control……194
特別広告規制地域　area of special advertisement control……385
特別暫定開発命令　Special Interim Development Order……340, 459
特別自然景勝地域　area of outstanding natural beauty……385
特別な建築的または歴史的価値を有する建造物の法定リスト（登録建造物リスト）　Statutory List of Buildings of Special Architectural or Historic Interest……119, 120, 178, 179, 184, 188, 207, 253, 367, 436, 447
特別な性格をもつ地域　areas of any special character……170
ドコモモ（DOCOMOMO），1990年創設　DOCOMOMO : Documentation and Conservation of buildings, sites and neighborhoods of the Modern Movement……244
ドコモモ・インターナショナル　DOCOMOMO International……244
ドコモモ（DOCOMOMO）憲章（1990年）（アントホーヘン宣言）……244, 450
都市・農村アメニティズ法（1974年）　Town and Country Amenities Act 1974……211, 212, 227, 337, 365, 376, 461
『都市・農村計画』（政府白書，1967年）　*Town and Country Planning*, Cmnd 3333……342
都市・農村計画（一般開発許可）令（1995年）　Town and Country Planning (General Permitted Development) Order 1995……59, 358
都市・農村計画（一般開発手続き）令（1995年）　Town and Country Planning (General Development Procedure) Order 1995……59, 358
都市・農村計画（一般暫定開発）令（1933年）　Town and Country Planning (General Interim Development) Order 1933……138, 341, 459
都市・農村計画（建造物保存命令）規則（1948年）　Town and Country Planning (Building Preservation Order) Regulations 1948……183, 187
都市・農村計画（広告規制）規則（1992年）　Town and Country Planning (Control of Advertisements) Regulation 1992……385
都市・農村計画（暫定開発）法（1943年）　Town and Country Planning (Interim Development) Act 1943……341
都市・農村計画（修正）法（1972年）　Town and Country Planning (Amendment) Act 1968……161, 211, 227, 376, 459
都市・農村計画（スコットランド）法（1997年）　Town and Country Planning (Scotland) Act 1997……48, 370
都市・農村計画（用途クラス）令（1987年）……　Town and Country Planning (Use Classes) Order 1987……59, 359, 460
都市・農村計画協会（TCPA）　Town and Country Planning Association……226, 227
都市・農村計画省　Ministry of Town and Country Planning……61, 99, 142,148, 178, 180, 181, 183, 184, 185, 187, 188, 342, 376, 433, 444, 462
都市・農村計画法（1932年）　Town and Country Planning Act 1932……138, 139, 175, 176, 180, 197, 206, 247, 331, 340, 341, 438, 439
都市・農村計画法（1944年）　Town and Country Planning Act 1944……178, 179, 184, 186, 366, 376, 440
都市・農村計画法（1947年）　Town and Country Planning Act 1947……98, 143, 148, 149, 181, 182, 184, 201, 330, 336, 338, 341, 347, 348, 350, 356, 384, 440, 459

都市・農村計画法(1953年) Town and Country Planning Act 1953 ……… 348
都市・農村計画法(1954年) Town and Country Planning Act 1954 ……… 348
都市・農村計画法(1959年) Town and Country Planning Act 1959 ……… 348, 350
都市・農村計画法(1962年) Town and Country Planning Act 1962 ……… 98, 348, 349, 433, 459
都市・農村計画法(1968年) Town and Country Planning Act 1968
……… 160, 164, 181, 200, 204, 210, 312, 357, 366, 459
都市・農村計画法(1971年) Town and Country Planning Act 1971 ……… 161, 212, 227, 352, 376, 459
都市・農村計画法(1990年) Town and Country Planning Act 1990
……… 48, 49, 54, 98, 218, 227, 228, 297, 330, 331, 332, 343, 365, 429
都市衛生地区 urban sanitary district ……… 72, 332
都市衛生に関する特別委員会，1840年設立 Select Committee on the Health of Towns ……… 66
都市開発グラント Urban Development Grant : UDG ……… 217
都市開発公社 Urban Development Corporation : UDC
……… 216, 217, 218, 219, 221, 231, 312, 319, 335, 337, 344, 353, 357, 358, 392, 396, 397, 402, 448
都市開発地域 Urban Development Area ……… 217
都市開発法(1952年) Town Development Act 1952 ……… 155
都市改良条項法(1847年) Town Improvement Clauses Act 1847 ……… 67
都市計画委員会 Planning Committee ……… 135
都市計画委員会(バース) Planning Committee, Bath ……… 309
都市計画協会，1913年設立 1970年に王立となる Town Planning Institute ……… 135, 226, 438
都市計画諮問委員会 Planning Advisory Group ……… 200, 342
都市計画スキーム Town Planning Scheme ………
134, 136, 148, 169, 170, 173, 174, 176, 178, 331, 332, 338, 339, 340, 341, 342, 345, 346, 349, 438, 442
都市計画における市民参加に関する委員会 Committee on Public Participation on Planning
→スケフィントン委員会
『都市計画の実践』（レイモンド・アンウィン著，1909年） Raymond Unwin, *Town Planning in Practice* ……… 93
都市計画法(1925年) Town Planning Act 1925 ……… 137, 331
都市計画法(日本) 1919（大正8）年制定，1968（昭和43年）改正 ……… 15, 382, 461
都市計画連合グループ，1961年設立 Joint Urban Planning Group ……… 190
都市更新 urban renewal ……… 162, 357
都市再開発グラント Urban Regeneration Grant : URG ……… 217
都市再生会社 Urban Regeneration Company : URC ……… 328, 397, 398, 399, 464
都市再生庁(イングリッシュ・パートナーシップ) Urban Regeneration Agency
……… 228, 232, 335, 396, 397, 459
都市自治体法(1835年) Municipal Corporation Act 1835 ……… 56, 65, 66, 334
都市自治体法(1882年) Municipal Corporation Act 1882 ……… 72
都市対策特別委員会(アーバン・タスク・フォース) Urban Task Force ……… 235, 393, 398
『都市対策特別委員会報告』（1999年6月29日発表） →『アーバン・ルネッサンスに向けて』
『都市の自動車交通』（コリン・ブキャナン著，1963年）（ブキャナン報告） Colin Buchanan, *Traffic in Towns*（邦訳あり） ……… 160, 447
『都市の特性—保存へのアプローチ』（ロイ・ワースケット著，1969年） Roy Worskett, *The Character of Towns : An Approach to Conservation* ……… 200
『土地』（1974年） *The Land* ……… 352

土地委員会　Land Commission …… 351, 352
『土地委員会』(1965年)　*The Land Commission* …… 350
土地委員会(解散)法(1971年)　Land Commission (Dissolution) Act 1971 …… 351, 352
土地委員会法(1967年)　Land Commission Act 1967 …… 350, 351
土地印紙税　Stamp Duty Land Tax …… 355
土地裁判所　Lands Tribunal …… 296, 348
土地裁判所規則(1949年)　Lands Tribunal Rules 1949 …… 348
土地裁判所法(1949年)　Lands Tribunal Act 1949 …… 348
土地条項統合法(1845年)　Lands Clauses Consolidation Act 1845およびLands Clauses Consolidation (Scotland) Act 1845 …… 116
土地の開発利益徴収と減価補償　betterment and compensation …… 339
土地補償法(1961年)　Land Compensation Act 1961 …… 218, 349
土地補償法(1973年)　Land Compensation Act 1973 …… 161, 349, 352, 459
トッタダウン・フィールズ(ツーティング，ロンドン，1910年代)　Totterdown Fields , Tooting, London …… 95
『土木技師・建築家雑誌』(1837年創刊)　*Civil Engineer and Architect's Journal* …… 266
土木工事(法律用語)　engineering operations …… 359
トマス・ワイアットの反乱事件(1554年)　Wyatt's Rebellion …… 425
ドライデン，ジョン　John Dryden, 1631-1700 …… 114, 435
トリニティー・カレッジ，ケンブリッジ　Trinity College, Cambridge …… 197
ドリバーグ，トム　Tom Driberg, MP …… 197
ドリンクウォーター，ピーター　Peter Drinkwater …… 78, 79
トレンズ，ウィリアム　William M'Cullagh Torrens, 1813-1894 …… 431
トレンズ法　Torrens Act　→職工および労働者住居法(1868年)

な

内陣正面スクリーン　choir-screen …… 105
ナイチンゲール，フローレンス　Florence Nightingale, 1820-1910 …… 124
ナイツブリッジ地区，ロンドン　Knightsbridge, London …… 310
内務省　Home Office …… 439
ナショナル・ストーン・センター，ワークスワース　National Stone Centre, Wirkworth …… 307
ナショナル・トラスト　The National Trust ……
44, 76, 93, 98, 113, 122, 124, 125, 126, 127, 128, 129, 173, 179, 190, 224, 246, 247, 256, 258, 259, 260, 261, 262, 263, 267, 269, 271, 289, 290, 304, 328, 391, 436, 442, 444, 448, 451, 452, 453
ナショナル・トラスト・エンタープライジズ　The National Trust Enterprises …… 262, 289
『ナショナル・トラスト・ハンドブック』　*The National Trust Handbook* …… 261
ナショナル・トラスト法(1907年)　National Trust Act 1907 …… 126, 173, 179, 258
ナショナル・トラスト法(1937年)　National Trust Act 1937 …… 127, 260
ナショナル・ビルディングズ・レコード　1963年に「ナショナル・モニュメンツ・レコード」と名称変更　National Buildings Record …… 185, 250, 251, 371
ナショナル・モニュメンツ・レコード　National Monuments Record
…… 234, 251, 327, 370, 371, 386, 451

ナショナル・ローンズ・ファンド　National Loans Fund……………………………………………… 219
ナショナル・ロッタリー　National Lottery ………………………………………………………… 389
ナショナル・ロッタリー法(1993年)　National Lottery Act 1993 ……………………………… 230, 257
ナショナル・ロッタリー法(1997年)　National Lottery Act 1997 ……………………………………… 230
ナッシュ, ジョン　John Nash, 1752-1835 ……………………………………… 47, 248, 249, 252, 452
奈良会議(1994年)　Nara Conference ………………………………………………… 18, 241, 425

に

ニール, ジョン・メイソン　John Mason Neale, 1818-1895 ……………………………………………… 426
20世紀協会, 1979年設立　Twentieth Century Society ………………………………………… 255, 256
日本ナショナルトラスト(財団法人)………………………………………………………………… 262
ニュー・アイディアル・ホームステッド社　New Ideal Homestead Ltd. ……………………………… 137
ニュー・イアーズウィック(ヨーク, 1901年-)　New Earswick, York, 1901- ……………………… 83, 91
ニュー・イースト・マンチェスター　New East Manchester …………………………………… 398, 399
ニュー・シティ　New City…………………………………………………………………………… 157
ニュー・タウン　New Town ……………………………………………………………………………
85, 87, 97, 147, 148, 151, 153, 154, 155, 156, 157, 158, 159, 161, 247, 283, 313, 315, 316, 318, 334, 335, 350, 353, 357, 396, 448, 459
ニュー・タウン委員会(リース委員会), 1945年10月設立　New Town Committee ………………… 147
ニュー・タウン委員会　Commission for the New Town ………………………………… 155, 158, 231, 397
ニュー・タウン開発公社　New Town Corporation
…………………………………………………… 148, 153, 157, 158, 217, 315, 316, 335, 353, 397, 459
ニュー・タウン法(1946年)　New Town Act 1946 ………………………… 96, 147, 148, 151, 153, 335
ニュー・タウン法(1959年)　New Town Act 1959 ………………………………………………… 155, 397
ニュー・タウン特別開発命令　New Town Special Development Order……………………………… 358
ニュー・ハーモニー, アメリカ　New Harmony, Indiana, America, 1825- …………………… 81, 321
ニュー・ビルディングズ, ニュー・ラナーク　New Buildings, New Lanark ……………………… 80
ニュー・ブルータリズム　New Brutalism ………………………………………………………… 412
ニュー・ミレニアム・エクスピリアレンス, ニュー・ラナーク　New Millennium Experience, New Lanark ………………………………………………………………………………………… 325
ニュー・ラナーク(ラナークシャー, スコットランド, 1783年〜)<建設>　New Lanark, Lanarkshire, Scotland ………………………………………………………………… 78, 79, 80, 81, 147
ニュー・ラナーク(ラナークシャー, スコットランド, 1963年〜)<再開発>
……………………………………… 242, 312, 320, 321, 322, 323, 324, 325, 432, 450, 457, 458
ニュー・ラナーク・アンド・フォールズ・オブ・クライド保存地区　New Lanark and Falls of Clyde Conservation Area ………………………………………………………………………… 458
ニュー・ラナーク・コンサヴェイション・トラスト　New Lanark Conservation Trust…………… 322
ニュー・ラナーク重要保存地区　New Lanark Outstanding Conservation Area ……………………… 458
『ニュー・ラナークの未来』(1973年)　*A Future for New Lanark* ………………………………… 322
ニュー・レイバー（新労働党）　New Labour ……………………………………………… 232, 233, 396
ニューカースル工業住宅会社　Newcastle Industrial Dwelling Company ……………………………… 70
ニューカスル・アポン・タイン古物研究家協会, 1813年設立　The Society of Antiquaries of Newcastle

upon Tyne ……………………………………………………………………………… 25
ニューサンス →迷惑行為
ニュートン，ウェールズ Newton, Montgomeryshire, Wales ……………………………… 78
ニューマン，ジョン・ヘンリ John Henry Newman, 1801-1890 ……………………………… 426

ね

ネプチューン計画 Enterprise Neptune ……………………………………………… 260
年使用価値(土地) annual value ……………………………………………… 354, 460

の

ノース・イースト・イングランド(特定地域) North East England, Special Area ……………… 336
ノーブレス・オブリッジ noblesse oblige ……………………………………………… 77, 391
ノーベリー（クロイドン，ロンドン，1910年代） Norbury, Croydon, London ……………… 95
農村衛生地区 country sanitary district ……………………………………………… 72, 332
ノッティンガム・プレイス・スクール Nottingham Place School ……………………………… 76
ノフォーク・ハウス，セント・ジェイムジズ・スクエア，ロンドン Norfolk House, London … 249
ノリッジ・ソサイアティ Norwich Society ……………………………………………… 303
ノルウェイ民俗博物館，オスロ，1894年設立，1902年一般公開 The Norwegian Folk Museum
……………………………………………………………………………… 273
ノルマン・コンクェスト(1066年) Norman Conquest ……………………………… 102, 426
『ノルマン人の征服から宗教改革に至るまでのイギリス建築の様式を判別する試み—ギリシア式および
ローマ式オーダーの大要および約500件の建造物についての覚書付き』（トマス・リックマン著）
→『イングランド建築様式判別試論』
ノン・カウンティ・カウンシル non-county council, or municipal borough council …………… 56, 57

は

ハーヴィ，フランシス Lord Francis Harvey ……………………………………………… 109, 110
パーカー，バリー Barry Parker, 1867-1941 ……………………………………………… 89, 91, 97
バーク，エドマンド Edmund Burke, 1729-1797 ……………………………………………… 24
パーク・アンド・ライド park and ride ……………………………………………… 295
ハーグ条約(1954年) →武力紛争の際の文化財の保護のための条約
ハークネス，エドワード Edward Stephen Harkness, 1874-1940 ……………………………… 391
バークマイア，ヘンリ Henry Birkmyre, 1832-1900 ……………………………………………… 321, 457
バークレア卿 Lord Burghclere ……………………………………………… 116
パーシー卿 Lord Percy ……………………………………………… 110
バース，エイヴォン州 Bath, Avon ………… 174, 190, 200, 202, 203, 242, 307, 308, 309, 310, 446
バース・コーポレイション法(1937年) Bath Corporation Act of 1937 ……………………… 174
バース・プリザヴェイション・トラスト，1910年設立 1934年から現在の名称となる Bath

Preservation Trust …… 308, 309
ハースト・ロード分譲住宅地(ロンドン，1932-33年) Hurst Road Estate, Bexley, London …… 137
バーズレム，ストーク・オン・トレント Burslem, Stoke-on-Trent …… 194, 303
ハーティントン侯爵 Marquis of Hartington …… 176
ハードウィック，フィリップ Philip Hardwick …… 254
ハートフォード大聖堂 Hertford Cathedral …… 31
ハートリー，ジェス Jess Hartley …… 318
バートン・ストリート，バース Barton Street, Bath …… 308, 309, 310
バーネット，サミュエル Samuel Augustus Barnett, 1844-1913 …… 93
バーネット，ヘンリエッタ Henrietta Barnett, 1851-1936 …… 93
バーネット夫妻(サミュエル&ヘンリエッタ・バーネット) …… 75, 76, 93
パーマストン卿 Lord Palmerston, Temple, Henry John, 3rd Viscount Palmerston, 1784-1865 …… 105, 106
バーミンガム Birmingham …… 53, 157, 170, 218, 238, 239, 291, 313, 315, 318
バーラム保存地区 Barham Conservation Area …… 295
パーリッシュ（教区） parish …… 56, 57, 114, 250, 251, 361, 371, 386, 447
パーリッシュ・カウンシル parish council …… 57
バーリントン・コート(サマセット州，1552-64年) Barrington Court, Somerset …… 259
『バールベックの遺跡』(ロバート・ウッド著，1757年) Robert Wood, *Ruins of Balbec* …… 23
ハーロウ(エセックス州，1947年～) Harlow, Essex …… 153, 154, 155, 159
バーロウ，モンタギュー Sir Montague Barlow, 1868-1951 …… 49, 439
バーロウ委員会，1937年設立 Barlow Committee …… 49, 139, 140
バーロウ報告 Barlow Report …… 49, 140, 142, 145, 147, 336
バーン＝ジョーンズ，エドワード Edward Burne-Jones, 1833-1898 …… 41
廃棄物ローカル・プラン Waste Local Plan …… 458
背景協議区域 Background Consultation Area …… 383
ハイゲイト住宅会社 Highgate Dwelling Company …… 70
廃止命令 discontinuance order …… 385
ハイランド地方 Highland …… 80, 275
バイロー・ハウス(条例住宅) by-law house …… 74, 75
バイロン，ロバート Robert Byron, 1905-41 …… 249, 250, 267
ハウジング・アクション・エリア(住宅改善地域) Housing Action Area : HAA …… 163, 334, 356, 459
ハウジング・アクション・トラスト(住宅改善信託) Housing Action Trust …… 334, 397, 458, 459
ハウジング・アソシエイション(住宅組合) Housing Association …… 163, 164, 222, 321, 334, 457
ハウジング・コーポラティヴ housing co-operative …… 164
ハウジング・ソサイアティ housing society …… 68, 70, 71
白書 white paper →政府白書
パクストン，ジョーゼフ Joseph Paxton, 1801-1865 …… 269, 276, 453
バジルドン(エセックス州，1949年～) Basildon, Essex …… 153, 159
橋渡し法(イタリア) legge-ponte, 1967 …… 14
バターフィールド・ウィリアム William Butterfield, 1814-1900 …… 34
バッキンガム宮殿，ロンドン Buckingham Palace, London …… 278
バック・ツゥー・バック back-to-back …… 73, 74, 81, 431
ハックペン・ヒル(ウィルトシャー) Hackpen Hill, Wiltshire …… 107

ハットフィールド（ハーフォードシャー，1948年～） Hatfield, Hertfordshire …… 153, 159
バトラーズ・ワーフ Butler's Wharf Building, 1985-97, designed by Conran and Partners … 283, 285
ハドリアヌス Publius Aelius Hadrianus, 76-138, 在位：117-138 …… 20
ハドリアヌスの長城（112-126年） Hadrian's Wall …… 46, 242
バニング，J.B. J.B. Bunning …… 254
パブ pub …… 83, 85, 273, 359, 368
ハムステッド・ガーデン・サバーブ（ロンドン，1905年～） Hampstead Garden Suburb, London …… 70, 92, 93, 94, 95, 97
ハムステッド・ガーデン・サバーブ・トラスト株式会社 Hampstead Garden Suburb Trust Ltd., 1906年設立 …… 93
ハムステッド・ガーデン・サバーブ法（1906年） Hampstead Garden Suburb Act 1906 …… 93
バラ borough …… 138, 320, 338, 340, 382, 383, 439
バラ戦争（1455-85年） Wars of the Roses …… 102
ハリス，ジョン John Harris …… 268
バルセロナ・パヴィリオン（バルセロナ万博のドイツ館，1928-29年，1986年復原，ミース設計） Barcelona Pavilion …… 17
『パルミラの遺跡』（ロバート・ウッド著，1753年） Robert Wood, *Ruins of Palmyra* …… 23
パルンボ，ピーター Peter Palumbo, 1935- …… 299, 300
バロウズ，G.S. G.S.Burrows …… 203, 447
『パワー・オブ・プレイス—歴史的環境の未来』（イングリッシュ・ヘリテイジ編，2000年） English Heritage, *Power of Place : The Future of the Historic Environment* …… 234
ハワード，エベニーザ Sir Ebenezer Howard, 1850-1928 …… 83, 87, 88, 89, 91, 93, 95, 97, 145, 147, 148, 433
『繁栄のためのパートナーシップの構築』（政府白書，1997年12月） *Building Partnerships for Prosperity* …… 464
バンク・ホリデイ法（1871年） Bank Holyday Act 1871 …… 106
反修復運動 Anti-Restoration …… 38, 41
ハンター，ロバート Sir Robert Hunter, 1844-1913 …… 124, 125, 126, 127, 129, 259
ハント，ジョーゼフ Sir Joseph Hunt …… 336
ハント委員会 Committee under the Chairmanship of Sir Joseph Hunt …… 336
ハント報告 Hunt Report, 1969 →『中間地域』
バンバリー卿 Lord Banbury of Tougham …… 176
ハンプトン・コート宮殿（ロンドン，1515年～） Hampton Court, London …… 277, 454

ひ

ビーコン・カウンシル・スキーム Beacon Council Scheme …… 392, 463
ヒース，エドワード（政権・内閣） Sir Edward Heath, 1916- …… 210
ピーターリー（ダラム州，1948年～） Peterlee, Durham …… 153, 159
ビーチャム卿 Lord Beauchamp, 7th Earl of Beauchamp …… 171, 442
ピーボディ，ジョージ George Peabody, 1795-1869 …… 69
ピーボディ・トラスト →ザ・ピーボディ・トラスト
ビーレフェルト民家博物館，ウエストファリア，ドイツ …… 274

ピアズ，チャールズ・リード　Charles Reed Peers ……… 171, 173
ピアソン，ジョン・ラフバラ　John Loughborough Pearson, 1817-1896 ……… 34
ヒアリング　hearing ……… 373
ピカデリー・ミル　Piccadilly Mill ……… 78
美観地区（日本）　1919（大正8）年導入……… 15
非居住用資産レイト　non-domestic rate ……… 223, 455
ピクチャレスク　picturesque ……… 26, 47, 87, 95, 451
ビジネス・レイト　Business Rate ……… 244, 354, 405
ビショップ・ブリッジ，ノリッジ　Bishop Bridge, Norwich ……… 303
ヒストリック・スコットランド　Historic Scotland ……… 257, 323, 387, 457
ヒストリック・ビルディングズ・グランツ　Historic Buildings Grants……… 390
『人々と都市計画』（1969年）　*People and Planning*　→スケフィントン報告
ビニー，マーカス　Marcus Binney, 1944- ……… 215, 268
百年戦争（1337-1453年）　Hundred Years War ……… 102, 442
ビュー・コントロール　view control ……… 382
ビューイング・コリドー　Viewing Corridor ……… 383
ピュージ，エドワード・ブーヴェリ　Edward Bouverie Pusey, 1800-1882 ……… 426
ピュージン，オーガスタス・ウェルビー・ノースモア　Augustus Welby Northmore Pugin, 1812-1852 ……… 27, 28, 29, 33, 35, 40, 427
ヒューム，ジョーゼフ　Joseph Hume, 1777-1855 ……… 105
ピューリタン（清教徒）革命（1649年）　Puritan Revolution……… 103
標準条例　Model By-law……… 73, 431
ビリングズゲイト（ロンドン，1989年）　Billingsgate, Lower Tames Street, London ……… 412, 413
ヒル，オクタヴィア　Octavia Hill, 1838-1912 ……… 75, 76, 77, 93, 124, 125, 126, 259, 431, 432, 437
ヒル，ミランダ　Miranda Hill, 1836-1910 ……… 124
ヒルトン卿　Lord Hylton ……… 183
貧困化と犯罪の防止のためのロンドン協会，1868年設立　のちに「慈善組織協会」と改称　London Association for the Prevention of Pauperization and Crime……… 74
貧困者住宅に関する王立委員会，1884年設立　Royal Commission on the Housing of Poor ……… 72

ふ

ブーツ　Boots ……… 401, 406
フーリエ，シャルル　Charles Fourier, 1772-1837 ……… 78
フーリガン　hooligan ……… 151
プール，ドーセット州　Poole, Dorset……… 213
ブーンヴィル（バッキンガムシャー，1879年～）　Bournville, Birminghamshire ……… 83, 148, 440
ブーンヴィル・ヴィレッジ・トラスト　Bournville Village Trust ……… 440
ファサード保存……… 287, 310, 319
ファサード保存による内部更新　Development Behind the Retained Façade　→ファサード保存
ファルコンウッド分譲住宅地（ロンドン，1932-33年）　Falconwood Estate, Bexley, London ……… 137
フィージビリティ・スタディ（予備調査）　feasibility study ……… 315, 388
フィンズベリー地区，ロンドン　Finsbury, London ……… 70

風景式庭園　landscape garden …… 26
風致地区(日本)　1919 (大正8)年導入…… 14, 15, 424
フォスター，ノーマン　Sir Norman Foster, 1935- …… 225, 226, 412, 414, 415
付加価値税　→VAT
ブカレスト村落博物館，ルーマニア…… 274
ブキャナン，コリン　Sir Colin Buchanan, 1907-2001 …… 160, 203, 446
ブキャナン報告　Buchanan Report　→『都市の自動車交通』
副総理府　Office of the Deputy Prime Minister
…… 51, 52, 55, 56, 59, 60, 62, 235, 366, 367, 390, 396, 403, 430, 456, 465
武力紛争の際の文化財の保護のための条約(ハーグ条約)　Convention for the Cultural Property in the Event of Armed Conflict, 1954 …… 192, 445
付随的用途(法律用語)　incidental use…… 359
フック，ロバート　Robert Hooke, 1635-1703 …… 383
腐敗選挙区　rotten borough …… 65, 430
浮遊価値　floating value …… 346
不要教会堂　redundant church …… 206, 207, 208, 209, 257
不要教会堂およびその他宗教建築法(1969年)　Redundant Churches and Other Religious Buildings Act 1969 …… 207, 228, 365, 442
不要教会堂基金，1968年設立　Redundant Churches Fund …… 207, 209, 442
不要教会堂のための中央諮問局，1969年設立　Central Advisory Board for Redundant Churches
…… 207
ブライト通告　Blight Notice …… 350
ブライトン，イースト・サセックス州　Brighton, East Sussex …… 180, 190, 252, 256
ブラウン，ジェラルド・ボールドウィン　Gerald Baldwin Brown, 1849-1932 …… 19, 115, 116
ブラック・カントリー　Black Country …… 218, 314
ブラック・カントリー生活博物館，1975年開館　Black Country Living Museum, Birminghamshire
…… 238, 239
ブラックネル(バークシャー，1949年～)　Bracknell, Berkshire…… 153, 159
ブラックヒース，ロンドン　Blackheath, London …… 196
ブラックフライアーズ地区，ロンドン　Blackfriars, London …… 69
ブラッケン・ハウス(ロンドン，1956-59年，アルバート・リチャードソン設計)　Bracken House, Friday Street, London …… 225, 226
フラット(フラッツ)　flat, flats …… 69, 149, 150, 151, 152, 154, 310, 440
ブラッドフォード，ウエスト・ヨークシャー　Bradford, West Yorkshire…… 83
『プランニング・ブルティン』　*Planning Bulletin* …… 190
フランス七月革命(1930年)　Révolution de Juillet …… 13
フランスの歴史的、美的資産保護に関する立法を補完し、かつ、不動産修復を助成することを目的とした法律(1962年8月4日法) (1962年法律903号)　Loi complétant la législation sur la protection du patrimoine historique et esthetique de la France et tendant à faciliter la restitution immobilière
→マルロー法
ブラント，アンソニー　Professor Anthony Blunt, 1907-1983 …… 187
プランナー　planner …… 67, 98, 145, 281, 297, 300, 301, 338, 363, 373
プランニング・ブライト　planning blight …… 350
フリート・ストリート17番地(シティ，ロンドン)　17 Fleet Street, City, London …… 114

フリーマン，エドワード・オーガスタス　Edward Augustus Freeman, 1823-1892 …… 32
プリグリム・トラスト，1930年設立　Pilgrim Trust …… 391
プリザヴェイション　preservation …… 7, 9
ブリストル工業住宅会社　Bristol Industrial Dwelling Company …… 70
プリチャード，トマス　Thomas Pritchard, 1723-1777 …… 314
ブリッジズ卿　Lord Bridges, Permanent Secretary of the Treasury …… 207
ブリッツヒル野外博物館（アイアンブリッジ渓谷博物館）　Blists Hill Open Air Museum, Blists Hill Victorian Town, Ironbridge Gorge Museum …… 316, 317
ブリトン，ジョン　John Britton, 1771-1857 …… 105
ブリュッセル宣言　Declaration of Brussels …… 445
不良空地　waste land …… 161
ブルー・プラク・スキーム　Blue Plaque Scheme …… 114, 115, 435
ブルック卿，バジル　Sir Basil Brooke …… 313
ブルネル，アイザンバード・キングダム　Isambard Kingdom Brunel, 1806-1859 …… 325
ブレア，トニー（政権・内閣）　Anthony (Tony) Charles Lynton Blair, 1953- …… 48, 55, 56, 60, 209, 216, 232, 233, 234, 235, 288, 312, 328, 335, 386, 387, 392, 393, 394, 395, 396, 403, 407, 416, 430
ブレイズ・ハムレット，グロスタシャー　Blaise Hamlet, Henbury, Glouchestershire, near Bristol …… 262, 452
ブレナヴォン産業景観　Blaenavon Industrial Landscape, Wales …… 242, 324, 450
ブレナム・パレス（オクスフォード近郊，1705年〜，ジョン・ヴァンブラ設計）　Blenheim Palace, Woodstock, Oxfordshire …… 21, 242
ブローズ行政庁　Broads Authority …… 459
ブロック教授　Professor Bullock, Naval History at Greenwich …… 196
ブロムフィールド，レジナルド　Sir Reginald Theodore Blomfield, 1856-1942 …… 43
文化・情報・スポーツ省　Department for Culture, Media and Sport …… 56, 60, 62, 209, 233, 234, 235, 288, 366, 367, 371, 372, 373, 386, 387, 403, 455, 465
文化遺産グラント基金プログラム　Heritage Grant Fund Program : HGF …… 389
文化遺産経済再生スキーム　Heritage Economic Regeneration Scheme：HERS …… 380, 388
文化協力委員会（欧州会議），1961年設置　Council for Cultural Co-operation, Council of Europe … 243
文学・哲学協会　Literary and Philosophical Society, Manchester …… 79
文化財の不法な輸入，輸出および所有権移転を禁止しおよび防止する手段に関する勧告（1970年ユネスコ条約）　Recommendation on the Means of Prohibiting and Preventing the Illicit import, Export and Transfer of Ownership of Cultural Property, 1970 …… 240, 444
文化財保護法（日本）　1950（昭和25）年制定，1975（昭和50）年および1996（平成8）年一部改正 …… 7, 11, 12, 14, 15, 60, 201, 265, 280, 423, 424
文化財保存修復研究国際センター　→イクロム
『文化財目録』　*Inventory* …… 116, 119, 120, 169, 172, 178, 267, 436
文化省（フランス），1959年設立　Ministère de la Culture …… 195
文化大臣（フランス）　Ministre de la Culture …… 195, 424, 445
文化的景観　cultural landscape …… 243

へ

ベイリー，アラン　Sir Alan Bailey ………… 278
ペヴスナー，ニコラウス　Sir Nikolaus Pevsner, 1902-1983 ………… 30, 202, 251, 267
ベクスリー地区，ロンドン　Bexley, London ………… 137
ベスト・ヴァリュ　Best Value ………… 392, 396, 463
ヘッセンパルク博物館，ノイ・アンシュパッハ，フランクフルト近郊，ドイツ ………… 274
ベッドフォード・スクエア，ロンドン　Bedford Square, London ………… 249
ベッドフォード・パーク(ロンドン，1875年～)　Bedford Park, London, 1875- ………… 85, 86, 92
ペティ，ジョン・ルイス　Rev. John Louis Petit, 1801-68 ………… 33
ベトジャマン，ジョン　John Betjeman ………… 197
ペニンシュラ・バラック，ウィンチェスター　Peninsula Barracks, Winchester ………… 269
ヘメル・ヘムステッド(ハーフォードシャー，1947年～)　Hemel Hempstead, Hertfordshire ………… 153, 159
ヘラルド，リッチモンド　Richmond Herald ………… 184
『ヘリテイジ・アウトルック』　*Heritage Outlook* ………… 264
ヘリテイジ・イヤー・グランツ　Heritage Year Grants ………… 214
ヘリテイジ・エコノミック・リジェネレイション・スキーム　Heritage Regeneration Scheme … 406
ヘリテイジ・センター　Heritage Centre ………… 265, 266, 307
ヘリテイジ・ツーリズム　heritage tourism ………… 288, 289, 291, 316, 318
ヘリテイジ・ロッタリー基金　Heritage Lottery Fund ………… 230, 257, 271, 320, 388, 389, 390, 406, 458
ヘリテイジ財団　Heritage Foundation ………… 316
ヘリテイジ都市協会　Heritage Cities Association ………… 288
ベルグソン，アンリ　Henri Bergson, 1859-1941 ………… 437
ベルグレイヴ・スクエア　Belgrave Square, London ………… 310, 311, 312
ベルグレイヴィア地区，ロンドン　Belgravia, London ………… 310, 311
ベルチャー，ジョン(父)　John Belcher, c.1816-1890 ………… 298, 299, 456
ベルチャー，ジョン(子)　Sir John Belcher, 1841-1913 ………… 298, 299, 456
ヘルツォーク&ド・ムロン　Herzog & de Meuron ………… 286
ベンサム，ジェリミー　Jeremy Bentham, 1748-1832 ………… 65
ヘンリ八世　Henry VIII, 1491-1547, 在位 : 1509-1547 ………… 102, 426

ほ

ホーヴ，イースト・サセックス州　Hove, East Sussex ………… 190, 252
ホークスモア，ニコラス　Nicholas Hawksmoor, 1661-1736 ………… 122
ボーディアム・カースル(イースト・サセックス州，1385年～)　Bodiam Castle, East Sussex, 1385- ………… 442
ポート・グラズゴー　Port Glasgow ………… 321
ポート・サンライト(マージサイド州，1888年～)　Port Sunlight, Wirral, Merseyside ………… 83
ボーフォート・スクエア，バース　Beaufort Square, Bath ………… 307, 308, 309, 310
ボーマント(エイルズバリー選出の国会議員)　Mr.Beaumont, MP for Aylesbury ………… 176
ボールティング，ニコラウス　Nikolaus Boulting ………… 20

ホイッグ　Whig ………………………………………………………………………………………… 65
ホイットリー，ジョン　John Wheatley, 1869-1930 ………………………………………………… 438
ホイットリー法　Wheatley Act →住宅(財政補助)法(1924年)
ポインター，エドワード　Sir Edward Poynter, 1836-1919 ………………………………………… 428
ポウイス，A.R.　A.R.Powys, 1881-1936 …………………………………………………………… 123, 295
貿易・産業省　Department of Trade and Industry………………………………………………… 465
防火安全管理者　fire safety manager ……………………………………………………………… 278
防火安全対策方針計画書　fire safety policy statement …………………………………………… 278
防火協会　The Fire Protection Association ………………………………………………………… 278
防火研究データベース　Fire Research Detabase …………………………………………………… 278
包括的機能　general competence ……………………………………………………………………… 53
防災 ………………………………………………………………………………………… 6, 276, 277, 278, 279
法人税　corporation tax ………………………………………………………………………… 351, 354
法定審査　statutory review………………………………………………………………………………… 54
法定文書　Statutory Instrument ………………………………………………………………………… 50
法定リスト　Statutory List………………… 119, 167, 184, 185, 186, 187, 188, 199, 202, 367, 369, 443, 460
法務次官　Solicitor General ……………………………………………………………………………… 180
法務長官　Attorney General ……………………………………………………………………………… 110
ポウルトリ1番地，ロンドン　No.1 Poultry, London …………………… 270, 295, 298, 299, 300, 301, 456
ボウルトン，マシュー　Matthew Boulton, 1728-1809 ……………………………………………… 314
ポケット選挙区　pocket borough ………………………………………………………………… 65, 430
保護制度(ドイツ)　Denkmalschutzgesetz ……………………………………………………………… 14
保護地区(フランス)　secteurs sauvegardés ……………………………………………… 14, 197, 445
保守党　Conservative Party ……………………………………………………………………………
109, 110, 136, 137, 139, 143, 146, 149, 153, 155, 163, 180, 181, 195, 198, 210, 211, 216, 228, 232, 233, 319, 335, 336, 337, 347, 348, 349, 350, 351, 352, 357, 396, 403, 405, 438
補償　compensation………………………………………………………………………………………
46, 67, 71, 108, 139, 141, 142, 143, 148, 175, 177, 181, 182, 188, 201, 202, 204, 230, 296, 297, 339, 340, 345, 346, 347, 348, 349, 350, 352, 353, 355, 364, 372, 439, 442, 446, 447
補償および開発利益に関する専門委員会　Expert Committee on Compensation and Betterment →アスワット委員会
『補償および開発利益に関する専門委員会・最終報告』(1942年)　*Expert Committee on Compensation and Betterment : Final Report* →アスワット報告
保証賃貸借契約　Assured Tenancy ……………………………………………………………………… 222
補助金　subsidy, grant ……………………………………………………………………………………
136, 149, 163, 164, 165, 173, 188, 189, 190, 191, 204, 207, 209, 211, 213, 214, 217, 219, 221, 223, 228, 229, 230, 231, 232, 235, 257, 263, 266, 304, 306, 320, 322, 333, 334, 335, 337, 370, 375, 387, 388, 389, 390, 391, 397, 402, 403, 404, 405, 406, 438, 441, 442, 449, 457, 458, 462, 463
補助地域　Assisted Areas ………………………………………………………………………………… 337
補助リスト　Provisional List ……………………………………………………………… 186, 369, 443, 460
『保存』(W.ケネット著，1972年)　Wayland Kennet, *Preservation* ……………………………… 20, 197
保存建築家　Conservation Architect……………………………………………………………………… 316
保存政策グループ　Preservation Policy Group ……………………………………… 197, 202, 203, 204
保存誓約　convenant ……………………………………………………………………………………… 128

保存専門家育成助成金　Grants to Establish Conservation Staff ……… 388
保存地区　Conservation Area ………
55, 60, 160, 174, 184, 194, 195, 197, 198, 199, 201, 203, 205, 206, 211, 212, 214, 218, 227, 228, 229, 230, 231, 264, 286, 294, 295, 296, 297, 298, 299, 304, 310, 361, 362, 376, 377, 378, 379, 380, 385, 388, 389, 391, 424, 458, 461
保存地区計画　Conservation Area Plan ……… 379, 461
保存地区内の同意　conservation area consent ……… 201, 230, 231, 378, 379, 460
保存地区に影響を及ぼす開発……… 361, 362
保存地区パートナーシップ　Conservation Area Partnership Scheme, English Heritage……… 386, 406
『保存に関する研究』（保存政策グループ編，1968年）　Preservation Policy Group, *Studies in Conservation* ……… 203
保存の前提　the presumption in favour of preservation……… 300
保存命令　Preservation Order ……… 171, 175, 177, 189
牧会法令（1983年）　Pastoral Measure 1983……… 208, 209, 230
ホブハウス，ハーマイアニ　Hermione Hobhouse ……… 268
ホリデイ・コテジズ　Holyday Cottages ……… 289, 290, 452
留保条件　crownhold disposition ……… 351
ホルカー，ジョン　Sir John Holker ……… 110
ホルフォード，ウィリアム　William Graham Holford, Baron Holford of Kemp Town, 1907-1975 ……… 49, 99, 185, 188, 196, 444
ホルフォード委員会　Holford Committee　→リスト作成のための諮問委員会
ホワイト・ハート・レイン（トットナム，ロンドン，1910年代）　White Hart Lane, Tottenham Lane, London ……… 95
ホワイトホール・イレギュラーズ　Whitehall Irregulars……… 184

ま

マークス＆スペンサー　Marks & Spencer ……… 401, 406
マージサイド・マリンタイム博物館　Merseyside Maritime Museum　→マージサイド国立博物館・美術館
マージサイド国立博物館・美術館　National Museums and Galleries on Merseyside ……… 320
マグダレン・ストリート，ノリッジ　Magdalen Street, Norwich ……… 194, 302, 303
マクドナルド，ジェイムズ・ラムジー（政権・内閣）　James Ramsay MacDonald, 1866-1937 …… 176
マグナス，フィリップ　Sir Philip Magnus……… 184
マクマードゥ，アーサー　Arthur Mackmurdo, 1866-1937 ……… 41
マクミラン，ハロルド（政権・内閣）　Harold Macmillan, 1894-1986 ……… 196
マッカーサーグレン　BAA McArthurGren……… 327, 458
マッカーサーグレン・デザイナー・アウトレット　McArthurGren Designer Outlet ……… 327
マックレイガン，エリック　Sir Eric Robert Dalrymple Maclagan, 1879-1951 ……… 185
マックレイガン委員会　Maclagan Committee　→リスト作成のための諮問委員会
マッコール，ジェイムズ　James MacColl……… 199
マッピン＆ウェッブ社　Mappin & Webb ……… 299
マディン，ジョン　John Madin ……… 315

マドリッド宣言……112, 122, 130, 214, 281, 428
『マニフェスト』(SPAB, 1887年)　SPAB, *The Manifesto*……41, 42, 122, 429
マリルボン・プレイス，ロンドン　Marylebone Place, London ……76
マルセイユのアパート　→ユニテ・ダビタシオン
マルタ条約(1992年)　Malta Convention　→考古学遺産の保存のためのヨーロッパ条約(改正)
マルロー，アンドレ　André Malraux, 1901-76 ……195
マルロー法(フランス)，1962年施行　Malraux Law ……14, 195, 197, 265, 376, 424, 445, 446
マレル，オタリン　Lady Ottoline Ann Morrell, nee Cavendish-Bentinck, 1873-1938 ……169
マレル，フィリップ・エドワード　Philip Edward Morrell, 1870-1943 ……169, 175
マンション・ハウス(ロンドン市長公邸)　Mansion House, London ……299
マンチェスター・スクエア，ロンドン　Manchester Square, London ……249
マンチェスター労働者住宅会社　Manchester Labourers' Dwelling Company ……70

み

ミース・ファン・デル・ローエ　Ludwig Mies van der Rohe, 1886-1969 ……17, 299
ミクスト・ユース(混合利用)　mixed use ……284
ミクスト・ディヴェロプメント(機能複合的再開発)　mixed development ……164
ミドルセックス　Middlesex ……57
みなし許可　permission "deemed to be granted" ……358
みなし同意　deemed consent ……385
ミュール精紡機　spinning mule ……78
ミルトン・キーンズ(バッキンガムシャー，1964年～)　Milton Keynes, Buckinghamshire ……156, 157, 159, 350
ミルナー，ジョン　John Milner ……31
ミルワーカーズ・ハウス，ニュー・ラナーク　Millworkers' House, New Lanark ……325
ミレニアム・ドーム(ロンドン，1999年，リチャード・ロジャーズ設計)　Millennium Dome, London ……234
ミレニアム・マイル，ロンドン　Millennium Mile, London ……449
民主主義　democracy ……45, 47, 55, 65, 201, 393

む

無形文化遺産保護条約(2003年)　Convention for the Safeguarding of the Intangible Cultural Heritage, 2003……450

め

明示の同意　express consent……385
メイジャー，ジョン(政権・内閣)　John Major, 1943- ……56, 58, 216, 228, 231, 232, 233, 394, 396, 447
メイドストン　Maidstone, Kent ……107

迷惑行為(ニューサンス)　Nuisance ………………………………………… 67
迷惑行為取締り法(1846年)　Nuisances Removal Act 1846 ………………………… 66
メトロポリタン・カウンティ(大都市圏)　metropolitan county ………… 50, 53, 222, 228, 430
メトロポリタン・カウンティ・カウンシル　metropolitan county council ………… 57
メトロポリタン・ディストリクト・カウンシル　metropolitan district council ……… 57, 58, 59, 222
メトロポリタン・バラ・カウンシル　metropolitan borough council ………… 57, 71
メリメ，プロスペル　Prosper Mérimée, 1803-1870 ………………… 13, 108, 424
メンデルゾーン，エーリッヒ　Erich Mendelsohn, 1887-1953 ………………… 225, 226
メントモア，バッキンガムシャー　Mentmore, Buckinghamshire ……… 268, 269, 389, 412
メントモア・キャンペーン　Mentmore Campaign ………………… 269, 270, 271
メントモア・タワーズ(メントモア，バッキンガムシャー，ジョーゼフ・パクストンおよびジョージ・ヘンリ・ストークス設計，1851-54年)　Mentmore Towers, Mentmore, Buckinghamshire ………………… 269, 271, 453

も

モーガン，オズボーン　Osborne Morgan ………………………………… 109
『モーニング・ポスト』　*Morning Post* ………………………………… 81
モールバラ公　→チャーチル，ジョン
モダン・ムーヴメントに関わる建物と環境形成の記録調査および保存のための組織　→ドコモモ
持ち家 ………………………… 137, 138, 162, 222, 318, 333, 334, 463
モトコウム・ストリート(ウエストミンスター，ロンドン)　Motcomb Street, Westminster, London ………………… 310, 311, 312
モニュメント　→記念物
モニュメント(ロンドン，1671-77年，クリストファー・レン＆ロバート・フック設計)　Monument, 1671-77, designed by Sir Christopher Wren & Robert Hooke ………………… 383
モリス，ウィリアム　William Morris, 1834-1896 ………… 28, 32, 34, 35, 36, 40, 41, 42, 98, 114, 120, 121, 122, 123, 206, 256
モリスン，ウィリアム・シェパード　Mr. William Shepherd Morrison, later 1st Viscount Dunrossil, 1893-1961 ………………… 179, 180
モンタギュー・オブ・ビューリー卿　Lord Montague of Beaulieu ………… 224, 229, 444

や

家賃および住宅金利増加(闘争制限)法(1915年)　Increase of Rent and Mortgage Interest (War Restriction) Act 1915 ………………… 135, 136
家賃制限法　→家賃および住宅金利増加(闘争制限)法
山本有三 ………………………………………… 265
ヤング，ウェイランド・ヒルトン　→ケネット，ウェイランド
ヤング，ヒルトン(初代ケネット男爵)　Hilton Young, first Baron Kennet, 1879-1960 …… 175, 197, 439

ゆ

ユーアト，ウィリアム　William Ewart, 1798-1869 …… 435
ユーストン駅（ロンドン，1836-40年建設，フィリップ・ハードウィック設計，1961年取り壊し）
　Euston Station, London …… 254, 255, 411, 444
ユートピア　utopia …… 77, 78, 87
ユートピア主義　Utopianism …… 324
ユーロ・ファンド　Euro Fund …… 316
ユゴー，ヴィクトール　Victor Marie Hugo, 1802-1885 …… 424
ユニタリー・オーソリティ（単一自治体）　unitary authority …… 56, 58, 59, 60
ユニタリー・ディヴェロプメント・プラン　unitary development plan
　…… 58, 59, 222, 343, 344, 383, 384, 458
ユニテ・ダビタシオン（マルセイユ，フランス，1947-52年，ル・コルビュジェ設計）（マルセイユのアパート）
　Unité d'Habitation, Marseille, France …… 164
ユネスコ（UNESCO：国際連合教育科学文化機関）　UNESCO : United Nations Educational, Scientific and Cultural Organization …… 18, 191, 192, 193, 213, 240, 241, 243, 258, 307, 312, 316, 320, 324
ユネスコ条約（1970年）　→文化財の不法な輸入，輸出および所有権移転を禁止しおよび防止する手段に関する勧告

よ

ヨーク　York …… 20, 83, 202, 203, 237, 238, 446
ヨーク・ミンスター　York Minster …… 37, 277
「ヨーロッパ、共通の遺産」キャンペーン（1999-2000年）　"Europe, A Common Heritage" Campaign
　…… 243
ヨーロッパ・ノストラ　Europa Nostra …… 213
ヨーロッパ・ノストラ賞　Europa Nostra Medal of Honour …… 307, 323
ヨーロッパ景観条約，2000年締結　European Landscape Convention …… 243
ヨーロッパ建築遺産年（EAHY，1975年）　European Architectural Heritage Year 1975
　…… 192, 212, 213, 214, 215, 224, 230, 243, 268, 390
ヨーロッパ建築遺産年賞（EAHY賞）　European Architectural Heritage Year Award：EAHY Award
　…… 213
ヨーロッパ地域開発基金　European Regional Development Fund …… 320, 322, 457
ヨーロッパの建築遺産保存のための条約（グラナダ条約）、1985年10月3日締結　Convention for the Protection of the Architectural Heritage of Europe …… 243
容積規制　plot ratio control …… 382, 462
用途クラス　Use Classes …… 359, 460
用途クラス令　Use Classes Order …… 59, 359, 460
用途変更　change of use …… 215, 225, 269, 278, 282, 283, 358, 359, 418, 446

ら

「来英賞」(英国観光庁)　“Come to Britain” trophy, British Tourist Authority …… 323
ライスリップ・ノースウッド　Ruislip-Northwood, Middlesex …… 170
ライト・トゥー・バイ　right to buy …… 222, 334
ラウドン，ジョン・クローディアス　John Claudius Loudon, 1783-1843 …… 266
ラスキン，ジョン　John Ruskin, 1819-1900
…… 28, 32, 34, 35, 36, 37, 38, 39, 40, 41, 42, 75, 76, 125, 206, 428
ラッチェンズ，エドウィン　Sir Edwin Landseer Lutyens, 1869-1944 …… 95
ラドクリフ・カメラ(オクスフォード，1737-49年，ジェイムズ・ギッブズ設計)　Radcliff Camera, Oxford …… 30
ラドナー伯　William Pleydell-Bouverie, 7th Earl Radnor, 1895-1968 …… 183
ラナーク・タウン・カウンシル　Lanark Town Council …… 322
ラナーク・バラ・カウンシル　Lanark Burgh Council …… 321
ラナーク市長　Provost of Lanark …… 322
ラナークシャー開発公社　Lanarkshire Development Agency …… 322, 457
ラファエッロ　Sanzio Raffaello, 1483-1520 …… 19
ラボック，ジョン　John Lubbock, 1st Baron Avebury, 1834-1913
…… 41, 106, 107, 108, 109, 110, 111, 112, 167, 168, 171, 205, 434
ラボック，ジョン・ウィリアム　Sir John William Lubbock, 1803-1865 …… 106, 434
ラングボーン・ビルディング(フィンズベリー地区，ロンドン，1863年)　Langbourne Building, Mark Street, Finsbury, London …… 69
ランコーン(チェシャー，1964年～)　Runcorn, Cheshire …… 157, 159
ランズダウン・ハウス，ロンドン　Lansdowne House, London …… 249

り

リーヴァ，ウィリアム・ヘルケス　William Hesketh Lever, 1851-1925 …… 83, 89
リージェンシー　Regency …… 252, 451
リージェンシー・ソサイアティ，1946年設立　The Regency Society …… 252, 253, 256
リージェント(皇太子)，のちのジョージ四世　Regent …… 47, 451
リージェント・ストリート(ロンドン，1811-30年，ジョン・ナッシュ設計)　Regent Street, London
…… 47, 248
リース，ジョン　John Charles Walsham Reith, 1st Baron, 1889-1971 …… 142, 145, 147, 148
リース委員会　Reith Committee　→ニュー・タウン委員会
リーズ・アンド・ディストリクト歴史協会　The Historical Society of Leeds and District
→ソレズビー協会
リーズ工業住宅会社　The Leeds Industrial Dwelling Company …… 70
リースホールド改革・住宅・都市再生法(1993年)　Leasehold Reform, Housing and Urban Regeneration Act 1993 …… 228, 231, 335
リード，ライオネル　Lionel Read …… 297
リヴァー，ピット　General Pitt River, 1827-1900 …… 167
リヴァプール・ヴィジョン　Liverpool Vision …… 398

リヴァプール改良法(1786年)　Liverpool Improvement Act 1786 ……… 65
リヴァプール・ハウジング・アクション・トラスト，1993年設立　Liverpool Housing Action Trust ……… 334
リヴァプール大学都市設計学科，1909年設立　School of Civic Design, University of Liverpool … 135
リヴィング・オーヴァー・ザ・ショップ・プロジェクト　Living Over the Shop Project ……… 286
リヴィング・ヒストリー・ムーヴメント(生活史復原運動)　Living History Movement ……… 274
リヴォルヴィング・ファンド　Revolving Fund ……… 306
リガード，チャールズ　Sir Charles Legard ……… 109
リジェネレイション・スルー・ヘリテイジ(遺産を通じた再生)　Regeneration Through Heritage ……… 227, 240
リスク・アセスメント(危険性査定)　Risk Assessment ……… 278
リスク・アセスメント・サーヴェイ(危険性査定調査)　Risk Assessment Survey ……… 279
リスティド・ビルディング　→登録建造物
リスティド・ビルディングズ・コントロール　Listed Buildings Control ……… 367, 372, 375
リスティング，リスティド　→登録<建造物>
リスト作成のための諮問委員会(マックレイガン委員会)(ホルフォード委員会)　Advisory Committee on Listing ……… 49, 185, 186, 188, 191, 196, 224, 444
リチャーズ，J.M.　J.M.Richards ……… 251
リチャードソン，アルバート　Professor Alfert Richardson ……… 185
リチャードソン，アルフレッド　Sir Alfred Edward Richardson, 1880-1964 ……… 225
リックマン，トマス　Thomas Rickman, 1776-1841 ……… 27, 426
リッチフィールド大聖堂　Lichfield Cathedral ……… 30, 31
リドリー，ニコラス　Nicholas Ridley ……… 198, 300
リニューアル・エリア　Renewal Area ……… 406
リヴュー・ペーパー　Review Paper ……… 404
利便性　convenience ……… 101, 134, 176, 331
リボン状開発　→沿道開発
リンカン大聖堂　Lincoln Cathedral ……… 30
臨時審査官　Temporary Inspector ……… 185
臨時用途　occasional use ……… 358

る

ル・コルビュジェ　Le Corbusier, 1887-1966 ……… 164, 437
ル・ロア　Jullien-David Le Roy, 1724-1803 ……… 23
ルーラル・ディストリクト・カウンシル　rural district council ……… 57, 338
ルイ十四世　Louis XIV, 1638-1715, 在位 : 1643-1715 ……… 21

れ

レイコック・アビー，ウィルトシャー　Laycock Abbey, Wiltshire ……… 452

レイト（不動産税）　rate ………… 56, 219, 223, 354, 448, 460
レイトン（シュロップシャー教区登記協会会長）　Mr. Leighton, Chairman of the Shropshire Parish Register Society ………… 435
レイトン・ホール，ポウイス　Leighton Hall, Powys ………… 295
レイトンストン，ロンドン　Leytonstone, London ………… 180
礼拝堂管理法令（1999年）　Care of Places of Worship Measure 1999 ………… 209
低廉列車法（1883年）　Cheap Train Act 1883 ………… 85
レヴェット，ニコラス　Nicholas Revett, 1720-1804 ………… 23
レオ十世　Leo X, 1475-1521, 在位 : 1513-21 ………… 19
歴史記念物および遺跡の保存と修復のための国際条約（1964年）　International Charter for the Conservation and Restoration of Monuments and Sites　→ヴェネツィア憲章
歴史記念物の修復に関するアテネ憲章　The Athens Charter for the Restoration of Historic Monuments　→アテネ憲章
歴史的環境　historic environment ………… 214, 302, 379, 386, 387, 404
歴史的記念物委員会（フランス），1837年創設　Commission des Monuments Historiques ………… 13, 21, 108
歴史的記念物主任建築家（フランス）　architecte en chef des monuments historiques ………… 14
歴史的記念物総監（フランス）　Inspecteur Général des Monuments Historiques ………… 13, 108
歴史的教会堂保存トラスト　Historic Churches Preservation Trust ………… 257, 391
歴史的景観　historical landscape ………… 174, 227, 243, 380, 456
歴史的建造物・記念物・公園・庭園グラント・スキーム　Historic Buildings, Monuments, Parks and Garden Grant Scheme ………… 388
歴史的建造物および遺産局（スコットランド）　Historic Buildings and Monuments Directorate … 322
歴史的建造物および記念物委員会　Historic Buildings and Monuments Commission ………… 444
歴史的建造物および古記念物法（1953年）　Historic Buildings and Ancient Monuments Act 1953 ………… 188, 189, 191, 196, 228, 365, 366, 386
歴史的建造物局　Historic Building Bureau ………… 202
歴史的建造物諮問委員会　Historic Buildings Council ………… 173, 188, 189, 190, 191, 196, 198, 204, 224, 371, 386, 443
歴史的建造物諮問委員会（北アイルランド）　The Historic Buildings Council, Northern Ireland … 444
『歴史的建造物と保存』（環境省，1974年）　Department of the Environment, *Historic Buildings and Conservation* ………… 211, 212
『歴史的建造物と保存地区—方針と手続き』（環境省，1987年）（通達8/87）　Department of the Environment, *Historic Buildings and Conservation Areas*, Circular8/87 ………… 211, 225, 230, 282, 300, 373
歴史的建造物に関する基金　Funds for Historic buildings ………… 391
歴史的建造物防火研究調整委員会　Historic Buildings Fire Research Co-ordinating Committee : HBFRCC ………… 278
歴史的建造物保存協会（IHBC）　Institute of Historic Building Conservation : IHBC ………… 255, 256, 258, 389, 452, 456
歴史的または建築的価値をもつ建造物　buildings of historic or architectural interest ………… 2, 3, 149, 182, 183
『歴史都市—保存と変化』（住宅・地方政府省，1967年）　Ministry of Housing and Local Government, *Historic Towns : Preservation and Change* ………… 199, 203

歴史都市および市街地の保存のための憲章，1987年採択　Charter for the Conservation of Historic Towns and Urban Areas ……… 194
歴史都市観光経営グループ　Historic Towns Tourism Management Group ……… 288
レセッション(不景気)　Recession ……… 223, 230, 240, 304, 328, 394
レッセ・フェール　→自由放任主義
レッチワース(ハートフォードシャー，1903年〜)　Letchworth, Hertfordshire ……… 89, 90, 91, 93, 95, 96, 147
レディッチ(ヘレフォード＆ウスター，1964年〜)　Redditch, Hereford and Worcester ……… 157, 159
レニー，ジョン　John Rennie, 1761-1821 ……… 248, 249
レン，クリストファー　Sir Christopher Wren, 1632-1723 ……… 30, 46, 121, 277, 298, 382, 383, 436

ろ

ローカル・アメニティ・ソサイアティ　local amenity society ……… 15, 44, 97, 124, 128, 129, 130, 160, 194, 246, 256, 261, 262, 263, 264, 265, 266, 303, 304, 361, 398, 402, 461
ローカル・プラン　local plan ……… 57, 58, 59, 161, 222, 343, 344, 345, 440, 446, 458
ロージェ，マルク・アントワーヌ　Marc Antoine Laugier, 1713-1769 ……… 24
ローズベリー，アーチボールド・フィリップ・プリムローズ　Lord Rosbery, Archibald Philip Primrose Rosebery, 5th Earl of, 1847-1929 ……… 271, 453
ロードリ，カールロ　Carlo Rodoli, 1690-1761 ……… 24
ローナン・ポイント(ロンドン)　Ronan Point, London ……… 151
ローマ・センター，イクロム ……… 192
ローンズリー，キャノン・ハードウィック　Cannon Hardwicke Rawnsley, 1851-1920 ……… 124, 125, 126, 259
ロイズ・オブ・ロンドン本社(ロンドン，1985年)　Lloyd's of London Insurance Market and Offices, Lime Street London ……… 412
ロイド=ジョージ，デイヴィッド(政権・内閣)　David Lloyd George, 1st Earl of Lloyd-George, 1863-1945 ……… 127, 136, 174, 259, 438
ロイヤル・アイリッシュ・アカデミー　Royal Irish Academy ……… 108, 110
ロイヤル・アカデミー・オブ・アーツ　Royal Academy of Arts ……… 412, 414
ロイヤル・ソサイアティ，1660年創設　Royal Society　正式名称：The Royal Society of London for Improving Natural Knowledge ……… 434
ロイヤル・パヴィリオン(ブライトン，1815-23年，ジョン・ナッシュ設計)　Royal Pavilion, Brighton, East Sussex ……… 252
ロイヤル・フェスティヴァル・ホール(ロンドン，1951，1962年，LCC建築課設計)　Royal Festival Hall, South Bank, London ……… 225
労働者階級住居法(1866年)　Labouring Classes Dwelling Houses Act 1866 ……… 71, 430
労働者階級住宅建設課(LCC)　Housing of Working Classes Branch, LCC ……… 73
労働者階級住宅法(1890年)　Housing of the Working Classes Act 1890 ……… 72, 134, 333, 431
労働者階級宿舎法(1851年)　Labouring Classes Lodging Houses Act 1851 ……… 68, 166, 333, 430
『労働者階級の衛生に関する報告書』(E.チャドウィックによる，1842年)　Edwin Chadwick, *Report on the Sanitary Conditions of the Labouring Population* ……… 66

『労働者階級の住居』（ヘンリ・ロバーツ著，1850年） Henry Roberts, *The Dwellings of the Labouring Classe* …… 68
労働者階級の住宅改良のためのマリルボン協会，1854年設立 Marylebone Association for Improving the Dwellings of Working-Classes …… 70
労働者階級の状態改善協会，1844年設立 The Society for Improving the Condition of the Labouring Classes …… 68
『労働貧民救済協会委員会に対する報告書』（ロバート・オーウェンによる，1817年） Robert Owen, *Report to the Committee of the Association for the Relief of the Manufacturing and Labouring Poor* …… 81
労働省 Ministry of Labour …… 141
労働党 Labour Party …… 136, 137, 143, 145, 146, 147, 148, 149, 153, 155, 161, 163, 176, 181, 196, 198, 201, 210, 211, 216, 222, 232, 233, 288, 313, 319, 331, 332, 335, 336, 337, 347, 348, 349, 350, 351, 352, 353, 355, 357, 396, 405, 438, 439, 446
ロウランド地方 Lowland …… 275
ロウワー・ミドル・クラス lower middle class …… 92, 151
ロウントリー，ジョーゼフ Joseph Rowntree, 1836-1925 …… 83, 91
ロジャーズ，リチャード Richard Rogers, 1st Baron Rogers of Riverside, 1933- …… 233, 393, 412, 413
ロッス，マイケル（ロッス伯爵） Lord Rosse, MichaelRosse, 6th Earl of Rosse, 1908- …… 250, 254
ロッス（伯爵）夫人 Countess of Rosse, Anne Rosse …… 254
ロバーツ，ヘンリ Henry Roberts, 1803-1876 …… 68, 69
ロバート・オーウェン・ハウス，ニュー・ラナーク Robert Owen's House, New Lanark …… 325
ロバート・オーウェン学校，ニュー・ラナーク Robert Owen's School, New Lanark …… 325
ロブソン，エドワード・ロバート Edward Robert Robson, 1835-1917 …… 41
ロング・ロウ，ニュー・ラナーク Long Row, New Lanark …… 80
ロンドン・カウンティ・カウンシル（LCC），1888年創設 London County Council …… 44, 57, 73, 95, 113, 114, 115, 177, 178, 225, 248, 267
『ロンドン・カウンティ計画』（P.アバークロンビーとJ.H.フォーショー著，1943年） *County of London Plan* …… 145
ロンドン・グランツ London Grants …… 388
ロンドン・サーヴェイ委員会，1897年７月27日創設 London Survey Committee …… 44, 114
ロンドン・ソサイアティ London Society …… 311
『ロンドン・タイムズ』 *London Times* …… 81
ロンドン・バラ・カウンシル London borough council …… 57, 58, 378, 382
ロンドンおよびミドルセックス考古学協会 London and Middlesex Archaeological Society …… 113, 311
ロンドン計画諮問委員会 London Planning Advisory Committee : LPAC …… 382
ロンドン建築法（1667年），通称：ロンドン再建法 London Building Act 1667 …… 46, 380
ロンドン建築法（1930年） London Building Act 1930 …… 380
ロンドン古物研究家協会，1707年創設，1751年正式結成 The Society of Antiquaries of London …… 24, 25, 37, 43, 105, 110, 113, 115
ロンドン再建法 London Rebuilding Act →ロンドン建築法（1667年）
ロンドン自治体 →シティ＜特別区＞
ロンドン政庁 →ロンドン・カウンティ・カウンシル

ロンドン政府法(1963年) London Government Act 1963 …… 57, 161, 459
ロンドン大火, 1666年 The Great Fire …… 46, 298, 380, 383, 436
ロンドン大学 University of London …… 106, 111
ロンドン地誌学協会 London Topographical Society …… 113
ロンドン塔(ロンドン, 1078年〜) Tower of London, London …… 242, 288, 383
『ロンドンの高層建築と戦略的眺望』(1998年) *High Buildings and Strategic Views in London* …… 382
『ロンドンの貧困者住居』(オクタヴィア・ヒル著, 1875年) Octavia Hill, *Homes of the London Poor* …… 77
ロンドン万博のモデル住宅(1851年, ヘンリ・ロバーツ設計) Model Cottages at the Great Exhibition …… 70
ロンドン労働者住宅会社, 1961年設立 London Labourers' Dwelling Society Limited …… 70

わ

ワークスワース, ダービシャー Wirksworth, Derbyshire …… 304, 305, 307
ワークスワース・シヴィック・ソサイアティ Wirksworth Civic Society …… 304, 306
ワークスワース・プロジェクト Wirksworth Project …… 304
ワークスワース・ヘリテイジ・センター, ワークスワース Wirksworth Heritage Centre, Wirskworth …… 306
ワースケット, ロイ Roy Worskett …… 200
ワイアット, ジェイムズ James Wyatt, 1747-1813 …… 27, 29, 30, 31, 32, 37
ワイアット, マシュー・ディグビィ Sir Matthew Digby Wyatt, 1820-1877 …… 428
ワイゼンショウ(マンチェスター郊外, 1927年-) Wythenshawe, Manchester …… 97
ワイト島 Isle of Wight …… 58
ワイルド, オスカー Oscar Wilde, 1854-1900 …… 125
『わが国の古い教会の忠実な修復への要請』(G.G.スコット著, 1850年) G.G.Scott, *A Plea for the Faithful Restoration of Our Ancient Churches* …… 33, 37
ワグナー, アンソニー Anthony Wagner, later Sir …… 185, 186
ワシントン憲章 Washington Charter →歴史的都市および市街地の保存のための憲章
ワット, ジェイムズ James Watt, 1735-1819 …… 314
ワット・タイラーの一揆(1381年) Wat Tyler's Rebellion …… 223
『われわれの遺産とは?』(環境省, 1976年) Department of the Environment, *What is Our Heritage?* …… 215

英字

AA (建築団体) Architectural Association …… 113
ADAPTトラスト The ADAPT Trust : Access for Disabled people to Arts Premises Today …… 391
CABE (建築および建築環境委員会) Commission for Architecture and Built Environment …… 403, 404
CABE教育財団 CABE Education Foundation …… 404
CABEスペース CABE Space …… 404

CADW（ウェリッシュ・ヒストリック・モニュメンツ）　Welsh Historic Monuments … 228, 387, 461
CBA　→英国考古学評議会
CCTV（監視カメラ） …… 403
EAHY　→ヨーロッパ建築遺産年
EC　→欧州共同体（EC）
EU（欧州連合）　Uuropean Union …… 316, 390, 402, 406
GLC　→グレイター・ロンドン・カウンシル
GLC都市計画課長　head of the Greater London Council's Planning Department …… 215
GWR　→グレイト・ウエスタン・レイルウェイ
IBA　Institute of British Architects　→英国建築家協会
IHBC　→歴史的建造物保存協会
IUCN　→国際自然保護連合
LCC　→ロンドン・カウンティ・カウンシル
MARS（近代建築研究グループ）　Modern Architecture Research Group …… 252
NGO（非政府団体）　Non Government Organization …… 464
NPO（非営利団体）　Non-Profit Organization …… 398
PFI　Private Finance Initiative …… 393, 394, 395, 397, 405, 406
PPG　→計画方針ガイダンス
「PPG1：政策全般と原則」　PPG1 : General Policy and Principles …… 50
「PPG12：ディヴェロプメント・プラン」　PPG12 : Development Plan …… 345
「PPG15：都市計画と歴史的環境」　PPG15 : Planning and the Historic Environment …… 50, 230, 240, 241, 282, 366
「PPG16：考古学と都市計画」　PPG16 : Archaeology and Planning …… 366, 449
「PPG19：屋外広告規制」　PPG19 : Outdoor Advertising Control …… 385
「PPG21：観光」　PPG21 : Tourism …… 288
PPP　Public Private Partnership …… 393, 395, 396, 405
RCHM　→王立古代歴史的記念物および建築物委員会
RCHME　→イングランド王立歴史記念物委員会
RIBA　→王立英国建築家協会
『RIBAジャーナル』誌（1893年〜）　*RIBA Journal* …… 267
RPG　→地域方針ガイダンス
「RPG3A：ロンドン（戦略的眺望）」　RPG3A : London, Strategic Views, 1996.03 …… 52, 382
SAVE（英国の建築遺産を救え），1975年設立　SAVE Britain's Architectural Heritage …… 215, 255, 268, 269, 271, 272, 300, 452, 453
SPAB　→古建築保護協会
STEAM，スウィンドン　STEAM, Swindon …… 327, 418
TCM　→タウン・センター・マネジメント
TICCIH　→国際産業遺産保存委員会
TMO（タウン・マネジメント・オーガニゼイション）　Town Management Organization …… 398
VAG　→ヴァナキュラー・アーキテクチャー・グループ
VAT（付加価値税）　value added tax …… 284, 355, 390, 455

参考文献

拙著、『イングランド住宅史　―伝統の形成とその背景』、中央公論美術出版、2005年
青木道彦、『エリザベスⅠ世　―大英帝国の幕開け』、講談社現代新書、講談社、2000年
W.アシュワース著、下總薫監訳、『イギリス田園都市の社会史　―近代都市計画の誕生』、御茶の水書房、1987年（William Ashworth, *The Genesis of Modern British Town Planning*, London, 1954）
東秀紀、『漱石の倫敦、ハワードのロンドン　―田園都市への誘い』、中公新書、中央公論社、1991年
東秀紀、風見正三、橘裕子、村上暁信、『「明日の田園都市」への誘い　―ハワードの構想に発したその歴史と未来』、彰国社、2001年
AMR（アメニティ・ミーティング・ルーム）編、『アメニティを考える』、未來社、1989年
伊藤滋、小林重敬、大西隆監修、（財）民間年開発推進機構都市研究センター編集、『欧米のまちづくり・都市計画制度　―サスティナブル・シティへの途』、ぎょうせい、2004年
伊藤延男他著、『新建築学大系50　歴史的建造物の保存』、彰国社、1999年
稲垣栄三、都市のジャーナリズム『文化遺産をどう受け継ぐか』、三省堂、1984年
稲本洋之助、戒能通厚、田山輝明、原田純孝編著、『ヨーロッパの土地法制　―フランス・イギリス・西ドイツ』、東京大学出版会、1983年
岩崎友吉、『文化財の保存と修復』、NHKブックス、日本放送出版協会、1977年
ヴィジュアル版建築入門編集委員会編、『ヴィジュアル版建築入門10 建築と都市』、彰国社、2003年
上野征洋編、『文化政策を学ぶ人のために』、世界思想社、2002年
F.エンゲルス著、浜林正夫訳、『イギリスにおける労働者階級の状態』（上・下）、新日本出版社、2000年、および、一條和生、杉山忠平訳、岩波文庫、岩波書店、1990年（Friedrich Engels, *Die Lage der arbeitenden Klasse in England*, 1845）
大河直躬編、『都市の歴史とまちづくり』、学芸出版社、1995年
大阪市立大学経済研究所編、『世界の大都市1　ロンドン』、東京大学出版会、1985年
大野敏、『民家村の旅』、INAX ALBUM 17、INAX、1993年
岡山勇一、戸澤健次、『サッチャーの遺産　―1990年代の英国に何が起こっていたのか』、晃洋書房、2001年
海道清信、『コンパクトシティ　―持続可能な社会の都市像を求めて』、学芸出版社、2001年
戒能通厚編、新法学ライブラリー=別巻1『現代イギリス法事典』、新世社、2003年
片木篤、『イギリスの郊外住宅』、住まいの図書館出版局、1987年
加藤康子、『産業遺産　―「地域と市民の歴史」への旅』、日本経済新聞社、1999年
イアン・カフーン著、服部岑生監訳、鈴木雅之著訳、ヨーロッパ建築ガイド1『イギリスの集合住宅の20世紀』、鹿島出版会、2000年（Ian Colquhoun, *RIBA Book of 20th Century British Housing*, 1999, London）
アーヴィン・Y・ガランタイ著、堀池秀人訳、『都市はどのようにつくられてきたか　―発生

から見たタイポロジー』、井上書院、1984年(Ervin Y. Galantay, *New Towns : Antiquity to the Present*, The Cities = New Illustrated Series, New York, 1975)
J.B.カリングワース著、久保田誠三監訳、『英国の都市農村計画』、財団法人都市計画協会、1972年(J.B.Cullingworth, *Town and Country Planning in England and Wales*, completely revised edition, London, 1970, first 1964)
木原啓吉、『ナショナル・トラスト』、三省堂、1984年
木原啓吉、『歴史的環境　―保存と再生』、岩波新書、岩波書店、1982年
君村昌、北村裕明編、『現代イギリス地方自治の展開　―サッチャリズムと地方自治の変容』、法律文化社、1993年
木村光宏、日端康雄著、『ヨーロッパの都市再開発　―伝統と創造　人間尊重のまちづくりへの手引き』、学芸出版社、1984年
アンソニー・クワイニー著、花里俊廣訳、『ハウスの歴史・ホームの物語(下)　―イギリス都市住宅とコミュニティ』、住まいの図書館出版局、1995年
ピーター・クラーク著、西沢保・市橋秀夫・椿建也・長谷川淳一・他訳、『イギリス現代史1900-2000』、名古屋大学出版会、2004年(Peter Clarke, *Hope and Glory : Britain 1900-1990*, Penguin Books, London, 1996)
見市雅俊、『ロンドン=炎が生んだ世界都市　―大火・ペスト・反カソリック』、講談社選書メチエ、講談社、1999年
建設省まちづくり事業推進室監修、財団法人都市みらい推進機構編、イギリス都市拠点事業研究会著、『検証イギリスの都市再生戦略　―都市開発公社とエンタープライズ・ゾーン』、風土社、1997年
ロバータ・B・グラッツ著、宮田靭彦、宮路真知子訳、林康義監訳、『都市再生』、晶文社、1993年(Robert Brandes Gratz, *The Living City*, Simon and Schuster, 1989)
河野靖、『文化遺産の保存と国際協力』、風響社、1995年
小玉徹、大場茂明、檜谷美恵子、平山洋介、『欧米の住宅政策　―イギリス・ドイツ・フランス・アメリカ』、MINERVA福祉ライブラリー 27、ミネルヴァ書房、1999年
小林重敬編著、『条例による総合的まちづくり』、学芸出版社、2002年
イアン・コフーン、ピーター・フォーセット著、湯川利和監訳、『ハウジング・デザイン　―理論と実践』、鹿島出版会、1994年(Ian Colquhoun & Peter G. Fauset, *Housing Design in Practice*, Longman, London, 1991)
ル・コルビュジェ著、吉阪隆正編訳、『アテネ憲章』、SD選書、鹿島出版会、1976年(Le Corbusier, *La Charte D'Athènes & Entretien Avec Les Étudiants Des Écoles D'architecture*, Paris, 1943)
財団法人自治体国際化協会、『英国の地方自治』、2002年12月
財団法人日本都市センター編、『世界の都市再開発　―法制とその背景』、1963年
清水真一、蓑田ひろ子、三船康道、大和智編、『歴史ある建物の活かし方　―全国各地119の活用事例ガイド』、学芸出版社、1999年
下條美智彦、『イギリスの行政[新装版]』、早稲田大学出版部、1999年
下總薫、『イギリスの大規模ニュータウン　―地域振興と都市計画』、東京大学出版会、1975年
白石博三、『ラスキンとモリスとの建築論的研究』、中央公論美術出版、1993年
杉本尚次、『世界の野外博物　―環境との共生をめざして』、学芸出版社、2000年
鈴木博之、『ヴィクトリアン・ゴシックの崩壊』、中央公論美術出版、1995年

鈴木博之、『建築の七つの力』、鹿島出版会、1984年
鈴木博之、『建築の世紀末』、晶文社、1977年
鈴木博之監修、『ブリティッシュ・スタイル170年　理想都市の肖像にみるイギリスのインテリア、建築、都市計画展』、西武美術館、1987年
デイヴィッド・L・スミス著、川向正人訳、『アメニティと都市計画』、鹿島出版会、1977年（David L. Smith, *Amenity and Urban Planning*, London, 1974）
高橋哲雄、『イギリス歴史の旅』、朝日選書、朝日新聞社、1996年
高見沢実、『イギリスに学ぶ成熟社会のまちづくり』、学芸出版社、1998年
高寄昇三、『現代イギリスの都市政策』、勁草書房、1996年
竹下譲、横田光雄、稲沢克祐、松井真理子、『イギリスの政治行政システム　—サッチャー、メジャー、ブレア政権の行財政改革』、ぎょうせい、2002年
建物のコンバージョンによる都市空間有効活用技術研究会、『コンバージョンによる都市再生』、日刊建設通信新聞社、2002年
アンソニー・M・タン著、三村浩史監訳、世界都市保全研究会訳、『歴史都市の破壊と保全・再生　—世界のメトロポリスに見る景観保全のまちづくり』、海路書院、2006年（Anthony M. Tung, *Preserving the World's Great, City : The Destruction and Renewal of the Historic Metropolis*, 2001）
月尾嘉男、北原理雄、『実現されたユートピア』、鹿島出版会、1980年
都市観光を創る会監修、都市観光でまちづくり編集委員会編、『都市観光でまちづくり』、学芸出版社、2003年
都市研究懇話会、篠塚昭次、早川和男、宮本憲一編、『都市の再生　—日本とヨーロッパの住宅問題—』、NHKブックス、日本放送出版協会、1983年
ゴードン・E・チェリー著、大久保昌一訳、『英国都市計画の先駆者たち』、学芸出版社、1983年（Gordon E. Cherry ed., *Pioneers in British Planning*, 1981）
シヴィック・トラスト著、井手久登、井手正子訳、『プライド・オブ・プレイス』、SD選書、鹿島出版会、1976年（Civic Trust, *Pride of Place*, London, 1974）
中井検裕、村木美貴、『英国都市計画とマスタープラン　—合意に基づく政策実現のプログラム』、学芸出版社、1998年
中島恵理著、サスティナブル・コミュニティ研究所企画、『英国の持続可能な地域づくり　—パートナーシップとローカリゼーション』、学芸出版社、2005年
西村幸夫、『都市保全計画　—歴史・文化・自然を活かしたまちづくり』、東京大学出版会、2004年
西村幸夫、『環境保全と景観創造　—これからの都市風景へ向けて』、鹿島出版会、1997年
西村幸夫、『CIVIC TRUST　英国の環境デザイン《1978-1991》』、駸々堂出版、1995年
西村幸夫、『歴史を生かしたまちづくり　—英国シビック・デザイン運動から』、古今書院、1993年
西村幸夫+町並み研究会編著、『都市の風景計画　—欧米の景観コントロール』、学芸出版社、2000年
西山康雄、『アンウィンの住宅地計画を読む　—成熟社会の住環境を求めて』、彰国社、1992年
日本政策投資銀行（DBJ）編著、『海外の中心市街地活性化　—アメリカ・イギリス・ドイツ18都市のケーススタディ』、ジェトロ、2000年

日本ナショナルトラスト編、『イギリスに学ぶ町づくりの思想　—日本ナショナルトラスト創立20周年記念講演記録』、日本ナショナルトラスト(財団法人観光資源保護財団)、1990年
クリスチャン・ノルベルグ=シュルツ著、加藤邦男、田崎裕生訳、『ゲニウス・ロキ』、住まいの図書館出版局、1994年(Christian Norberg-Schulz, *Genius Loci : Towards a Phenomenology of Architecture*, 1979)
原田純孝、広瀬清吾、吉田克己、戒能通厚、渡辺俊一編、『現代の都市法　—ドイツ・フランス・イギリス・アメリカ』、東京大学出版会、1993年
エリック・バーレント著、佐伯宣親訳、『英国憲法入門』、成文堂、2004年(Eric Barendt, *An Introduction to Constitutional Law*, Oxford University Press, Oxford, 1998)
早川和男、『欧米住宅物語　—人は住むためにいかに闘っているか』、新潮選書、新潮社、1990年
E.ハワード著、長素連訳、『明日の田園都市』、SD選書、鹿島出版会、1968年(Ebenezer Howard, *Garden Cities of Tomorrow*, 1901)
日笠端、『先進諸国における都市計画手法の考察』、共立出版、1985年
ディズモンド・ヒープ著、竹内藤男訳、『英国の都市計画法』、鹿島出版会、1969年(Desmond Heap, *An Outline of Planning Law*, London, 1963)
クリストファー・ヒバート著、横山徳爾訳、『ロンドン』、朝日選書572、朝日新聞社、1997年
ロビン・フェデン著、四元忠博訳、『ナショナル・トラスト　—その歴史と現状』、時潮社、1984年(Robin Fedden, *The National Trust : Past and Present*, Jonathan Cape Ltd., London, 1974)
コリン・ブキャナン著、八十島義之助、井上孝訳、『都市の自動車交通』、鹿島出版会、1965年、1979年(Colin Buchanan, *Traffic in Towns*, Penguin, London, 1963)
藤森克彦、『構造改革ブレア流』、TBSブリタニカ、2002年
舟場正富、『ブレアのイギリス　—福祉のニューディールと新産業主義』、PHP新書、PHP研究所、1998年
アンソニー・ブランテイジ著、廣重準四郎、藤井透訳、『エドウィン・チャドウィック　—福祉国家の開拓者』、ナカニシヤ出版、2002年
プリンス・オブ・ウェールズ、『英国の未来像　—建築に関する考察』、東京書籍、1990年(HRH the Prince of Wales, *A Vision of Britain : A Personal View of Architecture*, London, 1989)
ニコラウス・ペヴスナー著、鈴木博之、鈴木杜幾子訳、『美術・建築・デザインの研究Ⅰ・Ⅱ』、鹿島出版会、1980年(Nikolaus Pevsner, *Studies in Art, Architecture and Design*, 1968)
ニコラウス・ペヴスナー著、鈴木博之訳、『ラスキンとヴィオレ・ル・デュク　—ゴシック建築評価における英国性とフランス性』、中央公論美術出版、1990年(Nikolaus Pevsner, *Ruskin and Viollet-le-Duc, Englishness and Frenchness in the Appreciation of Gothic Architecture*, Thames and Hudson, London, 1969)
L.ベネヴォロ著、横山正訳、『近代都市計画の起源』、SD選書、鹿島出版会、1976年(Leonardo Benevolo, *Le Origini dell'urbanistica moderna*, 1963)
本城靖久、『グランド・ツアー』、中公新書、中央公論社、1984年
グレアム・マーフィ著、四元忠博訳、『ナショナル・トラストの誕生』、緑風出版、1992年(Graham Murphy, *Founders of the National Trust*, Christopher Helm, London, 1987)
毛利健三編、『現代イギリス社会政策史　1945-1990』、ミネルヴァ書房、1999年

E.モバリー・ベル著、平弘明、松本茂訳、中島明子監修・解説、『英国住宅物語　―ナショナルトラストの創始者オクタヴィア・ヒル伝』、日本経済評論社、2001年（E. Moberley Bell, *OCTAVIA HILL – A Biography*, 1971）
森護、『英国王室史話』、大修館書店、1986年
森嶋通夫、『サッチャー時代のイギリス　―その政治、経済、教育』、岩波新書、岩波書店、1988年
ウィリアム・モリス、頴原澄子訳/鈴木博之解説、「古建築保護協会宣言」、『みすず』2004年4月号、pp.8-17
山下茂、『地域づくりトラストのすすめ　―ふるさとづくりへのシビック・トラスト戦略』、良書普及会、1993年
山口次郎、『ブレア時代のイギリス』、岩波新書、岩波書店、2005年
横森豊雄、『英国の中心市街地活性化　―タウンセンターマネジメントの活用』、同文舘、2001年
四元忠博、『ナショナル・トラストの軌跡　1895~1945年』、緑風出版、2003年
ジョン・ラスキン著、杉山真紀子訳、『建築の七燈』、鹿島出版会、1997年、および、高橋枩川訳、『建築の七燈』、岩波文庫、1930年（John Ruskin, *Seven Lamps of Architecture*, 1849）
ジョン・ラスキン著、福田晴虔訳、『ヴェネツィアの石』（全三巻:「基礎」篇、「海上階」篇、「凋落」篇）、中央公論美術出版、平成1994、1995、1996年（John Ruskin, *The Stones of Venice*, 1851-53）
S.E.ラスムッセン著、兼田啓一訳、『近代ロンドン物語　―都市と建築の近代史』、中央公論美術出版、1992年（Steen Eiler Rasmussen, *London—the Unique City*, revised edition, the M.I.T.Press, 1982）
S.E.ラスムッセン著、兼田啓一訳、『ロンドン物語　―その都市と建築の歴史』、中央公論美術出版、1987年（Steen Eiler Rasmussen, *London—the Unique City*, revised edition, the M.I.T.Press, 1982）
R.ランダウ著、鈴木博之訳、『イギリス建築の新傾向』、SD選書、鹿島出版会、1974年（Royston Landau, *New Directions in British Architecture*, 1968）
ケン・リビングストン編、ロンドンプラン研究会訳、青山佾監修、『ロンドンプラン　―グレーター・ロンドンの空間開発戦略』、都市出版、2005年（Greater London Authority, *London Plan : Spatial Development Strategy for Greater London*, 2004）
ル・コルビュジェ著、吉阪隆正編訳、『アテネ憲章』、SD選書、鹿島出版会、1976年
アンドリュー・ローゼン著、川北稔訳、『現代イギリス社会史1950-2000』、岩波書店、2005年（Andrew Rosen, *The Transformation of British Life, 1950-2000 : A Social History*, Manchester University Press, Manchester 2003）
渡辺俊一、『比較都市計画序説　―イギリス・アメリカの土地利用規制』、三省堂、1985年
渡辺明次、『世界の村おこし・町づくり　―まち活性のソフトウェア』、講談社現代新書、講談社、1991年
デイヴィッド・ワトキン著、桐敷真次郎訳、『建築史学の興隆』、中央公論美術出版、1993年（David Watkin, *The Rise of Architectural History*, Architectural Press, London, 1980）
J・B・ワード=パーキンズ著、北原理雄訳、『古代ギリシアとローマの都市　―古典古代の都市計画』、井上書院、1984年（J.B. Ward-Perkins, *Cities of Ancient Greece and Italy : Planning*

in Classical Antiquity, The Cities = New Illustrated Series, New York, 1974)

Peter Alexander-Fitzgerald, *Built Heritage Law : A Case of Mistaken Industry ?*, University of Wales, Aberystwyth, 2000

Maurice Beresford, *New Towns of the Middle Ages : Town Plantation in England, Wales and Gascony*, Alan Sutton, London, 1988 (reprinted) , first 1967

Jim Berry, Stanley McGreal and Bill Deddis eds., *Urban Regeneration, Property investment and development*, E & FN SPON, London, 1993

Marcus Binney, *SAVE Britain's Heritage 1975-2005 : Thirty Years of Campaigning*, Scala Publisher Ltd., London, 2005

Marcus Binney, *Our Vanishing Heritage*, Arlington Book, London, 1984

Martin Shaw Briggs, *Goths and Vandals : A Study of the Destruction, Neglect and Preservation of Historic Buildings in England*, Constable Publishers, London, 1952

G. Baldwin Brown, *The Care of Ancient Monuments : an account of the legislative and other measures adopted in European countries for protecting ancient monuments and objects and scenes of natural beauty, and for preserving the aspect of historical cities*, The University Press, Cambridge, 1905

Cambridge County Council, *A Guide to Historic Buildings Law*, 3rd edition, 1981

John Cattell and Bob Hawskins, *The Birmingham Jewellery Quarter, An Introduction and Guide*, English Heritage, London, 2000

The Civic Trust, *Magdalen Street, Norwich, An Experiment in Civic Design 1858-59*, The Civic Trust, London, 1959

Gordon E. Cherry, *Town Planning in Britain since 1900*, Blackwell, London, 1996

Gordon E. Cherry, *The Evolution of British Town Planning : A history of town planning in the United Kingdom during the 20th Century and of the Royal Town Planning Institute, 1914-74*, London Hill Books, London, 1974

Neil Cossons ed., *Perspectives on Industrial Archaeology*, Science Museum, London, 2000

Corporation of London, Department of Planning, *Conservation Areas in the City of London : A General Introduction to their Character*, 1994

Barry Cullingworth and Vincent Nadin, *Town and Country Planning in the UK*, 13th edition, Routledge, London and New York, 2002, first 1964

Barry Cullingworth ed., *British Planning : 50 Years of Urban and Regional Policy*, The Athlone Press, London and New Brunswick, 1999

John Delafons, *Politics and Preservation : A policy history of the built heritage 1882-1996*, E & FN Spon, London, 1997

Department of the Environment, *What is Our Heritage ? : United Kingdom Achievements for European Architectural Heritage Year 1975*, HMSO, London, 1975

Department of the Environment, *New Life for Old Churches*, HMSO, London, 1977

Department of the Environment, *New Life for Old Buildings*, HMSO, London, 1971

Roger Dixon and Stefan Muthesius, *Victorian Architecture*, World of Art, Thames and Hudson, London, 1985, first 1978

Alan Dobby, *Conservation and Planning*, Hutchinson, London, 1978
Adrian Grant Duff ed., *The Life-Work of Lord Avebury (Sir John Lubbock)*, Watts & Co., London, 1924
R.M.C. Duxbury, *Telling and Duxbury's Planning Law and Procedure*, Butterworths, 11th edition, 1999
English Heritage, *Conservation Bulletin, no.38, Industorial Archaeology*, August 2000
English Heritage, *Power of Place : The Future of the Historic Environment*, 2000
English Heritage, *The Heritage Divided, Measuring the Result of English Heritage Regeneration 1994-1999*, 1999
English Heritage, *The English Heritage Visitors' Handbook 2000/2001*, 2000
Graeme Evans, *Cultural Planning an urban renaissance ?*, London and New York, 2001
Joan Evans, *A History of the Society of Antiquaries*, Society of Antiquaries, Oxford, 1956
David Eversley, *The Planner in Society, The Changing Role of the Profession*, Faber and Faber, London, 1973
Jane Fawcett ed., *The Future of the Past : Attitudes to Conservation 1147-1974*, Thames and Hudson, London, 1976
Dr Gray Firth, *Images of England : Salt & Saltaire*, Tempus, Stroud, Gloucestershire, 2001
S. Martin Gaskell, *Building Control : national legislation and the introduction of bye-laws in Victoria England*, British Association for Local History, Bedford Square Press, London, 1983
Enid Gauldie, *Cruel Habitations : A History of Working-Class Housing 1780-1918*, London, 1974
Mark Girouard, *Sweetness and Light : The Queen Anne Movement 1860-1900*, Yale University Press, New Haven and London, 1990, first 1977
Walter H. Godfrey, *Our Building Inheritance : Are we to use or lose it ?*, Readers Union and Faber and Faber, London, 1946, first 1944
Clara Greed, *Introducing Town Planning*, Longham, Harlow, 1993
John Harvey, *Conservation of Buildings*, University of Toronto Press, Toronto and Buffalo, 1972
Philip Henderson ed, *The Letters of William Morris to His Family and Friends*, Longhams, Green and Co., London, 1950
Robert Hewison, *The Heritage Industry : Britain in a Climate of Decline*, Methuen, London, 1987
Brian Paul Hindle, *Medieval Town Plans*, Shire Archaeology, Prince Risborough, 1990
Historic Scotland, *Nomination of New Lanark for Inclusion in the World Heritage List*, 2000
Historic Scotland, *Scotland's Listed Buildings : A Guide for Owners and Occupiers*, The Scottish Office, Development Department
Historic Scotland, *A Guide to Conservation Areas in Scotland*, The Scottish Office, Development Department
Hermione Hobhouse, *Lost London : a Century of Demolition and Decay*, Weathervane Books, New York, 1971, revised 1976
Edward Hobson, *Conservation and Planning : changing values in policy and practice*, Spon Press, London and New York, 2004
Michael Hunter ed., *Preserving the Past : The Rise of Heritage in Modern Britain*, Alan Sutton, Stroud, Gloucestershire, 1996

Jukka Jokilehto, *A History of Architectural Conservation*, Butterworth-Heinemann, Oxford, 1999 (ユッカ・ヨキレット著、益田兼房監修、秋枝ユミ・イザベル訳、『歴史遺産の保存　—その歴史と現在』、立命館大学都市防災センター叢書、すずさわ書店、2005年)
Roger Kain ed., *Planning for Conservation*, St.Martin's Press, New York, 1981
Charles P. Kains-Jackson, *Our Ancient Monuments and Land Around Them*, James MacLehose and Sons, Glasgow, 1880
Crispin Keith, *A Teacher's Guide to Using Listed Buildings*, English Heritage, London, 1991
Moultrie R. Kelsall & Stuart Harris, *A Future for the Past*, Oliver and Boyd, Edinburgh and London, 1961
Wayland Kennet, *Preservation*, Temple Smith, London, 1972
Stewart Kidd, *Heritage Under Fire : A Guide to the Protection of Historic Buildings*, Fire Protection Association for the UK Working Party on Fire Safety in Historic Buildings, 2nd edition, 1995, first 1990
Peter J. Larkham, *Conservation and the City*, Routledge, London and New York, 1996
Knut Einar Larsen and Nils Marstein, *Conservation of Historic Timber Structures : An ecological approach*, Butterworth Heinemann, Oxford, 2000
Michael J. Lewis, *The Gothic Revival*, Thames & Hudson, London, 2002
A.J.Ley, *A History of Building Control in England and Wales 1840-1990*, Rics Books, Coventry. 2000
David W. Lloyd, *The Making of English Towns : 2000 years of evolution*, Victor Gollancz, London, 1984
David Lowenthal, *The Past is a Foreign Country*, Cambridge University Press, Cambridge, 1985
Ministry of Housing and Local Government, *Historic Towns : Preservation and Change*, HMSO, London, 1967
David Murray, *An Archaeological Survey of the United Kingdom : The Preservation and Protection of our Ancient Monuments*, James MacLehose and Sons, Glasgow, 1896
Charles Mynors, *Listed Buildings and Conservation Areas*, FT Law & Tax, London, 1995, 2nd edition, first 1988
Charles Mynors, *Listed Buildings, Conservation Areas and Monuments*, Sweet & Maxwell, London, 3rd edition, 1999, first 1988
Ian Nairn, *Outrage*, Architectural Press, London, 1955, first 1956
The National Trust, *Hand book for Members and Vistors March 2003 to February 2004*, 2003
New Lanark Conservation Trust, *The Story of New Lanark*, Glasgow
Aylin Orbaşlı, *Tourists in Historic Towns : Urban Conservation and Heritage Management*, E & FN Spon, London and New York, 2001
Robert Pickard ed., *Policy and Law in Heritage Conservation*, Spon Press, London and New York, 2001
Robert Pickard ed., *Management of Historic Centres*, Spon Press, London and New York, 2001
Robert D. Pickard, *Conservation in the Built Environment*, Longham, Harlow, 1996
A.R. Powys, *Repair of Ancient Buildings*, SPAB, London, 3rd edition, 1995, first 1929
Regeneration Through Heritage, *Proceedings of 'Making Heritage Industrial Building Work,*

Business in the Community, 1999
Lord Rogers of Riverside, John Prescott, *Towards an Urban Renaissance : Final Report of the Urban Task Force*, Office of the Deputy Prime Minister (ODPM), Spon Press, London, 1999
Michael Ross, *Planning and the Heritage : Policy and Procedures*, E & FN Spon, London, 2nd edition, 1996, first 1991
John F. Smith, *A Critical Bibliography of Building Conservation : Historic Towns, Buildings, their Furnishings and Fittings*, Mansell, London, 1978
Anna Sproule, *Lost Houses of Britain*, David & Charles, Newton Abbot and London and North Pomfret, 1982
Savin Stamp and André Goulancourt, *The English House 1860-1914*, Faber and Faber, London, 1986
Roy Strong, Marcus Binney and John Harris, *The Destruction of the Country House, 1875-1975*, Thames and Hudson, London, 1974
Roger W. Suddards and June M. Hargreaves, *Listed Buildings*, 3rd edition, Sweet & Maxwell, London, 1996
John Summerson, *Georgian London*, edited by Howard Colvin, Yale University Press, New Haven and London, 2003, first 1945
John Summerson, *Architecture in Britain 1530-1830*, The Pelican History of Art, Penguin Books, London, 1991, first 1953
Manfredo Tafuri and Francesco Dal Co, *History of World Architecture, Modern Architecture 1 / 2*, Faber and Faber / Electa, 1980, first 1976
The Wirksworth Project in association with The Civic Trust, *The Wiksworth Story, New Life for an Old Town : The Report on the First Stages of a Town Regeneration Project*, The Wiksworth Project, 1989 (2nd edition)
Roy Worskett, *The Character of Towns : An Approach to Conservation*, Architectural Press, London, 1969

〈**論文等**〉

拙著、「ジョン・ラボックによる古記念物保護法の制定とその後の建築保存行政への影響について　—英国における歴史的建造物の保存に関する研究」、日本建築学会計画系論文集 No.594、2005年8月、pp.253-258
拙著、「ポウルトリ1番地の建替問題について　—英国の都市計画における歴史的建造物の取り扱い方に関する考察」、2004年度日本建築学会大会学術講演梗概集F-1、pp.871-872
拙著、「英国の登録建造物制度にまつわる私的所有権の問題とその背景」、日本建築学会計画系論文集　No.579、2004年5月、pp.187-194
拙著、「ニュー・ラナークの再生　—英国における歴史的建造物の保存・活用に関する事例検討」、2003年度日本建築学会大会学術講演梗概集F-2、pp.577-578
拙著、「スウィンドンでの試み　—イングランドにおける歴史的建造物の保存・活用に関する考察」、2002年度日本建築学会大会学術講演梗概集F-2、pp.107-108
拙著、「保存と再利用の計画・設計手法」、『建物のリニューアル手法のすべて』、『建築技術』増刊、Vol.6、1992年5月、pp.30-53

石井昭他、「法制を中心にみた欧米における歴史的環境保存の動向」、『近代建築』1973年1月号、pp.69-84
石田頼房、「19世紀イギリスの工業村　—田園都市論の先駆け・実験場としての工業村：三つの典型例」、『総合都市研究』第42号、1991年、pp.121-149
大沢正男、「イギリスにおける土地所有権規制の原状と問題　—都市計画・土地公有化計画関連立法を中心として」、『ジュリスト』、no.620、1976.9.1、pp.36-43
可児英里子、「「武力紛争の際の文化財保護のための条約(1954年ハーグ条約)」の考察　—1999年第二議定書作成の経緯」、外務省調査月報、2002/No.3
桐敷真次郎、「西洋人はどのようにして建築を破壊してきたか」、『ガラス98・Autumn 1998』(旭硝子)、平成10 (1998)年秋号、pp.4-9
桐敷真次郎、「環境デザインの保全と創造のための統一理論」、『建築雑誌』Vol.91, No.1107、1976年5月、pp.469-470
桐敷真次郎、「文化財保存の哲学」『文化財の知識』、京都府文化財保護基金、1975年3月、pp.82-104
桐敷真次郎、「保存と開発の新しい哲学と方法を求めて」、『建築文化』第25巻第290号、1970年12月、pp.131-134
桐敷真次郎、「イギリスの文化財建造物保護」、『月刊文化財』No.30、1966年3月、pp.30-34
桐敷真次郎、「開発による歴史建造物の被害とその問題点」、『建築雑誌』Vol.79, No.935、1964年1月、pp.6-9
桐敷真次郎、「歴史的建造物保護事業のスコープと方法」、『建築雑誌』Vol.74, No.877、1959年12月、pp.33-37
桐敷真次郎、「イギリスの歴史建造物保護事業(1)　—関係機関とその事業内容」、『建築史研究』No.20 (1955年4月)、pp.12-25
桐敷真次郎、「イギリスの歴史建造物保護事業(2)　—地方庁の活動」、『建築史研究』No. 21 (1955年7月)、pp.16-26
益田兼房、「オーセンティシティの概念について」、関口欣也先生退官記念論文集刊行会、『建築史の空間』、1999年、pp.211-214
山岸常人、「文化財「復原」無用論　—歴史学研究の観点から」、『建築史学』第23号、1994年9月、pp.92-107
吉田早苗、「コンサヴェーションを支えるもの」、『都市住宅』1974年2月号、pp.72-78
「小特集　世界文化遺産奈良コンファレンス」、『建築史学』第24号、1995年3月、pp.43-125
『都市住宅』1974年1月号〜12月号(年間テーマ「保存の経済学」)
「風土と建築、その遺産・その継承」、『建築雑誌』Vol.91, No.1107、1976年5月、pp.467-510
「保存と開発特集」、『建築雑誌』Vol.79, No.935、1964年1月、pp.1-36
「歴史建造物の保護特集」、『建築雑誌』Vol.74, No.877、1959年12月、pp.1-49

〈法文等〉
Town and Country Planning Act 1990
Planning (Listed Buildings and Conservation Areas) Act 1990
Planning Policy Guidance (PPG) 15 – Planning and the Historic Environment
Planning Policy Guidance (PPG) 16 – Archaeology and Planning

図版出典

2- 1　Delafons 1997, p.10
2- 5　Lewis 2002, p.24, 25
4- 1　Gauldie 1974, p.225
4- 2　ペヴスナー 1980 (II), p.40
4- 3　ペヴスナー 1980 (II), p.44, 67
4- 4　片木 1987, p.138
4- 5　Gauldie 1974, p.227, 228, 229
4- 6　New Lanark Conservationn Trust, p.15
4- 7　Tafuri 1980 (1), p.23
4- 8　Firth p.40, Dixon 1978, p.71
4- 9　鈴木 1996, p.336
鈴木 1987, p.29
Dixon 1978, p.68
4-10　ハワード　1968, p.77, 89, 90
4-11　ガランタイ 1984, p.143
Lloyd 1984, p.263
4-12　Rasmussen 1982, p.417
4-13　クイニー 1986 (下), p.112
4-14　Tafuri 1980 (1), p.27
5- 1　Hunter 1996, p.12
5- 4　Hunter 1996, p.68
5- 5　BluePlaque.comのWEB SITE
5- 8　Delafons 1997, p.33
6- 1　チェリー 1983, p.159
6- 2　小玉他 1999, p.49
6- 3　ガランタイ 1984, p.144, 145
6- 4　ガランタイ 1984, p.146
6- 5　鈴木 1987, p.152
7- 1　Hunter 1996, p.46
8- 1　Delafons 1997, p.185
8- 5　国立鉄道博物館の公式リーフレット(NRM : National Railway Museum)
8- 6　科学産業博物館の公式ガイドブック(The Museum of Science & Industry in Manchester)
8- 7　アイアンブリッジ渓谷博物館の公式ガイドブック(Ironbridge : A World Heritage Site)
8- 8　ブラック・カントリー生活博物館の公式リーフレット(The Black Country Living Museum)
9- 3　Hobhouse 1976, p.230
9- 4　Fawcett 1976, p.22
Hobhouse 1976, p.97
9-10　Fawcett 1976, p.27
9-11　Hobhouse 1976, p.178
Fawcett 1976, p.63
9-12　Hunter 1996, p.146
Binney 2005, p.10
9-21　ウエールズ民俗博物館の公式ガイドブック(The WelshFolk Museum Visitor Guide)
9-22　ウィールド・アンド・ダウンランド野外博物館の公式ガイドブック(Weald & Downland Open Air Museum Guidebook)
9-23　エイヴォンクロフト建築博物館の公式ガイドブック(Avoncroft Museum of Buildings)
10- 1　鈴木 1987, p.165, 167, 168
10- 3　Keith 1991, 表紙, p.25
10- 4　Hunter 1996, p.154
10- 6　The Civic Trust 1959, 裏表紙, p.2
10- 7　The Wirksworth Project 1989, p.38
10- 8　Kennet 1972, p.132
10- 9　Kennet 1972, p.186
10-10　アイアンブリッジ渓谷博物館トラスト年次報告書(Annual Review 1996)の表紙
10-12　ブリッツヒル野外博物館(アイアンブリッジ渓谷博物館)の公式ガイドブッ

ク(Blists Hill : A Victorian Town)

10-14 New Lanark Conservationn Trust, p.38

12- 4 Conservation Areas in the City of London, p.49

12- 6 中井・村木 1998, p.176

12- 7 中井・村木 1998, p.177

12- 8 City of London Unitary Development Plan 2002, p.167

14- 1 西村 1995, p.262, 265

14- 3 「a+u」2002年1月号、p.107, 108

なお、上記以外の写真および図版は、著者による。